Erik Flügel

Mikrofazielle Untersuchungsmethoden von Kalken

Mit 33 Tafeln, 68 Textabbildungen
und 57 Tabellen

Springer-Verlag
Berlin Heidelberg GmbH 1978

Prof. Dr. Erik Flügel, Institut für Paläontologie,
Universität Erlangen-Nürnberg, Loewenichstraße 28,
D-8520 Erlangen / Bundesrepublik Deutschland

Einbandmotiv: Mikrofazies ist durch Organismen und Sediment charakterisiert. Den Organismen kommt bei Faziesinterpretationen jedoch grundsätzliche Bedeutung als Indikatoren fossiler Umweltbedingungen zu. Die unterpermischen Fusuliniden-Kalke des Innenschelfbereiches der Karnischen Alpen (Kärnten) sind durch niedrigenergetische Biomikrite bzw. wacke- und packstones mit geringdiversen Fossilassoziationen (im Bild *Pseudoschwagerina extensa* F. & G. Kahler) gekennzeichnet (× 15).

ISBN 978-3-662-08748-0 ISBN 978-3-662-08747-3 (eBook)
DOI 10.1007/978-3-662-08747-3

Library of Congress Cataloging in Publication Data. Flügel, Erik. Mikrofazielle Untersuchungsmethoden von Kalken. Bibliographie: p. Includes index. 1. Facies (Geology) 2. Rocks, Carbonate. I. Title. QE651.-F58 551.8'1 77-26074

Ursprünglich erschienen bei Springer-Verlag Berlin Heidelberg New York 1978
Softcover reprint of the hardcover 1st edition 1978

Reproduktion der Abbildungen: Gustav Dreher GmbH, Stuttgart

2132/3130-543210

Vorwort

„Seit den vierziger Jahren des 19. Jahrhunderts wird die geologische Fazieskunde wissenschaftlich im strengsten Sinne des Wortes betrieben, doch findet man auffallenderweise auch heutzutage die größte Unklarheit und Unordnung in den Methoden und die größten Lücken bei den bisherigen Ergebnissen dieser Wissenschaft . . . Es bestehen nebeneinander die verschiedensten Angaben über die Bildungsweise gewisser Schichten und man bringt tagtäglich neue Meinungen hervor, ohne die anderen zu widerlegen . . . Es ist höchste Zeit, daß die Prinzipien der Faziesforschung eindeutig bestimmt werden und daß die umfangreiche Literatur, die solche Fragen behandelt, revidiert werde."

Diese der „Geologischen Fazieskunde" von Laszlo Strausz (1928) vorangestellten Sätze haben auch heute Gültigkeit. Dies gilt auch für die vom Schliffbereich ausgehende Mikrofazies-Analyse von Karbonatgesteinen. Auch hier bestehen methodische Schwierigkeiten, sind die Interpretationsmöglichkeiten, bedingt durch den raschen Fortschritt der Palökologie und der Karbonatsedimentologie, einem steten Wechsel unterworfen, und fehlen zusammenfassende Übersichten über die aus verschiedenen Gebieten der Geowissenschaften stammende umfangreiche Literatur.

Das vorliegende Buch soll keine Synthese darstellen, sondern die derzeitigen Möglichkeiten mikrofazieller Untersuchungen zeigen und auf sinnvolle neue Entwicklungen aufmerksam machen. Dies gilt sowohl für die Präzisierung von Mikrofazies-Typen und für die auf diesen Typen aufgebauten Fazies-Modelle als auch für die wechselseitigen Beziehungen zwischen biogenen und abiogenen Faktoren der Karbonatsedimentation. Wesentliche Entwicklungsmöglichkeiten bestehen für Untersuchungen über die Zusammenhänge zwischen physikalischen Parametern von Karbonatgesteinen und Faziestypen und zwischen geochemischen Kriterien und in der Mikrofazies zum Ausdruck kommenden sedimentären und diagenetischen Merkmalen. Die paläontologische Beschreibung und ökologische oder stratigraphische Auswertung steht bei vielen „Schliff-Fossilien" erst am Anfang (z.B. Riff-Assoziationen) oder bedarf neuer, detaillierter Untersuchungen (z.B. Dasycladaceen). Hierzu kommt der Umstand, daß einzelne Zeitbereiche wie etwa das Tertiär in mikrofazieller Hinsicht bisher kaum bearbeitet wurden.

Der Aufbau des Buches berücksichtigt die sich aus den Erlanger interuniversitären Mikrofazies-Kursen der letzten Jahre ergebenden Fragestellungen sowie die Ergebnisse der mikrofaziellen Arbeiten des Verfassers im Perm und im Mesozoikum der Alpen sowie im Malm von Franken. Die ausgewertete Literatur weist in stratigraphischer und räumlicher Hinsicht eine breite Streuung auf, desgleichen die als Beispiele abgebildeten Schliffproben.

Das Buch will kein „Schliff-Bilderbuch" sein; es kann auch – selbst wenn manche Übersichten und Tabellen in ihrer Gedrängtheit unter Umständen diesen Eindruck erwecken – keine Kochrezepte für schmackhafte Faziesinterpretationen liefern. Ziel des Buches ist es, durch Klärung der Definitionen und durch Aufbereitung der Information (in kommentierten Bibliographien und in Vergleichstabellen) Möglichkeiten für eine selbständige Bearbeitung von Karbonatgesteinen im Hinblick auf paläontologische und sedimentologische Aussagen zu schaffen. Aus diesem Grund erschien es notwendig, auch einen Abriß über rezente Karbonate und über Karbonatdiagenese zu geben, obwohl in den Darstellungen von Bathurst (1971) und Milliman (1974) ausgezeichnete Übersichten zu diesen Themen vorliegen.

„Bestimmungsschlüssel" und Übungsbeispiele erleichtern die unmittelbare Übertragung des Gelesenen in die eigene Praxis der mikrofaziellen Arbeit. Diese sollte sich nicht auf eine Beschreibung und Klassifikation beschränken, sondern den Versuch unternehmen, die Beobachtungen in kritischer Weise mit rezenten und „fossilen" Vergleichsdaten in Beziehung zu setzen. Nur auf diese Weise und in enger Zusammenarbeit mit den verschiedenen geowissenschaftlichen Disziplinen kann die Mikrofazies-Analyse ihren Beitrag zur Fazieskunde leisten.

Ich danke der Deutschen Forschungsgemeinschaft für die Unterstützung meiner Arbeiten, den Mitarbeitern des Springer-Verlages für die Berücksichtigung meiner Wünsche und allen Kollegen und Institutionen, welche die Übernahme von Abbildungsvorlagen gestatteten.

Für ihre Hilfe bei der Vorbereitung dieses Buches danke ich den Mitarbeitern im Institut für Paläontologie der Universität Erlangen, insbesondere Frau U. Scholl, Frau Chr. Sporn und Herrn F. Grimmer. Die Fragen von studentischen Teilnehmern an den Erlanger Mikrofazies-Kursen haben wesentlich zu dem Entschluß beigetragen, ein Buch zu schreiben, das Auskunft geben soll.

Erlangen, Januar 1978 Erik Flügel

Inhaltsverzeichnis

1. Einführung in die Faziesanalyse

„Jede Facies einer Ablagerung zeigt wohlumrissene Eigenheiten petrographischer, geognostischer und paläontologischer Art, die im klaren Gegensatz zu den Eigenheiten eines anderen Faciesbereiches im gleichen geologischen Niveau stehen . . . .". In dieser von Amanz Gressly (1838) gegebenen Definition kommt die Notwendigkeit von interdisziplinären Untersuchungen klar zum Ausdruck. Paläontologische, sedimentologische, geologische und geochemische Daten liefern im Rahmen von Faziesanalysen Grundlagen für Aussagen über den Sedimentationsraum, die Lithogenese und über den Lebensraum der als Fossilien überlieferten Organismen.

1.1 Das Mikrofazies-Konzept

A. Name: Der Name Mikrofazies wurde durch Brown (1943: 325) vorgeschlagen: "In thin section the rock is seen to be composed of . . . microfacies". Demnach bezieht sich der Begriff auf das unter dem Mikroskop sichtbare Schliffbild.

Die gegen die Bezeichnung Mikrofazies vorgebrachten Einwände sind ohne Widerhall geblieben: Calkins (1943 – einer „Mikrofazies" müßte eine „Megafazies" gegenübergestellt werden), Campbell (1944 – statt „Mikrofazies" einfacher „unter dem Mikroskop"), Alling (1945 – „Mikrofazies" schwierig zu definieren, daher besser „Mikrolithologie" als Ergebnis quantitativer mikroskopischer Untersuchungen).

Offenbar ohne Kenntnis des Vorschlages von Brown führte Cuvillier (1952, 1958, 1961) den Namen Mikrofazies zur Kennzeichnung des durch paläontologische und petrographische Merkmale beschreibbaren Schliffbildes von Sedimentgesteinen ein. Die auf dem 3. Internationalen Welt-Erdöl-Kongreß in Paris 1951 auf Antrag Cuvilliers ins Leben gerufene Publikationsreihe "International Sedimentary Petrographical Series" trug wesentlich zur raschen Verbreitung des Namens Mikrofazies bei. Die von Fairbridge (1954) geforderte Unterscheidung zwischen Mikro-Lithofazies und Mikro-Biofazies hat sich nicht durchgesetzt.

B. Definition: Mikrofazies ist die Gesamtheit der im Schliffbereich (Kleinbereich) typisierbaren paläontologischen und sedimentpetrographischen Merkmale.

C. Diskussion: Diese Definition setzt voraus:

a) Untersuchung von Dünnschliffen, Folien-Abzügen und Gesteinsanschliffen bei Vergrößerungen bis zu etwa 200fach.

b) Gleichwertige Bearbeitung sowohl von paläontologischen als auch von sedimentologischen Merkmalen.

c) Typisierung des Datenmaterials unter Berücksichtigung von qualitativen und quantitativen Merkmalen (z.B. Organismen-Assoziationen, Kalk-Klassifikation und Modalbestand).

d) Überprüfung der mikrofaziellen Typisierungen durch Berücksichtigung von geologischen Geländebefunden, palökologischen Interpretationen und – eventuell – geochemischen Kriterien.

e) Übertragung der im Kleinbereich gewonnenen Ergebnisse auf größere Bereiche (Aufschluß: m- bis km-Bereich). Die methodische Verbindung zwischen Schliff- und Feldbereichen ergibt sich aus der Verwendung von auf Struktur- und Texturmerkmalen aufgebauten Kalkklassifikationen (z.B. Dunham, 1962, siehe 6.2.2) und durch die statistische Aufbereitung des Datenmaterials (siehe 7.3).

Die hier gegebene Definition bedeutet eine methodische Verfeinerung des klassischen Fazieskonzeptes von Gressly (vgl. Teichert, 1958; D. Franke, 1963; Lützner et al., 1974). Da Mikrofazies sowohl biologische als auch lithologische Merkmale berücksichtigt, erscheinen die von W. Schäfer (1962: 546) gegen eine „Mikro-Biofazies" (Biofazies 3. Ordnung) vorgebrachten Argumente nicht zutreffend.

D. Entwicklung des Konzeptes: Bereits die ersten Dünnschliffuntersuchungen von Karbonatgesteinen strebten sowohl genetische Interpretationen an (Sorby, 1879; Bornemann, 1886) als auch die stratigraphische Auswertung und ökologische Interpretation des unterschiedlichen Fossilinhaltes (Gümbel, 1873). Die wahrscheinlich älteste mikrofazielle Untersuchung stammt von dem an der Universität Graz tätig gewesenen K. Peters, der in seiner 1863 erschienenen Arbeit „Über Foraminiferen im Dachsteinkalk" Dünnschliffe zur Klärung von palökologischen und paläogeographischen Fragen auswertete. Hovelacque u. Kilian (1900) veröffentlichten den ersten Bildband mit Schliffphotographien. Die praktische Auswertung von in Schliffen typisierten Kalkstrukturen zeigten Udden u. Waite (1927) im Zusammenhang mit der Korrelation von Erdölbohrungen im Oberkarbon von Texas auf.

Sehr wesentliche Impulse erhielt die mikroskopische Untersuchung von Karbonatgesteinen durch Bruno Sander (1936 – Beschreibung der Anlagerungsgefüge; englische Übersetzung 1951) und durch Julius Pia, der 1933 einen ersten umfassenden Überblick über rezente Karbonate gab.

Wie Abb. 1 am Beispiel der Alpinen Trias zeigt, setzten mikrofazielle Untersuchungen mit sowohl sedimentologischen als auch paläontologischen Zielvorstellungen verstärkt erst um 1960 ein. Die zunehmend rasche Steigerung des Interesses an mikrofaziellen Arbeiten ist im wesentlichen bedingt durch (a) die Erdölprospektion in Karbonatgesteinen (etwa 50% der Welterdölproduktion), (b) Schaffung von brauchbaren Kalkklassifikationen (Folk, 1959; Ham, 1962) und (c) paläontologische Fragestellungen (z.B. Palökologie fossiler Riffe, stratigraphische Gliederung von „monotonen" Kalkserien durch „Schliff-Fossilien"). Augenblicklich sind in zunehmendem Maß Arbeiten zu verzeichnen, in denen die Vielfalt der mikrofaziellen Merkmale in Form von „Fazies-Modellen" überschau- und interpretierbar gemacht werden (J.L. Wilson, 1975, s. Abschnitte 8 und 10). Hinzu kommen Untersuchungen über die submikroskopischen Merkmale von Karbonatgesteinen (Ultrafazies), die Möglichkeiten von multivariaten Faziesanalysen und über die wechselseitigen Beziehungen zwischen mikrofaziellen Merkmalen und technologischen Eigenschaften (s. Abschnitt 9).

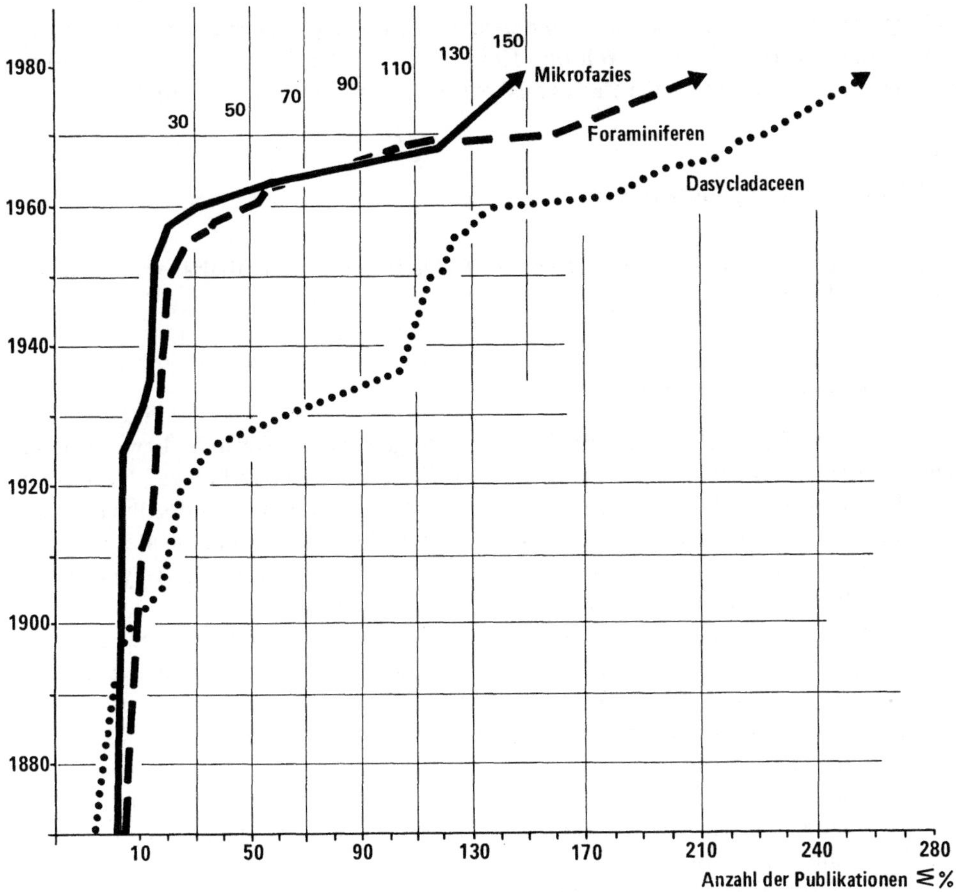

Abb. 1. Das Interesse an mikrofaziellen Untersuchungen kalkalpiner Trias-Sedimente, ausgedrückt durch die jährliche Zahl der Publikationen. Kalkalgen wurden im Hinblick auf die biostratigraphische Auswertbarkeit schon relativ früh eingehend untersucht. Die Zahl der Arbeiten über die in Schliffen typisierbaren Foraminiferen und MF-Merkmale nimmt erst etwa ab 1960 deutlich zu, veranlaßt durch mikropaläontologische und karbonatsedimentologische Fragestellungen

E. Abweichende Begriffsinhalte: Gubler et al. (1967: 55) definieren eine „ primäre Mikrofazies" auf Grund der in einer Sedimentationseinheit (= Gesteinslamina, deren Dicke nicht größer ist als der größte Durchmesser der größten Komponente) beobachtbaren Merkmale. Der Begriff bleibt demnach auf Kriterien beschränkt, die in Schliffen parallel zu den Schichtflächen festgestellt werden. Durch eine vertikale Aufeinanderfolge von primären Mikrofazies-Typen entstehen „Mikrosequenzen". Letztere entsprechen den in Vertikalschliffen (senkrecht zur Schichtfläche) ermittelten MF-Typen im Sinne der üblichen Definition. – Cloud u. Barnes (1957) gebrauchen den Begriff der Mikrofazies zur Kennzeichnung von untergeordneten Faziesentwicklungen innerhalb von räumlich ausgedehnteren Faziesbereichen. Abzulehnen ist die Verwendung des Begriffes

Mikrofazies zur Charakterisierung von bestimmten Mineralparagenesen (z.B. "stress-controlled microfacies", Shaw u. Walton, 1963) oder bei der Beschreibung von Gefügen sedimentärer Geschiebe ("microfacies analysis of till", Ostry u. Deane, 1963).

1.2 Untersuchungsmethoden

Grundsätzlich können Untersuchungen im Gelände und Laborarbeiten unterschieden werden (Abb. 2).

1.2.1 Geländeuntersuchungen

Voraussetzung für mikrofazielle Analysen ist die geologische Gelände- bzw. Profilaufnahme unter besonderer Berücksichtigung von Fazieskriterien (Lithologie, Gesteinsfarben, Bankung und Schichtung, Sedimentstrukturen und -texturen, Fossilinhalt, Lagerungsverhältnisse und Geometrie der Gesteinskörper). Einführungen in die Methoden der Geländeuntersuchungen finden sich bei Krumbein u. Sloss (1963), O.F. Geyer (1973), Falke (1975) und insbesondere bei Vossmerbäumer (1976).

Die Erfassung der im Handstück- und Aufschluß-Bereich erkennbaren Merkmale von Karbonatgesteinen kann durch Verwendung folgender *Checkliste* erleichtert werden:

1. Mineralogische Zusammensetzung (Kalzit, Dolomit) und Gesteinsname (Kalk, kalkiger Dolomit, Dolomit, Dedolomit, Kalk-Ton-Mischreihe, Mergel etc.). Methoden: HCl, Färbung mit Alizarin-S u.a. (vgl. 1.2.3.3 und Bouma, 1969).
2. Gesteinsfarben (frischer Bruch und Verwitterungsfarben). Methoden: Farbskalen (z.B. ROCK-COLOR-CHART, Geol. Soc. Amer. 1951 oder MUNSELL SOIL COLOR CHART, siehe Folk, 1969).
3. Bruchverhalten (muschelig, halbmuschelig, uneben, splittrig, Bruch durch Komponenten, Bruch an Komponentengrenzen).
4. Grundbestandteile bei 10facher Lupenvergrößerung (feinkörnige Karbonatmatrix, Sparit, Komponenten, Poren; vgl. z.B. Leighton u. Pendexter, 1962, Abschnitt 6.2.3):
   - Matrix (nach Korngrößen und Farbe: homogen oder inhomogen);
   - Sparit (gleich- oder ungleichkörnig; Zementgefüge, vgl. Abschnitt 3.3);
   - Komponenten-Haupttypen (ökologische und systematische Gruppierung der Biogene bzw. Bioklasten; Peloide; Aggregatkörner; Onkoide; Ooide; Lithoklasten; terrigene Minerale, z.B. detritischer Quarz, vgl. Abschnitt 4.1.3);
   - Komponenten-Größen (Siltit bis 0.063 mm, Arenit bis 2 mm, Rudit > 2 mm; eventuell Unterscheidung von Fein-, Mittel- und Grobarenit – < 0.25, < 0.50 und > 0.50 mm). Methoden: „Müller-Lupe", G. Müller (1967);
   - Komponenten-Form (angular, subangular, gerundet etc.);
   - Komponenten-Häufigkeit und Matrix/Komponenten-Verhältnis;
   - Komponenten-Orientierung (nicht orientiert – s-Gefüge – Dachziegellagerung – Gradierung etc.);
   - Komponenten-Packung (offenes oder geschlossenes Gefüge; siehe Abschnitte 6.2.2 und 4.2.4.1);
   - Poren und Hohlraumgefüge (siehe 4.2.4.3 und 9.2.1.1).

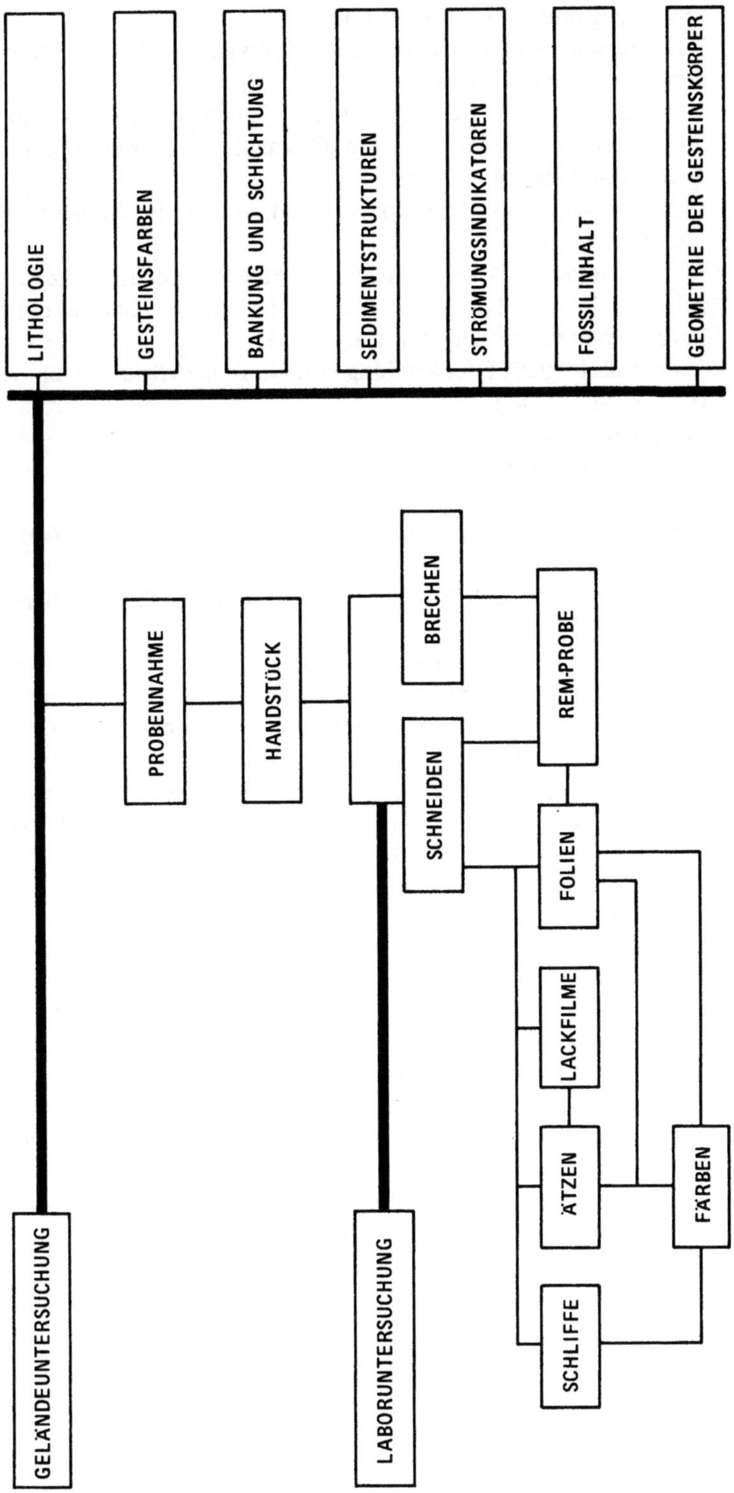

Abb. 2. Arbeitsschema für mikrofazielle Untersuchungen

5. Schichtung und Sedimentstrukturen:
– Schichtungstypus (Horizontal-, Schräg-, Flaser- und Linsen-, Deformationsschichtung, biogene Schichtung);
– Merkmale der Schicht-Oberfläche (eben, uneben; Marken – Rippelmarken, Erosionsmarken, Trichter- und Eindruckmarken; Schrumpf- und Injektionsrisse; Spuren und Fährten; Beläge);
– Merkmale der Schicht-Unterfläche (eben, uneben; Belastungsmarken, Strömungsmarken; Spuren);
– Schichtinterne Merkmale (kleindimensionale Schichtung, z.B. Feinschichtung, siehe 4.2.4.4 und Lützner et al., 1974; bioturbate Gefüge und Spurenfossilien; Strömungsstreifung; Sedimentgänge etc.);
– Schichtmächtigkeit (Verwendung von Normmächtigkeiten sinnvoll, z.B. Ingram, 1954; Kelley, 1956).

6. Dolomitisierung.

7. SiO_2 (Verkieselung, Hornsteine etc.).

8. Konkretionen.

9. Lagerungsverhältnisse und Geometrie des Gesteinskörpers (vgl. Krynine, 1948; Füchtbauer, 1974).

10. Fossilinhalt (Art, Erhaltung, Häufigkeit, ökologische Kriterien; Makro-, Mikro- und Spurenfossilien).

Hinsichtlich der Dokumentationsmöglichkeiten sei auf Bouma u. Nota (1961) und auf Lützner et al. (1974) verwiesen; Übersichten über die Sedimentstrukturen geben Potter u. Pettijohn (1963), Pettijohn u. Potter (1964), Ricci Lucchi (1970) und Reineck u. Singh (1973). Im Abschnitt 1.3.3 ist Literatur über die Auswertungsmöglichkeiten von Sedimentstrukturen in Karbonatgesteinen zusammengestellt. Besonders sei auf die Arbeiten von Imbrie u. Buchanan (1965) und Schwarz (1970 und 1975) hingewiesen.

1.2.2 Probennahme

Probenanzahl und Art der Probennahme sind von den geologischen Gegebenheiten (z.B. Aufschlußverhältnisse; durch Schichttypen und -mächtigkeit vorgezeichnete Beprobungseinheiten), von der Problemstellung (Aussagen zum Ablagerungsmilieu oder biostratigraphische Hinweise) und von der möglichen und sinnvollen Bearbeitungsintensität abhängig.

Einführungen in die Methoden einer – grundsätzlich wünschenswerten – statistischen Probennahme finden sich bei Cochran (1963), Krumbein u. Graybill (1965), Griffith (1967) und Marsal (1967).

Für fazielle Untersuchungen sollten als Beprobungseinheiten Bereiche ausgewählt werden, für welche annähernd gleichartige oder ähnliche Sedimentationsbedingungen angenommen werden können. Dies wäre im Idealfall die „Sedimentationsphase" (Apfel, 1938) bzw. die „Sedimentationseinheit" (Otto, 1938) – eine unter im wesentlichen konstanten physikalischen Bedingungen entstandene Sedimentlage. Walger (1961) hat am Beispiel von Korngrößenverteilungen in dünnsten Sandlagen gezeigt, welche Schwierigkeiten sich der Erfassung einer derartigen Einheit in der Praxis entgegenstellen. Gleichartige Strukturen und Texturen müssen, wie hydrodynamische Experimente ergeben, nicht unbedingt auf gleiche physikalische Faktoren zurückgehen (Jopling, 1964). –

In ihrer gesamten Mächtigkeit durch Großschliffe erfaßte Kalkbänke zeigen in ähnlicher Weise wie die klastischen Schichten Lagen im mm- bis cm-Bereich („primäre Mikrofazies" i.S. von Gubler et al., 1967), die unter verschiedenen genetischen und diagenetischen Bedingungen entstanden sind (Beispiel bei Tietz, 1976). „Sedimentationseinheiten" von Karbonatgesteinen sind daher nicht in allen Fällen durch Schichtflächen bzw. Schichtfugen begrenzt.

1.2.2.1 Probenauswahl und Probenmenge

Die Auswahl der MF-Proben kann von dem Wunsch ausgehen, strukturell oder nach ihrem Fossilinhalt auffallende Kalkbänke genauer zu untersuchen (search sampling) oder aber durch zufallsabhängige Stichproben zu einer Abschätzung der statistischen Wahrscheinlichkeit von Faziestypisierungen zu gelangen (statistical sampling).

Bei gezielten Untersuchungen ergibt sich eine hierarchische Gruppierung der Untersuchungsbereiche: Steinbruch – Kalkbank mit „Bankserien" (= in gleichmäßigen Abständen entnommene Proben) – Probe (Handstück) – Teilstücke (Schnitt senkrecht zur Schichtfläche, zeigt die Probenvariation) – Schliff.

Da die Methoden der statistischen Probennahme die statistische Prüfung auf Homogenität und die Zurückführung der Variabilität auf dominierende Faktoren stark beeinflussen, sollte unter Berücksichtigung der Gesamtproblemstellung ein „Beprobungsplan" entworfen werden. Dieser kann sich an den vier Methoden der statistischen Probennahme orientieren (Krumbein, 1965; Marsal, 1967): Der Untersuchungsbereich wird in gleich große Abschnitte unterteilt (z.B. Quadratnetze auf Schichtflächen; an der geringsten Bankmächtigkeit orientierte Skala im Vertikalprofil) und die Zufälligkeit (randomness, siehe Cadigan, 1962) der Probenpunkte durch Verwendung von Zufallszahlen gesichert. Die Probennahme kann nun erfolgen als:

a) Zufallsproben (simple random sampling): Aus den Beprobungseinheiten werden in unregelmäßigen Abständen (ermittelt durch Zufallszahlen) Stichproben entnommen, deren Repräsentanz durch Streuungstests überprüft wird.

b) Systematische Proben (systematic sampling): Die Probennahme erfolgt in gleichmäßigen Abständen. Sofern die untersuchten Merkmale periodisch auftreten, besteht die Gefahr von einseitig verfälschten Werten (biased samples). Der Repräsentanztest erfolgt nach dem Chi-Quadrat-Verfahren oder durch kumulierte Häufigkeiten.

c) Differenzierte Proben (stratified sampling): Aus jeder Beprobungseinheit bzw. bei geschichteten Karbonaten aus jeder Bank werden mindestens 2 Proben entnommen. Die Anzahl der Proben pro Bank sollte proportional der Bankmächtigkeit sein.

d) Aggregatproben (cluster sampling): Nach Festlegung der Probenpunkte mit Hilfe von Zufallszahlen werden jeweils zwei benachbarte Proben genommen. Der Probenabstand bleibt konstant (siehe Abb. 50).

Häufig ist es sinnvoll, die Wahl der für die Probennahme verwendeten Methode vom Ergebnis einer *Voruntersuchung* abhängig zu machen (siehe E. Flügel u. H. Hötzl, 1976). Hierbei wird für eine Reihe von Stichproben der von der Streuung des zu untersuchenden Materials und von der Stichprobenanzahl abhängige Stichprobenfehler (sampling error) mit Hilfe der STUDENT-t-Verteilung bestimmt (Beispiel bei Vogeltanz, 1970, Verh. geol. Bundesanst. Wien). – Die differenzierte Probennahme ist bei der Untersuchung von Profilen von Vorteil, die systematische Probennahme bei dem Wunsch nach einer flächenmäßigen Erfassung von Fazieseinheiten (McCammon, 1975). Sofern die mikrofaziellen Daten statistisch gruppiert werden sollen (vgl. Abschnitt 7.3.1), empfiehlt sich eine frühzeitige Überprüfung der Probenhomogenität durch Sequenztests (Eltgen, 1969).

Obwohl eine große, aber ohne klares Konzept genommene Probenmenge unter Umständen für statistische Analysen nur ungenügende Daten enthält, gehen die meisten Autoren bei mikrofaziellen Untersuchungen von großen bis sehr großen *Probenmengen* aus:

Der rechnerische Probenabstand (= Profilmächtigkeit/Zahl der im Kleinbereich bearbeiteten Proben) von 100 wahllos herausgegriffenen Beispielen liegt zu etwa 45% zwischen 0,10 und 0,50 m, zu je 14% unter 0,10 bzw. zwischen 0,50 und 1,00 m und zu nur etwa 27% über 1,00 m (hiervon bei 4% über 5,00 m). Die Zahlen zeigen, daß im allgemeinen Bank-für-Bank-Beprobungen vorgenommen werden. Schelf- und Flachwasserkarbonate werden im allgemeinen durch mindestens 100, meist jedoch durch mehr als 250 und nicht selten mehr als 1000 Schliffproben untersucht. Der rechnerische Probenabstand liegt in diesen Karbonaten meist zwischen 0,10 und 0,30 m. Die durchschnittliche Schliffmenge bei der Bearbeitung von Riffkarbonaten liegt zwischen 100 und 350, der rechnerische Probenabstand zwischen < 0,10 und 0,20 m. Die Zahl der bei der Untersuchung von Tiefwasserkarbonaten verwendeten Schliffe ist – bedingt durch die oft relativ monotonen Mikrofaziesspektren – im allgemeinen gering (50–150), der rechnerische Probenabstand liegt zwischen 1,00 und 2,50 m. Welchen Einfluß eine verschieden dichte Probennahme auf die Ergebnisse von MF-Analysen haben kann, geht aus Abb. 3 hervor.

1.2.2.2 Probengröße und Probenorientierung

Die MF-Probe muß Material zur Herstellung von verschieden großen Schliffen bzw. Folienabzügen liefern und außerdem unter Umständen geochemische Untersuchungen (nichtkarbonatische Rückstände, Spurenelemente – siehe 9.1) ermöglichen. Als brauchbare Schliff-Formate haben sich Größen von 5 x 4, 5 x 5 und Großschliffe bis 20 x 15 cm erwiesen.

Die Proben sind vor der Entnahme zu markieren („oben"; eventuell Streich- und Fallrichtung), um die nachträgliche Überprüfung der Lagerungsverhältnisse durch Geopetalgefüge (Abschnitt 4.2.4.2) in zur Schichtung senkrecht orientierten Schliffen zu gestatten. Die Streichrichtung kann bei der Auswertung von Komponenteneinregelungen als Strömungsindikatoren von Bedeutung sein.

Bei der Entnahme von größeren Proben aus dickbankigen oder massigen Sedimentgesteinen empfiehlt sich die Verwendung eines Trennschneiders bzw. Winkelschleifers (vgl. Kasig, 1974).

Abb. 3. Unterschiedliche Proben-Dichte (Karbon/Perm, Nevada; nach Nowak u. Carozzi, 1973). Fall (A): Das 5 m mächtige Profil wurde durch im Abstand von 20 cm entnommenen Schliffproben untersucht. Fall (B): Das Profil wurde möglichst vollständig beprobt, so daß eine kontinuierliche Probenserie vorliegt. Obwohl diese Methode mehr an Information liefert und zu einer besseren Trennung von genetisch verwandten Mikrofaziestypen führt (auf der Abszisse durch Nummern bezeichnet), ist der Trend in der zeitlichen Abfolge der MF-Typen auch bei einer Probennahme im Abstand von 20 cm gut erkenn- und vergleichbar

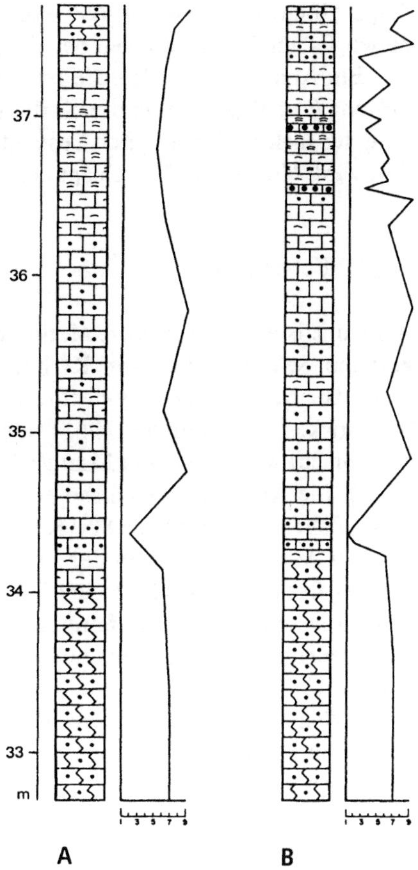

1.2.3 Laborarbeiten

Gute Einführungen in die für MF-Untersuchungen wichtigen Präparationsmethoden geben Bouma (1969), Kummel u. Raup (1965) und Müller (1964).

1.2.3.1 Dünnschliffe

Sofern polierte Anschliffe nicht genügend Information liefern (Herstellung siehe Bouma 1969: 133), ist die Anfertigung von Dünnschliffen notwendig: Die gesägte Probe wird mit der geschliffenen Sägfläche mit Hilfe von Polyesterharzen oder Kunststoffen auf einem Glasträger befestigt. Anschließend wird die Probe nochmals parallel zum Glas gesägt und schließlich maschinell oder mit Hand auf die gewünschte Dicke abgeschliffen. Technische Hinweise finden sich bei Völkel (1967). Die Schliffdicke beträgt bei petrographischen Proben < 30 Mikron. Bei MF-Untersuchungen werden meist Schliffdicken zwischen 30 und etwa 70 Mikron bevorzugt, da derartige „Dickschliffe" die Kalkstrukturen und -texturen häufig besser erkennen lassen. Für die Untersuchung von sehr feinkörnigen mikritischen Kalken sind Ultra-Dünnschliffe (Dicke 0,5–5,0 Mikron) notwendig, s. Honjo u. Fischer (1965) und Lindholm u. Dean (1973). Die Schliffdicke muß in diesen Fällen Beobachtungen bei Vergrößerungen zwischen 150- und 1000fach zulassen.

Ein Abdecken der Schliffe ist nicht immer empfehlenswert, da hierdurch eine Anfärbung (zur Bestimmung der Karbonatminerale) oder eine Ätzung (Hinweis auf Verteilung der nichtkarbonatischen Bestandteile, vgl. Hedberg, 1963; Sainsbury, 1965) verhindert wird. Moussa (1976) schlägt zur Schliffabdeckung Plastikspray vor.

1.2.3.2 Folien (peels)

Als schnellste und einfachste Methode für die Untersuchung von gesägten, polierten und geätzten Schnittflächen von Karbonatgesteinen gilt der Abdruck des geätzten Mikroreliefs auf Acetatfolien (dry-peel-technique, Sternberg u. Belding, 1942; McCrone, 1963; Swarbrick, 1964; German, 1965) oder auf sehr dünne Plastikfilme, die in flüssiger Form aufgebracht werden (Acetatlösung oder Nitrocellulose-Film, vgl. Gwinner, 1963; Kampa, 1967). Die Arbeitsgänge müssen umfassen: Schneiden der Probe, Schleifen mit 100-Körnung, Polieren mit 600- bis 800-Körnung, Trocknen, mehrere Sekunden Ätzung, Besprühen mit Aceton, Anpressen der Folie (günstige Dicke der Folie 0,01 mm) bzw. Aufbringen des Lackfilms, Abziehen der Folie. Die Folien müssen gepreßt bzw. eingeglast und gerahmt werden. Bei sehr feinkörnigen Strukturen kann die geätzte Schnittfläche mit Aethylenchlorid überschüttet und ein 3 mm dickes Plexiglasplättchen angepreßt werden (Frank, 1965).

Folien können ebenso wie Dünnschliffe im Binokular untersucht, mit Hilfe von Mikrofilm-Lesegeräten betrachtet oder in den Vergrößerungsapparat eingelegt und direkt belichtet werden.

1.2.3.3 Färben und Ätzen

Teilweise kombiniert mit Folienabzügen (Bissell, 1957; Katz u. Friedman, 1965; German, 1965; Davies u. Till, 1968), teilweise auf Schnittflächen oder auf Schliffen können Karbonate und andere Minerale durch Färbung mit verschiedenen Substanzen unterschieden werden. Methoden sowie Arbeitsanleitungen finden sich bei Friedman (1959), Warne (1962), Ayan (1965), Dickson (1966) und bei Wolf et al. (1967) sowie bei Evamy (1963, Erkennung von Dedolomitisierung). Als Störfaktoren erweisen sich die Wirkung von unterschiedlichen Korngrößen und Kornorientierungen und die oft nur geringen Unterschiede in den Farbwerten. Zudem gestatten Färbemethoden im allgemeinen nur eine qualitative Trennung der Karbonatminerale. Halbquantitative Bestimmungen sind durch die Kombination von Färbungsintensität und chemischer Reaktion möglich (spot test Feigl, 1954; Dolomitbestimmung mit Alizarin-S nach Schnitzer, 1958).

1.2.3.4 Rasterelektronenmikroskopie

Korngefüge im Mikron-Bereich können nur mit Hilfe des Rasterelektronenmikroskops weiter aufgelöst werden. REM-Untersuchungen sind für die Typisierung der „Ultrafazies" von wesentlicher Bedeutung (z.B. Mikritgenese, Beteiligung von Blau-Grünalgen an der Karbonatbildung, Interpretation der Rindenkörner). Um die arbeitstechnische Verbindung zwischen Mikro- und Ultrafazies zu gewährleisten, können Acetatfolien untersucht werden, die mit Au, C oder Cu bedampft werden. Gute bis sehr gute Resultate liefert die Betrachtung von nicht vorbehandelten Kalkbruchflächen (Taf. 6 und 7) und die Untersuchung von polierten, mit Titriplex-III geätzten Kalkoberflächen (Unterscheidung von Zementtypen und Mikrostrukturen in Organismenhartteilen). Die Größe der REM-Präparate liegt bei etwa 15 x 15 mm.

1.3 Literatur

1.3.1 Mikrofazies-Konzept

Alling, H.L. (1945): Use of microlithologies as illustrated by some New York sedimentary rocks. Bull. Geol. Soc. Amer. **56**, 737–757, 6 Abb., New York

Bornemann, I.G. (1886): Beiträge zur Geologie des Muschelkalkes, insbesondere der Schichtenfolge und Gesteine des Unteren Muschelkalkes in Thüringen. Jb. preuß. geol. Landesanst. **1885**, 267–321, 8 Taf., Berlin

Brown, J.S. (1943): Suggested use of the word microfacies. Econ. Geol. **38**, 325, New Haven

Calkins, F.C. (1943): The word "Microfacies". Econ. Geol. **38**, 608–609, New Haven

Campbell, I. (1944): The word "Microfacies". Econ. Geol. **39**, 70–71, New Haven

Chrobok, S., Kautzsch, E., Meier, R. (1968): Fazies und Milieu – Grundprobleme ihrer Individualisierung und Typisierung. XXIII Internat. Geol. Congr. **8**, 137–146, Prag

Cloud, P.E. Jr., Barnes, V.E. (1957): The Ellenberger Group of Central Texas. Univ. Texas Publ. **4621**, 473 S.

Cuvillier, J. (1952): La notion de "microfacies" et ses applications. VIII Congr. Naz. Metano e Petrolio, sect. I, 1–7

Cuvillier, J. (1958): Micropaléontologie moderne. Rev. Micropaléont. **1**/1, 5–8, Paris

Cuvillier, J. (1961): Etude et utilisation rationelle de microfacies. Rev. Micropaléont. **4**/1, 3–6, Paris

Dunham, R.J. (1962): siehe 6.4

Fairbridge, R.W. (1954): Stratigraphic correlation by microfacies. Amer. J. Sci. **252**/11, 683–694, 1 Abb., New Haven

Folk, R.L. (1959): siehe 6.4

Franke, D. (1963): Zu Fragen geologischer Terminologie und Klassifikation (II). Der Begriff der Fazies (3. Teil). Z. angew. Geol. **1963**/3, 153–157, Berlin

Gressly, A. (1838): Observations géologiques sur le Jura Soleurois. N. Denkschr. allgem. schweiz. Ges. Naturwiss. **2**, Neuchâtel

Gubler, Y., Bertrand, P., Mattavelli, L., Rizzini, A., Passega, R. (1967): Petrology and petrography of carbonate rocks. In: Chilingar, G.V., Bissel, H.J., Fairbridge, R.W. (eds.): Carbonate Rocks. Dev. Sediment. **9** A, 51–86, 13 Abb., 1 Tab., Amsterdam–London-New York: Elsevier

Gümbel, C.W. (1873): Mikroskopische Untersuchungen alpiner Triaskalke und Dolomite. Verh. geol. Reichsanstalt **7** (8), 141–144, Wien

Ham, W.E. (ed., 1962): siehe 1.4.1

Hovelacque, M., Kilian, C.C.W. (1900): Album de microphotographies de roches sédimentaires, d'après les échantillons recueillis et choisis par W. Kilian. 14 S., 69 Taf., Paris (Gauthier-Villars)

Lützner et al. (1974): siehe 1.3.2.1

Ostry, R.C., Deane, R.E. (1963): Microfacies analysis of till. Bull. Geol. Soc. Amer. **74**, 165–168, New York

Peters, K. (1863): Über Foraminiferen im Dachsteinkalk. Jb. geol. Reichsanst. Wien **13**, 293–298, Wien

Pia, J. (1933): siehe 2.4.2

Rey, M. (1954): Sur l'emploi des photo-logs de microfacies dans les séries indurées sédimentaires traversées par les sondages. Rev. inst. Franç. Petrol. et Ann. Combustibles liquides **9**/2, Paris
Sander, B. (1936): siehe 1.4.1
Schäfer, W. (1962): siehe 1.4.1
Shaw, Ch. E. Jr., Walton, M. (1963): Stress-controlled microfacies in a metamorphosed conglomerate. Geol. Soc. Amer. Abstr. 1962, 239, Houston
Sorby, H.C. (1879): The structure and origin of limestones. Geol. Soc. London Proc. **35**, 56–95, 11 Abb., 2 Tab., London
Teichert, C. (1958): Concept of facies. Bull. Amer. Ass. Petrol. Geol. **42**/11, 2718–2744, 1 Abb., Tulsa
Udden, J.A., Waite, V.V. (1927): Some microscopic characteristics of the Bend and Ellenburger limestones. Texas Univ. Bull. **2703**, 8 S., 9 Taf., Austin
Wilson, J.L. (1975): siehe 1.4.1

1.3.2 Untersuchungsmethoden

In dieser und auch in den folgenden Literaturzusammenstellungen sind mehr Arbeiten zitiert, als in den vorhergehenden Abschnitten genannt wurden. Durch diese Ergänzungen soll die selbständige Einarbeitung in den jeweiligen Problemkreis erleichtert werden.

1.3.2.1 Geländeuntersuchungen

Banks, J.E. (1950): Particle-typs well logging. Bull. Amer. Ass. Petrol. Geol. **34**, 1729–1739, Tulsa
Bouma, A.H. (1962): Sedimentology of some flysch deposits. A graphic approach to facies pattern. 168 S., 31 Abb., 3 Beilg., 17 Tab., 8 Taf., Amsterdam–New York: Elsevier
Bouma, A.H. (1969): siehe 1.3.2.3
Bouma, A.H., Nota, D.J.G. (1961): Detailed graphic logs of sedimentary formations. Intern. Geol. Congress, Report 21st Sess., Norden **23**, 52–74, 6 Abb., Kopenhagen
Dunham, R.J. (1962): siehe 6.4
Falke, H. (1975): Anlegung und Ausdeutung einer geologischen Karte. 210 S., 120 Abb., Berlin: de Gruyter
Folk, R.L. (1969): Toward greater precision in rock-color-terminology. Bull. Geol. Soc. Amer. **80**, 725–728, New York
Forgotson, J. Jr. (1960): Review and classification of quantitative mapping techniques. Bull. Amer. Ass. Petrol. Geol. **44**/1, 83–100, 7 Abb., Tulsa
Füchtbauer, H. (1974): siehe 1.4.1
Geyer, O.F. (1973): siehe 1.4.1
Ginsburg, R.N. (1975): siehe 1.4.1
Ingram, R.L. (1954): Terminology for the thickness of stratification and parting units in sedimentary rocks. Bull. Geol. Soc. Amer. **65**, 937–938, New York
Kelley, V.C. (1956): Thickness of strata. J. Sed. Petrol. **26**, 289–300, Tulsa
Krumbein, W.C., Sloss, L.L. (1963): siehe 1.4.1
Krynine, P.P. (1948): The megascopic study and field classification of sedimentary rocks. J. Geol. **56**, 130–165, Chicago
Leighton, M.M., Pendexter, C. (1962): siehe 6.4
Lützner, H. (1968): Tabellarische Dokumentation von Sedimentgesteinen auf feldgeologischer Grundlage. Z. Angew. Geol. **13**, 11/12, 635–642, 3 Abb., Berlin
Lützner, H., Falk, F., Ellenberg, J., Grumbt, E. (1974): Tabellarische Dokumentation klastischer Sedimente. Akad. Wiss. DDR, Forschungsbereich Geo- und Kosmowiss., Zentralinst. Phys. Erde **20**, 153 S., 7 Anlagen, 36 Abb., Potsdam
Müller, G. (1967): A pocket microscope for grain size measurement in the field. J. Sed. Petrol. **37**/2, 703–704, 2 Abb., Tulsa
Müller-Jungbluth, W.V., Toschek, P.H. (1969): siehe 6.4
Pettijohn, F.J., Potter, P.E. (1964): siehe 1.4.1
Potter, P.E., Pettijohn, F.J.: (1963): siehe 1.4.1

Reineck, H.E. (1963): Parameter von Schichtung und Bioturbation. Geol. Rdsch. **56**, 420–438, Stuttgart
Reineck, H.E., Singh, I.B. (1973): siehe 1.4.1
Ricchi Lucchi, F. (1970): siehe 1.4.1
Rizzini, A., Mattavelli, I. (1964): Logs pétrographiques et cartes de lithofacies pratiques des roches carbonatées. Rev. Inst. franç. Pétrole **19**/5, 720–728
Shrock, R.R. (1948): siehe 1.4.1
Vossmerbäumer, H. (1976): siehe 1.4.1
Wilson, J.L. (1975): siehe 1.4.1

1.3.2.2 Probennahme

Apfel, E.T. (1938): Phase sampling of sediments. J. Sed. Petrol. **8**, 67–78, Tulsa
Cadigan, R.A. (1962): A method for determining the randomness of regionally distributed quantitative geologic data. J. Sed. Petrol. **32**/4, 813–818, 1 Abb., Tulsa
Cochran, W.G. (1963): Sampling technique. 2nd ed., 333 S., New York: Wiley & Sons
Dennision, J.M. (1962): Graphical aids for determining reliability of sample means and an adequate sample size. J. Sed. Petrol. **32**/4, 734–750, 5 Abb., Tulsa
Eltgen, H. (1969): siehe 7.3.2
Flügel, E., Hötzl, H. (1976): Palökologische und statistische Untersuchungen in mitteldevonischen Schelf-Kalken (Schwelmer Kalk, Givet, Rheinisches Schiefergebirge). Bayer. Akad. Wiss. Math.-naturwiss. Kl. Abh., N.F. **156**, 70 S., 29 Abb., 17 Tab., München
Griffith, J.C. (1967): Scientific Methods in Analysis of Sediments. 508 S., New York: McGraw Hill Int. Ser. Earth and Planetary Sci.
Gubler, Y., et al. (1967): siehe 1.3.1
Jopling, A.V. (1966): Some applications of theory and experiment to the study of bedding genesis. Sedimentology **7**, 71–102, 3 Taf., 5 Abb., Amsterdam
Kasig, W. (1974): Eine Methode der Probenentnahme aus massigen Sedimentgesteinen. N. Jb. Geol. Paläont. Mh. **1974**/2, 65–71, 3 Abb., Stuttgart
Krumbein, W.C. (1965): Sampling in paleontology. In: Kummel, B., Raup, D. (eds.): Handbook of Paleontological Techniques, 137–150, 1 Abb., San Francisco–London: Freeman
Krumbein, W.C., Graybill, F.A. (1965): An Introduction to Statistical Models in Geology. 475 S., New York: McGraw Hill
Nowak, F.J., Carozzi, A.V. (1973): siehe 7.3.2
McCammon, R.B. (1975): siehe 7.3.2
Marsal, D. (1967): siehe 7.3.2
Otto, G.H. (1938): The sedimentation unit and its use in field sampling. J. Geology **46**, 569–582, Chicago
Tietz, G.F. (1976): Petrographische und geochemische Untersuchungen an einer kondensierten Kalkbank des unteren Silurs der Karnischen Alpen (Österreich). Verh. Geol. B.A. **1976**/2, 207–242, 7 Abb., 1 Tab., Wien
Walger, E. (1961): Die Korngrößenverteilung von Einzellagen sandiger Sedimente und ihre genetische Bedeutung. Geol. Rdsch. **51**/2, 494–507, 8 Abb., Stuttgart

1.3.2.3 Laborarbeiten

Ayan, T. (1965): Chemical staining methods used in the identification of carbonate minerals. Bull. Min. Res. Explor. Inst. Turkey **65**, 133–147, Ankara
Bissell, H. (1957): Combined preferential staining and cellulose peel technique. J. Sed. Petrol. **27**, 417–420, Tulsa
Bouma, A.H. (1969): Methods for the Study of Sedimentary Rocks. 458 S., New York–London–Sidney–Toronto: Wiley
Davies, P.J., Till, R. (1968): Stained dry cellulose peels of ancient and recent impregnated carbonate sediments. J. Sed. Petrol. **38**/1, 234–237, 1 Tab., Tulsa
Dickson, J.A.D. (1966): Carbonate identification and genesis as revealed by staining. J. Sed. Petrol. **36**/2, 491–505, 10 Abb., Tulsa

Evamy, B.D. (1963): The application of a chemical staining techniques to a study of dedolomitization. Sed. **2**, 164–170, Amsterdam
Feigl, F. (1960): Tüpfelanalysen. 1. Anorganischer Teil. 4. deutsche Auflage, 594 S., Frankfurt/M.
Fenninger, A. (1968): Das Kalzitgefüge der sparitischen Kalke des Plassen (Tithonium, nördliche Kalkalpen, Oberösterreich). Sed. **10**/4, 273–291, 9 Abb., 3 Tab., Amsterdam
Frank, R.M. (1965): An improved carbonate peel technique for high-powered studies. J. Sed. Petrol. **35**/2, 1 Abb., Tulsa
Friedman, G.M. (1959): Identification of carbonate minerals by staining methods. J. Sed. Petrol. **29**/2, 87–97, 2 Abb., 4 Tab., Tulsa
German, K. (1965): Die Technik des Folienabzuges und ihre Ergänzung durch Anfärbemethoden. N. Jb. Geol. Paläont. Abh. **121**, 293–306, Stuttgart
Gwinner, M.P. (1963): Lackfilme als Hilfsmittel bei der Herstellung von Gesteinsschnittbildern. Photographische Korrespondenz **99**, 188–190, 4 Abb., Darmstadt–Wien
Hedberg, R.M. (1963): Dip determination in carbonate cores. J. Sed. Petrol. **33**, 680–693, Tulsa
Honjo, S., Fischer, A.G. (1965): Thin section and peels for high-magnification study and phase-contrast microscopy. In: Kummel, B., Raup, D. (eds.): Handbook of Palaeontological Techniques, 241–247, 1 Abb., San Francisco–London: Freeman
Kampa, E. (1967): Ein neues Nitrocellulosefilm-Verfahren in der Paläontologie. Der Präparator **13**/3, 205–206, Bonn
Katz, A., Friedman, G.M. (1965): The preparation of stained acetate peels for the study of carbonate rocks. J. Sed. Petrol. **35**, 248–249, Tulsa
Kummel, B., Raup, D. (eds.) (1965): Handbook of Paleontological Techniques. 852 S., San Francisco–London: Freeman
Lees, A. (1958): Etching techniques for use on thin sections of limestones. J. Sed. Petrol. **28**/2, 100–202, 3 Abb., Tulsa
Lindholm, R.C., Dean, D.A. (1973): Ultra-thin sections in carbonate petrology: a valuable tool. J. Sed. Petrol. **43**/1, 295–297, 1 Abb., Tulsa
McCrone, A.W. (1963): Quick preparation of peel-prints for sedimentary petrography. J. Sed, Petrol. **33**/1, 228–230, Tulsa
Moussa, M.T. (1976): Plastic spray thin-section cover. J. Sed. Petrol. **46**/1, 252–253, Tulsa
Müller, G. (1964): Methoden der Sedimentuntersuchung. 303 S., 91 Abb., 29 Tab., 3 Beilagen, Stuttgart: Schweitzerbart
Sainsbury, C.L. (1965): Improved method for studying carbonate rocks in thin sections. J. Sed. Petrol. **35**/2, 491–494, 3 Abb., Tulsa
Schneidermann, N., Sandberg, P.A. (1971): Calcite-Aragonite differentiation by selective staining and scanning electron microscopy. Transact. Gulf Coast Ass. Geol. Soc. **21**, 4 S., 6 Abb., New Orleans
Schnitzer, W.A. (1958): Eine anwendbare Methode quantitativer Dolomitbestimmung in Weißjura-Kalken mittels Tüpfelreaktion. Geol. Bl. NO-Bayern **8**, 53–112, Erlangen
Schnitzer, W.A. (1967): Bromphenolblau zur Unterscheidung von Kalkstein und Dolomit. Zement–Kalk–Gips **1967**/1, 31–32
Sternberg, R.M., Belding, H. (1942): The dry-peel technique. J. Paleont. **16**, 135–136, Tulsa
Swarbrick, E.E. (1964): A peel technique for the study of sedimentary structures. Sedimentology **3**/1, 75–78, 1 Taf., Amsterdam
Voigt, E. (1949): Die Anwendung der Lackfilmmethode. Mitt. geol. Staatsinst. **19**, 111–129, Hamburg
Völkel, H. (1967): Allgemeines über die Anfertigung von Dünnschliffen und Anschliffen. Der Präparator **13**, 155–169, 7 Abb., Bonn
Warne, J. (1962): A quick field or laboratory staining scheme for the differentiation of the major carbonate minerals. J. Sed. Petrol. **32**/1, 29–38, 2 Taf., 3 Abb., Tulsa
Warth, M. (1969): Selektive Anfärbung von Gesteinsoberflächen. Der Präparator **15**/1, 11–17, Bochum
Wolf, K.H., Easton, A.J., Warne, S. (1967): Techniques of examining and analyzing carbonate skeletons, minerals and rocks. Dev. Sedimentology **9** B, Carbonates 253–341, 21 Abb., Amsterdam: Elsevier

1.3.3 Sedimentstrukturen in Karbonatgesteinen

Bacelle Scudeler, L. (1968): Strutture torbitiche e frane sottomarine nel "S. Cassiano" di Carbonin (Dolomiti nord-orientali). Accad. Naz.Lincei, Rend. Cl. Sci. Fis. Mat. Naturali, Fasc. 6, Ser. 8, **44**, 821–826, Taf. 1, 1 Abb., Roma

Ball, M.M. (1967): Carbonate sand bodies of Florida and the Bahamas, J. Sed. Petrol. **37**, 556–591, Tulsa

Bouma, A.H. (1972): Fossils contourites in lower Niesenflysch, Switzerland. J. Sed. Petrol. **42**/4, 917–921, 3 Abb., Tulsa

Broadhurst, F.M. (1968): Large scale ripples in Silurian limestones. Lethaia **1**, 28–38, 6 Abb., Oslo

Campbell, Ch.V. (1967): Lamina, Laminaset, Bed and Bedset. Sedimentology **8**, 7–26, 4 Abb., Amsterdam

Davies, D.K. (1968): Carbonate turbidites, Gulf of Mexico. J. Sed. Petrol. **38**, 1100–1109, 8 Abb., Tulsa

Dott, R.H. Jr. (1958): Cyclic patterns in mechanically deposited Pennsylvanian limestones of northeastern Nevada. J. Sed. Petrol. **28**/1, 3–14, 3 Abb., 1 Taf., Tulsa

Engel, W. (1970): Die Nummuliten-Breccien im Flyschbecken von Ajdovscina in Slowenien als Beispiel karbonatischer Turbidite. Verh. geol. Bundesanst. **1970**/4, 570–582, 5 Abb., Wien

Grunau, H. (1950): Siehe 5.5.1

Gwinner, M.P. (1962): Subaquatische Gleitungen und resedimentäre Breccien im Weißen Jura der schwäbischen Alb (Württemberg). Z. dtsch. geol. Ges. **113**, 2/3, 571–590, 6 Abb., Taf. 7–10, Stuttgart

Hamblin, W.K. (1969): Marine paleocurrent directions in limestones of the Kansas City Group (Upper Pensylvanian) in Eastern Kansas. State Geol. Surv. Kansas Bull **194**/2, 24 S., 19 Abb., Lawrence

Harbaugh, J.W. (1959): Small scale cross-lamination in limestones. J. Sed. Petrol. **29**/1, 30–37, 6 Abb., Tulsa

Imbrie, J., Buchanan, H. (1965): Sedimentary structure in modern carbonate sands of the Bahamas. Soc. Econ. Paleont. Min. Spec, Publ. **12**, 149–172, Tulsa

Kuenen, P.H., ten Haaf, E. (1956): Graded bedding in limestones. Proc. Nederl. Akad. Wetensch., Ser. B. **59**, 314–317, Amsterdam

Lindström, M. (1963): Sedimentary folds and the development of limestone in early Ordovician Sea. Sedimentology **2**/3, 243–292, 15 Abb., Amsterdam

Lumsden, D.N. (1971): Facies and bed thickness distributions of limestones. J. Sed. Petrol. **41**/2, 593–598, 4 Abb., Tulsa

MacKenzie, F.T. (1964): Bermuda Pleistocene eolianites and paleowinds. Sedimentology **3**, 52–64, 6 Abb., Amsterdam

Marcinowski, R. (1970): Turbidites in the Upper Oxfordian Limestones at Jaskrow in the Polish Jura Chain. Bull. Acad. Polonaise Scien. Ser. sci. geol. **18**/4, 219–225, Taf. 1–6, 2 Abb., Warschau

Meischner, K.D. (1964): Allodapische Kalke, Turbidite in riffnahen Sedimentations-Becken. Dev. Sediment. **3**, 156–191, 3 Taf., 5 Abb., Amsterdam

Radwanski, A., Roniewicz, P. (1962): Submarine slumping in the Famennian of the Holy Cross Mts. (Central Poland). Acta Geol. Polonica **12**/2, 295–305, Taf. 12–15, Warschau

Remane, J. (1970): Die Entstehung der resedimentären Breccien im Obertithon der subalpinen Ketten Frankreichs. Eclogae geol. Helvetiae **63**/3, 685–740, 20 Abb., 6 Taf., Basel

Rigby, K.J. (1958): Mass movements in Permian rocks of Trans-Pecos Texas. J. Sed. Petrol. **28**/3, 298–315, 14 Abb., Tulsa

Roehl, P.O. (1967): Stony mountains (Ordovician) and interlake (Silurian) facies analogs of recent low energy marine and subaerial carbonates, Bahamas. Amer. Ass. Petrol. Geol. Bull. **51**/10, 1979–2032, 48 Abb., Tulsa

Schuler, G. (1967): Zur Kalk-Mergel-Sedimentation stromatometrisch vergleichbarer Profile im Malm Alpha in der mittleren Frankenalb. Geol. Bl. NO-Bayern **17**/3, 127–136, 1 Tab., 4 Abb., Erlangen

Schwarz, H.-U. (1970): Zur Sedimentologie und Fazies des unteren Muschelkalkes in Südwestdeutschland und angrenzenden Gebieten. Diss. Univ. Tübingen, 267 S., Tübingen

Schwarz, H.-U. (1975): Sedimentary structures and facies analysis of shallow marine carbonates (Lower Muschelkalk, Middle Triassic, Southwestern Germany). Contrib. Sed. **3**, 100 S., 11 Taf., 35 Abb., 1 Tab., Stuttgart: Schweitzerbart

Sedimentation Seminar (1966): Cross-bedding in the Salem limestone of Central Indiana. Sedimentology **6**, 95–114, 12 Abb., Amsterdam

Seibold, E. (1952): Chemische Untersuchungen zur Bankung im unteren Malm Schwabens. N. Jb. Geol. Paläont. Abh. **95**, 337–370, Stuttgart

Swinchatt, J.P. (1967): Formation of large scale-cross-bedding in an carbonate unit. Sedimentology **8**, 93–120, 18 Abb., 1 Tab., Amsterdam

Szulczewski, M. (1968): Slump structures and turbidites in Upper Devonian limestones of the Holy Cross Mts. Acta Geol. Polonica **18**/2, 303–324, Taf. 1–6, 8 Abb., Warszawa

Vortisch, W. (1964): Die Entwicklung unserer Anschauungen über nichttektonische Verformung der Sedimente. Geol. Rdsch. **53**/2, 650–679, Stuttgart

Wendt, J. (1971): Genese und Fauna submariner sedimentärer Spaltenfüllungen im mediterranen Jura. Palaeontographica, A, **136**, 121–192, Taf. 15–18, 20 Abb, 7 Tab., Stuttgart

1.4 Literaturhinweise

1.4.1 Kommentierte Bibliographie: Methoden und Auswertung von Faziesanalysen

Der Inhalt der hier zusammengestellten Standardliteratur läßt eine Gruppengliederung zu: FI – Faziesinterpretation, K – rezente und/oder fossile Karbonate, MSU – Methoden der Sedimentuntersuchung, Ö – Ökologie und Palökologie, RS – rezente Sedimentation, S – Sedimentbeschreibung. Nicht berücksichtigt sind hier Sammelwerke über Mikrofazies (siehe 5.5).

(FI) Anstey, R.L., Chase, T.L. (1974): Environments Through Time. A Laboratory Manual in the Interpretation of Ancient Sediments and Organisms. 136 S., Minneapolis: Burgess
Unterlagen für einen gut aufgebauten Einführungskurs; Sedimentologie, Paläontologie und Palökologie, Stratigraphie, Geotektonik.

(K) Bathurst, R.G.C. (1971): Carbonate Sediments and their Diagenesis. Dev. Sediment. **12**, 620 S., 359 Abb., Amsterdam: Elsevier
Ausgezeichneter Überblick über rezente Karbonatsedimentation und Diagenese. Abschnitte: Petrographie der Karbonatkörner, Organismen – Ooide, Pisolithe, Peloide, Rezente Sedimentationsbereiche – Große Bahama-Bank, Golf von Florida, Golf von Batabano, Persischer Golf, Britisch-Honduras; Rezente Algen-Stromatolithen; Chemische Verhältnisse; Entstehung von Ooiden, Pisolithen und Grapestones; Diagenese unter Süßwassereinfluß im subaerischen Bereich; Diagenese am Meeresboden; Zementation, Drucklösung; Neomorphe Bildungen; Rezente Dolomite.

(S) Berner, R.A. (1971): Principles of Chemical Sedimentology. 256 S., New York: McGraw Hill

(S) Blatt, H., Middleton, G., Murray, R. (1972): Origin of Sedimentary Rocks. 653 S., New Jersey: Englewood Cliffs
Sehr anregende Darstellung der Sedimentationsprozesse und der Untersuchungsmethoden. Kommentierte Bibliographien.

(MSU) Bouma, A.H. (1969): Methods for the Study of Sedimentary Structures. 458 S., New York: Interscience
Einführung in die Methoden der Sedimentuntersuchung. – Folienabzüge, Imprägnierung, Röntgenbilder, Färbemethoden etc., Probennahme. Viele praktische Hinweise.

(A) Bouma, A.H., Brouwer, A. (eds.) (1964): Turbidites. Dev. Sed. **3**, 264 S., Amsterdam–London–New York: Elsevier
Wichtiges Sammelwerk über rezente und fossile Turbidite. Für Karbonate wichtig: Allodapische Kalke – Turbidite im riffnahen Sedimentationsbecken (Meischner).

(S) Carozzi, A.V. (1960): Microscopic Sedimentary Petrography. 485 S., 88 Abb., New York–London: Wiley

Einführung in die Dünnschliffuntersuchung von Sedimentgesteinen. Abschnitte: Klastische Gesteine; Biochemische Gesteine (Karbonatische Gesteine, Kieselige Gesteine, Fe-haltige Gesteine, Phosphorite); Chemische Gesteine (Evaporite).

(K) Chilingar, G.V., Bissel, Fairbridge, R.W. (eds) (1967): Carbonate Rocks. Dev. Sedimentology, **9** A (Origin, Occurrence and Classification). 471 S., 131 Abb., 20 Tab.; **9** B (Physical and Chemical Aspects), 413 S., 80 Abb., 70 Tab., Amsterdam: Elsevier
Interessante, heute z.T. bereits etwas überholte Einzeldarstellungen. Abschnitte – Band 9A: Rezente Karbonatsedimente; Petrologie und Petrographie von Karbonatgesteinen; Klassifikation; Ursprung von Vorkommen von Kalken; Ursprung und Vorkommen von Dolomiten; Karbonate als Erdölspeicher; Karbonate und Paläoklimate. – Band 9 B: Elementare Zusammensetzung von karbonatischen Biogenen, Mineralen und Sedimenten; Physikalische Chemie der Karbonatbildung; Chemie der Dolomitbildung; Verteilung stabiler Isotope in Karbonaten; Einfluß von Druck und Temperatur auf Karbonate; Ursprung des Erdöls in Karbonatgesteinen; Methoden der Untersuchung von Karbonatgesteinen, Biogenen und Mineralen; Technologische Eigenschaften der Karbonate.

(K) Cook, H.E., Enos, P. (eds.) (1977): Deep-water carbonate environments. Soc. Econ. Paleont. Min. Spec. Publ. **25**, 300 S., 300 Abb., Tulsa

(Ö) Crimes, T.P., Harper, J.D. (eds.) (1970): Trace Fossiles. Symposium. Geol. J. Spec, Issue **3**, 547 S., 114 Abb., 88 Taf., London

(S) Degens, E.T. (1968): Geochemie der Sedimente. 282 S., 75 Abb., 20 Tab., Stuttgart: Enke
Für Geologen gedachte Übersicht über: Verwitterungsrückstände von magmatischen und metamorphen Mineralen, Minerale des Tieftemperaturbereichs und wässeriger Bildungsbedingungen, Mobile Phasen, Organische Geochemie.

(RS) Dietrich, G. (ed.) (1970): Erforschung des Meeres. 318 S., Frankfurt a.M.: Umschau
Lesenswerte Einführung der ozeanographischen Grunddaten für die Bereiche Meerwasser, Meeresboden, Leben im Meer, Meerestechnik.

(S) Dott, R.H. Jr., Shaver, R.H. (eds.) (1974): Modern and Ancient Geosynclinal Sedimentation. Soc. Econ. Min. Paleont., Spec. Publ. **19**, 380 S., Tulsa
Sehr anregende Arbeiten über rezente und fossile Tiefseesedimente, submarinen Vulkanismus und über die Probleme der palinspastischen Rekonstruktionen.

(S) Duff, P., McL.D., Hallam, A., Walton, E.K. (1967): Cyclic Sedimentation. Dev. Sed. **10**, 280 S., Amsterdam–London–New York: Elsevier
Ausgezeichnete Darstellung der zyklischen Sedimentation in verschiedenen Ablagerungsbereichen.

(FI) Dunham, R.J. (1972): Guide for study and discussion for individual reinterpretation of the sedimentation and diagenesis of the Permian Capitan geologic reef and associated rocks, New Mexico and Texas. Permian Basin Section, Soc. Econ. Paleont. Min., Publ. **72–14**, 235 S.
Ausgezeichnete und sehr anregende, unkonventionelle Darstellung der sedimentologischen und paläontologischen Kriterien der Perm-„Riffe"; Anleitung zu kritischer Interpretation, insbesondere der Diagenesemöglichkeiten.

(K) Elf-Aquitaine (1975): Essai de caractérisation sédimentologique des dépots carbonates. (An attempt at sedimentological characterisation of carbonate deposits). 1. Eléments d'analyse (Analytic elements). 172 S., 61 Taf., Boussens-Pau: Elf-Aquitaine
Entstanden als Arbeitsgrundlage für französische Erdölgeologen, vermittelt das sehr gut bebilderte Buch eine rasche Einführung in die im Schliffbereich unterscheidbaren Merkmale von Karbonatgesteinen, in die Klassifikationsmöglichkeiten sowie in einige Gefügemerkmale. Band 2 erscheint 1977.

(S) Engelhardt, W.v. (1973): Die Bildung von Sedimenten und Sedimentgesteinen. In: Sediment-Petrologie, **3**, 378 S., 133 Abb., 55 Tab., Stuttgart: Schweitzerbart
Übersicht über die Prinzipien der sediment- und gesteinsbildenden Vorgänge. Abschnitte: Ausgangsmaterial; Subaerische Verwitterung; Transport und Ablagerung klastischer Bestandteile; Bildung chemischer Sedimente; Diagenese.

(S) Folk, R.L. (1961): Petrology of Sedimentary Rocks. Univ. Texas, Geol. 370 K, 383 L, 383 M, 154 S., Austin: Hemphill's
Ausgezeichnete Einführung in die Methoden der Korngrößenanalysen, mineralogische Zusammensetzung der Sedimentgesteine, Petrologie der Sandsteine, Tonsteine und Karbonate.

(Ö) Frey, R.W. (ed.) (1975): The Study of Trace Fossils. 625 S., 308 Abb., Berlin: Springer

(K) Friedmann, G.M. (ed.) (1969): Depositional Environments in Carbonate Rocks. Soc. Econ. Paleont. Min. Spec, Publ. **14**, 208 S., Tulsa
Wichtige Arbeiten über fossile Tief- und Flachwasserkarbonate sowie über die Erkennung von Auftauchbereichen mit Hilfe von vadosen Zementtypen.

(Ö) Friedrich, H. (1965): Meeresbiologie. 436 S., 6 Taf., 206 Abb., Berlin: Borntraeger
Gute und lesenswerte Darstellung von: Geschichte der biologischen Meeresforschung, Morphologie der Ozeane, Ökologische Faktoren, Pflanzen und Tiere des Pelagials, Pflanzen und Tiere des Benthals; Räumliche und zeitliche Verteilung der Meeresorganismen, Randbewohner des Meeres; Wirtschaftliche Beziehungen zur Meeresbiologie; Allgemeines biologisches Bild der Ozeane.

(S) Füchtbauer, H. (1974): Sediments and Sedimentary Rocks 1. – In: Engelhardt, W.v., Füchtbauer, H., Müller, G.: Sedimentary Petrology, part II, 464 S., 199 Abb., 39 Tab., Stuttgart: Schweizerbart
Moderne Darstellung der Sedimentgesteine, hervorgegangen aus Füchtbauer, H., Müller, G. 1970. Abschnitte: Der exogene Zyklus, Prinzipien der Nomenklatur, Sandsteine, Konglomerate und Brekzien, Pyroklastische Gesteine (Schmincke), Karbonatgesteine, Zyklische Sedimentation.

(S) Füchtbauer, H., Müller, G. (1970): Sedimente und Sedimentgesteine. In: Sediment-Petrologie **2**, 726 S., 326 Abb., 66 Tab., Stuttgart: Schweizerbart
Wichtige Übersicht über die Entstehung von Sedimenten und über die Gesteinsbildung. Abschnitte: Exogener Kreislauf, Benennungsprinzipien. Sandsteine, Konglomerate und Breccien, Silt- und Tonsteine, Karbonatgesteine, Sedimente, spezielle Bildungsbereiche (Salzgesteine, kieselige Sedimente, sedimentäre Phosphat-Gesteine, Fe- und Mn-reiche Sedimente, Erze im Sedimentgestein, Residualgesteine, Pyroklastische Gesteine, Torf-Braunkohle), Wechselfolgen. – 3. Aufl (1977) mit 57 Seiten „Nachtrag".

(Ö) Funnel, B.R., Riedel, W.R. (eds.) (1971): The Micropaleontology of the Oceans. 838 S., Cambridge

(S) Geyer, O.F. (1973): Grundzüge der Stratigraphie und Fazieskunde, Band 1: Paläontologische Grundlagen I. Das geologische Profil, Stratigraphie und Geochronologie. 279 S., 166 Abb., 7 Tab., Stuttgart: Schweizerbart
Einführung in die Methoden und Probleme der „angewandten Paläontologie" (Stratigraphie und Fazieskunde).

(FI) Ginsburg, R.N. (ed.) (1975): Tidal deposits. A casebook of recent examples and fossil counterparts. 428 S., Berlin–Heidelberg–New York: Springer
Wichtige Übersicht über fossile und rezente Gezeitensedimentation im silikatischen und karbonatischen Bereich.

(MSU) Griffiths, J.C. (1967): Scientific Method in Analysis of Sediments. 508 S., New York: McGraw Hill
Sehr anregende Darstellung der statistischen Behandlungsmöglichkeiten petrographischer Daten. Von besonderem Interesse für mikrofazielle Untersuchungen sind die Abschnitte: Methoden der Probennahme, Messung von Korngröße, Korngestalt, Korngefüge und Kornpackung, Modalanalyse. Ausführlich behandelt wird die Methodik von Häufigkeitsverteilungsanalysen sowie die Möglichkeiten der statistischen Erfassung der Beziehungen zwischen Variablen.

(FI) Hallam, A. (ed.) (1967): Depth indicators in marine sedimentary environments. Marine Geol. **5**, 5/6, 327–567, Amsterdam
Wichtige Übersicht über die Möglichkeiten mit Hilfe von Organismenverbreitung, sedimentologischen oder geochemischen Kriterien die Tiefe des Ablagerungsraumes zu rekonstruieren.

(K) Ham, W.E. (ed.) (1962): Classification of Carbonate Rocks. A Symposium. Mem. Amer. Ass. Petrol. Geol. **1**, 279 S., Tulsa
Für die Beschreibung von Karbonatgesteinen unbedingt erforderliche Darstellung der wichtigsten Klassifikationskonzepte (Leighton u. Pendexter, Folk, Plumley et al., Dunham u.a.)

(RS) Hay, W.W. (ed.) (1974): Studies in Paleo-Oceanography. Soc. Econ. Paleont. Min., Spec. Publ. **20**, 218 S., Tulsa
Sehr wichtige Arbeiten über Karbonate und Karbonatlösung in tieferen Meeren, Chemie des Meereswassers, paläogeographische Entwicklung der Ozeane.

(Ö) Hedgpeth, J.W. (ed.) (1957): Treatise on Marine Ecology and Paleoecology. Vol. 1. Ecology. Mem. Geol. Soc. Amer. **67**/1, 1296 S., New York

Kurze Zusammenstellung der bei der Rekonstruktion fossiler Lebens- und Ablagerungsräume verwendbaren Untersuchungsmethoden aus den Bereichen der Sedimentologie, Lithologie und Geochemie.

(RS) Hill, M.N. (ed.) (ab 1962): The Sea. **1**, 864 S., **2**, (1963), 554 S., **3**, (1963), 963 S., **4**, (1970), 802 S., herausgegeben von A.E. Maxwell
Standardwerk über alle Aspekte der Ozeanographie und marinen Sedimentation.

(K) Hsü, K.J., Jenkyns, H.C. (ed.) (1974): Pelagic sediments: on land and under sea. Spec. Publ. Intern. Ass. Sedimentologists **1**, 447 S., viele Abb., Oxford: Blackwell
Ergebnisse eines 1973 in Zürich abgehaltenen internationalen Symposiums über rezente und fossile pelagische Sedimente. Wesentliche Untersuchungen über die Genese der Kreide, über Verkieselung und Chert-Bildung sowie über Karbonatlösung in der Tiefsee. Modellvorstellung über die Entstehung von Knollenkalken sowie über den Zusammenhang zwischen „Platten-Stratigraphie" und in der geologischen Zeit wechselnder Untergrenze der Karbonatlösung.

(K) Humbert, L. (1977): Eléments de pétrologie dynamique des systèmes calcaires. 1. Typologie. Description. Diagenese, Applications. 2. Atlas photographique. Paris: Editions Technique
Darstellung der Beschreibungsmöglichkeiten von Kalken im Handstück-, Schliff- und REM-Bereich. Reich bebilderte Übersicht über Kalk-Komponenten und Diagenesetypen.

(S) Krumbein, W.C., Sloss, L.L. (1963): Stratigraphy and Sedimentation. 2. Aufl., 660 S. San Francisco–London: Freeman
Anregende Darstellung der Untersuchungsmethoden von Sedimentgesteinen – Geländeuntersuchungen, Fazieskartierung, einfache, didaktisch gute Beschreibung der Sedimentationsprinzipien.

(RS) Kukal, Z. (1970): Geology of Recent Sediments. 490 S., Prag: Publ. House Czechosl. Acad. Sci.
Gute Zusammenstellung rezenter Sedimentationsverhältnisse im terrestrischen, lakustrinen und marinen Bereich. Viele tabellarisch erfaßte Beispiele.

(Ö) Ladd, H.S. (ed.) (1957): Treatise on Marine Ecology and Paleoecology. Vol. II. Paleoecology. Mem. Geol. Soc. Amer. **67**/2, 1077 S., New York
Grundlegendes Werk über palökologische Befunde und Methoden mit kommentierter Bibliographie der fossil bedeutenden marinen Organismengruppen.

(FI) Laporte, L.F. (1968): Ancient Environments. 117 S., Englewood Cliffs: Prentice-Hall
Anregende Einführung in die Möglichkeiten der Interpretation von Faziesmerkmalen.

(FI) Laporte, L.F. (ed.) (1974): Reefs in time and space. Selected examples from the Recent and Ancient. Soc. Econ. Paleont. Min. Spec. Publ. **18**, 256 S., Tulsa
Für Untersuchungen an fossilen Riffen wichtige Arbeiten, insbesondere über die Gestalt der Riffkörper. Ferner: Überblick über "carbonate buildups" in der Erdgeschichte, Devon-Karbonatkomplexe in Zentraleuropa, Trias-Riffe in den Südtiroler Dolomiten, Riffdiagenese.

(S) Larsen, G., Chinlingar, G.V. (eds.) (1967): Diagenesis in Sediments. Dev. Sed. **8**, 551 S., Amsterdam-London–New York: Elsevier
Wichtiges Sammelwerk über Aspekte der Diagenese bei Sandsteinen, tonigen Sedimenten, Karbonaten, organ. Substraten, Kohlen, sedimentäre Minerallagerstätten etc.

(K) Leblanc, R.J., Breeding, J.G. (eds.) (1957): Regional aspects of carbonate deposition. Soc. Econ. Paleont. Min., Spec, Publ. **5**, 178 S., Tulsa
Übersicht über rezente Karbonatsedimentation, Sedimentation auf der Bahama-Bank, Frühdiagenese und Lithifikation von Flachwasserkarbonaten in Südflorida, Dolomitfrage, Unterkarbon-Kalke.

(RS) Menzies, R.J., George, R.Y., Rowe, G.T. (1973): Abyssal Environment and Ecology of the World Oceans. 488 S., New York: Wiley
Eine der wenigen zusammenfassenden Darstellungen der Sedimentation und Organismenverbreitung in der Tiefsee.

(FI) Merriam, D.F. (ed.) (1964): Symposium on Cyclic Sedimentation. State Geol. Surv. Univ. Kansas **169**/1, 1–380, **169**/2, 381–636, Lawrence
Grundlegende Arbeiten über zyklische Sedimentation im karbonatischen und silikatischen Bereich. Von besonderer Bedeutung sind die Arbeiten über die jungpaläozoischen Cyclotheme in Nordamerika und über die Lofer-Cyclotheme in der alpinen Ober-Trias (A.G. Fischer)

(K) Middleton, G.V. (ed.) (1965): Primary sedimentary structures and their hydrodynamic interpretation. Soc. Econ. Paleont. Min., Spec, Publ. **12**, 265 S., Tulsa
Enthält u.a. wesentliche Arbeiten über rezente (Bahamas) und fossile (jurassischer Korallenoolith, England) Sedimentstrukturen in Flachwasser-Karbonaten.

(K) Milliman, J.D. (1974): Marine Carbonates, Recent Sedimentary Carbonates, Part 1. 375 S., 39 Taf., 94 Abb., Berlin–Heidelberg–New York: Springer
Ausgezeichnete Übersicht über rezente Karbonatsedimente und Sedimentation sowie über die Diagenese der Karbonate. Abschnitte: Mineralogie und Chemismus der Karbonate im Meer, Untersuchungsmethoden, Karbonatische Komponenten (darin sehr gute Darstellung der Skelettmineralogie und Mikrostruktur rezenter Meeresorganismen), Flachwasserkarbonate im Korallenriffbereich, Sublitorale Karbonatsedimentation im Schelfbereich, Tiefwasserkarbonate, Stadien der Karbonatdiagenese.

(MSU) Milner, H.B. (1962): Sedimentary Petrography, 1. Methods in Sedimentary Petrography. 643 S., 2. Principles and Applications. 715 S., New York: McMillan

(MSU) Müller, G. (1964): Methoden der Sedimentuntersuchung. In: Sediment-Petrologie, 1. 303 S., 91 Abb., 29 Tab., 3 Beil. Stuttgart: Schweizerbart
Erste deutschsprachige Darstellung der Untersuchungsmethoden von Sedimenten. Abschnitte: Geophysikalische Methoden, Sedimentuntersuchung und Probennahme im Gelände, Sedimentuntersuchung im Laboratorium (Probenvorbereitung, Granulometrie, Gefügekundliche Untersuchungen, Gewinnung reiner Mineralfraktionen, Bestimmung des Mineralanteils der Sedimente, Bestimmung des organischen Anteils der Sedimente, Porenraum und Poreninhalt.

(K) Müller, G., Friedman, G.M. (eds.) (1968): Recent Developments in Carbonate Sedimentology in Central Europe. 255 S., Berlin–Heidelberg–New York: Springer
Ergebnisse eines 1967 in Heidelberg abgehaltenen Symposiums. – Prozesse der Karbonatbildung und -diagenese, Mikrotextur und Mikroporosität, Geochemie der Karbonate und Karbonatgesteine, Regionale Karbonatpetrologie, Angewandte Karbonatpetrologie.

(K) Müller-Jungbluth, W.V., Toschek, P.H. (1969): Karbonatsedimentologische Arbeitsgrundlagen (Begriffe, Erläuterungen, Hinweise). 2. Aufl., Veröff. Univ. Innsbruck **8**, Alpenkundliche Studien **4**, 32 S., 3 Taf., Innsbruck
Gute Kurzdarstellung der bei Gelände- und Laboruntersuchungen brauchbaren und für Faziesinterpretationen wichtigen Merkmale von Karbonatgesteinen. Abschnitte: Grundmasse, Komponenten, Gefüge, Hohlraumgefüge, Sedimentogenese, Diagenese, Dokumentationsschema. Die skizzierten Methoden wurden im Zusammenhang mit der Untersuchung von triadischen Karbonaten aus den Nordalpen getestet.

(S) Pettijohn, F.J., (1957): Sedimentary Rocks. 2nd ed., 718 S., 173 Abb., 40 Taf., New York: Harper

(S) Pettijohn, F.J., Potter, P.N. (1964): Atlas and Glossary of Primary Sedimentary Structures. 370 S., 117 Taf., Berlin–Göttingen–Heidelberg: Springer
Ausgezeichnete Photographien dienen als Darstellung der wichtigsten primären Sediment-Strukturen. Das Bildmaterial im Atlas ist nach vier Gruppen geordnet: Schichtung, äußere Form; Schichtung, Gefüge und Struktur; Schichtflächenmerkmale; Schichtung, gestört und verformt.

(S) Pettijohn, F.J., Potter, P.N., Siever, R. (1972): Sand and Sandstone. 618 S., 258 Abb., Berlin–Heidelberg–New York: Springer
Grundlegende Darstellung der Sandsedimentation und der Sandsteinbildung. Abschnitte: Mineralogische und chemische Zusammensetzung; Petrographische Klassifikation der Sandsteine; Petrographie von Sand und Sandsteinen; Vulkanoklastische Sedimente; Produktion und Herkunft des Sandes; Transport, Ablagerung und Deformation von Sand; Diagenese; Sandkörper und Ablagerungsmilieu; Sandsteine, Sedimentationsbecken und Entwicklung der kontinentalen Sedimentation; Petrographische Analyse von Sandsteinen (= gutè Anleitung für Schliffbeschreibungen).

(CK) Pia, J. (1933): Die rezenten Kalksteine. Min. Petrograph. Mitt., N.F., Ergänzungsband, 420 S., 22 Abb., 1 Tab., 4 Taf., Leipzig
Sehr ausführliche und noch immer lesenswerte Darstellung der Genese von „abiogenen", „physiologischen" (durch pflanzliche Mitwirkung entstandenen) und „organischen" Kalken. Von besonderem Interesse ist die Behandlung der terrestrischen und limnischen Karbonate.

(S) Potter, P.N., Pettijohn, F.J. (1963): Paleocurrents and Basin Analysis. 269 S., 30 Taf., 130 Abb., Berlin–Göttingen–Heidelberg: Springer
Sehr wesentliche Darstellung der für die Interpretation der Sedimentationsbecken wichtigen Sedimentmerkmale. Abschnitte: Geschichte der Paleocurrent (Paläoströ-

mungs)-Untersuchungen; Gefüge und geophysikalische Eigenschaften; Kreuzschichtung und Rippelmarken; Lineare Strukturen; Deformationsstrukturen; Gestalt der Sedimentkörper; Strömungssysteme; Beckenanalyse und Sedimentationsmodelle; Methoden der Untersuchung.

(K) Pray, L.C., Murray, R.C. (eds.) (1965): Dolomitization and Limestone Diagenesis – A Symposium. Soc. Econ. Paleont. Min., Spec. Publ. **13**, 180 S., Tulsa
Wichtige Arbeiten über das Kalzit-Aragonit-Problem, Rekristallisation und Diagenese von Kalken, rezente Dolomitisierung (Bonaire, Persischer Golf, Bahamas), Zusammenhänge von Fazies, Diagenese und Speichereigenschaften (Malm, NW-Deutschland).

(K) Purser, B.H. (ed.) (1973): The Persian Gulf. Holocene carbonate sedimentation and diagenesis in a shallow epicontinental sea. 471 S., Berlin–Heidelberg–New York: Springer
Standardwerk über die rezente und subrezente Karbonatsedimentation im Persischen Golf.

(RS) Reineck, H.E. (1970): Das Watt. Ablagerungs- und Lebensraum. Senckenberg-Buch **50**, 142 S., 75 Abb., Frankfurt/M.: W. Kramer
Sehr gute Darstellung des norddeutschen Wattenmeeres unter Berücksichtigung der Sedimente und Sedimentgefüge. Lebensräume, Ökofaktoren, Flora und Fauna, Beziehung zwischen Wattorganismen und Sediment, Watt als Ablagerungsbereich.

(S) Reineck, H.E. (1973): Bibliographie geologischer Arbeiten über rezente und fossile Kalk- und Silikatwatten. Courier Forschungsinst. Senckenberg **6**, 57 S., Frankfurt/M.
Wichtige Zusammenstellung der Literatur. – Abschnitte: Definition, Rezente Watten, Fossile Watten (aufgegliedert nach geol. Alter), Spezielle Arbeiten zur Hydrographie, Sedimenttransport, Petrographie, Mineralogie, Geochemie, Sedimentgefüge und Marken, Biologie und Aktuopaläontologie.

(RS) Reineck, H.E., Singh, I.B. (1973): Depositional Sedimentary Environments. 439 S., 579 Abb., Berlin–Heidelberg–New York: Springer
Sehr gute Darstellung der rezenten Sediment-Strukturen und der rezenten Sedimentationsräume. – Abschnitte: Teil I – Primäre Strukturen und Texturen: Ablagerungsbereiche, physikalische Parameter, Strömung und Wellen-Rippel, Oberflächenmarken und Eindrücke, Strömungsmarken, Eindrucksmarken, Schichtung, Parameter der Sedimentkörner, Biologische Parameter. Teil II – Rezente Sedimentationsräume, Glazialer Bereich, Wüsten-Bereich, Seen-Bereich, Fluviatiler Bereich, Delta-Bereich, Küsten-Bereich, Schelf, Beispiele für Küsten-Schelf-Profile, Küsten-Lagunen, Gezeiten-Flächen, Kontinentalrand, Abhang und ozeanische Becken.

(S) Ricchi Lucchi, F. (1970): Sedimentografia. Atlante fotografico delle strutture primarie dei sedimenti. 288 S., 170 Taf., 6 Abb., Bologna: Zanichelli
Gute Abbildungen der häufigsten Sedimentstrukturen; italien./engl. und engl./italien. Glossarium.

(FI) Rigby, J.K., Hamblin, W.K. (eds.) (1972): Recognition of Ancient sedimentary environments. Soc. Econ. Paleont. Min., Spec. Publ. **16**, 340 S., Tulsa
Wichtige Arbeiten über die für die Erkennung und Interpretation von Faziesbereichen verwendeten Merkmale. Es werden folgende Bereiche behandelt: Äolische Sedimente, alluviale Ablagerungen, fluviatile Sedimente, lakustrine Sedimente, Gezeitensedimente, Küstensedimentation im Evaporit-Karbonat-Bereich, marine Flachwasserbereiche, Sedimentation am Kontinentalhang.

(S) Ruchin, L.B. (1958): Grundzüge der Lithologie. 806 S., 304 Abb., Berlin: Akademie-Verlag
Systematische Beschreibung der Sedimentgesteine und der Methoden der Faziesanalyse. – Abschnitte: Sedimentgesteine, Stadien und Bedingungen für die Bildung von Sedimentgesteinen, Fazies und Methoden der Faziesanalyse, Sedimentäre Formation, die gegenwärtige geologische Epoche und ihre Ablagerungen.

(K) Sander, B. (1936): Beiträge zur Kenntnis der Anlagerungsgefüge (Rhythmische Kalke und Dolomite aus der Trias). Tschermaks Min. Petrograph. Mitt. **48**, 27–139, Leipzig
Klassische Arbeit über mechanische und chemische Anlagerungsgefüge im Schliffbereich.

(Ö) Schäfer, W. (1962): Aktuo-Paläontologie nach Studien in der Nordsee. 666 S., 36 Taf., 277 Abb., Frankfurt/M.: W. Kramer
Für palökologische Arbeiten grundlegende Übersicht über Biostratonomie, Fossilisation und Faziesgefüge rezenter Organismen.

(Ö) Schumacher, H. (1976): Korallenriffe. Ihre Verbreitung, Tierwelt und Ökologie. 275 S., 205 Fotos, 58 Abb., München–Bern–Wien: BLV Verlagsgesellschaft
Sehr lesenswerte Darstellung der Riffgebiete der Erde, Rifftypen und Oberflächengestalt, Riffareale, Korallen, Korallenzerstörer, Riffbildung, Theorien der Atollentstehung, Entstehung einer Koralleninsel, Ökologie der Lebensräume im Korallenriff, Kleinlebensraum Korallenstock, Ökologie und Verhaltensweisen. Ausgezeichnete Farbbilder!

(FI) Schwarzbach, M. (1974): Das Klima der Vorzeit. Eine Einführung in die Paläoklimatologie. 3. Aufl., 380 S., 191 Abb., 41 Tab., Stuttgart: Enke
Übersicht über allgemeine, historische und genetische Paläoklimatologie; für Faziesinterpretationen wichtige Darstellungen der Klimazeugen.

(RS) Seibold, E. (1974): Der Meeresboden. Ergebnisse und Probleme der Meeresgeologie. Hochschultext, 183 S., Berlin–Heidelberg–New York: Springer
Gute Übersicht über marine Sedimentation, Meeresorganismen und über die Entstehung der Ozeane.

(FI) Selley, R.C. (1970): Ancient Sedimentary Environments. A Brief Survey. 327 S., Ithaca: Harper & Row
Lesenswerte Kurzdarstellung fossiler Faziesbereiche. Der Verfasser geht jeweils von einer Definition des behandelten Bereiches aus, daran schließen sich Beispiele aus der Erdgeschichte, gefolgt von einer Diskussion der allgemein verbreiteten Merkmale und von Hinweisen auf die wirtschaftliche Bedeutung des Sedimentationstyps. Beschrieben werden Flußablagerungen, äolische Sedimente, Seenablagerungen, Deltabildungen, Küsten im Bereich klastischer Sedimentation, Küsten im Bereich von klastischer und karbonatischer Sedimentation, Küsten im Bereich von Karbonatsedimentation und Schelfablagerungen, Riffe, Flysch und Turbidite, pelagische Ablagerungen.

(S) Selley, R.C. (1976): An Introduction to Sedimentology. 408 S., 162 Abb., London–New York–San Francisco: Academic Press

(RS) Shepard, F.P. (1963): Submarine Geology. 2nd ed., 557 S., 222 Abb., New York–London: Harper & Row
Klassische Darstellung der marinen Geologie. – Abschnitte: Methoden und Instrumente der Untersuchung des Meeresbodens; Ozeanische Wellen und Strömungen; Ursprung und Geschichte der Schelfe; Kontinentalhänge; Submarine Canyons, Tiefwasserrinnen und andere marine Täler; Korallen- und andere organogene Riffe; Topographie der Tiefseeböden; Sedimente und Stratigraphie der Tiefsee; Subozeanische Schichten und Entstehung der Becken; Mineralogie und Geochemie der marinen Sedimente; Rezente Sedimente und die Interpretation fossiler Sedimente.

(S) Shirley, M.L., Ragsdale, J.A. (1966): Deltas in Their Geologic Framework. Houston Geol. Soc., 251 S., Houston
Ergebnisse eines Symposiums über rezente und fossile Delta-Sedimentation. Mississippi, Rhein, Godavari; fossile Beispiele aus dem Paläozoikum und Tertiär der USA.

(S) Shrock, R.P. (1948): Sequence in Layered Rocks. 507 S., 397 Abb., New York–Toronto–London: McGraw Hill
Grundlegende Darstellung der „oben-unten"-Kriterien von Sedimenten, Plutoniten und Metamorphiten.

(RS) Stanley, D.J. (ed.) (1973): The Mediterranean Sea: A Natural Sedimentation Laboratory. 765 S., Stroudsburg: Dowden, Hutchinson & Ross

(Ö) Tait, R.V. (1971): Meeresökologie. Das Meer als Umwelt. dtv Wiss. Reihe **4091**, 305 S., Stuttgart: Thieme
Gute Einführung in die Lebensräume und Ökofaktoren der marinen Bereiche. – Abschnitte: Die Ozeane; Marines Plankton; Messen und Sammeln; Physikalische und chemische Parameter des marinen Milieus; Die organische Produktion; Der Meeresboden; Das Meeresufer; Seefischerei.

(S) Vossmerbäumer, H. (1976): Allgemeine Geologie. Ein Kompendium. 277 S., 116 Abb., Stuttgart: Schweizerbart
Ausgezeichnete Kurzdarstellung allgemeingeologischer Kriterien, insbesondere von Sedimentgesteinen. Viele Literaturhinweise.

(K) Wilson, J.L. (1975): Carbonate Facies in Geologic History. 471 S., 30 Taf., 183 Abb., Berlin–Heidelberg–New York: Springer
Sehr wichtige und anregende Darstellung der Karbonatsedimentation in der geologischen Zeit. Es wird versucht, durch Vergleich von gut untersuchten Faziesräumen zu Modellvorstellungen über Ablauf und Typisierungsmöglichkeiten der Karbonat-

sedimentation im Flachwasserbereich zu gelangen. Der Interpretation von mikrofaziellen Befunden wird besonderer Wert beigemessen (Aufstellung von „Standard-Mikrofaziestypen" für neun Standard-Faziesgürtel). – Abschnitte: Prinzipien der Karbonatsedimentation, Stratigraphie der karbonatischen Ablagerungen, Grundriß der Karbonatpetrographie; Das Erscheinen der Gerüstbildner im mittleren Paläozoikum; Die unterkarbonischen Waulsortian (Kohlenkalk) Fazies, Oberkarbonische und unterpermische terrigen/karbonatische Schelfzyklen; Permische und triadische "buildups" und obertriadische ökologische Riffe; Riffe und Beckenablagerungen im oberen Jura von Europa und des Mittleren Ostens; Verflachung in Schelfzyklen und Schelfdolomitisierung; Die zunehmende Blütezeit der Rudisten; Die mittelkretazische Fazies in Mexico und im Mittleren Osten.

(Ö) Ziegler, B. (1972): Einführung in die Paläobiologie. Teil 1. Allgemeine Paläontologie. 245 S., 249 Abb., Stuttgart: Schweizerbart
Klare und einprägsame Einführung in die Fragen der Fossilisation, Systematik und Taxonomie, Evolutionslehre, Biostratigraphie, Lebensweise, Ökologie und Biogeographie rezenter und fossiler Organismen.

1.4.2 Zeitschriften

Ein Überblick über wesentliche geowissenschaftliche Zeitschriften findet sich bei Vossmerbäumer (1976: 56–58). Für *sedimentologische* und *fazielle Untersuchungen* von *Karbonatgesteinen* von wesentlicher Bedeutung sind:

Arbeiten aus dem Geol.-Paläont. Institut der TU Stuttgart
Bulletin of the American Association of Petroleum Geologists (Tulsa/USA; sehr wichtig!)
Bulletin of the Geological Society of America (New York/USA)
Bulletin of Marine Science
Bulletin of the State Geological Survey of Kansas (Lawrence/USA)
Chemical Geology (Amsterdam: Elsevier, 1966 ff.)
Contributions to Mineralogy and Petrology (Heidelberg)
Contributions to Sedimentology (Stuttgart: Schweizerbart, 1973 ff.)
Deep-Sea Research (Oxford, 1953 ff., mit sehr wichtiger Bibliographie!)
Developments in Sedimentology (Amsterdam: Elsevier, 1964 ff; wichtige Serie!)
Earth-Science Review (Amsterdam: Elsevier, 1966 ff.)
Fortschritte der Mineralogie (Stuttgart: Schweizerbart)
Geochimica et Cosmochimica Acta (Oxford; wichtig!)
Göttinger Arbeiten zur Geologie und Paläontologie
Joides Initial Reports of the Deep Sea Drilling Project (bis 1976 35 Bände, Washington; sehr wichtig!)
Journal of Geology (Chicago/USA; wichtig!)
Journal of Sedimentary Petrology (Tulsa/USA; wichtigste Zeitschrift!)
Marine Geology (Amsterdam: Elsevier, 1960 ff; wichtig!)
„Meteor" Forschungsergebnisse, Reihe A: Allgemeines, Physik und Chemie des Meeres (1966 ff.); Reihe C: Geologie und Physik (1968 ff.); Reihe D: Biologie (1967 ff.), Berlin–Stuttgart
Sedimentary Geology (Amsterdam: Elsevier, 1967 ff; wichtig!)
Sedimentology (Oxford, 1962 ff; sehr wichtig!)
Senckenbergiana maritima (Frankfurt a.M.)

Für die *Bestimmungen von Fossilien im Schliffbereich* wichtige Arbeiten finden sich u.a. in folgenden Zeitschriften:

Acta Geologica et Geographica Universitatis Comenianae, Geologica (Bratislawa/CSSR)
Acta Palaeontologica Polonica (Warszawa/Polen)
Archive des Sciences (Genève/Schweiz)
Annales Univ. Bucaresti
Biomineralisation, Forschungsberichte, Akad. Wiss. Lit. Mainz
Bolletino Societa geologica Italia

Bolletino della Società dei Naturalisti in Napoli
Bulgarian Academy of Sciences, Bulletin of the Geological Institute, Series Paleontology (Sofia/Bulgarien)
Bulgarian Academy of Sciences, Paleontology, Stratigraphy and Lithology (Sofia/Bulgarien)
Bulletin, Academie polonaise des Sciences, Sér. des sci. géol. et géogr. (Warszawa/Polen)
Bulletin, Canadian Petroleum Geol. (Calgary/Canada)
Bulletin, Centre de Recherche Pau – SNPA (Pau/Frankreich), jetzt: Centre de Recherches Exploration – Production Elf-Aquitaine
Bulletin Geol. Inst. Montenegro (Titograd/Jugoslawien)
Bulletin Scientifique, Conseil des académies des sciences et des Arts de la RSF de Yougoslavie, Section A (Beograd/Jugoslawien)
Bulletin, Société géologique de France (Paris/Frankreich)
Compte Rendu des Séances, Société de Physique et d'Histoire naturelle de Genève, N.S. (Genève/Schweiz)
Dare Seama a le Sedintelor (Bukarest/Rumänien)
Eclogae geologicae Helvetiae (Basel/Schweiz)
Földtany Közlöny (Budapest/Ungarn)
Geobios (Lyon/Frankreich)
Geologia Romana (Rom/Italien)
Geologija (Ljubljana/Jugoslawien)
Geoloski Glasnik (Sarajewo, Titograd/Jugoslawien)
Geoloski Vjesnik (Zagreb/Jugoslawien)
Geol. Zbornik Slovenska akademia vied (Bratislawa/CSSR)
Giornale de Geologia (Bologna/Italien)
Journal of Paleontology (Tulsa, Oklahoma)
Jugoslov. Akad. Znanosti Umetnosti (Beograd/Jugoslawien)
Lethaia (Oslo/Norwegen)
Mem. Inst. Geol. Geophys. Bucaresti
Micropaleontology (New York/USA)
Mitteilungen der Bayerischen Staatssammlung für Paläontologie und historische Geologie (München)
Mitteilungen der Gesellschaft der Geologie- und Bergbaustudenten in Österreich (Wien)
Palaeontologia Jugoslavica (Zagreb)
Paleogeography, Paleoecology, Paleoclimatology (Amsterdam: Elsevier)
Paleontology (London)
Quarterly of the Colorado School of Mines (Golden/USA)
Revista Española Micropaleontología (Madrid)
Revue de Micropaleontologie (Paris)
Rivista Italiana di Stratigrafia e Paleontologia (Milano)
Studii si Cercetari de Geologie, Geofizica, Geografie, Ser. Geologie (Bukarest)
Ustredni ustav geologicky (Bratislawa)
Vesnik zavod geol. geofiz. istrazivanja (Beograd)
Západne Karpaty, Ser. Geol. (Geol. ústav Dionýza Stúra, Bratislawa)

2. Rezente Karbonatsedimentation

In den rezenten Meeren sind etwa 50% der Böden von Karbonatsedimenten bedeckt (Lisitzin, 1971). Bereiche bevorzugter Karbonatsedimentation sind die Flachmeere der Tropen und Subtropen zwischen 30°N und 30°S (Abb. 4) und der Tiefseeboden, dessen Fläche zu etwa 1/3 von Karbonatschlamm eingenommen wird.

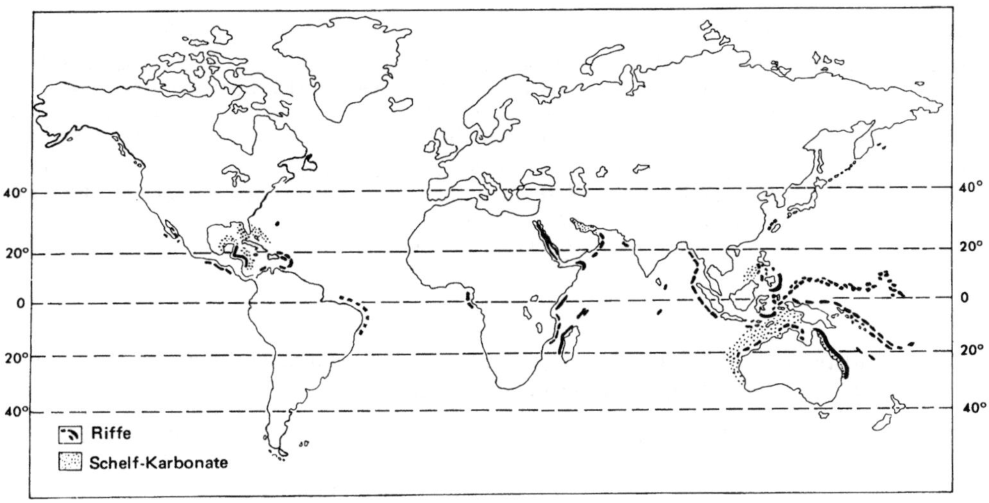

Abb. 4. Die Karbonatsedimentation in rezenten Flachmeergebieten (Schelfkarbonate und Riffe) ist auf den Bereich zwischen dem 30. Grad nördlicher und dem 30. Grad südlicher Breite konzentriert. Nach Wilson (1975)

Ausgezeichnete Übersichten über marine Flachwasserkarbonate finden sich bei Bathurst (1971, 2. Aufl. 1975) und bei Milliman (1974). Marine Tiefwasserkarbonate werden von Hsü u. Jenkyns (1974), Milliman (1974) und insbesondere in der sehr wichtigen Reihe der "Initial Reports of the Deep Sea Drilling Project (Joides)" dargestellt. Für nichtmarine Karbonatbildung im lakustrinen und terrestrischen Bereich muß auf Spezialarbeiten zurückgegriffen werden (siehe 2.4.2), da moderne Zusammenfassungen des Kenntnisstandes bisher fehlen; eine nach wie vor lesenswerte Darstellung hat Pia (1933) gegeben.

2.1 Karbonatmineralogie

Tabelle 1. Petrographische Eigenschaften der gesteinsbildenden Karbonatminerale

	Aragonit	Kalzit (Tief-Mg-Kalzit)	Mg-Kalzit (Hoch-Mg-Kalzit)	Dolomit
Formel	$CaCO_3$	$CaCO_3$	$CaCO_3$	$CaMg(CO_3)_2$
Kristallsystem	rhombisch	trigonal	trigonal	trigonal
Zusätzliche Kationen	Sr, Ba, Pb, K	Mg, Fe, Mn, Zn, Cu		Fe, Mn, Zn, Cu
Mol% $MgCO_3$	–	< 4	> 4 bis > 20	40–50
Doppelbrechungsindex	0,155	0,172		0,177
Spezifische Dichte	2,94	2,72		2,86
Härte	3,5–4	3		3,5–4
Kristallhabitus	meist nadelig (fibrous), mikritisch	oft isometrisch (sparry calcite), mikritisch, sehr selten nadelig	mikritisch, oft nadelig (fibrous)	oft isometrisch (sparry dolomite), mikritisch, sehr selten nadelig
Vorkommen	im flachmarinen Bereich vorherrschend	in tiefmarinen Bereichen vorherrschend, im Süßwasserbereich häufig	im flachmarinen Bereich vorherrschend	primär im flachstmarinen Bereich

Für die Entstehung der in Tabelle 1 genannten Karbonatminerale sind nach Milliman (1974) und Folk (1974) folgende Faktoren von Bedeutung:

a) *Aragonit:* gelöstes Mg, hohe Wassertemperaturen (zwischen 20° und 30°C), hohe pH-Werte, Anwesenheit von bestimmten organischen Verbindungen, Anwesenheit von Sr und eventuell Ba und Pb.

b) *Kalzit:* geringe Konzentrationen oder Fehlen von Mg, niedrige Wassertemperaturen (um 10°C), geringe pH-Werte, Anwesenheit von SO_4, Anwesenheit von Na_2CO_3 und $(NH_4)_2CO_3$, Anwesenheit von bestimmten organischen Verbindungen.

c) *Dolomit:* hohes Mg/Ca-Verhältnis (> 5), hohe Wassertemperaturen (i.a. > 30°C), reichlicher Zutritt von Lösungsmittel bzw. starker Lösungsumsatz

Die Morphologie der $CaCO_3$-Kristalle erscheint im wesentlichen durch die Kristallisationsrate und durch den Mg- und Na-Gehalt der Wässer kontrolliert zu werden (siehe Abb. 7).

Marine Karbonate bestehen in der Gegenwart zum überwiegenden Teil aus karbonatischen Organismenhartteilen oder deren Zerfallsprodukten. Die Mitwirkung von Organismen ist sowohl bei der Entstehung des aus Mikron-großen Kristallen aufgebauten Kalkschlammes von wesentlicher Bedeutung als auch bei der Bildung von größeren Komponenten wie Peloiden, Aggregatkörnern und Ooiden (s. Abschnitt 4.1.3). Zu einer „anor-

Tabelle 2. Skelettmineralogie karbonatschaliger Organismen und Algen. In Klammern seltene oder noch nicht gesicherte Befunde. Modifiziert nach Lowenstam (1963), Milliman (1974), Flajs (1976). Nichtkarbonatische Minerale nicht berücksichtigt

	Aragonit	Kalzit	Mg-Kalzit	Kalzit + Mg-Kalzit	Aragonit + Kalzit
Algen					
Blau-Grün-Algen		(x)	(x)		
Chrysophyta:					
Coccolithophoriden	(x)	x			
Rhodophyta (Rotalgen):					
Corallinaceen	x		x	(x)	
Chlorophyta (Grünalgen):					
Codiaceen	x				
Dasycladaceen	x				
Charophyten		x			
Dinoflagellaten		x			
Foraminiferen	x	x	x	x	
Spongien					
Calcispongia	x	x	x		
Sclerospongia	x		x		
Coelenteraten					
Hydrozoen	x	x			
Octocorallia	x				
Scleractinia	x				
Bryozoen	x		x		x
Brachiopoden		x			
Mollusken					
Polyplacophora	x				
Scaphopoda	x				
Gastropoda		x			(x)
Prosobranchia	x				
Pteropoda	x				
Muscheln	x	x			x
Cephalopoden	x		(x)		
Polychaeten					
Serpuliden	x	x			x
Arthropoden					
Cirripedia		x			(x)
Decapoda		x			
Ostracoda		x	(x)		
Echinodermen			x		
Chordaten					
Tunicaten	x				
Vertebraten					
Fisch-Otolithen	x				

Tabelle 3. Einige Einteilungen der Meeresböden. Bezüglich der Gliederung des Litoralsystems siehe Hedgpeth (1957) und Schneider (1976); die vertikale Klassifikation der „Tiefsee" bedarf weiterer Verfeinerungen

	Riedl (1964)	übliche französische Terminologie	übliche englischsprachige Terminologie	übliche deutsche Terminologie			
		Adlittoral				Litoralsystem	„Flachmeer"
	Supralitoral (Zone I)	Supralittoral	Supratidal	Supralitoral (Sprühwasser-, Spritzwasserbereich)			
Extreme Hochwassermarke							
Mittlere Hochwassermarke							
± Nullmarke	Eulitoral (Zone II)	Sup. Medio- inf. Littoral	Intertidal	Eulitoral	Gezeitenzone		
Extreme Niedrigwassermarke							
	Sublitoral (Zone III)	Infralittoral	Subtidal	Sublitoral (Unterwasserbereich)			
Untergrenze der photischen Zone (100–200 m, sehr verschieden) bzw. Oberkante des Kontinentalrandes		Epibathyal Mesobathyal	Bathyal	Bathyal			„Tiefsee"
etwa 4000 m (1500–5000 m)		Infrabathyal	Abyssal	Abyssal			
etwa > 5500 m		Hadal	Hadal	Hadal			

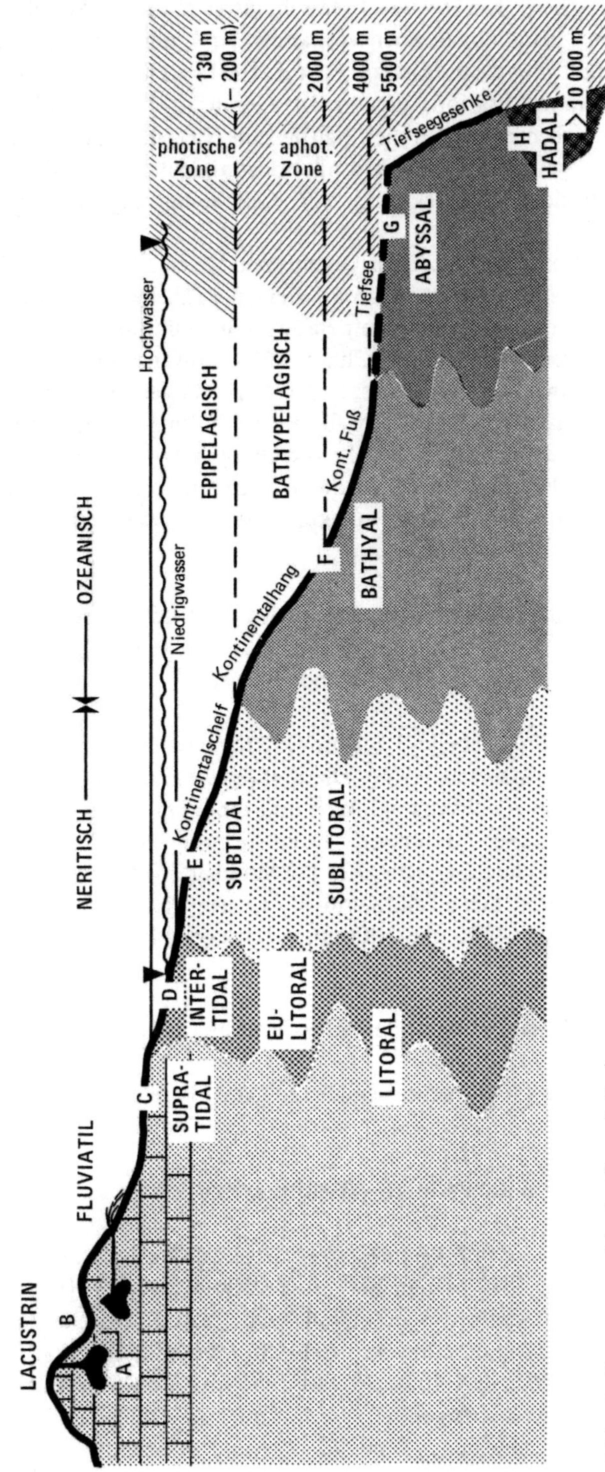

Abb. 5. Ozeanographische Grundgliederung

ganischen" Karbonatbildung scheint es nur unter Sonderbedingungen dann zu kommen, wenn keine Organismen vorhanden sind, deren organische Verbindungen (insbesondere Asparaginsäuren, Mitterer, 1968, 1971) als Kristallisationskeime für die Schalenbildung (Biomineralisation) dienen. Im Gegensatz hierzu dürfte anorganische Karbonatfällung im nichtmarinen Bereich häufig sein (CO_2-Entzug durch Temperatur- und Druckveränderungen oder durch Assimilationstätigkeit: z.B. Kalktuffbildung; Konzentration durch Oberflächenaustrocknung: z.B. Caliche-Bildung; Mischung verschiedener Wasserkörper u.a.).

Unter den rezenten Organismen lassen sich nach der Karbonatmineralogie der Schalen mehrere Gruppen unterscheiden (Tabelle 2). Die Bildung von Mg-Kalzit-Skeletten wird von der Wassertemperatur, der Salinität und dem phylogenetischen Niveau der Organismen beeinflußt (Chave, 1954; Lowenstam, 1964).

Inwieweit die in rezenten Karbonatgebieten beobachtete mineralogische Zusammensetzung repräsentativ für die Verhältnisse während der gesamten Erdgeschichte ist, wird heute diskutiert (z.B. Sandberg, 1974). So scheinen innerhalb von Großgruppen mineralogische Unterschiede aufzutreten (primär kalzitisches Skelett bei paläozoischen rugosen Korallen, Aragonitskelett bei mesozoischen bis rezenten Scleractinia).

2.2 Karbonatsedimentation im marinen Bereich

2.2.1 Ozeanographische Grundgliederung

Abb. 5 und Tabelle 3 zeigen die Möglichkeiten der vertikalen und horizontalen Gliederung der Meeresbereiche. Die keineswegs einheitlichen Klassifikationen stützen sich auf biologische, ozeanographische und topographische Kriterien.

Karbonate treten auf (1) im Eu- und Supralitoral (überwiegend im tropischen und subtropischen Bereich), (2) im Sublitoral (etwa zwischen 20 und 200 m Wassertiefe, Schelf und Schelfrand) und (3) in der Tiefsee (bis zur Kalzitkompensationstiefe zwischen etwa 4000 und 5000 m; überwiegend Planktonsedimentation).

2.2.2 Übersicht über die marine Karbonatsedimentation (Tafel 1)

Milliman (1974) unterscheidet folgende Bereiche mit Karbonatsedimentation:

2.2.2.1 Eulitorale Flachwassersedimentation

A. Bereiche mit Korallenriffen. Wesentliche Umweltfaktoren: Wassertemperatur (Optimum für Riffkorallen bei 23–27°C), Wassertiefe (hermatypische Korallen sind durch die Symbiose mit den Zooxanthellen (assimilierende Algen) tiefenbeschränkt, unterhalb 30–40 m nimmt die Artenvielfalt rasch ab), Salinität (Optimum für Riffkorallen zwischen 30‰ und 40‰, Wasserbewegung (starke Wasserbewegung erhöht das Nahrungs- und Sauerstoffangebot). – Literatur zur Ökologie rezenter Riffe: Stoddart u. Yonge (1971), Endean u. Jones (1972) und insbesondere Schuhmacher (1976) sowie Proc.

Third Intern. Coral Reef Symposium, Miami (1977). Die *Riffzonen* können nach ökologischen und morphologischen Kriterien unterschieden werden:

a) *Vorriff* (fore-reef, reef front): an der dem Wind zugewandten Seite zwischen dem Rand der Riff-Fläche und der unteren Grenze des Korallenwachstums bei etwa 40 m. Charakteristische Organismenassoziationen (z.B. Land u. Goreau, 1970); senkrecht zur Rifflängsachse verlaufendes "spur and groove-system" aus Korallenbauten und dazwischenliegenden tiefen, sedimentgefüllten Rinnen (vgl. Shinn, 1963); Riffschutt-Sedimentation.

b) *Riff-Fläche oder Riffkern* (reef flat, reef core): häufig mit 2 Teilbereichen, a) dem Wind zugewandte Bereiche, oft mit wellenbrechenden Algenstrukturen („Lithothamnien"-Barren der pazifischen Riffe) und charakteristischen Organismen-Assoziationen, b) geringer differenzierte Leeseite. Der Riffkern setzt sich aus dem Riffgerüst (reef framework, überwiegend hermatypische Riffkorallen, die durch Rotalgen verbunden werden) zusammen und aus silt- und kiesgroßen Bioklasten (Korallen, Grünalgen, Mollusken, Foraminiferen), wobei das Verhältnis zwischen 1:4 bis 1:10 liegen kann.

B. Lagunenbereiche. Ausgedehnte flachmarine Bereiche, die zumindestens an einer Seite durch Hochgebiete begrenzt werden (z.B. durch Riffe oder Inseln). Nach den Salinitätsverhältnissen können unterschieden werden:

a) *Normallagunen:* Wasseraustausch mit dem offenen Meer; häufig kleine lokale Riffe (patch reefs). Beispiel: Eniwetok Atoll und Bikini Atoll, Pazifik (Emery et al., 1954).

b) *Brackwasser-Lagunen:* hohe Süßwasserzufuhr erniedrigt die Salinität auf 10–15‰; in Trockenmonaten erhöht sich die Salinität auf 50‰. Diese extremen Unterschiede und die Stillwasserbedingungen verhindern die Ansiedlung von Rifforganismen. Karbonatliefernde Organismen sind überwiegend Mollusken, Foraminiferen und Grünalgen. Beispiel: Florida Bay (Ginsburg, 1964; Stockman et al., 1967).

c) *Hypersaline Lagunen:* bedingt durch reduzierte Wasserzirkulation und hohe Verdunstungsraten Anstieg der Salinität auf 45‰ (Bahamas) und 70‰ (Shark Bay, Australien). Die Organismenassoziationen sind an bestimmte Sedimenttypen gebunden. Mollusken, Bryozoen, Foraminiferen, Grünalgen. Beispiele: Great Bahama Bank (Cloud, 1962; Newell et al., 1959; Purdy, 1963), küstennahe Gebiete im Persischen Golf (Kendall u. Skipwith, 1968, 1969; Kinsman, 1964; Purser, 1973), Shark Bay (Logan u. Cebluski, 1970) und Laguna Madre/Texas (Dalrymple, 1965).

Als Sedimentstabilisierer und -binder durch Herabsetzung der Strömungsgeschwindigkeit wirken in Lagunenarealen Seegraswiesen (*Thalassia, Posidonia, Cymodocea*), welche als Substrat für spezielle Epibionten (z.B. *Melobesia*) dienen und Karbonatschlamm produzieren. Beispiele: Shark Bay (Davies, 1970); Florida (Turmel u. Swanson, 1976); Bahamas (Ginsburg u. Lowenstam, 1958; Scoffin, 1970; Land, 1970); Seychellen (Taylor u. Lewis, 1970).

Ebenfalls als Sedimentbinder (Bathurst, 1967; Scoffin, 1970; Neumann et al., 1970), als Nahrungsquelle und als Bereich bevorzugter Frühdiagenese (Bathurst, 1967) wirken subtidale, aus Blau-Grünalgen, Grünalgen und Rotalgen aufgebaute Algenmatten (s. Abschnitt 5.3.12.4).

Lagunensedimente sind im allgemeinen typenreicher als Riffsedimente. Es treten verschieden zusammengesetzte Karbonatsande (vgl. Tabellen bei Milliman, 1974: 182–184) und Karbonatschlamm (s. Abschnitt 4.1.2) auf.

C. Karbonatschlamm- und Karbonatsandbänke (carbonate cays).

a) *Schlammbänke und Gezeitenflächen:* Diese dem Wechsel von Wasserbedeckung und Trockenfallen unterworfenen Sedimentationsbereiche sind durch verschiedenartige polygonale Trockenrißmuster, Hohlraumgefüge (birdseyes, s. 4.2.4.3), unregelmäßig gekräuselte Algenmatten und mm-Laminite (Abschnitt 4.2.4.4), durch Stromatolithen und durch typische Wohnbauten charakterisiert. In ariden Gebieten treten zu diesen Merkmalen noch salzinkrustierte Küstenböden (Sabkhas). Ginsburg (1975) gibt eine ausgezeichnete Übersicht über rezente und fossile Gezeitensedimentation. Wichtige Beobachtungen stammen aus dem Persischen Golf (Kinsman, 1969) und aus dem Karibischen Raum (Shinn et al., 1969).

b) *Sandbänke:* Parallel zur Riffvorderfront treten im Bewegtwasserbereich durch Pflanzenbewuchs stabilisierte Kalksandbarren auf, deren Zusammensetzung die Zusammensetzung des Liefergebietes (Riff-Fläche) gut widerspiegelt. Die Küstensande der Karibischen Riffe bestehen aus Grünalgen (*Halimeda*), Korallen, Foraminiferen, Mollusken und Corallinaceen (z.B. Alacran Riff, Folk u. Robles, 1964) sowie aus Ooiden, Peloiden und Aggregatkörnern. In den pazifischen Küstensanden dominieren benthonische Foraminiferen und Corallinaceen.

D. Weitere tropische und subtropische Karbonate

a) *Vermetiden-Riffe:* in bewegtem klarem Warmwasser treten auf hartem Substrat inkrustierte Gastropoden der Familie Vermetidae auf (Keen, 1961), die im Gezeitenbereich riffähnliche Strukturen aufbauen können. Beispiele: Küsten von Florida; Rand der Bermuda-Plattform; Felsenküsten im Mittelmeerraum, "trottoir"-Zone (Pérès, 1967).

b) *Serpuliden-Riffe:* Rezent aus der hypersalinen Baffin Bay (Golf von Texas) bekannt, wo Serpuliden zusammen mit Balaniden bis zu 0,5 m dicke Strukturen im subtidalen Bereich bilden (Andrews, 1964).

c) *Austern-Riffe:* Im Flachwasser (Gezeitenzone bis 30 m) bevorzugt in schwach brackischen Bereichen wie in Ästuarien (z.B. vor der Küste von Texas und Georgia – Galtsoff, 1964; Wiedemann, 1972) bauen Austern ausgedehnte Strukturen, die als Substrat für Gastropoden, Balaniden und Serpuliden dienen.

d) *Gemäßigte und polare Klimazonen:* Obwohl in diesen Gebieten i.a. die detritische Sedimentation dominiert, können auch im Eulitoral höherer Breiten im Küstenbereich karbonatische Sedimente abgelagert werden, wenn bei herabgesetzter Detritusschüttung

---

Tafel 1/1–4. Rezente Karbonatkomponenten ▶

1. Aggregatkörner (grapestones) und miliolide Foraminiferen. Berry Islands, Große Bahama-Bank. Schliff. Balkenlänge 1 mm

2. Ooide, überwiegend als Einfachooide mit nur sehr wenigen Schalen um große, aus Peloiden bestehende Kerne ausgebildet. Die von der Rundform stark abweichende Komponente ist zu den Aggregatkörnern zu rechnen (bothryodal lump nach Illing, 1954, siehe Abschnitt 4.1.3.3). Cat Cay, Große Bahama-Bank. Schliff. Balkenlänge 0.5 mm

3. Großes Aggregatkorn. Verschieden große, rundliche mikritische Peloide sind durch aragonitischen Mikrit-Zement verkittet. Berry Islands, Große Bahama-Bank. Schliff. Balkenlänge 0,5 mm

4. Stark angebohrte und mikritisierte Aggregatkörner (lumps nach Milliman, 1974, siehe Abschnitt 4.1.3.3). Berry Islands, Große Bahama-Bank. Schliff, Balkenlänge 0,5 mm

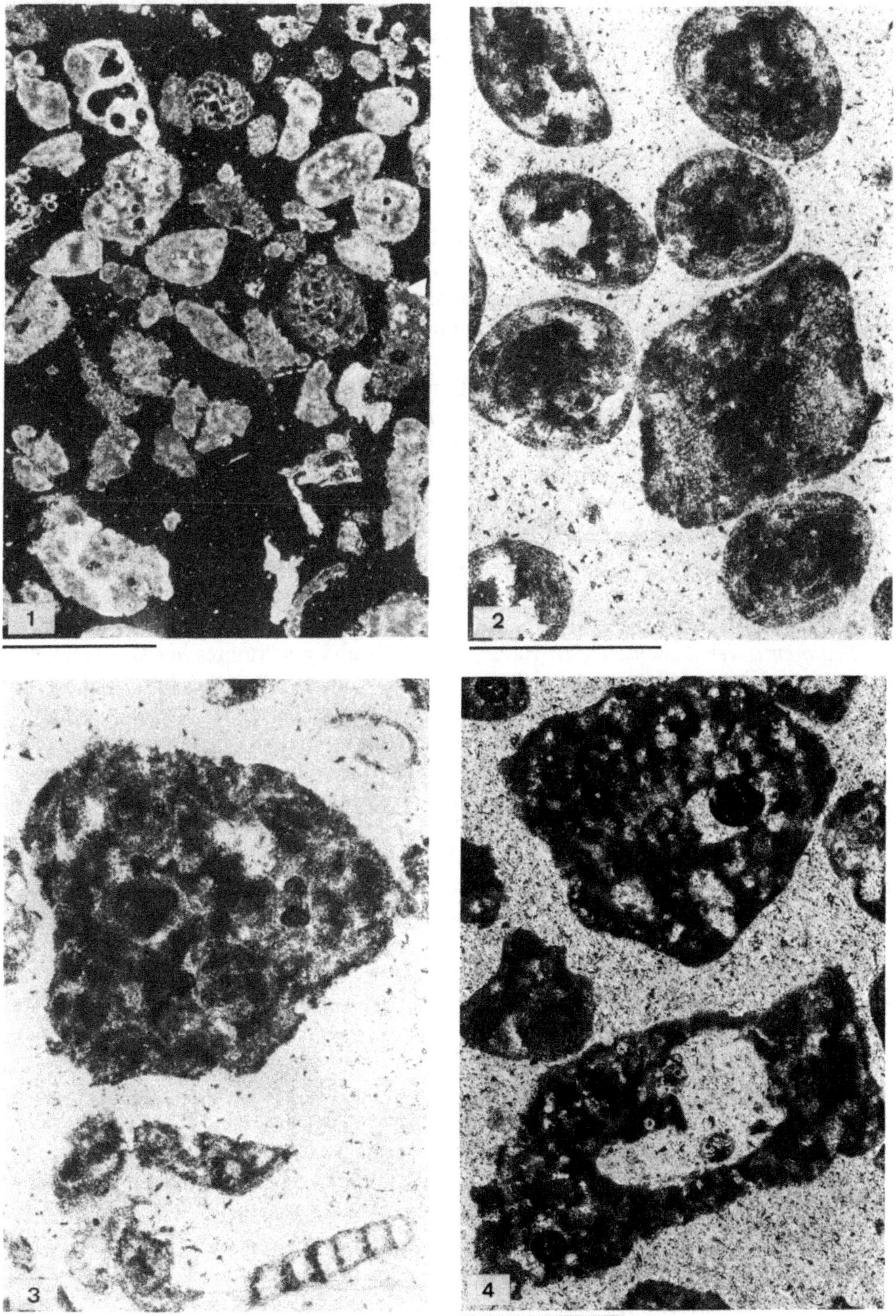
1
2
3
4

große karbonatschalige Organismenmengen zur Verfügung stehen (Mollusken, Balaniden, Corallinaceen, Foraminiferen). Beispiele: Mannin Bay, Irland (Bosence, 1977), Alaska (Hoskin u. Nelson, 1969).

2.2.2.2 Sublitorale Karbonatsedimentation

In Tiefen zwischen etwa 20 und 200 m (= Tiefenlage der meisten rezenten Schelfböden) finden sich Kalksande aus Bioklasten von Mollusken, Kalkalgen, Echinoideen, Foraminiferen und aus Kalkgeröllen. Hierzu kommen planktonische Foraminiferen und Coccolithophoriden. Viele rezente Schelfsedimente sind mit subfossilem Material vermischt (Milliman u. Emery, 1968). Häufig werden unterschieden:

A. Sedimente des Innenschelfes. Charakterisiert durch stärkere Sedimentzufuhr und starke Siltsedimentation. Sediment feinkörnig, i.a. karbonatarm. Karbonatliefernde Organismen sind im Sediment lebende Filterer (z.B. Muscheln) und Detritusfresser (z.B. Seeigel). Diese beiden Gruppen sind in Sandgebieten wichtig, in Schlammarealen dominieren Foraminiferen (Sarntheim, 1971). Im küstennahen Bewegtwasserbereich treten ähnliche Organismenassoziationen auf wie im Außenschelf (segmentierte Corallinaceen, Bryozoen, Ophiuren). Beispiele: Golf von Manfreddonia/Adria – Oeltzschner u. Sigl, 1970: Kanalgebiet zwischen England und Frankreich – Boillot, 1965.

B. Sedimente des Außenschelfes. Häufig karbonat- und planktonreicher als der Innenschelfbereich; die Biofraktion ist vielfältiger (Mollusken, Echinoideen, Bryozoen, Corallinaceen, Balaniden, Spongien, Tunicaten, Korallen, benthonische und planktonische Foraminiferen). Von besonderer Bedeutung sind inkrustierende Organismen wie Corallinaceen, Bryozoen, Balaniden und Korallen, die Hartböden besiedeln ("coralligenous facies" an den Mittelmeerküsten, Pérès, 1967). Corallinaceen treten als Rhodolithen (Algenknollen, Bosellini u. Ginsburg, 1971; Adey u. MacIntyre, 1973; Milliman, 1977) bevorzugt im Außenschelf und im oberen Teil des Schelfhanges (bis 100 m Wassertiefe) auf. Dominierende Organismen sind häufig Bryozoen, die ausgedehnte Karbonatsandareale – zusammen mit Rotalgen auch Riffe – aufbauen können (z.B. Südaustralien – Wass et al., 1970, Mittelmeer – Caulet, 1972).

a) *Algenbarren* (algal ridges): In vielen Außenschelf- und oberen Schelfhangbereichen treten in Wassertiefen zwischen 40 und 180 m aus Rotalgen, großen benthonischen Foraminiferen, Bryozoen und Korallen bestehende Bänke auf, die 1 bis 5 m über den Meeresgrund emporragen. Häufig dienen diese Erhebungen als Substrat für Tiefwasserkorallen, Balaniden und Serpuliden. Beispiele sind aus dem Golf von Mexico (Ludwick u. Walton, 1957; Logan, 1969), aus den Schelfarealen der nord- und südamerikanischen Ostküste und aus dem westafrikanischen und westaustralischen Schelfgebiet bekannt. Diese Flachwasserriffe dürften holozäne Reliktstrukturen darstellen (MacIntyre u. Milliman, 1970).

b) *Schelf-Oolithe:* Auch die in weiter Verbreitung in Wassertiefen bis zu 160 m auf dem Schelf und am oberen Schelfrand auftretenden Ooidsande müssen als holozäne und pleistozäne Reliktstrukturen angesehen werden. Beispiele: Nordafrikanische Mittelmeerküste (Fabricius et al., 1970a, 1970b), Golf von Mexico (Gould u. Steward, 1955),

Südostküste der USA (Pilkey et al., 1966), Persischer Golf (Houbolt, 1957), Arabisches Meer (v. Stackelberg, 1970).

2.2.2.3 Tiefsee-Karbonate

Im bathyalen und abyssalen Bereich ist die Karbonatsedimentation abhängig von der überwiegend planktonischen biologischen Karbonatproduktion, vom Zurücktreten terrigener Einschüttungen und vom Karbonatsättigungsgrad des Wassers (Übersättigung in bezug auf Aragonit und Kalzit i.a. nur in oberflächennahen Wasserkörpern, darunter gesättigt oder untersättigt, Li et al., 1969). Im Bereich der „Kompensationstiefe" (CCD = calcite compensation depth, zwischen 4000 und 5000 m) halten sich Lösung und Karbonatabscheidung die Waage (Pytkowitz, 1970; Bé et al., 1975). Die Tiefenlage der Karbonatlösung ist abhängig vom zunehmenden hydrostatischen Druck, abnehmender Wassertemperatur, steigendem CO_2-Gehalt sowie von der Existenz von organischen Schutzhüllen um Karbonatkomponenten (Verzögerung der Lösung, Suess, 1970; Berger, 1967). Unterhalb der CCD-Fläche können Karbonate nur durch sehr rasche Ablagerung (z.B. als Turbidite) sedimentiert werden.

Tiefseekarbonate finden sich insbesondere auf von terrigenen Ablagerungen geschützten, submarinen Schwellen (z.B. Mittelozeanische Schwelle) und in Gebieten mit tiefliegenden CCD-Flächen (z.B. nördlicher Atlantik und südlicher Pazifik).

Unter den Tiefseesedimenten können nach Shepard (1963) und Milliman (1974) unterschieden werden:

A. Pelagische Sedimente

a) Biogene Sedimente (> 30% Biogene)
   - Foraminiferen-Schlamm
   - Coccolithen-Schlamm
   - Pteropoden-Schlamm
   - Diatomeen-Schlamm (> 30% Diatomeen)
   - Radiolarien-Schlamm (> 30%, meist 50% Radiolarien)

b) Brauner Tiefseeschlamm (< 30% Biogene)

B. Diagenetische Sedimente (im Meerwasser bzw. am Meeresboden gebildete Minerale wie Phillipsit; Mn-Knollen; Mg-Kalzit im östlichen Mittelmeer – Müller u. Fabricius, 1970; Milliman u. Müller, 1973)

C. Terrigene Sedimente

a) Tiefseetone
   - Bioklastische Turbidite

b) Rutschsedimente

c) Glazialmarine Sedimente

Unter den karbonatischen Tiefseesedimenten sind von Bedeutung:

a) *Planktonischer Foraminiferen („Globigerinen")-Schlamm:* > 30% planktonische Foraminiferen, sehr viele vollständige Gehäuse. Daneben Schalenbruch und Coccolithen.

Die Faunenzusammensetzung ist abhängig von der geographischen Breite bzw. von der Wassertemperatur und von der unterschiedlichen Lösungsfähigkeit und -geschwindigkeit (vgl. Sliter et al., 1975). Bedingt durch bioturbate Verwühlung der Sedimente sind die Biogene oft fleckenartig verteilt. Der Karbonatgehalt der Sedimente erreicht oft mehr als 50%. Verbreitung: zwischen etwa 1600 m und etwa 4500 m.

b) *Coccolithenschlamm* (vgl. Tafel 7/1–3): Massenanhäufungen von kalzitischen Coccolithophoriden (= planktonische Algen, Chrysophyta)-Gehäusen (= Coccosphaeren, ∅ 10–100 Mikron) und -Platten (= Coccolithen, ∅ meist um 5 Mikron). Die Verteilung im Sediment ist abhängig von der Produktionsrate in den Oberflächenwässern, von temperaturbedingten Zonierungen (McIntyre u. Bé, 1967; McIntyre u. McIntyre, 1971), von der Art der Sedimentation (rascheres Absinken und herabgesetzte Lösungsfähigkeit). Verbreitung: zwischen 45°N und 45°S. Anteil an der Karbonatfraktion 10–50% (im Tertiär und jüngeren Mesozoikum höher, vgl. Bramlette, 1958).

c) *Pteropoden-Schlamm:* Planktonische Gastropoden mit aragonitischen Schalen. Lebensbereich bis etwa 100 m, Warmwasserformen. Bedingt durch die Lösung von Aragonit besteht eine Ablagerungsmöglichkeit nur bis in Tiefen von etwa 3500 m. Hauptvorkommen zwischen 1500 und 3000 m (Chen, 1964; Melguen u. Thiede, 1974). Vorkommen: Persischer Golf, am Abhang der Bermuda-Plattform und der Bahamas, im südwestlichen Atlantik, im Indischen Ozean. Oft zusammen mit planktonischen Foraminiferen.

d) *Tiefwasser-Korallenriffe:* Gebildet durch ahermatypische Korallen in Tiefen bis zu etwa 850 m. Hauptentwicklung zwischen 180 und 360 m bei Wassertemperaturen zwischen 4 und 10°C. Die „Korallen-Dickichte" bilden bis zu 60 m mächtige, über mehrere km² ausgedehnte Bänke und Riffe, deren gröbere Karbonatfraktion zu 60–90% aus Korallen besteht. Die Feinfraktion setzt sich aus Mollusken- und Echinodermenbruch (Riffbewohner), planktonischen Foraminiferen und z.T. aus Pteropoden zusammen. Beispiele: Küste von Norwegen (Teichert, 1958), Blake Plateau (Stetson et al., 1962).

e) *Karbonatturbidite:* Durch Trübeströmungen und Rutschungen können bioklastische Flachwasserkarbonate in die Tiefsee transportiert werden. Rezente Beispiele sind aus der Umgebung der Bahama-Bank bekannt (Bornhold u. Pilkey, 1971; Pilkey u. Rukker, 1966), desgleichen von den Fiji-Inseln (Houtz et al., 1962). Während die Mächtigkeit die der gleichzeitig abgelagerten Normalsedimente weit übertrifft, scheint die horizontale Transportweite gering zu sein (einige zehn km).

2.3 Lakustrine und terrestrische Karbonatsedimentation (Taf. 2)

Nach Bildungsort und Bildungsmilieu können die wichtigeren und auch fossil überlieferten nichtmarinen Karbonatsedimente eingeteilt werden in:

1. Lakustrine Karbonate: Ablagerungen in Seen.
2. Terrestrische Karbonate: Ablagerungen auf dem Land.
   - A. Süßwasserkalke
     - a) Kalktuff: porös } Kalksinter
     - b) Travertin: dicht, gebändert } Kalksinter
   - B. Caliche
   - C. Höhlenkarbonate (Spelaeotheme)
   - D. Äolische Karbonate

2.3.1 Lakustrine Karbonate

Karbonate treten in Süßwasser- und Salzseen auf als (a) anorganische Abscheidungen (Übersicht bei Müller et al., 1972), (b) Algensedimente (vgl. Pia, 1933) und (c) in Form von Schalenanhäufungen.

A. Anorganische Abscheidungen: Für die Bildung der primären anorganischen Karbonatminerale im Süßwasserbereich sind drei Faktoren verantwortlich:

a) Verlust oder Extraktion von CO_2 als Resultat einer Änderung der p-t-Bedingungen oder im Zusammenhang mit der Assimilation von Wasserpflanzen oder Phytoplankton. Insbesondere in humiden Bereichen (z.B. Plitvitzer Seen/Jugoslawien, Balaton-See).

b) Evaporitische Konzentration. Insbesondere in ariden Gebieten (z.B. Tuz Gölü/Anatolien).

c) Mischung von Wasserkörpern mit unterschiedlichen pH-Werten (Fluß- und Seenwasser).

Nach dem von Müller et al. (1972) entwickelten Modell bedingen unterschiedliche Mg/Ca-Verhältnisse des Seenwassers die Bildung verschiedener Mineralphasen: Mg/Ca-Verhältnis < 2 – Abscheidung von Kalzit (Beispiel Bodensee); Mg/Ca-Verhältnis zwischen 2 und 7 – Bildung von Hoch-Mg-Kalzit (Balaton-See); Mg/Ca-Verhältnis 7–12 – Bildung von Hoch-Mg-Kalzit und Dolomit durch Transformation von Hoch-Mg-Kalzit (Neusiedler See); Mg/Ca-Verhältnis hoch, bis > 12 – Bildung von Aragonit (Van Gölü).

B. Karbonatische Algensedimente (Taf. 2) entstehen im lakustrinen Bereich in folgender Weise:

a) Karbonatauf- und abbau durch Cyanophyceen, Chlorophyceen, Rhodophyceen sowie Pilzen und Flechten. Beispiele bei Schneider (1977).

b) m-große stromatolithische Bioherme, gebildet durch Blau-Grünalgen-Matten (insbesondere *Entophysalis, Schizothrix* und *Calothrix*), die Kalzit eingebaut haben und detritischen Kalzit bilden. Beispiel: Green Lake, New York (Eggleston u. Dean, 1976); fossil: miozäner Ries-See (vgl. Taf. 2/1, 2/3).

c) Onkoide, gebildet durch Cyanophyceen und Chlorophyceen, die um als „Kerne" wirkende Schalen wachsen und bei der Assimilation $CaCO_3$ bilden, gleichzeitig aber in der Schleimschicht detritische Karbonatkörner binden. Diese rundlichen, mm- bis cm-großen Komponenten entstehen in Bereichen unterschiedlicher Wasserbewegung (siehe 4.1.3.4). Beispiele: Schneggli-Sande im Bodensee (Schmidle, 1910; Schöttle u. Müller, 1963).

d) „Seekreide" entsteht als sehr feinkörniges Sediment (Korngrößen um 10 Mikron) in erwärmten und von Pflanzen bestandenem karbonatgesättigtem Flachwasser geschützter Küstenbuchten durch Temperaturerhöhung, Verdunstung und durch die Assimilationstätigkeit der Pflanzen. Hierzu kommen mechanisch und chemisch zerkleinerte Schalen, Onkoide und Karbonatkrusten aus dem Litoralbereich. Beispiel: Untersee/Bodensee (A. Schäfer, 1972).

e) Characeen-Sedimente sind durch röhrig-poröse Strukturen oder durch Anhäufung von ovalen oder kugeligen Oogonien (vgl. Taf. 21/7) gekennzeichnet. Beispiele bei Pia (1933: 232 ff.).

C. *Schalen-Anhäufungen* sind in den Seen häufig in mehreren, parallel zum Ufer angeordneten Zonen zu beobachten. Durch Wellenbewegungen und Tiefenströmungen werden Muschel- und Schneckenschalen angehäuft. Eine ausgezeichnete Übersicht findet sich bei Pia 1933: 316 ff.).

Fossile Beispiele für lakustrine Karbonate beschreiben Picard u. High (1972) sowie Wolff u. Füchtbauer (1976).

Tafel 2/1–7. Lakustrine und terrestrische Karbonate ▶

1. Fossile lakustrine Algen-Karbonate. Um die Filamente der Algen wurde extrazellulär mikritischer Kalzit abgeschieden. Vgl. Schliffbild auf Fig. 3. Miozäner Süßwasserkalk: Steinbruch Hainsfarth, Ries. REM-Aufnahme. Balkenlänge 1 mm. Mat. R. Riding

2. Höhlen-Karbonate. Der Querschnitt der zusammengewachsenen Stalaktiten zeigt einen Krustenbau. In charakteristischer Weise sind die Lamellen abgesetzt und unterbrochen. Bedingt durch verschieden schnelles Wachstum sind Hohlraumrelikte erhalten geblieben. Die drei als schwarze Kreise erkennbaren Sinterröhren bildeten die Aufwachszylinder für die an der Röhrenoberfläche abgeschiedenen Karbonatlagen. Der Internbau der Krusten entspricht dem von Caliche-Krusten. Zoolithen-Höhle bei Burggaillenreuth, Nördliche Frankenalb. Schliff. Balkenlänge 10 mm

3. Cyanophyceen-Kalk, lakustrine Bildung. Zwischen den vertikal verlaufenden, mit Karbonat inkrustierten Algenfilamenten sind Ostrakodenschalen eingelagert. Die imprägnierte Probe weist eine hohe, vom biogenen Gefüge abhängige Zwickel- und Hohlraumporosität auf (s. Abschnitt 9.2.1.1). Das Algengerüst bildet die erste Anlage eines laminoiden Boundstone-Gefüges (s. Abschnitt 4.2.4.4). Miozäner Süßwasserkalk: Steinbruch Hainsfarth, Ries. Schliff. Balkenlänge 10 mm

4. Caliche. Das Gefüge ist charakterisiert durch „am Platz" gebildete Komponenten, die morphologisch an Peloide, Onkoide und Aggregatkörner erinnern (s. Abschnitt 2.3.2.2). Ebenfalls typisch – auch für fossile Caliche – ist die durch vertikal und horizontal verlaufende Kalzitadern deutlich gemachte „Brekzisierung". Fuerteventura, Kanarische Inseln. Schliff. Balkenlänge 10 mm. Mat. G.-F. Tietz

5. Caliche. Krusten mit am Platz gebildeten kalzitischen „Komponenten", die deutliche Pisoide enthalten (s. Tabelle 4). Fuerteventura, Kanarische Inseln. Schliff. Balkenlänge 5 mm. Mat. G.-F. Tietz

6. Fossile Caliche mit feinlaminierten, stark pigmentierten Lagen, die zu undeutlichen umgrenzten Pisoiden aufgelöst sind. Im Gegensatz zu den durch Algentätigkeit gebildeten Stromatolithen füllen die laminaren Strukturen die Vertiefungen des Mikroreliefs aus. Derartige Gefüge sind zusammen mit der gut erkennbaren in-situ-Brekzisierung sowie dem Fehlen von Fossilien wichtige Hinweise auf eine subaerische Exposition und auf Sedimentationsunterbrechung. Mitteltrias (Wettersteinkalk, Ladin): Complonhütte am Reißkofel, Gailtaler Alpen, Kärnten. Schliff. Balkenlänge 10 mm

7. Travertin, gebänderter Sinterkalk. „Anorganisch" abgeschiedene, mm-dünne Jahresschichtung mit abgesetzten und durch Vertikalbündel aufgebauten Lamellen. Vgl. Reiff (1955). Interglazial („Böttinger Marmor"): Bad Cannstatt bei Stuttgart. Schliff. Balkenlänge 10 mm

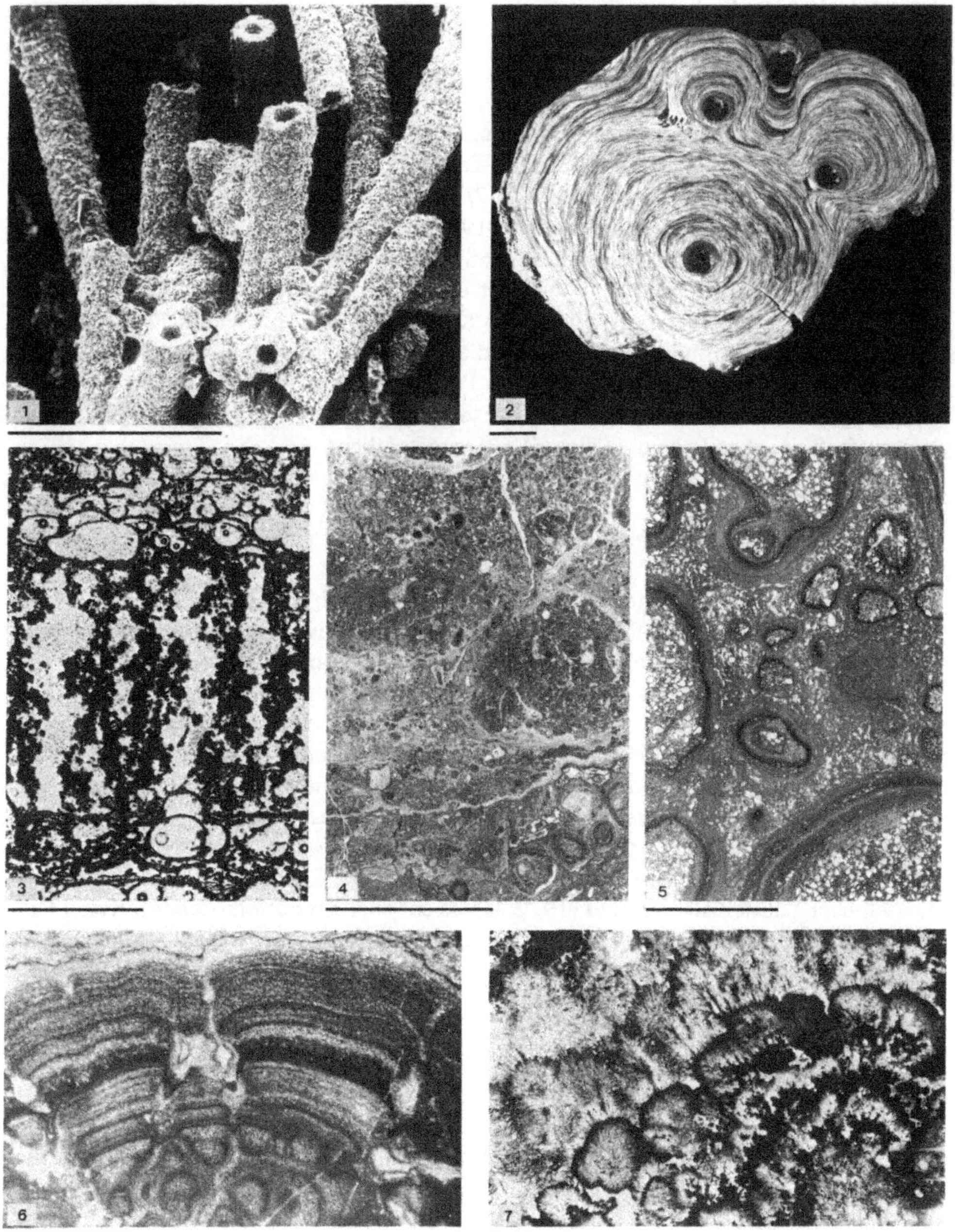
1
2
3
4
5
6
7

2.3.2 **Terrestrische Karbonate** (Taf. 2)

2.3.2.1 Süßwasser-Kalke

In feuchteren, humiden Gebieten treten an Quellaustritten, seltener in Bächen und an Seen gebänderte, aus Kalzit bestehende Karbonate auf, die entweder als (a) dichte, gebänderte Sinterkalke (= Travertine, Taf. 2/3, z.B. Bad Cannstatt – Reiff, 1955, Leinetal bei Göttingen – Savelli u. Wedepohl, 1969) oder als (b) poröse, lockere Kalktuffe (z.B. Schwäbische Alb, Irion u. Müller, 1968) ausgebildet sind. Während bei Travertinen die anorganische Entstehung (CO_2-Verlust durch Temperaturerhöhung beim Quellaustritt; Sulfatlösungen) überwiegt, bilden sich Kalktuffe durch Abscheidung von Kalzit auf Pflanzen (meist Algen und Moose), wobei die Rolle der Assimilation bei der $CaCO_3$-Fällung verschieden eingeschätzt wird (vgl. Pia, 1933; Stirn, 1964; Grüninger, 1965). Schliffbilder sowie eine Beschreibung der nach Algen- und Pilzgruppen typisierbaren Kalktuffgefüge haben Irion u. Müller (1968) veröffentlicht.

2.3.2.2 Caliche (engl. calcrete), Taf. 2/4–6

Durch Verdunstung bewirkter Entzug von Lösungsmittel läßt das im Porenwasser des Bodens gelöste Calciumhydrogencarbonat als kryptokristalline Kalkkrusten sowohl innerhalb des Bodenprofils als auch auf der Bodenoberfläche ausfällen. Da hierfür eine Feuchtigkeit von etwa 200–600 mm Niederschlag pro Jahr und eine den Niederschlag übertreffende Verdunstung notwendig ist, beschränken sich die Vorkommen dieser terrestrischen Kalkkrusten überwiegend auf semiaride bis aride Gebiete. Ausnahmen aus humiden Gebieten mit über 150 mm Jahresniederschlag und Perioden mit stärkerer Verdunstung sind bekannt (Multer u. Hoffmeister, 1968; James, 1972).

Gute Darstellungen der Genese, Fazieskriterien und Gefüge geben Chapman (1974, Saudi-Arabien), Degens u. Rutte (1960, Griechenland), Goudie (1973, wichtige Übersichten über "duricrusts"), James (1972, Übersicht über die Fazieskriterien), Krejci-Graf (1960, Makronesen), Nägele (1962, „Albstein"), Nagtegaal (1969), Read (1976), Reeves (1970), Rutte (1958, 1960), A. Schäfer (1975), Siesser (1973) und Werner (1971). Ein Überblick findet sich bei Reeves (1976).

Caliche-Bildungen (Taf. 2) sind *charakterisiert* durch:

a) Laminierte Krusten (Taf. 2/5) aus mikritischem oder mikrosparitischem Kalzit (selten Aragonit und Mg-Kalzit, Scholle u. Kinsman, 1974) um Lithoklasten, Bruchstükken von Caliche, seltener um Biogene (z.B. Landschnecken oder Wurzelelemente). Diese am Platz gebildeten „Komponenten" werden als Caliche-Pisoide, Caliche-Ooide (= „diagenetische Ooide" bei Siesser, 1973, bzw. „vadose Pisoide" bei Dunham, 1969) oder als Caliche-Pellets bezeichnet (Vgl. Taf. 2/4, 2/6). Die Definitionen und die Unterschiede zu marinen Globoiden gehen aus Tabelle 4 hervor.

b) Lamellenstrukturen (laminar calcretes): wenige cm dicke, zum Teil „brekzisierte", aus flachen oder gewölbten Lamellen bestehende schichtförmige Strukturen, deren randliche Begrenzung häufig durch nichtlaminierte, bräunliche Rinden gebildet wird. Die Laminierung ist bei ± gleichen Korngrößen durch Fe-Pigmentierung oder durch organische Substanzen bedingt. Dicke der Lamellen 0,02–0,20 mm. Häufig füllen die laminaren

Tabelle 4. Unterschiede zwischen sedimentären und diagenetischen Globoiden

Merkmale	Caliche-Peloide	Peloide	Caliche-Ooide	Ooide	Caliche-Pisoide	Onkoide
Gestalt	unregelmäßig rundlich	i.a. rundlich	kugelförmig oder eiförmig	i.a. kugelförmig	kugelförmig bis ellipsoidal	elliptisch, im Schnitt unregelmäßig oval, lappenförmig umrissen
Aufbau	kryptokristalliner Kalzit	kryptokristalliner Kalzit	feinlaminierte Rinden aus undeutlich konzentrischen Lagen aus nicht orientierten kryptokristallinen Kalzit und tangential angeordneten Kalzitnadeln. Dicke der Rinden bis 0,05 mm, oft ausgedünnt, scharf begrenzt	deutliche konzentrisch angeordnete Lagen, z.T. Radialstrukturen	gegen unten oder oben verdickte Rinden aus scharf begrenzten Lagen. Wechsel von dünnen hellen Lagen (0,05 mm) und bräunlichen Lagen (0,02–0,5 mm). Am Platz Aufwärtswachsen häufig. Wiederholte in-situ-Brekzisierung	nichtkonzentrische Anlagerung, Mikrit-Rinden mit oder ohne Fossilstrukturen
Kerne	–	–	meist Gesteinsbruchstücke, Pisoid-Fragmente	Bioklasten Ooide, Peloide	meist Gesteinsbruchstücke oder Pisoid-Fragmente	meist Bioklasten
Anlagerungsgefüge	–	–	kein regelmäßiges Anlagerungsgefüge	mechanische Anlagerung auf Bauzone	i.a. keine mechanischen Anlagerungsgefüge	biogenes Anlagerungsgefüge, z.T. mit Organismen-Resten
Größe	0,03–0,5 mm	0,02 bis > 1 mm	bis 2 mm	bis 2 mm	2 mm bis 5 cm	mm- bis cm-Bereich
Lithofazielle Assoziation	besonders im oberen Abschnitt von Caliche-Krusten	Organismenreste, oft mikritische Matrix	Caliche-Pisoide, Caliche-Krusten; keine Fossilien	Bioklasten, Mikrofossilien; oft sparitischer Zement	Caliche-Ooide, Caliche-Peloide, Caliche-Krusten, eckige Gesteinsfragmente, Brekzien, keine Fossilien	Bioklasten, Rindenkörner, Ooide

Strukturen Depressionen des Mikroreliefs aus (Unterschied gegenüber Stromatolithen!). Derartige Strukturen können mit physikochemisch im Supratidalbereich gebildeten Coniatolithen und mit durch Algen gebildeten Stromatolithen verwechselt werden (siehe Tabelle 5).

c) Radialgranularer bzw. grobgranularer Kalzit bzw. fibröser aragonitischer „Meniscus-Zement") werden bei James, 1972, und Scholle u. Kinsman, 1974, beschrieben.

d) Verdrängung von SiO_2 durch Kalzit. Häufig findet sich mikrokristalliner Quarz eng verwachsen mit feinkörnigem Kalzit (Nagtegaal, 1969).

e) „Tepee" (Zeltdach)-ähnliche Aufwölbungen (Ø im cm- bis m-Bereich) mit steilen Flanken; Fenstergefüge und mit Sparit erfüllte 5–20 Mikron breite Röhrchen (Algen oder Wurzelfäden?).

Caliche-Profile können Mächtigkeiten zwischen < 1 m und mehr als 50 m besitzen (Brown, 1956). Häufig ist das Hangende der Profile durch eine pisoidische oder „onkoidische" grainstone-Strukture gekennzeichnet, während der untere Profilabschnitt laminare Caliche bzw. sekundäre mudstone-Strukturen aufweist.

Die Erkennung von *fossilen Caliche-Bildungen* ist für die Faziesinterpretation von wesentlicher Bedeutung, da hierdurch Hinweise auf Auftauchen und Trockenfallen, längere subaerische Exposition und Sedimentationsunterbrechungen gegeben sind (vgl. Taf. 2).

Tabelle 5. Unterschiede von supratidalen „marinen" Kalktuffen (physiko-chem. gebildeten „Coniatolithen"), biogen gebildeten Stromatolithen und nichtmarinen Kalktuffen, insbesondere Höhlenkarbonaten. Vadose Gefüge müssen nicht unbedingt auf „nichtmarine" Bedingungen hinweisen! (Nach Purser u. Loreau, 1973)

Merkmale	Coniatolithen (vados)	Stromatolithen	Nichtmarine Kalktuffe Höhlensedimente (vados)
Kontakt zum Substrat	oft diskordant; Komponenten der Unterlage abgeschnitten und angebohrt	dem Untergrund angepaßt	
Mikromorphologie	Tropfsteintypen, randliche Stalagtiten-Strukturen	Lagenstrukturen überwiegen	Tropfsteintypen + Lagenstrukturen
Schrumpfrisse	fehlen	vorhanden	fehlen
Fenstergefüge	fehlen	häufig	fehlen
Einschlüsse von detritischem Material	nur in kleinen Vertiefungen	oft als durchgehende Lagen	Kalkbruchstücke
Mineralogische Zusammensetzung	feinstkörniger oder fibröser Aragonit	Kalzit	größere Kalzit-xx
Mikrobohrungen	sehr verbreitet	–	selten
Vorkommen	auf marinen Substraten (beach-rock, Geröllböden)	bevorzugt im Gezeitenbereich	terrestrische Höhlen

2.3.2.3 Höhlenkarbonate (Spelaeotheme, Taf. 2)

Die in Höhlen gebildeten, aus verschiedenen Karbonatmineralen (Kalzit, Aragonit, Dolomit, Hydromagnesit, Magnesit, Huntit u.a.) bestehenden, als Stalagmiten, Stalaktiten (Taf. 2/2), Excentriques (cave popcorn), Höhlenperlen (cave pearls) u.a. bezeichneten, aus wässerigen Lösungen abgeschiedenen Karbonatsinter können für Faziesinterpretationen von Karbonatgesteinen aus folgenden Gründen von Bedeutung sein:

a) Hinweise auf die Unterbrechung der marinen Sedimentation (Beispiele bei Dunham, 1969)

b) Verwechslungsmöglichkeiten zwischen Höhlenperlen bzw. Pisoiden und marinen Ooiden sowie Caliche-Pisoiden (vgl. Tabelle 4) sowie zwischen Höhlensintern und Stromatolithen (Unterschiede bei Thraikill, 1976)

Die Erkennung fossiler Spelaeotheme erscheint bei Beachtung der Karbonatzementstrukturen möglich. Folk u. Assereto (1976) haben gezeigt, daß fossile Höhlenkarbonate auch nach der Inversion von Aragonit zu Kalzit durch sich abwechselnde Phasen aus kurzen fibrösen Kalzitkristallen und langen Palisadenkristallen aufgebaut werden. Beispiele sind aus dem Perm von New Mexico und aus dem Ladin der Lombardei bekannt.

2.3.2.4 Äolische Karbonate (Taf. 4)

Karbonatische „Äolianite" entstehen rezent insbesondere durch Ausblasung von Strandsanden (Bretz, 1960; Land et al., 1967; MacKenzie, 1964 – Bermudas; Ball, 1967 – Bahamas). 95% der Landoberfläche von Bermuda bestehen aus pleistozänen Karbonatdünen, welche lappenförmige Sandkörper bilden. Als Fazieskriterien können Kreuzschichtungsstrukturen, Korngrößenparameter wie Schiefe und Sortierung (siehe Abschnitt 4.2.3.1) und eventuell die Rundung der Körner verwendet werden (vgl. Bigarella, 1972). Die Karbonatkomponenten (häufig Ooide und Biogene) sind durch granularen Zement B verkittet (Taf. 4/5–6).

2.4 Literatur

2.4.1 Marine Karbonate

Adey, W.H., MacIntyre, I.G. (1973); Crustose coralline algae: a re-evaluation in the geological sciences. Bull. Geol. Soc. Amer. **84**, 883–903, New York

Adolphe, J.P., Billy, C. (1974); Biosynthèse de calcite par uns association bactérienne aérobic. C.R. Acad. Sci. Paris **278**, Ser. D., 2873–2875, Paris

Andrews, P.B. (1964): Serpulid reefs, Baffin Bay, Southeast Texas. In: Scott, A.J. (ed.), Depositional Environments South Central Texas Coast, 101–120, Gulf Coast Ass. Geol. Sci, Field Trip Guide Book

Bathurst, R.G.C. (1967): Subtidal gelatinous mat, sand stabilizer and food, Great Bahama Bank. J. Geol. **75**, 736–738, Chicago

Bathurst, R.G.C. (1971): siehe 1.4.1

Berger, W.H. (1967): Foraminifera ooze: solution at depths. Science **156**, 383–385

Boillot, G. (1965): Organic gradients in the study of neritic deposits of biological origin: the example of the western English Channel. Marine Geol. **3**, 359–367, Amsterdam

Bornhold, B.D., Pilkey, O.H. (1971): Bioclastic turbidite sedimentation in Columbus Basin, Bahamas. Bull. Geol. Soc. Amer. **82**, 1341–1354, New York
Bosence, D. (1977): Ecological studies on two carbonate sediment-producing Algae. In: Flügel, E. (ed.): Fossil Algae, Recent Results and Developments, 270–278, 5 Abb., Berlin–Heidelberg–New York: Springer
Bosellini, A., Ginsburg, R.N. (1971): Form and internal structure of recent algal nodules (Rhodolites) from Bermuda. J. Geol. **79**, 669–682, Chicago
Bramlette, M.N. (1958): Significance of coccolithophorids in calcium carbonate deposition. Bull. Geol. Soc. Amer. **69**, 121–126, New York
Broecker, W.S., Takahashi, T. (1966): Calcium precipitation of the Bahama banks. J. geophys. Res. **71**/6, 1575–1602
Carrol, J.J., Greenfield, L.J., Johnson, R.F. (1965): The mechanism of calcium and magnesium uptake from sea water by marine bacterium. J. Cell. Comp. Physiol. **66**. 109–118
Caulet, P.J. (1972): Recent biogenic calcareous sedimentation on the algerian continental shelf. In: Stanley, D.J. (ed.): The Mediterranean Sea. A sedimentation laboratory. 261–277, 7 Abb., 7 Tab.
Chave, K.E. (1962): Factors influencing the mineralogy of carbonate sediments. Limn. Oceanography **7**/2, 218–223, 7 Tab., 2 Abb., Lawrence
Chave, K.E. (1954): Aspects of the biochemistry of magnesium. J. Geol. **62**, 266–283, 587–599, Chicago
Chen, C. (1964): Pteropod ooze from Bermuda Pedestal. Science **144**, No. 3614, 60–62, Washington
Clarke, M.W.H., Keij, A.J. (1973): Organisms as producers of carbonate sediment and indicators of environment in southern Persian Gulf. In: Purser, B.H.: The Persian Gulf, 33–56, 7 Taf., 6 Abb.,.Berlin–Heidelberg–New York: Springer
Cloud, P.E. Jr. (1962): Carbonate deposition west of Andros Islands, Bahamas. U.S. Geol. Surv. Prof. Paper **350**, 138 S., Washington
Dalrymple, D.W. (1965): Calcium carbonate deposition associated with blue-green algal mats, Baffin Bay, Texas. Publ. Inst. Marine Sci. **10**, 187–200, Port Aranas
Davies, G.R. (1970): Carbonate bank sedimentation, eastern Shark Bay, Western Australia. In: Logan et al. (eds.): Carbonate Sedimentation and Environments, Shark Bay, Western Australia. Amer. Ass. Petrol. Geol. Mem. **13**, 85–168, 33 Abb., Tulsa
Drew, G.H. (1911): The action of some denitrifying bacteria in tropical and temperate seas, and the bacterial precipitation of calcium carbonate in the sea. J. Marine Biol. Ass. U.K. **9**, 142–155
Easton, W. (1966): Underwater effect of Hurricane Betsy on some Bahamian reefs. Geol. Soc, Amer. Program Annual Meetings 1966, San Francisco, **59**
Emery, K.O. (1960): The Sea of Southern California. 366 S., 248 Abb., New York–London: Wiley
Emery, K.O., Tracey, J.I., Ladd, H.S. (1954): Geology of Bikini and nearby Atolls. Part 1. Geology. U.S. Geol. Surv. Prof. Paper **260** A, 265 S., 64 Taf., Washington
Endean, R., Jones, O.A. (1972): Biology and Geology of Coral Reefs. New York: Academic Press
Fabricius, F.H., Berdau, D., Munnich, K.O. (1970a): Early Holocene ooids in modern littoral sands reworked from a coastal terrace southern Tunesia. Science **169**, 757–760, Washington
Fabricius, F., von Rad, U., Hesse, R., Ott W. (1970b): Die Oberflächensedimente der Straße von Otranto (Mittelmeer). Geol. Rdsch. **60**/1, 164–192, 7 Abb., 4 Tab., Stuttgart
Flajs, G. (1977): Die Ultrastrukturen des Kalkalgenskeletts. Palaeontographica **160** B, 69–128, 17 Taf., 16 Abb., 1 Tab., Stuttgart
Folk, R.L. (1974): The natural history of crystalline calcium carbonate: effect of magnesium content and salinity. J. Sed. Petrol. **44**/1, 40–53, 9 Abb., Tulsa
Folk, R.L., Robles, R. (1964): Carbonate sands of Isla Perez, Alacran Reef Complex, Yucatan. J. Geol. **72**, 255–292, Chicago
Friedman, G.M. (1968): Geology and geochemistry of reefs, carbonate sediments and waters, Gulf of Aquaba (Elat), Red Sea. J. Sed. Petrol. **38**/3, 895–919, 32 Abb., Tulsa
Fuchs, Th. (1905): Über Pteropoden- und Globigerinenschlamm in Lagunen von Koralleninseln. Verh. geol. R.A. Wien

Galtsoff, P. (1964): The American oyster *Crassostrea virginica* Gmelin. Fishery Bull. Fish and Wildlife Serv. **64**, 480 S.
Garret, P., Smith, D.L., Wilson, A.O., Patriquin, D. (1971): Physiography, Ecology, and Sediments of two Bermuda patch reefs. J. Geol. **79**, 647–668, 21 Abb., Chicago
Gebelein, C.D. (1977): Dynamics of recent carbonate sedimentation and ecology. Cape Sable, Florida. Intern. Sed. Petrograph. Ser. **16**, 120 S., 52 Phototafeln, Leiden: Brill
Gerlach, S.A. (1960): Über das tropische Korallenriff als Lebensraum. Zool. Anz., Suppl. **23**, 356–363
Gevirtz, J.L., Friedman, G.M. (1966): Deep-sea carbonate sediments of the Red Sea and their implications on marine lithification. J. Sed. Petrol. **36**/1, 143–151, 13 Abb., 1 Tab., Tulsa
Ginsburg, R.N. (1964): South Florida carbonate sediments. Ann. Meeting Geol. Soc. Amer., Guidebook, Field Trip No. 1, 72 S.
Ginsburg, R.N. (ed.) (1975): siehe 1.4.1
Ginsburg, R.N., Lowenstam, H.A. (1958): The influence of marine bottom communities on the depositional environments of sediments. J. Geol. **66**, 310–318
Ginsburg, R.N., Schroeder, J. (1973): Growth and submarine fossilization of algal cup reefs, Bermuda. Sedimentology **20**, 575–614, 26 Abb., 2 Tab., Amsterdam
Gould, H.R., Steward, R.H. (1955): Continental terrace sediments in the north-eastern Gulf of Mexico. In: Finding ancient shorelines. Soc. Econ. Paleont. Min. Spec. Publ. **5**, 2–19, Tulsa
Greenfield, L.J. (1963): Metabolism and concentration of calcium and magnesium and precipitation of calcium carbonate by a marine bacterium. Ann. New York Acad. Sci. **109**, 23–45, New York
Heath, R.R. (1969): Carbonate sedimentation in the Abyssal Equatorial Pacific during the past 50 million years. Bull. Geol. Soc. Amer. **80**, 689–694, 6 Abb., New York
Hedgpeth, J.W. (1957): Classification of marine environments. In: Hedgpeth, J.W. (ed.): Treatise Marine Ecol. Paleoecol. **1**, Ecology, Mem. Geol. Soc. Amer. **67**/1, 17–27, 5 Abb., New York
Honjo, S. (1976): Coccoliths: production, transportation and sedimentation. Marine Micropaleont. **1**/1, 65–80, 2 Taf., Amsterdam
Hoskin, Ch., Nelson, R.V. Jr. (1969): Modern marine carbonate sediments, Alexander Archipelago, Alaska. J. Sed. Petrol. **39**/2, 581–590, 6 Abb., Tulsa
Houbolt, J.J.H.C. (1957): Surface sediments of the Persian Gulf near the Qatar Peninsula. Proefschrift, Univ. Utrecht, 113 S., 31 Abb. auf 14 Taf., 28 Abb., 8 Beilagen, den Haag: Mouton & Co.
Houtz, R.E., Wellman, H.W. (1962): Turbidity current at Kadavu Passage, Fiji. Geol. Mag. **99**/1, 57–62, 1 Abb., London
Hsü, K.J., Jenkyns, H.C. (1974): siehe 1.4.1
Illing, L.V. (1954): Bahaman calcareous sands. Amer. Ass. Petrol. Geol. Bull. **38**, 1–95, Tulsa
JOIDES (Joint Oceanographic Institutions for Deep Earth Sampling): Initial reports of the deep-sea drilling project. Bd. 1 ff., Washington
Keen, A.M. (1961): A proposed reclassification of the gastropod family Vermetidae. Bull Brit. Mus. Zool. **7**, 183–213, London
Kendall, C.G., Skipwith, P.A.d'E. (1968): Recent algal mats of a Persian Gulf lagoon. J. Sed. Petrol. **38**, 1040–1058, Tulsa
Kendall, C.G., Skipwith, P.A.d'E. (1969): Holocene shallow-water carbonate and evaporite sediments of Khor al Baxam, Abu Dhabi, Southwestern Persian Gulf. Bull. Amer. Ass. Petrol. Geol. **53**, 841–869, Tulsa
Kinsman, D.J.J. (1964): The recent carbonate sediments near Halat El Bahrani, Trucial Coast, Persian Gulf. Developments in Sedimentology **1**, 185–192, Amsterdam
Kinsman, D.J.J. (1969): Modes of formation, sedimentary associations and diagnostic features of shallow-water and supratidal evaporites. Bull. Amer. Ass. Petrol. Geol. **53**, 830–840, Tulsa
Lalou, C. (1957): Studies of bacterial precipitation of carbonates on sea water, J. Sed. Petrol. **27**, 190–195, Tulsa
Land, L.S. (1970): Carbonate mud: production by epibiotic growth on *Thalassia testudinum*. J. Sed. Petrol. **40**, 1361–1363, Tulsa
Land, L.S., Goreau, T.F. (1970): Submarine lithification of Jamaican reefs. J. Sed. Petrol. **40**, 457–462, Tulsa

Lewis, M.S. (1969): Sedimentary environments and unconsolidated carbonate sediments of the fringing coral reefs of Mahé, Seychelles. Marine Geol. **7**/2, 95–127, 14 Abb., Amsterdam
Li, Y.H., Takahashi, T., Broecker, W.S. (1969): Degree of saturation of $CaCO_3$ in the oceans. J. Geophys. Res. **74**, 5507–5525
Lisitzin, A.P. (1971): Distribution of carbonate microfossils in suspension and bottom sediments. Micropaleont. Oceans 197–218, 14 Abb., Cambridge
Logan, B.W. (1969): Coral reefs and banks, Yucatan shelf, Mexico. In: Logan, B.W. et al. (eds.): Carbonate Sediments and Reefs, Yucatan Shelf, Mexico. Amer. Petrol. Geol. Mem. **11**, 129–198, Tulsa
Logan, B.W., Davies, G.R., Read, J.F., Cebulski, D.E. (1970): Carbonate sedimentation and environments, Shark Bay, Western Australia. Amer. Ass. Petrol. Geol. Mem. **13**, 223 S., Tulsa
Lowenstam, H.A. (1963): Biological problems relating to the composition and diagenesis of sediments. In: Donnelly, T.W. (ed.): The Earth Sciences, 137–195, Chicago: Univ. Chicago Press
Lowenstam, H.A. (1964): Coexisting calcite and aragonites from skeletal carbonates of marine organisms and their strontium and magnesium contents. In: Recent Researches in the Field of Hydrosphere, Atmosphere, and Nuclear Geochemistry, 303–404, Tokyo: Marzen Co.
Lucas, G. (1973): Facies carbonates des mers profondes. Bull. Centre Rech. Pau-SNPA **7**/1, 193–206, Pau
Ludwick, J.C., Walton, W.R. (1957): Shelf-edge, calcareous prominences in northeastern Gulf of Mexico. Bull. Amer. Ass. Petrol. Geol. **41**/9, 2054–2101, 19 Abb., Tulsa
Mac Intyre, I.G., Milliman, J.D. (1970): Physiographic features on the outer shelf and outer slope, Atlantic continental margin, southeastern United States. Bull. Geol. Soc. Amer. **81**, 2577–2598, New York
McIntyre, A., Bé, A.W.H. (1967): Modern coccolithophorids of the Atlantic Ocean. – I. Placoliths and cyrtoliths. Deep-Sea Res. **14**, 561–597, 12 Taf., 17 Abb., 10 Tab., Amsterdam
McIntyre, A., McIntyre, R. (1971): Coccolith concentrations and differential solution in oceanic sediments. In: Funnel, B.M., Riedl, W.R. (eds.): The Micropaleontology of the Oceans, 252–261, Cambridge: Cambridge Press
McKee, E.D. (1959): Storm sediments on a Pacific Atoll. J. Sed. Petrol. **29**/3, 354–364, 5 Abb., Tulsa
Maiklem, W.R. (1968): The Capricorn reef complex, Great Barrier Reef, Australia. J. Sed. Petrol. **38**/3, 785–798, 15 Abb., Tulsa
Matthews, R.K. (1966): Genesis of recent mud in southern British Honduras, J. Sed. Petrol. **36**, 428–454, Tulsa
Maxwell, W.G.H. (1968): Atlas of the Great Barrier Reef. 258 S., 166 Abb., Amsterdam–London–New York: Elsevier
Maxwell, W.G.H., Day, R.W., Fleming, P.J.G. (1961): Carbonate sedimentation on the Heron Island Reef, Great Barrier Reef. J. Sed. Petrol. **31**/2, 215–230, 8 Abb., Tulsa
Maxwell, W.G.H., Jell, J.S., McKellar, R.G. (1964): Differentiation of carbonate sediments in the Heron Island Reef. J. Sed. Petrol. **34**/2, 294–308, 12 Abb., Tulsa
Maxwell, W.G.H., Swinchatt, J.P. (1970): Great Barrier Reef: Regional variation in a terrigenous-carbonate province. Bull. Geol. Soc. Amer. **81**/3, 691–724, 21 Abb., New York
Melguen, M., Thiede, J. (1974): Facies distribution and dissolution depths of surface sediment components from the Vema Channel and the Rio Grande rise (Southwest Atlantic Ocean). Marine Geol. **17**, 341–353, 4 Abb., Amsterdam
Milliman, J.D. (1967): Carbonate sedimentation on Hogsty reef. A Bahamian Atoll. J. Sed. Petrol. **37**/2, 658–678, 19 Abb., Tulsa
Milliman, J.D. (1974): siehe 1.4.1
Milliman, J.D. (1977): Role of calcareous algae in Atlantic continental margin sedimentation. In: Flügel, E. (ed.): Fossil Algae, Recent Results and Developments. 232–247, 7 Abb., Berlin–Heidelberg–New York: Springer
Milliman, J.D., Emery, K.O. (1968): Sea levels during the past 25,000 years. Science **162**, 1121–1123, Washington
Milliman, J.D., Müller, J. (1973): Precipitation and lithification of magnesian calcite in the deep-sea sediments of the eastern Mediterranean Sea. Sed. **20**, 29–46, Amsterdam

Mitterer, R.M. (1968): Amino acid composition of organic matrix in calcareous oolites. Science **162**, 1498–1499, Washington
Mitterer, R.M. (1971): Comparative amino acid composition of calcified and noncalcified polychaete worm tubes. Comp. Biochem. Physiol. **38 B**, 405–409
Müller, G., Blaschke, R. (1969): Zur Entstehung des Tiefsee-Kalkschlammes im Schwarzen Meer. Naturwissenschaften **56**, 561–562, Heidelberg
Müller, G., Müller, J. (1967): Mineralogisch-sedimentpetrographische und chemische Untersuchungen an einem Bank-Sediment (Cross-Bank) der Florida Bay, USA. N.Jb. Min. Petrograph. Abh. **106**, 257–286, Stuttgart
Müller, J., Fabricius, F. (1970): Carbonate mineralogy of deep sea sediments from the Ionian Sea. 22nd Congr. C.I.E.S. Rom
Multer, H.G. (1969): Field Guide to some carbonate environments: Florida Keys and Western Bahamas. Miami Geol. Soc., Miami
Neumann, A.C., Gebelein, C.D., Scoffin, T.P. (1970): Composition, structure and erodability of subtidal mats, Abaco Bahamas. J. Sed. Petrol. **40**, 274–297, Tulsa
Newell, N.D., Imbrie, J., Purdy, E.G., Thurber, D.L. (1959): Organism communities and bottom facies, Great Bahama Bank. Bull. Amer. Mus. Nat. Hist. **117**, 177–228
Oeltzschner, H., Sigl, W. (1970): Sedimentologische Untersuchungen im Golf von Manfredonia (Südadria). Geol. Rdsch. **60**, 133–144, Stuttgart
Pérès, J.M. (1967): Les biocenoses benthiques dans le système phytal. Rec. Trav. Sta. Marine End. Bull. **42**, 3–113
Pia, J. (1933): siehe 1.4.1
Pilkey, O.H., Blackwelder, B.W., Doyle, L.J., Estes, E., Terlecky, P.M. (1969): Aspects of carbonate sedimentation on the Atlantic Continental Shelf off the Southern United States. J. Sed. Petrol. **39**/2, 744–768, 15 Abb., Tulsa
Pilkey, O.H., Rucker, J.B. (1966): Mineralogy of tongue of the Ocean's sediments. J. Marine Res. **24**, 276–285
Pilkey, O.H., Schnitker, D., Pevear, D.R. (1966): Oolites on the Georgia continental shelf edge. J. Sed. Petrol. **36**, 462–467, Tulsa
Purdy, E.G. (1963a): Recent calcium carbonate facies on the Great Bahama Bank. 1. Petrography and reaction groups. J. Geol. **71**/3, 334–355, 5 Abb., 2 Tab., Taf. 1–5, Chicago
Purdy, E.G. (1963b): Recent calcium carbonate facies of the Great Bahama Bank. 2. Sedimentary facies. J. Geol. **71**/4, 472–497, 4 Abb., 3 Tab., 1 Taf., Chicago
Purdy, E.G. (1974): Reef configurations: Cause and effect. In: Laporte, L.F. (ed.): Reefs in Time and Space. Soc. Econ. Paleont. Min., Spec. Publ. **18**, 9–76, 43 Abb., Tulsa
Purser, B.H. (ed.) (1973): The Persian Gulf. Holocene Carbonate Sedimentation and Diagenesis in a Shallow Epicontinental Sea. 471 S., 7 Taf., 250 Abb., 3 Kartenbeilagen, Berlin–Heidelberg–New York: Springer
Pytkowitz, R.M. (1970): On the carbonate compensation depth in the Pacific Ocean. Geochim. Cosmochim. Acta **34**, 836–839
Riedl, R. (1963): Probleme und Methoden der Erforschung des litoralen Benthos. Zool. Anz. **26**, Suppl., 505–567
Sandberg, P.A. (1975): siehe 4.1.4.2
Sarntheim, M. (1969): The Plankton-Benthos Ratio of Mollusks in the Recent Sediments of the Persian Gulf. Proc. 1st Internat. Conf. Planktonic Mikrofoss., Geneva 2, 594–598, 4 Abb., Leiden: Brill
Sarntheim, M. (1971): Oberflächensedimente im Persischen Golf und Golf Oman. II. Quantitative Komponentenanalyse der Grobfraktion. „Meteor" Forsch. Ergebn. C, **5**, 113 S.
Saunders, C.E., Schneidermann, N. (1973): Carbonate sedimentation on the Inner Shelf Isla Magueyes, Puerto Rico. Water Resources Research Inst. Univ. of Puerto Rico, 1–77, 19 Abb., Puerto Rico
Schäfer, W. (1967): Biofazies-Bereiche im subfossilen Korallenriff Sarso (Rotes Meer). Senck. lethaea **48**, 107–133, Frankfurt a.M.
Schlanger, S.O., Douglas, R.G. (1974): Pelagic ooze-chalk-limestone transition and its implication for marine stratigraphy. In: Hsü, K.J., Jenkyns, H.C.: Pelagic Sediments: On Land and Under the Sea, 117–148, 12 Abb., Oxford: Blackwell Sci. Publ.
Schneider, J. (1976): Biological aund inorganic factors in the destruction of limestone coasts. Contrib. Sed. **6**, 112 S., 11 Taf., 25 Abb., 19 Tab., Stuttgart: Schweizerbart

Scholle, P.A., Kling, St.A. (1972): Southern British Honduras: lagoonal Coccolith ooze. J. Sed. Petrol. **42**/1, 195–204, 5 Abb., Tulsa
Schroeder, J., Zankl, H., Ginsburg, R.N. (1973): The dynamics of reef formation: Bahama reefs. 2nd Intern. Coral Reef Symp. Great Barrier Reef, Australia (Abstracts)
Schuhmacher, H. (1976): siehe 1.4.1
Scoffin, T.P. (1970): The trapping and binding of subtidal carbonate sediments by marine vegetation in Bimini lagoon, Bahamas. J. Sed. Petrol. **40**, 249–273, Tulsa
Seibold, E. (1962): Untersuchungen zur Kalkfällung und Kalklösung am Westrand der Great Bahama Bank. Sedimentology **1**/1, 50–74, 3 Tab., 8 Abb., Amsterdam–New York
Shepard, F.P. (1963): Submarine Geology, 2nd Ed., 557 S., New York–Tokyo: Harper
Shepard, F.P. (1970): Lagoonal topography of Caroline and Marshall Islands. Bull. Soc. Geol. Soc. Amer. **81**, 1905–1914, New York
Shinn, E.A. (1963): Spur and groove formation on the Florida reef tract. J. Sed. Petrol. **33**, 291–303, Tulsa
Shinn, E.A., Lloyd, R.M., Ginsburg, R.N. (1969): Anatomy of a modern carbonate Tidal Flat, Andros Island, Bahamas. J. Sed. Petrol. **39**/3, 1202–1228, 37 Abb., Tulsa
Sliter, W.V., Be, W.H., Berger, H. (eds.) (1975): Dissolution of deep-sea carbonates. Spec. Publ. Cushman Foram. Res. **13**, 159 S., 20 Taf., Lawrence
Stackelberg, V.U. v. (1970): Faziesverteilung in Sedimente des indisch-pakistanischen Kontinentalrandes (Arabisches Meer). Geol. Rdsch. **60**, 268–270, Stuttgart
Stetson, T.R., Squires, D.F., Pratt, R.M. (1962): Coral Banks occurring in deep water on the Blake Plateau. Amer. Mus. Novitates, No. 2114, 39 S.
Stieglitz, R.D. (1972): Scanning electron microscopy of the fine fraction of recent carbonate sediments from Bimini, Bahamas. J. Sed. Petrol. **42**, 211–226, Tulsa
Stieglitz, R.D. (1973): Carbonate needles: additional organic sources. Bull. Geol. Soc. Amer. **84**, 927–930, 1 Abb., New York
Stockmann, K.W., Ginsburg, R.N., Shinn, E.A. (1967): The production of lime mud by algae in South Florida. J. Sed. Petrol. **37**, 633–648, Tulsa
Stoddart, D.R., Yonge, M. (eds.) (1971): Regional variation in Indian Ocean coral reefs. Symp. Zool. Soc. London **28**, 584 S., London
Storr, J.F. (1964): Ecology and oceanography of the coral-reef tract, Abaco Island, Bahamas. Geol. Soc. Amer., Spec. Paper **79**, 98 S., New York
Suess, E. (1970): Interaction of organic compound with calcium carbonate. I. Association phenomena and geochemical implications. Geochim. Cosmochim. Acta **34**, 157–168, Oxford
Swinchatt, J.P. (1965): Significance of constituent composition, texture and skeletal breakdown in some recent carbonate sediments. J. Sed. Petrol. **35**, 71–90, Tulsa
Taft, W., Harbaugh, J.W. (1964): Modern carbonate sediments of Southern Florida, Bahamas, and Espiritu Santo Island, Baja California: a comparison of their mineralogy and chemistry. Stanford Univ. Publ. Sci. **8**/2, 133 S.
Taylor, J.D., Lewis, M.S. (1970): The flora, fauna and sediments of the marine grass beds of Mahe, Seychelles, J. Nat. Hist. **4**, 199–220
Teichert, C. (1958): Cold- and deep-water coral banks. Bull. Amer. Assoc. Petrol. Geol. **42**/5, 1064–1082, 3 Abb., New York
Turmel, R.J., Swanson, R.G. (1976): The development of Rodriguez Bank, a holocene mudbank in the Florida reef tract. J. Sed. Petrol. **46**/3, 497–518, 23 Abb., Tulsa
Wagner, C.W., Togt, C. van der (1973): Holocene sediment types and their distribution in the southern Persian Gulf. In: Purser, B.H.: The Persian Gulf. 123–155, 20 Abb., 1 Tab., Berlin–Heidelberg–New York: Springer
Walter, M.R. (ed.) (1976): Stromatolites. Dev. Sediment **20**, 790 S., Amsterdam–Oxford–New York: Elsevier
Walther, J. (1910): Die Sedimente der Taubenbank im Golf von Neapel. Preuss. Akad. Wiss. Jg. 1910, Phys.-math. Kl., Anhang, Abh. III, 49 S., 2 Taf., Berlin
Wass, R.E., Conolly, J'R., Mac Intyre, R.J. (1970): Bryozoan carbonate sand continuous along southern Australia. Marine Geol. **9**, 63–73, Amsterdam
Wiedemann, H.U. (1972): Shell deposits and shell preservation in quarterly and tertiary estuarine sediments in Georgia, USA. Sed. Geol. **7**, 103–115, Amsterdam
Wiens, H.J. (1962): Atoll Environments and Ecology, 532 S., 88 Taf., 93 Abb., 27 Tab., New Haven–London: Yale Univ. Press

Wilson, J.L. (1976): siehe 1.4.1
Zankl, H., Schroeder, J.H. (1972a): Ecology, sedimentology and diagenesis of recent and fossil reefs. Geol. Rdsch. **61**/2, 480–483, Stuttgart
Zankl, H., Schroeder, J.H. (1972b): Interaction of genetic process in Holocene reefs off North Eleuthera Island, Bahamas. Geol. Rdsch. **61**/2, 520–541, Stuttgart

2.4.2 Lakustrine und terrestrische Karbonate

Ball, M.M. (1967): Carbonate sand bodies of Florida and the Bahamas. J. Sed. Petrol. **37**/2, 556–561, Tulsa
Bigarella, J.J. (1972): Eolian environments; their characteristics, recognition, and importance. Spec. Publ. Sôc. Econ. Paleont. Min. **16**, 12–61, 38 Abb., Tulsa
Bretz, J.H. (1960): Bermuda: a partly drowned, late mature, Pleistocene karst. Bull. Geol. Soc. Amer. **71**, 1729–1754, New York
Brown, C.N. (1956): The origin of caliche on the north-eastern Llano Estacado, Texas. J. Geol. **64**, 1–15, Chicago
Chappman, R.W. (1974): Calcareous duricrusts in Al-Hasa, Saudi-Arabia. Bull. Geol. Soc. Amer. **85**, 119–130, New York
Degens, E.T., Rutt, E. (1960): Geochemische Untersuchungen eines Kalkkrustenprofils von Altkorinth (Griechenland). N. Jb. Geol. Paläont. Mh. **1960**, 263–276, Stuttgart
Dunham, R.J. (1969): Vadose pisolite in the Capitan reef (Permain), New Mexico and Texas. Soc. Econ. Paleont. Min., Spec. Publ. **14**, 182–191, Tulsa
Eggleston, J.R., Dean, W.E. (1976): Freshwater stromatolitic bioherms in Green Lake, New York. In: Walter, M.R. (ed.): Stromatolites, 479–488, 8 Abb., Amsterdam–Oxford–New York: Elsevier
Folk, R.L., Assereto, R. (1976): Comparative fabrics of length-slow and length-fast calcite and calcitized aragonite in a Holocene speleothem, Carlsbad caverns, New Mexi-Mexico. J. Sed. Petrol. **46**/3, 486–496, 11 Abb., Tulsa
Goudie, A. (1973): Duricrusts in tropical and subtropical landscapes. 174 S., Oxford: Clarendon
Grüninger, W. (1965): Rezente Kalktuffbildung im Bereich der Uracher Wasserfälle. Abh. Karst- und Höhlenkunde, Reihe E. Botanik **2**, 113 S., München
Holland, H.D., Kirspu, T., Huebner, S., Oxburgh, U. (1964): On some aspects of the chemical evolution of cave water. J. Geol. **72**/1, 36–67, Chicago
Irion, G., Müller, G. (1968): Mineralogy, petrology and chemical composition of some calcareous tufa from the Schwäbische Alb, Germany. In: Müller, G., Friedmann, G.M. (eds.): Recent Developments in Carbonate Sedimentology in Central Europe, 157–171, 16 Abb., Berlin–Heidelberg–New York: Springer
James, N.P. (1972): Holocene and Pleistocene calcareous crusts (Caliche) Profiles: Criteria for subaerial exposure. J. Sed. Petrol. **42**/4, 817–836, 12 Abb., Tulsa
Krejci-Graf, K. (1960): Zur Geologie der Makronesen. 4. Krustenkalke. Z. dtsch. Geol. Ges. **112**, 37–61, Hannover
MacKenzie, F.T. (1964): Bermuda Pleistocene Eolianites and Paleowinds. Sed. **3**/1, 52–64, 6 Abb., Amsterdam
Müller, G., Irion, G., Förstner, U. (1972): Formation and diagenesis of inorganic Ca-Mg carbonates in the lacustrine environments. Naturwissenschaften **59**, 158–164, 4 Abb., Heidelberg
Multer, H.G., Hoffmeister, J.E. (1968): Subaerial laminated crusts of the Florida Keys. Bull. Soc. Geol. Amer. **79**, 183–192, New York
Murray, J.W. (1954): The deposition of calcite and aragonite in caves. J. Geol. 481–492, Chicago
Nägele, E. (1962): Zur Petrographie und Entstehung des Albsteins. N. Jb. Geol. Paläont. Abh. **115**, 44–120, Taf. 3–7, 10 Abb., Stuttgart
Nagtegaal, P.J.C. (1969): Microtextures in recent and fossil caliche. Leidse Geol. Medel. **42**, 131–142, Leiden
Pia, J. (1933): Die rezenten Kalksteine. Min. Petrograph. Mitt., N.F. Erg. Bd., 420 S., 4 Taf., 22 Abb., Leipzig
Picard, M.D., High, L.R.J. (1972): Criteria for recognizing lacustrine rocks. In: Rigby, J.K., Hamblin, W.K. (eds.): Recognition of Ancient Sedimentary Environments, Soc. Econ. Paleont. Min. Spec. Publ. **16**, 108–145, 24 Abb., 12 Tab., Tulsa

Purser, B.H., Loreau, J.-P. (1973): Aragonitic, supratidal encrustations on the Trucial Coast, Persian Gulf. In: Purser, B.H. (ed.): The Persian Gulf, 343–376, 20 Abb., Berlin–Heidelberg–New York: Springer

Read, J.F. (1976): Calcretes and their distinction from Stromatolites. In: Walter, M.R. (ed.): Stromatolites, 55–71, 3 Taf., 1 Abb., Amsterdam–Oxford–New York: Elsevier

Reeves, C.D. Jr. (1970): Origin, classification, and geologic history of caliche on the southern High Plains, Texas and eastern New Mexico. J. Geol. **78**, 352–362, Chicago

Reeves, C.C. Jr. (1976): Caliche. Lubbock (Estacado Books)

Reiff, W. (1955): Über den pleistozänen Sauerwasserkalk von Stuttgart–Münster–Bad Cannstatt. Jber. Mitt. oberrhein. geol. Ver., N.F. **37**, 56–91

Rutte, E. (1958): Kalkkrusten in Spanien. N. Jb. Geol. Paläont. Abh. **106**, 52–138, Stuttgart

Rutte, E. (1960): Kalkkrusten im östlichen Mittelmeergebiet. Z. dtsch. geol. Ges. **112**, 81–90, Hannover

Savelli, C., Wedepohl, K.H. (1969): Geochemische Untersuchungen an Sinterkalken (Travertinen). Contrib. Min. Petrol. **21**, 238–256, 1 Abb., 7 Tab., Heidelberg

Schäfer, A. (1972): Petrographische und stratigraphische Untersuchungen an den rezenten Sedimenten des Untersees/Bodensee. N. Jb. Min. Abh. **117**, 117–142, 4 Karten, Taf. 1–2, 3 Abb., Stuttgart

Schäfer, A. (1973): Zur Entstehung von Seekreide-Untersuchungen am Untersee. N. Jb. Geol. Paläontol. Mh. **1973**, 216–230, 6 Abb., Stuttgart

Schäfer, A. (1975): Kalkkrusten auf der Insel Christiani, Santorin-Gruppe, Agäis (Griechenland). N. Jb. Paläontol. Abh. **150**/1, 1–18, 8 Abb., 1 Tab., Stuttgart

Schäfer, A., Stapf, K. (1972): Calcite "whitings" im Bodensee-Untersee. Natur u. Mus. **102**, 307–311, 3 Abb., Frankfurt/M.

Schmidle (1910): Postglaziale Ablagerungen im nordwestlichen Bodenseegebiet. N. Jb. Min. (II), **1910**, 104–122, Stuttgart

Schneider, J. (1977): Carbonate construction and decomposition by epilithic and endolithic micro-organisms in salt- and freshwater. In: Flügel. E. (ed.): Fossil Algae. Recent Results and Developments, 248–260, 3 Taf., 4 Abb., Berlin–Heidelberg–New York: Springer

Schöttle, M., Müller, G. (1968): Recent carbonate sedimentation in the Gnadensee (Lake Constance), Germany. In: Müller, G., Friedman, G.M. (eds.): Recent Developments in Carbonate Sedimentology in Central Europe, 148–156, 5 Abb., Berlin–Heidelberg–New York: Springer

Scholle, P.A., Kinsman, D.J.J. (1974): Aragonitic and high-Mg calcite caliche from the Persian Gulf – a modern analog for the Permian of Texas and New Mexico. J. Sed. Petrol. **44**, 904–916, Tulsa

Siesser, W.G. (1973): Diagenetically formed ooids and intraclasts in South African calcretes. Sed. **20**, 539–551, Oxford

Stirn, A. (1964): Kalktuffvorkommen und Kalktufftypen der Schwäbischen Alb. Abh. Karst- u. Höhlenkunde, Reihe E, Botanik **1**, 92 S., München

Thrailkill, J. (1976): Speleothems. In: Walter, M.R.: Stromatolites, 73–86, 16 Abb., Amsterdam–Oxford–New York: Elsevier

Trimmel, H. (ed.) (1965): Speläologisches Fachwörterbuch (Fachwörterbuch der Karst- und Höhlenkunde). Landesver. Höhlenkunde Wien/Niederösterr. 109 S., 20 Abb., Wien

Werner, D. (1971): Böden mit Kalkanreicherungs-Horizonten in NW-Argentinien. Ein Beitrag zur Genese der Kalkkrusten. Göttinger Bodenkundliche Ber. **19**, 167–181, Göttingen

Wolff, M., Füchtbauer, H. (1975): Die karbonatische Randfazies der tertiären Süßwasserseen des Nördlinger Ries und des Steinheimer Beckens. Geol. Jb., D **14**, 3–53, 3 Taf., 7 Abb., Hannover

3. Karbonatdiagenese

Da die mit der Lithifizierung verbundenen diagenetischen Strukturen mit primären Ablagerungstexturen und -strukturen verwechselt werden können, ist die Kenntnis der möglichen diagenetischen Vorgänge von wesentlicher Bedeutung für die Interpretation mikrofazieller Merkmale. Die Diagenese von Karbonaten und Karbonatgesteinen umfaßt alle mit der Lösung, Zementation, Lithifizierung und Veränderung der Sedimente verbundenen Vorgänge im Zeitraum zwischen der Ablagerung und einer metamorphen Beeinflussung. Trotz großer Fortschritte in den letzten beiden Jahrzehnten sind die komplexen, die Diagenese von Karbonatsedimenten beeinflussenden Faktoren nur in großen Zügen bekannt. Den raschen Wechsel in den Grundkonzepten zeigen die erst 1967 erkannte Möglichkeit einer submarinen Lithifizierung ohne Süßwassereinfluß (Fischer u. Garrison, 1967) und die erst in den letzten Jahren genauer untersuchten Unterschiede zwischen vadoser und phreatischer Diagenese.

Wichtige Übersichten über die Diagenese von Karbonaten und Karbonatgesteinen finden sich bei Bricker (1971), Bathurst (1970, 1971), Folk (1965, 1974), Friedman (1964 und insbesondere 1975), Milliman (1974), Purdy (1968) sowie bei Chilingar et al. (1967).

3.1 Diagenese-Bereiche, Klassifikation der diagenetischen Vorgänge

Der Grad der mit der Diagenese verbundenen Veränderungen ist von den Diagenesebereichen abhängig (post-depositional environments, Purdy, 1968). Grundsätzlich können unterschieden werden:

a) Submarine Diagenese
  - im Flachmeer
  - in tieferen Meeresteilen

b) Meteorische Diagenese (= Süßwasser-D.)
  - vadoser Bereich: über dem Grundwasserspiegel gelegen (vgl. Abb. 6 und 7); Diagenese unter Einfluß von Regen- und Haftwässern. Beispiele: subaerische Kalkkrusten und Caliche-Bildungen, Höhlenkarbonate (siehe 2.3.2)
  - phreatischer Bereich: in und unter dem Grundwasserspiegel gelegen (Abb. 6 und 7)

Die Süßwasserdiagenese bzw. Süßwasserzementation ist durch einen schnellen und tiefgreifenden Wechsel in (a) CO_2-Konzentration und Isotopen-Zusammensetzung, (b) Grad der $CaCO_3$-Übersättigung und (c) Fließraten bzw. Vermischung des Wassers charakterisiert. Der vom Klima, der Topographie und der Permeabilität abhängige Wasserfluß bedingt verschiedene, sich zum Teil überlagernde diagenetische Strukturen (vgl. z.B. Matthews, 1967; Steinen u. Matthews, 1973).

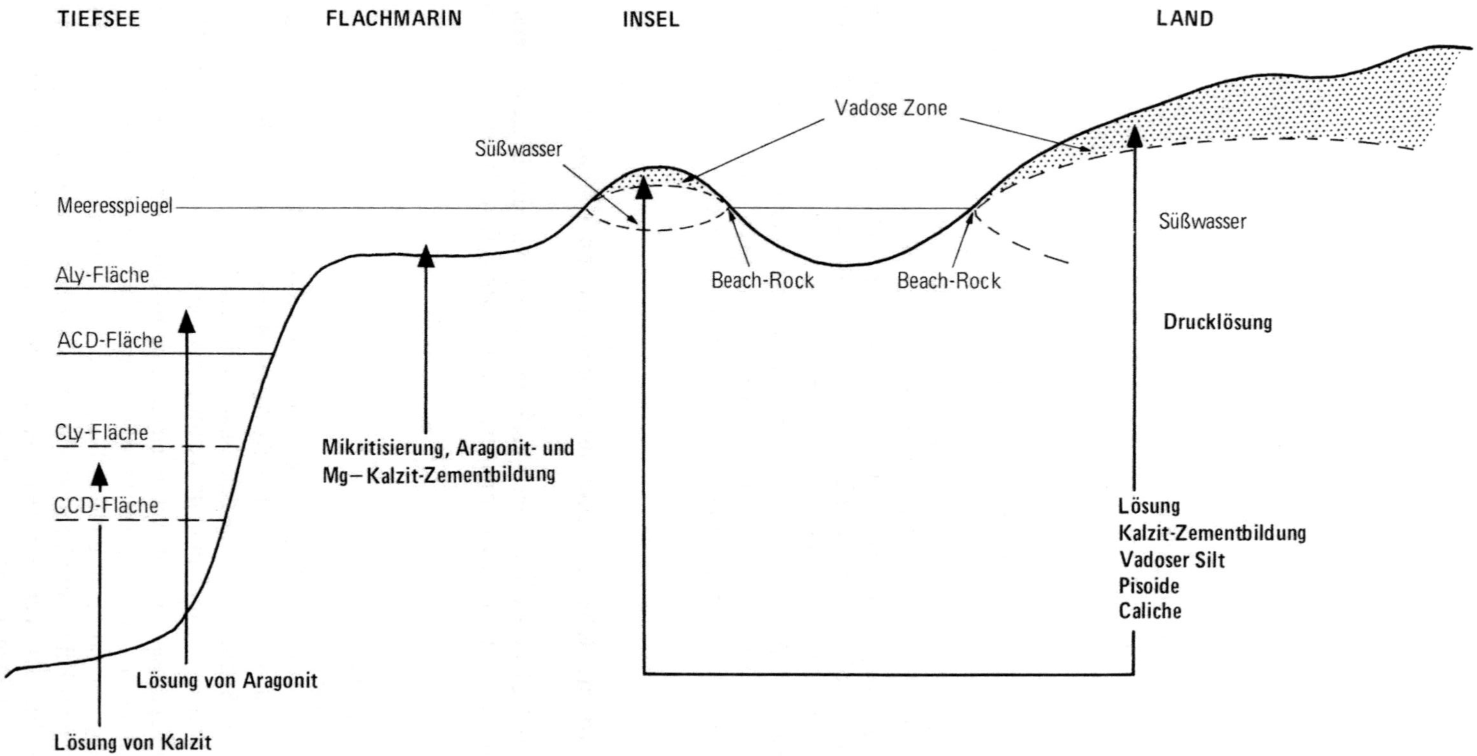
TIEFSEE
FLACHMARIN
INSEL
LAND
Vadose Zone
Süßwasser
Meeresspiegel
Süßwasser
Aly-Fläche
Beach-Rock
Beach-Rock
Drucklösung
ACD-Fläche
Cly-Fläche
Mikritisierung, Aragonit- und
Mg–Kalzit-Zementbildung
CCD-Fläche
Lösung
Kalzit-Zementbildung
Vadoser Silt
Pisoide
Caliche
Lösung von Aragonit
Lösung von Kalzit

Unter Berücksichtigung sowohl der bereits zum Zeitpunkt der Sedimentation auf die Karbonate einwirkenden Faktoren als auch der mit der Karbonatneubildung verbundenen Veränderungen lassen sich die Vorgänge der Diagenese wie folgt klassifizieren (Füchtbauer, 1974; Milliman, 1974; Folk, 1974):

I. Destruktive Diagenese – Karbonat-Abbau:
durch biologische oder mechanische Erosion oder durch chemische Lösung

II. Konstruktive Diagenese – Karbonat-Neubildung:

1. isochemisch (ohne Veränderung der chemischen Zusammensetzung der Sedimente):
   A. Zementation: Füllung von primären Hohlräumen in oder zwischen den Komponenten oder von Lösungshohlräumen durch chemisch abgeschiedenes Sediment. Hierdurch werden die Sedimente konsolidiert, die Kompaktion herabgesetzt oder verhindert und die Lithifizierung eingeleitet.
   a) Frühdiagenetische Zementbildung („Zement A")
      – auf Kosten der metastabilen Karbonatminerale (z.B. aus dem Aragonit der Biogene)
      – durch Verdunstung von karbonatreichen Porenwässern im Supratidalbereich
      – am Meeresgrund
   b) Spätdiagenetische Zementbildung („Zement B")
   Nach der Sedimentkonsolidierung bzw. nach der Kompaktion gebildeter Zement; das notwendige Karbonat wird durch Drucklösung zur Verfügung gestellt.

   B. Neomorphismus: Dieser Begriff wurde von Folk (1965: 21) als "comprehensive term of ignorance" für alle Mineraltransformationen eingeführt, bei welchen das Mineral erhalten bleibt oder ein Mineral in ein polymorphes Mineral übergeführt wird.
   a) Sammelkristallisation (Umkristallisation): größere Kristalle wachsen auf Kosten von kleineren Kristallen („aufsteigende" Umkristallisation, z.B. Veränderung einer fibrösen kalzitischen Brachiopoden-Schale zu einer, aus gleich großen Kalzitkristallen bestehenden Schale) oder kleine Kristalle entstehen im Bereich eines großen Kristalls („absteigende" Umkristallisation, z.B. bei Echinodermenresten, vgl. Tabelle 4.1.2).
   b) Transformation (Inversion) von Aragonit zu Kalzit durch Lösung und in-situ-Abscheidung in wässerigem Milieu.
      – Homoaxiale Transformation unter Erhaltung der Kristallgestalt (z.B. „sphaerulitische" Mikrostrukturen bei Coelenteraten; zum Teil Radialstruktur von Ooiden (siehe 4.1.3.5); kalzitischer Zement A)
      – Heteroaxiale Transformation: keine optische und strukturelle Übereinstimmung zwischen Aragonit- und Kalzit-Kristallen (z.B. bei Molluskenschalen)
   c) Rekristallisation (i.S. von Folk, 1965!): Wachstum von nichtbeanspruchten Kristallen auf Kosten von beanspruchten Kristallen desselben Minerals unter erhöhten p-t-Bedingungen (Metamorphose)

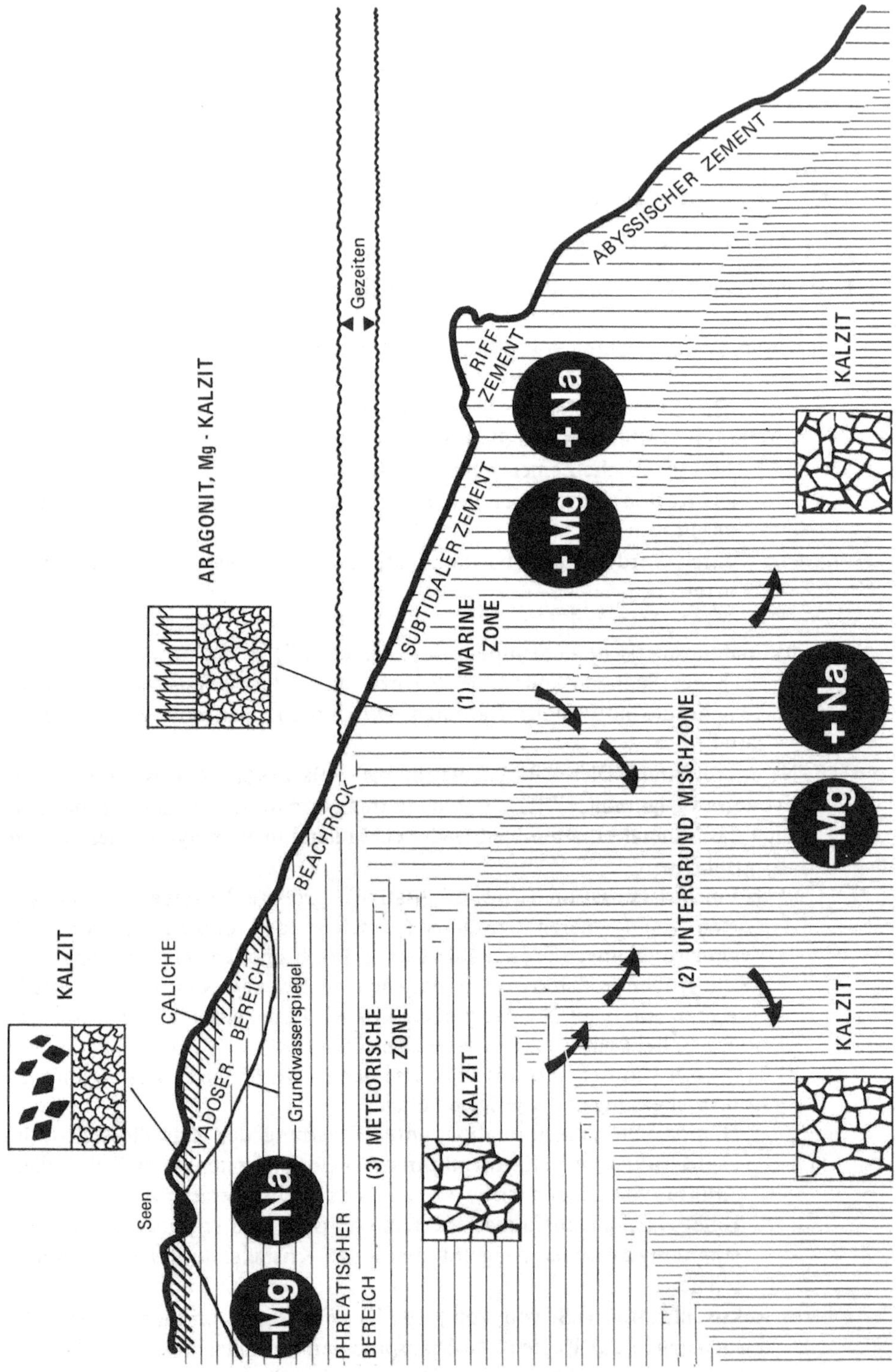
KALZIT
ARAGONIT, Mg - KALZIT
Gezeiten
Seen
CALICHE
VADOSER BEREICH
Grundwasserspiegel
BEACHROCK
SUBTIDALER ZEMENT
RIFF ZEMENT
ABYSSISCHER ZEMENT
-Mg -Na
+Mg +Na
-Mg +Na
PHREATISCHER BEREICH
(3) METEORISCHE ZONE
(1) MARINE ZONE
(2) UNTERGRUND MISCHZONE
KALZIT
KALZIT
KALZIT

C. Lösungsprozesse, bei welchen Karbonat selektiv, z.B. an Tonsäumen, gelöst wird (Stylolithen-Bildung) und sekundäre Porosität entsteht.

2. allochemisch (mit Veränderung der chemischen Zusammensetzung der Sedimente):
   A. Dolomitisierung
      a) Frühdiagenetische Dolomitisierung im nicht-verfestigten Sediment, in Bereichen mit (durch Verdunstung) erhöhter Salinität
      b) Spätdiagenetische Dolomitisierung, nach der Konsolidierung des Sediments
   B. Dedolomitisierung (Rekalzitisierung): Lösung von Dolomit und Ersatz durch Kalzit; meist unter Süßwasser-Einfluß (Beispiele: Fränkischer Jura– Bausch, 1965; Mattavelli, 1966)
   C. Lösung von Mg-Kalzit und Bildung von Kalzit, wobei die Struktur der Organismenhartteile bzw. der Karbonatzemente erhalten bleibt
   D. Silifizierung (vgl. Füchtbauer, 1974; R.C.L. Wilson, 1966)
   E. Bildung von authigenen Mineralen (siehe 4.1.3.9)

3.2 Karbonat-Abbau

Die *biologische Erosion* (vgl. Tafel 1/4, 13/2, 18/8, 20/5, 24/8, 31/7) zerstört karbonatische Komponenten und Substrate und schafft Hohlräume. Als karbonatzerstörende Organismen treten im Sediment wühlende (Winder, 1968) und im harten Substrat bohrende Organismen auf. Die Tabellen 6 und 12 geben einen Überblick über die Bedeutung der biologischen Erosion.

Die *mechanische Erosion* bildet durch Bruch und Abrasion feine und feinste Kornfraktionen (vgl. Abb. 37) und zerkleinert große Riffblöcke. Die Zerkleinerungsfähigkeit ist von der Mikrostruktur der Organismenhartteile abhängig. In hochenergetischen Küstenbereichen wirkt die mechanische Erosion im allgemeinen stark, aber langsam.

Bei Karbonatuntersättigung kann *Lösung von* $CaCO_3$ einsetzen. Für die Untersättigung maßgebliche Faktoren sind niedrige Wassertemperaturen, hoher Partialdruck von CO_2 bzw. niedrige pH-Werte und zunehmender hydrostatischer Druck. Im Gezeitenbereich wird die Karbonatlösung durch Tag/Nacht- und Zeit-Schwankungen in der Wassertemperatur und im O_2-CO_2-System stark beeinflußt, jedoch scheint die Bedeutung von chemischer Lösung für die Erosion in dieser Zone relativ gering zu sein. Im Gegensatz hierzu kommt der $CaCO_3$-Lösung in den tieferen Meeren grundsätzliche Bedeutung zu. Die Lösungsmöglichkeit wird durch mit der Wassertiefe ansteigenden hydrostatischen Druck und durch die Oxydation von organischem Material beeinflußt (vgl. 2.2.2).

◀ Abb. 7. Beziehungen zwischen diagenetischen Bereichen und Ausbildung der Karbonatminerale (nach R.L. Folk, 1974). Bereich *1*, hohe Na^+ und Mg^{2+}-Werte = marine Zone, es bildet sich aragonitischer oder Mg-kalzitischer Zement mit fibrösen oder mikritischen Strukturen (z.B. beach-rock, Subtidal, Riffe). Bereich *2*, Na^+ hoch und Mg^{2+} niedrig (entfernt durch Absorption an Tonmineralen und durch Dolomitbildung) = Untergrund-Mischzone, kalzitischer Sparit. Bereich *3*, Na^+ und Mg^{2+} niedrig = meteorische Zone. Im phreatischen Bereich bildet sich sparitischer Kalzit, im vadosen Bereich mikritischer Kalzit, z.T. mit deutlichen Rhomboedern

Tabelle 6. Karbonatauf- und -abbau durch epi- und endolithische Mikroorganismen. Nach J. Schneider (1977)

	Vorgänge		Bedeutung im Süßwasser	Bedeutung im Meerwasser
Karbonat-Aufbau	Einfangen und Binden von Sedimentpartikeln	Sedimentkörner werden mechanisch sedimentiert und durch Algen-Filamente auf der Oberfläche von Algen-Matten gebunden	Bildung von Travertin und Seen-Krusten Bildung von Seen-Ablagerungen Krustenkalken, Onkoiden und Stromatolithen	Bildung der supra- bis subtidalen Algen-Matten (Stromatolithen, Onkoide)
	Zementation durch $CaCO_3$	durch Algen-Assimilation von CO_2 und HCO_3^- erhöht sich der pH-Wert im Bereich zwischen den Algen-Fäden auf > 10, derart erhöht sich die CO_3^{-2}-Konzentration, es kommt zur anorganischen $CaCO_3$-Abscheidung (nicht orientierter Mikrit)	Kalzit, relativ häufig	Aragonit; selten, da die Anwesenheit von Mg^{2+} oder von organischen Substanzen die anorganische Fällung verhindert
	Inkrustation mit $CaCO_3$	Blau-Grün-Algen, Grünalgen und Pilze können ihre Filamente und Hyphen mit mikritischem Kalzit inkrustieren, wobei Lagenstrukturen um die Algenfilamente entstehen	Kalzit, nur im Süßwasser	–
	Abscheidung von $CaCO_3$ innerhalb der Algenschicht	bei verkalkten *Rivularia*-Kolonien scheiden sich auf den in der Algenschicht eingebetteten Trichomen Kalzitkristalle ab	Kalzit in Seen und Flüssen	–
Karbonat-Abbau	biologische Korrosion durch Endolithen	bohrende Blaugrün-, Grün- und Rotalgen sowie Pilze und Flechten lockern das Substrat auf	sowohl im lakustrinen und terrestrischen als auch im marinen Bereich	
	Vorbereitung der Karbonatoberfläche für anorganische Lösung	das aufgelockerte Substrat kann durch Regenwasser leichter gelöst werden, hierdurch im terrestrischen Bereich Karrenbildung, z.T. durch Flechtenlösung	besonders stark im terrestrischen Bereich entwickelt	
	biologische Abrasion	das aufgelockerte Substrat bietet mit den zahlreichen Mikrofossilien Nahrung für Gastropoden, Echinodermen, Fische etc.		besonders stark im marinen Bereich entwickelt

Im *Schliffbereich* können folgende, die *Lösungsanfälligkeit* beeinflussende *Faktoren* typisiert werden:

- Ausbildung der Matrix zwischen den Bioklasten. Möglichkeiten: homogene oder inhomogene Matrix (z.B. homogener Mikrit oder Kalksiltit, siehe 4.1.2); Größe der Mikritkristalle; sichtbare interkristalline Porosität oder Zwickelporen; Matrix aus Kalzit, Dolomit, SiO_2 etc. Diese Faktoren können den Ablauf der meteorischen Diagenese maßgeblich beeinflussen.
- Organische Substanz in den Bioklasten bzw. in der Matrix. Der Zerfall von organischer Substanz kann ein saures Mikromilieu und damit erhöhte Lösungsanfälligkeit bedingen.
- Mineralogie der Schalenbestandteile. Die unterschiedliche Löslichkeit der Karbonatminerale (vgl. Tabelle 7) führt zu einer selektiven Zerstörung und Hohlraumbildung.
- Größe, Gestalt und Orientierung der Kristalle. Das höhere Oberfläche/Volumen-Verhältnis von kleineren länglichen Kristallen erhöht die Lösungsanfälligkeit.
- Mikro- und Ultrastruktur der Schalen. Organismenschalen mit Wandporen können lösungsanfälliger sein als homogene Schalen.

3.3 Zementation

In Abhängigkeit von der unterschiedlichen Stabilität der Karbonatminerale (Tabelle 7) steht im flachmarinen Bereich und in Süßwasser-durchtränkten Zonen genügend gelöstes Karbonat zur Verfügung, das zur Zementbildung beitragen kann. Nach Friedman (1975) und Wilson (1975) lassen sich folgende Zementbildungsprozesse erkennen:

A. Meteorische Diagenese: Aragonitkomponenten werden im leicht sauren Süßwasser gelöst, es entstehen Hohlräume zwischen den Komponenten (sofern kleinere Partikel oder früh gebildete Zemente gelöst werden) oder in den Komponenten (sofern Mikritrinden die Lösung der gesamten Komponente verhindern). Bei Lösung von sehr viel Material bzw. von Evaporiten entstehen Kollapsstrukturen, in welchen Kalzit als Zement in den Hohlräumen bzw. zwischen den Komponenten abgeschieden wird. Hierbei bildet sich in der phreatischen Zone Drusen- oder Blockzement; in der vadosen Zone sind die Porenräume die meiste Zeit mit Luft gefüllt. Ausnahmen bestehen bei Korn-zu-Korn-Kontakten, bei welchen aus einem dünnen Wasserfilm zwischen den Partikeln Zemente gebildet werden (Meniscus-Zement, mikrostalaktitischer Zement, Gravitationszement).

Tabelle 7. Vorstellungen über die Stabilität von Karbonatmineralen im Meer. Im flachmarinen Bereich bleiben Aragonit und Mg-Kalzit relativ stabil, im tiefermarinen Bereich wird Aragonit gelöst und Mg-Kalzit zu Kalzit umgewandelt

Stabilitätsverhältnisse	Autoren
(1) Mg-Kalzit $<$ Aragonit $<$ Kalzit	Stehli u. Hower (1961); Chave et al. (1962)
(2) Aragonit $<$ Mg-Kalzit $<$ Kalzit	Friedman (1965b)
(3) ($\geq$12 Mol%)-Mg-Kalzit $<$ Aragonit $<$ ($\leq$12 Mol%)-Mg-Kalzit $<$ Kalzit	Milliman (1974)

In der vadosen Zone bleiben die Poren im allgemeinen offen, die ursprünglichen Strukturen bleiben erhalten. Im Gegensatz hierzu scheiden die karbonatgesättigten bzw. karbonatübersättigten Wässer im Bereich der phreatischen Zone Kalzitzemente aus, welche die ursprünglich vorhandenen Poren rasch schließen. Die ursprünglichen Texturen werden durch Umkristallisation weitgehend zerstört. Eine Ausnahme bilden die aus Hoch-Mg-Kalzit bestehenden Organismenreste (z.B. Corallinaceen), die ohne Vernichtung der ursprünglichen Strukturen in Kalzit umgewandelt werden.

Hinweise auf meteorische Diagenese ergeben sich abgesehen von den Zementtypen (siehe unten) und aus dem Auftreten von „vadosem Silt" (siehe 3.9) aus SiO_2-Horizonten im Bereich von früheren Grundwasserhorizonten, aus subaerisch gebildeten Dolomit-„Krusten" und aus der Existenz von dedolomitisierten Zonen.

B. Marine Diagenese:

1. *Flachwasser:* a) Beach Rock (Taf. 3, Taf. 4): Zementation (im Küstenbereich) in warmen Klimaten und karbonatübersättigtem Wasser unter Bildung von aragonitischem Faserzement und mikritischem Mg-Kalzit-Zement.

b) Gezeitenzone: Zementbildung unter Mitwirkung von Blau-Grünalgen (siehe 5.3. 12.4).

c) Karbonatsande: um karbonatische Komponenten entstehen aragonitische Faser-Zemente oder mikritischer Mg-Zement bzw. Palisadenzement (even rim-cement).

Tafel 3/1–6. Rezente Karbonatzemente in beach-rock-Gesteinen ▶

1. Aragonitischer Faser-Zement A und Mikrit-Zement B aus Mg-Kalzit. Im oberen Subtidal- bis unteren Intertidalbereich ist auf den vulkanitischen Gesteinskomponenten ein gleichmäßig breiter Saum aus senkrecht zur Unterlage angeordneten, fibrösen Aragonit-Kristallen aufgewachsen. Dieser Zement A wurde von dem unter vadosen Bedingungen gebildeten mikritischen Mg-Kalzit des Zementes B überlagert (Intertidalbereich). Durch Einwirkung von Süßwasser sind die Aragonitkristalle teilweise angelöst. Fuerteventura, Kanarische Inseln. REM-Aufnahme. Balkenlänge 150 Mikron

2. Dünnschliffbild zu Fig. 1. Faser-Zement A und Mikrit-Zement B. Balkenlänge 500 Mikron

3. Mikritischer Mg-Kalzit-Zement A und wirrstrahliger Aragonit-Zement B. Durch Evaporation vadoser Wässer entstanden im Gezeitenbereich um karbonatische und nichtkarbonatische Sandkörner breite Mikritsäume von Zement A. Die mit dieser Zementation verbundene Abnahme der Porosität führte zur Abnahme der vadosen Bedingungen und zur Entstehung von phreatischen Kleinstbereichen, in welchen unter dauernder Wasserbedeckung wirrstrahlig angeordnete Kristalle des Zementes B gebildet wurden. Fuerteventura, Kanarische Inseln. REM-Aufnahme. Balkenlänge 25 Mikron

4. Dünnschliffbild zu Fig. 3. Mikrit-Zement A und Faser-Zement B. Unter den karbonatischen Komponenten fallen Rotalgen-Bioklasten (Corallinaceen) auf. Balkenlänge 500 Mikron

5. Meniskus-Zement. Konkave Zement-„Brücken" verbinden benachbarte Sedimentkörner. Da vadoses Wasser im Bereich der Kornkontakte längere Zeit als Wasserfilm erhalten bleibt, können hier kornverbindende Zemente im stärkeren Maß abgeschieden werden als auf freiliegenden Kornoberflächen. Vgl. Dunham (1969). Fuerteventura, Kanarische Inseln. REM-Aufnahme. Balkenlänge 150 Mikron

6. Dünnschliffbild zu Fig. 5. Meniskus-Zement zwischen Corallinaceen-Bioklasten und nichtkarbonatischen Lithoklasten. Freie Hohlräume schwarz. Balkenlänge 500 Mikron

Alle Aufnahmen G.-F. Tietz

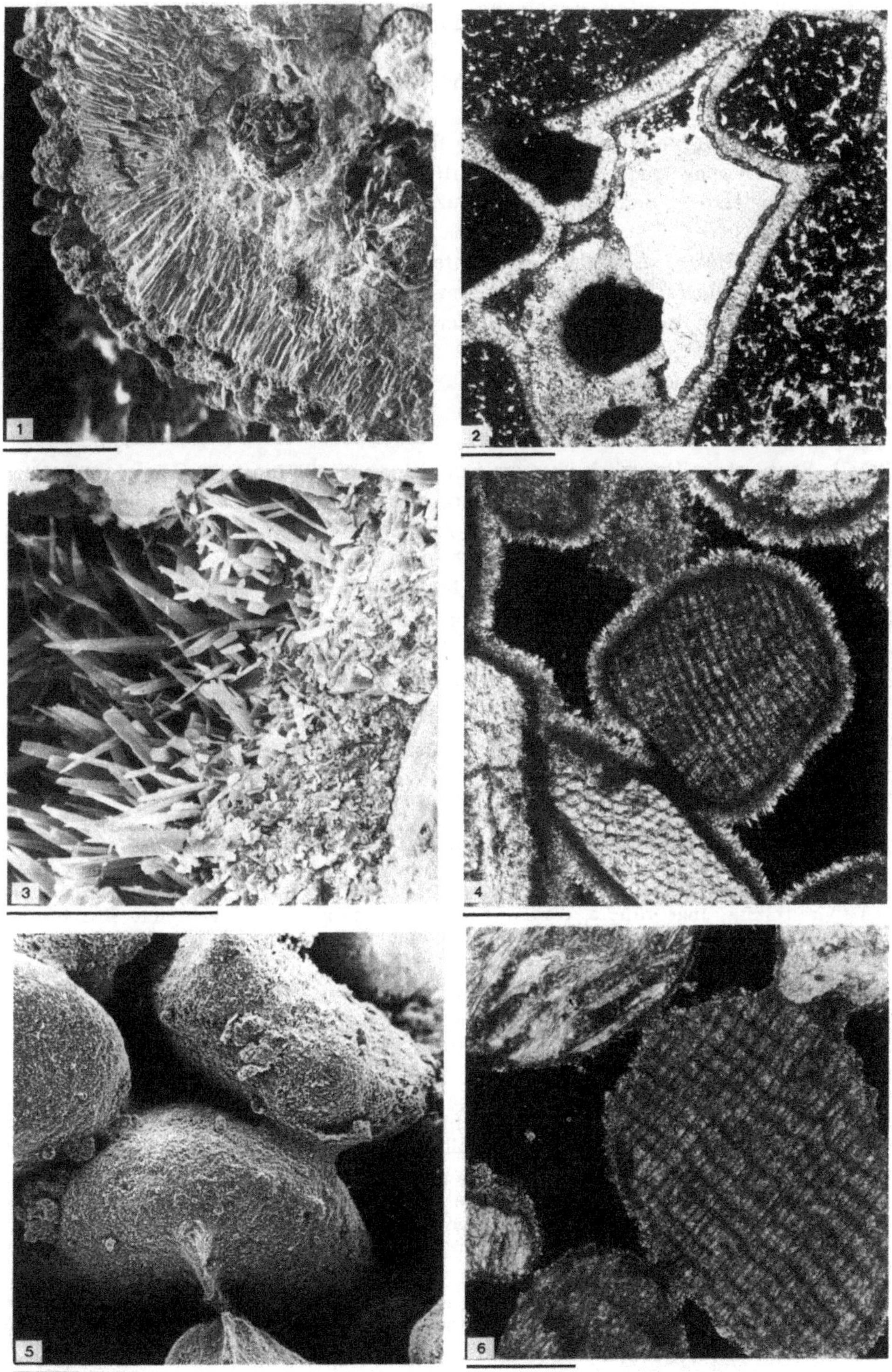

d) Riffe: Fibröser Aragonitzement und mikritischer Mg-Kalzit sowie grober Drusenzement.

e) Gebiete mit Sedimentationsstillstand: Hartboden-Bildung durch Aragonit- und Mg-Kalzit-Zementation.

f) Bereiche mit erhöhter Salinität: bei Temperaturen über 30°C und Hypersalinität (Totes Meer) Bildung von fibrösen und mikritischen Aragonit-Zementen.

g) Reduzierende Bereiche: Sulfatreduzierende Bakterien bilden Kalzit-Zemente (Rotes Meer).

2. *Tieferes Meer:* Die meisten bisher untersuchten Tiefseekarbonatzemente bestehen aus kryptokristallinem Mg-Kalzit. Es ist anzunehmen, daß die Zementation bevorzugt während Zeiten von Nichtsedimentation oder herabgesetzter Sedimentation erfolgt.

3.3.1 **Terminologie der Zement-Typen** (Abb. 9)

Tabelle 8 gibt einen Überblick über die Definition und die mögliche Genese sowie über die Synonyma einiger der zahlreichen Karbonatzementtypen. Hierbei muß beachtet werden, daß Schliffbefunde hier nicht immer zu brauchbaren Ansprachen führen und daß REM-Überprüfungen sinnvoll sind (s. Taf. 3 und 4).

Nach Milliman (1974) ergeben sich Unterschiede in der Art der Zementation im Intertidal- und Subtidalbereich. Im Subtidalbereich unterscheidet Milliman zwei Flachwassertypen (A – Füllung von primären Hohlräumen und biogenen Bohrungen mit Internsediment und anschließende Lithifikation; B – Zementation von isolierten Komponenten durch Faser- und Mikritzemente, typisch für das Schelfgebiet) und fünf Tiefwassertypen.

Tafel 4/1–6. Rezente Karbonatzemente in beach-rock-Gesteinen und Äolianiten ▶

1. Aragonitischer Faser-Zement. Im dauernd wassergefüllten phreatischen Bereich werden wirrstrahlig angeordnete (radialfibröse?) Aragonitkristalle gebildet. Beachrock, Fuerteventura, Kanarische Inseln. REM-Aufnahme. Balkenlänge 10 Mikron

2. Dünnschliffbild zu Fig. 1. An Kornkontakten und im Bereich enger Poren nehmen die wirrstrahligen Aragonit-Kristalle an Größe zu. Balkenlänge 500 Mikron

3. Mikrit-Zement. Einzelne Rhomboeder aus Mg-Kalzit wachsen neben- und durcheinander, oft entstehen rosettenförmige Aggregate. Vadoser Beachrock, Fuerteventura, Kanarische Inseln. REM-Aufnahme. Balkenlänge 10 Mikron

4. Dünnschliffbild zu Fig. 3. Breiter Mikritzement-Saum um karbonatische und nichtkarbonatische Sedimentkörner. Ein Teil der intergranularen Hohlräume ist durch feinstkörnige Sedimentpartikel und Mikritzement vollständig verfüllt. Balkenlänge 500 Mikron

5. Kalzitischer Blockzement. Vorzugsweise aus (meteorischen) Oberflächenwässern bilden sich in Äolianiten „hundezahnähnliche" kalzitische Blockzemente mit – gegenüber Aragonitnadeln – stark veränderten Längen:Breiten-Verhältnissen der Kristalle (etwa 3:1). Pleistozäne Düne, Fuerteventura, Kanarische Inseln. REM-Aufnahme. Balkenlänge 10 Mikron

6. Dünnschliffbild zu Fig. 5. Hundezahnzement auf Corallinaceen-Bioklasten und auf nichtkarbonatischen Sedimentkörnern aufgewachsen. In den (schwarz erscheinenden) freien Poren abgebrochene Kristalle („Kristallsilt"). Balkenlänge 500 Mikron

Alle Aufnahmen G.-F. Tietz

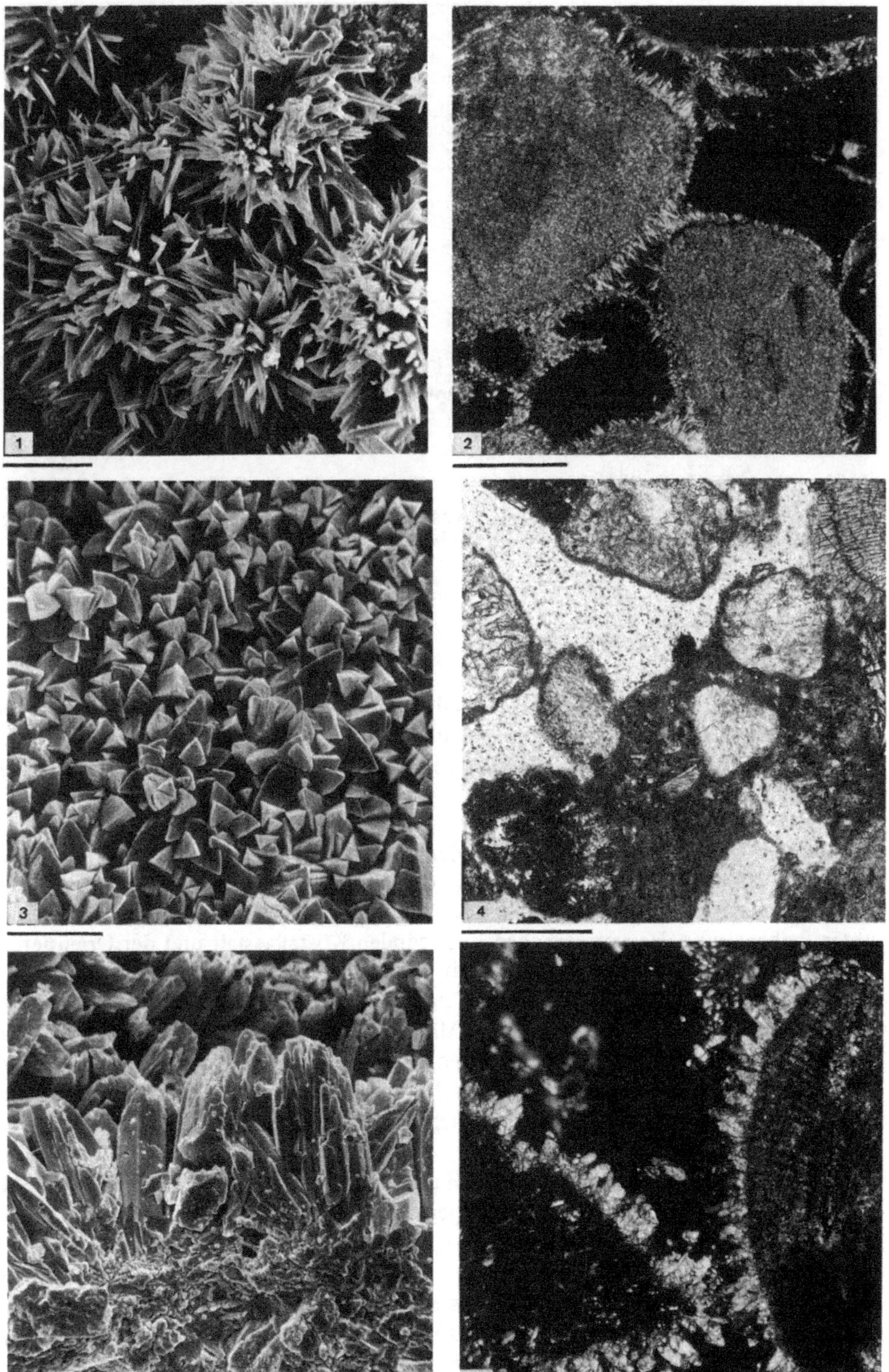
1
2
3
4
5
6

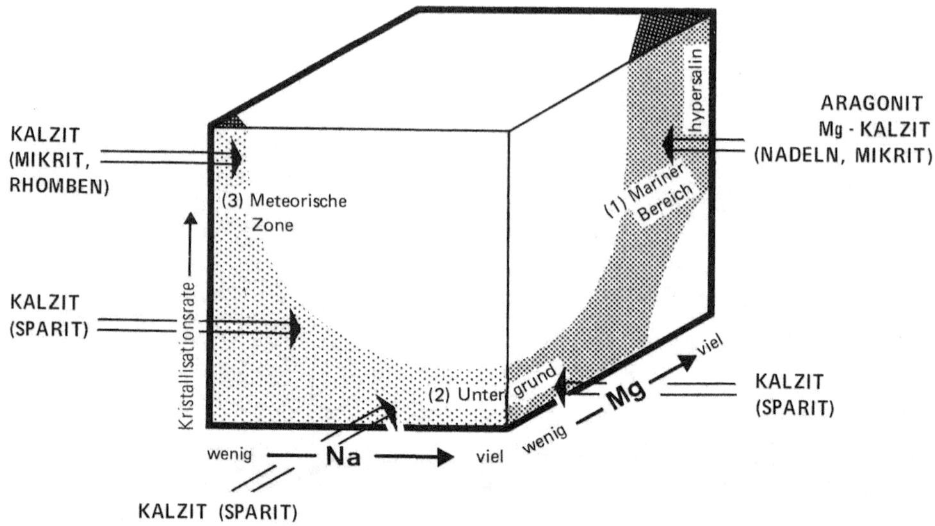

Abb. 8. Zusammenhänge zwischen der Ausbildung der Karbonatminerale bzw. der Kristallisationsrate und dem Na^{+} und Mg^{2+}-Gehalt des Wassers. Nach Folk (1974)

3.3.2 Zementationsetappen (Taf. 3, 4, 5)

Da sich die Zementation häufig in verschiedenen, zeitlich aufeinanderfolgenden Diagenesebereichen vollzieht (z.B. marine Zemente und phreatische Zemente), sind in vielen Kalken zwei durch unterschiedliche Gefügetypen charakterisierte Zemente zu erkennen (vgl. Graf u. Lamar, 1950):

Zement A (Taf. 3). Faserzement, palisadenartiger Aufwuchs senkrecht auf die Porenwände; Kristalle oft bräunlich verfärbt (Verunreinigungen im submikroskopischen Bereich). Rezentbeobachtungen: Submarine Aragonit- oder Mg-Kalzit-Zemente; werden unter Beibehaltung der isometrischen, subhedralen Kristallgestalt und der Orientierung in Mg-arme Kalzit-Zemente umgewandelt. Neben langfaserigem Aragonitzement und kurzfaserigem Mg-Kalzit-Zement können auch kryptokristalline (mikritische) Mg-Kalzit-Zemente auftreten (z.B. Purser, 1969). Mikrostalaktitischer Zement A (Aragonit und Kalzit) ist bisher nur aus trockengefallenen Gezeitenflächen im Persischen Golf bekannt geworden. Vorkommen: Zement A ist im flachmarinen Bereich häufig, tritt jedoch auch in Beachrocks und in tiefermarinen Bereichen mit herabgesetzter Sedimentation (Tiefschwellen, Guyots) auf.

Fossile Beispiele: häufig in Riffkalken und Kalkruditen, z.B. „Großoolithe" im mitteltriadischen Wettersteinkalk der Nordalpen, Vorriff-Kalkrudite devonischer Stromatoporen-Korallenriffe.

Zement B (Taf. 3). Füllt als isometrisches Mosaik die nach der ersten Zementation verbliebenen Hohlräume aus. Es entstehen Drusen- oder Blockzemente aus anhedralen Kristallen. Häufig ist zu beobachten, daß die Kristallgröße gegen das Zentrum der Hohlräume

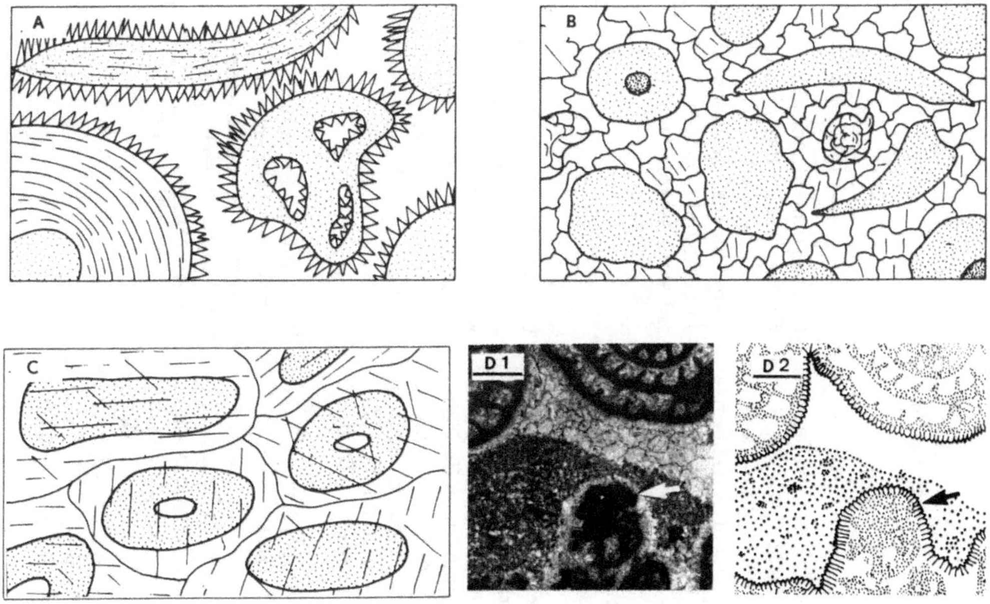

Abb. 9. Karbonatzementtypen. (A) Faserzemente, als Aufwuchs auf Bioklasten. Dieser aus senkrecht auf die Unterlage aufgewachsenen Kristallen bestehende Zement wird auch als „Drusenzement" bezeichnet. Er entspricht dem i.a. frühdiagenetischen „Zement A" (siehe 3.3.2). Die verbleibenden Interpartikelporen werden mit dem (i.a. spätdiagenetischen) „Zement B" gefüllt. (B) Blockzement oder granularer Zement. (C) Syntaxialer Rindenzement bzw. "rim cement" um Echinodermenreste, im optischen Kontinuum mit den ursprünglichen Einkristallen. (D 1) und (D 2) Vadoser Kristallsilt in durch Faserzemente begrenzten Zwischenräumen. Feinpunktiert ursprüngliches mikritisches Sediment, parallele Linien Faserzemente, grobpunktiert vadoser Silt, weiß Blockzement. Perm von Texas. Nach Dunham (1969) und Blatt et al. (1972)

hin zunimmt. Größere Hohlräume können durch große, längliche und senkrecht zur Porenwand orientierte Kristalle gefüllt sein („radial-fibröser Zement"). Vorkommen: sowohl im marinen Bereich als auch in der meteorischen Zone. Marin in der Flachsee und in tieferen Meeren; unter Süßwassereinfluß bildet sich überwiegend allein kalzitischer Blockzement aus isometrischen Kristallen, da Zement A in diesem Bereich fehlt.

3.4 Kompaktion

Lockersedimente verlieren durch Auflast jüngerer Schichten auf Kosten der Porosität an Volumen. Der Grad dieser mit einer Sackung verbundenen Volumenverminderung ist bei karbonatischen Sedimenten im allgemeinen gering, sofern die Zementation früh einsetzt und die Zemente das Gefüge abstützen. Allerdings sind auf Grund von experimentellen Untersuchungen (Terzaghi, 1941; Hathaway u. Robertson, 1961; Robertson, 1967; Fruth et al., 1966; Ebhardt, 1968) Zusammenhänge zwischen der Kompaktierbarkeit und dem primären Gefüge gegeben, die Verallgemeinerungen erschweren. Schillhaltige

Tabelle 8. Karbonatzementtypen (vgl. auch W. Schneider, 1977, Geol. Jb. D 21)

Gefügetyp	Autor;	Diagenetische Zementgefüge		
		Definition wichtige Literatur	Genese	Synonyma
1. fibrös (Taf. 3/1, 3/2)	Friedman, 1964, 1968 Gevirtz u. Friedman, fossil: Purser, 1969; Zankl, 1971; Germann, 1968; Wolf, 1965; Mountjoy u. Walls, 1977	Mit der xx-Längsachse ⊥ Porenwand oder Komponenten-Oberfläche aufgewachsen; in Schnitten ⊥ zu den Längsachsen gezähnelte xx-Grenzen; xx oft bräunlich gefärbt	Bildet meist den frühdiagenetischen Zement A (Graf u. Lamar 1950); submarin: langfaseriger Aragonitzement; kurzfaseriger Mg-Kalzit; wird in Kalzit umgewandelt. Intertidal: Kalzitzement. Häufig Flachmeer, Litoral bis Sublitoral, im tiefmarinen Bereich seltener; in beach-rocks.	Fibrous cement; acicular; fibröser Spatit, Faserzement; Palisadenzement; „Großoolithe" der alpinen Trias sind Sonderfälle; radialer Faserzement – W. Schneider (1977)
2. granular (Taf. 4/5)	Bathurst, 1958: 14	An- bis subhedral xx, i.a. > 10, bis 60 μ, i.a. keine bevorzugte Orientierung der xx	Bildet Zement B; i.a. gebildet nach Verfestigung des Sediments, i.a. nach der *Kompaktion* im submarinen Bereich, i.a. *nach* Bildung von Zement A, im Auftauchbereich nur isometrischer Zement ähnlich Zement B, auch im Tiefmarin	Ursprünglich für Gefüge zwischen Komponenten vorgeschlagen; heute vielfach als Gegensatz zu „fibrös" und Überbegriff verwendet; z.T. Synonym von drusig; blocky cement; Blockzement
3. drusig	Bathurst, 1958: 14 Friedman, 1968	An- bis subhedral xx, i.a. > 10 μ; Kristallgrößen nehmen gegen Zentrum der Hohlräume zu; bei gekreuzten Nicols gleichförmig, nicht-undulöse Auslöschung; xx-Grenzen eben; über 50% der Kristalle bilden am Treffpunkt von 3 Kristallen einen Winkel von 180° (enfacial junction) oft Fe-Kalzit	Bildet den (spätdiagenetischen) Zement B (Graf u. Lamar, 1950), füllt im submarinen Bereich den nach Zementation verbliebenen Restraum aus (auch im Tiefmarin); im Auftauchbereich. Kristalle wachsen auf freien Flächen in übersättigten Lösungen – bildet sich auch im vadosen u. phreat. Bereich	Drusy mosaic Bathurst; ursprünglich für Zemente in primären oder sekundären Hohlräumen vorgeschlagen; drusiger Mosaikzement – W. Schneider (1977)

4. Radialaxialer fibröser Zement (Taf. 5/3)	Bathurst, 1959: 511; Bathurst, 1971; Kendall u. Tucker, 1973; Bechstädt, 1974; W. Schneider, 1977	Zement-xx mit gebogenen Zwillingslamellen, konvergierenden optischen Achsen und divergierenden Längsachsen in den Subkristallen; Aufwuchs ⊥ Porenwand; undulöse Auslöschung, unebene Begrenzungsflächen zwischen Kristallen, Einschlüsse	Umstritten: submarin (Kendall u. Tucker, 1973) oder im vadosen Bereich (Bechstädt, 1974)	
4. Mikritzement	Alexandersson, 1969; fossil: Purser, 1969	Kristalle $< 4\,\mu$ bzw. $< 30\,\mu$	z.T. als Zement A (als kryptokristall. Mg-Kalzit), z.B. in beach rocks; in Riffhöhlungen submarin: in Bereichen mit geringer Sed.-Rate, z.B. Guyots	Submicrocrystalline cement MacIntyre, 1967
6. syntaxialer Rindenzement (Taf. 11/7)	Orme u. Brown, 1963; Evamy u. Shearman, 1965, 1969	Allseitige Vergrößerung von Einkristallen, z.B. von Echinodermenelementen	Wachstum von großen Kristallen im optischen Kontinuum mit den ursprünglichen Einkristallen	Rim cement, Bathurst, 1958: 21; syntaxial overgrowth; syntaxialer Kalzitzement, W. Schneider, 1977
7. Meniskuszement (Untertyp von Zement A)	Dunham, 1971	In Zwickel von und unterhalb der Komponenten	Besteht aus Aragonit oder Mg-Kalzit; entsteht in der vadosen Zone durch Karbonatabscheidung aus Wasserfilmen	
8. Dripstone cement (Taf. 4/5, 4/6, 5/1)	Purser, 1969: 224; Bernoulli u. Wagner, 1971; Bechstädt, 1975	Dickere Krusten von Zement A an den Dächern von Hohlräumen bzw. Unterseiten von Komponenten	Bei wiederholter Austrocknung bleiben die Tropfen an diesen Stellen bevorzugt hängen – vadoser Bereich. Vereinzelt auch im inter- bis supratidalen Bereich (Purser u. Loreau, 1973)	Microstalactitic druse, Purser, 1969; gravitational cement, Müller, 1971; Sinter bzw. Microsinter, Sander, 1936
9. Hundezahnzement		Drusen- bzw. Blockzement mit gezackten, hundezahnartigen Ecken-	Entsteht im meteorischen Bereich; eventuell auch im Sub- und Intertidal	Dentate; skalenoedrischer Kalzitzement – W. Schneider 1977

Karbonatsedimente dürften bei Überlagerung durch 200–400 m Sediment mechanisch kompaktiert werden, Kalksande erst bei einer Überlagerung von etwa 1000 m Sediment (wahrscheinlich aber eher durch verstärkte chemische Lösung zwischen den Partikeln) und Karbonatschlamm bei exponentiell ansteigenden Drucken.
Eine Beurteilung des Kompaktionsgrades auf Grund der bei der Sedimentsackung auftretenden Vorgänge (Zerbrechung, Einregelung und Umordnung der Komponenten) und der Lösungsstrukturen wird dadurch erschwert, daß auch mechanisch empfindliche Schalenreste zum Teil hohe Drucke aushalten, ohne zu zerbrechen, wenn sie in plastische Matrix eingebettet sind. Das Fehlen von deformierten Komponenten kann daher nicht als gutes Indiz für geringe Kompaktion gewertet werden (vgl. Pray, 1960).

Für Oosparite hat Coogan (1970) als Kennwert für die Kompaktion einen auf dem „Packungsindex" und der „Packungsdichte" aufbauenden Kompaktionsindex entwickelt, durch welchen der Grad der vor der Zementation erfolgten Kompaktion quantitativ abgeschätzt werden kann (s. auch 4.2.4.1).

3.5 Lithifikation von Kalkschlamm

Die Lithifikation von Karbonatschlamm bedingt den Umbau einer Mischung von festen Karbonatphasen in einer wässerigen Porenlösung in ein i.a. aus Kalzit bestehendes Gestein, wobei die ursprüngliche Porosität zwischen 50 und 70% auf etwa 2–3% reduziert wird. Sofern die Kompaktion hierbei nur eine untergeordnete Rolle spielt, müssen sehr große Karbonatmengen für eine Zementbildung zur Verfügung stehen. Bei vielen feinstkörnigen Kalken dürfte die Lithifikation auf das Zusammenwirken von Zementation und Neomorphismus zurückzuführen sein (vgl. Bathurst, 1970). Grundsätzlich können folgende Prozesse eine Rolle spielen:

a) Lösung von sehr kleinen Komponenten und von Vorsprüngen größerer Komponenten,
b) Transformation von Aragonit zu Kalzit,
c) Umkristallisation von Hoch-Mg-Kalzit, wobei Mg^{2+} im Porenwasser frei wird,
d) Drucklösung an Korn-Kontakten,
e) Zementation durch syntaxialen Aufwuchs auf den Oberflächen von Komponenten.

Der relative Anteil dieser Prozesse hängt von der mineralogischen Beschaffenheit der Karbonatkomponenten, von deren Gestalt und Größe, von der Sedimentationsrate, vom Gehalt an Tonmineralen und an organischer Substanz sowie von der Ablagerungstiefe bzw. von den Lösungsverhältnissen am Meeresboden ab. Dies gilt insbesondere für die Lithifikation von Karbonatschlamm in tieferen Meeresbereichen, wo zusätzlich zu den genannten Faktoren noch die artenselektive Lösung und die von der Morphologie der Nanno- und Mikrofossilien abhängige Zementbildungsmöglichkeit treten (vgl. Roth et al., 1975; Pop, 1976). Tafel 7 zeigt einige Beispiele für diese Vorgänge.

3.6 Terminologie der nicht-mikritischen Grundmassetypen

Zur Kennzeichnung der durch Porenfüllung oder durch neomorphe Umwandlungen entstandenen, aus relativ großen Kristallen bestehenden karbonatischen Grundmasse können folgende Namen verwendet werden:

A. Sparit (Folk, 1959) (Taf. 5/3, 24/5), gekennzeichnet durch Kristallgrößen meist über 10 μ und durch i.a. durchscheinende, helle Kristalle.

Nach der Art der Entstehung werden unterschieden:

a) *Orthosparit* (Wolf u. Conolly, 1965; = Eosparit, Nichols, 1967) – als Zement in inter- oder intragranularen Poren entstanden

b) *Pseudosparit* (Folk, 1965; = Neosparit, Nichols, 1967) – durch neomorphe Prozesse (Transformation, Umkristallisation) gebildet

B. Mikrosparit (Folk, 1959), gekennzeichnet durch Kristallgrößen i.a. unter 10 μ und über 4 μ, einheitliche und gleichförmige Kristallgrößen und Kristallgestalt und im Vergleich mit Sparit relativ viel Ton bzw. organische Substanzen zwischen den Kristallen.

Mikrosparit wird häufig zur Beschreibung von „umkristallisierten Mikriten", manchmal auch – in falscher Weise – zur Kennzeichnung von inhomogenen kalksiltitischen Mikriten verwendet. Nach Folk (1974) handelt es sich bei Mikrosparit um das Resultat einer erst nach der Entfernung der Mg^{++}-Ionen möglichen Umkristallisation von mikritischem Kalzit (vgl. Longman, 1977). Die Abfuhr von Mg kann durch ein brackisches Milieu, durch die Durchtränkung von karbonatischen Schichten mit Süßwasser, durch die Absorption von Mg an Tonminerale oder durch Regenwässer und Oberflächenverwitterung bewirkt werden.

Der von Sander (1936) eingeführte Begriff *Spatit* deckt sich nur teilweise mit dem Begriff Sparit i.S. von Folk. Spatit kennzeichnet die wandständige Anlagerung von Karbonatmineralen als Zement in Hohlräumen (im wesentlichen in Form von fibrösen Zementen).

3.7 Unterscheidung von Orthosparit und Pseudosparit

Orthosparit (Zement) ist durch folgende *Kriterien* gekennzeichnet (Bathurst, 1974):

1. Sparit zwischen abradierten und gut sortierten Komponenten, die sich nach der Sedimentation gegenseitig abstützten.
2. Zwei oder mehrere Sparitgenerationen.
3. Keine Reliktstrukturen wie bei neomorphen Spariten.
4. Aus Mikrit bestehende Komponenten (z.B. Peloide nicht in Sparit umgewandelt).
5. Mikritrinden um Komponenten nicht in Sparit umgewandelt.
6. Mechanisch abgeschiedener Mikrit unverändert.
7. Kontakte zwischen Sparit und Komponenten scharf.
8. Der Rand des Sparitmosaiks entspricht einer ursprünglich freien Oberfläche (z.B. von Ooiden).
9. Der Sparit begrenzt eine nicht vollständig gefüllte Kleinhöhle.
10. Sparit im oberen Teil einer Kleinhöhle, deren unterer Abschnitt mit geopetalem Internsediment gefüllt ist.
11. Die Sparitkristalle zeigen eine Anordnung und Gestalt, wie sie bei Porenfüllung oder als Inkrustation (Stalaktiten, Kalktuff) zu erwarten ist.
12. Die Grenzen zwischen den Kristallen entsprechen ebenen Flächen.
13. Die Kristallgrößen nehmen von der Aufwuchsfläche weg zu.

14. Die optischen Achsen der Kristalle besitzen eine bevorzugt senkrechte Orientierung zur Aufwuchsfläche.
15. Die längeren Achsen der Kristalle weisen eine bevorzugte Orientierung senkrecht zur Aufwuchsfläche auf.
16. Das sparitische Mosaik ist durch einen hohen Prozentsatz (bis über 70%) an "enfacial junctions" (Winkel aneinanderstoßender Kristalle am Schnittpunkt dreier intergranularer Grenzen) gekennzeichnet.
17. Kennzeichnende neomorphe Gefüge fehlen.

Pseudosparit (neomorpher Sparit) ist *charakterisiert durch:*

1. Kristalle nehmen zentrifugal an Größe zu.
2. Kristalle i.a. größer als 6–10 μ, häufig 50–100 Mikron.
3. Kristalle innerhalb des sparitischen Mosaiks von auffallend unterschiedlicher Größe.
4. Große Kristalle wachsen zahnartig in mikritische Bereiche hinein.
5. Sparitische Komponenten werden von Sparit-Kristallen durchschnitten.
6. Die Grenzen zwischen den Kristallen entsprechen in der Mehrzahl nicht ebenen, sondern gebogenen Flächen.
7. Spaitareale inmitten von Mikrit.
8. Mikrit-Reliktstrukturen innerhalb des Sparitmosaiks.
9. Geringer Prozentsatz an "enfacial junctions" (bis 3%).
10. Sternförmige, radial-fibröse Strukturen.
11. Ausbildung von deutlichen, durch Zementphasen unterbrochenen Zeitfolgen bzw. Generationen.

Die Unterscheidung zwischen Ortho- und Pseudosparit ist häufig kaum befriedigend durchzuführen (vgl. Bathurst, 1974).

3.8 Möglichkeiten zur Beschreibung von Ortho- und Pseudosparit

Sparit ist nach Folk (1965) typisierbar durch:

A. Art der Entstehung

a) *direkte Abscheidung in Hohlräumen* (precipitation)
   – Füllung von Hohlräumen zwischen Komponenten (Symbol P)
   – Füllung eines Lösungshohlraumes, z.B. in einem Schneckengehäuse (Symbol P_s)

b) *Verdrängungsabscheidung* (displacive precipitation): Komponenten oder Mikrit werden durch i.a. senkrecht zu einem Substrat angeordneten fibrösen Kalzit verdrängt (Symbol D)

c) *Neomorphe Umwandlung von Mg-Kalzit oder Aragonit* (Symbol N)
   – durch Inversion von Aragonit (Symbol N_i)
   – durch Umkristallisation von Kalzit (N_r)

   Kornverkleinerung (z.B. bei Crinoiden) kann durch das Symbol N_d (degrading) bezeichnet werden.

B. Kristallgestalt

a) gleichkörnig (equant), Länge:Breite = 1.5:1 (Symbol E)
b) blattförmig (bladed), L:B = 1,5:1 bis 6:1 (Symbol B)
c) faserförmig (fibrous), L:B = 6:1 (Symbol F)

C. Kristallgröße (Skala nach Folk, 1959)

4,0 mm	extrem grobkristallin	Symbol 7
	sehr grobkristallin	6
1,0		
	grobkristallin	5
0,25		
	mittelkristallin	4
0,062		
	feinkristallin	3
0,016		
	sehr feinkristallin	2
0,004		
	aphanerokristallin	1
0,001 mm		

D. Substrat

a) *Aufwuchs (overgrowth),* im optischen Kontinuum mit dem Kern
- normaler Aufwuchs (syntaxial auf polykristallinen Schalen), Symbol O
- Aufwuchs auf monokristallinen Biogenen, z.B. Echinodermen, Symbol O_m
- Aufwuchs mit zunehmend breiter werdenden Kristallen, Symbol O_w

b) *Kruste* (crusts), nicht im optischen Kontinuum
- normale Kruste, Symbol C
- Kruste mit gegen außen breiter werdenden Kristallen, Symbol C_w

c) *Sphaerolithen* aus fibrösem oder blattförmigem Kalzit ohne Anlagerungskern, Symbol S

Mit Hilfe dieses von Folk entwickelten Kodes ist eine genaue Beschreibung der Sparittypen möglich. Beispiele finden sich in Abb. 10 sowie auf Taf. 5.

Zur Beschreibung der Gestalt sowie der Textur von sparitischen Gefügen können die durch Friedman (1965a) präzisierten Termini Verwendung finden:

1. *Kristall-Gestalt:* anhedral = ohne Kristallflächen, subhedral = teilweise mit Kristallflächen, euhedral = mit gut entwickelten Kristallflächen.
2. *Textur:* A. gleichkörnig = ± gleich große Kristalle
   a) xenotopisch = Gefüge aus anhedralen Kristallen
   b) hypidiotopisch = Gefüge aus subhedralen Kristallen
   c) idiotopisch = Gefüge aus euhedralen Kristallen

   B. ungleichkörnig = verschieden große Kristalle
   a) xenotopisch – porphyrotopisch = größere Kristalle in feinkörniger Grundmasse
   – poikilotopisch = größere Kristalle schließen kleinere Kristalle ein
   b) hypidiotopisch
   c) idiotopisch – Untergruppen wie bei (a)!

3.9 Zementtypen als Fazieskriterien

Zementtypen werden in zunehmendem Maß als Fazieskritierien verwendet (z.B. Purser, 1969; Bechstädt, 1975; Assereto, 1976; Mountjoy u. Walls, 1977; W. Schneider, 1977), wobei frühdiagenetische Zemente von besonderem Interesse sind. Wohl am besten auswertbar sind die an der Unterseite von Komponenten oder im Dach von Hohlräumen auftretenden, auffallend verdickten Krusten von Zement A. Diese mit verschiedenen Namen bezeichneten "dripstone"-Zemente (siehe Tabelle 8) entstehen bevorzugt im vadosen Bereich, wenn bei wiederholter Austrocknung aus Rest-Wassertropfen Karbonat ausgeschieden wird. Purser u. Loreau (1973) beschreiben derartige Zementtypen auch aus dem inter- bis supratidalen Bereich ("marine dripstone cement"). „Meniscuszement" (Dunham, 1969) und vadoser Silt (Taf. 5/1–2, 17/1) liefert einen weiteren Hinweis auf Diagenese unter Süßwassereinfluß bzw. subaerische Exposition der Karbonate.

Tafel 5/1–6. Fossile Karbonatzemente, diagenetische Strukturen ▶

1. Hundezahnartiger Blockzement auf Algenresten und auf Aggregatkörnern. Der verbleibende Hohlraum ist mit „vadosem Silt" (Dunham, 1969) gefüllt, der auf die Sedimentation von abgebrochenen Zementkristallen in Hohlräumen des aufgelockerten Gesteins zurückzuführen ist. Dieses diagenetische Internsediment weist auf subaerische Exposition des Sedimentes hin. Mittleres Perm: Velebit, Kroatien. Balkenlänge 1 mm

2. mm- bis cm-große Hohlräume eines durch Schwamm- und Algenstrukturen abgestützten biogenen Gerüstes weisen mehrere, in Etappen angelagerte Zementgenerationen auf. Unmittelbar auf den Biogenen ist eine dünne, schwarze kurzfaserige Zementkruste (*1*) zu erkennen. Daran schließen sich bis zu fünf, aus gröberen Kristallen aufgebaute Zementgenerationen an (*2*). Die verbleibenden Hohlräume sind erfüllt mit Silt bzw. Mikrit (vadoser Silt?) = (*3*) oder von weiß erscheinendem Drusenzement B = (*4*). Auch hier kommt der Wechsel von „marinen" (*1* und *2*) und „nichtmarinen" (*3*) Zementen zum Ausdruck (vgl. Tabelle 8). Mittelperm: Rocca di San Benedetto, Sosio-Tal, Sizilien. Balkenlänge 2 mm

3. Unterschiedliche Sparit-Kristalle auf der Oberfläche und im Inneren eines durch eine „Mikrithülle" geschützten Schalenrestes. Im Inneren des von der Mikrithülle umgebenen Hohlraumes wurde die Schale vollkommen gelöst und durch spätdiagenetischen Sparit ersetzt. Auf der Oberfläche des dünnen Mikritsaumes sind radial-fibröse Zemente mit gebogenen Zwillingslamellen gewachsen (vgl. Tabelle 8) und anschließend rekristallisiert. Beschreibung nach Folk (1965) (vgl. Abschnitt 3.8): $1 = P_s \cdot E_4$; $2 = P \cdot B_5\ C_W$. – Mitteltrias (Muschelkalk): Michelstadt, Odenwald. Balkenlänge 1 mm

4. Rekristallisierte Faserzemente zwischen biogen umkrusteten Dasycladaceen (*Diplopora phanerospora* Pia) und Molluskenschalen. Auf der Oberfläche der aus Mikrit bestehenden biogenen Anlagerungen (sessile Foraminiferen und Algenmikrit) ist ein dünner Saum von hundezahnartigen Sparitkristallen (*1*) zu erkennen. Daran schließen sich lange, umkristallisierte und zum Teil angelöste Faser-Zementkristalle (*2*) an. Obertrias (gebankter Dachsteinkalk): Hinterer Gosausee, Oberösterreich. Balkenlänge 1 mm. – *Übungsbeispiel:* Beschreibung der Sparite nach Folk (1965), siehe Abschnitt 3.8. Resultat siehe Abschnitt 11

5. „Scheck". Rote, in ihrer Mikrofazies unterschiedliche Klasten; auffallend deutlich ausgebildete Faserzemente. Entstehung: submarine Zementation eines umgelagerten Konglomerates oder subaerische Zementation einer in-situ-Brekzie (vgl. Hudson u. Jenkyns, 1969). Kiefer-Wimberger-Plattenbruch NE Adnet bei Hallein, Salzburg. Mittlerer Lias. Balkenlänge 10 mm

6. Lösung im Sediment. Drucklösung und/oder Subsolution trägt zur Bildung von Knollengefügen in den Rotkalken der Tieferwasserfazies bei. Die „Komponenten" (diagenetische Intraklasten) sind durch Mikrostylolithen begrenzt. Kennzeichnend sind Bereiche mit Residualtonarealen. Lias: Wimberger Bruch, Adnet, Salzburg. Balkenlänge 1 mm

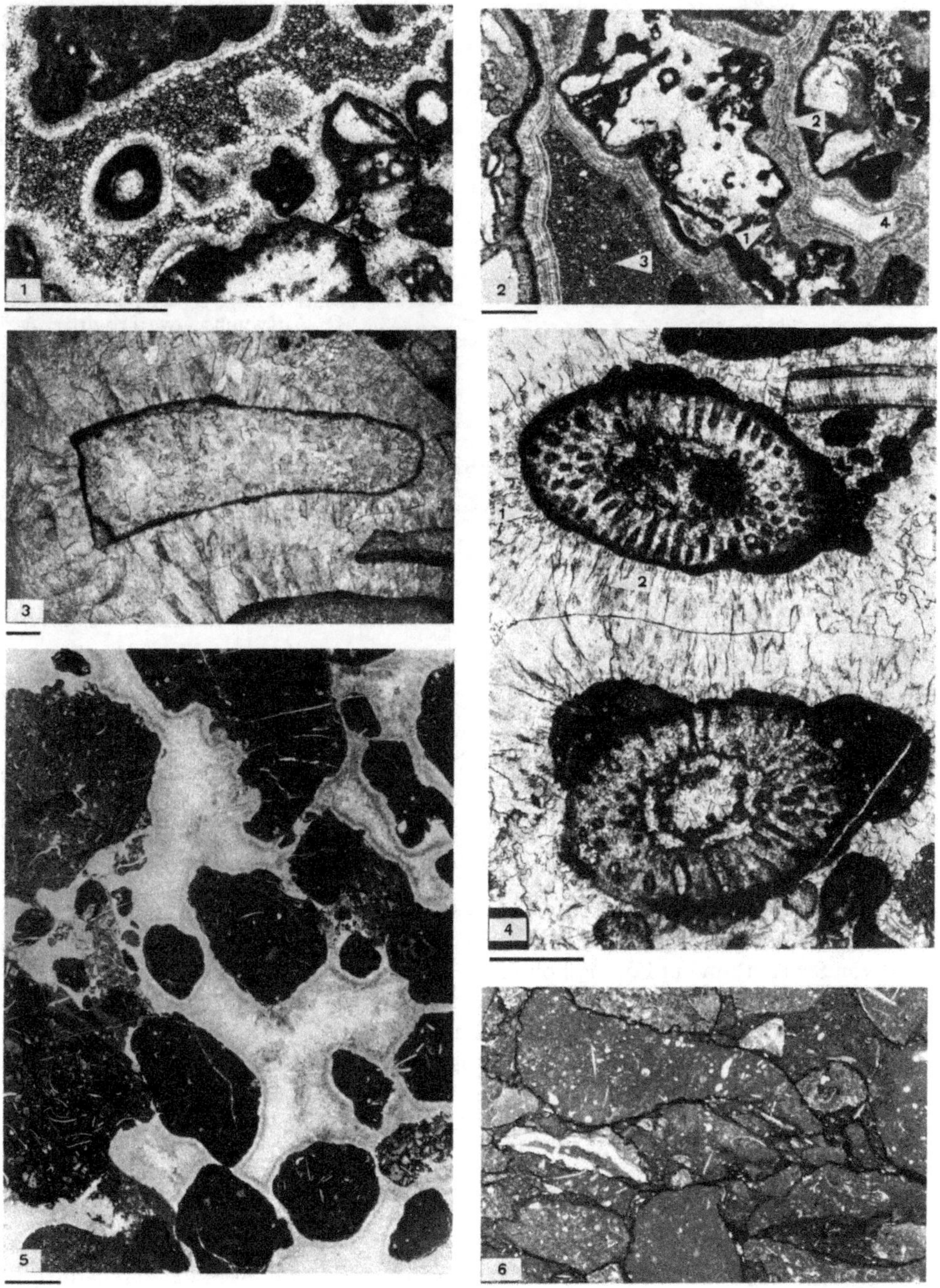
1
2
3
4
5
6

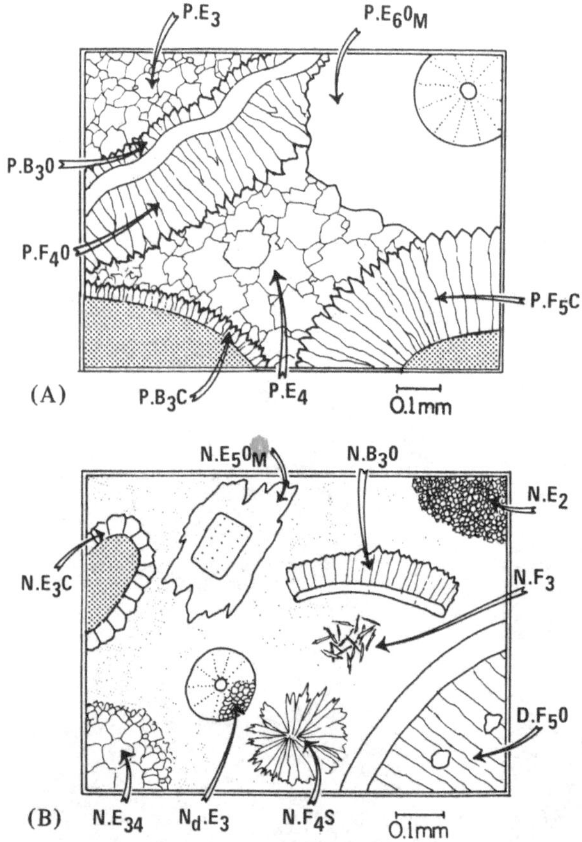

Abb. 10. Möglichkeiten der Beschreibung von durch Porenfüllung entstandenen Orthospariten (A) und durch Neomorphismus entstandenen Pseudospariten (B). Beispiele: $P.F_5C$: *P*, Porenfüllung; *F*, Kristallgestalt fibrös; *5*, Kristallgrößenklasse 5; *C*, Kruste. $P.E_4$: *P*, Porenfüllung; *E*, gleichförmige Kristalle; *4*, Kristallgröße zwischen 0,062 und 0,25 mm. $N.B_3O$: *N*, Neomorphismus; *B*, Kristallgestalt blattförmig; *3*, 0,016–0,062 mm; *O*, Aufwuchs (overgrowth); $N.E_5 O_M$: *N*, Neomorphismus; E_5, gleichförmige, grobkristalline Kristalle; O_M; monokristalliner Aufwuchs auf Echinodermenfragment; $N_d E_3$, Neomorphismus mit Kornverkleinerung (*d*, degrading); E_3, feinkristalline gleichförmige Kristalle. Erklärung der Symbole im Text. Nach Folk (1965)

Vadoser Silt ist durch folgende *Kriterien* gekennzeichnet:

- mechanisch abgelagertes Internsediment in primären Hohlräumen (z.B. innerhalb von Schalen) und in Lösungshohlräumen,
- Korngröße des Sedimentes im Siltbereich,
- das Sediment besteht aus Kalzitkristallen,
- andere Komponenten wie z.B. Mikrofossilien fehlen im allgemeinen,
- das Internsediment tritt im Hangenden von Faser- oder Drusenzementen auf,
- der nicht durch vadosen Silt verfüllte Hohlraum wird häufig von Blockzement eingenommen,
- vadoser Silt findet sich insbesondere in Flachwasserkarbonaten wie z.B. in ehemaligen Kalksandbarren.

Abb. 9 zeigt, daß die Ablagerung von vadosem Silt erst nach der submarinen Bildung der Drusenzemente und vor der Blockzementbildung erfolgt. Mit Dunham (1969) kann angenommen werden, daß das Internsediment auf dem Weg von der subaerischen Oberfläche und dem Grundwasserspiegel durch relativ starke Süßwasserströmung im Bereich der vadosen Zone sedimentiert wurde. Damit ergeben sich gute Hinweise auf den Ablauf der Diagenese.

Ein weiteres, für die Deutung der Diagenese wichtiges Merkmal sind die in den Abschnitten 2.3.2.2 (Caliche) und 4.1.3 (Karbonatkomponenten) besprochenen *Pisoide*, die zumindestens teilweise als diagenetische bzw. konkretionäre Bildungen anzusprechen sind und damit Hinweise auf einen supratidalen Bildungsbereich geben. Dies gilt insbesondere für Pisoide, die durch folgende *Merkmale* charakterisiert sind (vgl. Tafel 2/4–6 und Tafel 8/5):

- Große, aus sehr feinen konzentrischen Lamellen bestehende Komponenten,
- Kerne im allgemeinen aus Bruchstücken älterer Pisoide, nicht aus Bioklasten oder anderen Komponenten,
- die Grenzen benachbarter Pisoide zeigen häufig übereinstimmenden Verlauf,
- sedimentäre Ablagerungsgefüge (Schrägschichtung etc.) fehlen,
- desgleichen fehlen andere Karbonatkomponenten, insbesondere Organismenreste,
- häufig sind die Lamellen der Pisoide im unteren Bereich der „Komponenten" verdickt und weisen Einschlüsse von zerbrochenem Pisoidmaterial auf,
- Pisoide treten im allgemeinen zusammen mit laminierten Karbonatkrusten auf, wobei diese Krusten häufig mehrere Pisoide umhüllen,
- Kalke mit Pisoiden sind durch Lösung (und Bildung von Blockzement), Internsediment zwischen den Pisoiden und durch oft starke „Brekzisierung" gekennzeichnet.

Grundsätzlich muß von der Möglichkeit einer sehr komplexen und mehrere diagenetische Bereiche umfassenden *„Zement-Stratigraphie"* ausgegangen werden. Hierzu kommen die sich aus dem Beobachtungsbereich ergebenden Schwierigkeiten. So sind z.B. mikritische Rindenzemente in Schliffen nur schwer, durch REM-Untersuchungen jedoch sehr viel besser zu typisieren (vgl. Taf. 3 und 4).

3.10 Literatur

Adelseck, C.G. Jr., Geehan, G.W., Roth, P.H. (1973): Experimental evidence for the selective dissolution and growth of calcareous nannofossils during diagenesis. Geol. Soc. Amer. Bull. **84**, 2755–2762, New York

Andel, T.H. van (1975): Mesozoic/Cenozoic Calcite compensations depth and the global distribution of calcareous sediments. Earth and Planetary Sci. Letters **26**/2, 187–194

Alexandersson, T. (1973): Mediterranean beachrock cementation: Marine precipitation of Mg-Calcite. In: Stanley, D.J.: The Mediterranean Sea. A Natural Sedimentation Laboratory. Part. 5. Coastal and Shallow Water Sedimentation: Carbonate Sediments. 203–223,15 Abb.

Assereto, R.L., Rizzini, A. (1975): Reworked Ferroan dolomite grains in the Triassic „Oolite a Gasteropodi" of Camoniche Alps (Italy) as indicators of early diagenesis. N. Jb. Geol. Paläont. Abh. **148**/2, 215–232, 13 Abb., Stuttgart

Banner, F.T., Wood, G.V. (1964): Recrystallization in microfossiliferous limestones. Geol. J. **4**/1, 21–34, 6 Taf., London

Bathurst, R.G.C. (1958): Diagenetic fabrics in some British Dinantian limestones. Liverpool Manchester Geol. J. **2**/1, 11–36, Liverpool

Bathurst, R.G.C. (1959): The cavernous structure of some Mississippian Stromatactis reefs in Lancashire, England. J. Geology **67**, 506–521, Chicago

Bathurst, R.G.C. (1959): Diagenesis in Mississippian calcites and pseudobreccias. J. Sed. Petrol. **29**, 365–376, 6 Abb., Tulsa

Bathurst, R.G.C. (1970): Problems of lithification in carbonate rocks. Proc. Geol. Ass. **81**/3, 429–440, Leeds

Bathurst, R.G.C. (1971): siehe 1.4.1

Bausch, W.M. (1968): Clay content and calcite crystal size of limestones. Sedimentology **10**, 71–75, 2 Abb., Amsterdam
Beales, F.W. (1965): Diagenesis in pelleted limestones. Soc. Econ. Paleont. Min. Spec. Publ. **13**, 49–70, 2 Taf., 5 Abb., Tulsa
Bechstädt, T. (1974): siehe 4.2.5.3
Bechstädt, T. (1975): Zyklische Sedimentation im erzführenden Wettersteinkalk von Bleiberg-Kreuth (Kärnten, Österreich). N. Jb. Geol. Paläont. Abh. **149**/1, 73–95, 8 Abb., Stuttgart
Benson, L.V., Achauer, C.W., Matthews, R.K. (1972): Electron microprobe analysis of magnesium and iron distribution in carbonate cements and recrystallized sediment grains from ancient carbonate rocks. J. Sed. Petrol. **42**/4, 803–811, 9 Abb., Tulsa
Berger, W.H. (1970): Planctonic foraminifera: selective solution and the lysocline. Marine Geol. **8**/2, 111–128, Amsterdam
Berger, W.H. (1973): Deep-sea carbonate: evidence for a coccolith lysocline. Deep–Sea Res. **10**, 917–921
Berner, R.A. (1966): Chemical diagenesis of some modern carbonate sediments. Amer. J. Sci. **264**, 1–36, 4 Abb., Washington
Bernoulli, D., Wagner, C.W. (1971): Subaerial diagenesis and fossil caliche deposits in the Calcare Massicio Formation (Lower Jurassic, Central Apennines, Italy). N. Jb. Geol. Paläont. Abh. **138**/2, 135–149, Stuttgart
Blàtt, H., et al. (1972): siehe 1.4.1
Bosellini, A., Rossi, D. (1974): Triassic carbonate buildups of the Dolomites, Northern Italy. Soc, Econ. Paleont. Min., Spec, Publ. **18**, 209–233, Tulsa
Bricker, O.P. (ed.) (1971): Carbonate Cements. John Hopkins Univ.-Stud. Geol. **19**, 376 S., Baltimore–London: John Hopkins
Bush, P. (1973): Some aspects of the diagenetic history of the Sabkha in Abu Dhabi, Persian Gulf. In: Purser, B.H.: The Persian Gulf, 395–407, 11 Abb., Berlin–Heidelberg–New York: Springer
Chanada, S.K. (1967): Selective neomorphism and fabric discontinuities in limestones. J. Sed. Petrol. **37**/2, 688–690, 2 Abb., Tulsa
Chilingar, G.V., et al. (1967): siehe 1.4.1
Coogan, A.H. (1970): Measurements of compaction in oolithic grainstone. J. Sed. Petrol. **40**/3, 921–929, 3 Abb., Tulsa
Davies, P.J., Kinsey, D.W. (1973): Organic and inorganic factors in recent beach rock formation, Heron-Island, Great Barrier Reef. J. Sed. Petrol. **43**/1, 59–81, 9 Abb., Tulsa
Deelman, J.C. (1976): Lithification analysis. Experimental observations. Geol. Rdsch. **64**/3, 1055–1078, 12 Abb., Stuttgart
Dunham, R.J. (1971): Meniscus Cement. In: Bricker, O.P.: Carbonate Cements, 297–302, 136 Abb., Baltimore–London: Harper
Ebhardt, G. (1968): Experimentelle Untersuchungen zur Kompaktion karbonatischer Sedimente. Diss. Univ. Würzburg, 99 + VIII S., 3 Taf., 9 Tab., 27 Abb., Würzburg (Photodruck)
Evamy, B.D. (1969): The precipitational environment and correlation of some calcite cements deduced from artificial staining. J. Sed. Petrol. **39**/2, 787–821, 20 Abb., Tulsa
Evamy, B.D., Shearman, D.J. (1969): Early stages in development of overgrowth on echinoderm fragments in limestones. Sedimentology **12**, 3/4, 317–322, 1 Taf., 2 Abb., Amsterdam
Fairbridge, W.R. (1966): Diagenetic phases. Bull. Amer. Ass. Petrol. Geol. **50**, 3/1–2, 612–613, Tulsa
Fenninger, A. (1968): Das Kalzitgefüge der sparitischen Kalke des Plassen (Tithonium, Nördliche Kalkalpen, Oberösterreich). Sedimentology **10**, 273–291, 9 Abb., 3 Tab. Amsterdam
Fischer, A.G., Garrison, R.E. (1967): Carbonate lithification on the sea floor. J. Geol. **75**/4, 488–496, 4 Taf., 1 Abb., Chicago
Fisher, W.L., Rodda, P.V. (1969): Edwards Formation (Lower Cretaceous), Texas: Dolomitization in a carbonate platform system. Amer. Ass. Petrol. Geol. Bull. **53**/1, 55–72, 14 Abb., 1 Tab., Tulsa
Flügel, H.W., Walitzi, E. (1966): Untersuchungen über Calcit-Regelung in Kalken mit Hilfe des Diffraktometer-Verfahrens. Österr. Akad. Wiss. Anz. math.-naturw. Kl. **1966**/3, 67–72, 1 Abb., Wien

Folk, R.L. (1959): siehe 6.4
Folk, R.L. (1962): Petrography and Origin of Silurian Rochester and McKenzies Shales, Morgan County, West Virginia. J. Sed. Petrol. **32**/3, 539–578, 12 Abb., 5 Taf., Tulsa
Folk, R.L. (1965): Some aspects of recrystallization in ancient limestones. Soc. Econ. Paleont. Min. Spec. Publ. **13**, 14–48, Tulsa
Folk, R.L. (1974): The natural history of crystalline calcium carbonate: Effect of magnesium content and salinity. J. Sed. Petrol. **44**/1, 40–53, 9 Abb., Tulsa
Folk, R.L., Assereto, R. (1976): Comparative fabrics of length-slow and length-fast calcite and calzitized aragonite in a Holocene Speleothem, Carlsbad Caverns, New Mexico. J. Sed. Petrol. **46**/3, 486–496, 11 Abb., Tulsa
Friedman, G.M. (1964): Early diagenesis and lithification in carbonate sediments. J. Sed. Petrol. **34**/4, 777–813, 53 Abb., Tulsa
Friedman, G.M. (1965a): Terminology of crystallization textures and fabrics in sedimentary rocks. J. Sed. Petrol. **35**/3, 643–655, 11 Abb., Tulsa
Friedman, G.M. (1965b): Occurrence and stability relationships of aragonite, high-magnesium calcite, and low-magnesium calcite under deep-sea conditions. Bull. Geol. Soc. Amer. **76**/10, 1191–1196, 1 Taf., 1 Abb., New York
Friedman, G.M. (1968): The fabric of carbonate cement and matrix and its dependence on the salinity of water. In: Müller, G., Friedman, G.M. (eds.): Recent Developments in Carbonate Sedimentology in Central Europe, 11–20, 8 Abb., New York
Friedman, G.M. (1975): The making and unmaking of limestones or the downs and ups of porosity. J. Sed. Petrol. **45**/2, 379–398, 22 Abb., Tulsa
Friedman, G.M., Amiel, A.J., Schneidermann, N. (1974): Submarine cementation in reefs: Example from the Red Sea. J. Sed. Petrol. **44**/3, 816–825, 18 Abb., Tulsa
Friedman, G.M., Kolesar, P.T. Jr. (1971): Fresh-water cements. In: Bricker, O.P.: Carbonate Cements, 122–126, Abb. 61–66, Baltimore–London: Hopkins
Fruth, L.S., Orme, G.R., Donath, F.A. (1966): Experimental compaction effects in carbonate sediments. J. Sed. Petrol. **36**/3, 747–754, 6 Abb., Tulsa
Füchtbauer, H. (1974): siehe 1.4.1
Gavish, E., Friedman, G.M. (1969): Progressive diagenesis in quaternary to late tertiary carbonate sediments: sequence and time scale. J. Sed. Petrol. **39**/3, 980–1006, 32 Abb., Tulsa
German, K. (1966): Ablauf und Ausmaß diagenetischer Veränderungen im Wettersteinkalk (alpine Mitteltrias). 122 + XV S., 8 Tab., 17 Taf., Diss. Univ. München
German, K. (1968): Diagenetic patterns in the Wettersteinkalk (Ladinian, Middle Trias), Northern Limestone Alps, Bavaria and Tyrol. J. Sed. Petrol. **38**/2, 490–500, 17 Abb., Tulsa
Gevirtz, J.L., Friedman, G.M. (1966): siehe 2.4.1
Ginsburg, R.N. (1957): Early diagenesis and lithification of shallow-water carbonate sediments in South Florida. In: Regional Aspects of Carbonate Deposition. S.E.P.M. Spec, Publ. **5**, 80–100, Tulsa
Ginsburg, R.N., Marszalek, D.S., Schneidermann, N. (1971): Ultrastructure of carbonate cement in a Holocene algal reef of Bermuda. J. Sed. Petrol. **41**/2, 472–482, 13 Abb., Tulsa
Ginsburg, R.N., Schroeder, J.H. (1973): Growth and submarine fossilisation of algal cup reefs, Bermuda. Sedimentology **20**, 575–614
Gökdag, H. (1974): Sedimentpetrographische und isotopenchemische (O^{18}, C^{13}) Untersuchungen im Dachsteinkalk (Obernor-Rät) der Nördlichen Kalkalpen. Diss. Univ. Marburg, 156 S., 33 Taf., 2 Anl., 10 Diagr., Marburg (Photodruck)
Graf, D.L., Lamar, J E. (1950): Petrology of Fredonia oolite in Southern Illinois. Bull. Amer. Ass. Petrol. Geol. **34**, 2318–2336, Tulsa
Griggs, D.T., Paterson, M.S., Heard, H.C., Turner, F.J. (1960): Annealing recrystallization in calcite crystals and aggregates. In: Griggs, D.T., David, Handin, J.: Rocks Deformation. Mem. Geol. Soc. Amer. **79**, 21–37, New York
Harbaugh, J.W. (1961): Relative ages of visibly crystalline calcite in late Paleozoic limestones. Kansas Geol. Surv., Bull. **152**, Reports of Studies, part 4, 91–126, Lawrence
Hathaway, J.C., Robertson, E.C. (1961): Microtexture of artificially consolidated aragonitic mud. US Geol. Surv. Prof. Paper **424**, 301–304, Washington
Hesse, E.R., Butt, A. (1976): Paleobathymetry of Cretaceous turbidite basins of the East Alps relative to the calcite compensation level. J. Geol. **84**/5, 505–533, 12 Abb., Chicago

Hudson, J.D. (1975): Carbon isotopes and limestone cements. Geol. **1975**, 19–22
James, N.P., Ginsburg, R.N., Marszalek, D.S., Choquette, Ph.W. (1976): Facies and fabric specifity of early subsea cements in shallow Belize (British Honduras) Reefs. J. Sed. Petrol. **46**/3, 523–544, 15 Abb., Tulsa
Jenkyns, H.C. (1974): Origin of red nodular limestones (Ammonitico Rosso, Knollenkalke) in the Mediterranean Jurassic: a diagenetic model. Spec. Publ. Int. Ass. Sed. **1**, 249–271, 8 Abb., Oxford
Kaisin, F. Jr. (1956): Le rôle de la substitution dans l'altération méteorique des roches sédimentaires, specialement des calcaires. Univ. Louvain, Inst. Geol. Mém. **20**, 47–164
Kendall, A.C., Tucker, M.E. (1973): Radiaxial fibrous calcite: a replacement after acicular carbonate. Sedimentology **20**, 365–389
Kendall, A.G. (1976): Origin of fibrous calcite cements that apparently replace foraminiferal tests. J. Sed. Petrol. **46**/3, 545–547, Abb. 1A, 1B, Tulsa
Krebs, W. (1969): Early void-filling cementation in Devonian fore-reef limestones (Germany). Sedimentology **12**, 279–299
Land, L.S. (1970): Phreatic versus vadose meteoric diagenesis of limestones: evidence from a fossil water table. Sedimentology **14**, 175–185, 6 Abb., Amsterdam
Loucks, R.G., Folk, R.L. (1976): Fanlike rays of former aragonite in Permian Capitan reef pisolite. J. Sed. Petrol. **46**/3, 483–485, 5 Abb., Tulsa
Lucia, F.J. (1968): Recent sediments and diagenesis of South Bonaire, Netherlands Antilles. J. Sed. Petrol. **38**/3, 845–858, 23 Abb., Tulsa
Mapstone, N.B. (1975): Diagenetic history of a North Sea chalk. Sedimentology **22**, 601–614, Oxford
MacIntyre, I.G. (1967): Submerged coral reefs, west coast of Barbados, West Indies. Canadian J. Earth Sci. **4**, 461–474, Ottawa
MacIntyre, I.G., Mountjoy, E.W., d'Anglejan, B.F. (1968): An occurrence of submarine cementation of carbonate sediments off the West Coast of Barbados, W.I. J. Sed. Petrol. **38**/2, 660–664, 5 Abb., Tulsa
Marschner, H. (1968): Relationship between carbonate grain size and non-carbonate content in carbonate sedimentary rocks. In: Müller, G., Friedman, G.M.: Recent Developments in Carbonate Sedimentology in Central Europe, 55–57, 2 Abb., Berlin–Heidelberg–New York: Springer
Mattavelli, L. (1966): Osservazioni petrografiche sulla sostituzione della dolomite con la calcite (dedolomitizzazione) in alcune facies carbonate italiane. Atti Soc. Ital. Sci., Nat. Mus. Civ. Storia Nat. Milano **105**/3, 294–316, 16 Abb., Milano
Matter, A., Douglas, R.G., Perch-Nielsen, K. (1975): Fossil preservation, geochemistry and diagenesis of pelagic carbonates from Shatsky Rise, North-West-Pacific. In: Larson, R.L., Moberly, R., et al.: Initial Reports of the Deep Sea Drilling Project **32**, 891–921, 7 Taf., 5 Abb., Washington
Matthews, R.K. (1967): Diagenetic fabrics in biosparites from the Pleistocene of Barbados, West Indies. J. Sed. Petrol. **37**/4, 1147–1235, 10 Abb., Tulsa
Matthews, R.K. (1968): Carbonate diagenesis: Equilibration of sedimentary mineralogy to the subaerial environment: Coral Cap of Barbados, West Indies. J. Sed. Petrol. **38**/4, 1110–1119, i Abb., Tulsa
Matthew, R.K. (1974): A process approach to diagnesis of reefs and reef associated limestones. Soc. Econ. Paleont. Min. Spec. Publ. **18**, 234–256, 18 Abb., Tulsa
Maxwell, W.G.H. (1962): Lithification of carbonate sediments in the Heron Island Reef, Great Barrier Reef. J. Geol. Soc. Australia **8**, 217–238, Adelaide
Milliman, J.D. (1971): Carbonate lithification in the deep sea. In: Bricker, O.P.: Carbonate Cements, 95–102, Abb. 49–50, Baltimore–London: Hopkins
Milliman, J.D. (1974): siehe 1.4.1
Mišik, M. (1966): Tentative microscopical classification of veinlets in limestones. Geol. Sborn. Slov. Akad. Vied Bratislawa **17**, 337–344, Bratislawa
Mišik, M. (1968): Some aspects of diagenetic recrystallization in limestones. XXXIII Intern. Geol. Congr. Rep. Sect. **8**, 129–136, 15 Abb., Prag
Mountjoy, E.W., Walls, R.A. (1977): Some examples of early cements from Devonian buildups of Alberta. Proc. 3rd Internat. Coral Reef Symp. Miami **2**, 155–161, 5 Abb., Miami
Müller, G. (1971): "Gravitational" cement: An indicator for the vadose zone of the subaerial diagenetic environment. In: Bricker, O.P. (ed.): Carbonate Cements, 301–302, Abb. 137, Baltimore–London: Hopkins

Müller, G., Tietz, G. (1975): Transformation of carbonate sands into limestone and dolostone: Fuerteventura, Canary Island, Spain. 9th Int. Congr. Sed. Nice **7**, 143–148, 7 Abb., Nice

Neugebauer, J. (1973): The diagenetic problem of chalk. The role of pressure solution and pore fluid. N. Jb. Geol. Paläont. Abh. **143**/2, 223–245, 8 Abb., Stuttgart

Newell, N.D. (1955): Depositional fabric in Permian reef limestones. J. Geol. **63**, 301–309, 2 Taf., Chicago

Nichols, R.A.H. (1967): The ". . . Sparite" Complex: Eosparite v. Neosparite. J. Sed. Petrol. **37**/4, 1247–1248, Tulsa

Oldershaw, A.E., Scoffin, T.P. (1967): The source of ferroan and non-ferroan calcite cements in the Halkin and Wenlock limestones. Geol. J. **5**/2, 309–320, 2 Abb., 2 Tag., Liverpool

Orme, G.R., Brown, W.W.M. (1963): Diagenetic fabrics in Avonian limestones of Derbyshire and North Wales. Proc. Yorkshire Geol. Soc. **34**, 51–66, Taf. 7–13, 1 Tab., Leeds

Otte, C. Jr., Parks, J.M. Jr. (1963): Fabric studies of Virgil and Wolfcamp Bioherms, New Mexico. J. Geol. **71**/3, 380–396, 5 Abb., 3 Taf., 2 Tab., Chicago

Pia, J. (1933): Kohlensäure und Kalk. Die Binnengewässer **13**, 17 Abb., 58 Tab., 5 Beil., 183 S., Stuttgart

Pingitore, N.E. (1970): Diagenesis and porosity modification in *Acropora palmata*, Pleistocene of Barbados, West Indies. J. Sed. Petrol. **40**/2, 712–721, 9 Abb., Tulsa

Pop, G. (1976): Origin of some Mesozoic basinal limestones from the Resita zone (South Carpathians). Anuarul Inst. Geol. Geofiz. **48**, 57–96, 12 Taf., Bukarest

Pray, L.C. (1960): Compaction in calcilutites, an abstract. Bull. Geol. Ass. Amer. **71**, S. 1946, New York

Purdy, E.G. (1968): Carbonate diagenesis: an environmental survey. Geol. Romana **7**, 183–228, 6 Taf., 10 Abb., Roma

Purser, B.H. (1969): Syn-sedimentary marine lithification of Middle Jurassic limestones in the Paris Basin. Sedimentology **12**, 205–230, Oxford

Purser, B.H., Loreau, J.-P. (1973): Aragonitic, supratidal encrustations on the Trucial Coast, Persian Gulf. In: Purser, B.H. (ed.): The Persian Gulf, 343–376, Berlin–Heidelberg–New York: Springer

Rad, U.v. (1974): Great Meteor and Josephine Seamounts (Eastern North Atlantic): composition and origin of bioclastic sands, carbonate and pyroclastic rocks. „Meteor" Forsch.-Ergebn. C. **19**, 1–61, 10 Taf., 26 Abb., 7 Tab., Berlin–Stuttgart

Richter, D.K. (1976): Gravitativer Meniskuszement in einem holozänen Oolith bei Neapolis (Süd-Peleponnes, Griechenland). N. Jb. Geol Paläont. Abh. **151**/2, 192–223, Stuttgart

Robertson, E.C. (1967): Laboratory consolidation of carbonate sediment. In: Richards, A.F. (ed.): Marine Geotechnique, 118–127, 5 Abb., Urbana: Univ. Illinois

Robinson, R.B. (1967): Diagenesis and porosity development in recent and Pleistocene Oolites from Southern Florida and the Bahamas. J. Sed. Petrol. **37**/2, 355–364, 9 Abb., Tulsa

Sander, B. (1936): siehe 1.4.1

Schlager, W. (1974): Preservation of cephalopod skeletons and carbonate dissolution on ancient Tethyan sea floors. In: Hsü, K.J., Jenkyns, H.C. (eds.): Pelagic Sediments, on Land and Under the Sea. Spec. Publ. Intern. Ass. Sediment **1**, 37–58, Oxford

Schloz, W. (1972): Zur Bildungsgeschichte der Oolithenbank (Hetangium) in Baden-Württemberg. Arb. Inst. Geol. Paläont. Univ. Stuttgart **67**, 101–212, Stuttgart

Schmalz, R.F. (1967): Kinetics and diagenesis of carbonate sediments. J. Sed. Petrol. **37**/1, 60–67, 2 Abb., 1 Tab., Tulsa

Schneider, J. (1976): Biological and inorganic factors in the destruction of limestone coasts. Contrib. Sed. **6**, 112 S., 11 Taf., 25 Abb., 19 Tab., Stuttgart: Schweizerbart

Schneider, W. (1973): Einige Beobachtungen zur Diagenese in den devonischen Karbonatkomplexen des ostrheinischen Schiefergebirges unter besonderer Berücksichtigung der Quarzbildung. N. Jb. Geol. Paläont. Mh. Stuttgart **1973**/4, 231–257, 6 Tab., 16 Abb., Stuttgart

Schneidermann, N. (1973): Pelagic limestones of the Central Carribean, Leg 15. In: Saunders, E.N.T.: Initial Report of the Deep Sea Drilling Project, XV, 773–793, Taf. 1–8, Washington

Schneidermann, N., Sandberg, P.S., Wunder, S.J. (1972): Recognition of early cementation of aragonitic skeletal carbonates. Nature, Physical Science **240**, 88–89, 3 Abb.
Scholle, P.A. (1971): Diagenesis of deep-water carbonate turbidites, Upper Cretaceous Monte Antola Flysch, Northern Apennines, Italy. J. Sed. Petrol. **41**, 233–250, 9 Abb., Tulsa
Scholtgen, J.I. (1972): Beach Rocks. Zentralbl. Geol. Paläont. I, 1971, H 9/10, 655–672, Stuttgart
Schroeder, J.H. (1972): Calcified filaments of an endolithic algae in recent Bermuda reefs. N. Jb. Geol. Paläont. Mh. **1972**/1, 16–33, 18 Abb., Stuttgart
Schroeder, J.H. (1972): Fabrics and sequences of submarine carbonate cements in Holocene Bermuda cup reefs. Geol. Rdsch. **61**/2, 708–730, 12 Abb., Stuttgart
Schroeder, J. (1973): Submarine and vadose cements in Pleistocene Bermuda Reef Rock. Sed. Geology **10**, 179–204, 9 Abb., 1 Tab., Amsterdam
Septfontaine, M. (1976): Microfacies et diagenese de quelques niveaus jurassique des Prealpes medianes du Chablais occidentales (Haute-Savoie, France). Eclogae geol. Helvet. **69**/1, 39–61, 2 Taf., 5 Abb., Basel
Seyfried, H. (1978): Der subbetische Jura von Murcia (SE-Spanien). Geol. Jb., Hannover (im Druck)
Sibley, D.F., Murray, R.C. (1972): Marine diagenesis of carbonate sediment, Bonaire Netherlands Antilles. J. Sed. Petrol. **42**/1, 168–178, 7 Abb., Tulsa
Sliter, W.V., Be, A.W.H., Berger, W.H. (1975/76): Dissolution of Deep-Sea Carbonate. Cushman Found. Foram. Res. Spec. Publ. **13**
Stauffer, K.W. (1962): Quantitative petrographic study of Paleozoic carbonate rocks, Caballo Mountains, New Mexico. J. Sed. Petrol. **32**/3, 357–396, 1–38, Tulsa
Stehli, F.G., Hower, J. (1961): Mineralogy and early diagenesis of carbonate sediments. J. Sed. Petrol. **31**, 358–371, 11 Abb., Tulsa
Steinen, R.P., Matthews, R.K. (1973): Phreatic vs. vadose diagenesis: stratigraphy and mineralogy of a cored borehole on Barbados, W.I. J. Sed. Petrol. **43**/4, 1012–1020, 2 Abb., Tulsa
Terzaghi, R. (1940): Compaction of lime mud as a cause of secondary structure. J. Sed. Petrol. **10**, 78–90, 5 Abb., 2 Tab., Tulsa
Thorstenson, P.C., MacKenzie, F.T., Ristuet, B.L. (1972): Experimental vadose and preatic cementation of skeletal carbonate sand. J. Sed. Petrol. **42**/1, 162–167, 5 Abb., Tulsa
Tucker, M.E. (1973): Sedimentology and diagenesis of Devonian pelagic limestones (Cephalopodenkalk) and associated sediments of the Rhenohercynian Geosyncline, West Germany. N. Jb.Geol.Paläont. Abh. **142**/3, 320–350, 24 Abb., 1 Tab., Stuttgart
Tucker, M., Kendall, A.C. (1973): The diagenesis and low-grade metamorphisms of Devonian Styliolinid-rich pelagic carbonates from West Germany: Possible analogues of recent Pteropod oozes. J. Sed. Petrol. **43**/3, 672–687, 17 Abb., Tulsa
Wardlaw, N.C. (1962): Aspects of diagenesis in some Irish Carboniferous limestones. J. Sed. Petrol. **32**, 776–780, Tulsa
Weynschenk, R. (1949): Beiträge zur Geologie und Petrographie des Sonnwendgebirges (Tirol), besonders der Hornsteinbreccien. Schlern-Schriften **59**, 66 S., Taf. 1–15, 7 Abb., 3 Beil., Innsbruck
Wilson, J.L. (1975): siehe 1.4.1
Wilson, R.C.L. (1966): Silica diagenesis in Upper Jurassic limestones of southern England. J. Sed. Petrol. **36**/4, 1036–1049, 5 Abb., 1 Tab., Tulsa
Winder, C.G. (1968): Carbonate diagenesis by burrowing organisms. XXIII Intern. Geol. Congr., Rep. Sect. **8**, 173–183, 2 Taf., Prag
Winland, H.D. (1969): Stability of calcium carbonate polymorphs in warm shallow seawater. J. Sed. Petrol. **39**/4, 1579–1587, 3 Abb., Tulsa
Wolf, K.H. (1965): siehe 4.2.5.3
Wolf, K.H., Conolly, J.R. (1965): Petrogenesis and paleoenvironment of limestone lenses in Upper Devonian Red Beds of New South Wales. Pelaeo. 3, **1**, 69–111, 18 Taf. 4 Tab., 6 Abb., Amsterdam
Zankl, H. (1969): Structural and textural evidence of early lithification in fine-grained carbonate rocks. Sedimentology **12**, 241–256, 7 Abb., Amsterdam
Zankl, H. (1971): A model of sedimentation and diagenesis in a Triassic reef. In: Bricker, O.P. (ed.): Carbonate Cements, 189–192, Abb. 98–101, Baltimore–London: Hopkins
Zorn, H. (1970): Frühdiagenetische Vorgänge im Salvatore-Dolomit (Mitteltrias, Kanton Tessin, Schweiz). Z. dtsch. geol. Ges. **121**, Jg. 1969, 163–177, 4 Taf., Hannover

4. Mikrofazielle Merkmale

Als mikrofazielle Merkmale sind alle im Schliffbereich unterscheidbaren „Grundmasse"-Typen, Komponenten-Kategorien sowie Anlagerungs- und Lösungsgefüge zusammengefaßt, die Aussagen über den Ablauf der Sedimentation und über die Diagenese ermöglichen. Hierzu gehören selbstverständlich auch strukturelle und texturelle Kriterien, die durch Häufigkeits- und Korngrößenanalysen bzw. durch Berücksichtigung der morphometrischen Merkmale dargestellt werden können.

4.1 „Grundmasse" und Komponenten

Als *„Grundmasse"* wird sowohl die primäre Matrix (*Mikrit* i.w.S.) als auch der durch Zementation oder durch neomorphe Vorgänge gebildete *Sparit* bezeichnet. Die Kriterien zur Beschreibung von Ortho- und Pseudosparit wurden bereits dargestellt (siehe Abschnitt 3.3, 3.7 und 3.8).

Der Begriff *„Komponenten"* bezieht sich auf die synsedimentär gebildeten bzw. in den Sedimentationsraum transportierten Bestandteile der Karbonatgesteine. Um Verwechslungsmöglichkeiten auszuschließen, werden unter den Komponenten auch ähnliche, aber diagenetisch entstandene Elemente wie z.B. Caliche-Pisoide angeführt. Im wesentlichen deckt sich der Begriffsinhalt von Komponenten mit dem von "allochems" bei Folk (1959) bzw. von "grains" der englischsprachigen Literatur.

4.1.1 Rezentvergleiche

Theoretisch besteht die Möglichkeit, rezente marine Karbonatpartikel nach organischen und anorganischen Komponenten zu unterscheiden. Da jedoch auch viele „anorganische" Komponenten wie z.B. Ooide unter indirekter oder direkter Organismenbeteiligung entstehen, spricht Illing (1954) von "skeletal components" und "non-skeletal components" und faßt in der letztgenannten Kategorie alle Komponenten zusammen, die nicht auf Organismenhartteile zurückgehen.

Ein Vergleich der Tabellen 9 und 12 zeigt, daß für die Beschreibung der Komponenten von Kalkgesteinen mehr Begriffe verwendet werden als bei der Untersuchung rezenter Karbonatsedimente, wo im allgemeinen nur zwischen Organismenresten, Peloiden, Ooiden, lumps oder grapestones und Lithoklasten unterschieden wird.

Die Entstehungsweise und die Vorkommen der rezenten Karbonatpartikel werden in den Abschnitten 4.1.2 und 4.1.3 besprochen (vgl. auch Taf. 1). Die Bedeutung der

Tabelle 9. Nichtbiogene „Karbonatkomponenten" in rezenten Meeren

	Gestalt	Größe	Mineralogischer Aufbau	Organismenbeteiligung organische Substanzen	Verbreitung
Pellets	eiförmig, zylindrisch, kugelig, Oberfläche matt oder glatt und glänzend, Farbe meist weiß	Länge < 0,2–3 mm, meist 0,2–1 mm, Ø 0,1–0,5 mm	kryptokristallin, Aragonit oder Mg-Kalzit	fecal pellets enthalten relativ viel organische Substanz	dominierend im Subtidal und unteren Intertidal im Bereich vor niedrigenergetischen Küsten; Riff-Flächen und Lagunen, häufig hinter einer Zone mit Aggregatkörnern; in der Tiefsee häufig, aber selten erhalten
Ooide	kugel- oder eiförmig, Kern mit Hülle aus wenigen oder vielen Lagen, die sich aus Kristallen mit spezieller Anordnung aufbauen, tangential oder radial angeordnete c-Achse; weißlich, glänzend	Ø 0,06–1 mm, häufig 0,15–0,60 mm, Dicke der Lagen 1–3 μ	Aragonit; im nicht-marinen Bereich Mg-Kalzit, und Aragonit	Gehalt an organischer Substanz relativ hoch; Algen	beschränkt auf tropische und subtropische, normalmarine oder übersalzene Bereiche, i.a. hochenergetisches Flachwasser (Gezeiten- und Wellenbewegung), meist in Tiefen < 2m (jedoch bis 15 m), Ooide mit wenigen Lagen entstehen bevorzugt im niedrigenergetischen Bereich
Aggregatkörner	unregelmäßig geformte Aggregate aus zwei oder mehreren, durch kryptokristalline Matrix oder Zement verbundenen Komponenten, die häufig stark mikritisiert sind	größerer Ø etwa 0,5–1,5 mm	Aragonit	viel organische Substanz, häufig mit Algeninkrustationen und bohrenden Algen	beschränkt auf Flachwasserbereiche mit geringer Strömungs- und Wellenenergie
Lithoklasten	gut begrenzte Kalk- und Karbonatfragmente	< 0,5 mm bis mehrere cm	synsedimentäre Lithoklaste: Aragonit, Mg-Kalzit; postsedimentäre Lithoklaste: Kalzit	–	in relativer Nähe von subaerischen oder submarinen Abtragungsgebieten

rezenten Organismengruppen für die Karbonatsedimentation geht aus dem Abschnitt 2.2 und aus den Tabellen 6 und 10 hervor. Grundsätzlich können unterschieden werden (Tabelle 10):

a) Mechanisch oder/und chemisch bohrende Organismen (Tabellen 6 und 12), die zur Auflockerung und Zerstörung des karbonatischen Substrates und von Kalkschalen beitragen und durch ihr Bohrgut Karbonatpartikel im Silt- und Mikron-Bereich liefern.

Tabelle 10. Sedimentologische Bedeutung rezenter Organismengruppen mit karbonatischen Hartteilen.B, Bohrer; G, Gerüstbauer; SB, Sedimentbildner (Anhäufung isolierter Hartteile); SF, Sedimentfänger; Z, zementierende und inkrustierende Organismen; +, ohne größere sedimentologische Bedeutung; ( ), relativ selten von sedimentologischer Bedeutung

	Tiefsee	Sublitoral	Intertidal	Supratidal	Limnisch-lakustrin
Cyanophyta (Blau-Grünalgen)		B, SF	B, SF	B, SF	B, SF
Chrysophyta: Coccolithophorida	SB	SB			
Chlorophyta (Grünalgen)		SB	SB		
Charophyta					SB
Rhodophyta (Rotalgen)	(G)	SB, Z, G	SB, Z, G		
Foraminifera	SB	SB, Z	SB, Z		
Porifera	+, (SB)	B	B		
Hydrozoa		G, Z			
Octocorallia		SB	SB		
Scleractinia	(G)	G. SF	G		
Bryozoa		SB, G, Z			
Brachiopoda		+			
Amphineura		+	+		
Scaphopoda	(SB)	(SB)			
Lamellibranchiata	+	SB, B	SB, B		+
Gastropoda		SB	SB	SB	SB
Pteropoda	SB	SB			
Cephalopoda	+	+			
Annelida		SB, Z	SB, Z		
Cirripedia		SB, Z	SB, Z, B		
Ostracoda	(SB)	(SB)	(SB)	SB	SB
Decapoda	+	+	+		+
Crinoidea	+	+			
Ophiuroidea	+	(SB)			
Echinoidea	+	+	+		
Holothuroidea	+	+	+		
Tunicata		SB	SB		
Fische: Otolithen	+	+	+		

b) Sedimentfangende Organismen (trapping and baffling), welche mechanisch angelagerte Karbonatkörner mit ihren organischen Oberflächen festhalten (z.B. Algenmatten) oder bei welchen zwischen den Organismenteilen (z.B. zwischen den Ästen einer Korallenkolonie) in lokalen Stillwasserbereichen feinkörniges Sediment abgelagert wird.

c) Sedimentbildende Organismen, die durch Anhäufung der Hartteile zur Gesteinsentstehung beitragen (z.B. Coccolithophoriden, Foraminiferen, Mollusken, Crinoiden).

d) Auf einem festen Substrat inkrustierte Organismen, die sowohl zur Entstehung fester biogener Strukturen beitragen als auch zur Zementbildung in den Hohlräumen (z.B. Corallinaceen, Alexandersson, 1977).

e) Gerüstbauende Organismen (frame builders), deren Wuchsformen die Entstehung von größeren biogenen Strukturen begünstigen (z.B. Riffkorallen).

Diese Gruppierungen schlagen sich in Karbonatklassifikationen nieder (z.B. Dunham, 1962, vgl. Abschnitt 6.2.2).

4.1.2 Mikrit (Taf. 6–7, Taf. 13)

Unter Berücksichtigung der in den meisten feinkörnigen Kalken zu beobachtenden bimodalen Korngrößenverteilung unterschied Folk (1959) eine mikrokristalline, sehr feinkörnige „Matrix" (microcrystalline calcite, Kurzform: Mikrit) und sandkorngroße Karbonatkörner, die nachfolgend (Abschnitt 4.1.3) als „Komponenten" bezeichnet werden. Häufig empfiehlt sich eine erweiterte Matrixdefinition: „der Gesteinsanteil, in dem die allochemischen und terrigenen Sedimentkomponenten eingebettet sind."

Generell versteht man unter Mikrit die sehr feinkörnige Matrix von Karbonatgesteinen bzw. die feinstkörnigen Grundbestandteile von abiogenen und biogenen Komponenten. Im Gelände bzw. im Handstück werden mikritische Kalke häufig als Kalklutit, Kalkpelit, mudstone oder Cryptit bezeichnet.

Nach der Korngröße können unterschieden werden

- *Minimikrit* (Folk, 1974) mit Korngrößen zwischen <1 und 1 Mikron (Taf. 7/6),
- *Mikrit* (Folk, 1959) mit Korngrößen zwischen 1 und 4 Mikron bzw. häufig kleiner als 3,5 bzw. zwischen 2 und 3 Mikron,
- *Mikrosparit* (Folk, 1959) mit Korngrößen zwischen etwa 5 und 10 Mikron, häufig 5–6 Mikron.

Tafel 6. Mikrite im Solnhofener Plattenkalk ▶

1. Bruchflächen von tonreichen „Fäulen" mit auf coccale Blau-Grünalgen zurückführbaren sphaerischen Hohlräumen . REM-Aufnahme. Unter-Tithon (Solnhofener Plattenkalke): Schernfeld bei Eichstätt, Südliche Frankenalb

2. Oberflächen von „Flinzen". FE-4 Maxberg/Solnhofen, FE-5 Langenaltheim. REM-Aufnahmen

Trotz beträchtlicher neomorpher Veränderung liegen die Größen der Mikritkristalle mit einem Maximum unter 2 Mikron im Bereich der Folkschen Mikrit-Definition. Der Solnhofener Plattenkalk gilt als „Typus" echter Mikrite. Die Mehrzahl der im Schliffbereich als „Mikrite" bezeichneten feinkörnigen Kalke setzt sich aus Kristallen größer als 5 Mikron zusammen. (Aus H. Keupp, 1977)

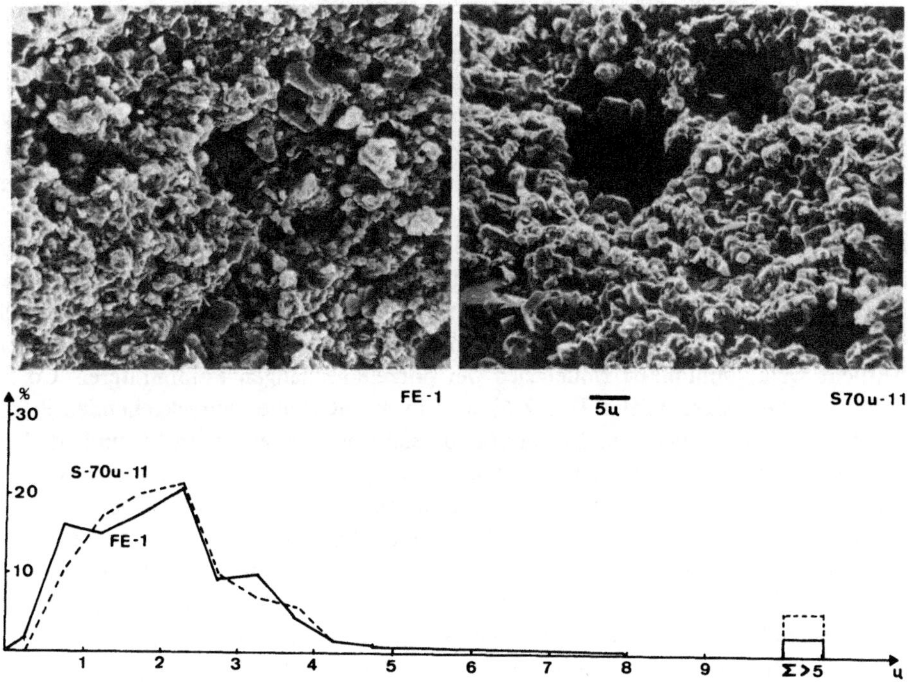
FE-1
5μ
S70u-11
%
30
20
10
S-70u-11
FE-1
1
2
3
4
5
6
7
8
9
Σ>5
μ

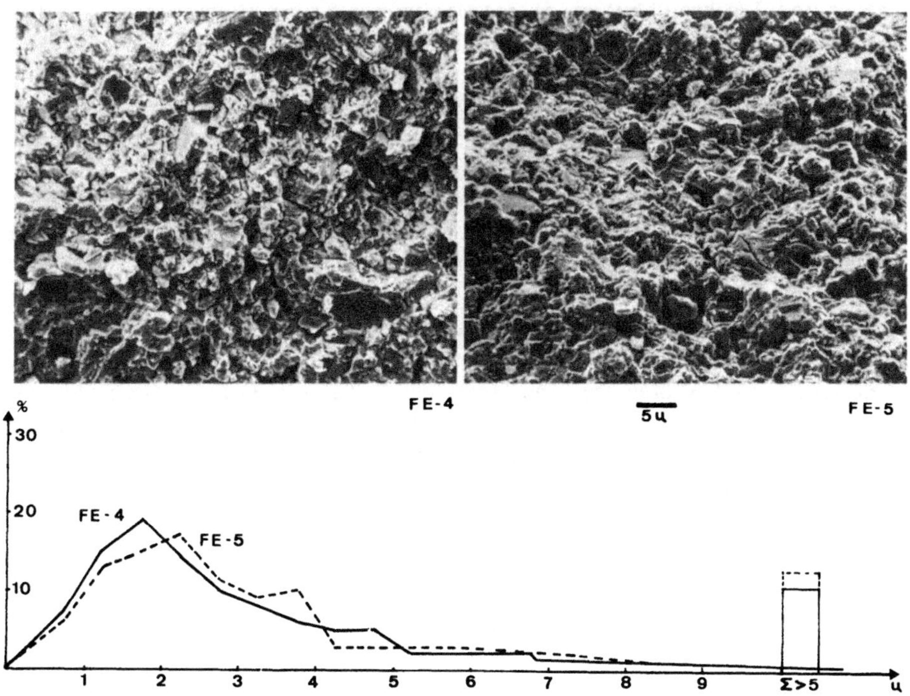
FE-4
5μ
FE-5
%
30
20
10
FE-4
FE-5
1
2
3
4
5
6
7
8
9
Σ>5
μ

Minimikrit und Mikrit sind im Schliff durch Korngefüge aus an- bis subhedralen Kalzitkristallen mit geraden und gebogenen Kornkontakten gekennzeichnet (vgl. E. Flügel et al., 1968), Mikrosparit durch ein Gefüge aus ± gleich großen, subhedralen und euhedralen Kalzitkristallen (vgl. Folk, 1965, 1974). Entsprechend der Modellvorstellung von Folk wandelt sich der aus Aragonit und Mg-Kalzit bestehende Karbonatschlamm in Kalzit um, wobei das freigesetzte Mg^{2+} als „Hülle" um die Kalzitkristalle ein Wachstum größer als 2–3 Mikron verhindert. Bei Mg^{2+}-Abfuhr (z.B. Süßwasserdurchtränkung, Longman, 1977) können die Kalzitkristalle monomorph zu Mikrosparit (siehe Abschnitt 3.6) und zu Pseudosparit (siehe Abschnitt 3.7) weiterwachsen. Mg-Kalzite mit hohen $MgCO_3$-Mengen werden in ihren Wachstumsmöglichkeiten extrem stark eingeschränkt, daher können sich nur Minimikrite bilden. Diese erscheinen im Durchlicht schwarz, im Auflicht weiß. Minimikrit findet sich bei porzellanschaligen Foraminiferen, Corallinaceen, Blau-Grünalgen (siehe Taf. 7/6) und in auf Kotpillen zurückgehenden Peloiden.

Da die angesprochenen Korngrößenbereiche in den zwischen 30 und 50 Mikron dicken MF-Schliffen bestenfalls abschätzbar sind, haben mehrere Autoren abweichende Obergrenzen für Mikrit-Korngrößen vorgeschlagen: 10 μ (Elf-Aquitaine, 1975), 20 μ (Dunham, 1962), 30 μ (Leighton u. Pendexter, 1962). Bossellini (1964) unterscheidet in sinnvoller Weise Mikrit I (Kotngrößen unter 4 Mikron) und Mikrit II (4–30 Mikron). Andere Autoren wie z.B. Müller-Jungbluth u. Toschek (1969) versuchen eine relativ weitgehende Korngrößendifferenzierung (Aphanit, Cryptit, Lutit etc., siehe 6.2.5).

Auf elektronenmikroskopischen Untersuchungen fußende Korngrößenmessungen (Folk, 1965; E. Flügel et al., 1968; Gerthofferova u. Mišik, 1971; Minoura, 1975; Keupp, 1977) zeigen, daß die meisten mikritischen Kalke ein deutliches Maximum zwischen 1 und 2 Mikron besitzen. Dieses Maximum ist auch in den von Folk als typische Mikrite bezeichneten Solnhofener Plattenkalken vorhanden (Taf. 6).

Eine weitergehende Typisierung von Mikriten ist nur durch elektronenmikroskopische Untersuchungen von Kalkbruchflächen oder von polierten und geätzten Flächen möglich (Borza u. Harmann, 1970; Fischer et al., 1967; E. Flügel, 1967; Shoji u. Folk, 1964).

Der Name Mikrit sollte entsprechend der Folkschen Definition für Schliff- und REM-Untersuchungen reserviert bleiben. Im Handstück können feinkörnige Kalke mit Korngrößen im Ton- und Silitbereich als mudstone oder als Kalklutit bzw. Kalksiltit bezeichnet werden.

Bei Berücksichtigung der möglichen Genese (Tabelle 11) können nach Wolf (1965a) primäre „*Orthomikrite*" mit ± autochthonen oder ± allochthonen Karbonatschlammpartikeln (Auto- und Allomikrite) und „sekundäre" *Pseudomikrite* unterschieden werden, die auf neomorphe Vorgänge zurückgehen. Honjo (1969) wies auf den grundsätzlich wichtigen Unterschied zwischen „*Nannoagoriten*" (Taf. 7/1–5) und „*Orthomikriten*" hin: erstere bestehen zu mehr als 50% aus kalkigen Nannofossilien und deren Komponenten, zeigen Lösungsstrukturen und enthalten relativ wenig Zement. Orthomikrite im Sinne von Honjo sezten sich aus subhedralen, polygonalen und an Kristallflächen aneinanderstoßenden Kalzitkörnern von Tongröße zusammen. Der Begriff „Nannomikrit" (Farinacci, 1968) deckt sich mit Nannoagorit.

Als „Orgmikrit" bezeichnet Mišik (1970: 680) mikrokörnigen Kalzit in Organismenskeletten, z.B. innerhalb von agglutinierten Foraminiferen.

Tabelle 11. Interpretation und Nomenklatur von mikritischen Kalken

Entstehungsmöglichkeiten für Karbonatschlamm bzw. Mikrite		Nomenklatur der Mikrite		
Veränderungen des Wasserchemismus durch	(1) Temperaturerhöhung, Salinitätsschwankungen und Wasserbewegung (2) Bakterientätigkeit und Abbau der organischen Substanzen (3) Pflanzliche Assimilation	Automikrite	Orthomikrite	Primäre Mikrite
Anlieferung von Karbonatpartikeln als	(4) Submikroskopische Kalkalgenfragmente (5) Zerfallene Hartteilfragmente tierischer Organismen (6) Bohrgut von endolithischen Algen, Pilzen sowie Tieren (7) Bioerosionsfeinschutt (8) Abrasionsfeinschutt (9) Schalen von Mikroorganismen	Allomikrite	Orthomikrite	Primäre Mikrite
	(10) Nannoorganismen	Allomikrite	Nannomikrite (Nannoagorite)	Primäre Mikrite
Diagenetische Veränderungen als	(11) Kornverkleinerung durch Umkristallisation (12) Cryptokristalliner Zement (13) Umkristallisierte Peloide (14) Caliche	Pseudomikrite		Sekundäre Mikrite

Diskussion der Genesemöglichkeiten (Tabelle 11)

1. Eine ausschließlich *chemische Fällung* in Verbindung mit starken Salinitäts- und Temperaturschwankungen und -bedingungen wurde u.a. für den Karbonatschlamm in den hypersalinen Lagunen der Bahama-Bank postuliert (Cloud, 1962). Mineralogische und isotopenchemische Daten (Broecker u. Takahashi, 1966; Husseini u. Matthews, 1972) stellen diese Interpretation in Frage (vgl. auch Lowenstam, 1966). Eine anorganische $CaCO_3$-Fällung im marinen Bereich scheint nur dann möglich zu sein, wenn die durch Organismen vorgenommene Keimauslese fehlt. Dies mag insbesondere im tieferen Meer der Fall sein (vgl. Milliman et al., 1969).

Inwieweit die als "whitings" aus warmen, karbonatübersättigten Flachmeeren bekannten, plötzlich auftretenden Aragonit-„Wolken" ausschließlich auf anorganische Faktoren wie zum Beispiel Temperaturerhöhung zurückgehen, ist umstritten. Auf den Bahamas und im Persischen Golf wird die Abscheidung durch den CO_2-Entzug durch assimilierende Algen hervorgerufen. Teilweise entstehen whitings auch durch die Tätigkeit von grundnah lebenden Fischen (Neumann u. Land, 1975).

2. *Bakterientätigkeit und Abbau der organischen Substanzen:* Die bereits von Drew (1911) und Bavendamm (1932) diskutierte Rolle von Bakterien bei der Karbonatfällung im Meer wird sowohl durch Direktbeobachtungen (Krumbein u. Cohen, 1977; Oppenheimer, 1961) als auch durch experimentelle Untersuchungen bestätigt (Adolphe u. Billy, 1974; Greenfield, 1963; Lalou, 1957; McCunn, 1972). Trichet (1972) beschreibt die bakteriell beeinflußte Karbonatkeimbildung innerhalb von zerfallenen Cyanophyceen; auf vergleichbare Möglichkeiten für die Entstehung von devonischen Mikriten haben Maurin u. Noel (1977) aufmerksam gemacht. Allerdings ist über die quantitative Bedeu-

---

Tafel 7/1–6. Mikrit in REM-Aufnahmen – Nannomikrite und Algen-Mikrit ▶

1. Coccosphaere von ***Ellipsagelosphaera britannica*** (Stradner). Unter-Tithon (Untere Solnhofener Schiefer) von Solnhofen, Südliche Frankenalb. x 4150

2. Coccolithen und teilweise zerfallene Coccosphaere von ***Cyclagelosphaera margereli*** Noel. Oberstes Kimmeridge von Painten, Südliche Frankenalb. x 4650

3. Coccolithophoriden [u.a. ***Cribrosphaerella ehrenbergi*** (Arkhangelsky)] als Hauptbestandteil der weichen Schreibkreide. Løgstør in Dänemark. x 3750

4. Neben Coccolithophoriden sind in pelagischen Mikritkalken aus dem Bereich Tithon-Unterkreide Nannoconiden (planktonische Mikrofossilien unklarer systematischer Stellung) von stratigraphischer und gesteinsbildender Bedeutung. ***Conusphaera mexicana*** Trejo. Oberjura (Tithon, Oberalmer Kalke): Puch bei Hallein, Salzburg. x 8300

5. In mikritischen Tief- und Flachwasserkalken treten, zum Teil in gesteinsbildender Häufigkeit, „Calcisphaeren" auf (siehe Taf. 15), die nach ihrer charakteristischen Wandstruktur generisch bestimmbar sind. Diese, wahrscheinlich auf planktonische Algen zurückgehenden Hohlkugeln sind deutlich größer als Coccolithen. Im Bild ***Pithonella gustafsoni*** Bolli aus dem Solnhofener Plattenkalk der Südalb. x 1700

6. Im Gegensatz zu den in Fig. 1–5 dargestellten „Nannomikriten" bzw. „Nannoagoriten" sind „Algen-Mikrite" durch auffallend kleine und gleichkörnige Mikritkristalle ausgezeichnet. Dies gilt insbesondere für durch Blau-Grünalgen gebildete „Minimikrite" (vgl. Abschnitt 4.1.2). REM-Aufnahme der um filamentöse Cyanophyten gebildeten Mikrithüllen. Unteres Tithon: Kapfelberg bei Kelheim, Südliche Frankenalb. x 1400

Aufnahmen H. Keupp. Balkenlänge jeweils 5 Mikron

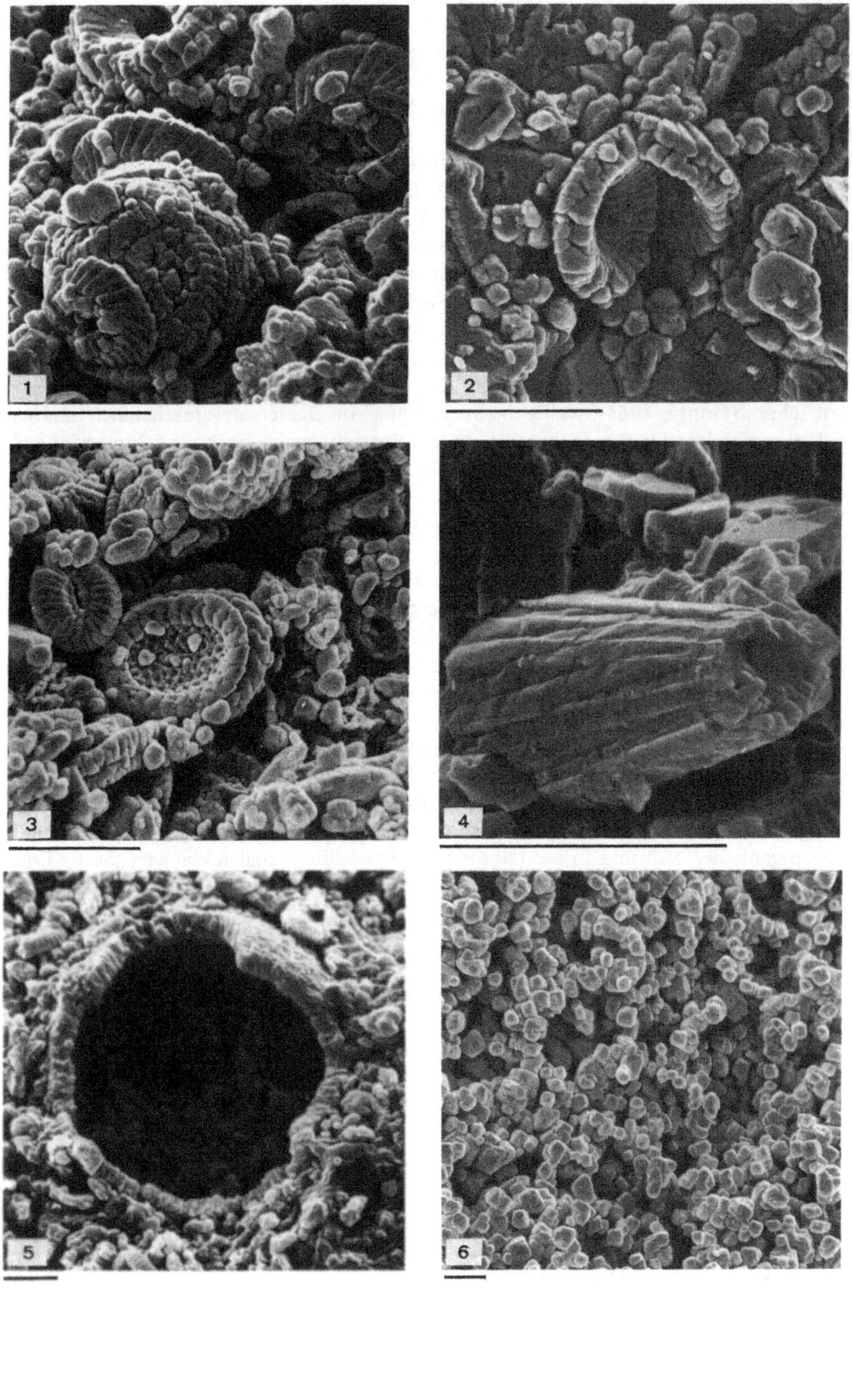
1
2
3
4
5
6

tung einer bakteriellen Mikritbildung trotz der häufigen Interpretation fossiler Feinschlammkalke in diesem Sinne (z.B. Hadding, 1958; Salomon, 1914) nur sehr wenig bekannt. Cloud (1962) schätzt den Anteil der unter Bakterienmitwirkung entstandenen Karbonatschlammsedimente im Gebiet der Bahama-Bank auf weniger als 5% (weitere Diskussion bei Purdy, 1963: 485).

Der bakterielle Abbau organischer Substanz führt in karbonatreichen Lösungen zu Ammoniak- und CO_2-Bildung. Durch Bakterien- und Algentätigkeit wird Ammoniumkarbonat abgebaut und, wie Berner (1971) , McCunn (1972) und auch schon Philippi (1907) in Experimenten gezeigt haben, Kalzit und Aragonit gebildet. Auf diesem Weg kann auch die Zerstörung von organischen Substanzen die Entstehung von sehr feinkörnigen Karbonaten induzieren (z.B. „Verwesungsfällungskalk" in den oberjurassischen Schwammriffen, Fritz, 1958).

3. *Pflanzliche Assimilation, Algentätigkeit:* Der mit der Photosynthese verbundene CO_2-Entzug durch assimilierende Algen kann zur Ausfällung von Aragonit und Mg-Kalzit führen (Monty, 1965), wobei die Mitwirkung von Bakterien wahrscheinlich ist. Dies gilt insbesondere für Cyanophyceen, die Stromatolithen im Inter- und Supratidal aufbauen. Für die Entstehung mikritischer Gezeitensedimente kommt dieser Genesemöglichkeit besondere Bedeutung zu.

4. *Submikroskopische Algenfragmente:* Die bioklastische Sedimentation von auf die Grundbausteine des Skelettes von Codiaceen (*Penicillus; Halimeda,* siehe Taf. 21/4) zurückgehenden Aragonitnadeln wurde in der Gegenwart in den Hinterriff- und Bankarealen der Karibik und aus Lagunen im Pazifik beschrieben (Lowenstam, 1955; Lowenstam u. Epstein, 1957; Stockman et al., 1967; Matthews, 1966; Neumann, 1965; Neumann u. Land, 1975; Stieglitz, 1973). Neumann u. Land haben gezeigt, daß es in Flachwassergebieten zur Überproduktion von Aragonitnadeln kommt, die dann in Suspension in tiefere Becken transportiert werden (siehe Abb. 11). Eine morphologische Differenzierung von „anorganischen" und „organischen" Aragonitnadeln ist bisher noch nicht möglich, bessere Möglichkeiten liefern die $^{18}O/^{16}O$-Verhältniswerte.

5. *Zerfallene Hartteile von tierischen Organismen:* Bereits Sorby (1879) hat darauf hingewiesen, daß Schalen verschiedener Mollusken sowie Korallen nach der Entfernung der organischen Substanz in nur mikrongroße Kristallite zerfallen können („Sorby-Prinzip"). Experimente (Purdy, 1963; Chave, 1964; Folk u. Robles, 1964) sowie die Untersuchung der Feinfraktion rezenter Karbonatsedimente (Matthews, 1966; Stieglitz, 1972) lassen erkennen, daß dieser Genesemöglichkeit große Bedeutung zukommt. Auch hier dürfte eine bakterielle Beteiligung bei der weiteren Verkleinerung der isolierten Skelettelemente gegeben sein. Die Zerlegung der Hartteile erfolgt im Rahmen einer mechanischen oder biologischen Erosion (vgl. Möglichkeit 7). Die Art des Abbaues von Hartteilen wird durch verschiedene Faktoren kontrolliert – Abrasion und Bruch im hochenergetischen Bereich, biologische Erosion (Anbohrung, Tabelle 12) im niedrigenergetischen Bereich (Swinchatt, 1965: 86 ff.). Die beim Zerfall einiger rezenter Organismen entstehenden Korngrößen zeigt Abb. 37.

6. *Bohrgut von endolithischen Algen, Pilzen und tierischen Organismen:* Die bereits besprochene bohrende Tätigkeit von pflanzlichen und tierischen Organismen (Tabelle 6) liefert ein Bohrgut, dessen Korngrößen im Ton- und im Siltbereich liegen. Grundsätzlich von Bedeutung ist die Rolle der Thallophyten bei der Bildung von Mikrithüllen bzw. Rindenkörnern (siehe Abschnitt 4.1.3.6).

7. *Bioerosionsfeinschutt:* Diese eng mit Fall 6 verknüpfte Möglichkeit erscheint dann gegeben, wenn nahrungssuchende Organismen karbonatschalige Tiere oder karbonatisches Substrat mit Algenbewuchs abraspeln. Dies gilt insbesondere für Fische (Gygi, 1975), Krebse, Mollusken und Echinodermen, bei welchen das aufgenommene Sediment zusätzlich im Darmtrakt der Tiere zerkleinert und in Form von Flocken oder relativ konsistenten Kotpillen (siehe Abschnitt 4.1.3.2) abgegeben wird (Folk u. Robles, 1974).

8. *Abrasionsfeinschutt:* In hochenergetischen Bereichen (z.B. Brandungszonen) kann, im allgemeinen unterstützt durch Bioerosion, feinster Detritus abradiert werden. Für ein durch das Zusammenwirken von Abrasion, Bioerosion und Organismenzerfall entstehendes feinkörniges Karbonatsediment mit Korngrößen zwischen 5 und 15 Mikron, schlechter Sortierung, z.T. eingeregelten Körnern und Quarz- und Tonkomponenten hat Lindholm (1969: 270) den Namen „calcisiltite" vorgeschlagen. Derart entstandene mikritische Kalke sind häufig, da die Kombination von Abrasion und submariner Erosion sehr wesentlich zur Zerstörung und zum Abbau von Kalkküsten beiträgt (Beispiel: Adria-Küste, J. Schneider, 1977). Außer aus dem Mittelmeerraum wurde die Küstenabrasion von Kalken im Persischen Golf und vor Puerto Rico genauer untersucht.

Verwechslungsmöglichkeiten bestehen zwischen Kalksiltiten und Mikrospariten. Letztere sind jedoch gleichkörnig (vgl. Abschnitt 3.6).

9. *Schalen von Mikroorganismen:* Foraminiferen- und Pteropodenschalen tragen wesentlich zur Bildung rezenter Tiefwasserkarbonate bei (Abschnitt 2.2.2). Die im Mikronbereich liegenden Bestandteile dieser Sedimente bestehen jedoch überwiegend aus Nannoorganismen.

10. Die Verteilung von *Nannoorganismen*-Schalen (überwiegend Coccolithophoriden) wird durch das Angebot (abhängig von Temperatur- und Durchlichtungsverhältnissen), durch die Sedimentationsrate, Bodenströmungen (Umverteilung von Sedimenten) und durch die Lösungsverhältnisse bestimmt. Die ab dem Jura bekannte gesteinsbildende Häufigkeit der Coccolithen sowohl in Tief- als auch in Flachwasserkalken (E. Flügel u. Franz, 1968; Keupp, 1977) hat zu Vorschlägen geführt, derartige Mikrite als Nannomikrite, Nannoagorite oder „Ultramikrite" nomenklatorisch von den chemisch-biochemisch und bioklastisch gebildeten übrigen Mikriten zu unterscheiden (siehe Taf. 7/1–5).

Die nachfolgend skizzierten Entstehungsmöglichkeiten der *„Pseudomikrite"* entsprechen Veränderungen im Laufe der Diagenese:

11. *Kornverkleinerung durch Umkristallisation* wurde bei rezenten Lithothamnien (z.B. Wolf, 1965b) und von devonischen Algenkalken beschrieben. Neuere Beobachtungen durch Alexandersson (1977) weisen allerdings darauf hin, daß es sich im wesentlichen um eine frühzeitige Zementbildung innerhalb der Algengerüste handelt. Die Umkristallisation von Kalkareniten kann ebenfalls zur Bildung von Kalklutiten führen (Beispiel: Unterkarbon von Irland, Wardlaw, 1962), wobei Sparit gelöst und Mikrit abgeschieden werden kann ("sparmicritisation" bei Kahle, 1977: 415).

12. *Kryptokristalliner Zement* (vgl. Taf. 3/1–4, 4/3–4): Viele Karbonatzemente, insbesondere aus Mg-Kalzit, bestehen aus Kristallen im Mikritbereich (siehe Abschnitt 3.3.1). Die Unterscheidung von Mikrit als Anlagerungsgefüge und diagenetischen Mikriten ist in Schliffen schwierig.

13. *Umkristallisierte Peloide, „Krümelstruktur":* Viele mikritische Kalke weisen ein von Cayeux (1935: 271) als "structure grumeleuse" bezeichnetes „Krümelgefüge" auf,

Tabelle 12. Bioerosion durch bohrende Organismen (nach Golubic et al., 1975; Warme, 1975; Boekschoten, 1966; Bromley, 1968; Menzis, 1957; Wetzel, 1938). Zum Karbonatabbau durch bohrende Organismen kommt die Bioerosion durch Organismen, die kalkschalige Tiere fressen (z.B. Fische) oder sessile Organismen als Nahrung verwenden (Korallen und Korallenfische). Desgleichen tragen herbivore Organismen (z.B. Algenmatten abweidende Schnecken) und Organismen, die ihre Nahrung im Sediment suchen (z.B. Holothurien, verschiedene Arthropoden) wesentlich zum Karbonatabbau und zur Durcharbeitung des Karbonatschlammes bei

Organismengruppen	Beispiel	Lebensraum
A. Pilze und Bakterien	Bakterieller Abbau der organischen Substanz führt zum Zerfall der Biogene in mikrostrukturelle Elemente. Bohrende Pilze sind im Gegensatz zu bohrenden Algen unabhängig vom Lichteinfluß und unabhängig vom Nahrungsangebot im besiedelten Substrat. Ø der i.a. unabhängig vom Kristallgefüge verlaufenden Bohrgänge $< 4\,\mu$, häufig $1-2\,\mu$. – Rezent an der Bildung von Mikritrinden um karbonatische Bioklasten und bei der Mikritisierung von Komponenten beteiligt, siehe auch unter (B).	marin und nichtmarin; Flach- und Tiefsee
B. Algen	Blau-Grünalgen, eucaryotische Grünalgen und seltener Rotalgen als bohrende Organismen in Kalken und Schalen. Tiefenverbreitung abhängig vom Lichtangebot (Photosynthese!), Ausnahmen z.T. bei Blau-Grünalgen (siehe unter 4.1.3.6). Erzeugung von artspezifischen Bohrmustern. Ø der Bohrgänge $< 1\,\mu$ bis etwa $100\,\mu$. Rezent an der Bildung von Mikritrinden und an der Mikritisierung beteiligt.	bevorzugt im Flachmeer-Bereich, bis zur Untergrenze der photischen Zone; häufig im Intertidal und oberen Subtidal. Wesentliche Beteiligung beim Abbau von Kalkküsten durch Bioerosion. Charakteristische Vertikal- und Horizontalverteilung.
C. Schwämme	chemisch-mechanische Bohrungen, überwiegend von Arten der Desmospongien-Familie Clionidae. Durch den Bohrgang wird karbonatisches Sediment entfernt. Beispiele: *Cliona lampa* (Subtidal, Bermuda) führt in 100 Tagen 6–7 kg/m^2 Karbonatsubstrat ab; bis 5% des karbonatischen Sediments im tieferen Vorriffbereich vor Jamaika ist auf Bohrgut von *Cliona* zurückzuführen.	bevorzugt im tieferen Intertidal und im Subtidal (bis in Tiefen von mehreren 100 m). Bohrungen in Schalen und im Kalk (Hartgründe). Zerstörung von rezenten Korallenriffen.
D. Bryozoen	verzweigte, netzartige Bohrgänge, insbesondere in Schalen, Ø der Bohrgänge $100\,\mu - 200\,\mu$, längliche Bohrlöcher.	küstennaher Litoralbereich; auch im Brackwasser.

E. Mollusken	Bohrmuscheln: rezent Mytilidae (mit *Lithophaga*) und Gastrochaenidae in Kalken und Hartteilen. Keulenförmige, mechanische, seltener chemische Bohrungen, Ø im cm-Bereich. In verschiedenen Wassertiefen. Beispiele: Riffgebiet von Kalifornien – 30–50 m	in verschiedenen marinen Bereichen, Bohrmuscheln insbesondere im Flachmeer
	Bohrschnecken: Naticiden. Anbohrung mit Hilfe der Radula-Zähne. Beispiele: *Murex, Cassis; Natica* (Ø der Bohrlöcher 0.7–2 mm). Angebohrt werden vor allem Muscheln.	marin, Litoralbereich, Sand- und Felsküsten
F. Würmer	Sipunculiden und Polychaeten, Zerstörung von Korallenstöcken	marin, insbesondere in Flachwassergebieten, Gezeitenbereich und Riffbiotope.
G. Arthropoden	Cirripedia mit *Lithotrya* und Acrothoracicaceen, zapfenförmige Bohrungen.	insbesondere Küsten- und Gezeitenbereich
H. Echinodermen	hauptsächlich reguläre Seeigel, Küstenabbau (1 cm/Jahr), Zerstörung von Korallenriffen	bevorzugt Litoral- und Sublitoralzone; Abbau von tropischen Karbonatküsten

bei welchem sich der Mikrit krümelartig zu ± rundlichen Elementen auflöst, die ganz oder teilweise in ein etwas gröberes Kristallmosaik (z.T. im Mikrosparitbereich) eingebettet erscheinen (Taf. 13/2). Die meist 50–150 Mikron großen Krümel zeigen im allgemeinen nur unscharfe Begrenzungen, ein Teil der „Komponenten" scheint zu verschmelzen. Die Frage, ob es sich um umkristallisierte Matrix (Mikrit) handelt (Schwarzacher, 1961) oder um frühzeitig zerfallene, durch Sedimentsetzung „verschmolzene" Schlammpartikel, wird heute meist in letzterem Sinne beantwortet (z.B. Bachmann, 1973). Fabricius (1966: 33) weist auf die mögliche Bedeutung von Endobionten und Sedimentfressern für die Entstehung der Krümelstruktur hin.

14. *Caliche-Mikrit* – siehe Abschnitt 2.3.2.2 und Taf. 2/4–6.

Es muß betont werden, daß es sich bei den hier skizzierten Interpretationsmöglichkeiten um schematisierte Ursachen-Komplexe handelt. In den rezenten Flachmeeren wirken häufig mehrere Faktoren zusammen (insbesondere 2 und 3 sowie 4–7). Die Kalkschlammsedimentation in der Tiefsee wird durch die Möglichkeiten 9 und 10 sowie unter Umständen durch anorganische Fällung gesteuert.

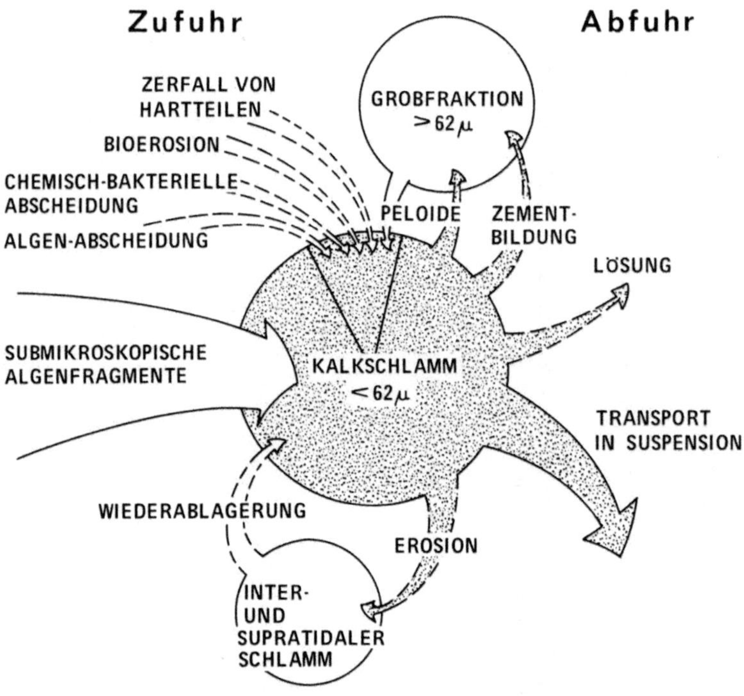

Abb. 11. Kalkschlammbudget in der Bucht von Abaco, Bahamas. Vereinfacht nach Neumann u. Land (1975). Erklärung im Text

Abb. 11 zeigt an einem rezenten Beispiel aus einer etwa 7 m tiefen marinen Lagune im Golf von Abaco (Bahamas), welche verschiedenen Faktoren bei der Sedimentproduktion und bei der Sedimentabfuhr tätig sind. Der Anlieferung von Bioklasten sowie einer chemisch-bakteriellen Abscheidung kommt nur geringe Bedeutung zu. Die Masse des

Karbonatschlamm-Materials wird durch submikroskopische Algenfragmente zur Verfügung gestellt. Obwohl ein Teil des Kalkschlammes bei der Zementbildung, bei der Bildung von Peloiden und durch Erosion und Abtransport in Intertidal- und Supratidalbereiche wieder verloren geht, entsteht auf diese Art so viel Karbonatschlamm, daß eine Abfuhr des feinkörnigen Sedimentes in die umliegenden tieferen Beckenregionen eintritt. Das in Suspension transportierte Feinschlamm-Material bildet in der Straße von Florida Schlammhügelstrukturen ("lithoherms", Neumann et al., 1972).

Bei der genetischen Deutung von fossilen Mikriten stößt man im allgemeinen auf beträchtliche Schwierigkeiten, die durch den kombinierten Einsatz von mikroskopischen und submikroskopischen Untersuchungsmethoden gemindert werden können. „Algen-Mikrite" (Möglichkeit 3, eventuell auch 2) erscheinen nach REM-Untersuchungen durch auffallend gleichkörnige und homogene (Minimikrit-) Gefüge charakterisiert zu sein (vgl. Taf. 7/6). Grundsätzlich wird man davon ausgehen müssen, daß nicht alle der rezent bekannten Entstehungsfaktoren auch bei fossilen Mikriten vorausgesetzt werden können. Dies gilt außer für die Möglichkeit 10 (Nannomikrit, erst ab Mesozoikum?) auch für die rezent so bedeutungsvolle Möglichkeit 4, da die mit den rezenten, Aragonitnadeln liefernden Grünalgen morphologisch und systematisch vergleichbaren Kalkalgen fossil erst ab der oberen Trias (*Boueina*), häufiger erst ab der unteren Kreide bekannt sind.

4.1.3 Komponenten

Als Komponenten werden mechanisch abgelagerte Körner bezeichnet, die vor dem Sedimentationsprozeß entstanden sind. In Tabelle 13 sind die bei mikrofaziellen Untersuchungen verwendeten Komponentenkategorien zusammengestellt. Als Grundkategorien werden Organismenreste (Biogene), mikritische Rundkörperchen (Peloide), Aggregatkörner, Onkoide, Ooide, Rindenkörner und Resedimente (Intra- und Extraklaste) unterschieden.

Diskussionen über die Definitionen und die Genese finden sich bei Bosellini (1964), Catalov (1970), E. Flügel u. Kirchmayer (1962), Kendall (1969), Kerkmann (1966), Monty (1963), Skupin (1970), Wilson (1967), Wolf (1965a) sowie Elf-Aquitaine (1975).

4.1.3.1 Biogene

Die Unterscheidung von nichtfragmentierten und von fragmentierten Biogenen erscheint ebenso sinnvoll wie die bei mikrofaziellen Untersuchungen häufig durchgeführte Unterteilung der Bioklasten (Grabau, 1920) nach (a) Größe (Siltit – bis etwa 20 Mikron, Arenit bzw. Fein- und Grobarenit – bis 2 mm sowie Rudit – größer als 2 mm), (b) Rundung (siehe Abschnitt 4.2.2.1) und „Umkrustung" (= Rindenkörner, siehe 4.1.3.6 und Taf. 9).

Unter Berücksichtigung der relativen Resistenz gegenüber einer Fragmentierung können in Anlehnung an Wilson (1975) folgende Hartteilgruppen unterschieden werden:

1. Nadeln in Weichteilen eingebettet; liefern isolierte Partikel. Beispiele: Schwämme, Octocorallia, Holothurien, Tunicaten, Grünalgen (z.B. *Penicillus*).

Tabelle 13. Mikrofazielle Komponenten von Karbonatgesteinen. Die Gruppen haben weitgehend deskriptiven, die Teilgruppen genetischen Charakter. Ooide und Onkoide werden oft als „umrindete Körner" (coated grains) zusammengefaßt. Peloide, Onkoide, Ooide und Aggregatkörner können als Rundkörperchen oder Globoide zusammengefaßt werden. Die oft nicht einwandfrei zu trennenden Intra- und Extraklasten sind in der Gruppe der „Lithoklasten" i.w.S. bzw. der „Limeclasts" enthalten. Algen-Onkoide und Foraminiferen-(Algen)-Onkoide gehören zur Gruppe der "skeletal oncoids" im Sinne von Riding (1977). * = Erstdefinition

Gruppe	Definition	Genetische Möglichkeiten			Diskussion bei
		Teilgruppe	Entstehung	Merkmale	
Biogene	Organismenhartteile im Schliffbereich	Biomorpha Syn: biosomata Monty (1963)		Nichtfragmentierte Hartteile (z.B. doppelklappige Muschelschalen), ± vollständige Biogene (z.B. Korallenstock)	
		Bioklasten	Biologische, mechanische und chemische Zerstörung allochthone oder parautochthone Einbettung	Hartteilfragmente (z.B. Crinoidenstielglieder) und zerbrochene, z.T. gerundete Biogene (= Sphaeroklaste, Arrondide (Paulsen, 1964: 9), Größe: i.a. Sand- und Siltbereich	
Peloide (= pellets) Syn: Pseudooid Bornemann (1886), chondroid Monty (1963), cryptolithe Catalov (1970), Schlammkörner Fabricius (1966); Taf. 1/3, Taf. 9, Taf. 18/8, Taf. 24/6–7	Mikritische, rundliche Komponenten, meist ohne Innenstruktur. Umriß meist elliptisch oder kreisförmig McKee u. Gutschick (1969) *	Kotpillen (fecal pellets)	Exkremente von Sediment- u. Planktonfressern (z.B. Crustaceen, Holothurien, Gastropoden, Fische), häufig durch Endobionten erzeugt (Peloide zusammen mit bioturbaten Strukturen!)	Langgestreckte mikritische Komponenten, häufig auffallend schwarz (viel organische Substanz!), oft nestförmig verteilt, „gute Sortierung". Teilweise mit sieb- u. streifenförmiger Innenstruktur (z.B. bei Anomurenkoprolithen, Größe: Ø 0,02 bis 0,50 mm. Verhältnis Breite:Länge = 1:2 bis 1:4. Siehe Taf. 32/13)	Brown (1964) Brönnimann (1976) Bandel (1974) Skupin (1969, 1970)
		Algenpeloide	Sphaerolithische Karbonatinkrustationen um Blau-Grünalgen oder Abbauprodukte verschiedener Algen	Rundliche, mikritische Komponenten, z.T. noch mit undeutlichen Algenstrukturen (Filamente), häufig zusammen mit Kalkalgen. Größe: 0,05–0,20 mm	Friedman et al. (1973) Wolf (1965b)

		Pseudopeloide Syn.: "small intraclasts"	Aufarbeitung u. Abrollung von schon verfestigtem Kalkschlamm bzw. Aggregate von Aragonit- u. Kalzitkristallen. Entsprechen z.T. sehr kleinen Intraklasten	Rundliche mikritische Komponenten, sehr feinkörnig	Fahraeus et al. (1974)*
		Bahamitpeloide	Durch bohrende Algen, Pilze etc. vollständig mikritisierte Bioklasten oder Ooide	Rundliche und angulare mikritische Komponenten häufig zusammen mit verschieden stark mikritisierten Bioklasten bzw. Rindenkörnern	Beales (1958)* Purdy (1963) Gygi (1969)
		Pelletoide	Umkristallisierte Komponenten, z.B. abgerollte Bioklasten (= Arrondide) oder Ooide	Rundliche mikritische Komponenten, i.a. ohne Internstrukturen	Blatt et al. (1972: 422)* Paulsen (1964)
Aggregatkörner Syn.: „Kornaggregatklumpen", „Traubenklumpen" Sarntheim (1965), botroidi Sestini (1964), bothrolite, chondrolite Monty (1963), colloclasts Sander (1967), Tuberoid Fritz (1958: 77) "bahamite" auct. – Taf. 1/1, 1/3, 1/4, 8/7, 24/6, 28/2	Unregelmäßig lappenförmig umrissene Komponentenaggregate, verkittet durch sparitischen oder mikritischen Karbonatzement oder durch Algen. Komponenten: i.a. wenige, stark mikritisierte Ooide, Bioklasten und Peloide. Weniger Zement als Komponenten. Die hier unterschiedenen Teilgruppen weisen gleitende Übergänge auf	Grapestones Syn.: bothryodal lumps Wilson (1967); composite grains – Taf. 28/2	Zementation von harten Karbonatkomponenten in Gebieten mit sehr geringer Sedimentationsrate, starker Wasserzirkulation und wechselnder Wasserturbulenz. Die intergranulare Zementbildung wird durch synsedimentäre Algeninkrustationen verstärkt	Aggregatkörner aus wenigen traubenartig angeordneten Komponenten, im allgemeinen durch Sparit verbunden. Häufig zusammen mit mikritisierten Komponenten und mit Algen. Größe: ~0,5–2 mm	Illing (1954: 30)* Sudgen (1963) Roberts u. Moore (1971) Winland u. Metthews (1974)
		Algenlumps Syn.: Algenklümpchen Pümpin (1965) – Taf. 8/7	Ähnlich wie bei grapestones, jedoch stärkere biogene Beteiligung. Häufig in geschützten (Lagunen- etc.) Bereichen. Nichtisolierte aufgelockerte Mikritgefüge mit Algeninkrustationen können als „Algen-Intraklasten" bezeichnet werden	Die Komponenten der Aggregatkörner werden durch Algen und/oder sessile Foraminiferen verkittet (z.B. *Bacanella, Lithocodium*). Die einzelnen Aggregatkörner sind häufig durch Algeninkrustationen miteinander verbunden. Filamentalgen dominieren (z.B. *Cayeuxia, Zonotrichites*)	

Tabelle 13 (Fortsetzung)

Gruppe	Definition	Genetische Möglichkeiten			Diskussion bei
		Teilgruppe	Entstehung	Merkmale	
		Lumps, Syn.: amorphous lumps Wilson (1967); cryptocrystalline grains Purdy (1963) – Taf. 1/4, 24/6	Ähnlich wie grapestones, jedoch > 50% Mikrit als Bindemittel zwischen den Komponenten. Vielfach dürfte es sich um mikritisierte und umkristallisierte grapestones handeln	Komponenten durch mikritischen Zement verkittet	Illing (1954) Milliman (1967)
		Caliche lumps – Taf. 2/4	Bodeninterne karbonatische Zementation im vadosen Bereich	Ähnlich wie marine Lumps, jedoch in Verbindung mit Pisoiden, laminierten Krusten u.a. (siehe 2.3.2.2). Keine isolierten Komponenten, i.a. in fossilfreien Sedimenten	
Onkoide Syn.: Biopisolith Catalov (1970), Mumien Steinmann (1880), "algal biscuit"!	Unregelmäßig geformte Komponenten mit nichtkonzentrischen, sich z.T. überlappenden mikritischen Lagen, die auf biogene Anlagerungen um einen Kern (z.B. Organismen) durch Algen, Foraminiferen etc. zurückgehen. mm- bis cm-Bereich. A. Heim (1916) *	Algen-Onkoide – Taf. 8/8, 9, Taf. 30/1, 31/1	Biogene, i.a. allseitige Anlagerungen von Algen um einen harten Kern. Häufig cm-groß	Die für die Bildung der Onkoide verantwortlichen Algen sind als Fossilien überliefert. Algengruppen: a) Cyanophyceen (z.B. porostromate Algen wie Girvanellen, Mikrostromatolithen), b) Rhodophyceen (z.B. Corallinaceen), die „Rhodolithen" bilden	Gasche (1956) Babic (1969) Ihrion u. Müller (1968) Riding (1977)
		Foraminiferen – (Algen) – Onkoide Taf. 9, Taf. 22/3	Biogene, i.a. allseitige Anlagerung von sessilen Foraminiferen (und Algen) um einen festen Kern. Häufig cm-groß	Die Gehäuse der Foraminiferen sind auf mikritischen Onkoidlagen aufgewachsen. Beispiele: „Sphaerocodien" aus dem Karn der Nordalpen, z.T. „Osagien", aus dem Jungpaläozoikum	Johnson (1946) Peryt (1977)

		Mikrit-Onkoide. Syn.: Einfach-onkoid Müller-Jungbluth u. Toschek (1969); circumcrusts Wolf (1965b) – Taf. 9	Biogene Anlagerung durch Algen (und Bakterien?), möglicherweise auch dicke durch bohrende Algen gebildete Mikritrinden, dann unscharfe Grenze zwischen Kern und „Rinde"	Allseitige mikritische Anlagerungen um einen festen Kern, i.a. ohne deutliche biogene Strukturen	
Ooide	Gleichmäßig geformte, i.a. kugelförmige Komponenten mit konzentrisch um einen Kern angelagerten Schalen, z.T. mit Radialstrukturen Kalkowsky (1908) *	Einfach-Ooide (= superficial ooid). Syn.: Proto-Ooid, Rinden-Ooid Kremer (1953); Mantel-Ooid Schmidt (1961) – Taf. 1/2	In relativ niedrigenergetischen Bereichen oder in Gebieten mit Überangebot an großen Kernen, deren Ø nahe an die kritische Größe von marinen Ooiden (i.a. $<$ 2 mm) herankommt. Anorganische Bildung mit biochemischer Beteiligung	Eine oder nur wenige, verschieden dicke Schalen um einen großen Kern	Illing (1954) *
		Ooide (Normal-Ooide) Syn.: true ooids Wilson (1967) – Taf. 8/3, 8/6	In hochenergetischen $CaCO_3$-übersättigten Flachwasserbereichen. Anorganische Bildungen unter Beteiligung von Organismen (Blau-Grünalgen. Aus Radialstrukturen aufgebaute Ooide scheinen bevorzugt in vom normalmarinen Bereich abweichenden Gebieten zu entstehen	I.a. viele konzentrische Lagen um einen Kern, Ø meist zwischen 0,20 und 0,60 mm, Obergrenze häufig bei 1 mm. Häufig als „Ooid-Aggregate" (Ooidbeutel etc.). Teilweise durch synsedimentäre Zerbrechung oder Kompaktion oder Tektonik deformiert (distorted oolites)	Bausch (1963) Bornemann (1886) Carozzi (1963) Usdowski (1963) Fabricius (1967) Schloz (1972) Haage (1970) Loreau u. Purser (1973)
		Mikrit-Ooide	a) „Pelagische Ooide", gebildet durch Blau-Grünalgen, welche planktonische Komponenten bilden oder b) mikritisierte Normalooide	Konzentrische Lagen, aus Mikrit, Ø zwischen 0,20 und 0,40 mm	Jenkyns (1972)

Tabelle 13 (Fortsetzung)

Gruppe	Definition	Genetische Möglichkeiten			Diskussion bei
		Teilgruppe	Entstehung	Merkmale	
		Pisoide Syn.: diagenetic ooids Siesser (1973) – Taf. 2/5, 2/6, Taf. 8/5, 10/1, 10/3	Anorganische Bildung unter Süßwassereinfluß (vadoser Bereich), z.T. Caliche-Bildungen (subaerisch, Trockenklima), z.T. Höhlenperlen	Auffallend streng konzentrische, mikritische Lagen, große Komponenten (i.a. > 2 mm), häufig zerbrochen. In den äußeren Lagen z.T. vadoser Silt, Kerne meist Gesteinsbruchstücke und Pisoidfragmente. Wiederholte in-situ-Brekzisierung während des Wachstums und Umkrustung durch Caliche-Rinden	Kirchmayer (1964) Donahue (1965) Gradzinsky u. Radomski (1967) Dumham (1969) Siesser (1973) Adeleye (1975)
Rindenkörner (= grains with micrite envelopes, "coated grains" p.p.)	Gerundete Bioklasten, Lithoklasten und Peloide mit dünnen Mikritrinden, Grenze zwischen „Kern" und „Rinde" unscharf, an der Peripherie der Kerne freie oder mit Mikrit gefüllte Röhren (Ø häufig um 5 μ)	Taf. 9	Bohrende Cyanophyceen, Chlorophyceen und Pilze erzeugen in Bioklasten etc. Bohrlöcher, die mit Mikrit gefüllt werden. Die häufige Wiederholung dieses Vorganges führt zur „Mikritisierung"		Bathurst (1966) * Swinchatt (1969) Loreau (1970a) Rooney u. Perkins (1972) Sibley u. Murray (1972) Friedman et al. (1971) Golubic et al. (1975)
Intraklasten	Synsedimentäre Resedimente, häufig mit Einschlüssen anderer Komponenten, mm- bis cm-Bereich, i.a. schlecht sortiert und schlecht gerundet. < 0,2 mm kaum von Peloiden zu trennen. Folk (1959) *	Plastiklast (= colloclast Sander (1967)	Aufarbeitung von gering verfestigtem Kalkschlamm durch bodenberührende Wellen oder Strömungen („Schlickgerölle")	Mikritische Komponente, meist mit Einschlüssen i.a. < 0,5 mm. Die Zusammensetzung stimmt mit der der Matrix überein	Folk (1959) *
		Algen-Intraklast	Aufarbeitung von durch Algenüberzüge bedecktem Kalkschlamm	Nur geringfügig isolierte, verschieden große Mikrit-Komponenten mit porostromaten und spongiostromiden Algenstrukturen	

	Syn.: Endoclast Monty (1963)	Autoklast (= Protointraklast Bosellini, 1964) – Taf. 13/1	Frühdiagenetische Sedimentbewegung, verbunden mit submariner oder subaerischer Sedimententwässerung	± im Verband stehende Sedimentpartien mit korrespondierenden Grenzen	Sander (1936) * Bosellini (1964)
		Pseudo-Intraklast	Bioturbate Sedimentverwühlung durch Endobionten	Verwühlte, z.T. getrennte Mikritpartien	Wobber (1965: 685) *
		Caliche-Intraklast – Taf. 5/6	„Bruchstücke" von Caliche-Bildungen, diagenetische Strukturen	Zusammen mit Krusten, Pisoiden etc., siehe 2.3.2.2	
Extraklasten Syn.: Alloclast Folk(1959), Lithoclast s. str. Folk (1959), exoclast Monty (1963); gravelles; calclithite fragments	Postsedimentäre Resedimente. Karbonatische und nichtkarbonatische Gesteinsfragmente, oft eckig, in den Fragmenten enthaltene Komponenten (z.B. Fossilien) abgeschnitten. Keine Kompaktionsmerkmale. Häufig polymikt. mm- bis cm-Bereich Folk (1959) *	Taf. 24/5	Erosionsschutt harter (älterer) Gesteine, die subaerisch oder submarin abgetragen werden		
Terrigene Komponenten	z.B. Tonminerale, terrigene Quarze		In das Sedimentationsbecken transportierte Minerale und Gesteinsfragmente		
Authigene Minerale	z.B. Glaukonit		Mineralneubildungen im Sediment		

Tafel 8/1–8. Kalk-Komponenten im Schliffbereich ▶

1. Rezente Ooide. Relativ dünne konzentrisch aufgebaute Schalen um aus Peloiden und Gastropodengehäusen bestehende Kerne. Deutliche Tangentialstrukturen. White Banks, Große Bahama-Bank. Balkenlänge 0,5 mm

2. Ooide in verschiedenen Kompaktionsstadien (vgl. Abschnitt 3.4), die durch *1* Ooide mit Druckmarken, *2* verformte Ooide und *3* eingebrochene Ooide erkennbar sind. Der Karbonatzement ist zum Teil als *4* Meniskus-Zement ausgebildet (Hinweis auf vadose Diagenese). Neben Ooiden treten einige Rindenkörner *5* auf. Das Vorkommen von großen Normalooiden und kleinen Einfachooiden kann entsprechend dem Carozzi-Modell (siehe Abschnitt 4.1.3.5, Abb. 19) der Situation 4 zugeordnet werden. Wie in vielen Oolithen fehlen auch in dieser Probe benthonische Organismen, die instabile Ooidböden häufig meiden. Dogger: Zentraliran. Balkenlänge 0,5 mm

3. Radialfibröse Ooide. Normalooide *1* und zerbrochene und regenerierte Ooide (*2*, „Hiatusooide") in mikritischer Matrix mit Sparitarealen (birdseyes *3*, siehe Abschnitt 4.2.4.3). Struktur und Gestalt der Ooide sprechen zusammen mit dem autochthonen Vorkommen in organismenarmen, niedrigenergetischen Mikritbereichen für relativ abgeschnürte Sedimentationsgebiete mit erhöhter Salinität (siehe Tabelle 18). Unterkreide: S Cusano Mutri, Südapennin. Die Probe stammt aus den von Simone (1974) beschriebenen, als Gezeitenfazies erkannten zyklischen Kalkfolgen. Balkenlänge 0,5 mm

4. Kalkooide in sandig-karbonatischer Matrix. Originalschliff zu Kalkowsky (1908). Die letztmals durch Usdowski (1962) und Haage (1970) bearbeiteten Ooide aus dem Buntsandstein sind durch Kombinationen verschiedener Gestalttypen ausgezeichnet. Im Bild neben sphaerischen Normalooiden durch Kegelstrukturen charakterisierte cerebroide Mehrfachooide („Ooidviellinge"). Rogenstein, Unterer Buntsandstein: Sangerhausen bei Bad Harzburg. Photo H. Zankl. Balkenlänge 0,5 mm

5. Pisoid. Im Vergleich mit Ooiden fällt außer der Größe die stark betonte, aber immer wieder unterbrochene und abgesetzte Lamellenstruktur auf. Von biogen gebildeten Onkoiden sind Pisoide durch die extrem feine Lamellierung und durch das Fehlen von Organismenstrukturen unterschieden. Zudem treten Pisoide häufig in sehr fossilarmen oder fossilfreien Krustenkalken auf, die auf Caliche zurückgehen (siehe Taf. 2). Mitteltrias (Wettersteinkalk): Reißkofel/Gailtaler Alpen, Kärnten. Balkenlänge 5 mm

6. Tangentialstrukturierte, große Normalooide mit deutlich abradierten Schalen zusammen mit zum Teil radialstrukturierten, kleinen Ooiden. Auffallend schlechte Sortierung. Es handelt sich um verfrachtete, am Rand einer Oolithbarre sedimentierte Ooidsande (Franke et al., 1975). Unterkarbon (Ilpener Oolith, Tournai): Heiligenhaus, Kettwig. Balkenlänge 1 mm

7. Aggregatkorn, gekennzeichnet durch sehr unregelmäßigen Umriß, starke Ein- und Ausbuchtungen, „Einschlüsse" und randlichen Aufwuchs von Organismen (oben mit sessilen Foraminiferen) und relativ viel mikritischer Matrix. Entsprechend der im Abschnitt 4.1.3.3 gegebenen Definition handelt es sich um „Bio-Lumps". Im Bereich der sparitischen „Grundmasse" sind die beiden Zementtypen A und B deutlich erkennbar. Mittelperm: Velebit, Kroatien. Balkenlänge 1 mm.

8. Algen-Onkoide mit deutlichen, aus Schalen bestehenden Kernen und unregelmäßig konzentrischen, biogenen Anlagerungen durch Cyanophyceen (Girvanellen). Wie die Eindellung der Onkoidoberflächen durch Fusulinidengehäuse zeigt, waren die Algenonkoide bei ihrer Einbettung noch nicht lithifiziert. Unteres Perm (Grenzland-Schichten): Rattendorfer Sattel, Karnische Alpen. Balkenlänge 5 mm

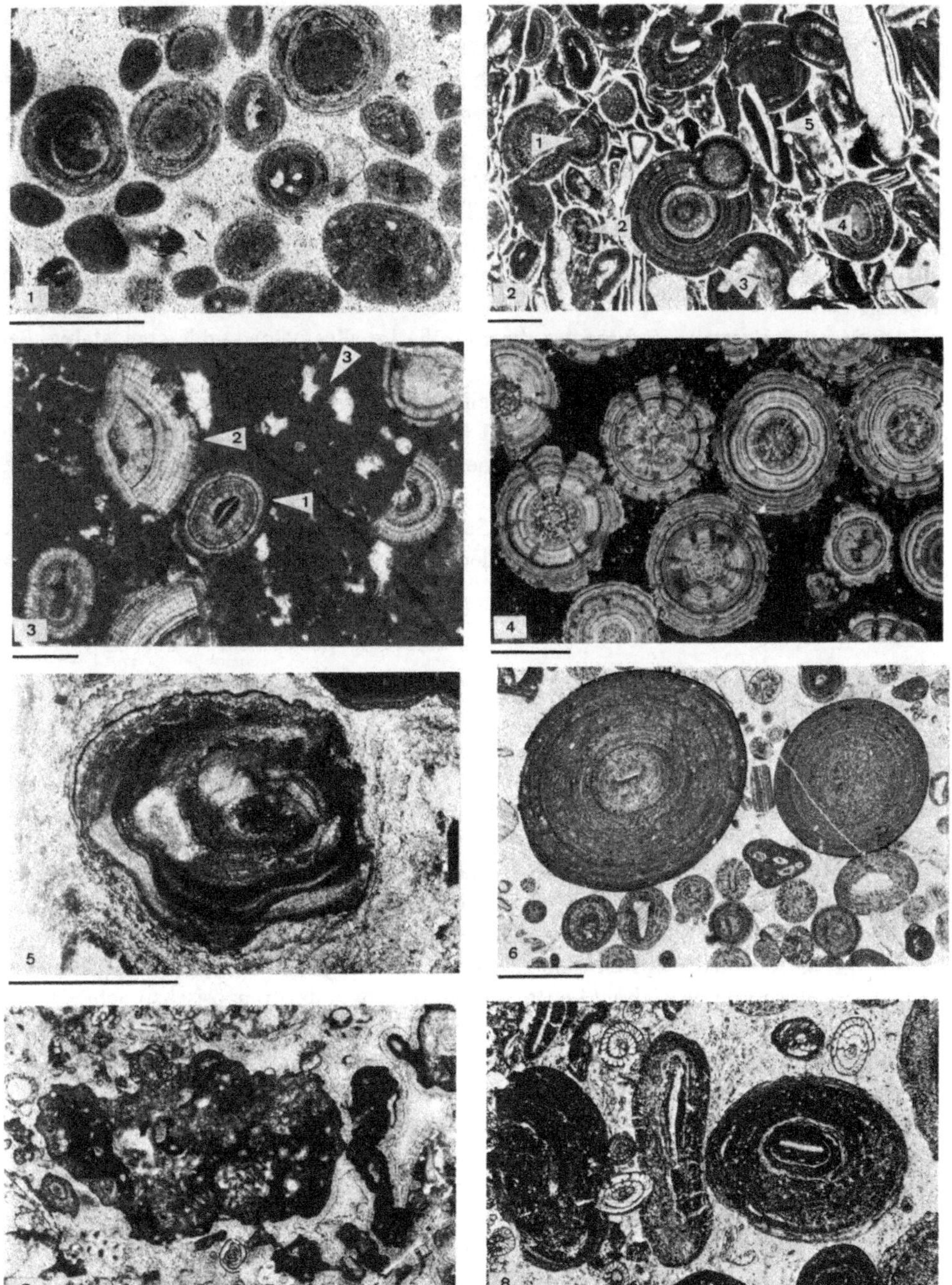
1
2
3
4
5
6
7
8

2. Segmentierte Hartteile liefern arenitische Partikel. Beispiele: Crinoiden, gegliederte Rotalgen (z.B. *Melobesia*), Grünalgen (z.B. *Halimeda*; Dasycladaceen).

3. Verzweigte Hartteile liefern ungleich große Fragmente. Beispiele: Korallen (*Acropora; „Disphyllum"* im Devon, *„Thecosmilia"* im Mesozoikum), Bryozoen, Kalkschwämme, Rotalgen.

4. Gekammerte Hartteile sind im allgemeinen relativ widerstandsfähig. Beispiele: Gastropoden, Serpuliden, Brachiopoden, z.T. Muscheln, Foraminiferen.

5. Inkrustierte Hartteile sind gegen mechanische Aufarbeitung meist widerstandsfähig. Beispiele: sessile Foraminiferen, Stromatoporen, Korallen, Bryozoen, Serpuliden, Rotalgen.

6. Massive Hartteile sind infolge ihrer Größe im allgemeinen widerstandsfähig. Beispiele: Korallenkolonien; Corallinaceen.

Die Zerstörung der Organismenhartteile und die Produktion von Bioklasten wird durch folgende Faktoren unterstützt und beeinflußt: Auslösung der organischen Substanz, bohrende Organismen, mechanischer Zerfall, Verfrachtung und Isolierung der Hartteile, Lösung.

Die durchschnittliche Größe der in Schliffen häufigeren Organismengruppen geht aus Abb. 12 hervor. Im Abschnitt 5 werden einige wichtige „Schliff-Fossilien" genauer diskutiert.

4.1.3.2 Peloide (Taf. 1/3, Taf. 24/1)

Da “pellet” in der englischsprachigen Literatur häufig als Synonym von “fecal pellet” (Kotpillen) betrachtet wird, haben McKee u. Gutschick (1969) den Namen „Peloid" für alle aus kryptokristallinem Karbonat bestehenden Komponenten mit unterschiedlicher Genese vorgeschlagen.

Unter den in Tabelle 13 genannten *Synonyma* sei speziell auf den Namen *„Pseudooid"* hingewiesen: In der ursprünglichen Begriffsfassung (Bornemann, 1886: 277) bezog sich der Name auf abgerollte karbonatische Gesteins- und Mineralfragmente, wie sie der Autor in Muschelkalkschliffen beobachten konnte. Später wurde der Begriffsinhalt jedoch erweitert und bezeichnet heute – insbesondere in der französischsprachigen Literatur – gut gerundete, struktur- und schalenlose Mikritkomponenten von verschiedener Entstehung. Der Name sollte heute (im Gegensatz zur Empfehlung von E. Flügel u. Kirchmayer, 1962) nicht mehr verwendet werden, da er falsche Assoziationen erweckt (Pseudo-„Ooide"), für Wortkombinationen ungeeignet ist und zudem begrifflich mit Peloiden übereinstimmt. Als deutsche Namen für pellets stehen – wenig schön! – „Pille" oder – besser – „Pelitkörner" zur Verfügung.

Peloide sind im allgemeinen kleiner als alle anderen Komponentenkategorien. Rezente, sehr häufig auf Kotpillen zurückgehende Peloide besitzen oft $\emptyset < 1$ mm, vgl. Abb. 14. Ähnliche Größenverhältnisse sind auch bei fossilen Peloiden gegeben (Abb. 13). Es fällt auf, daß die Kalkpeloide – unabhängig von der genetischen Deutung und vom geologischen Alter – selten größer als 0,5 mm sind und daß Werte zwischen 0,05 und 0,20 mm sehr häufig auftreten.

Von den in Tabelle 13 zusammengestellten Genesemöglichkeiten sind auf Kotpillen (Möglichkeit 1) und auf aufgearbeitete Kalkschlammpartikel (Möglichkeit 3) zurückgehende Peloide noch am ehesten nachweisbar.

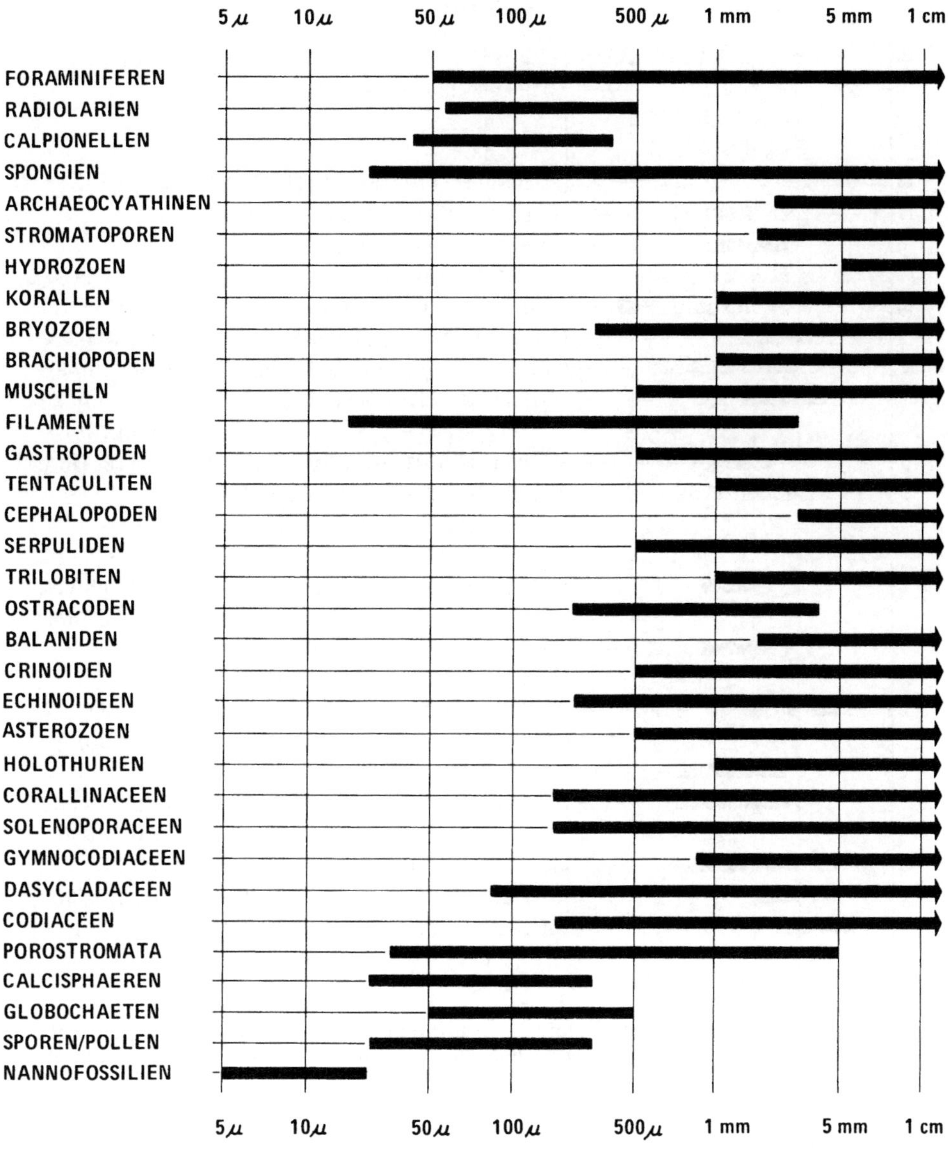

Abb. 12. Die durchschnittlichen Größen der bei mikrofaziellen Untersuchungen wichtigen Biogene in Dünnschliffen

Diskussion der Peloide

Kotpillen (kleine Koprolithen; engl.: fecal pellets) sind gekennzeichnet durch

- oval-länglichen bis gerundet-rechteckigen Umriß,
- Längen:Breiten-Verhältnis von 2:1,
- gute Rundung.

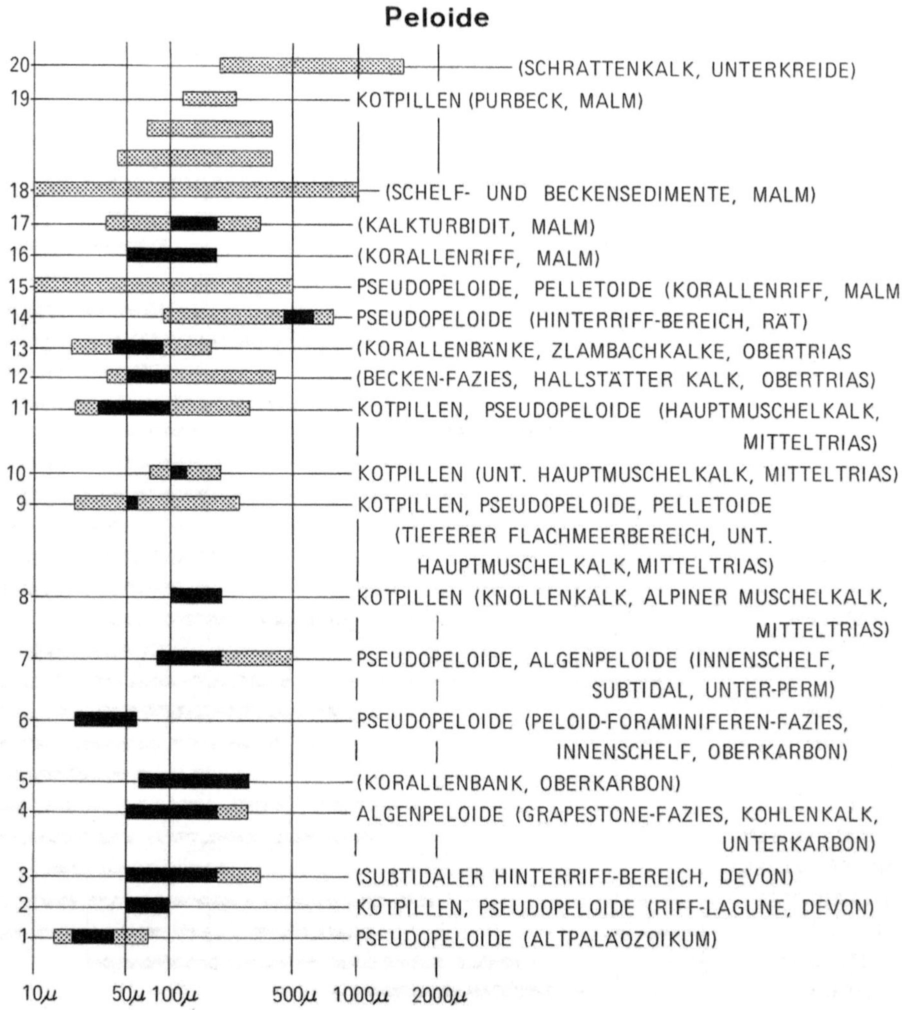

Abb. 13. Dimensionen fossiler Peloide, zusammengestellt nach verschiedenen Autoren und eigenen Beobachtungen. *Schwarze Balken* charakterisieren häufig auftretende Werte

- im Vergleich mit dem Mikrit der Matrix dunklere Färbung, die häufig in einem schmalen Saum konzentriert ist (organische Substanz),
- extreme Feinkörnigkeit (Minimikrit, siehe 4.1.2), zum Teil jedoch auch Aggregate aus verschieden großen Kristallen,
- gehäuftes Auftreten,
- gute „Sortierung",
- häufig in Grab- und Wühlgängen nesterartig angereichert,
- hoher Gehalt an organischer Substanz,
- oft in Glaukonit, Pyrit oder Phosphorit umgewandelt,
- teilweise mit sieb-, streifen- und ringförmigen Innenstrukturen, die Kanälen, Riefungen und Einschnürungen entsprechen.

Die strukturierten Kotpillen sind auf Crustaceen (Thalassinidea, Decapoden) zurückführbar. Eine genauere Typisierung dieser insbesondere im Mesozoikum nicht seltenen Mikrofossilien erscheint im Hinblick auf den stratigraphischen Wert sinnvoll (vgl. Senowbari-Daryan, 1978).

Als Erzeuger der insbesondere in mikritischen Kalken häufigen Kotpillen kommen in Frage: Brachiopoden, Amphineuren, Gastropoden, Muscheln, Würmer, Ostrakoden, Copepoden, Anomuren, Echinodermen, Tunicaten. In der Straße von Florida sind mehr als 100 Arten an der Kotpillenproduktion beteiligt. Kotpillen werden sowohl durch Sedimentfresser und herbivore Tiere als auch durch Planktonfresser wie z.B. Copepoden und Fische erzeugt. Die Kotpillen von Nektonten tragen wesentlich zur rascheren Sedimentation von Coccolithophoriden bei (Hattin, 1975; Honjo, 1976).

Rezent sind Kotpillen ein dominierender Bestandteil von subtidalen und flachintertidalen Küstenbereichen, wo sie bevorzugt in niedrigenergetischen Zonen auftreten. Obwohl sie von unterschiedlicher, im allgemeinen geringer Konsistenz sind, können sie bei einer frühzeitigen intragranularen Zementation ohne Zerstörung auch in höherenergetische Bereiche verfrachtet werden (Wetzel, 1937). Eine rasche Zementation der Kotpillen ist insbesondere in den $CaCO_3$-übersättigten, niedrigenergetischen Flachwassergebieten möglich. Jedoch finden sich Kotpillen häufig auch in Tiefseesedimenten (vgl. Standard-Mikrofazies-Typ 2).

Als Beispiel für die Bedeutung dieser Komponenten als Sedimentbestandteile seien die Verhältnisse auf der Großen Bahama-Bank W Andros Island angeführt, wo die bis zu 75% der Gesamtsandfraktion (bis 38% des gesamten Sedimentes) Peloide enthaltende "Pellet-Mud-Facies" ein Gebiet von etwa 10.000 km^2 einnimmt. Es handelt sich um flache Areale (Wassertiefe 2–6 m) mit sehr geringer Wasserbewegung und erhöhter Salinität (> 40‰). Artenzahl und Formenvielfalt sind gering, trotzdem ist die Masse der Peloide auf Kotpillen zurückzuführen.

2. *Algen-Peloide* treten zusammen mit anderen Algenbildungen (stromatolithische Krusten, Onkoide) und mit Kalkalgen-Bioklasten auf. Sie können entstehen als

- sphaerulithische Karbonatinkrustationen um coccale Blau-Grünalgen, insbesondere zusammen mit Algenmatten (rezent: Bahamas – Monty, 1967; Gebelein, 1969; hypersaline Küstentümpel – Friedman et al., 1973; lakustriner Bereich – Scholl u. Taft, 1964. Fossil: lakustrin – Buchbinder et al., 1974). Die Größe der sphaerulithischen Peloide liegt bei 150–500 Mikron.
- Zerfallsprodukte verschiedener Algen: Durch Anbohrung, Transport und Umkristallisation entstehen aus Fragmenten von Grün-, Rot- und Blau-Grünalgen Peloide. Wolf (1965b) hat am Beispiel eines unterdevonischen Algenriffes die vielfältigen Abbaumöglichkeiten von Algenresten beschrieben.

Im Gegensatz zu Kotpillen sind Algen-Peloide durch schlechte „Sortierung", unregelmäßige Gestalt und sehr verschiedene Größen (20 bis > 500 Mikron) charakterisiert. Häufig finden sie sich zusammen mit Aggregatkörnern; ein Teil der Peloide dürfte lediglich auf den Zerfall dieser Aggregatkörner zurückzuführen sein.

Nach REM-Aufnahmen bestehen sowohl Algen-Peloide als auch Kotpillen aus gleich großen Mikritkörnern mit Größen zwischen 0,5 und etwa 2 Mikron.

Fossile Beispiele für Algen-Peloide sind u.a. aus den Zechstein-Kalken (Füchtbauer, 1964), aus triadischen Lagunen- und Schelfkalken und aus Tieferwasserkarbonaten bekannt geworden.

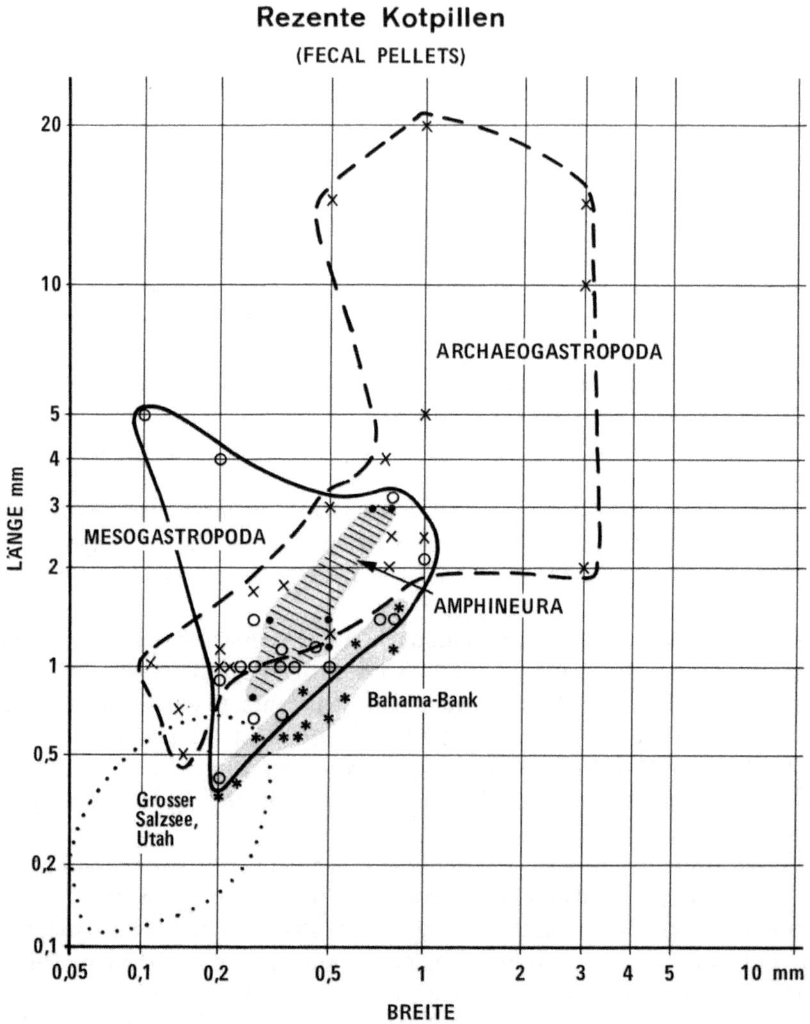

Abb. 14. Dimensionen rezenter Kotpillen. Zusammengestellt nach Bandel (1974), Bathurst (1971), Cloud (1962), Eardley (1939) u.a.

3. *Pseudopeloide:* Fahraeus et al. (1974: 27) haben eine altpaläozoische Karbonatfolge beschrieben, die durch eine Wechsellagerung von Kalkbrekzien und mikritischen Kalken gekennzeichnet ist. In den Mikriten finden sich zum Teil in feinen Lagen linsenförmig angeordnete Bereiche mit zahlreichen Peloiden, die als „Pseudopellets" bezeichnet und als durch Wasserbewegung aufgearbeiteter, gerundeter und sortierter Kalkschlamm gedeutet wurden. Diese Komponenten entsprechen dann kleinen Intraklasten (im Sinne von Wilson, 1967). Hinweise auf eine resedimentäre Entstehungsweise sind:

– hydraulische Äquivalenz zwischen den Pseudopeloiden und gemeinsam mit diesen vorkommenden terrigenen Komponenten,

- gleichartige Zusammensetzung des Mikrits in den Peloiden und in der Matrix,
- sehr unregelmäßiger Kontakt zwischen den Bereichen mit und ohne Peloiden (gedeutet als Bodenaufarbeitung),
- bevorzugtes Auftreten der Peloide in Linsen (Hinweis auf Strömung) oder in Laminae,
- Zusammenvorkommen mit sortierten terrigenen Komponenten,
- Fehlen von Fossilien und von Bioturbation (daher keine Kotpillen).

Die Größe dieser Pseudopeloide liegt bei etwa 12–70 Mikron, meist bei 30 Mikron. Eine Genese als „Miniresedimente" scheint insbesondere bei Komponenten vorstellbar, die im Bereich des Schelfhanges im tieferen Wasser entstanden sind (vgl. Wilson, 1969, Taf. 1, Fig. 3–4). Jedoch dürften derartige Peloide auch in etwas höherenergetischen Hinterriffgebieten auftreten (z.B. in den Oberrät-Riffen, vgl. Fabricius, 1966).

In vielen Fällen ist die Unterscheidung von kleinen Intraklasten (Plastiklasten) nur nach der Größe möglich, wobei als konventionelle Grenze der Wert von etwa 0,20 mm angesehen werden kann. Desgleichen dürfte es schwer fallen, "lithic pellets" und abgerollte, strukturlose Bioklasten von Pseudopeloiden gut zu unterscheiden. Sofern man dann nicht besser den ungenetischen Sammelbegriff Pelletoide verwendet, kann der Name „Arrondide" brauchbar sein (Paulsen, 1964).

Ein gutes Beispiel für Pseudopeloide beschreiben Carss u. Carozzi (1965) aus devonischen Kalkareniten, deren Peloide auf periodische Sedimentaufarbeitungen in extremen Flachwasserarealen mit herabgesetzter Sedimentation zurückgeführt werden.

4. *Schlammpeloide:* In rezenten geschützten, flachmarinen Gebieten bilden sich "mud aggregates" (Purdy, 1963, Bahamas), die von Illing (1954: 27) als anorganische Aggregatbildung, von anderen Autoren als mikritische Bioklasten gedeutet werden. Fabricius (1966: 30) versteht unter „Schlammkörnern" sowohl Kotpillen als auch umgelagerte Peloide bzw. aufgearbeitete Mikritpartikel.

5. *Bahamitpeloide:* Bei fortgeschrittener Mikritisierung (vgl. 4.1.3.6) von Bioklasten entstehen gerundete Komponenten, die bei Fehlen der ursprünglichen Feinstrukturen als Peloide anzusprechen sind. Ein Großteil der nicht auf Kotpillen zurückgehenden Peloide der Bahama-Bank dürfte mikritisierten Komponenten entsprechen. Insbesondere in Bereichen, in welchen kotpillenliefernde Organismen selten sind, wird man mit dieser Entstehungsmöglichkeit für Peloide rechnen müssen.

Im Zusammenhang mit der Beschreibung von altpaläozoischen, an Peloiden reichen Kalken hat Beales (1958) den Namen "bahamite" für Kalke eingeführt, die nach der Komponentenzusammensetzung und nach der wahrscheinlichen Genese mit den Karbonatsedimenten der Bahama-Bank gut vergleichbar sind. Der Name "bahamite grain" bzw. „Bahamide" (Gygi, 1969) charakterisiert Peloide, die nach Bathurst (1971: 389) zumindestens teilweise auf mikritisierte Bioklasten zurückgehen. Entsprechend dem Ausgangsmaterial sind Bahamitpeloide im allgemeinen größer als Algen-Peloide bzw. Pseudopeloide und auffallend gut gerundet. Verwechslungsmöglichkeiten bestehen mit durch Umkristallisation entstandenen Pelletoiden. Im allgemeinen dürfte das gemeinsame Vorkommen von Rindenkörnern und Peloiden einen Hinweis auf Bahamitpeloide geben.

6. *Pelletoide:* Dieser Begriff wurde von Blatt et al. (1972: 422) für Peloide vorgeschlagen, die durch Umkristallisation von Bioklasten und Ooiden entstehen. Vielfach geht der Umkristallisation eine starke Mikritisierung voraus. Sofern das Ausgangsmaterial

„gut gerundete, in bewegtem Wasser transportierte, bio- und lithoklastische Körner aller Größen" war, spricht Paulsen (1964: 13) von „Arrondiden". Dieser Begriff deckt sich mit dem ursprünglichen Begriffsinhalt von ..Pseudooid".

Als eine spezielle Sorte von Peloiden sind die *Tuberoide* (Fritz, 1958) anzusehen (Taf. 13/1): Dieser Name wurde im Zusammenhang mit der petrographischen Beschreibung von Schwammkalken aus dem süddeutschen Malm vorgeschlagen. Der Autor verstand darunter knollige und gerundete, verschieden große, dunkelgefärbte Mikritkomponenten, die auf eine beim Zerfall von Kieselschwämmen induzierte Karbonatfällung um Organismenreste zurückzuführen ist („Verwesungsfällungskalk"). Schliff- und REM-Untersuchungen (Meyer, 1976; Behr u. Behr, 1976) haben gezeigt, daß zumindestens ein Großteil dieser Komponenten Algenresten (Rivulariaceen) entsprechen. Demnach wären die Tuberoide (vgl. auch 5.3.4) Algen-Peloiden zuzuordnen.

Beales (1971) hat darauf hingewiesen, daß Karbonatschlamm mit Peloiden eine spezielle Zementationsfolge zeigt, bei welcher zwischen mikritisierten und mikrosparitischen Komponenten neomorpher Mikrosparit bzw. Sparit gebildet und derart eine „pelsparitische" Struktur entsteht, die nicht auf das primäre Anlagerungsgefüge zurückgeht.

Die Beziehungen zwischen Peloiden und Krümelstruktur wurden im Abschnitt 4.1.2 skizziert.

4.1.3.3 Aggregatkörner (Taf. 1/1, 3, 4, Taf. 24/6, Taf. 28/2)

Zunächst auf der Bahama-Bank (Illing, 1954; Purdy, 1963; Bathurst, 1971; Winland u. Matthews, 1974; Roberts u. Moore, 1971), dann auch im Persischen Golf (Sudgen, 1963; Taylor u. Illing, 1969) und im Golf von Batabano südlich Cuba (Bathurst, 1971) wurden Karbonatkomponenten beobachtet, deren wenig gerundete und stark mikritisierte Komponenten durch mikritischen Aragonit-Zement oder Mg-Kalzit-Zement fest miteinander verbunden sind. Diese unregelmäßig geformten Körner bezeichnete Illing (1954: 30) als "lumps". Er unterschied drei morphologische Typen: (a) "grapestones" – traubenartig geformte Aggregate mit vorspringenden Komponenten, (b) "bothryodal lumps" (Taf. 1/2) – grapestones mit dünnen oolithischen Rinden, (c) "encrusted lumps" – glattere Oberflächen als grapestones, häufig mit inneren Hohlräumen. Der zweitgenannte Typus entspricht Einfachooiden mit Aggregatkörnern als Kernen. In der Definition von Purdy (1963) wird besonderer Wert auf die inneren Hohlräume gelegt. Außer grapestones beschreibt Purdy weitere Typen (friable aggregates, organic aggregates), die sich durch die unterschiedliche Konsistenz und Organismenbeteiligung (inkrustierende Foraminiferen, Rotalgen, Serpuliden) sowie durch verschiedenen Zementationsgrad auszeichnen. Milliman (1967, 1974) unterscheidet Aggregatkörner mit wenig Matrix (entsprechen den grapestones) und "lumps" mit mehr als 50% Matrix.

In Tabelle 13 sind in Anlehnung an Milliman sowie unter Berücksichtigung der in fossilen Aggregatkörnern häufig zu beobachtenden Verkittung der Komponenten durch Algen folgende *Gruppen* unterschieden:

- *Grapestones*, Taf. 28/2,
- *Algen-Lumps* (bzw. *„Bio-Lumps"*, wenn die biogene Verkittung durch Foraminiferen, Serpuliden etc. erfolgt), Taf. 8/7,
- *Lumps* (mikritreich; häufig wahrscheinlich mikritisierte grapestones), Taf. 1/4, 24/6.

Da zwischen diesen Gruppen Übergänge existieren, erscheinen nur die grapestones und lumps auf der einen Seite und die Algen- bzw. Bio-Lumps auf der anderen Seite als brauchbare Kategorien.

Aggregatkörner entstehen in situ durch Verkittung von nebeneinanderliegenden Karbonatkörnern. Nach Winland et al. (1974) werden zunächst Peloide, Ooide und Molluskenfragmente durch inkrustierende Organismen (Milioliden, Ophthalmidien u.a.) und durch die Schleimschichten von im Substrat lebenden Cyanophyceen in Form von Mg-Kalzit verbunden. Da die Aggregatkörner häufig von subtidalen Algenmatten abgedeckt und daher für längere Zeit stationär sind, wird die Abscheidung von mikritischem Zement durch bohrende Algen erleichtert. In einem zweiten Stadium werden die internen Hohlräume durch acicularen Aragonit-Zement ausgefüllt.

Die Bildung der Aggregatkörner erfolgt i.a. in subtidalen und intertidalen Flachwassergebieten (bis etwa 10 m Wassertiefe) mit herabgesetzter Zirkulation. Hochenergetische Komponenten in Aggregatkörnern (Ooide) können einen Wechsel der Wasserturbulenz andeuten (stark zu schwach) bzw. eine generelle Änderung der Sedimentationsverhältnisse (Beispiel bei Winland et al., 1974). Algen-Lumps bilden sich rezent im flachen Brackwasser des Gezeitenbereiches (Monty, 1967: B 83). In hypersalinen Küstentümpeln des Schwarzen Meeres erfolgt die Zementbildung zwischen den Komponenten der Aggregatkörner durch einen subaquatischen, bakteriellen Abbau von Kalziumsulfat, welches sich aus älteren Gipskonkretionen ableitet (Baltres, 1975).

Die Größe der Aggregatkörner schwankt zwischen etwa 0,5 und mehreren mm, liegt jedoch häufig bei etwa 1 mm.

Der Anteil der Aggregatkörner an der Gesamtmenge der Karbonatkomponenten erreicht auf der Bahama-Bank etwa 60–80%. Erhöhte Gehalte an Aggregatkörnern treten in Sedimenten auf, die an Kalkschlamm arm sind. Diese Beobachtung läßt sich auch bei fossilen Kalkareniten bestätigen (z.B. mitteltriadischer Marmolata-Kalk/Südtirol; gebankter Dachstein-Kalk der Obertrias/Gesäuse; oberjurassischer Sulzfluh-Kalk/Vorarlberg). Da die Entstehung der Aggregatkörner anscheinend an Bereiche mit sehr stark herabgesetzter oder fehlender Kalkschlammsedimentation gebunden ist, ist die auffallende Armut an nichtkarbonatischen Rückständen in Gesteinen dieses Faziestyps verständlich (siehe Abschnitt 9.2.1.2).

4.1.3.4 Onkoide (Taf. 8/8, Taf. 30/1, Taf. 33/1)

Unregelmäßig geformte Karbonatkomponenten, die auf biogene und mechanische Anlagerungen um Schalen u.a. zurückgehen, sind in der Gegenwart im höher- und niedrigenergetischen, normalmarinen Bereich (tiefes Intertidal, flacheres Subtidal) bekannt; häufiger treten diese Knollen jedoch in hypersalinen Gebieten (Großer Salzsee/Utah; Persischer Golf; Rotes Meer; Shark Bay/Australien) und im Süßwasser („Schnegglisteine" im Bodensee; Würmsee/Starnberger See, Bayern; Bahamas; in Flüssen) auf.

A. Heim (1916: 566) hat für diese rundlich-lappenförmigen Komponenten den Namen „Oncoid" vorgeschlagen und folgende Eigenschaften als charakteristisch besonders hervorgehoben: „Nichtkonzentrische Aufeinanderlagerung von ± konzentrischen Schalen; Form nicht an einfache Rundung gebunden, sondern lappig; Kalk dicht, mit oder ohne Einschlüsse; Umgrenzung scharf oder verschwommen." Pia (1927:37) bezeichnet „frei im Gestein liegende Knollen . . . ohne deutliche organische Strukturen, die oft einen kleinen Fremdkörper umhüllen" als „Oncolithi" und sieht diese als Teilgruppe der Blau-Grünalgen-Gruppe Spongiostromata an. Obwohl Heim die Bildung der Onkoide auf „intensive Tätigkeit von Bakterienkolonien" zurückführte, hat sich die auf Pia zurückgehende Erklärung als Karbonatfällungen durch Algen heute weitgehend durchgesetzt. Im Vergleich mit den ursprünglichen Begriffsinhalten faßt man heute in einer relativ weiten Definition sowohl Komponenten mit biogenen, durch erkennbare Algen (Cyanophyceen, Rhodophyceen) bedingten Anlagerungsstrukturen als auch Komponenten mit ± nichtkonzentrischen, allseitigen Mikritanlagerungen um Kerne als Onkoide zusammen. Der Begriff „Mumie" (Steinmann, 1880: 152; Gasche, 1956; Pümpin, 1965) deckt sich mit Onkoid – „vollständige Einhüllung von Schalenresten durch andere Organismen unter teilweiser Beibehaltung der Form des eingeschlossenen Körpers". Vereinzelt wird der Name heute noch zur Beschreibung von relativ großen Onkoiden verwendet.

Sowohl die in Tabelle 13 als Mikrit-Onkoide bezeichneten Komponenten als auch ein Teil der Algen-Onkoide gehört, genetisch gesehen, zu den Stromatolithen (siehe Abschnitt 5.3.12.4), da es sich bei den Cyanophyceen-Onkoiden bzw. bei den "skeletal oncoids" im Sinne von Riding (1977) um laminierte, biosedimentäre Strukturen handelt, die von mikroskopischen Algen (und Bakterien) aufgebaut werden. Die biogene Anlagerung wird (a) durch Einfangen und Verkleben feiner Sedimentpartikel auf der Oberfläche der Schleimschichten von Algenfilamenten und (b) durch nichtskelettbildende, extrazelluläre Ausfällung von $CaCO_3$ in der Schleimschicht der Algen erzeugt. Nach der morphologischen Stromatolithenklassifikation (Logan et al., 1964) entsprechen Onkoide dem „Typus ss" (spheroidal stromatolites).

Onkoide treten sowohl gemeinsam mit lagigen Stromatolithen als auch, häufiger, als isolierte oder in Gruppen vorkommende Komponenten zusammen mit Algen, Aggregatkörnern und Rindenkörnern auf. Hierbei ist festzuhalten, daß Onkoide der Ausdruck einer morphologischen und ökologischen Anpassung inkrustierender Organismen an Weichböden und/oder niedrigenergetische Bereiche zu sein scheinen, während Stromatolithen i.e.S. im allgemeinen mit Hartböden und/oder relativ hochenergetischen Bereichen verbunden sind (Monty, 1974; Peryt, 1975).

Aufbau der Onkoide

Onkoide bestehen im allgemeinen aus sehr feinkörnigem Mikrit (oft Minimikrit)-Lagen und aus silt- und sandkorngroßen Detrituskörnern, wobei letztere in größeren Onkoiden quantitativ bedeutender sind als in Mikroonkoiden. Das nichtkarbonatische Material entspricht in der Korngröße und in der mineralogischen Zusammensetzung meist den nichtkarbonatischen Mineralen der Umgebung der Onkoide. Wie Tabelle 14 an einem Beispiel aus dem marinen Unterperm der Karnischen Alpen zeigt, wird anscheinend lediglich Quarz in geringerer Menge in die Onkoide eingebaut als er im Sedimentationsraum vorhanden ist.

Außer Karbonatlagen treten – insbesondere bei verlangsamter oder unterbrochener Sedimentation (Szulczewski, 1967) – Fe-Hydroxid-Lagen auf.

Einen speziellen Typus von Fe-haltigen Onkoiden stellen die limonitischen Knollen dar, die als "snuff-boxes" aus dem Dogger von England bekannt sind (Gatral et al., 1972).

Tabelle 14. Mineralogische Zusammensetzung von Algen-Onkoiden und Mikrit-Matrix aus den oberen Pseudoschwagerinen-Kalken (Unter-Perm) der Karnischen Alpen

	Onkoide (7 Proben)	Matrix (4 Proben)
Kalzit	> 50%	> 50%
Dolomit	< 10%	< 25%
Quarz	10–25%	25–50%
Illit	fehlt	sehr selten, 10–25%
Chlorit	10–25%	10–25%
Kaolinit	sehr selten, < 10%	selten, < 10%
Serizit	selten, < 25%	< 25%
Goethit	vorhanden	vorhanden
Pyrit	vorhanden	vorhanden

Die einzelnen Lagen können gewellt oder gekräuselt sein. Sie sind meist azentrisch um einen Kern (Bioklasten, Lithoklasten, Ooide etc.) angelagert.

Das Material der Kerne stammt meist aus der unmittelbaren Umgebung (vgl. z.B. Kutek u. Radwanski, 1965). Häufig bilden ältere Onkoide die Kerne für neue Onkoide („Zweifach"- oder „Mehrfach-Onkoide", „Algen-Beutel", Kerkmann, 1966).

Im Gegensatz zu rezenten Onkoiden waren die fossilen Onkoide zum Teil stark verkalkt und frühzeitig lithifiziert. Dies zeigen die häufigen Anbohrungen sowie die oft sehr vielfältigen Epibionten-Assoziationen (vgl. Taf. 30/1).

Gestalt der Onkoide

Die Gestalt der Onkoide ist abhängig von

- der Existenz oder dem Fehlen eine gut entwickelten Kernes. Im allgemeinen wird die Gestalt des Kernes ± nachgezeichnet. Fehlt der Kern oder ist der Kern nur sehr klein, so können Cyanophyceen durch konzentrisches Wachstum Onkoide bilden.
- der durch das Gabelungsmuster der Cyanophyceenfilamente bedingten Wuchsform der Algenthalli (Golubić u. Fischer, 1975).
- vom Untergrund; tiefgehende Eindellungen können durch unebenes Substrat bedingt sein (Ginsburg, 1960).

Nach Logan et al. (1964) und Radwanski u. Szulczewski (1966) können drei morphologische Onkoidgruppen unterschieden werden (Abb. 15):

1. Typ C – konzentrisch um Kerne gebildete Lagen. Onkoid-Gestalt abhängig von der Gestalt der Kerne.
2. Typ R – durch verschieden schnelle Anlagerung entstehen Onkoide mit zum Teil domartig gewölbten Lagen.
3. Type I – durch Unterbrechung der Onkoidbildung (Erosion und Umlagerung) entstehen Onkoide, welche durch gegensätzlich angeordnete Lagenwölbungen charakterisiert sind (Abb. 15).

Typ C weist auf die Existenz von länger andauerndem Algenwachstum bzw. von Perioden mit verringerter Sedimentation hin, Typ I auf synsedimentäre Aufarbeitung

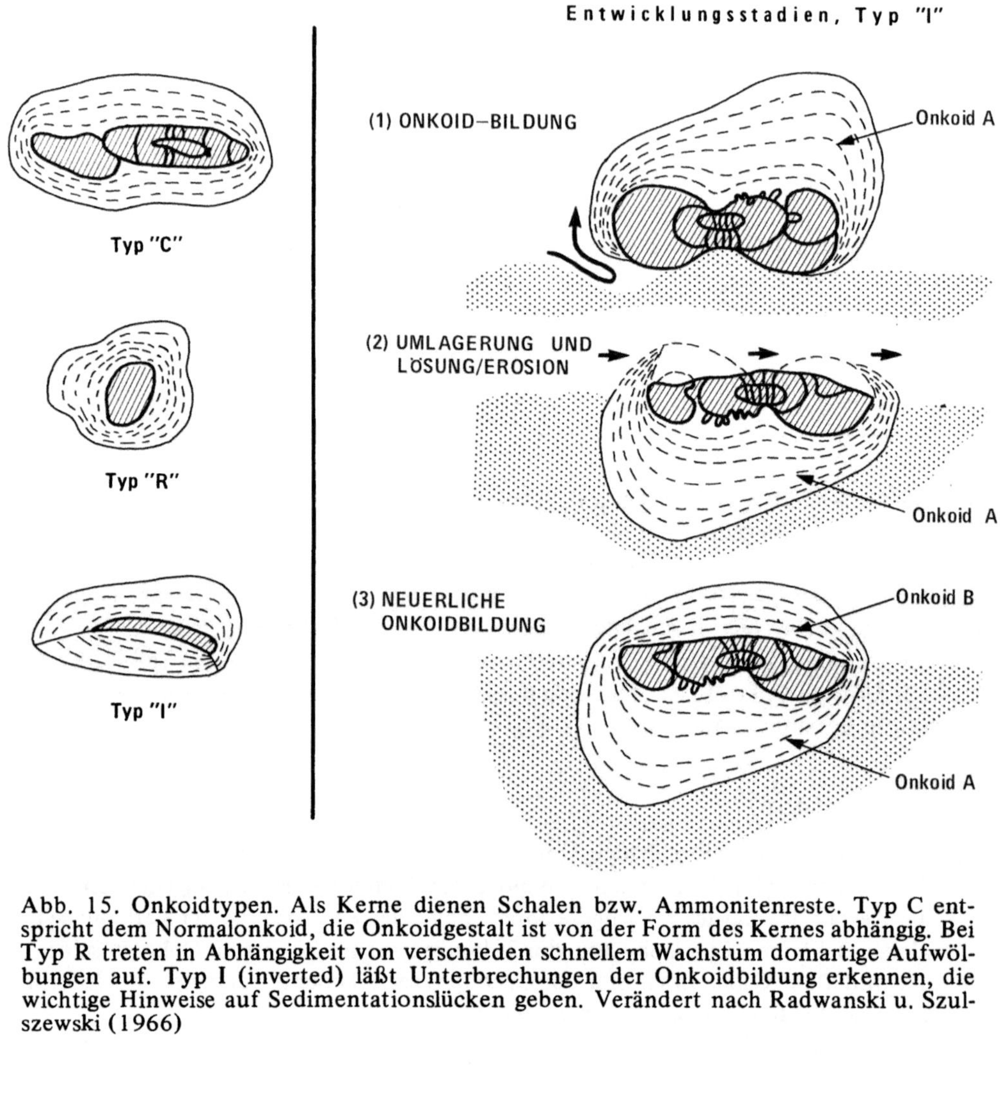

Abb. 15. Onkoidtypen. Als Kerne dienen Schalen bzw. Ammonitenreste. Typ C entspricht dem Normalonkoid, die Onkoidgestalt ist von der Form des Kernes abhängig. Bei Typ R treten in Abhängigkeit von verschieden schnellem Wachstum domartige Aufwölbungen auf. Typ I (inverted) läßt Unterbrechungen der Onkoidbildung erkennen, die wichtige Hinweise auf Sedimentationslücken geben. Verändert nach Radwanski u. Szulszewski (1966)

und Erosion. Ähnliche asymmetrische Onkoide entstehen auch dann, wenn eine bestimmte Größe und damit ein bestimmtes Gewicht erreicht ist. Die Onkoide werden dann stationär und wachsen bevorzugt nur in eine Richtung (ähnlich Typ R); nach Umlagerung können sie wieder nach allen Seiten wachsen (Beispiel: Gnadensee, Schöttle u. Müller, 1968).

Einteilungsmöglichkeiten

Möglichkeiten für eine Gruppierung der Onkoide ergeben sich nach der Genese, der Größe und nach der Gestalt.

A. Genetische Hauptgruppen (vgl. Tabelle 13):

1. *Algenonkoide*, zurückgehend auf biogene Ablagerung durch
   a) Cyanophyceen, seltener Chlorophyceen (Beispiele: rezent – Golubić u. Fischer, 1975; fossil – *Rothpletzella*-Onkoide im Silur und Devon, Flügel u. Wolf, 1969, Taf. 21/3; *Girvanella*-Onkoide im Karbon und Perm, Toomey, 1974; Obrhel, 1977),
   b) Rhodophyten. Die durch Corallinaceen gebildeten rezenten Onkoide werden als „Rhodolithen" (Taf. 33/1) bezeichnet (Bosellini u. Ginsburg, 1969). Beispiel: Tertiär (Orszag-Sperber, 1977; Alttertiär des Mittelmeergebietes und Miozän des Wiener Beckens [Leitha-Kalke]); Jungpaläozoikum (Toomey, 1975, Onkoide aus ancestralen Corallinaceen).
2. Zoogene *Foraminiferen-Algen-* (bzw. Serpuliden-Algen- etc.)*-Onkoide:* Biogene Anlagerungen durch inkrustierende tierische Organismen um einen Kern, häufig zusammen mit Algen. Catalov (1970: 157) spricht von „zoophytischen Onkoiden". Beispiele: fossil – *Osagia*-Onkoide im Jungpaläozoikum (Johnson, 1946; Henbest, 1963); Zechstein (Peryt u. Peryt, 1975); alpine Trias, „*Sphaerocodium*" der Raibler Schichten (Babić, 1969; Peryt, 1977).
3. *Mikrit-Onkoide*, zurückgehend auf
   a) Anlagerung durch nicht erhaltene Algen (ähnlich Möglichkeit 1a),
   b) Bindung von Mikritkörnern auf der Oberfläche von Algenfilzen (= „Mikrithüllen" Bachmann, 1973: 41),
   c) verstärkte Mikritisierung durch bohrende Algen, Pilze etc.

   Dieser Typ entspricht den "circumcrusts" bei Wolf (1965) sowie zum Teil den „Mikroonkoiden" von Dragastan (1969). Gehäuft auftretende, nicht aufgearbeitete Mikritonkoide können Hinweise auf Tieferwasserbereiche darstellen (z.B. Onkoide der Zechstein-Becken (Füchtbauer, 1968). Beispiele: Zechstein (Bausch u. Wiontzek, 1961; Füchtbauer, 1964, 1968; Quester, 1964; Kerkmann, 1966); Altenglaner Kalke im nichtmarinen Rotliegenden (Stapf, 1970).

B. Weitere genetische Klassifikationen: Maslov (1960) unterscheidet bei paläozoischen Onkoiden

– Morphotyp *Osagia*, charakterisiert durch gut erkennbare Lagenstrukturen, die als konzentrische biogene Anlagerungen um einen Kern entwickelt sind,
– Morphotyp *Nubecularites*, charakterisiert durch schlecht erkennbare Lagenstrukturen, die in fleckenartig verteilten Mustern auftreten.

Dragastan (1969) verbindet genetische und morphologische Elemente:

a) kugelig-konzentrische Onkoide (= ss-Typ nach Logan et al., 1964).
   – Mehrfachonkoide (Untertyp "accolé"),
   – verschmolzene Onkoide (Untertyp "amalgamé"), entspricht dem Typ I bei Logan et al. (1964),
b) ellipsoidale Onkoide
   – säulenförmige Onkoide, zeitweise auf dem Substrat aufgewachsen (Untertyp "columnoidal"), entspricht Mikrostromatolithen,
   – Onkoide mit sessilen Foraminiferen (*Nubecularia*) und sehr unterschiedlicher Gestalt.

C. Größe: Nach der Größe unterscheidet Maslov (1960) Mikro- und Makroonkoide. Kutek u. Radwanski (1965) sprechen von Mikroonkoiden (< 0,20 cm, meist ohne Feinstrukturen), Pisoonkoiden (0,20–1,00 cm) und Makroonkoiden (> 1,00 cm). Als „Großonkoide" werden manchmal cm-große „Mumien" bezeichnet, (z.B. Busse, 1968).

Nach Erreichung einer bestimmten Größe kann das Onkoidwachstum stoppen (Schöttle u. Müller, 1968). Die Größe der Onkoide scheint abgesehen von den anorganischen Faktoren (Kernangebot, Wasserenergie u.a.) auch stark durch die unterschiedliche Fähigkeit der Algen bestimmt zu sein, Sediment zu binden. Dies zeigt der Vergleich von *Archaeolithoporella-*, *Girvanella-* und *Archaeolithophyllum*-Onkoiden aus dem südalpinen und türkischen Perm (Abb. 16).

D. Die Möglichkeiten einer Einteilung nach *Gestalttypen* wurden bereits erörtert (siehe „Gestalt der Onkoide").

Schwierigkeiten können sich bei der *Unterscheidung von Onkoiden und anderen rundlichen Komponenten* ergeben, insbesondere bei der Unterscheidung von

- *Onkoiden und Ooiden* (vgl. Fabricius, 1967: 150), wenn größere Ooide in ihrer Gestalt von der normalen Kugel- oder Ellipsoid-Form abweichen und Mikrit-Onkoide vorliegen, die häufig eine relativ gut entwickelte konzentrische Struktur aufweisen.
- *Onkoiden und Aggregatkörnern*, insbesondere Algen-Lumps. Es ist dann zu überlegen, ob die festgestellten Algen Anlagerungs- oder Verkittungsstrukturen bilden (um Komponenten oder auf bzw. zwischen Komponenten).
- *Onkoiden und „Coniatoiden"* (Purser u. Loreau, 1973). Im Supratidalbereich des Persischen Golfes entstehen anorganische, allseitige Umkrustungen aus konstant dicken Aragonitlamellen.

Bemerkungen zum Vergleich von rezenten und fossilen Onkoiden

Es erscheint fraglich, ob die weichen, nicht fossilisationsfähigen Algenknollen, die Ginsburg (1960), Gebelein (1969) und Monty (1965, 1967) aus marinen Flachmeergebieten (Florida, Bermuda, Andros Island) beschrieben haben, als rezente Vergleichsobjekte für die gut lithifizierten Kalkonkoide dienen können, wie sie seit dem Präkambrium bekannt sind. Nach der Ansicht von Monty (1972) sind die rezenten Süßwasseronkoide hinsichtlich ihrer Morphologie, Struktur und Mikrostruktur bedeutend besser mit fossilen (marinen) Onkoiden zu vergleichen als rezente marine Onkoide. Dies dürfte auf die Abdrängung der bis zum Tertiär auch marine Bereiche bewohnenden Blau-Grünalgen durch die Rhodophyceen zurückzuführen sein (Monty, 1973). Es ist daher wichtig, bei der faziellen Interpretation fossiler Onkoide bevorzugt auch die rezenten Süßwasseronkoide (siehe auch 2.3.1) zum Vergleich heranzuziehen. Die Bedeutung derartiger Vergleiche geht aus den Tabellen 15 und 16 hervor.

4.1.3.5 Ooide (Taf. 1/2, Taf. 8/1–4, Taf. 24/2)

Zu den für mikrofazielle Interpretation wichtigsten, aber auch in ihrer Genese umstrittensten Komponenten gehören die Kalkooide.

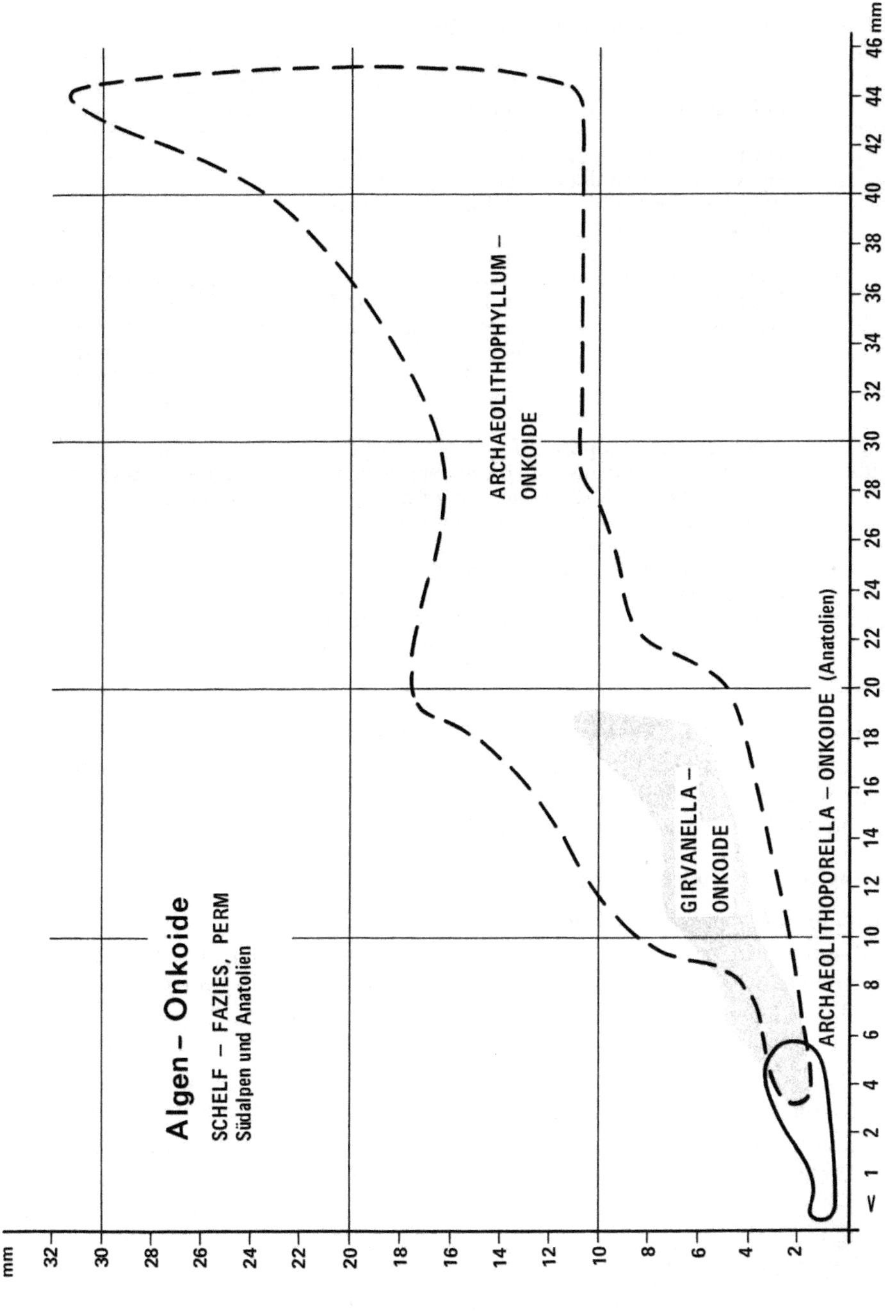

Abb. 16. Die Größe von Algen-Onkoiden aus dem unteren Perm (*Girvanella*- und *Archaeolithophyllum*-Onkoide, Rattendorfer Schichten der Karnischen Alpen) und aus dem mittleren Perm von Westanatolien (*Archaeolithoporella*-Onkoide) weist deutliche Unterschiede nach Gattungen bzw. Arten der Onkoidbildner auf. Insgesamt über 600 Daten

A. Definition: Kalkooide sind verschieden geformte, meist ± sphaerische oder ellipsoidale karbonatische Komponenten mit gleichmäßig konzentrisch extern um einen Kern angelagerten Schalen, die im Schliff Tangential- und/oder Radialstrukturen erkennen lassen. Unter gekreuzten Nicols kann ein Interferenzkreuz auftreten (Bausch, 1963).

Tabelle 15. Vergleich von rezenten und fossilen Onkoiden

	Rezent		Fossil
	Süßwasser	Marin	Marin
Umwelt-faktoren	Geringe Wasserenergie, zeitweilige Turbulenz möglich, weiche Schlammböden	Herabgesetzte Wasser-strömung, geringe Sedimentationsrate	
Bereiche	Küstenregionen von Seen, untere Fluß-regionen	Tiefere Gezeitenzone und oberer Subtidal-bereich, bis etwa 3 m Wassertiefe	a) Geschützte Stillwas-serregionen in Lagunen oder Hinterriffarealen, b) Regressionsrelikt-flächen bzw. Trans-gressionszungen
Entstehung der Onkoide	Wechselspiel von peri-odischem Cyanophy-ceenwachstum, Kalzit-bildung und Karbonat-lösung; allochthone Komponenten werden in die Lagen mit ein-gebaut	Tag/Nacht-Rhythmus von mechanischer An-lagerung und Cyano-phyceenwachstum. Dicke Lagen aus durch organische Substanz verkitteten Sediment-körnern werden durch sehr dünne Algenlagen getrennt	Vergleichbar mit rezenten Süßwasser-onkoiden

Der Name wurde von Kalkowsky (1908: 72) „für die kugeligen Bestandteile der Oolithe . . . , für das einzelne Korn" vorgeschlagen. Im Gegensatz zu der englischsprachigen Verfahrensweise sollte „Ooid" im ursprünglichen Sinn für die Komponenten, „Oolith" für das aus Ooiden bestehende Gestein verwendet werden (vgl. Teichert, 1970).

B. Einteilungs- und Beschreibungsmöglichkeiten

1. Nach der *Zahl der Schalen* unterscheidet man
   a) *Normalooide bzw. Ooide* mit mehreren bis vielen Schalen (Taf. 8/3, 8/6),
   b) *Einfachooide* (superficial ooid, Carozzi, 1957, 1960: 238) mit einer oder nur sehr wenigen Schalen (Taf. 1/2). Carozzi beschränkt den Begriff auf Ooide mit einer einzigen Schale. Synonyma sind „Rindenooid", „Mantelooid" und „Proto-Ooid". Einfachooide sind nicht ausschließlich auf Anfangsstadien der Ooidbildung zurückzuführen (Carozzi, 1960). Durch Umkristallisation und Lösung der Ooidkerne sowie eines Teiles der inneren Schalen können vergleichbare Schliffbilder hervorgerufen werden („Oolithoide" im Sinne von Krech, 1911: 82). Die Entstehung von extrem dünnen "oolithic films" um Karbonatkomponenten in niedrigenergetischen Bereichen beschreibt Bathurst (1967) von der Bahama-Bank. Derartige Filme dürften kaum fossil werden, zeigen aber die Möglichkeiten der beginnenden Ooidbildung.
2. Nach der *Größe* der Ooide werden – insbesondere im englischsprachigen Schrifttum – unterschieden
   a) *Ooide* kleiner als 2 mm,
   b) *Pisoide* (pisolithe) größer als 2 mm. Da nichtmarine und terrestrische Ooide wie Caliche-Ooide, Höhlenperlen oder in Seen entstandene Ooide oft größer

Tabelle 16. Onkoide, Merkmale und Bildungsbereiche

	Rezent – Marin	Rezent – Hypersalin	Rezent – Süßwasser	Fossil – Marin	Fossil – Süßwasser
Bildungsbereich	1. Unterer Gezeitenbereich u. oberer Subtidalbereich 2. Subtidal, in Seegraswiesen	3. Algenmatten in Küstentümpeln, Salinität 42‰	4. Flußbettbänke 5. Gnadensee/Bodensee 6. Flüsse	7. Küstennaher Flachwasserbereich 8. Flachwasserbereich 9. seichte Plattformen, eventuell unter Süßwassereinfluß	10. Seen Flüsse
Wassertiefen	1. 1,5–3 m 2. 0,5–3 m	3. bis 5 m	4. 0,50–1,5 m 5. bis 3 m 6. –	7. – 8. wenige m 9. flach	10. –
Wasserbewegung	1. Herabgesetzte Strömung 2. Herabgesetzte Strömung, 1–11 cm/sec	3. gering	4. – 5. gering 6. –	7. Strömung vorhanden 8. im Strömungsbereich 9. –	10. Unterschiedliche Gestalt im strömenden und ruhigem Bereich
Gestalt und Aufbau der Onkoide	1. Kugelig, ss-Typ 2. z.T. „verankert", gewölbt, zu 90% aus dicken (~1 mm) Lagen, aus < 250 μ großen mechanisch angelagerten Sedimentkörnern, zu 10% aus Cyanophyceenfilamenten	3. Gestalt verschieden, i.a. rundlich, Wechsellagerung von kryptokristallinem und fibrösem Kalzit	4. abgeflachte Ellipsoide, konzentrische Lagen aus verschiedenen Cyanophyceenarten, die in ihrem Wachstum durch Erosion und Karbonatlösung unterbrochen werden 5. abgeflachte Ellipsoide, porös und nichtporöse mikritische Kalzitlagen mit detritischem Sedimentmaterial 6. kugelig und ellipsoidal porös und kompakte Lagen (1–8 mm dick) mit zahlreichen Mikritlagen, die Algen und Pilze enthalten	7. Ellipsoide aus Mikritlagen mit und ohne *Girvanella* 8. vom Kern abhängig, konzentrische Mikritlagen mit Einlagerungen von Bioklasten 9. Ellipsoidal, kugelig-mikritische Lagen um Gastropoden *Girvanella*-Onkoide	10. Ellipsoide, flach, aus konzentrischen Algenlagen, die wiegend aus Rivulariaceen bestehen
Größe der Onkoide	1. cm-Bereich 2. cm-Bereich (Breite 0,5–4 cm, Höhe 0,25 –3 cm), Jahreszuwachs ca. 30 mm	3. 1–2 mm	4. 5–25 cm 5. 0,05–25 mm 6. 0,05–13 cm, Jahreszuwachs 2–4 mm	7. 3–20 x 2–10 mm 8. < 0,2–4,5 cm 9. bis 60 mm	10. bis 4 cm

als 2 mm sind, wird der Name Pisoid (Taf. 8/5) heute häufig mit einer genetischen Definition (= nichtmarine Ooide) unterlegt. Darüber hinaus wird "pisolith" auch zur Beschreibung von „kleinen kugeligen Partikeln mit Innenstrukturen aus konzentrischen Lamellen" benützt, wobei sowohl große Ooide, Konkretionen oder Algen-Onkoide ("algal pisolites") angesprochen sein können (Agi Dictionary, 1976).

3. Nach der *Gestalt* der Ooide können unterschieden werden:
   a) *Einzelooide:* sphaerisch (wobei die Sphaerizitätswerte mit zunehmendem Ø absinken können, insbesondere bei terrestrischen Ooiden), rotationselliptisch, walzen- oder linsenförmig, flach-länglich, cerebroid (bedingt durch Kegelstrukturen).
   b) *Mehrfachooide* (komplexe Ooide, Taf. 8/4), entwickelt als
      – Ooidviellinge: Verwachsungen von zwei oder mehreren Ooiden. Jedes Ooid wurde an den Kontaktstellen zu den Nachbarooiden im Wachstum behindert und konnte daher nur an freien Stellen weiterwachsen. Hierher gehören, genetisch gesehen, auch Ooide mit Kegelstrukturen (vgl. Usdowski, 1962).
      – Polyooide: mehrere vollständige Ooide dienen als Kerne für ein neues großes Ooid. Polyooide können Hinweise auf Sedimentationsunterbrechungen darstellen. Ähnlich „Ooidbeutel".

Im allgemeinen wird die Gestalt der Ooide von der Größe und Form des Kernes sowie von der Schalendicke bestimmt.

4. Nach *Vollständigkeit bzw. Unvollständigkeit der Ooide* können unterschieden werden:
   a) *Vollkommene Ooide:* Normalooide bzw. Einfachooide ohne Veränderung der Gestalt oder des Schalenbaues.
   b) *Zerbrochene oder abradierte Ooide* (broken ooids): mechanische Zerbrechung durch Wasserbewegung (vgl. Taf. 8/3).
   c) *Halbmond-Ooide* (halfmoon ooids Carozzi, 1963; Hemiooide Kalkowsky, 1908: 85; z.T. distorted ooids Carozzi): gebildet durch Auslösung und Kollaps der inneren Schalen, die als Geopetalgefüge dem Ooidboden auflagern. Das Restlumen ist mit Sparit oder Dolomit gefüllt. Ausgelöst werden im hypersalinen Bereich Salze, im Emersionsbereich Karbonate (Castellarin u. Sartoni, 1973).
   d) *An- und eingebrochene Ooide* (Taf. 8/2): entstanden durch mechanische Beanspruchung und Drucklösung (vgl. Radwanski u. Birkenmajer, 1977).
   e) *Ooide mit Druckmarken* (pitting marks, Taf. 8/2): entstanden durch Drucklösung (vgl. Radwanski, 1965).
   f) *Verformte Ooide* (Bachmann, 1973; distorted ooids Carozzi, 1961a; oolithes confluants Mišik, 1968; spastoliths Pettijohn, 1957; snouted ooids Radwanski u. Birkenmajer, 1977): durch plastische Boudinage s-förmig verkrümmte Ooide, deren Verformung auf Kompaktion zurückzuführen ist. Vgl. Taf. 8/2 und Conley (1977).

Zerbrochene und regenerierte Ooide („Hiatusooide" Berg, 1944) sind in ähnlicher Weise wie Ooide mit Radialstrukturen (siehe unten) bevorzugt an hypersaline

Bereiche gebunden: Mittelkarbon von Canada (Schenk, 1975), Keuper von Polen (Labecki u. Radwanski, 1967), Neokom der Dinariden (Radoicic, 1960), Miozän von Italien (Roda, 1965), rezent Großer Salzsee in Utah (Carozzi, 1961b), vgl. auch Radwanski u. Birkenmajer (1977) und Taf. 8/3 und Taf. 27. Von diesen durch sedimentäre und diagenetische Vorgänge bedingten unvollkommenen Ooiden sind *deformierte Ooide* zu unterscheiden, die auf die tektonische Durchbewegung von oolithischen Kalken zurückzuführen sind und Hinweise auf den Bewegungsplan geben können (Beispiele und Diskussion bei: Cloos, 1947; Nissen, 1964, und Badoux, 1970).

C. Mikro- und Ultrastrukturen. Grundsätzlich lassen die Schalen fossiler Ooide in Schliffen folgende Mikrostrukturen erkennen:

a) *„Tangentialstrukturen"* (Taf. 8/1, 8/6), gekennzeichnet durch hellgefärbte Lamellen mit tangential angeordneten und durch dunklere, kryptokristalline Lamellen. Beide Lamellentypen zeigen eine betont konzentrische Anordnung. Unter gekreuzten Nicols ist ein Balkenkreuz sichtbar.

b) *„Radialstrukturen"* (Taf. 8/3, 8/6), gekennzeichnet durch hellere Lamellen mit radial angeordneten, faserförmigen Kristallen und durch dunklere, kryptokristalline Lagen. Ein Balkenkreuz ist nur selten im Bereich der äußeren Lage erkennbar.

c) *„Mikritische Ooide"*, gekennzeichnet durch dunkle, kryptokristalline Lagen ohne bevorzugte Anordnung der Kristalle.

Wie REM-Untersuchungen rezenter Ooide zeigen (Fabricius u. Klingele, 1970; Loreau, 1970a; Loreau u. Purser, 1973), sind sowohl die Tangentialstrukturen als auch die Radialstrukturen als primäre Strukturen zu betrachten, wobei offensichtlich ein Zusammenhang zwischen den Mikro- bzw. Ultrastrukturen einerseits und dem Bildungs-Milieu andererseits besteht (Tabellen 17 und 18).

Im Gegensatz zu den im hochenergetischen Bewegtwasserbereich entstehenden Ooiden mit Tangentialstrukturen sind die „Stillwasser-Ooide" sowohl der marinen Randgebiete als auch des nichtmarinen Bereichs (hypersaline Küstenareale; terrestrische Salzseen, Höhlenperlen) durch eine radial-faserige Struktur charakterisiert. Diese Beobachtung läßt sich auch bei der Untersuchung fossiler Ooide bestätigen: radialstrahlige (radialfibröse) Ooide finden sich häufig in Kalken, für deren Sedimentationsbereich auf Grund der stark reduzierten Organismendiversität, nach dem Auftreten von Characeen und Ostrakoden sowie nach dem Vorkommen von zerbrochenen und regenerierten Ooiden eine von normalmarin abweichende Salinität angenommen werden darf. Einige Beispiele sind in Tabelle 19 zusammengestellt.

Obwohl nicht alle radialstrukturierten Ooide auf primäre radiale Anlagerung zurückgehen dürften (bei grobradialen Strukturen ist eine diagenetische Entstehung nicht unwahrscheinlich, vgl. z.B. Hahne et al., 1968), sprechen die heute immer häufiger werdenden Beobachtungen an rezenten Ooiden dafür, daß auch bei Ooiden in Kalziterhaltung die Radialstruktur ein ursprüngliches Merkmal darstellt (vgl. z.B. Simone, 1974; Poncet, 1976, und Taf. 8/3, 8/6). Hierbei ist zu überlegen, ob der strukturelle Vergleich rezenter und fossiler Ooide – insbesondere was den ursprünglichen mineralogischen Aufbau betrifft – zulässig ist. Sandberg (1975) nimmt an, daß paläozoische Ooide im Gegensatz zu den rezenten Flachwasserooiden primär aus Kalzit bestanden und daß erst etwa seit dem Tertiär aragonitische Ooide vorhanden waren.

Tabelle 17. Beziehungen zwischen Ooidschalenstrukturen und Bildungsmilieu im Persischen Golf. Nach Loreau (1973) und Loreau u. Purser (1973)

Wasserbewegung	Sehr schwach	Schwach	Mäßig bis stark		Stark bis sehr stark
Morphologie des Bildungsmilieus	Ebene Sabkha-Flächen, stark geschützte Eintiefungen hinter der Küstenlinie	Flache Senken zwischen Großrippeln	Senke zwischen Sedimentschwellen	Auf Untiefen	Delta-Front, dem offenen Meer zugewandt
Mikrostruktur im Schliffbereich	Radialstruktur	Tangentialstruktur	Tangentialstruktur	Tangentialstruktur	Tangentialstruktur
Ultrastruktur der äußersten Ooidschalen	*Radial*	Lose bis ± dichte Filze aus Aragonitnadeln Vereinzelt subhedrale Nannokristalle mit radialer Orientierung oder Nannokristalle	± *tangential* orientiert oder Nannokristalle	Dichter Filz aus Aragonitbalken mit *tangentialer* Orientierung. Kristalle oft „verschmolzen" oder Nannokristalle	Lose Filze aus Aragonitbalken
Beispiele: Persischer Golf	Grenzbereich Supratidal/Intertidal	Unterer Intertidalbereich	Intertidal- und flacher Subtidalbereich		

Tabelle 18. Ooide mit unterschiedlicher Mikrostruktur dürften in Bereichen verschiedenartiger Wasserbewegung und verschiedenen Salinitätsbereichen entstehen

	„Tangentialstruktur"			„Radialstruktur"		
	Rezente Fundstellen	Milieu	Mineralogie	Rezente Fundstellen	Milieu	Mineralogie
Rezente Kalkooide	Bahama-Bank	Marin, Plattformrand	Aragonit	Bimini-Lagune Bahamas, sehr dünner Ooidfilm	Geschützte Seegrasareale	Aragonit
	Persischer Golf	Marin, Gezeitenbereich, Küstenregion	Aragonit	Persischer Golf	Evaporitische Gezeitenflächen	Aragonit
				Golf von Aquaba	Hypersaliner Küstensee	Aragonit
	Golf von Suez	Marin, Küstenlagune	Aragonit	Laguna Madre, Texas	Hypersalin	Aragonit
				Salt Lake, Utah	Hypersalin	Kalzit bzw. Mg-Kalzit
				Höhlenperlen, Steiermark, Ruhrgebiet	Höhlen u. Bergwerke, Süßwasser	Kalzit
				Texas, Caliche-Ooide	Vadose Pisoide, terrestrisch	Kalzit
Gestalt der Ooide	Regelmäßig			Regelmäßig und – häufiger – unregelmäßig mit Abweichungen von der Kugel- oder Eiform		
Größe der Ooide	Meist 0,15 mm, bis 1,5 mm			Verschieden groß, bis 5 mm		
Anteil der Schalen am Gesamt-Ø	5–75%			75–80%		
Wasserbewegung	Hochenergetisch			Niedrigenergetisch		

Tabelle 19. Vorkommen und Fazies radialstrukturierter fossiler Kalkooide

Stratigraphischer Bereich	Fundstelle	Paläogeographische Situation	Lithologie	Fossilinhalt	Autor
Unter-Karbon	Alberta, Canada	Flachwasserlagune	Oosparite	Geringe Diversität, Foraminiferen, Calcisphaeren	Carozzi (1961b)
Buntsandstein	Harzrand, Norddeutschland	Küstenbereich	„Rogensteine" Kalksandsteine	fehlt	Usdowski (1962) Haage (1970)
Keuper	Hl. Kreuz-Gebirge, Polen	Hypersaline Lagune mit Anhydrit	Kalke und Dolomite mit Ooiden	Dünnschalige Muscheln Characeen, agglutinierte Foraminiferen	Labecki u. Radwanski (1967)
Oberrät	Nordwestliche Kalkalpen	Hinterriff-Fazies	Oosparite	Biogengehalt bis 13 Vol.%, Algen, Foraminiferen	Fabricius (1967)
Lias	Geiselstein, Ammergauer Alpen	Rasch absinkende Flachwasser-Plattform	Oosparite	Biogengehalt 3 Vol.%, Echinodermen	Fabricius (1967)
Ober-Jura	Hl. Kreuz-Gebirge, Polen	Randfazies	Oosparite	Sehr selten Schalenreste	Radwanski (1965)
Ober-Jura/ Unterkreide	Bahama-Bank	Karbonatplattform	Oopelsparite	Filamentöse Cyanophyceen, benthonische Foraminiferen	d'Argenio et al. (1975)
Unterkreide	S-Apennin, Italien	Plattform, hypersaline Lagune	Oosparite und Biopelmikrite	Filamentöse Cyanophyceen, benthonische Foraminiferen	Simone (1974)

„Mikritooide" mit sehr feinen mikritischen Lagenstrukturen können auf folgende *Faktoren* zurückgeführt werden:

a) Totale Mikritisierung von tangentialstrukturierten Kalkooiden durch bohrende Algen oder Pilze (vgl. Margolis u. Rex, 1971).

b) Bildung von anhedralen Nannokristallen, deren gleichmäßiges Wachstum auf der Kernoberfläche durch organische Filme gesteuert wird (Loreau, 1973). Der Prozeß der primären Bildung von Mikritschalen kann durch die Schleimschicht von Endophyten unterstützt werden (Mitterer, 1968; Trichet, 1969).

c) Mechanische Anlagerung von pelagischen Komponenten (im wesentlichen Coccolithen) in den Schleimschichten von Cyanophyceen, welche die Kerne angebohrt haben. Eine derartige Genese postuliert Jenkyns (1972) für die Mikritringe der (0,20–0,40 mm großen) „pelagischen Ooide". Entsprechend den in Tabelle 13 gegebenen Definitionen handelt es sich bei diesen aus jurassischen Seamount-Sedimenten (Westsizilien, Ungarn, Polen, San Vigilio-Oolith der Südalpen) beschriebenen Komponenten eigentlich um kleine, sehr gleichförmig aufgebaute Onkoide. Da die Art der biogenen Anlagerung jedoch nur im Rasterelektronenmikroskop nachweisbar ist, werden die „pelagischen Ooide" hier besprochen.

Eine vergleichbare Entstehungsweise vermutet Hesse (1973) für tertiäre Ooide in pazifischen Seamount-Sedimenten.

d) Umkristallisation. Bolliger u. Burri (1970) haben darauf hingewiesen, daß Mikritooide bevorzugt in tonfreien und radialstrahlige Ooide bevorzugt in Wechselfolgen von tonigen und kalkigen Sedimenten auftreten. Letztere könnten durch den Ton vor Umkristallisation geschützt gewesen sein (vgl. Marschner, 1968).

D. Größe und Sortierung. Der Durchmesser rezenter Ooide liegt im allgemeinen unter 1 mm (vgl. Abb. 17), häufig um und unter 0,50 mm. Fossile Ooide besitzen ein größeres Korngrößenspektrum, wobei Werte zwischen 0,10 und 2 mm häufiger sind. Zwischen marinen und „nichtmarinen" Ooiden sind keine Größenunterschiede festzustellen.

Bei Vergleichen mit rezenten Ooiden kann die Größe und Sortierung fossiler Ooide zu Aussagen über die Paläobathymetrie sowie über die Autochthonie oder Allochthonie der Ooide verwendet werden:

a) *Wassertiefe:* Marine Ooide entstehen bevorzugt in hochenergetischen, von Wellenbewegung oder Gezeitenströmungen beeinflußten Flachwassergebieten der Tropen und Subtropen, wobei der Anteil der Ooide an der Gesamtsedimentfraktion sowie die Dicke der Ooidschalen mit zunehmender Wassertiefe abnimmt. Die Mehrzahl der Ooide entsteht in Tiefen bis zu 2 m. Nach Newell et al. (1960) lassen sich die für die Interpretation fossiler Oolithkalke (vgl. Fabricius, 1967; Ott, 1969) wichtigen Ooidnettogehalte und die Wassertiefe in folgende Beziehung bringen: 0–7 m Wassertiefe – mehr als 70 Vol.% Ooide, 2–7 m – 70–40 Vol.% Ooide, 2–15 m – 40–20 Vol.% Ooide.

b) Die Frage nach der *Autochthonie oder Allochthonie* der Ooide ist von Interesse, wenn *Ooide in* (im allgemeinen als niedrigenergetische Bildungen betrachteten) *mikritischen Kalken* auftreten. Für die *Deutung* ergeben sich dann folgende Möglichkeiten:

- *Allochthonie:* Die Ooide stammen aus benachbarten hochenergetischen Gebieten (Beispiel Bahama-Bank, Purdy, 1963) oder aus älteren Ooidsedimenten (Beispiel Ooide an der nordafrikanischen Flachmeerküste aus umgelagerten pleistozänen Küstendünen, Fabricius et al., 1970, „Reliktoide"). Flachwasserooide werden nach

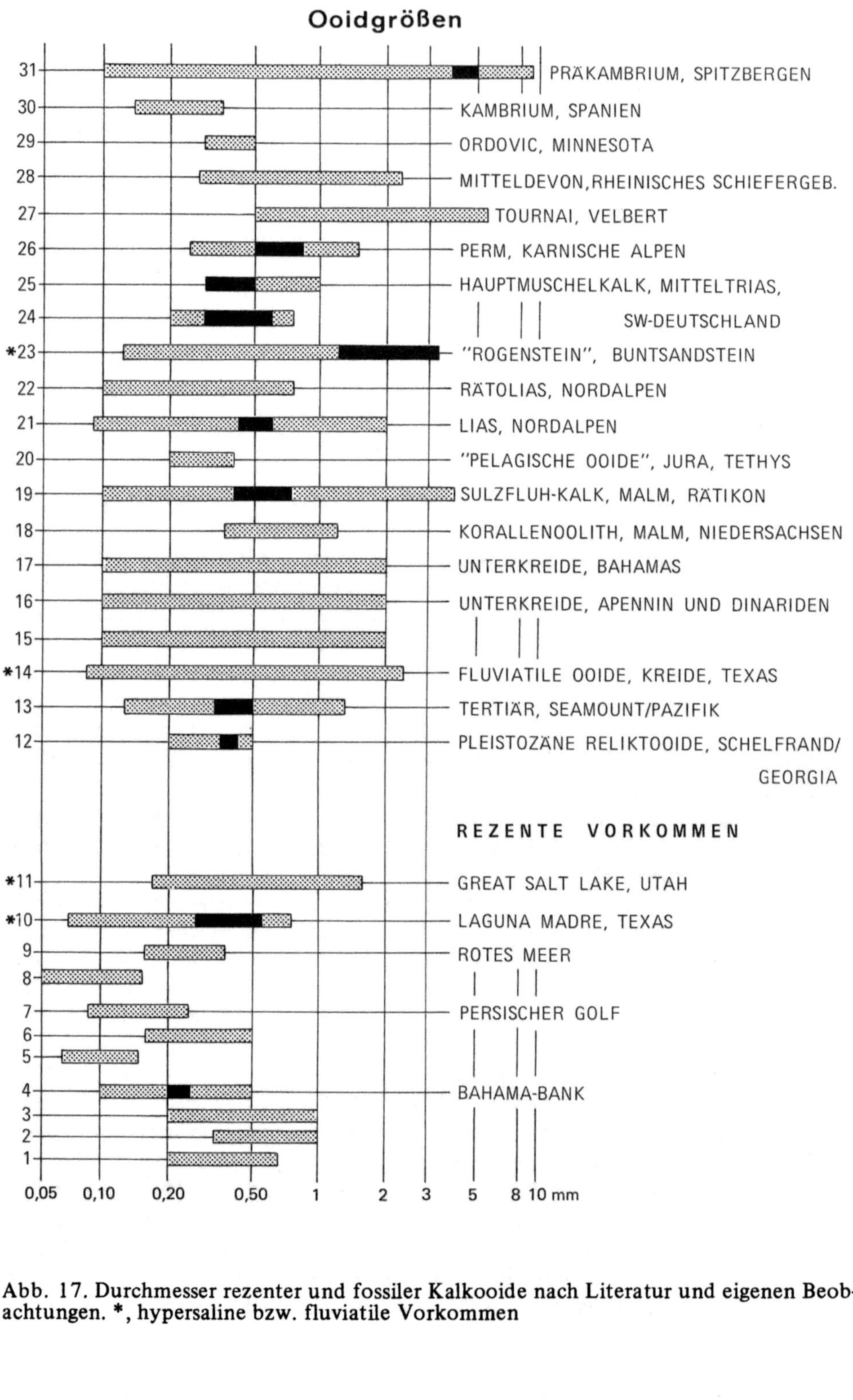

Abb. 17. Durchmesser rezenter und fossiler Kalkooide nach Literatur und eigenen Beobachtungen. *, hypersaline bzw. fluviatile Vorkommen

der Verfrachtung auch in großen Wassertiefen abgelagert (z.B. im Great Bahama Canyon in 1800 m Wassertiefe, Andrews et al., 1970).

– *Autochthonie:* Die Ooide entstehen in geringenergetischen Bereichen, z.B. in geschützten Buchten und Lagunen oder in größeren Tiefen (vgl. „Mikritooide"). Nach Lacey u. Carozzi (1967) ergeben sich Hinweise auf Transportumlagerung von Ooiden aus (a) Größe, Sortierung und Schiefe von Ooiden und Nichtooiden, (b) Verhältnis von Ooidgehalt und mittlerem Ooid-Ø und (c) Verhältnis Schalendicke bzw. Zahl der Schalen und Größe des Kernes. Bei der Zahl der Schalen wird man jedoch auch eine Abrasion während der Verfrachtung oder bereits während der Ooidbildung berücksichtigen müssen.

  Als Kriterien für autochthone Ooide können gelten:
  - Stärkere Abweichungen von der kugelförmigen oder ellipsoidalen Gestalt,
  - Schalendicke kleiner als die Kerngröße,
  - Lamellen der Schalen oft undeutlich ausgebildet, oft gekappt,
  - Zahl der Ooidschalen im allgemeinen gering,
  - Radialstruktur häufig,
  - Kerne nicht immer erkennbar (oder vorhanden),
  - Größe der Ooide gering (etwa 0,05–0,15 mm),
  - schlechte Sortierung,
  - oft relativ hoher Rückstandsgehalt.

Die geringe Größe der „Stillwasserooide" wird von Sass et al. (1972) auf die Entstehung in Suspension zurückgeführt (größere Ooide entstehen durch Saltation und Rollen im Strömungsbereich am Boden).

Wie Abb. 18 am Beispiel der Ooide in der kalkoolithischen Fazies des norddeutschen Unteren Buntsandsteines zeigt, unterscheiden sich allochthone Ooide von autochthonen Ooiden durch die mit zunehmendem Transport geringeren Mengen und Durchmesser. Je stärker die Ooide durch den Transport beansprucht werden, desto geringer wird ihr Durchmesser und desto mehr werden zerstört.

Bei der Messung der Ooidgrößen in Schliffen treten durch die Schnitteffekte Fehler auf, die nach dem von Fabricius (1967) entwickelten Verfahren ausgeschaltet werden können.

Für die *Beziehungen zwischen Kerngröße, Schalendicke und lokaler Wasserenergie* hat Carozzi (1957, 1960) ein *Modell* entwickelt (Abb. 19), das sechs Situationen beschreibt:

Situation 1 und 2: Die lokale Wasserbewegung ist stärker als die maximale Strömungsintensität. Die Ooidbildung wird alle vorhandenen Komponenten umfassen, bis sich der Ø des größten Ooids und der Ø des größten bewegbaren Kornes angleichen. Es entstehen oolithische Sedimente, in welchen der konstante Maximal-Ø der Ooide der Stärke der Wasserbewegung entspricht.

Situation 3: Die lokale Wasserbewegung ist zu schwach, um die größten Komponenten in Turbulenz zu halten. Kleinere Komponenten jedoch dienen als Kerne für Ooide. Es entsteht ein Sediment aus großen Nichtooiden und vielen kleinen Ooiden, von welchen die größten Einfachooiden und die anderen Normalooiden entsprechen.

Situation 4: Die lokale Wasserbewegung ist kleiner als die maximale Strömungsintensität. Es entsteht ein Sediment, in welchem neben verschieden großen Nichtooiden große Einfachooide und kleinere Normalooide vertreten sind.

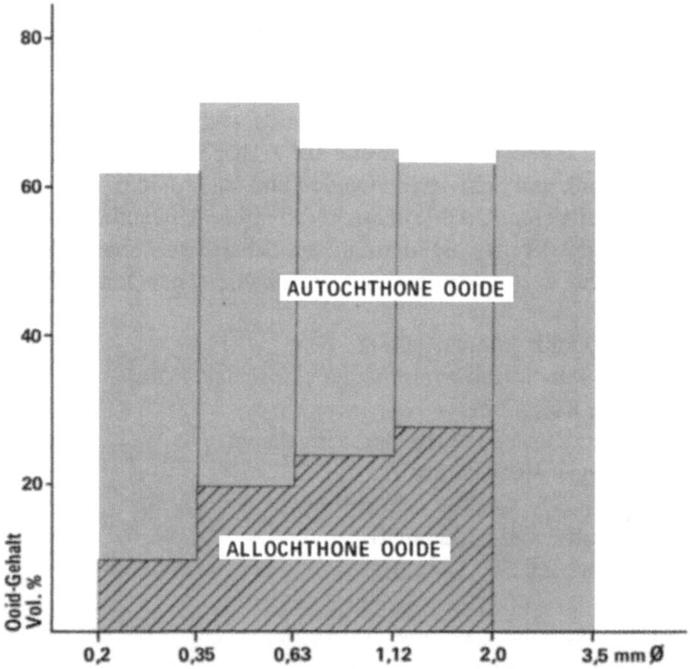

Abb. 18. Beziehungen zwischen Ooidgehalt und mittlerem Ooid-Ø bei autochthonen Ooiden (Rogensteine) und allochthonen Ooiden (oolithische Kalksandsteine) im Unteren Buntsandstein. Umgezeichnet nach Usdowski (1962)

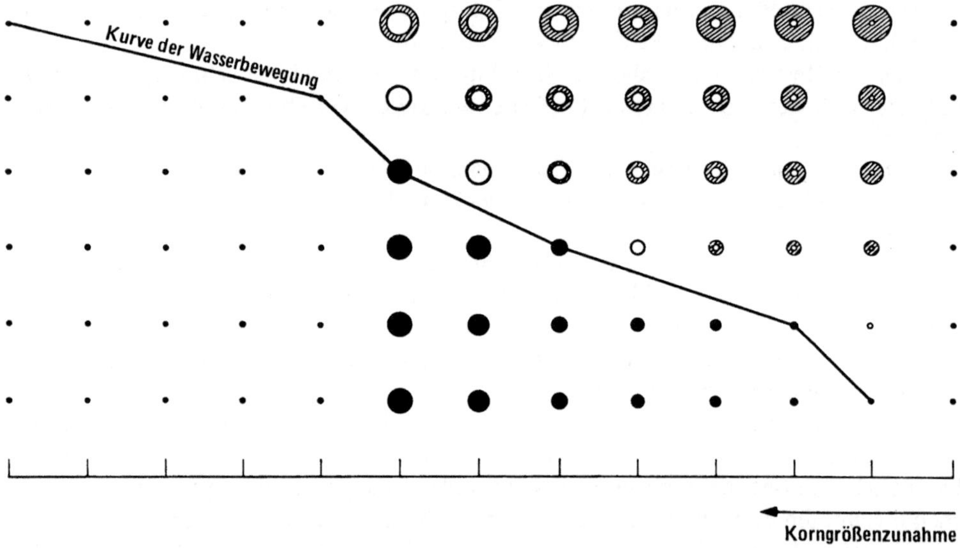

Abb. 19. Beziehungen zwischen Stärke der Wasserbewegung, Komponentengröße und Schalendicke nach Carozzi (1960). Erklärung im Text. *Ausgefüllte schwarze Kreise*, Nichtooide; *einfache Kreise*, Einfachooide; *Kreise mit Querschraffur*, Normalooide

Situation 5: Die lokale Wasserbewegung ist etwas größer als die zur Bewegung des kleinsten Kornes notwendige Wasserenergie. Die kleinsten Körner werden zu Einfachooiden, größere Komponenten bleiben unverändert.

Situation 6: Die lokale Wasserbewegung ist gleich oder kleiner als die zur Bewegung des kleinsten Kornes notwendige Wasserenergie. Eine Ooidbildung findet nicht statt.

Diese Vorstellungen gehen davon aus, daß Ooide bei Erreichung einer kritischen Größe nicht mehr durch Strömungen bewegt werden können und daher ihr Wachstum einstellen (Kritik bei Bathurst, 1967: 451).

E. Vorkommen und Entstehung von Ooiden. Karbonatische Ooide sind rezent aus folgenden Bereichen bekannt:

1. *Terrestrisch:* als (a) *Caliche-Ooide* (diagenetic ooids), Beispiele bei Siesser (1973), morphologische Unterschiede zu marinen Ooiden siehe Tabelle 4, (b) *Höhlenperlen;* Beispiele bei Donahue (1965, 1969), Gradzinski u. Radomski (1967, 1976), Hahne et al. (1968), Kirchmayer (1964).
2. *Fluviatil:* Beispiel bei McGannon (1975, Kreide von Texas).
3. *Lakustrin:* (a) Süßwasserseen, Beispiele bei Carozzi (1964, Trias von Virgina), Picard u. High (1968, Eozän von Utah), (b) Salzseen, Beispiel Großer Salzsee/Utah (Carozzi, 1964; Kahle, 1974; Sandberg, 1975).
4. *Randlich-marin, hypersalin:* Beispiel Laguna Madre/Texas (Freeman, 1962; Rusnak, 1960). Der Anteil der Ooide beträgt kaum mehr als 30%, charakteristisch sind asymmetrische Ooide sowie die Assoziation von Normal-, Einfach- und Mehrfachooiden; Golf von Aqaba/Rotes Meer (Friedman et al., 1973).
5. *Marin:* Für die *Ooidbildung in rezenten Flachmeergebieten* erscheinen folgende *Faktoren* von Bedeutung:
   - Anwesenheit von Algen, Bakterien bzw. organischer Substanz (vgl. Mitterer, 1971; Shearman et al., 1970; Trichet, 1968; Suess u. Fuetterer, 1972; Hesse, 1973).
   - $CaCO_3$-übersättigtes Wasser.
   - Zumindestens zeitweilig relativ starke Wasserbewegung.
   - Angebot von potentiellen Kernen.
   - Wenig Organismen, welche dem Wasser Karbonat entziehen.
   - Warmes Wasser, i.a. mehr als 20°C.
   - Normale oder erhöhte Salinität.
   - Sehr geringe Wassertiefe, i.a. weniger als 2 m.
   - Relativ stetige Umweltfaktoren (Wachstumsdauer bei „rezenten" Ooiden 100 bis 1000 Jahre!).

In Tabelle 20 und Abb. 19 sind die Merkmale und die Entstehungsbereiche rezenter Kalkooide zusammengestellt. Bei einem Vergleich der rezenten Ooide der Bahama-Bank mit Ooiden aus den oberrätischen Hinterriffarealen, dem Lias der Nordalpen und den Plattformsedimenten des oberjurassischen Sulzfluh-Kalkes fällt auf, daß trotz Ähnlichkeiten in der Häufigkeit und Sortierung der Ooide sowie in der Organismenarmut deutliche Unterschiede in der Morphologie bestehen.

F. Diagenese von Ooiden. Fossile Ooide sind häufig mikritisiert, ausgelöst und umkristallisiert. Wie Shearman et al. (1970) gezeigt haben, dürfte eine subaerische Exposition

Tabelle 20. Merkmale rezenter und fossiler Kalkooide. Daten nach Newell et al. (1960), Purdy (1963), Fabricius (1967), W. Ott (1969) und eigene Beobachtungen

	Rezent	Fossil (Nordalpen)		
	Bahama-Bank	Rätolias	Lias	Malm
Mittlerer Ooidgehalt	60–66%	22,6%	53,5%	50–62%
Mittlere Medianwerte (mm ∅)	0,25–0,42	0,31	0,47	0,54
Mittlerer Sortierungs. koeffizient	1,09–1,34	1,27	1,16	0,95
Schalen-Dicke (SD) Kern-Dicke (KD)	SD = KD (Oolithwall,Bank) SD = KD (Bankrand)	Meist SD < KD	Meist SD < KD	SD = KD
Anzahl der Schalen	Flachwasser: viele Schalen + kleiner Kern Tieferes Wasser: wenig Schalen + größerer Kern	Einige bis wenige Schalen	Meist viele Schalen (bis 10)	Wenige bis viele Schalen (bis 10)
Kern	Bioklasten, Peloide	Verschiedene Bioklasten, Peloide	Echinodermen, Peloide	Bioklasten, ältere Ooide
Schalenstruktur	Tangential	Radial	Radial	Tangential
Einzellagen	z.T. sehr dünn (1–3 μ)	Häufig relativ dick	Verschieden dick	Verschieden dick
Ooid-Form	Kernbedingt bis kugelförmig	Kernbedingt	Meist vollkommen kugelförmig	Kernbedingt
„Porosität" bzw. Zement-Gehalt	ca. 16–19%	25%	21%	17%
Mittlerer Biogengehalt	1,7 (reine Oolithfazies) bis 10,5%	13%	3%	9%
Schichtungsstrukturen	Sehr ausgeprägt	Selten	Selten	Selten

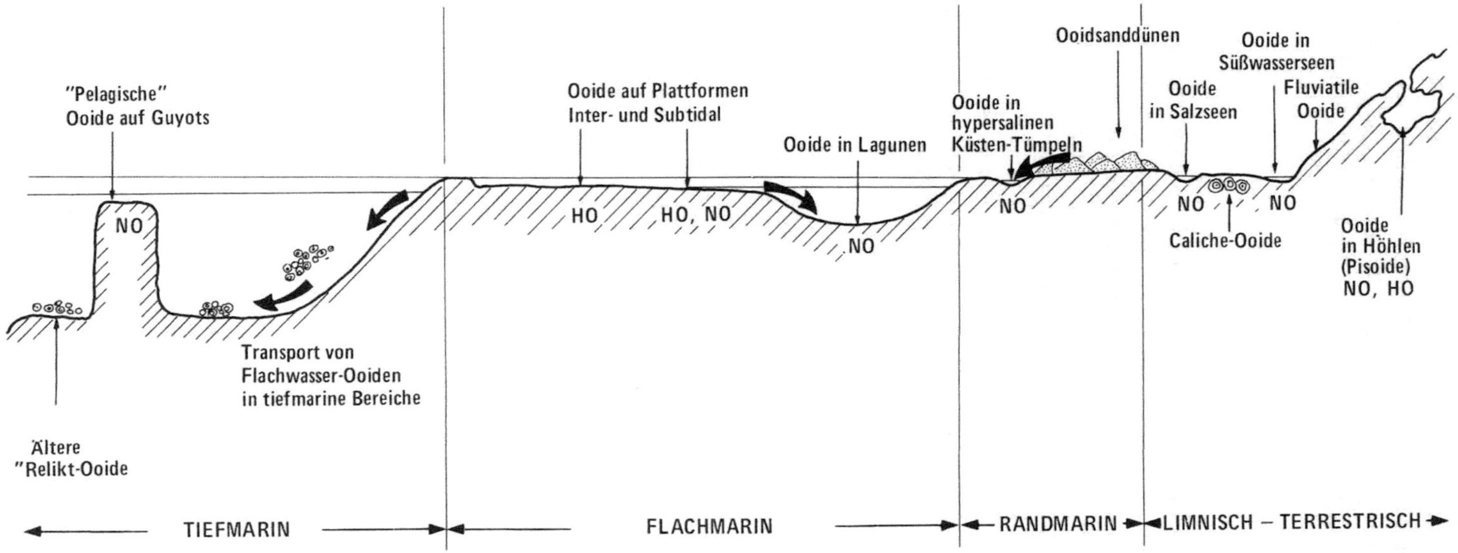

Abb. 20. Kalkooide entstehen in verschiedenen marinen und nichtmarinen Bereichen. Hochenergetische Ooide (*HO*) des bewegten Wassers und niedrigenergetische Ooide (*NO*) des relativen Stillwassers sind nach Mikrostrukturen, Korngrößen und Organismenassoziationen unterscheidbar

von Ooiden zur Zerstörung der konservierenden organischen Substanzen führen. Vielfach steht die mechanische Abrasion und die mit punktförmigen Lösungsprozessen verbundene Bildung von „pitting"-Strukturen am Beginn der Veränderungen (Radwanski, 1965). Beschreibungen der bei Ooiden auftretenden diagenetischen Prozesse finden sich bei Fabricius et al. (1970), Hesse (1973), Kahle (1974), Sandberg (1975) u.a.

4.1.3.6 Rindenkörner (Taf. 9)

Entsprechend ihrer Bedeutung als Faziesindikatoren werden Bioklasten, Peloide, Ooide u.a. mit allseitigen, relativ dünnen Mikritrinden als „Rindenkörner" in einer eigenständigen Gruppe zusammengefaßt. Die Mikritrinde (micrite envelope, Taf. 5/3) erscheint im Durchlicht schwarz, im Auflicht weiß und besteht nach REM-Untersuchungen (Loreau, 1970; Carbone et al., 1974) aus 0,25 bis etwa 5 Mikron, meist etwa 2 Mikron großen Kristallen.

Rindenkörner entsprechen nur teilweise den "coated grains" der englischsprachigen Literatur, da unter diesem Begriff zum Teil auch Onkoide und Ooide zusammengefaßt werden. R.C.L. Wilson (1967) bezeichnet die Rindenkörner als "coated shells".

Entstehung

1. *Mikritisierung* (micritization Bathurst, 1966, cryptocrystallization Milliman, 1974: 274): Allseitig in Bioklasten und anderen Komponenten *bohrende Mikroorganismen* erzeugen insbesondere im Gezeitenbereich winzige Hohlräume, die nach dem Zerfall der Organismen durch (bakteriell abgeschiedenen?) Mikrit verfüllt werden. Bei längerer Dauer dieses Prozesses entsteht eine mikritische Ersatzstruktur, die im Gegensatz zur

---

Tafel 9. Mikrofazielle Merkmale von Flachwasser-Kalken ▶

Der senkrecht zur Schichtfläche geführte Schnitt läßt folgende, genetisch wichtige MF-Merkmale erkennen: *1*, Rindenkörner – nahezu alle größeren Bioklasten besitzen allseitige Mikritrinden, die bei Schalen und Korallen als „Kerne" auf Mikritisierung im Zusammenhang mit bohrenden Mikroorganismen zurückzuführen sein dürften. Bei größeren Komponenten wie bei Korallenfragmenten (*2*) werden die dünnen Mikritrinden durch biogene Anlagerungen durch sessile Organismen ergänzt (Algen- bzw. Bio-Onkoide). Als „Kerne" für diese Onkoide bzw. für die Mikritrinden dienen (*3*) Solenoporaceen, Schalen (*4*) und insbesondere Fragmente von Einzelkorallen (Längsschnitt bei *5*, Querschnitt bei *6*). Seltener sind mikritisierte Echinodermatenreste (*7*) erkennbar. Größere Algen-Onkoide, zum Teil Mikritonkoide, sind selten (*8*). Nur geringfügige Anlagerungen bzw. Mikritrinden weisen Foraminiferen (*9*), Gastropoden (*10*) und vereinzelte Dasycladaceen (*11, Heteroporella*) auf. In der oberen Bildhälfte ist eine feinarenitische Pelsparit-Lage erkennbar; die mikritischen Peloide (*12*) sind auffallend klein. Die Hohlräume zwischen den Komponenten sind durch Zement A (*13*) und auffallend hell gefärbten Zement B (*14*) erfüllt, wobei Hundezahnzemente auftreten (*15*). Diese Mikrofazies entspricht dem Standard-Mikrofaziestypus 11 nach Wilson (Gebiete mit ständiger Wasserbewegung, Plattformkarbonate), vgl. Abschnitt 9. Obertrias (Dachsteinkalk): Loser-Straße bei Bad Aussee, Steirisches Salzkammergut. *Übungsbeispiel:* Klassifikation der Probe nach (a) Folk (1959 bzw. 1962); (b) Dunham (1962); (c) Leighton u. Pendexter (1962); (d) Plumley et al. (1962) und (e) Müller-Jungbluth u. Toschek (1969). Resultate siehe Abschnitt 11. Balkenlänge 10 mm

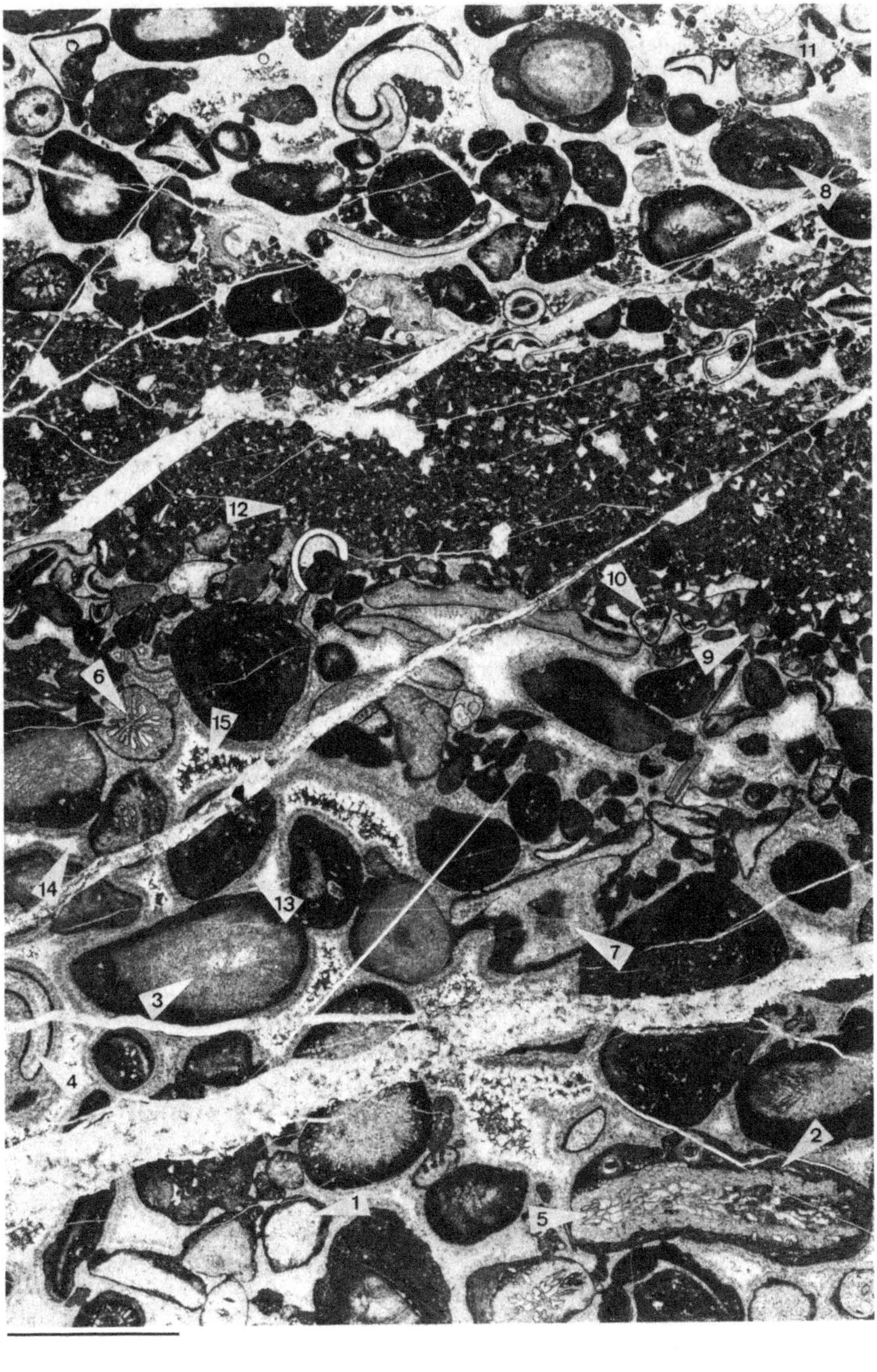
11
8
12
10
9
6
15
14
13
7
3
4
2
1
5

zentrifugalen Anlagerung (z.B. Mikritonkoiden, vgl. 4.1.3.4) zentripetal orientiert ist. Die Mikritrinde rezenter Komponenten besteht aus Aragonit oder Mg-Kalzit (Buchbinder u. Friedman, 1970; Winland, 1968), im allgemeinen ist ein hoher Gehalt an organischer Substanz festzustellen.

Als bohrende Organismen wurden ?Bakterien, photosynthetisierende Cyanophyceen, eucaryotische Grün- und Rotalgen sowie heterotrophe Pilze nachgewiesen (Bathurst, 1966; Friedman et al., 1971; Golubić et al., 1975; Rooney u. Perkins, 1972). Die Größe der Bohrlöcher schwankt zwischen 1 Mikron und 100 Mikron. In Dünnschliffen ist die Grenze zwischen angebohrten Bioklasten und Mikritrinde im allgemeinen unregelmäßig ausgebildet. Scharfe Grenzen können dann entstehen, wenn biogene Umkrustungen von Karbonatpartikeln (z.B. Corallinaceen) durch bohrende Algen mikritisiert werden (Sibley u. Murray, 1972). Die Bohrlöcher entsprechen häufig senkrecht zur Komponentenoberfläche verlaufenden, geraden Röhren (Ø etwa 5–30 Mikron), rundlichen zapfenförmigen Vertiefungen oder flachen Vertiefungen.

Eine totale Mikritisierung führt über eine Auflockerung der Oberfläche und eine Abrasion zur Abrundung der Komponenten und weiter zur Bildung von Mikritpeloiden (vgl. 4.1.3.2), siehe Illing (1954), Purdy (1968) und Kendall u. Skipwith (1969).

Bei fossilen Rindenkörnern ist häufig eine bevorzugte Anbohrung der ursprünglich aragonitischen Schalenteile festzustellen, während primär kalzitische Bioklasten wie Echinodermen nur schwach oder nicht mikritisiert sind (Beispiele bei Bachmann, 1973; Catalov, 1971).

Die Entstehung der Mikritrinden im Sinne von Bathurst düfte temperaturabhängig sein: Nach Gunatilaka (1976) entstehen durch Anbohrung von Karbonatpartikeln durch Thallophyten in kühleren Meeren (Irland) keine Rindenkörner. Dies wird auf den Umstand zurückgeführt, daß der Mikrit in den Mikrobohrlöchern nicht durch metabolische Prozesse von Bakterien entsteht, sonder als von (erhöhter) Wassertemperatur und $CaCO_3$-Übersättigung abhängiger Zement.

2. Mikritrinden durch anhedrale *Nannokristalle*, deren Wachstum auf den Oberflächen der Komponenten *durch organische Filme induziert* wird (Loreau, 1970a, vgl. 4.1.3.5).

3. Eine durch die *unterschiedliche Löslichkeit von Aragonit und Mg-Kalzit* bedingte selektive Auflösung von Schalenrandpartien kann zur Bildung von *Residualmikrit* führen (Alexandersson, 1972; Winland, 1968).

4. Das *Zusammenwachsen von extern verkalkten Filamentalgen* auf der Oberfläche von Karbonatkomponenten führt zur Bildung von Mikritrinden, durch welche die Komponenten kaum zerstört werden (Kobluk u. Risk, 1977). Die Dicke dieser in etwa einem Jahr entstehenden Mikritrinden erreicht 500 Mikron.

Mikritrinden sind gegenüber Lösung relativ widerstandsfähig, jedoch anfällig gegenüber Dolomitisierung (vgl. Buchbinder u. Friedman, 1970).

Wert als Faziesindikatoren

Ausgehend von der Beobachtung der nach Wassertiefen unterschiedlichen Häufigkeit von Rindenkörnern (Perkins u. Halsey, 1971; Rooney u. Perkins, 1972; Swinchatt, 1969) werden mikritisierte karbonatische Bioklasten häufig zur Kennzeichnung der Paläobathymetrie herangezogen, wobei meist Tiefen von weniger als 15–20 m postuliert werden. Friedman et al. (1971) haben auf die Gefahren einer derartigen Ausdeutung hingewiesen. Grundsätzlich sind folgende Fehlerquellen zu bedenken:

– Als bohrende Organismen treten nicht nur licht- und damit tiefenabhängige Algen auf, sondern auch lichtunabhängige Pilze (bis in Tiefen von mehreren hundert Metern).
– Viele endolithische Algen zeigen Anpassungen an das Lichtangebot in tieferen Meeresregionen (Golubić et al., 1975).
– Stärkere Wasserbewegung verhindert im allgemeinen die Kolonisierung durch endolithische Algen. Häufungen finden sich rezent in geschützten, relativ niedrigenergetischen Bereichen.
– Mikritisierung durch bohrende Algen ist nicht die einzige Möglichkeit der Bildung von Mikritrinden.
– Rindenkörner können verfrachtet werden.

Durch die Berücksichtigung der in verschiedenen Wassertiefen verschiedenartigen Morphologie der Bohrlöcher (Golubic et al., 1975) sowie der Gestaltunterschiede zwischen Algen- und Pilzbohrungen (siehe Bathurst, 1971; Boekschoten, 1966; Porter u. Zebrowski, 1937) dürfte in der Zukunft jedoch eine bessere Auswertung der Rindenkörner als bathymetrische Kriterien möglich sein. Darauf hin weisen die gleichbleibenden Verteilungsmuster in fossilen Schelf- und Riffkarbonaten, wo "coated bioclasts" bevorzugt im Bewegtwasserbereich flacher Untiefen (SMF-Typ 11, siehe 8.2) in grainstones und – aus benachbarten höherenergetischen Gebieten eingeschwemmt – in wacke- und packstones (SMF 10) in der offenen Schelfregion auftreten.

4.1.3.7 Intraklasten und Extraklasten – Lithoklasten

Intraklasten sind Aufarbeitungsprodukte eines schon ± verfestigten Untergrundes innerhalb des Sedimentationsbeckens. Die Aufarbeitung kann erfolgen durch:

– Bodenberührende Wellen oder Strömungen (Entstehung von Schlickgeröllen).
– Organismentätigkeit auf der Sedimentoberfläche (z.B. weidende Benthonten, grundnah lebende Fische).
  Durch Wasserbewegung und Organismentätigkeit auf der Sedimentoberfläche entstandene Intraklasten werden von Folk (1959) als „Plastiklasten" bezeichnet.
– Organismentätigkeit im Sediment (wühlende Endobionten, Bioturbation), derart entstandene Intraklasten bezeichnet Wobber (1965) als „Pseudointraklasten".
– Frühdiagenetische Volumenänderungen (z.B. submarine Sedimententwässerung, Kompaktion; Auslaugung von evaporitischen Zwischenschichten) führen zur Bildung von „Autoklasten" (Sander, 1936) bzw. „Protointraklasten" (Bosellini, 1964), deren Grenzen noch miteinander korrespondieren.
– Austrocknung und Bildung von Schlammscherben, insbesondere im oberen Gezeiten- und im Supratidalbereich (Bildung von "mud pebbles").
– Lokale Gleitungen des geringverfestigten Sedimentes.
– Aufarbeitung von durch Karbonatzement bereits verfestigten arenitischen und mikritischen Karbonaten, z.B. durch Sturmfluten (aufgearbeitete Dolomitkrusten im mitteltriadischen Wettersteinkalk als Hinweis auf frühe supratidale Dolomitisierung, vgl. K. Germann, 1969).

Die Aufarbeitung eines bereits lithifizierten Untergrundes – etwa nach einer Sedimentationsunterbrechung bzw. bei herabgesetzter Sedimentationsrate – kann zur Entstehung von Resedimenten führen, die von allochthonem Erosionsschutt (z.B. Küstenabtrag) unter Umständen nur schwer zu unterscheiden sind. Nomenklatorisch sollten synsedimentäre „Intraklasten" (im Sinne von Folk, 1959, 1962) und die dem Sedimentationsbecken von außen zugeführten „Extraklasten" getrennt werden.

Extraklasten (Taf. 24/5) sind folgendermaßen charakterisiert:

- Fossilinhalt (stratigraphisch „ältere" Fossilien).
- Abschneiden von Fossilien und anderen Komponenten an der Extraklastgrenze.
- Keine Kompaktionsmerkmale.
- Unterschiedliche Zemente in den Extraklasten (z.B. stärker neomorph verändert) und in den übrigen Komponenten.
- Extraklaste sind häufig auffallend eckig oder auffallend rund ausgebildet.
- Karbonatische Extraklasten treten häufig zusammen mit nichtkarbonatischen (terrigenen) Komponenten wie Sandstein- oder Chert-Fragmenten auf.

Einen besonderen, für Faziesinterpretationen wichtigen Extraklastentyp stellen die "*black pebbles*" (cailloux noirs) dar, die aus mesozoischen und rezenten Karbonaten bekannt sind (Barthel, 1974). Es handelt sich um mehrere cm große, auffallend schwarz gefärbte Kalkgerölle, die rezent auf den Florida Keys durch Infiltration von organischer Substanz in poröse Karbonate entstehen. Die organische Substanz läßt sich aus dem von Mangroven und Trockenflora bewachsenen Boden über den Karbonaten ableiten. Erosion und Umlagerung können die Gerölle in verschiedene landnahe Sedimentationsbereiche (flachmarin, Süßwassertümpel) bringen. Black pebbles liefern daher Hinweise auf Landnähe, terrestrischen Pflanzenwuchs und auf Transgressionen bzw. Meeresspiegelschwankungen.

Während Folk (1959) den Begriff Intraklaste mit dem Ziel vorschlägt "to embrace the entire spectrum of carbonate rock fragments, . . . regardless of degree of cohesion or time gap between deposition of the original layer of sediment and later reworking part of it", versucht Chanda (1967), das unterschiedliche Alter des im Sedimentationsbecken aufgearbeiteten Untergrundes nomenklatorisch zu fassen: "Autolimeclast" bezieht sich auf Intraklasten, die durch in-situ-Aufarbeitung durch diagenetische und zum Teil tektonische Prozesse entstanden sind (Inhomogenitätsbrekzien, Lösungsbrekzien u.a.). Der Name "Infralimeclast" bezeichnet Fragmente, die durch Aufarbeitung von bereits verfestigten Sedimentpartien im Sedimentationsbecken entstanden sind (zum Beispiel Gezeitensedimente; lithifizierte Korallenriffsedimente, „Vorriff-Blöcke"; Subsolutionsrelikte; Taf. 5/6, Taf. 11/2). Eine derart diffizile Aufgliederung wird nur selten durchzuführen sein.

Häufig wird der Begriff „*Lithoklast*" (Folk, 1962) oder „*Limeclast*" (Wolf, 1965) verwendet, um sowohl eingeschütteten Erosionsschutt (= Extraklasten) als auch ± synsedimentär aufgearbeitete Sedimentteile (= Intraklasten) zu charakterisieren. Einige Autoren beschränken „Lithoklast" jedoch auf von außen eingeschüttete Resedimente (Extraklaste). Sofern Intraklasten auf synsedimentäre Aufarbeitungen des nicht oder nur schwach verfestigten Kalkschlammsedimentes zurückgehen, sind diese Komponenten oft größer als Peloide (allerdings wird zwischen diesen beiden Komponentenkategorien eine künstliche Grenze gezogen, meist bei 0,20 oder 0,50 mm), und die Sortierung ist meist nur gering.

Nicht zu den Intraklasten werden infolge ihrer vollkommen anderen Entstehungsweise die Aggregatkörner (siehe 4.1.3.3) gezählt.

Wert als Faziesindikatoren

Intraklasten können unter anderem folgende Hinweise geben:
- Relativ schwache Bodenströmungen (Plastiklasten, zum Teil Dachziegellagerung).
- Weichböden (Pseudointraklasten).
- Sehr seichte inter- und supratidale Bereiche (Algen-Intraklaste, mud pebbles, vgl. Tabelle 13 und Fagerstrom, 1967).
- Sedimentationsunterbrechung (Häufung von Intraklasten).
- Kompaktion, Lösung, Auslaugung (Inhomogenitätsbrekzien bzw. Autoklasten).
- Lösung am Meeresboden (Subsolutionsbrekzien, siehe Taf. 5/6).
- Zeitlicher Ablauf der Diagenese (Karbonatzemente in arenitischen Intraklasten).

4.1.3.8 Terrigene Komponenten

Als terrigene Komponenten werden alle nichtkarbonatischen, in den Ablagerungsraum der Karbonate gebrachten Minerale oder Gesteinsfragmente bezeichnet. Zu den wichtigsten terrigenen Komponenten gehören
- Tonminerale,
- Quarze,
- SiO_2-Gesteine (Cherts, Kieselschiefer, Sandsteine),
- (seltener) Tonschiefer,
- pyroklastische Komponenten.

Theoretisch kann natürlich eine Vielzahl von nichtkarbonatischen terrigenen Komponenten auftreten (eine Zusammenstellung findet sich bei Charollais u. Davaud, 1974), in der Praxis aber werden die obengenannten Bestandteile überwiegen. Zur Beschreibung sind die üblichen petrographischen Methoden zu verwenden bzw. Rückstandsanalysen durchzuführen (vgl. Abschnitt 9.1.1).

4.1.3.9 Authigene Minerale

Als authigene Minerale werden die nach der Sedimentation gebildeten Minerale bezeichnet. Übersichten über die in Karbonatgesteinen häufigeren authigenen Minerale finden sich bei Carozzi (1960) und Füchtbauer (1974). Zu den wichtigeren authigenen Mineralen gehören: Glaukonit, Albit, K-Feldspat, Turmalin, Muskovit, Quarz, Zirkon und – als Hinweis auf Gyttja-ähnliche Bedingungen (vgl. Fabricius, 1961) – framboidale Pyritaggregate.

Auf eine authigene Bildung der Minerale weisen folgende Merkmale hin:
- Euhedrale Kristallform.
- Pseudomorphosen nach Karbonatpartikeln wie z.B. nach Ooiden.
- Korrelation von Kristallgröße und Häufigkeit.
- Einschlüsse, die mineralogisch dem umgebenden Gestein entsprechen.

- Im Vergleich mit detritischen Körnern Unterschiede in der Farbe und im Habitus.
- Fehlen von Hinweisen auf Transport.
- Bei Feldspäten: im Vergleich mit detritischen Körnern unterschiedliche optische Eigenschaften.

Von besonderer Bedeutung sind authigene Minerale, die Aussagen über den Ablauf der Diagenese und über synsedimentäre Parameter gestatten (Beispiel: authigene Quarze als Leitminerale für salinare Fazies, vgl. Grimm, 1962; Nachsel, 1966; E. Franz, 1967; D.K. Richter, 1971).

4.1.3.10 Bemerkungen zur Genese und Unterscheidbarkeit der Komponenten

Die in Tabelle 13 unterschiedenen *Komponentenkategorien* sollten im wesentlichen für die *Beschreibung* der in Kalkschliffen erkennbaren Komponenten verwendet werden. Sofern eine genetische Deutung der Partikel möglich und sinnvoll ist, können die als *Teilgruppen* unterschiedenen Kategorien Verwendung finden.

Schwierigkeiten bereiten erfahrungsgemäß:

a) Die weitergehende Typisierung von kleinen Bioklasten: da auch rezente Bioklasten unter 0,06 mm im Binokular oder Polarisationsmikroskop im allgemeinen nicht mehr näher bestimmbar sind (vgl. Feray et al., 1962; Matthew, 1966; Jindrich, 1969,

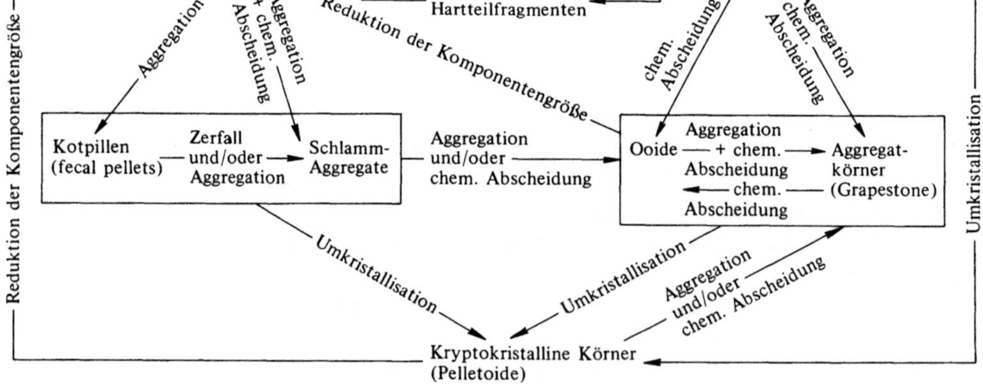

Abb. 21. Genetische Beziehungen zwischen den Komponentenkategorien. Modifiziert nach Kendall (1969)

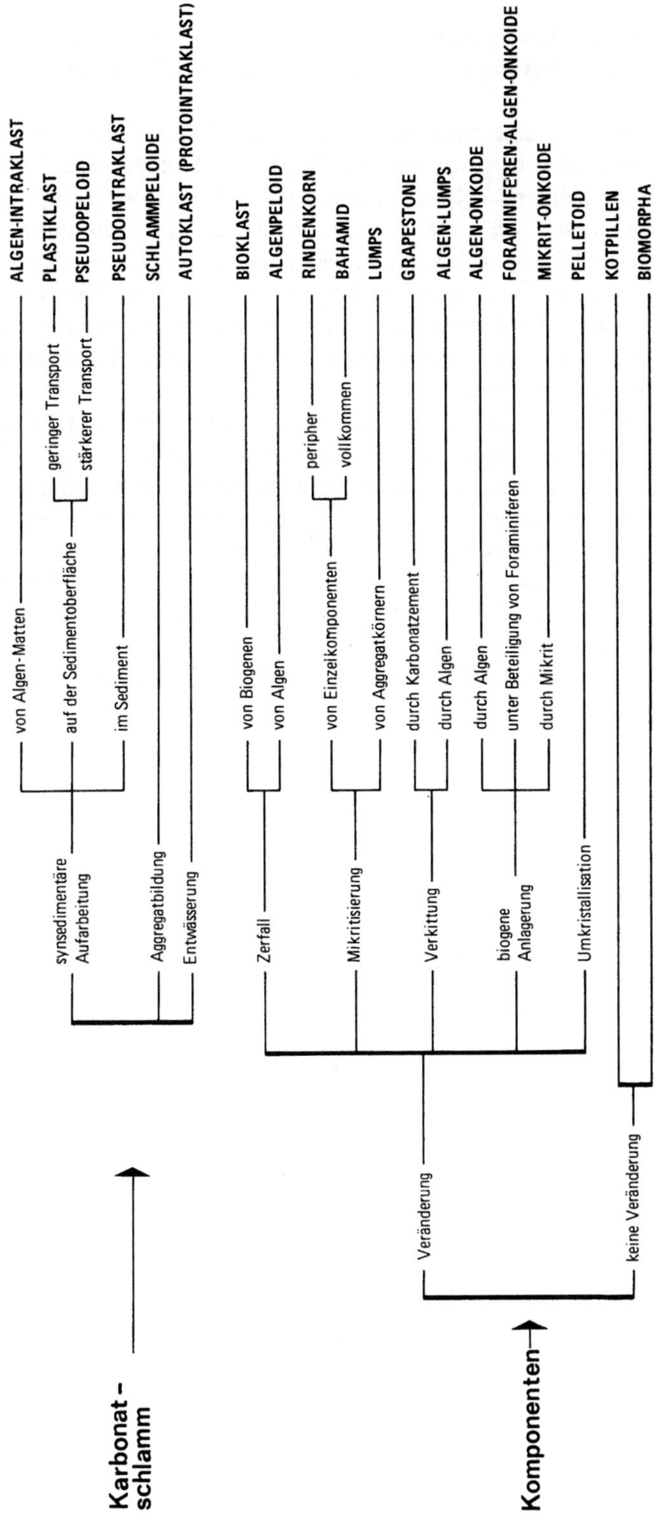

Abb. 22. Möglichkeiten der Entstehung von Kalkkomponenten

Swinchatt, 1965), sollten kleine Bioklasten unklarer systematischer Zuordnung bei einer quantitativen Erfassung als eigenständige Gruppe (z.B. „Biogene allgemein") betrachtet werden.

b) Die Unterscheidung von kleinen Intraklasten und Peloiden: aus praktischen Gründen empfiehlt es sich, zwischen den beiden Gruppen eine künstliche Grenzlinie bei einem Komponentendurchmesser von etwa 0,20 mm zu ziehen, wobei jedoch festgehalten werden muß, daß viele Peloide auf Aufarbeitungsprodukte zurückzuführen sind („Pseudopeloide", vgl. 4.1.3.2) und daher genetisch gesehen Intraklasten sind.

c) Die Unterscheidung von grapestones und lumps: diese beiden Teilgruppen sind sehr oft in sinnvoller Weise kaum zu trennen. Entsprechend dem Vorschlag von Milliman (1974) kann der erhöhte Mikritgehalt in den lumps zur Charakterisierung dieser Partikel herangezogen werden (vgl. Abschnitt 4.1.3.3).

d) Die Unterscheidung von Intra- und Extraklasten: sehr oft wird die Verwendung des genetisch neutraleren Begriffes Lithoklast sinnvoller sein, auch wenn „Intraklast" für die Bildung von zusammengesetzten Kalktyp-Namen brauchbarer ist.

e) Die Unterscheidung von sedimentären Rundpartikeln und morphologisch ähnlichen, jedoch diagenetisch entstandenen Komponenten wie zum Beispiel Caliche-Ooiden und Caliche-Peloiden. Hier helfen neben morphologischen Details (siehe Tabelle 4) Unterschiede in der (bei Caliche-Bildungen im allgemeinen fehlenden bis reduzierten) Fossilführung und in den Karbonatzementtypen.

Die Abb. 21 und 22 fassen die genetischen Beziehungen zwischen den Komponenten-Kategorien zusammen.

4.1.4 Literatur

4.1.4.1 Mikrit

Adolphe, J.P., Billy, C. (1974): Biosynthèse de calcite par une association bactérienne aérobic. C.R. Acad. Sci. Paris **278** D, 2873–2875, Paris
Alexandersson, T. (1977): siehe 3.6
Bachmann (1973): siehe 4.1.4.2
Bathurst, R.G.C. (1966): siehe 4.1.4.2
Bathurst, R.G.C. (1971): siehe 1.4.1
Bavendamm, W. (1932): Die mikrobiologische Kalkfällung in der tropischen See. Arch. Mikrobiol. **3**, 205–276
Black, M. (1933): The precipitation of calcium carbonate on the Great Bahama Bank. Geol. Mag. **70**, 455–466
Berner, R.A. (1971): Bacterial processes effecting the precipitation of calcium carbonate in sediments. In: Bricker, O.P.: Carbonate Cements, 247–251, Baltimore–London: Hopkins
Borza, K., Harman, M. (1970): Lithologisches und elektronenmikroskopisches Studium von Kalksteinen des Oberjuras und der Unterkreide. Geol. Zbornik, Geol. Carpathica **21**/1, 139–151, 19 Abb., Bratislava
Bosellini (1964): siehe 4.1.4.2
Broecker, W.S., Takahashi, T. (1966): siehe 2.4.1
Cayeux, L. (1935): Les roches sédimentaires de France. Roches carbonatées (calcium et dolomies). 436 S., Paris: Masson
Chave, K.E. (1964): Skeletal durability and preservation. In: Imbrie, J., Newell, N.D. (eds.): Approaches in Paleoecology, 377–387, New York: Wiley
Cloud, P.E. (1962): Environment of calcium carbonate deposition west of Andros Island, Bahamas. Geol. Surv. Prof. Pap. **350,** 138 S., 10 Tab., 46 Abb., Washington

Dalrymple, D.W. (1965): Calcium carbonate deposition associated with blue-green algal mats. Publ. Inst. Marine Sci. **10**, 187–200

Drew, H.G. (1913): On the precipitation of calcium carbonate in the sea by marine bacteria, and on the action of denitrifying bacteria in tropical and temperate seas. J. Marine Biol. Ass. **9**, 479–524

Dunham, R.J. (1962): siehe 6.4

Elf-Aquitaine (1975): siehe 1.4.1

Fabricius, F. (1966): siehe 5.5.1

Farinacci, A. (1968): La tessitura della micrite nel calcare "Corniola" del Lias medio. Accad. Naz. Lincei, Red. Cl. Sci. Fis. Mat. Naturali, Fasc. 2, Ser. 8, **44**, 284–289, Taf. 1–4, Roma

Fischer, A.G., Honjo, S., Garrison, R.E. (1967): Electron Micrographs of Limestones and their Nannofossils. Monogr. Geol. Paleont. **1**, 141 S., 94 Abb., Princeton

Flügel, E. (1967): Elektronenmikroskopische Untersuchungen an mikritischen Kalken. Geol. Rdsch. **56**, 341–358, 2 Taf., 2 Abb., 1 Tab., Stuttgart

Flügel, E., Franz, H.E. (1968): Über die lithogenetische Bedeutung von Coccolithen in Flachwasser-Karbonaten. Eclogae geol. Helvet. **60**, 1–17, Basel

Flügel, E., Franz, H.E., Ott, W.F. (1968): Review on electron microscope studies of limestones. In: Müller, G., Friedman, G.M. (eds.): Recent Developments in Carbonate Sedimentology in Central Europe, 85–97, 2 Taf., 4 Abb., Berlin–Heidelberg–New York: Springer

Folk, R.L. (1959): siehe 6.4

Folk, R.L. (1965): Some aspects of recrystallization in ancient limestones. Spec. Publ. Soc, Econ. Paleont. Min. **13**, 14–48, 14 Abb., Tulsa

Folk, R.L. (1974): siehe 3.6

Folk, R.L., Robles, R. (1964): siehe 4.2.3.2

Fritz, G. (1958): Schwammstotzen, Tuberolithe und Schuttbrekzien im Weißen Jura der Schwäbischen Alb. Arb. geol. Inst. TH Stuttgart, N.F. **13**, 118 S., 24 Abb., 5 Taf., Stuttgart

Gerthofferova, H., Mišik, M. (1971): Electron microscope study of some limestones and dolomites of the Carpathian Mountains. Acta Geol. Geogr. Univ. Comenianae, Geol. **21**, 163–186, Taf. 20–40, 3 Abb., Bratislawa

Golubić, S. (1969): Distribution, taxonomy and boring patterns of marine endolithic algae. Amer. Zool. **9**, 747–751, 6 Abb., Uthica

Greenfield, L.J. (1963): Metabolism and concentration of calcium and magnesium and precipitation of calcium carbonate by a marine bacterium. New York Acad. Sci. Ann. **109**/1, 23–45, New York

Gygi, R.A. (1975): *Sparisoma viride* (Bonnaterre), the Stoplight Parrotfish, a major sediment producer on coral reefs of Bermuda? Eclogae Geol. Helvet. **68**/2, 327–359, 11 Abb., 2 Tab., Basel

Hadding, A. (1958): Origin of the lithographic limestones. Kungl. fysiogr. Sallsk. I. Lund. Forhanl. **28**/4, 21–32, Stockholm

Hay, W.W., Wise, S.W., Stieglitz, R.D. (1970): Scanning electron microscope study of fine grain size biogenic carbonate particles. 1. Transact. Gulf Coast. Geol. Soc. **20**, 287–302, 23 Abb.

Hill, M.E. (1975): Selective dissolution of mid-Cretaceous (Cenomanian) calcareous nannofossils. Micropaleont. **21**/2, 227–235, 2 Taf., New York

Honjo, S. (1969): Study of fine grained carbonate matrix: Sedimentation and diagenesis of "micrite". Spec. Paper Paleont. Soc. Japan **14**, 67–82, Taf. 15–19, Tokyo

Husseini, S.I., Matthews, R.K. (1972): Distribution of high-magnesium calcite in lime muds of the Great Bahama Bank: Diagenetic implications. J. Sed. Petrol. **42**/1, 179–182, 7 Abb., Tulsa

Illing, L.V. (1954): siehe 2.4.1

Kahle, Ch.F. (1977): Origin of subaerial Holocene calcareous crusts: role of algae, fungi and sparmicritisation. Sedimentology **24**/3, 413–435, 7 Abb., Oxford

Keupp, H. (1977): Ultrafazies und Genese der Solnhofener Plattenkalke (Oberer Malm, Südliche Frankenalb). Abh. Naturhist. Ges. Nürnberg **37**, 128 S., 30 Taf., 18 Abb., Nürnberg

Kitano, Y., Hood, D.W. (1962): Calcium carbonate crystal forms from sea water by inorganic processes. J. Oceanograph. Soc. Japan **18**, 35–39, Tokyo

Kitano, Y., Hood, D.W. (1965): The influence of organic material on the polymorphic crystallization of calcium carbonate. Geochim. Cosmochim. Acta **29**, 29–41, London

Krumbein, W.E., Cohen, C. (1977): Primary production, mat formation and lithification: Contribution oxygenic and facultative anoxygenic Cyanobacteria. In: Flügel, E. (ed.): Fossil Algae, 37–56, 19 Abb., Berlin–Heidelberg–New York: Springer
Laffitte, R., Noel, D. (1967): Sur la formation des calcaires lithographiques. C.R. Acad. Sci. Paris **264**/11, 379–382, 2 Taf., Paris
Lalou, C. (1957): Studies on bacterial precipitation of carbonates in sea water. J. Sed. Petrol. **27**/2, 190–195, 2 Abb., Tulsa
Land, L.S. (1970): Carbonate mud: production by epibiontic growth on *Thalassia testudinum*. J. Sed. Petrol. **40**, 1361–1363, Tulsa
Leighton, M.W., Pendexter, C. (1962): siehe 6.4
Lindholm, R.C. (1969): Carbonate petrology of the Onondaga Limestone (Middle Devonian), New York: A case for Calcisiltite. J. Sed. Petrol. **39**/1, 268–275, 5 Abb., Tulsa
Longman, M.W. (1977): Factors controlling the formation of microspar in the Bromide formation. J. Sed. Petrol. **47**/1, 347–350, 3 Abb., Tulsa
Loreau, J.P. (1972): Pétrographique à calcaires fins au microscope électronique à balayage: introduction à une classification des "micrites". C.R. Acad. Sci. Paris **274**, 810–813, 3 Taf., Paris
Lowenstam, H.A. (1955): Aragonite needles secreted by algae and some sedimentary implications. J. Sed. Petrol. **25**, 270–272, Tulsa
Lowenstam, H.A. (1966): Biologic problems relating to the composition and diagenesis of sediments. Earth Science, 137–195, 4 Taf., 13 Abb.
Lowenstam, H.A., Epstein, S. (1957): On the origin of sedimentary aragonite needles of the Great Bahama Bank. J. Geol. **65**, 364–375, Chicago
Matthews, R.K. (1966): Genesis of recent lime mud in southern British Honduras. J. Sed. Petrol. **36**/2, 428–454, 8 Abb., 5 Tab., Tulsa
Maurin, A.V., Noe, D. (1977): A possible bacterial origin for Famennian micrites. In: Flügel, E. (ed.): Fossil Algae, 136–142, 3 Abb., Berlin–Heidelberg–New York: Springer
McCunn, H.J. (1972): Calcite and aragonite phenomena precipitated by organic decay in high lime concentrate brines. J. Sed. Petrol. **42**/1, 150–154, 8 Abb., Tulsa
Milliman, J.D. (1974): siehe 1.4.1
Milliman, J.D., Ross, D.A., Teh-Lung Ku (1969): Precipitation and lithification of deep sea carbonates in the Red Sea. J. Sed. Petrol. **39**/2, 724–736, 14 Abb., Tulsa
Minoura, N. (1975): An electron microscope study of the Upper Pennsylvanian limestones of Kansas. J. Fac. Sci. Hokkaido Univ., Ser. IV, Geol. Min. **16**/2–3, 193–330, 30 Taf., 16 Abb., 3 Tab., Sapporo
Mišik, M. (1970): Verwischung der ursprünglichen Merkmale in kalkigen Sedimenten und Kalken bei der Dolomitisierung. Verh. Geol. Bundesanst. **1970**/4, 673–688, 2 Taf., 2 Abb., Wien
Molnia, B.F., Pilkey, O.H. (1972): Origin and distribution of calcareous fines on the Carolina continental shelf. Sedimentology **18**, 293–310, 13 Abb., Amsterdam
Monty, Cl. (1965): Recent algal stromatolites in the Windward Lagoon, Andros Island, Bahamas. Ann. Soc. Geo. Belgique **88**/5–6, 269–276, Bruxelles
Müller-Jungbluth, W., Toschek, P.H. (1969): siehe 6.4
Neumann, A.C. (1965): Processes of recent carbonate sedimentation in Harrington Sound, Bermuda. Bull. Marine Sci. **15**/4, 987–1035, 13 Abb.
Neumann, A.C., Keller, G.H., Kofoed, J.W. (1972): "Lithoherms" in the Straits of Florida. Geol. Soc. Amer., Abstr. Programs **6**, 611
Neumann, A.C., Land, L.S. (1975): Lime mud deposition and calcareous algae in the Bight of Abaco, Bahamas: A budget. J. Sed. Petrol. **45**/4, 763–786, 10 Abb., Tulsa
Noel, D. (1969): Etudes des Coccolithes in situ dans les roches: La notion de nannofacies. Proc. 1st Intern. Conf. Planktonic Microfoss. Geneva **2**, 486–491, 4 Taf., Leiden : Brill
Oppenheimer, C.H. (1961): Note on the formation of spherical aragonitic bodies in the presence of bacteria for the Bahama Bank. Geochim. Cosmochim. Acta **23**, 295–296, Oxford
Patriquin, D.G. (1972): Carbonate mud production by Epibionts on *Thalassia*: an estimate based on leaf growth rate data. J. Sed. Petrol. **42**/3, 687–689, 1 Abb., Tulsa
Purdy, E.G. (1963): siehe 2.4.1
Salomon, W. (1914): Über die Bildung dichter Kalke. Geol. Rdsch. **5**, 478–480, Berlin

Schneider, J. (1977): Carbonate construction and decomposition by epilithic and endolithic micro-organisms in salt- and freshwater. In: Flügel, E. (ed.): Fossil Algae. Recent Results and Developments, 248–260, 3 Taf., 4 Abb., Berlin–Heidelberg–New York: Springer

Schneidermann, N. (1970): Genesis of some Cretaceous Carbonate in Israel. Israel J. Earth Sci. **19**, 97–115, 13 Taf., 5 Abb., Jerusalem

Scholle, P.A., Kling, St.A. (1972): Southern British Honduras: Lagoonal coccolith ooze. J. Sed. Petrol. **42**/1, 195–204, 5 Abb., Tulsa

Schwarzacher, W. (1961): Petrology and structure of some Lower Carboniferous reefs in northwestern Ireland. Bull. Amer. Ass. Petrol. Geol. **45**, 1481–1503, Tulsa

Shoji, R., Folk, R.L. (1964): Surface morphology of some limestone types as revealed by electron microscopy. J. Sed. Petrol. **34**/1, 144–155, Taf. 1–5, Tulsa

Sorby, H.C. (1879): Origin of limestones. Proc. Quart. J. Geol. Soc. London **35**, 56–95, London

Stieglitz, R.D. (1972): Scanning electron microscopy of fine fraction of recent carbonate sediments from Bimini, Bahamas. J. Petrol. **42**/1, 211–226, 4 Abb., Tulsa

Stieglitz, R.D. (1973): Carbonate needles: additional organic sources. Geol. Soc. Amer. Bull. **84**, 927–930, 1 Abb., New York

Stockman, K.W., Ginsburg, R.N., Shinn, E.A. (1967): The production of lime mud by algae in South Florida. J. Sed. Petrol. **37**/2, 633–648, 14 Abb., Tulsa

Swinchatt, J.P. (1965): siehe 2.4.1

Trichet, J. (1972): Etude du mécanisme de la nucléation du carbonate de calcium dans les dépots algaires. Lien avec la biogéochimie comparée de quelques tapes de dépots dus à des Cyanophycées (Polynésie française). C.R. Congr. Geol. Intern. Montreal, Sect. **7**, 631–638, Montreal

Wardlaw, N.C. (1962): Aspects of diagenesis in some Irish carboniferous limestones. J. Sed. Petrol. **32**/4, 776–780, Taf. 1, Tulsa

Wells, Illing (1963): Present-day precipitation of calcium carbonate in the Persian Gulf. In: van Straaten, L.M.J.U. (ed.): Deltaic and Shallow Marine Environments. Dev. Sed. **1**, 429–435, Amsterdam: Elsevier

Wolf, K.H. (1965a): Petrogenesis and paleoenvironment of Devonian algal limestones of New South Wales. Sedimentology **4**/1–2, 113–178, Amsterdam

Wolf, K.H. (1965b): "Grain-diminuation" of algal colonies to micrite. J. Sed. Petrol. **35**/2, 420–427, 7 Abb., Tulsa

Wood, A. (1941): "Algal dust" and the finer-grained varieties of carboniferous limestones. Geol. Mag. **78**, 192–200, London

4.1.4.2 Komponenten

Adeleye, D.F. (1975): Deviation of fragmentary oolites and pisolites from desiccation cracks. J. Sed. Petrol. **45**/4, 794–798, 3 Abb., Tulsa

Alexandersson, T. (1972): Micritization of carbonate particles: processes of precipitation and dissolution in modern shallow-water sediments. Bull. Geol. Inst. Univ. Uppsala, N.S. **3**, 201–236, Uppsala

American Geological Institute (ed.) (1976): Dictionary of Geological Terms. Revised Edition, 472 S., New York: Anchor Press

Andrews, J.E., Shepard, F.P., Hurley, R.J. (1970): Great Bahama Canyon. Geol. Soc. Amer. Bull. **81**, 1061–1078, New York

Argenio, B. d', Castro, P. de, Emiliani, C., Simone, L. (1975): Bahamian and Apenninic limestones of identical lithofacies and age. Bull. Amer. Ass. Petrol. Geol. **86**, 524–530, 6 Abb., Tulsa

Assereto, R., Folk, R.D. (1976): Brick-like textures and radial rays in Triassic pisolites of Lombardy, Italy, a clue to distinguish ancient aragonitic pisolites. Sed. Geol. **15**/3, 205–222, Amsterdam

Babić, L. (1969): *Sphaerocodium* or onkoids from the Upper Triassic Dolomite of Western Yogoslavia. Geol. Vjesnik, Zagreb **23**, 11–19, 1 Taf., 1 Abb., Zagreb

Bachmann, G.H. (1973): Die karbonatischen Bestandteile des Oberen Muschelkalkes (Mittlere Trias) in Südwest-Deutschland und ihre Diagenese. Arb. Inst. Geol. Paläont. Univ. Stuttgart. N.F. **68**, 1–99, 67 Abb., Stuttgart

Badoux, H. (1970): Les oolites déformées du Vélar (massif de Morcles). Eclogae geol. Helvet. **63**/2, 539–548, 19 Abb., Basel
Baltres, A. (1975): Lithification of some modern carbonate sediments in a hypersaline lake adjacent to the Black Sea. Sed. Geol. **13**, 291–302, 4 Abb., Amsterdam
Bandel, K. (1974): Fecal pellets of Amphineura and Prosobranchia (mollusca) from the Caribbean Coast of Columbia, South America. Senck. marit. **6**/1, 14 Abb., Frankfurt/M.
Barthel, K.W. (1974): Black pebbles, fossil and recent, on and near coral islands. Proc. Soc. Intern. Coral Reef Symp. **2**, 395–399, 5 Abb., Brisbane
Bathurst, R.G.C. (1966): Boring algae, micrite envelopes, and lithification of molluscan biosparites. Geol. J. **5**/1, 15–32, 3 Taf., Liverpool
Bathurst, R.G.C. (1967): Oolitic films on low energy carbonate sand grains, Bimini Lagoon, Bahamas. Marine Geol. **5**/2, 89–1-9, 14 Abb., 2 Tab., Amsterdam
Bathurst, R.G.C. (1968): Precipitation of ooids and other aragonite fabrics in warm seas. In: Müller, G., Friedman, G.M. (eds.): Recent Developments in Carbonate Sedimentology in Central Europe, 1–10, Berlin–Heidelberg–New York: Springer
Bathurst, R.G.C. (1971): siehe 1.4.1
Bausch, W.M. (1963): Die Oolithe des Malms. Fortschr. Geol. Rheinland-Westf. **10**, 343–346, Krefeld
Bausch, W., Wiontzek, H. (1961): Petrographische Untersuchungen am Hauptdolomit von Rehden. Erdöl Kohle **14**, 686–692, Hamburg
Beales, F.W. (1958): Ancient sediments of Bahaman type. Bull. Amer. Ass. Petrol. Geol. **42**/8, 1845–1880, Tulsa
Beales, F. (1971): Cementation in ancient pelletted limestones. In: Bricker, O.P.: Carbonate Cements, 215–224, Abb. 112–113, Baltimore–London: Hopkins
Behr, K., Behr, H.-J. (1976): Cyanophyten aus oberjurassischen Algen-Schwamm-Riffen. Lethaia **9**, 283–292, 8 Abb., Oslo
Bender, F. (1951): Fossile Pilze aus dem Eisenoolithhorizont des Lias α in Württemberg. Palaeontographica, B, **91**, 152–158, Taf. 22–24, 1 Abb., Stuttgart
Berg, G. (1944): Vergleichende Petrographie oolithischer Eisenerze. Arch. Lagerstättenforsch. **76**, Berlin
Bernoulli, D., Wagner, C.W. (1971): Subaerial diagenesis and fossil calcite deposits in the Calcare Massico Formation (Lower Jurassic, Central Apennines, Italy). N. Jb. Geol. Paläont. Abh. **138**/2, 125–149, Stuttgart
Blatt, H., Middleton, G., Murray, R. (1972): siehe 1.4.1
Boekschoten, G.J. (1966): Shell borings of sessile epibiontic organisms from the Dutch coast. Palaeo-3 **2**, 233–379, Amsterdam
Bolliger, W., Burri, P. (1970): Sedimentologie von Schelf-Carbonaten und Beckenablagerungen im Oxfordien des zentralen Schweizer Jura. Beitr. Geol. Karte Schweiz, N.F. **140**, 1–96, 15 Taf., 37 Abb., 4 Tab., Bern
Bornemann, J.G. (1886): Beiträge zur Kenntnis des Muschelkalks, insbesondere der Schichtenfolge und der Gesteine des unteren Muschelkalkes in Thüringen. Jb. preuss. geol. Landesanst. **1885**, 267–321, Berlin
Bosellini, A. (1964): Sul significato genetico e ambientale di alcuni tipi di rocce calcaree in base alle piu recenti classificazioni. Mem. Mus. Storia Nat. Venezia Tridentina, Anno 27–28, 1964–65, **15**, Fasc. 2, 1–58, 8 Taf., 6 Abb., Trento
Bosellini, A. (1966): Protointraclasts: Texture of some Werfenian (Lower Triassic) limestones of the Dolomites (Northeastern Italy). Sedimentology **6**, 333–337, 2 Abb., Amsterdam
Bosellini, A., Ginsburg, R.N. (1971): Form and internal structure of recent algal nodules (rhodolites from Bermuda). J. Geol. **79**, 669–682, Chicago
Brönnimann, P. (1976): Revision of the lectotype of *Favreina salevensis* (Pareas) (Crustacea, Decapoda) and description of favreine form-species from the Jurassic and Cretaceous of Scotland, Portugal, Yougoslavia and Pakistan. Paläont. Z. **50**, 40–56, Taf. 5–7, 7 Abb., Stuttgart
Brown, P.R. (1964): Petrography and origin of some Upper Jurassic beds from Dorset, England. J. Sed. Petrol. **34**, 254–269, Tulsa
Buchbinder, B., Begin, Z.B., Friedman, G.M. (1974): Pleistocene algal Tufa of Lake Lisan, Dead Sea Area, Israel. Israel J. Earth Sci. **23**, 131–138, 13 Abb., Jerusalem
Buchbinder, B., Friedman, G.M. (1970): Selective Dolomitization of Micritic Envelopes: a possible clue to original mineralogy. J. Sed. Petrol. **40**, 514–517, 2 Abb., Tulsa

Busse, R. (1968): „Mumien", Algenumwachsungen im Hauptrogenstein am Oberrhein. Aufschluß **19**/12, 346–348, 4 Abb., Heidelberg
Carbone, F., Civitelli, G. (1974): SEM non dispersive detector analysis and interpretation of microstructures in coated grains from central Italy. Geol. Romana **13**, 45–62, 34 Abb., Rom
Carozzi, A. (1956): An intraformational conglomerate by mixed sedimentation in the Upper Cretaceous of the Roc-De-Chère, Autochthonous Chains of High Savoy, France. J. Sed. Petrol. **26**/3, 253–257, 1 Abb.
Carozzi, A.V. (1957): Contribution de l'étude des propriétes géométriques des oolithes – l'exemple du Grand Lac Salé, Utah, USA. Inst. National Genève Bull. **58**, 1–52, Genf
Carozzi, A.V. (1960): siehe 1.4.1
Carozzi, A.V. (1961a): Distorted oolites and pseudoolites. J. Sed. Petrol. **31**/2, 262–274, Abb. 1–13, Tulsa
Carozzi, A.V. (1961b): Oolithes remaniées, brisées et régénerées dans le Mississipien des Chaines frontales, Alberta, Central Canada. Arch. Sci. **14**/2, 281–996, 8 Abb., Genf
Carozzi, A.V. (1962): Cerebroid oolites. Trans. Illinois State Acad. Sci. **55**/3–4, 238–249
Carozzi, A.V. (1963): Half-Moon Oolites. J. Sed. Petrol. **33**/3, 633–645, 9 Abb., Tulsa
Carozzi, A.V. (1964): Complex ooids from Triassic Lake Deposits, Virginia. Amer. Sci. **262**/2, 231–241, 3 Taf., Washington
Carss, B., Carozzi, A.V. (1965): Petrology of Upper Devonian pelletoidal limestones, Arrow Canyon Range, Clark County, Nevada. Sedimentology **4**/3, 197–222, Amsterdam
Castellarin, A., Sartoti, R. (1973): Desiccation shrinkage and leaching vugs in the calcari grigi Infraliassi tidal flat (S. Massenza and Loppio, Trento, Italy). Eclogae geol. Helvet. **66**/2, 339–343, Basel
Catalov, G. (1970): Fabric parts of limestones. Bulgarian Acad. Sci. Comm. Geol. Bull. Geol. Inst. Ser. Strat. Lithology **19**, 137–172, 4 Taf., 4 Abb., Sofia
Catalov, G. (1971): Centripetal replacement, micritization and the part played by boring algae in some Triassic limestones in the Fore-Balkan. C.R. Acad. bulgare Sci. **24**/2, 349–352, 8 Abb., Sofia
Chanda, S.K. (1967): Petrogenesis of the calcareous constituents of the Lameta Group around Jabalpur, M.P., India. J. Sed. Petrol. **37**/2, 425–437, 20 Abb., Tulsa
Charollais, J., Davaud, E. (1974): siehe 7.3.2
Choquette, P.W. (1955): A petrographic study of the "State College" Siliceous oolite. J. Geology **63**, 337–347, 1 Taf., 3 Abb., 1 Tab., Chicago
Cloos, E. (1947): Oolite deformation in the South Mountain Fold, Maryland. Bull. Geol. Soc. Amer. **58**, 843–918, New York
Conley, C.D. (1977): Origin of distorted ooliths and pisoliths. J. Sed. Petrol. **47**/2, 554–564, 11 Abb., Tulsa
Cook, H.E., Enos, P. (eds.) (1977): Deep-water carbonate environments. Soc. Econ. Paeont. Min. Spec, Publ. **25**, 300 S., Tulsa (im Druck)
Davis, R.A. (1966): Quiet water oolites from the Ordovician of Minnesota. J. Sed. Petrol. **36**/3, 813–818, 5 Abb., Tulsa
Donahue, J. (1965): Laboratory growth of pisolite grains. J. Sed. Petrol. **35**/1, 251–256, 6 Abb., Tulsa
Donahue, J. (1969): Genesis of oolite and pisolite grains: an energy index. J. Sed. Petrol. **39**/4, 1399–1411, Menasha
Dragastan, O. (1969): "Micro-oncolithes" dans le Jurassique supérieur de la vallée du Bicaz (Carpates orientales, Roumaine). Bull. Soc. géol. France (7), **11**, 655–659, Taf. 21–22, Paris
Dunham, R.J. (1969): Vadose pisolite in the Capitan Reef (Permian), New Mexico and Texas. Spec. Publ. Soc. Econ. Paleont. **14**, 182–191, Tulsa
Eardley, A.J. (1938): Sediments of the Great Salt Lake Utah. Bull. Amer. Ass. Petrol. Geol. **22**/10, 1305–1411, Tulsa
Elf-Aquitaine (1975): siehe 1.4.1
Fabricius, F.H. (1961): Die Strukturen des „Rogenpyrits" (Kössener Schichten, Rät) als Beitrag zum Problem der „Vererzten Bakterien". Geol. Rdsch. **51**, 311–319, Taf. 32–34, Stuttgart
Fabricius, F. (1966): siehe 5.5.1

Fabricius, F. (1967): Die Rät- und Lias-Oolithe der nordwestlichen Kalkalpen. Geol. Rdsch. **56**/1, 140–170, 10 Abb., 2 Taf., 2 Tab., Stuttgart
Fabricius, F., Berdau, H.D., Münnich, K.O. (1970): Early Holocene ooids in modern littoral sands. Reworked from a coastal terrace, Southern Tunesia. Science **169**, 757–760, 2 Abb., Washington
Fabricius, F., Klingele, H. (1970): Ultrastrukturen von Ooiden und Oolithen: Zur Genese und Diagenese quartärer Flachwasserkarbonate des Mittelmeeres. Verh. Geol. Bundesanst. **1970**/4, 594–617, 1 Abb., 4 Taf., Wien
Fagerstrom, J.A. (1967): Development, floatation and transportation of mud crusts – neglected factors in sedimentology. J. Sed. Petrol. **37**/1, 73–79, 7 Abb., Tulsa
Fahraeus, L.E., Slatt, R.M., Nowlan, G.S. (1974): Origin of carbonate pseudopellets. J. Sed. Petrol. **44**/1, 27–29, 2 Abb., Tulsa
Feray, E., et al. (1962): siehe 6.4
Flügel, E., Kirchmayer, M. (1962): Zur Terminologie der Ooide und Pseudooide. N. Jb. Geol. Paläont. Mh. **1962**/3, 113–123, 2 Abb., Stuttgart
Flügel, E., Wolf, K.H. (1969): „Sphaerocodien" (Algen) aus dem Devon von Deutschland, Marokko und Australien. N. Jb. Geol. Paläont. Mh. **1969**/2, 88–103, 4 Abb., Stuttgart
Folk, R.L. (1959): siehe 6.4
Folk, R.L. (1962): siehe 6.4
Franke, W., Eder, W., Engel, W. (1975): Sedimentology of a Lower Carboniferous shelf-margin (Velbert Anticline, Rheinisches Schiefergebirge, W-Germany). N.Jb. Geol. Paläont. Abh. **150**/3, 314–353, 16 Abb., 1 Tab., Stuttgart
Franz, E. (1967): Zur Frage der Genese authigener idiomorpher Quarze im Salinar. Z. angewandt. Geol. **13**/3, 157–159, Berlin
Freeman, T. (1962): Quiet water oolites from Laguna Madre, Texas. J. Sed. Petrol. **32**/3, 475–483, 10 Abb.,, Tulsa
Friedman, G.M., Amiel, A.J., Braun, M., Miller, D.S. (1973): Generation of carbonate particles and laminites in algal mats, examples from sea-marginal hypersaline pools, Gulf of Aqaba, Red Sea. Bull. Amer. Ass. Petrol. Geol. **57**/3, 541–558, Tulsa
Friedman, G.M., Gebelein, C.D., Sanders, J.E. (1971): Micritic envelopes of carbonate grains are not exclusively of photosynthetic algal origin. Sedimentology **16**, 89–96, Amsterdam
Fritz, G. (1958): siehe 4.1.4.1
Füchtbauer, H. (1964): siehe 9.2.2
Füchtbauer, H. (1968): Carbonate sedimentation and subsidence in the Zechstein Basin (Northern Germany). Recent Developments in Carbonate Sedimentology in Central Europe, 196–204, 4 Abb., Berlin–Heidelberg–New York: Springer
Gasche, E. (1956): Über die Entstehung der Mumien und übrigen Kalkknollen aus dem Sequan des Berner Jura. In: Ziegler, P.A.: Geologische Beschreibung des Blattes Courtelary (Berner Jura) und zur Stratigraphie des Sequanien im zentralen Schweizer Jura. Beitr. Geol. Karte Schweiz, N.F. **102**, 3 S., Basel
Gatral, M., Jenkyns, H.C., Parsons, C.F. (1972): Limonite concretions from the European Jurassic, with particular reference to the "snuff-boxes" of southern England. Sedimentology **18**, 79–103, 12 Abb., Amsterdam
Gebelein, C.D. (1969): Distribution, morphology and accretion rate of recent subtidal algal stromatolites. Bermuda. J. Sed. Petrol. **39**, 49–69, 19 Abb., Tulsa
Germann, K. (1969): Reworked dolomite crusts in the Wettersteinkalk (Ladinian, Alpine Triassic) as indicators of early supratidal dolomitization and lithification. Sedimentology **12**, 257–277
Ginsburg, R.N. (1960): Ancient analogues of recent stromatolites. Inst. Geol. Congr. XXI, Sess. Norden, part **22**, 26–35, Copenhagen
Glazek, J. (1965): Wspolczesne onkolity w potokach polnocnego weetnamu i Tatr Polskich. Rocz. polsk. Tow. geol. **35**/3, 221–242, 4 Taf., Abb., Tab. (poln. mit engl. Zusammenfassung)
Golubić, S., Brent, G., Lecampion, Th. (1970): Scanning electron microscopy of endolithic algae and fungi using multipurpose casting-embedding technique. Lethaia **3**, 203–209, 5 Abb., Oslo
Golubić, St., Fischer, A.G. (1975): Ecology of calcareous nodules forming in little Connestage creek near Lancaster, Pennsylvanian. Verh. Intern. Verein. Limnol. **19**, 2315–2323, 9 Abb., Stuttgart

Golubić, St., Perkins, R.D., Lukas, K.J. (1975): Boring microorganisms and microborings in carbonate substrates. In: Frey, R.W. (ed): The Study of Trace Fossils, 229–259, 10 Abb., Berlin-Heidelberg–New York: Springer
Grabau, A.W. (1920): A Textbook of Geology, part I, General Geology, 83 S., Boston: Heath
Gradzinski, R., Radomski, A. (1967): Pisoliths from Cuban caves. Ann. Soc. geol. Pologne **37**/2, 243–265, 4 Abb., 3 Tab., 6 Taf., Krakau
Gradzinski, R., Radomski, A. (1976): Cave ooids in a tertiary karst shaft at Pogorzyce, southern Poland. Acta geol. Polon. **26**/3, 395–403, Warszawa
Grimm, W.-D. (1962): Idiomorphe Quarze als Leitmineralien für salinare Fazies. Erdöl u. Kohle **15**, 880–887, 10 Abb., Hamburg
Gunatilaka, A. (1976): Thallophyte boring and micritization within skeletal sands from Connemara, Western Ireland. J. Sed. Petrol. **46**/3, 548–554, Abb. 1–3C
Gygi, R.A. (1969): Zur Stratigraphie der Oxford-Stufe (oberes Jura-System) der Nordschweiz und des süddeutschen Grenzgebietes. Beitr. Geol. Karte der Schweiz, N.F. **136**, 123 S., 11 Abb., 9 Tab., 13 Taf., 6 Beil., Bern
Haage, R. (1970): Beitrag zur Genese der Ooide von Kalkoolithen am Beispiel des Unteren Buntsandsteines im Süden der DDR. Geol. **19**/1, 106–112, 7 Abb., Berlin
Hahne, C., Kirchmayer, M., Ottemann, J. (1968): "Höhlenperlen" (Cave Pearls), besonders aus Bergwerken des Ruhrgebietes. Modellfälle zum Studium diagenetischer Vorgänge an Einzelooiden. N. Jb. Paläont. Abh. **130**/1, 1–46, Taf. 1–8, 25 Diagr., Stuttgart
Häntzschel, W. (1939): Schlick-Gerölle und Muschel-Klappen als Strömungsmarken im Wattenmeer. Natur und Volk **69**, 412–417, 5 Abb., Frankfurt/M.
Hattin, D.E. (1975): Petrology and origin of fecal pellets in Upper Cretaceous Strata of Kansas and Saskatchewan. J. Sed. Petrol. **45**/3, 686–696, 19 Abb., Tulsa
Heim, A. (1916): Monographie der Churfürsten-Mattstock-Gruppe. 3. Teil: Lithogenesis. Beitr. Geol. Karte Schweiz, N.F. **20**, Basel
Henbest, L.G. (1963): Biology, mineralogy and diagenesis of some typical late paleozoic sedentary foraminifera and algal-foraminiferal colonies. Cushman Found. Foram. Res. Spec. Publ. **6**, 1–44, 7 Tab., Bridgewater
Herrmann, A. (1956): Der Zechstein am südwestlichen Harzrand. Geol. Jb. **72**, 1–72, 4 Taf., 14 Abb., 1 Tab., Hannover
Hesse, E. (1973): Diagenesis of a seamount oolite from the West Pacific, Leg 20, DSDP. In: Heezen, B.C., MacGregor, J.D. (eds.): Initial Reports of the Deep Sea Drilling Project **20**, 363–387, 9 Taf., 4 Abb., Washington: US Gouv. Printing Office
Honjo, S. (1976): siehe 2.4.1
Ihrion, G., Müller, G. (1968): siehe 2.4.2
Illing. L.V. (1954): Bahaman calcareous sands. Amer. Ass. Petrol. Geol. Bull. **38**, 1–95, Tulsa
Jenkyns, H.C. (1972): Pelagic "oolites" from the Tethyan Jurassic. J. Geol. **80**, 21–33, 8 Abb., Chicago
Jindrich, V. (1969): siehe 4.3.2.2
Johnson (1946): Lime-secreting algae from the Pennsylvanian and Permian of Kansas. Bull. Geol. Soc. Amer. **57**, 1087–1120, New York
Jones, H.A. (1965): Ferruginous oolites and pisolites. J. Sed. Petrol. **35**/4, 838–845, 10 Abb., Tulsa
Kahle, C.F. (1974): Ooids from Great Salt Lake, Utah as an analogue for the genesis and diagenesis of ooids in marine limestones. J. Sed. Petrol. **44**/1, 30–39, Tulsa
Kalkowsky, E. (1908): Oolith und Stromatolith im norddeutschen Buntsandstein. Z. deutsch. geol. Ges. **60**, 68–125, Berlin
Kendall, Ch.G.St.C. (1969): An environmental re-interpretation of the Permian evaporite/carbonate shelf sediments of the Guadelupe Mountains. Geol. Soc. Amer. Bull. **80**, 2503–2526, 9 Taf., 12 Abb., New York
Kendall, C.G.St.C., Skipwith, P.A.d'E. (1969): Holocene shallow-water carbonate and evaporite sediments of Khor als Bazam, Abu Dhabi, Southwest Persian Gulf. Bull. Amer. Ass. Petrol. Geol. **53**, 841–869, Tulsa
Kerkmann, K. (1966): Über „Oolithe" und „Stromatolithe" und die Beteiligung von Algen an der Kalksteinbildung. Wiss. Z. Hochschule Architektur u. Bauwesen **13**/3, 293–302, 19 Abb., Weimar
Kirchmayer, M. (1964): Höhlenperlen (cave perls) aus Bergwerken. Sitzungsber. Österr. Akad. Wiss. Math.-naturw. Kl. **173**/5–7, 309–349, 18 Abb., 6 Tab., Wien

Klement, K.W., Toomey, D.F. (1967): Role of the blue-green algae *Girvanella* in skeletal grain destruction and lime-mud formation in the lower Ordovician of West Texas. J. Sed. Petrol. **37**/4, 1045–1051, 7 Abb., Tulsa
Kobluk, D.R., Risk, M.J. (1977): Calcification of exposed filaments of endolithic algae, micrite envelope formation and sediment production. J. Sed. Petrol. **47**/2, 517–528, Tulsa (siehe auch: Bull. Amer. Ass. Petrol. Geol. **61**/7, 1977)
Kornicker, L.S., Purdy, E.G. (1957): A Bahamian fecal pellet sediment. J. Sed. Petrol. **27**, 126–128, Tulsa
Krech, K. (1911): Beitrag zur Kenntnis der oolithischen Gesteine des Muschelkalkes um Jena. Jb. Preuß. geol. Landesanst., Jg. 1909, 59–133, Berlin
Kutek, J., Radwanski, A. (1965): Upper Jurassic onkolites of the Holy Cross Mts. (Central Poland). Bull. Acad. polon. Sci. Ser. Sci. geol. geogr. **13**/2, 155–160, 6 Taf., Warszawa
Labecki, J., Radwanski, A. (1967): Broken ooids in lagoonal Keuper deposits of the Western Margin of the Holy Cross Mts. Bull. Acad. Polonaise Sci. **15**/2, 93–99, Warszawa
Lacey, J.E., Carozzi, A.V. (1967): Critères de distinction entre oolithes autochthones et allochthones. Application au calcaire de Sainte-Genévieve (Viséen) de l'Illinois (USA). Bull. Centre Rech. Pau-SNAP **1**/**2**, 279–313, 4 Taf., 13 Abb., Pau
Logan et al. (1964): siehe 5.3.12.7
Loreau, J.P. (1969): Ultrastructure et diagenèses de oolithes marines anciennes (jurassiques). C.R. Acad. Sci. Paris **269**, 819–822, 2 Taf., Paris
Loreau, J.P. (1970a): Ultrastructure de la phase carbonatée des oolithes marines actuelles. C.R. Acad. Sci. Paris **271**, 816–819, 3 Taf., Paris
Loreau, J.P. (1970b): Contribution a l'étude des calcaires hétérogènes par l'emploi simultane de la microscopie phototonique et de la microscopies électronique à balayage, Problème particulier de la micritisation. J. Microscopie **9**/**6**, 727–734, 4 Taf., Paris
Loreau, J.P. (1973): Nouvelles observations sur la genèse et la signification des oolithes. Sci. Terre **18**/3, 213–244, 3 Taf., 3 Abb., 1 Tab., Nancy
Loreau, J.P., Purser, B.H. (1973): Distribution and ultrastructure of Holocene ooids in the Persian Gulf. In: Purser, B.H.: The Persian Gulf, 279–328, 20 Abb., Berlin–Heidelberg–New York: Springer
McCannon, D.E. Jr. (1975): Primary fluviatil oolites. J. Sed. Petrol. **45**/3, 719–727, 11 Abb., Tulsa
McKee, E.D., Gutschick, R.C. (1969): History of Redwall limestone of northern Arizona. Geol. Soc. Amer. Mem. **114**, 1–26, New York
Margolis, S., Rex, R.W. (1971): Endolithic algae and micrite envelope formation in Bahaman oolites as revealed by scanning electron microscopy. Geol. Soc. Amer. Bull. **82**, 843–852, 20 Abb., New York
Marschner, H. (1968): Relationship between carbonate grain size and non-carbonate content in carbonate sedimentary rocks. In: Friedman, G.M., Müller, G.: Recent Developments in Carbonate Sedimentology in Central Europe, 55–57, 2 Abb., Berlin–Heidelberg–New York: Springer
Maslov, V.P. (1960): Stromatoliti (ikh genezikh, metod izuchenya, syach s faunvami i geologicheskoe izachenie na premere ordovika russkoi platformy. Trudy geol. inst. Akad. nauk SSSR **41**, 1–188, Moskva
Matthews, R.K. (1966): siehe 2.4.1
Mazzulo, S.J. (1977): Shrunken (geopetal) ooids: evidence of origin unrelated to carbonate-evaporite diagenesis. J. Sed. Petrol. **47**/1, 392–397, 5 Abb., Tulsa
Meyer, R. (1976): Mikrofazielle Untersuchungen in Schwamm-Biohermen und -Biostromen des Malm Epsilon (Ober-Kimmeridge) und obersten Malm Delta der Frankenalb. Geol. Bl. NO-Bayern **25**, 149–177, 14 Abb., Erlangen
Milliman, J.D. (1967): siehe 2.4.1
Milliman, J.D. (1974): siehe 1.4.1
Milliman, J.D., Barretto, H.T. (1975): Relict magnesian calcite oolite and subsidence of the Amazon shelf. Sedimentology **22**, 137–145, 4 Abb., Oxford
Mitterer, R.M. (1968): siehe 2.4.1
Mitterer, R.M. (1971): siehe 2.4.1
Mišik, M. (1968): Traces of submarine slumping and evidences of hypersaline environment in the Middle Triassic of the West Carpathians core mountains. Geol. Zborn. **19**/1, Slov. Akad. Vied, 205–224, Bratislawa
Monaghan, P.H., Melba. L.L. (1956): The origin of calcareous ooliths. J. Sed. Petrol. **26**, 111–118, Tulsa

Monty, Cl. (1963): Bases d'une nomenclature des roches calcaires marines. Ann. Soc. Géol. Belgique **86**, 1962–1963, Mém. 2, B 87–B 122, 1 Taf., Bruxelles
Monty, Cl. (1965): Recent algal stromatolites in the Windward Lagoon, Andros Island, Bahamas. Ann. Soc. Geol. Belgique Bull. **88**/6, B 269–B 276, Bruxelles
Monty, Cl. (1967): Distribution and structure of recent stromatolitic algal mats. Eastern Andros Island, Bahamas. Ann. Soc. Géol. Belgique **90**/3, 55–100, 19 Taf.,13 Abb., Bruxelles
Monty, Cl. (1972): Recent algal stromatolitic deposits, Andros Island, Bahamas, preliminary report. Geol. Rdsch. **61**/2, 742–783, 32 Abb., Stuttgart
Monty, Cl. (1973): Precambrian background and phanerozoic history of stromatolitic communities, an overview. Ann. Soc, Geol. Belgique **96**/3, 585–624, Bruxelles
Monty, Cl. (1977): siehe 5.3.12.7
Müller-Jungbluth, W.U., Toschek, P.H. (1969): Karbonatsedimentologische Arbeitsgrundlagen (Begriffe, Erläuterungen, Hinweise). Veröff. Univ. Innsbruck **8**, Alpenländ. Studien **4**, 32 S., 3 Taf., Innsbruck
Nachsel, G. (1966): Quarz als Faziesindikator. Z. angewandt. Geol. **12**/6, 322–326, Berlin
Newell, N.D., Purdy, E.G., Imbrie, J. (1960): Bahamian oolitic sand. J. Geol. **68**/5, 481–497, 3 Abb., 4 Taf., Chicago
Nissen, H.U. (1964): Calcite fabric analysis of deformed oolites from the South Mountain Fold, Maryland. Amer. J. Sci. **262**, 892–903, 4 Abb.
Obrhel, J. (1977): Onkolithe und Algen von Unterkarbon in Mähren. Vestn. Ustred. ustavu geol. **52**, 29–34, 4 Taf., Praha
Orzag-Sperber, F., Poignant, A.-F., Poisson, A. (1977): Paleogeographic significance of rhodolites: some examples from the Miocene of France and Turkey. In: Flügel, E. (ed.): Fossil Algae. Recent Results and Developments, 286–294, 4 Taf., Berlin–Heidelberg–New York: Springer
Ott, E. (1969): Zur Geologie des Sulzfluh-Kalkes (Malm) in Graubünden und Vorarlberg. Unveröff. Diss. TH Darmstadt, 187 S., 10 Taf., Darmstadt (Maschinenschrift)
Paulsen, S. (1964): Aufbau und Petrographie des Riffkomplexes von Arnegg im höheren Weißen Jura der Schwäbischen Alb (Württemberg). Arb. Geol. Paläont. Inst. TH Stuttgart, N.F. **42**, 98 S., 22 Taf., 20 Abb., Stuttgart
Perkins, R.D., Halsey, S.D. (1971): Geologic significance of microboring fungi and algae in Carolina shelf sediments. J. Sed. Petrol. **41**, 843–853, Tulsa
Peryt, T.M. (1961): Environmental significance of foraminiferal-algal oncolites. In: Flügel, E. (ed.): Fossil Algae. Recent Results and Developments, 61–65, 2 Abb., Berlin–Heidelberg–New York: Springer
Peryt, T.M. (1975): Significance of stromatolites for the environmental interpretation of the Buntsandstein (Lower Triassic) rocks. Geol. Rdsch. **64**/1, 143–158, 10 Abb., Stuttgart
Peryt, T.M., Peryt, D. (1975): Association of sessile tubular foraminifera and schizophytic algae. Geol. Mag. **112**, 612–614, London
Pettijohn, F.J. (1957): siehe 1.4.1
Pia, J. (1927): Thallophyta. In: Hirmer, M. (ed.): Handbuch der Paläobotanik **1**, 31–136, München–Berlin: Oldenbourg
Picard, M.D., High, L.R. (1968): Sedimentary cycles in the Green River Formation (Eocene), Unita Basin, Utah. J. Sed. Petrol. **38**, 378–383, Tulsa
Poncet, A. (1976): Faciès carbonates de barrière-récif dans l'Eodévonien du Nord-Est du massif armoricain (Cotentin). Bull. B.R.G.M., sér. 2/I, **1** 49–68, 2 Taf., 7 Abb., Paris
Porter, C.L., Zebrowski, G. (1937): Lime-loving molds from Australian sands. Mycologia **29**, 252–257
Pümpin, V.F. (1965): Riffsedimentologische Untersuchungen im Rauracien von St. Ursanne und Umgebung (Zentraler Schweiz. Jura). Eclogae geol. Helv. **58**/2, 799–876, 1 Taf., 36 Abb., Basel
Purdy, E.G. (1963): Recent calcium carbonate facies of the Great Bahama-Bank. 1. Petrography and reaction groups. J. Geol. **71**/3, 334–355, 5 Abb., Taf. 1–5, Chicago
Purdy, E.G. (1968): siehe 3.10
Purser, B.H., Loreau, J.P. (1973): Aragonites, supratidal encrustations on the Trucial Coast, Persian Gulf. In: Purser, B.H. (ed.): The Persian Gulf, 343–376, 20 Abb., Berlin–Heidelberg–New York: Springer

Quester, H. (1964): Petrographie des erdgashöffigen Hauptdolomits im Zechstein 2 zwischen Weser und Ems. Z. dtsch. geol. Ges. **114**, Jg. 1962, 461–483, Hannover

Radoicic, R. (1960): siehe 5.5.1

Radwanski, A. (1965): Pitting processes in clastic and oolitic sediments. Ann. Soc. Geol. Pologne **35**/2, 179–210, Taf. 11–20, 4 Abb., Krakow

Radwanski, A., Birkenmajer, K. (1977): Oolitic/pisolitic dolostones from the Late Precambrian of south Spitsbergen: their sedimentary environment and diagenesis. Acta geol. Polonica **27**/1, 1–39, 20 Abb., Warszawa

Radwanski, A., Szulczewski, M. (1966): Jurassic stromatolites of the Villany Mountains (Southern Hungary). Ann. Univ. Sci. Budapest Rolando Eötvös, Sect. Geol. **9**, 87–107, 6 Taf., Budapest

Richter, D.K. (1971): Fazies- und Diagenesehinweise durch Einschlüsse in authigenen Quarzen. N. Jb. Geol. Paläont. Mh. **1971**/10, 604–622, Stuttgart

Riding, R. (1977): Skeletal stromatolites. In: Flügel, E. (ed.): Fossil Algae. Recent Results and Developments, 57–60, 1 Abb., Berlin–Heidelberg–New York: Springer

Roberts, H.H., Moore, ClH. Jr. (1971): Recently cemented aggregates (grapestones), Grand Cayman Island, B.W.I. In: Bricker, O.P. (ed.): Carbonate Cements, 88–90, Abb. 46–47, Baltimore–London: Hopkins

Roda, C. (1965): Livelli a struttura grumosa e livelli ad ooliti rotte e rigenerate nel calcare miocenio del M. Alpi (Potenza). Geol. Romana **4**, 181–220, Rom

Rooney, W.S. Jr., Perkins, R.D. (1972): Distribution and geologic significance of microboring organisms within sediments of the Arlington Reef Complex, Australia. Bull. Geol. Soc. Amer. **83**, 1139–1150, 16 Abb., New York

Rusnak, G.A. (1960): Some observation of recent oolites. J. Sed. Petrol. **30**/3, 471–480, 7 Abb., Tulsa

Sandberg, P.A. (1975): New interpretation of great Salt Lake ooids and of ancient nonskeletal carbonate mineralogy. Sedimentology **22**, 497–537, Oxford

Sander, B. (1936): siehe 1.4.1

Sander, N.J. (1967): siehe 6.4

Sarntheim, M. (1965): Sedimentologische Profilreihen aus den mitteltriadischen Karbonatgesteinen der Kalkalpen nördlich und südlich von Innsbruck. Verh. Geol. Bundesanst. **1965**, 1/2, 119–161, 1 Taf., Wien

Sass, E., Weiler, Y., Katz, A. (1972): Recent sedimentation and oolite formation in the Ras Matarma Lagoon, Gulf of Suez. In: Stanley, D.J. (ed.): The Mediterranean Sea: A Natural Sedimentation Laboratory, 279–292, 10 Abb., Stroudsburg: Dowden, Hutchinson and Ross

Schenk, P. (1975): Facies and phases of the Altamont Limestone, a Megacyclothem (Pennsylvanian), Iowa to Oklahoma. Bull. Geol. Soc. Amer. **78**, 1369–1384, 3 Taf., 5 Abb., New York

Schloz, W. (1972): Zur Bildungsgeschichte der Oolithenbank (Hettangium) in Baden-Württemberg. Arb. Inst. Geol. Paläont. Univ. Stuttgart, N.F. **67**, 101–212, 40 Abb., 8 Taf., 11 Tab., Stuttgart

Schmidt, V. (1969): Facies, diagenesis, and related reservoir properties in the Gigas Beds (Upper Jurassic), Northwestern Germany. Spec. Publ. Soc. Econ. Paleont. Min. **13**, 124–168, 32 Abb., Tulsa

Schöttle, M., Müller, G. (1968): siehe 2.4.2

Senowbari-Daryan, B. (1978): Anomuren-Koprolithen aus den Oberrät-Riffkalken der Salzburger Alpen. Ann. Naturhist. Mus. Wien, im Druck

Sestini, G. (1964): Introduzione allo studio e alla descrizione delle rocce carbonate. 25 S., Ciclostilato, Rapp. interno Centro Studi Geol. Appenn., C.N.R., Firenze

Shearman, D.J., Twyman, J., Zand Karimi, M. (1970): The genesis and diagenesis of oolites. Proc. Geol. Ass. **81**/3, 561–575, 5 Abb., Leeds

Sibley, D.F., Murray, R.C. (1972): Marine diagenesis of carbonate sediment, Bonaire, Netherlands Antilles. J. Sed. Petrol. **42**/1, 168–178, 7 Abb., Tulsa

Siesser, W.G. (1973): Diagenetically formed ooids and intraclasts in South African calcretes. Sedimentology **20**, 539–551, 12 Abb., Oxford

Simone, L. (1974): Genesi e significato ambientale degli ooidi a struttura fibrosa-raggiata di alcuni depositi mesozoichi dell'area Appennino-dinarica e delle Bahamas meridionali. Boll. Soc. Geol. Ital. **93**, 513–545, 26 Abb., Rom

Skupin, K. (1969): Ein Fecal-Pellet-Typ aus dem Unteren Hauptmuschelkalk (Trochitenkalk) des Neckar-Jagst-Kocher-Gebietes. N. Jb. Geol. Paläont. Mh. **1969**/6, 377–383, 2 Abb., Stuttgart

Skupin, K. (1970): Feinstratigraphische und mikrofazielle Untersuchungen im Unteren Hauptmuschelkalk (Trochitenkalk) des Neckar-Jagst-Kocher-Gebietes. Arb. Geol. Paläont. Inst. Univ. Stuttgart, N.F. **63**, 173 S., 4 Taf., Stuttgart

Stapf, K. (1970): Lithologische Untersuchung der Altenglaner Schichten im saarpfälzischen Unterrotliegenden mit besonderer Berücksichtigung der Karbonatgesteine. Unveröff. Diss. Univ. Main, 231 S., 52 Abb., 26 Beil., Mainz (Maschinenschrift)

Steinmann, G. (1880): Die Mumien des Hauptrogensteins. N. Jb. Min. Geol. Paläont., Stuttgart

Sudgen, W. (1963): Some aspects of sedimentation in the Persian Gulf. J. Sed. Petrol. **33**/2, 355–364, 4 Abb., Tulsa

Suess, E., Fütterer, D. (1972): Aragonitic ooids: experimental precipitation from seawater in the presence of humid acid. Sedimentology **19**, 1/2, 129–139, 6 Abb., Amsterdam

Swinchatt, J.P. (1969): Algal boring: A possible depth indicator in carbonate rocks and sediments. Geol. Soc. Amer. Bull. **80**/7, 1391–1396, New York

Szulczewski, M. (1967): Stromatolitic structures within Middle Jurassic transgressive deposits at Wola Morawicka (southern margins of the Holy Cross Mountains, Central Poland). Ann. Soc. Geol. Pologne **37**/4, 515–528, Taf. 37–40, 5 Abb., Krakow

Taylor, J.M.C., Illing, L.V. (1969): Holocene intertidal calcium carbonate cementation, Qatar, Persian Gulf. Sedimentology **12**, 69–107, Amsterdam

Toomey, D.F. (1974): Algally coated grains from the Leavenworth limestone (M. Pennsylvanian, Midcontinent Region, USA). N. Jb. Geol. Paläont. Mh. **1974**/3, 175–191, Stuttgart

Toomey, D.F. (1975): Rhodoliths from the Upper Paleozoic of Kansas and the Recent. A comparison. N. Jb. Geol. Paläont. Mh. **1975**/4, 242–255, Stuttgart

Teichert, C. (1970): Oolite, oolith and ooid: Discussion. Bull. Amer. Ass. Petrol. Geol. **54**/9, 26, Tulsa

Trichet, J. (1969): Etude de la composition de fraction organique des oolités, comparaison avec celle des membranes des bactéries et des cyanophycées. C.R. Acad. Sci. (Paris) **267**/19, 1492–1494, Paris

Usdowski, H.E. (1962): Die Entstehung der kalkoolithischen Fazies des norddeutschen Unteren Buntsandsteins. Beitr. Min. Petr. **8**/3, 141–179, 25 Abb., Heidelberg

Usdowski, H.E. (1963): Der Rogenstein des norddeutschen Unteren Buntsandsteins, ein Kalkoolith des marinen Faziesbereiches. Fortschr. Geol. Rheinland–Westf. **10**, 337–342, 1 Abb., 1 Tab., Krefeld

Vernet, J.P., Ferrari, J.M. (1969): Ultrastructure des oolithes ferrugineuses du Callovien du Jura meridonal. II. C.R. Soc. Phys. Hist. nat. Genève **1969**/4, 1, 62–67

Werner, F. (1959): Zur Kenntnis der Eisenoolithfazies des Braunjura: von Ostwürttemberg. Arb. Geol. Paläont. Inst. TH Stuttgart, N.F. **23**, 169 S., 5 Taf., 54 Abb., 8 Tab., Stuttgart

Wetzel, W. (1937): Die koprogenen Beimischungen mariner Sedimente und ihre diagnostische und lithogenetische Bedeutung. N. Jb. Geol. Min. Paläont., Beil. Bd. **78** B, 109–122, Stuttgart

Wilson, R.C.L. (1967): Particle nomenclature in carbonate sediments. N. Jb. Geol. Paläont. Mh. **1967/68**, 498–510, 4 Abb., Stuttgart

Wilson, J.L. (1969): Microfacies and sedimentary structures in "deeper water" lime mudstones. Spec. Pap. Soc. Econ. Paleont. Min. **14**, 4–19, Tulsa

Wilson, J.L. (1975): siehe 1.4.1

Winland, H.D. (1968): The role of high Mg calcite in the preservation of micrite envelopes and textural features of aragonite sediments. J. Sed. Petrol. **38**/4, 1320–1325, 7 Abb., Tulsa

Winland, H.D., Matthews, R.K. (1974): Origin and significance of grapestone, Bahama Islands. J. Sed. Petrol. **44**/3, 921–927, 8 Abb., Tulsa

Wobber, F.J. (1965): Sedimentology of the Lias (Lower Jurassic) of South Wales. J. Sed. Petrol. **35**/3, 638–703, 8 Abb., Tulsa

Wolf, K.H. (1965a): Petrogenesis and palaeoenvironment of Devonian algal limestones of New South Wales. Sedimentology **4**, 113–178, 39 Abb., Amsterdam

Wolf, K.H. (1965b): Gradational sedimentary products of calcareous algae. Sedimentology **5**, 1–37, 25 Abb., 4 Tab., Amsterdam

4.2 Strukturelle und texturelle Merkmale

Die Häufigkeit, Größe und Rundung der Komponenten sowie das von den Komponenten gebildete Gefüge stellen neben der Art der Komponenten die wichtigsten mikrofaziellen Merkmale dar.

4.2.1 **Häufigkeitsanalysen** (constituent analysis)

Kalkklassifikationen und Mikrofaziestypisierungen verlangen eine quantitative Erfassung der im Schliffbereich erkennbaren Merkmale.

Die Kenntnis der prozentualen Zusammensetzung (= Modalbestand) – aufgegliedert nach Matrix, Sparit und Komponenten – ist wichtig für

a) die Probeneinordnung in Kalkklassifikationen,

b) die Verfolgung der Faziesentwicklung in Zeit und Raum,

c) Angaben über die „Ostracomasse" (Jaanusson, 1972) bzw. über die Gesamtmasse an Skelettmaterial, das zu einer bestimmten Zeit in einem bestimmten Gebiet produziert wurde.

4.2.1.1 Methoden und Beispiele

I. Methoden

A. Untergrenze der meßbaren Komponenten: Da kleine Peloide, Bioklasten und Intraklasten unterhalb einer Minimalgröße nicht mehr unterscheidbar sind und die gruppenmäßige Zuordnung rezenter Biogene bei Größen kleiner als 0,06 mm unmöglich und bei Größen zwischen 0,06 und 0,125 mm nur zu etwa 60% möglich ist (Feray et al., 1962), rechnen viele Autoren alle Komponenten unter 0,10 mm zur Matrix (z.B. Jaanusson, 1972). Hierdurch wird auch der von der Schliffdicke abhängige „Überschätzungsfehler" herabgesetzt (vgl. Abb. 25).

B. Zweifachmessungen: Biogene können bei Häufigkeitsmessungen, insbesondere beim Punktzählverfahren, erfaßt werden als

– Komponenten ohne Hohlräume (grain-solid, Dunham, 1962; liefert Gew.%),

– Komponenten mit Hohlräumen, die bei der Messung der Komponenten zugeschlagen werden (grain-bulk, Dunham, 1962; liefert Vol.%).

Abb. 23 zeigt die Meßmöglichkeiten. Um die Vergleichbarkeit der Messungen zu gewährleisten, ist es notwendig, jeweils die Meßmethode anzugeben. Bei mikrofaziellen Untersuchungen wird häufig die „grain-solid"-Definition verwendet. Sofern der Matrixgehalt von besonderer Bedeutung ist oder der Zementanteil hervorgehoben werden soll, sind Mehrfachmessungen (grain-solid und grain-bulk) zu empfehlen. R.C.L. Wilson (1965) hat auf die Probleme hingewiesen, die sich bei der quantitativen Erfassung von „zusammengesetzten" Komponenten (wie z.B. Ooiden mit Quarzkernen, Onkoiden mit Schalenkernen oder Bioklasten mit Hohlräumen) ergeben.

Abb. 23. Zweifachmessungen. (1) grain bulk; die Hohlräume in den Komponenten bzw. Mikrit oder Sparit in den Komponenten werden als Komponentenbestandteile gezählt. Die durch Kreuze hervorgehobenen „Treffer" entsprechen in den Zählungen einer Komponente. (2) grain-solid; die Hohlräume werden nicht zur Komponente gerechnet, sondern der Matrix bzw. dem Sparit zugeschlagen. Nach Jaanusson (1972)

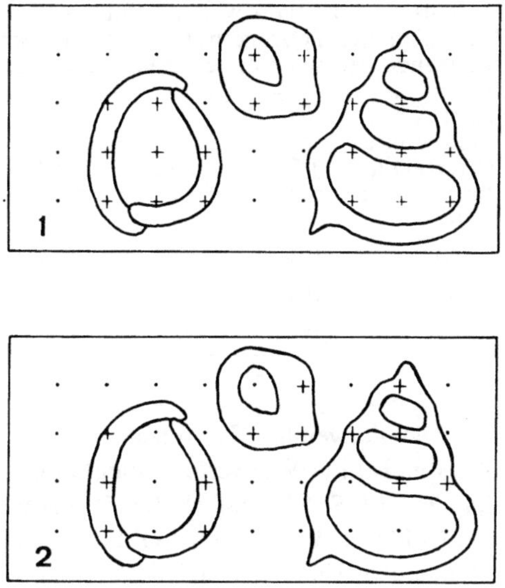

C. Meßmethoden: Grundsätzlich lassen sich quantitative und halbquantitative bzw. Schätzmethoden unterscheiden.

1. Quantitative Methoden

Von den für die Bestimmung von „Sediment-Mengen" vorgeschlagenen Methoden (siehe Sarntheim, 1971) können im Schliffbereich verwendet werden:

a) *Rasterförmige Punktzählung auf Schliffen* (Punktzählverfahren, point-counter-Verfahren, Punktfeldmethode nach Sander, 1951): Dieses Verfahren wurde von Glagolew (1933) entwickelt und von Chayes (1956) ausgebaut. Deutschsprachige Darstellungen finden sich bei Lamprecht (1954) und Müller (1964). Der Schliff wird mit einem Punktgitter überdeckt. Liegt ein Punkt auf einer Komponente bzw. auf Matrix oder Sparit, so gilt er als „Treffer" (siehe Abb. 23). Im allgemeinen werden Integrationsokulare (spezielle Zählokulare mit Netzeinteilung) in Verbindung mit einem auf dem Kreuztisch aufsetzbaren Punktzählerzusatz (Rasterintervalle 0,2 und 0,3 mm) verwendet. Der Gebrauch eines Point-Counter-Gerätes (vgl. Emerson, 1958) sowie von STATITEST-Zählgeräten vermindern den Zeitaufwand. Weitgehend automatisierte Zählmethoden werden von Harvey u. Steinmetz (1971, Image Analysis, QUANTIMED), Fisher (1971, QUANTIMED) und Conley u. Davis (1973, IDECS) vorgeschlagen.

Wesentlich ist die Zahl der für eine statistisch signifikante Aussage notwendigen Treffer. Diese Zahl ist von der Größe und von der Verteilung der Komponenten abhängig. Der wahrscheinliche mittlere Fehler (Chayes, 1956: 39) nimmt mit steigender Trefferzahl ab und steigt mit zunehmendem Prozentanteil einer Komponente bis zu 50% an, um dann wiederum abzusinken. Komponenten mit niedrigem Prozentanteil (etwa kleiner als 10%) sind mit relativ höheren Fehlern behaftet als häufiger auftretende Komponenten (siehe Tabelle 21).

Tabelle 21. Mittlerer wahrscheinlicher Fehler des Punktzählverfahrens in Prozenten bei verschiedener Trefferzahl (n) und unterschiedlichen Prozentanteilen einer Komponente. Zugrunde gelegt ist die Standardabweichung nach Chayes (1956) = $100 \cdot \sqrt{p(1-p)/n}$

Zahl der Meßpunkte (Treffer) n	1%	10%	20%	30%	40%	50%	60%
100	1	3	4	4,6	4,9	5	4,9
500	0,4	1,3	1,8	2,1	2,2	2,2	2,2
1000	0,1	1,0	1,3	1,5	1,6	1,6	1,6
3000	0,02	0,5	0,7	0,8	0,9	0,9	0,9

Die notwendige Trefferzahl kann – nach ersten Zählungen – mit Hilfe der von Plaas u. Tobi (1965) veröffentlichten Graphik kontrolliert werden (Abb. 24), vgl. auch Bandemer (1965). Beispiel: Bei 500 gezählten Treffern entfallen 140 Treffer (= 28%, P) auf Ooide. In der Graphik ergibt sich aus 500 Gesamtmeßwerten und 28% eine doppelte Standardabweichung von 2 = 4% (absoluter Fehler). Das bedeutet: der Ooidgehalt der Probe liegt zwischen 28 ± 4% = 24 und 32 Vol.% (bezogen auf ein Vertrauensintervall von 95%). Sofern dieser Fehler akzeptiert werden kann, können die Zählungen beendet werden. Andernfalls muß die Gesamtanzahl der Treffer erhöht werden. Um den Probenfehler klein zu halten, müssen mehrere Hundert (mindestens 300 bis 500), bei schlecht sortierten und verschieden großen Komponenten auch 1000–3000 Treffer vorliegen. Empirische Untersuchungen über die bei der Auszählung von Kalkareniten erforderlichen Treffermengen wurden von Purdy (1963), Harbaugh u. Demirmen (1964) und Schenk (1967) durchgeführt.

Das Punktzählverfahren liefert Volumenprozente (bei „grain-bulk"-Messungen), da der Raumanteil festgestellt wird, den die einzelnen Komponentengruppen bzw. Grundmassetypen im Gesamtsediment einnehmen.

b) *Schliffvermessung mit dem Integrationsokular nach Rosiwal (1898):* Es werden die Längen gemessen, die im Schliff von Komponenten auf parallelen Meßlinien eingenommen werden. Der Abstand zwischen zwei Meßlinien ist so zu wählen, daß große Komponenten nicht zweimal geschnitten werden können. Meist wird der LEITZ-Integrationstisch mit 4 oder 6 Spindeln verwendet. Bei mikrofaziellen Untersuchungen findet dieses Verfahren nur selten Anwendung.

c) *Auszählung aller Komponenten innerhalb einer Flächeneinheit (Kornzahlanalyse):* Sarntheim (1971) hat gezeigt, daß nur eine korngrößenfraktionierte Zählung der Komponenten zu reproduzierbaren Ergebnissen führt und daß diese Methode im allgemeinen auf die – in Kalken sehr häufige – Korngrößenklasse 0,063–2,00 mm beschränkt ist. Für die Kiesfraktion ist die Methode nicht einsetzbar, da sehr oft zu wenige Komponenten vorliegen, die größer als 2 mm sind.

Diese Methode ist in der Schwermineralanalyse als Fleet-Methode bekanntgeworden (vgl. Galehouse, 1969). Die Zahl der zu zählenden Komponenten kann wie beim Point-Counter-Verfahren mit Hilfe des Diagrammes von Plaas u. Tobi (Abb. 24) kontrolliert werden.

Carozzi (1950, 1958) bezeichnet die absolute Zahl einer bestimmten Komponente bzw. aller Komponenten innerhalb einer quadratischen Meßfläche auf dem Schliff als

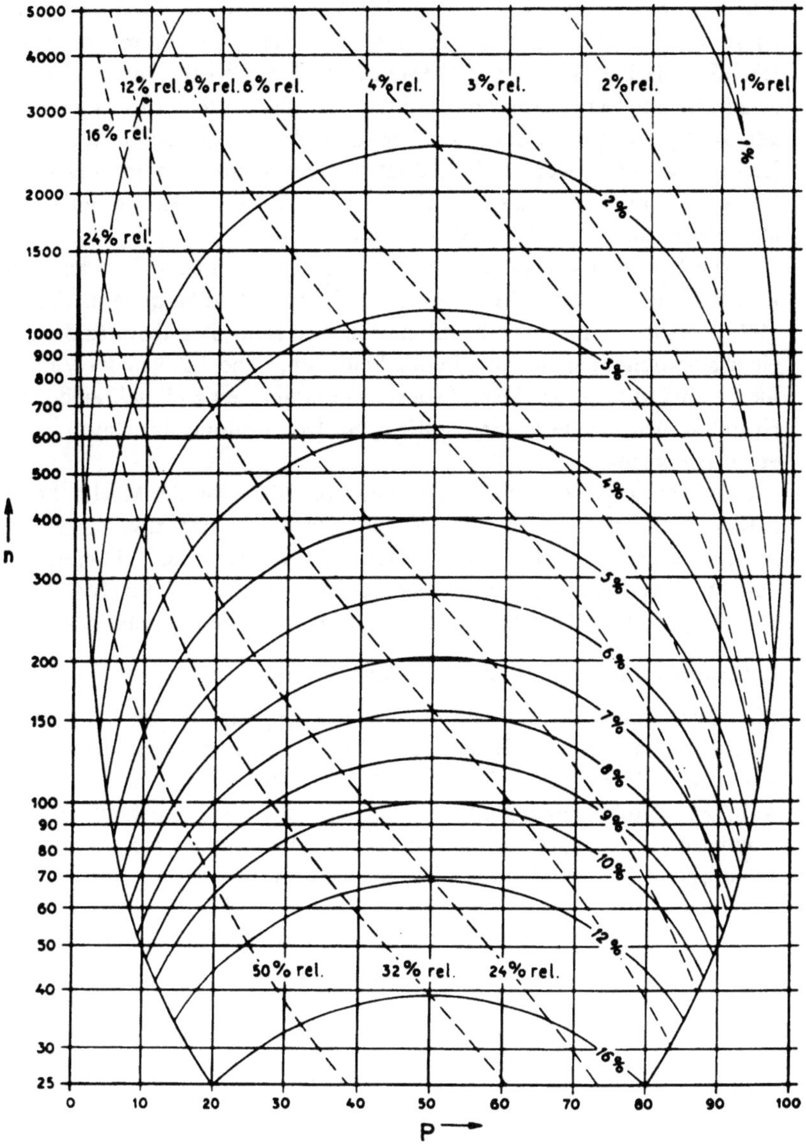

Abb. 24. Schätzung der statistischen Wahrscheinlichkeit von Zählungen nach dem Point-Counter-Verfahren (nach Plaas u. Tobi, 1965). Es bedeuten: *n*, Gesamtanzahl der Treffer; *P*, Prozentsatz, mit welchem ein Element (z.B. Ooide) im Schliff auftritt. Die Wahrscheinlichkeit kann durch die Standardabweichung angegeben und damit der tatsächliche Gehalt des Elementes (p) in Vol.% geschätzt werden. *Durchgezogene Linie,* absoluter Fehler; *strichlierte Linie,* relativer Fehler

„Häufigkeitsindex" (frequency index): Die Seite des Meßquadrates sollte mindestens 10 x so groß sein wie der durchschnittliche Komponentendurchmesser. Die Bestimmung der Häufigkeitsindizes folgt der *„Band-Methode"* (ribbon method), bei welcher alle

innerhalb eines Meßstreifens liegenden Komponenten erfaßt werden (vgl. Plaas, 1962). Diese Methode führt zur Bestimmung von Zahlenprozenten, wenn die Bandbreite beträchtlich größer ist als das größte zu zählende Korn. Um zu Volumenprozenten zu gelangen, empfiehlt sich der Einsatz der *Linien-Methode"* (line method): es werden alle Komponenten gezählt, die von in gleichen Abständen über den Schliff gelegten Linien geschnitten werden. Da jedoch größere Körner von den Traversen häufiger getroffen werden können als kleinere Komponenten, kann diese Methode zu stark korngrößenabhängigen und verfälschten Resultaten führen.

Die Kornmengenzahl im Sinne von Carozzi wird bei MF-Untersuchungen häufig verwendet (z.B. Carozzi, 1961; Carozzi u. Frost, 1966; Walpole u. Carozzi, 1961; Skupin, 1973). Häufig wird durch Kombination mit dem „Klastizitätsindex" (maximale Größe einer Komponentenkategorie in den Schliffen, siehe 4.2.3.1) der Versuch unternommen, die Veränderungen der Mikrofaziestypen in der Zeit zu beschreiben (Beispiel: Abb. 35). Grundsätzlich erscheint eine statistische Überprüfung der Resultate (STUDENT-t-Test etc.) angebracht.

d) *Methode der Lateinischen Quadrate:* Diese von der Möglichkeit der quantitativen Aufspaltung eines Ursachenkomplexes ausgehende statistische Methode kann dann eingesetzt werden, wenn überprüft werden soll, inwieweit aus Teilbereichszählungen brauchbare Aussagen über die Zusammensetzung des Gesamtbereiches (gesamtes Schliffareal etc.) möglich sind. Nähere Angaben und Beispiele finden sich bei Marsal (1967).

2. Halbquantitative Methoden (Schätzmethoden)

Die Abschätzung der Prozentwerte von Komponenten mit oder ohne Hilfe von Vergleichsbildern führt zu Werten, die bei nicht zu inhomogen zusammengesetzten Kalken durchaus mit den Ergebnissen der Punktzählmethode verglichen werden können (vgl. Abb. 26). Voraussetzung ist eine der Schätzung vorausgehende sichere Ansprache der Komponenten-Kategorien und die Berücksichtigung der vom Komponentendurchmesser abhängigen Über- und Unterschätzung (siehe Abb. 25).

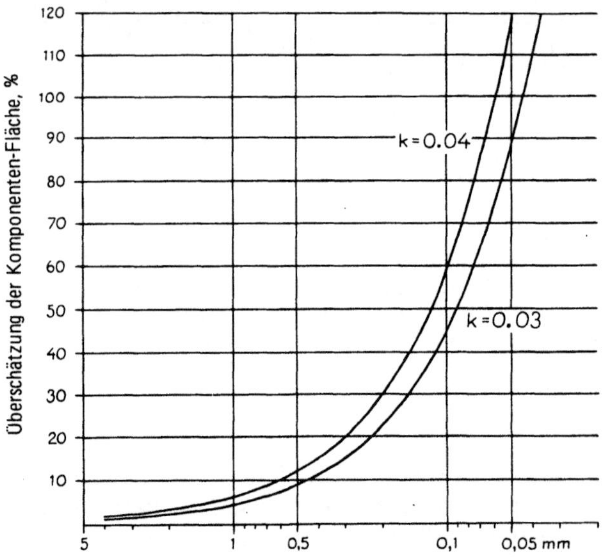

Abb. 25. Beziehungen zwischen Komponentengröße und Überschätzungsmöglichkeiten bei Dünnschliffuntersuchungen (nach Jaanusson, 1972). *k*, Schliffdicke in mm. Komponenten mit einem Ø von 0,10 mm können bis zu 45% überschätzt werden, da z.B. bei Ooiden im allgemeinen kleinere Schnittflächen als Maximalfläche erfaßt werden

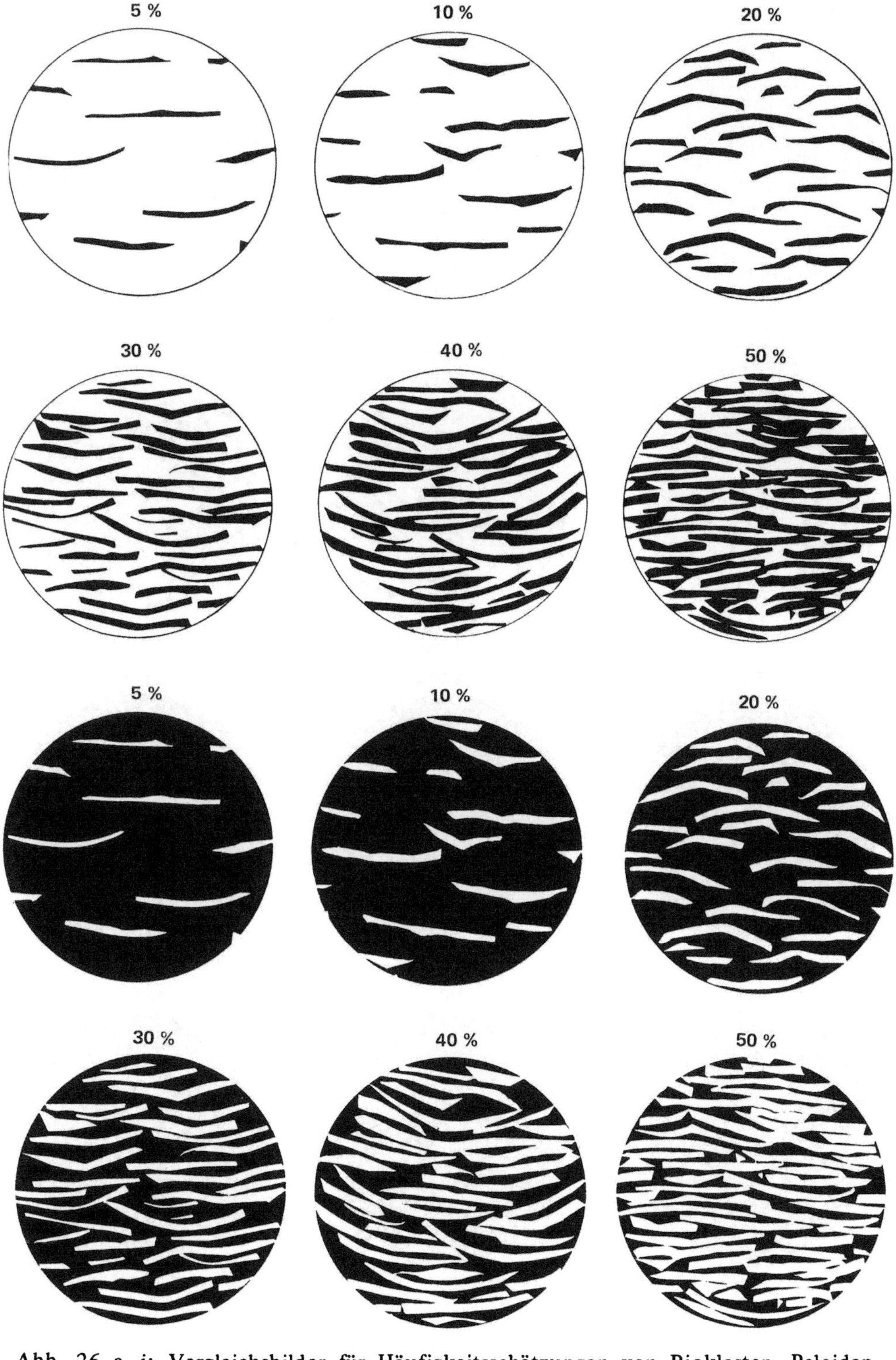

Abb. 26 a–i: Vergleichsbilder für Häufigkeitsschätzungen von Bioklasten, Peloiden, Ooiden, Onkoiden und Lithoklasten. Nach Baccelle u. Bosellini (1965), vgl. S. 165

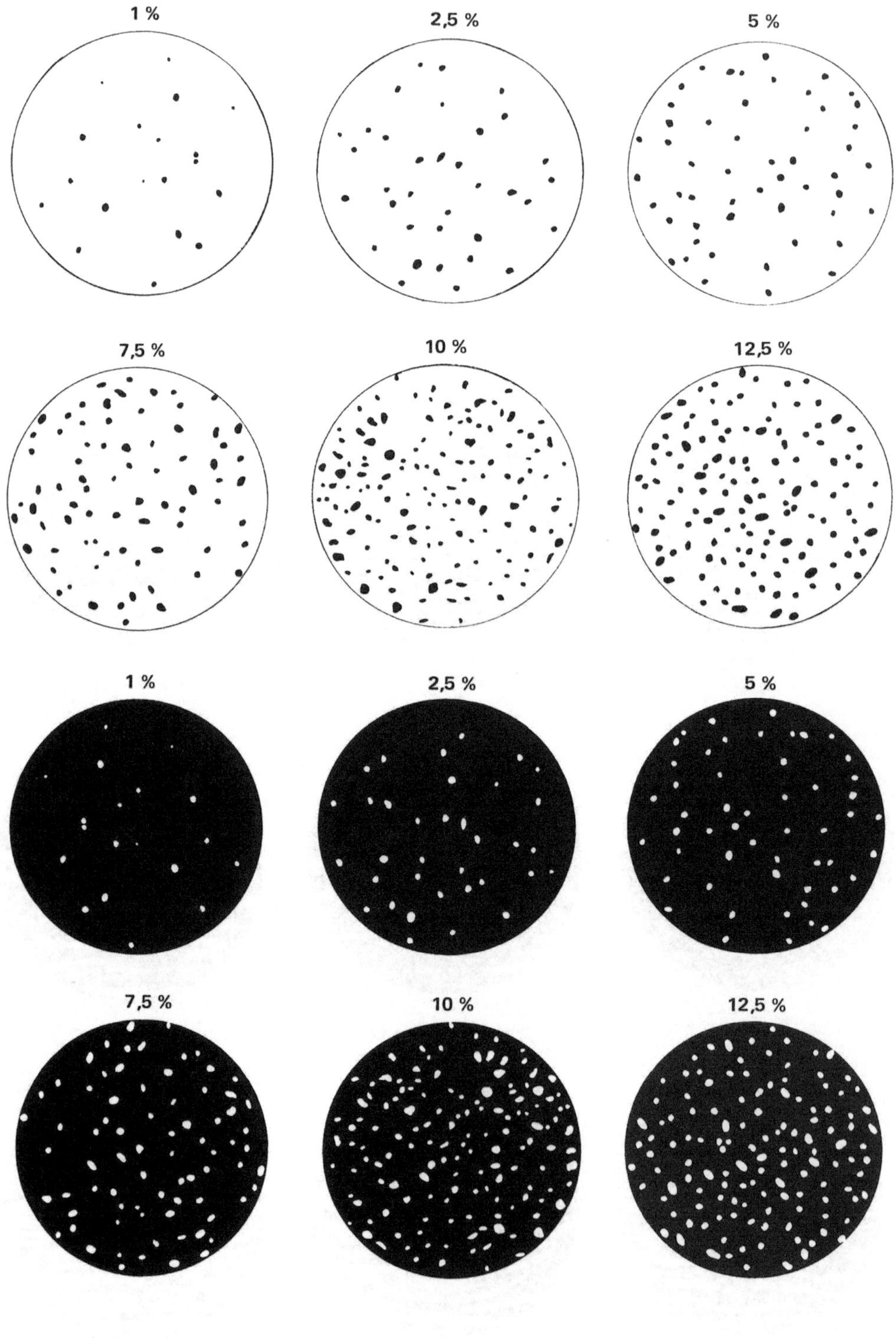

Abb. 26b

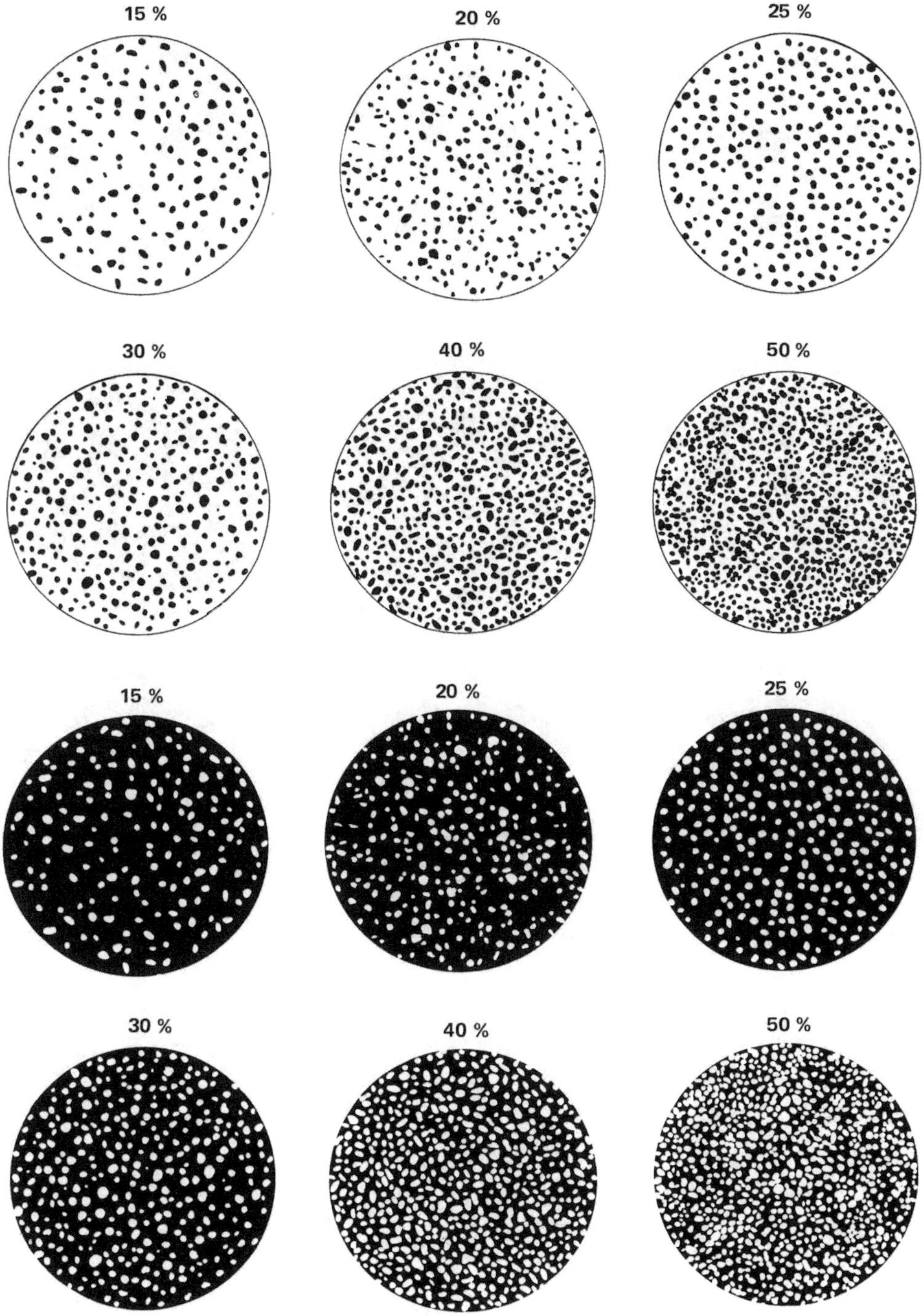

Abb. 26c

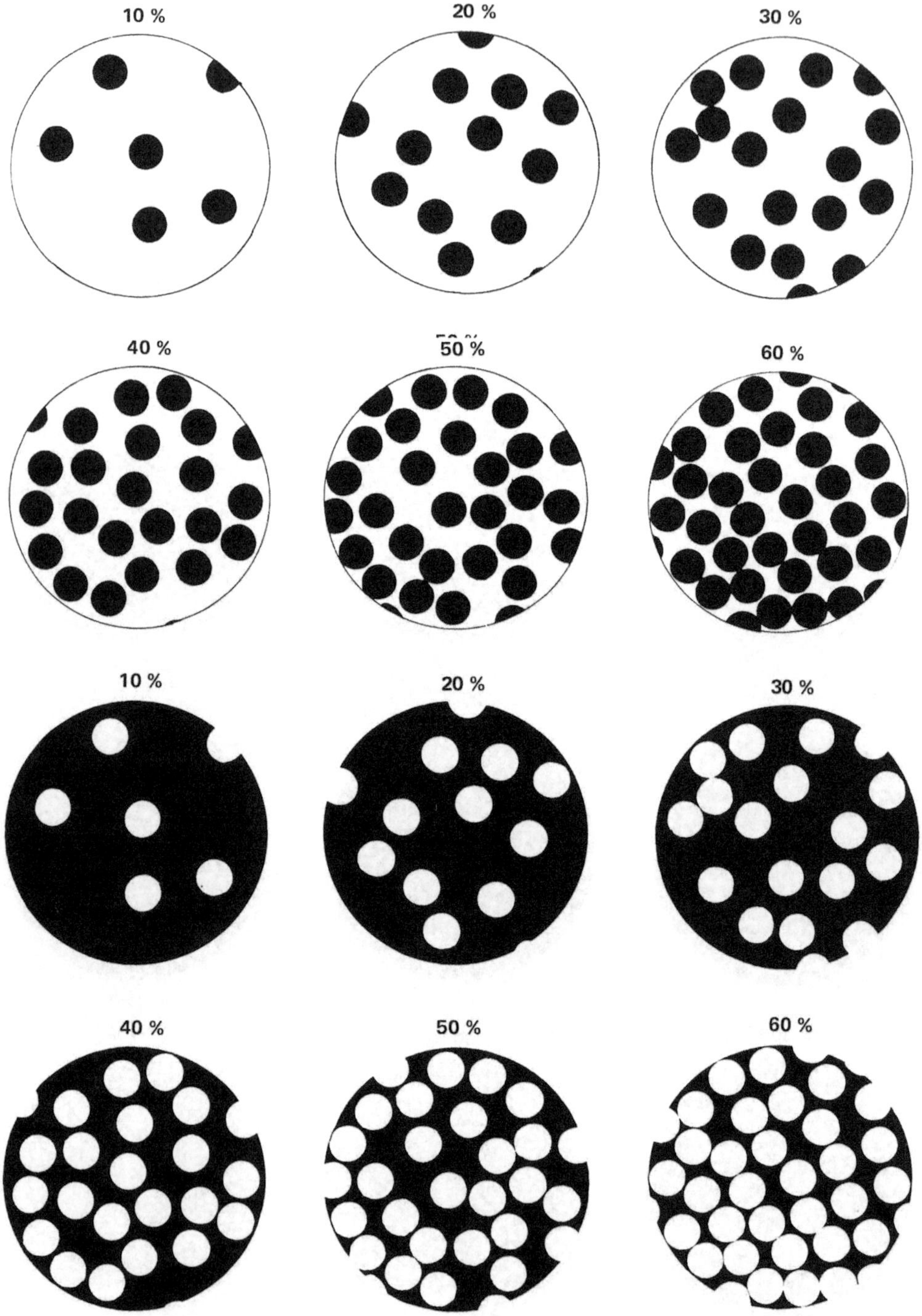

Abb. 26d

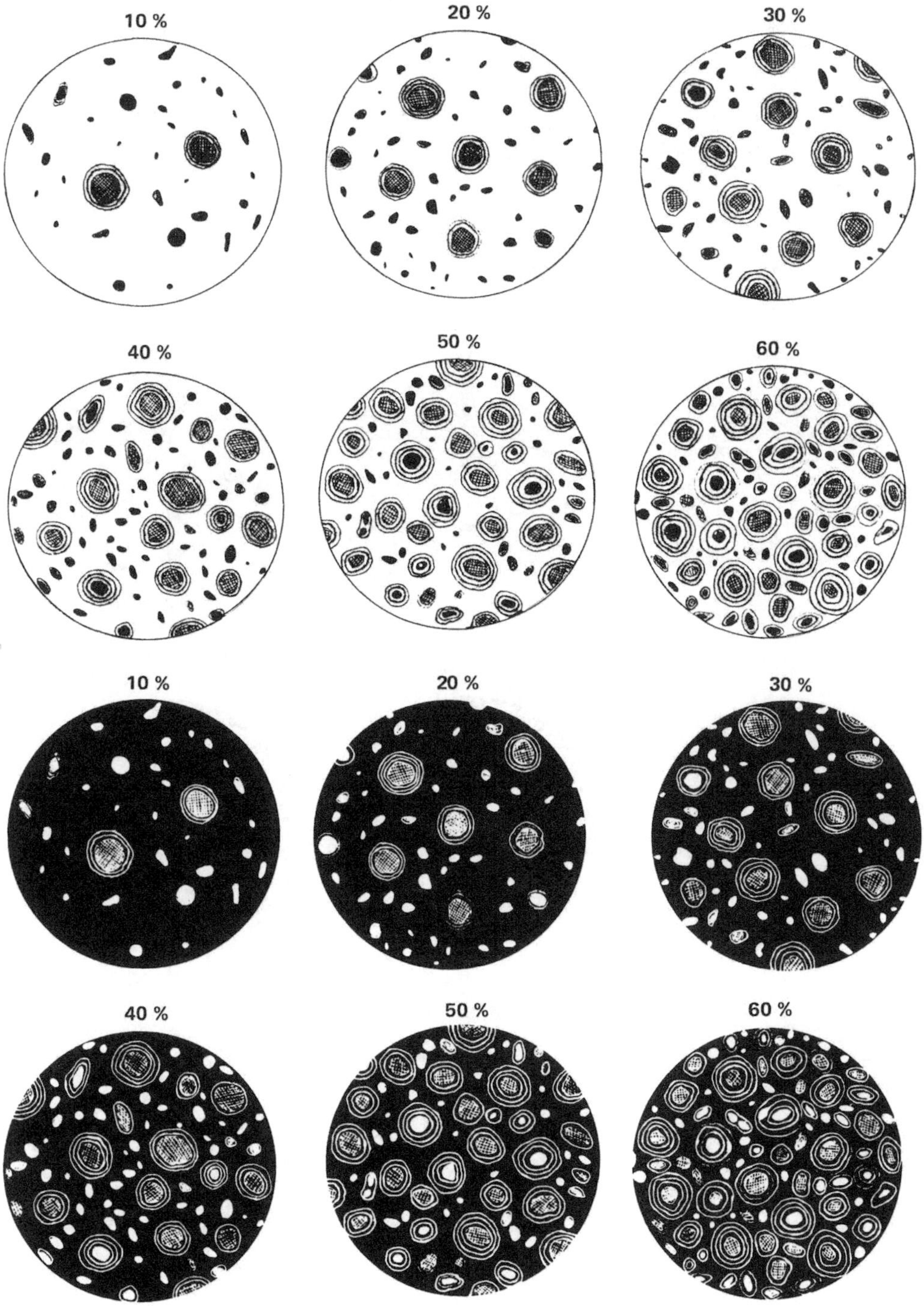

Abb. 26e

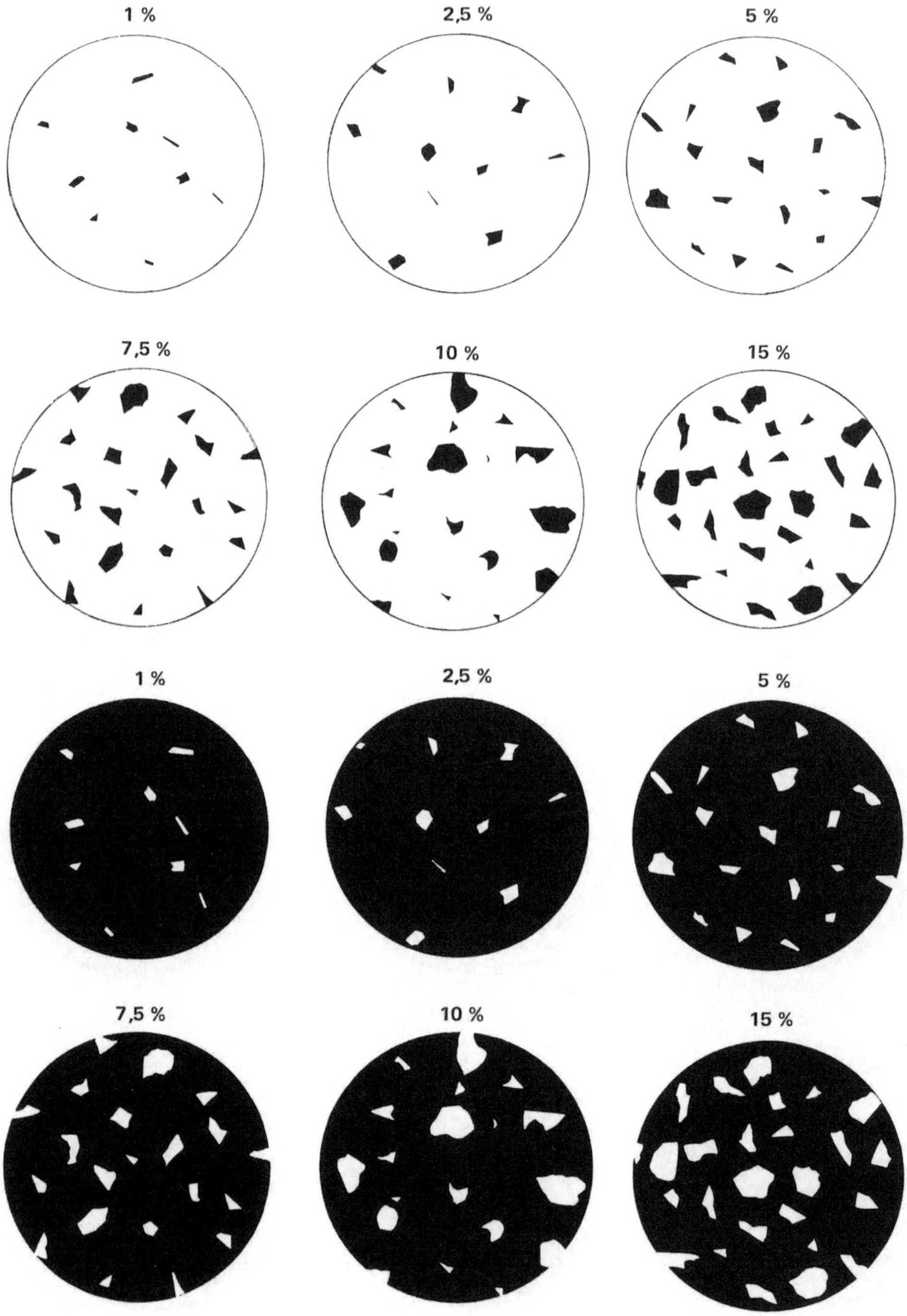

Abb. 26f

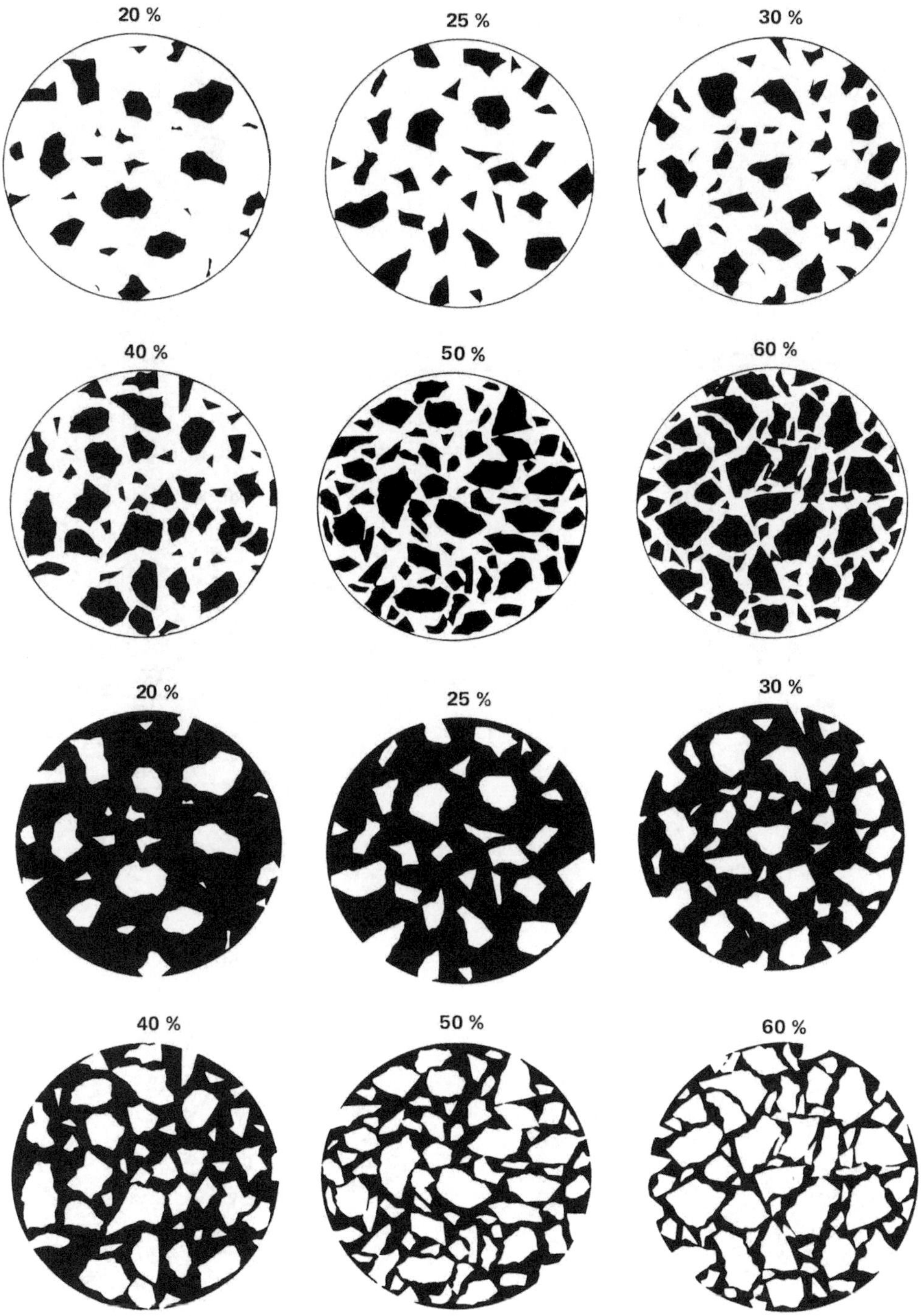

Abb. 26g

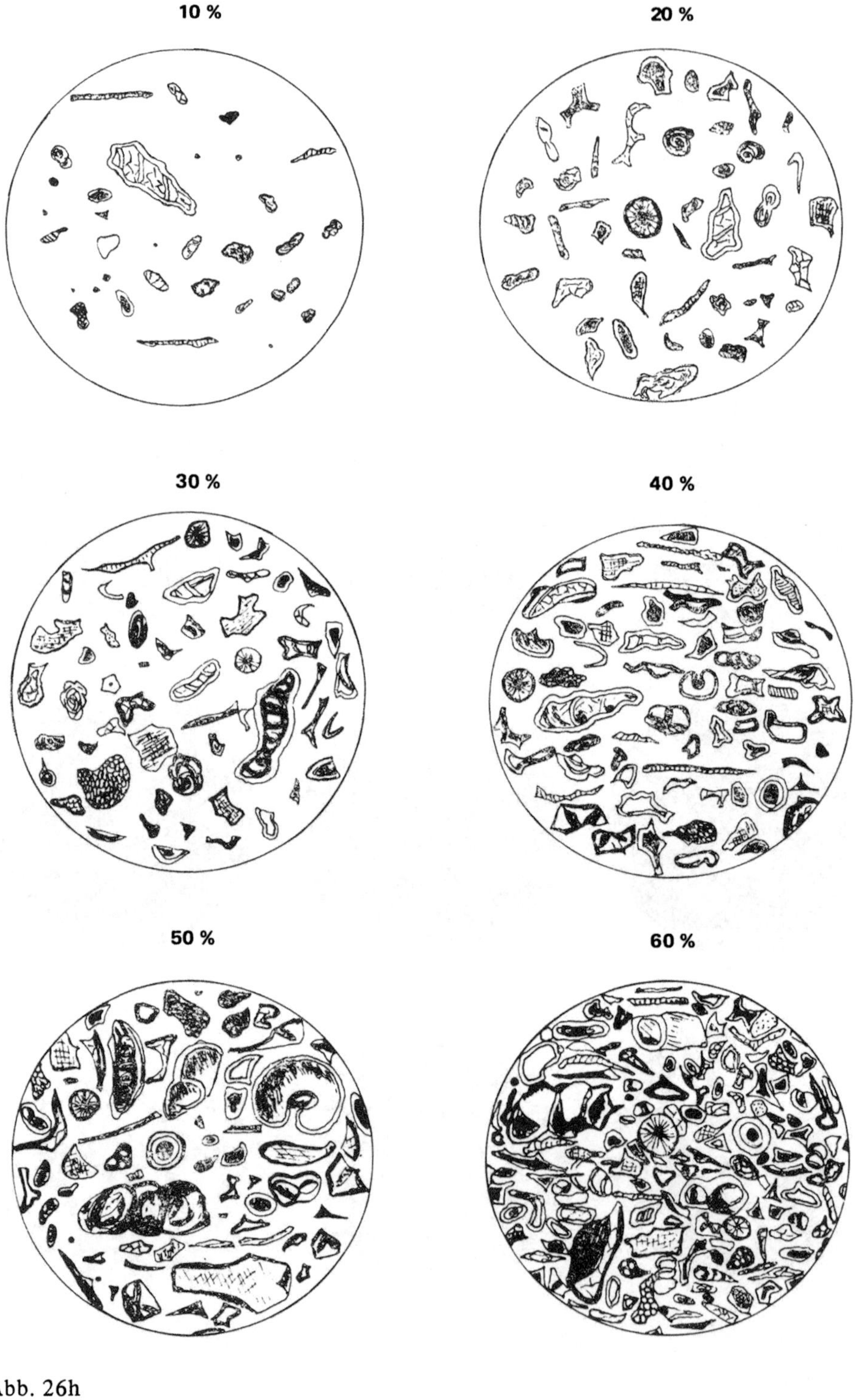

Abb. 26h

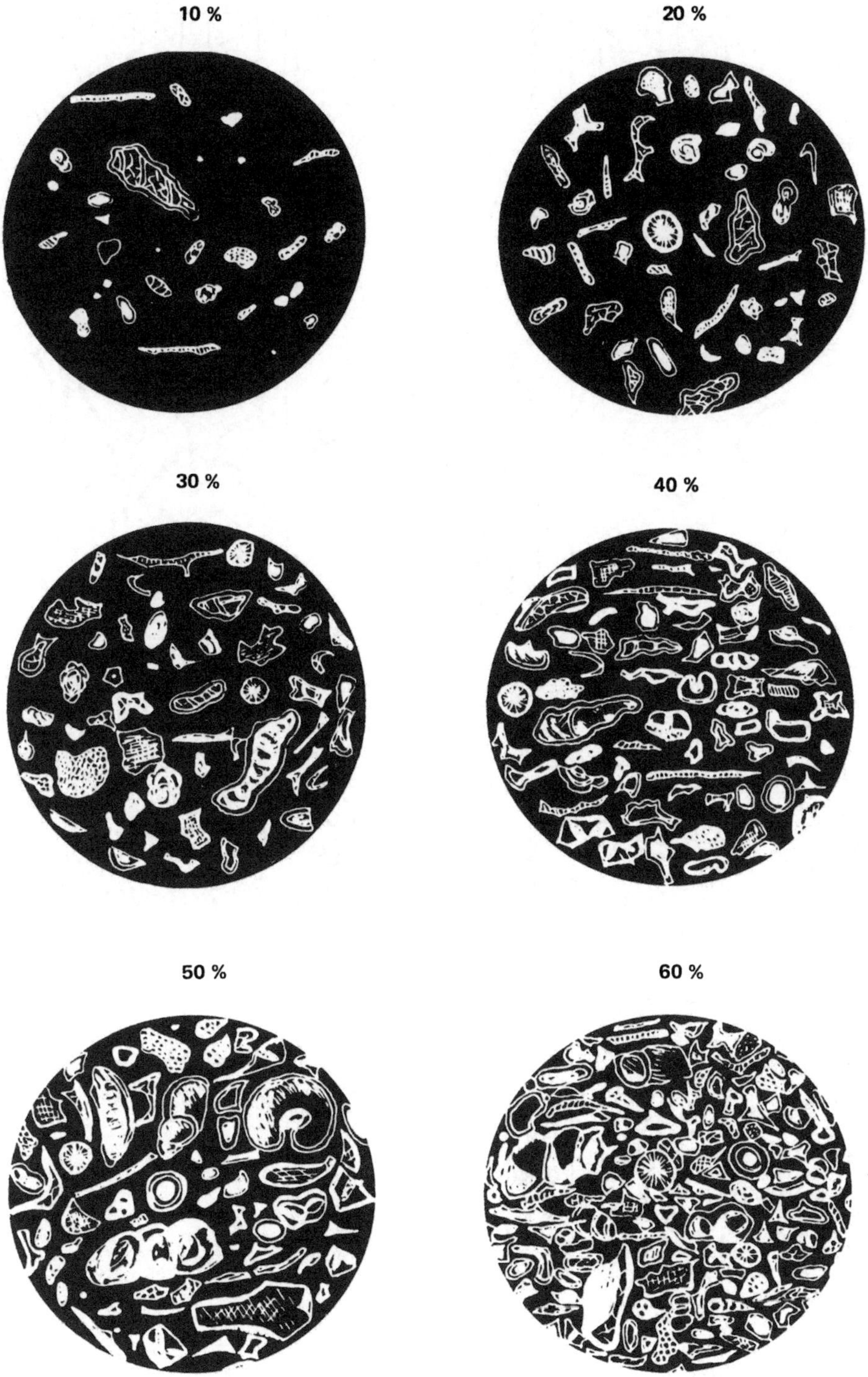

Abb. 26i

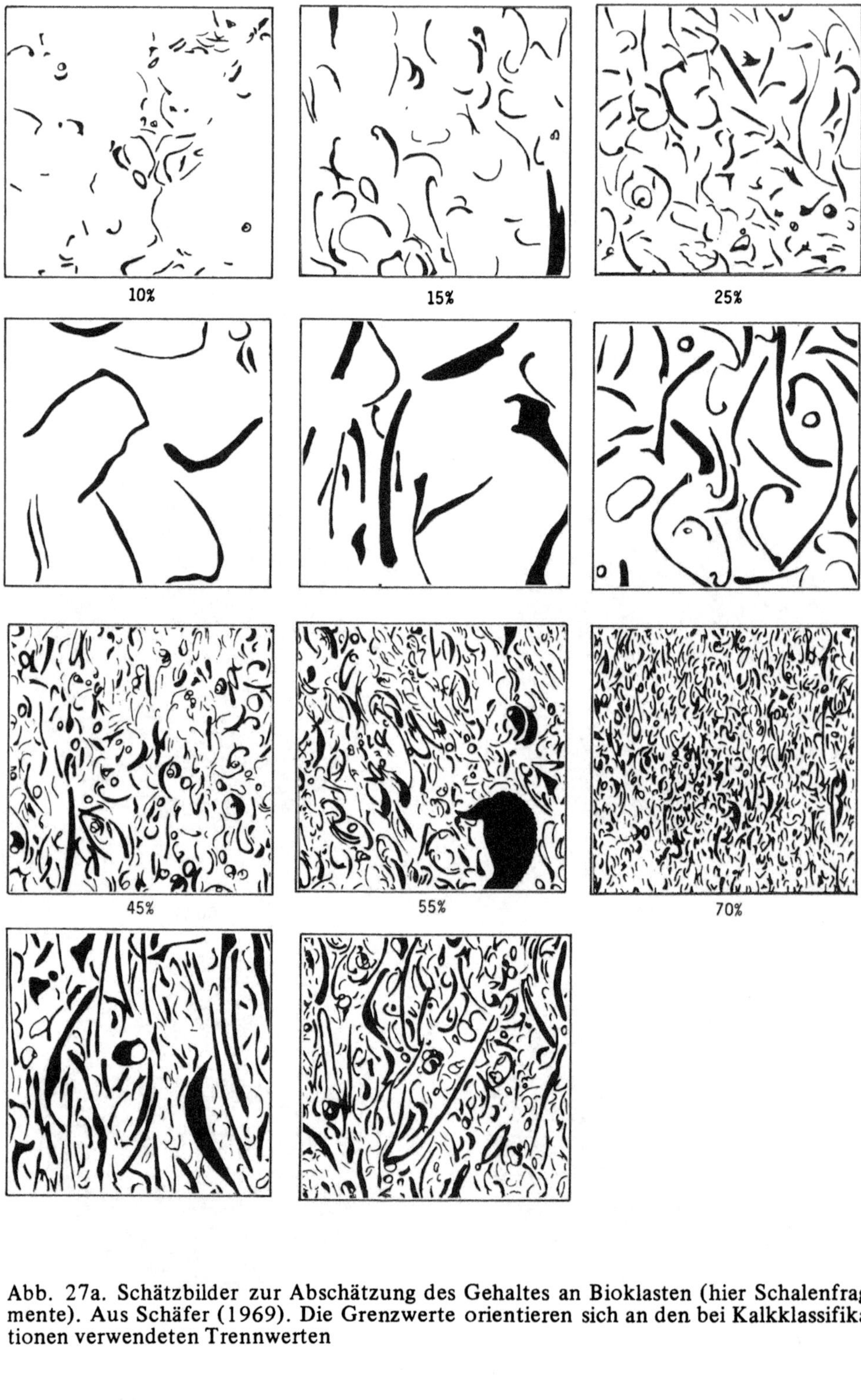

Abb. 27a. Schätzbilder zur Abschätzung des Gehaltes an Bioklasten (hier Schalenfragmente). Aus Schäfer (1969). Die Grenzwerte orientieren sich an den bei Kalkklassifikationen verwendeten Trennwerten

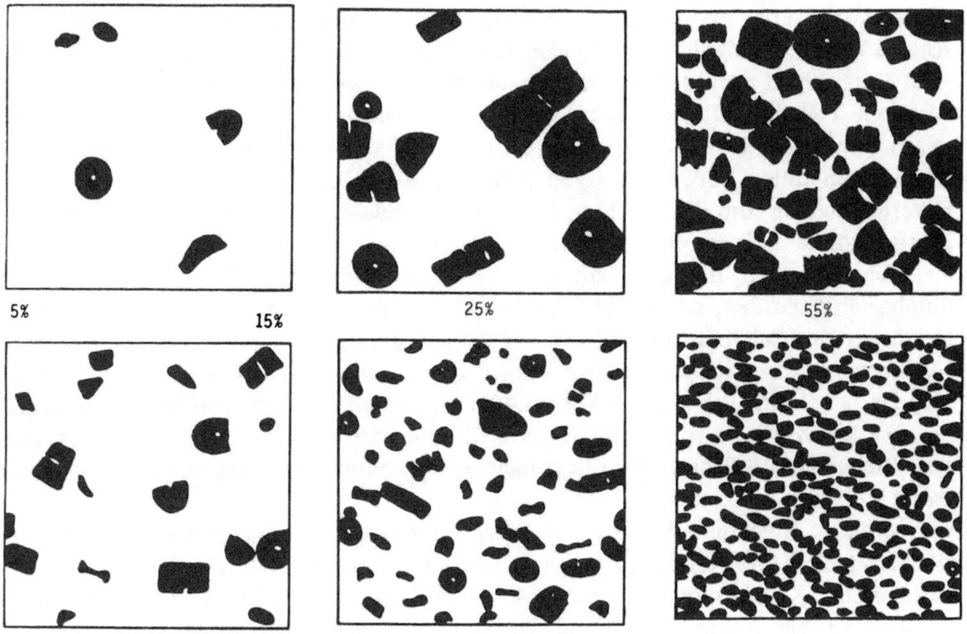

Abb. 27b. Schätzbilder für die Häufigkeit von Crinoidenresten. Aus Schäfer (1969)

Die Schätzung kann durch die *Mosaikfeldmethode* (Sander, 1951) verbessert werden: Auf Folien werden in konstantem Abstand Mosaikfelder von 1 cm^2 Fläche markiert. Jedes Mosaikfeld wird dann in zehn gleich große Spalten und zehn Zeilen aufgegliedert. Die dadurch entstehenden 100 quadratischen Einheiten sind flächengleich mit dem durch eine quadratische Blende begrenzten Blickfeld des Mikroskopes. Die Abschätzung kann nun auf ± 1% genau erfolgen (Beispiele bei Eltgen, 1969).

Schätzbilder wurden unter anderem von Folk (1951), Terry u. Chilingar (1958), Fediaevsky (1963), Baccelle u. Bosellini (1965, siehe Abb. 26) und Schäfer (1969, siehe Abb. 27) veröffentlicht. Unter Berücksichtigung der von Allen (1956) beschriebenen Störfaktoren empfiehlt es sich, für verschiedene Komponenten verschiedene Schätzbilder zu verwenden und nach Möglichkeit auch den die Schätzungen beeinflussenden „Untergrund" (heller „Sparit", dunkler „Mikrit") zu berücksichtigen.

Die am häufigsten gebrauchten Schätzbilder sind die von Baccelle u. Bosellini (1965). Für die Häufigkeit von gebogenen Schalenfragmenten, Crinoidenstielgliedern und kleinen Rundkomponenten können die von Schäfer entwickelten Schätzbilder als Unterlage dienen (Abb. 27).

Die Genauigkeit der Schätzwerte kann mit Hilfe der von Emerich u. Wobber (1963) beschriebenen statistischen Methoden überprüft werden.

Vergleich von quantitativen und halbquantitativen Methoden

Nach Dennison u. Shea (1966) ergaben Versuchsreihen zur Überprüfung der Fehlerquellen der visuellen Schätzung von Komponentenhäufigkeiten keinen Unterschied in den

Ergebnissen bei der Verwendung oder Nichtverwendung von Schätzbildern, keine Unterschiede bei unterschiedlicher fachlicher Grundlage des Bearbeiters und keinen wesentlichen Unterschied nach dem hellen oder dunklen Untergrund. Demnach muß man davon ausgehen, daß die halbquantitativen Methoden unabhängig von der Art der Schätzung relativ gut vergleichbare Resultate erbringen. Allerdings erscheint es sinnvoll, Häufigkeitsschätzungen unter Verwendung von Schliffphotographien durchzuführen oder durch Unterteilung der vom Schliffbild in einem Mikrofilmlesegerät eingenommenen Fläche in „Hilfsquadrate", die getrennt geschätzt werden können.

Versuchsreihen, die im Rahmen der Erlanger interuniversitäten Mikrofazieskurse durchgeführt wurden, erbrachten hinsichtlich der Vergleichbarkeit von Point-Counter-Messungen und Schätzwerten positive Resultate (Abb. 28).

Im allgemeinen liegen die ohne Vergleichsbilder durchgeführten Schätzungen etwas niedriger als Schätzungen unter Verwendung der Vergleichsbilder von Baccelle u. Bosellini. Die Mehrzahl der von Studenten verschiedener Ausbildungsgrade und von Assistenten durchgeführten Schätzungen liegt nahe an den durch das Punktzählverfahren ermittelten Werten.

Ähnliche Ergebnisse brachte der Vergleich von auf Schätzungen und auf Integrationsanalysen (1000 Treffer) aufgebauten Häufigkeitswerten für die Komponenten unterkarbonischer Kalkarenite (Mamet, 1964). Allerdings müssen sehr kleine Komponenten wie zum Beispiel Foraminiferen und Calcisphaeren ausgeklammert und besser durch die Kornzahlanalyse (Anzahl der Biogene bezogen auf eine bestimmte Schliff-Fläche) erfaßt werden. Ähnliche Methoden verwenden Hohenegger u. Piller (1975) sowie Schäfer u. Senowbari-Daryan (1978) zur Charakterisierung der Foraminiferenhäufigkeiten in obertriadischen Riffkalken der Nordalpen.

Bei Verwendung von „Häufigkeitsklassen" (etwa 1–10%, 10–25%, 25–50%) ist eine raschere und für Kalkklassifikationen oft völlig genügende Schätzung der Merkmalshäufigkeiten möglich (vgl. Rich, 1964).

b) *Merkmalsstabilität* (Mišik, 1964, "method of microfacial elements frequency"): Setzt man die Gesamtzahl der von Proben aus einer stratigraphischen Einheit angefertigten Schliffe gleich 100%, so läßt sich die „Häufigkeit" eines MF-Merkmals dadurch ausdrücken, daß angegeben wird, in wievielen Schliffen bzw. mit welchem Prozentsatz das Merkmal im Probenmaterial vertreten ist. Mišik sieht in dieser Zahl einen Vergleichswert für die Stabilität bzw. Homogenität von Organismen- bzw. Komponentengruppen in der Zeit.

II. Darstellungsweise

Die graphische Darstellung der Ergebnisse von Häufigkeitsanalysen ist einer tabellarischen Übersicht in den meisten Fällen vorzuziehen. Folgende Darstellungsweisen erscheinen sinnvoll:

a) *Kreisdarstellung:* Jeder Komponente bzw. den Grundmassetypen wird ein jeweils gleichwertiges Kreissegment zugeordnet. Die prozentuellen Anteile werden dann innerhalb der Kreissegmente in flächengleichen konzentrischen Kreisen von innen nach außen abgetragen, um derart die geringprozentigen Anteile visuell hervorzuheben (vgl. z.B. Eltgen, 1969). Die Methode kann sowohl zur Darstellung von Einzelproben als auch zur

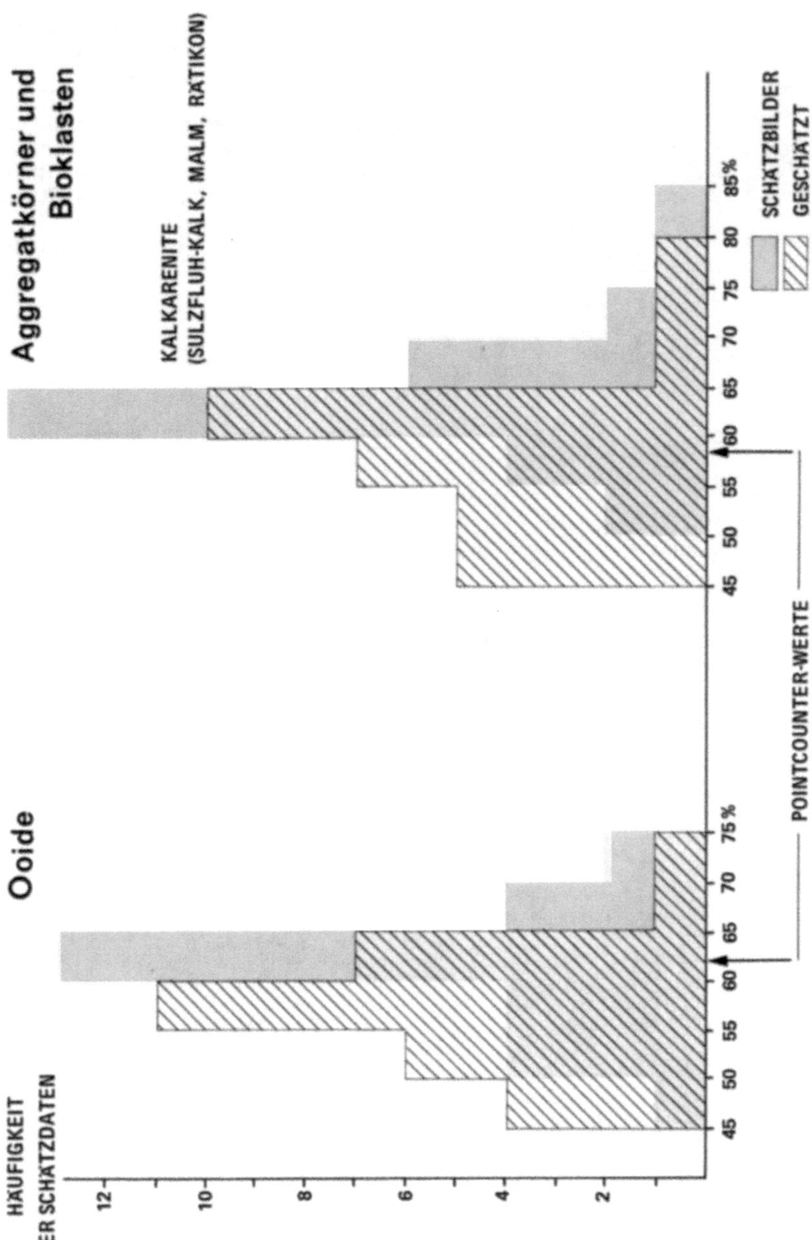

Abb. 28. Vergleich von Point-Counter-Werten und Schätzdaten (mit und ohne Verwendung von Schätzbildern). 30 Testpersonen. Ooide in Oospariten bzw. Aggregatkörner + Bioklasten in Kalkareniten. Plattformkarbonate (Sulzfluhkalk, Rätikon)

zusammenfassenden Darstellung vieler Häufigkeitsanalysen aus einem Bereich (z.B. Steinbruch oder Profil) verwendet werden; dann werden die arithmetischen Mittelwerte eingetragen. Abb. 29 zeigt eine Modifikation: in einem peripheren Kreisring werden die Prozentsätze von Mikrit, Sparit und von nichtbiogenen Komponenten angegeben; die inneren Kreissektoren bleiben für die Darstellung der Zusammensetzung der Biofraktion reserviert.

Abb. 29. Beispiel für die Kreisdarstellung der Resultate von Point-Counter-Messungen von „Schuttkalken". (A) bioklastischer grainstone, (B) bioklastischer packstone, (C) bioklastischer wackestone. Unterdevon (unteres Ems), NW-Spanien. Die Schuttkalke entstanden wahrscheinlich als Sturm-Ablagerungen. *Außenring*, Modalbestand; *Innenkreis*, Zusammensetzung der Biofraktion. Nach Stel (1975)

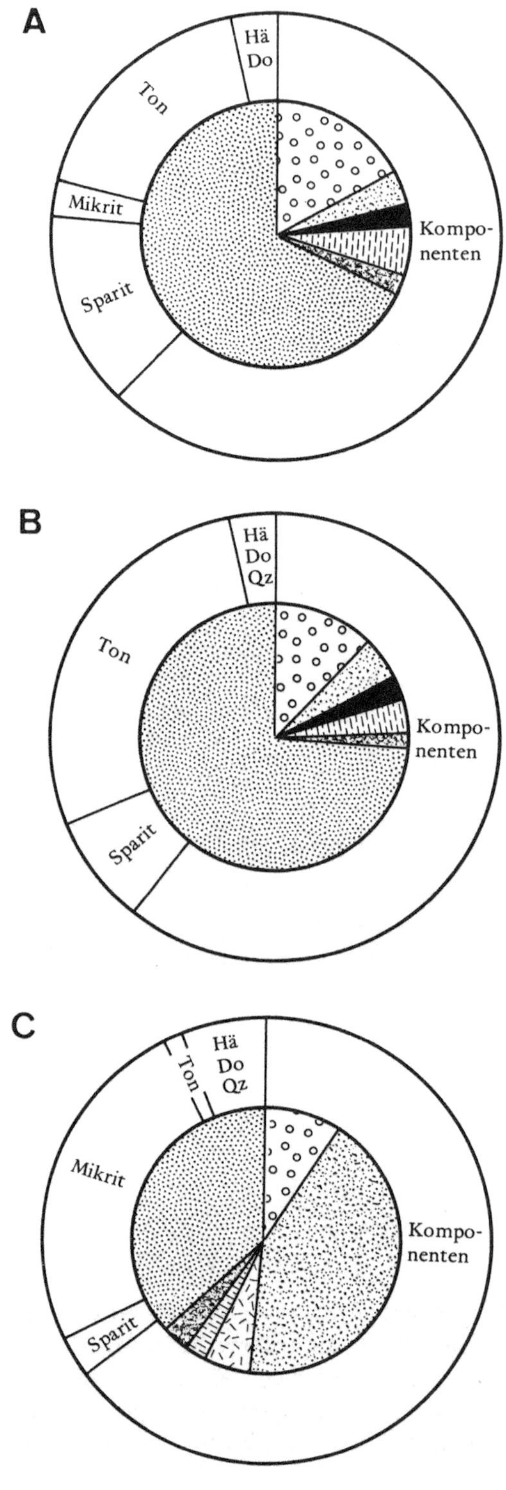

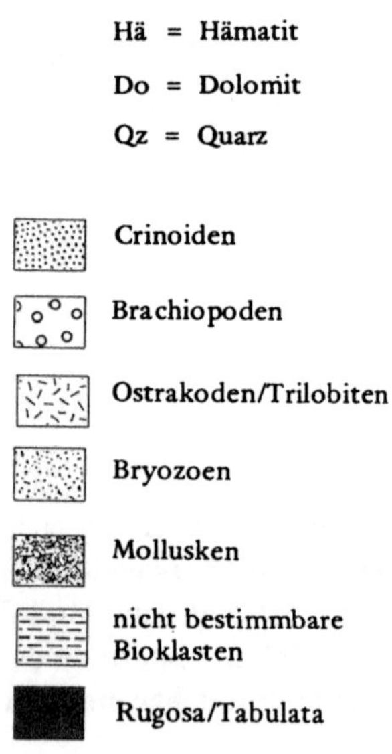

b) *Koordinaten-Darstellung:* Auf der Abszisse wird der Probenabstand, auf der Ordinate der Prozentwert der mikrofaziellen Merkmale angegeben. Subparallele oder vikariierende Kurven liefern Hinweise auf die wechselseitigen Beziehungen zwischen den in den Schliffproben erfaßten Merkmalen („Petrolog").

c) *Dreiecksdarstellung:* Entweder Komponenten: Mikrit:Sparit-Diagramm oder Diagramm der drei aussagekräftigsten Komponententypen (zum Beispiel Foraminiferen: Kalkalgen:Aggregatkörner).

III. Beispiele

Häufigkeitsanalysen gestatten die Erkennung und Abgrenzung von Fazieszonen, sofern genügend Material aus Traversen oder Profilen untersucht wird. In rezenten karbonatischen Flachwasser- und Riffbereichen können Teilbereiche durch die quantitative Erfassung der Sedimentzusammensetzung sowie der Korngrößen und Rundung unterschieden werden (Ginsburg, 1956, und Swinchatt, 1965, Florida; Purdy, 1963, Bahamas; Maxwell et al., 1964, Heron Island Riff). Abb. 30 zeigt die in der arenitischen Karbonatkornfraktion zum Ausdruck kommende Differenzierung nach der Komponentenhäufigkeit am Beispiel des Riffgürtels vor der Küste von Florida. Generell wird man davon ausgehen können, daß Häufigkeitsgradienten die Verbreitung von Organismenassoziationen widerspiegeln, daß aber einzelne biogene Komponenten im Vergleich zur Biomasse durch Überlieferungs- und Fossilisationsvorteile überrepräsentiert sein können (in Florida Rotalgen), während andere sedimentologisch und ökologisch wichtige Elemente bei Häufigkeitsanalysen überhaupt nicht erfaßt werden (in Florida die Seegräser). Eine wichtige Voraussetzung ist, daß die Zusammenhänge zwischen Modalbestand und Korngrößen berücksichtigt werden: in rezenten Karbonaten scheinen nur Komponenten größer als 0,16 mm ± autochthon zu sein, während kleinere Komponenten häufig verfrachtet werden.

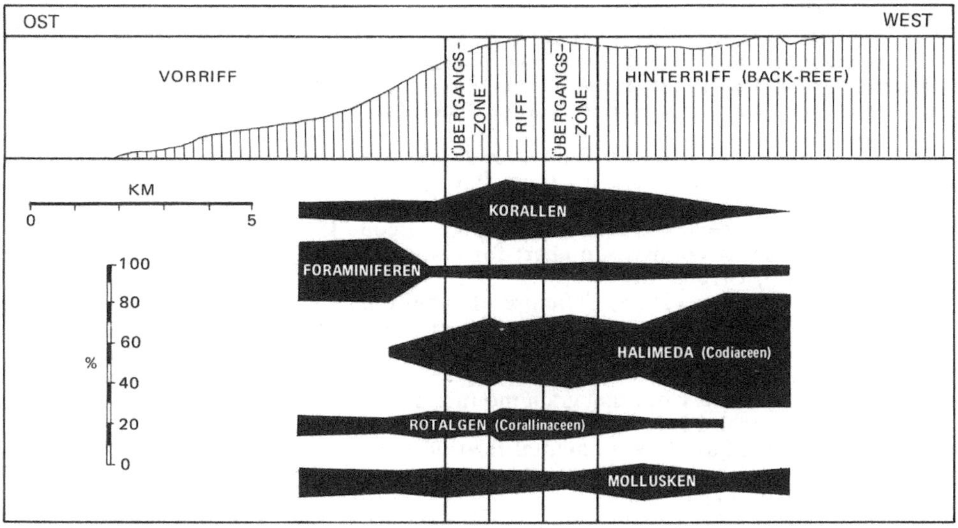

Abb. 30. Quantitative Verteilung der wichtigsten Organismengruppen in senkrecht zum Riffgürtel verlaufenden Traversen, Florida. Vereinfacht nach Ginsburg (1956)

Räumlich weitgespannte, die Häufigkeitsverteilungen berücksichtigende Untersuchungen fossiler Karbonatgesteine stammen unter anderem von Jaanusson (1972, Ordovic von Schweden), Mamet (1964, Kohlenkalkfazies, Unterkarbon von Belgien), Walpole u. Carozzi (1961, Unterkarbon von Canada), Schenk (1967, Oberkarbon, USA), Toomey (1966, Oberkarbon, Kansas) und Stauffer (1962, Paläozoikum, New Mexico).

4.2.1.2 Literatur

Allen, J. (1956): Estimation of percentages in thin-sections – considerations in visual psychology. J. Sed. Petrol. **26**, 160–161, Tulsa

Bacelle, L., Bosellini, A. (1965): Diagrammi per la stima visiva della composizione percentuale nelle rocce sedimentarie. Ann. Univ. Ferrara, N.S., Sez. IX, Sci. Geol. Paleont. **1**/3, 59–62, 24 Taf., Ferrara

Bandemer, H. (1965): Für die vorgegebene Genauigkeit notwendige Punktzahl beim Point-Counter-Verfahren. Z. angew. Geol. **11**/3, 147–148

Baily, M.B. (1965): The sampling error in modal analysis. Amer. Min. **50**, 1/2, 196–211

Carozzi, A.V. (1950): Contribution a l'etude des rhythmes de sedimentation. Arch. Sci. **3**, **17–40**, 95–146, Genf

Carozzi, A.V. (1958): Micro-mechanisms of sedimentation in the epicontinental environment. J. Sed. Petrol. **28**/2, 133–150, 13 Abb., Tulsa

Carozzi, A.V. (1961): Reef petrography in the Beaverhill Lake Formation, Upper Devonian, Swan Hills area, Alberta, Canada. J. Sed. Petrol. **31**, 497–513, Tulsa

Carozzi, A.V., Frost, S.H. (1966): Turbidites in dolomitized flank beds of Niagaran (Silurian) Reef, Lapel, Indiana. J. Sed. Petrol. **36**/2, 563–575, 10 Abb., Tulsa

Chayes, F. (1950): Measurement of intercept distances in thin-sections. Trans Amer. geophys. Union **31**/6, 860–872, Washington

Chayes, F. (1956): Petrographic Modal Analysis. 113 S., 15 Tab., New York: Wiley

Conley, C.D., Davis, J.C. (1973): Carbonate petrography by pattern recognition. Bull. Amer. Ass. Petrol. Geol. **57**/2, 399–406, 3 Abb., Tulsa

Demirmen, F. (1971): Counting error in petrographic point-count analysis: a theoretical and experimental study. J. internat. Ass. math. Geol. **3**/1, 15–41

Dennison, J.M., Shea, J.H. (1966): Reliability of visual estimates of grain abundance. J. Sed. Petrol. **36**/1, 81–89, 4 Abb., Tulsa

Dunham, R.J. (1962): siehe 6.5

Eltgen, H. (1969): siehe 7.3.2

Emerich, G.H., Wobber, F.H. (1963): A rapid visual method for estimating sedimentary parameters. J. Sed. Petrol. **33**/4, 831–843, 4 Abb., 5 Tab., Tulsa

Emerson, D.O. (1958): A stage for macropoint counting. Amer. Min. **43**, 1000–1003

Fediaevsky, A. (1963): Méthode d'étude quantitative des microfaciès calcaires. Rev. Micropal. **6**/3, 175–182

Feray, D.E., Heuer, E., Hewatt, W.G. (1962): Biological, genetic and utilitarian aspects of limestone classification. In: Ham, W.E. (ed.): Classification of Carbonate Rocks. Mem. Amer. Ass. Petrol., Geol. **1**, 20–32, Tulsa

Fisher, C. (1971): The new Quantimet 720. Microscope **19**, 1–20

Folk, R.L. (1951): A comparison chart for visual percentage estimation. J. Sed. Petrol. **21**/1, 32–33, 1 Abb., Tulsa

Fox, W.T., Brown, J.A. (1965): The use of time-trend analysis for environmental interpretation of limestones. J. Geol. **73**, 510–618, Chicago

Friedman, G.M. (1965): In defence of point counting analysis. A discussion. Sedimentology **4**, 247–253, Amsterdam

Galehouse, J.S. (1969): Counting grain mounts: number percentage vs. number frequency. J. Sed. Petrol. **93**/2, 812–815, 1 Abb., Tulsa

Ginsburg, R.M. (1956): Environmental relationships of grain size and constituent particles in some South Florida carbonate sediments. Bull. Amer. Ass. Petrol. Geol. **40**, 2384–2427, 10 Abb., Tulsa

Glagolew, A.A. (1933): On the geometrical methods of quantitative mineralogical analysis of rocks. Trans. Inst. Econ. Min. Moskow **59**, 1–47, Moskau

Harbaugh, J., Demirmen, F. (1964): 7.3.2

Harvey, R.D., Steinmetz, J.C. (1971): Petrography of carbonate rocks by image analysis. Florida Dep. Natural Res. Spec. Publ. **17**, Bur. Geol., 161–170, 4 Abb., Tampa
Hennig, A. (1958): Kritische Betrachtungen zur Volumen- u. Oberflächenmessung in der Mikroskopie. Zeiss-Werkz. **6**/30, 76–86, Oberkochen
Hohenegger, J., Piller, W. (1975): Ökologie und systematische Stellung der Foraminiferen im gebankten Dachsteinkalk (Obertrias) des nördlichen Toten Gebirges (Oberösterreich). Paleo-3 **18**, 241–276, 8 Taf., 5 Abb., Amsterdam
Hörnstein, A. (1959): A method and a set apparatus for mineralogic-granulometric analysis with a microscope. Bull. geol. Inst. Univ. Uppsala **38**, 105–137
Jaanusson, V. (1972): Constituent analysis of an Ordovician limestone from Sweden. Lethaia **5**, 217–237, 11 Abb., Oslo
Lamprecht, J. (1954): Die Glagolewsche „Punktmethode" und ihre Anwendung. Geologie **3**, 1085–1094, Berlin
Mamet, B. (1964): Sédimentologie des Faciès "Marbres Noires" du Paléozoique francobelge. Inst. Roy. Sci. Nat. Belgique, Mém. **151**
Marsal, D. (1967): siehe 7.3.2
Maxwell, W.G.H., Jell, J.S., McKellar, R.G. (1964): Differentiation of carbonate sediments in the Heron Island reefs. J. Sed. Petrol. **34**, 294–308, Tulsa
Mišik, M. (1964): Lithofazielle Studien im Lias der Großen Fatra im westlichen Teil der Niederen Tatra. Sbornik geol. vied., Zap. Karpaty **1**, Bratislawa
Müller, G. (1964): siehe 1.4.1
Payton, C.E. (1966): Petrology of the carbonate members of the Swope and Dennis Formation (Pennsylvanian), Missouri and Iowa. J. Sed. Petrol. **36**, 576–601, Tulsa
Plaas, L. van der (1965): In defence of point counting analysis, a reply. Sedimentology **4**, 247–253, Amsterdam
Plaas, L. van der, Tobi, A.C. (19565): A chart for judging the reliability of point counting results. Amer. J. Sci. **263**, 87–90, 1 Abb., New Haven
Purdy, E.G. (1963): siehe 2.4.1
Rich, M. (1964): Petrographic classification and method of description of carbonate rocks of the Bird Spring Group in Southern Nevada. J. Sed. Petrol. **34**/2, 365–378, Tulsa
Rosiwal, A. (1898): Über geometrische Gesteinsanalysen. Verh. geol. Reichsanst. **1898**, 143–175, Wien
Sander, B. (1951): Einführung in die Gefügekunde als Geologischer Körper, 2. Teil. Die Korngefügemerkmale. 409 S., 4 Taf., 153 Abb., Wien–Innsbruck: Springer
Sarntheim, M. (1971): Oberflächensedimente im Persischen Golf von Oman. II. Quantitative Komponentenanalyse der Grobfraktion. „Meteor" Forschungsergebnisse, Reihe **C**, **5**, 113 S., Taf. 1–4, 8 Abb., Berlin–Stuttgart: Borntraeger
Schäfer, K. (1969): Vergleichs-Schaubilder zur Bestimmung des Allochemgehalts bioklastischer Karbonatgesteine. N. Jb. Geol. Paläont. Mh. **1969**/3, 173–184, 9 Abb., Stuttgart
Schäfer, P., Senowbari-Daryan, B. (1978): Die Häufigkeitsverteilung der Foraminiferen in drei oberräthischen Riff-Komplexen der Nördlichen Kalkalpen (Salzburg, Österreich). Verh. geol. Bundesanst. **1978**, Wien (im Druck)
Schenk, P.E. (1967): Facies and phase of the Altamont Limestone and Megacyclothem (Pennsylvanian), Iowa to Oklahoma. Geol. Soc. Amer. Bull. **78**, 1369–1384, 5 Abb., 3 Taf., New York
Shepard, F.P., Moore, D.G. (1954): Sedimentary environments differentiated by coarse-fraction studies. Bull. Amer. Ass. Petrol. Geol. **38**/8, 1792–1802, Tulsa
Skupin, K. (1973): Stratigraphy and microfacies in the crinoidal limestones (Trochiten limestone, Triassic) of Southwest Germany. Sed. Geol. **9**, 1–19, 9 Abb., Amsterdam
Stanley, S.M. (1966): Paleoecology and diagenesis of Key Largo Limestone, Florida. Bull. Amer. Ass. Petrol., Geol. **50**, 1927–1947, Tulsa
Stauffer, K.W. (1962): Quantitative petrographic study of Paleozoic carbonate rocks, Caballo Mountains, New Mexico. J. Sed. Petrol. **32**, 357–396, Tulsa
Stel, J.H. (1975): The influence of hurricanes upon the quiet depositional conditions in the Lower Emsian Lavid Shales of Colle (NW Spain). Leidse Geol. Meded. **49**/3, 475–486, 14 Abb., Leiden
Swinchatt, J.P. (1965): siehe 2.4.1
Terry, R.D., Chilingar, G.V. (1958): Summary of "Concerning some additional aids in studying sedimentary formations" by Shvetsov, M.S.J. Sed. Petrol. **25**, 229–234, Tulsa

Toomey, D.F. (1966): siehe 7.3.2
Walpole, R.L., Carozzi, A.V. (1961): Microfacies study of Rundle Group (Mississippian) of Front Ranges, Central Alberta, Canada. Bull. Amer. Ass. Petrol. Geol. **45**/11, 1810–1846, 1 Taf., 25 Abb., 6 Tab., Tulsa
Wilson, R.C.L. (1965): Dual classification for point-counting limestones. Nature (London) **207**, No. 4999, 849–850, 3 Abb., London

4.2.2 Morphometrische Merkmale

Die Form von Sedimentpartikeln wird i.a. durch die Gestalt, Sphärizität (Kugeligkeit) und Angularität sowie Rundung und Oberflächenstrukturen beschrieben. Kornformuntersuchungen streben Aussagen über Dauer und Ausmaß der mechanischen Beanspruchung (Transport u.a.) an.

4.2.2.1 Methoden und Beispiele

Die Gestalt von Sedimentpartikeln kann Aussagen über die Art und Dauer des Sedimenttransportes zulassen. Dies gilt insbesondere für Gerölle und für silikatische Sandkörner (siehe Füchtbauer, 1970, Pettijohn et al., 1972). Der Charakterisierung der Gestalt dient die Feststellung der *Sphärizität* (= Annäherung der Gestalt an eine Kugel). Die Gestaltveränderung kann durch die Erfassung der *Rundung* (= zunehmender Verlust der Ecken und Kanten des Kornes) charakterisiert werden.

Im Abschnitt 4.2.2.2 sind einige Arbeiten zusammengestellt, in welchen Methoden zur Typisierung von Rundungs- und Sphärizitätsparametern vorgeschlagen werden. Aufbauend auf den grundlegenden Arbeiten von Wadell (1935) und Krumbein (1941) werden heute oft Schätzmethoden verwendet, um die morphometrischen Merkmale unter Zuhilfenahme von Normbildern rasch feststellen zu können. Verbreitet sind die von Russel u. Taylor (1937), Pettijohn (1957), Krumbein u. Sloss (1963) und Powers (1953) veröffentlichten Vergleichstafeln. Siehe Abb. 31 und 32! Lees (1964) lehnt das von Krumbein u. Sloss vorgeschlagene Normbild ab und schlägt ein auf dem „Grad der Eckigkeit (angularity)" aufgebautes Schema vor.

Bedingt durch die unterschiedliche Widerstandsfähigkeit gegenüber mechanischen und chemischen Einflüssen und in Abhängigkeit von der sehr unterschiedlichen Ausgestaltung können karbonatische Komponenten hinsichtlich ihrer morphometrischen Merkmale nicht direkt mit Quarzkörnern oder mit Geröllen verglichen werden. Da jedoch auch bei Bioklasten und karbonatischen Lithoklasten, teilweise auch bei Intraklasten eine Gestaltsveränderung zu beobachten ist, kann die Erfassung von *Rundung und Sphärizität* von transportierten *Karbonatpartikeln* sinnvoll sein:

Zur Beschreibung der Rundung karbonatischer Biogene sollte die von Pilkey et al. (1967) empirisch ermittelte Darstellung verwendet werden (siehe Abb. 31). Hierbei umfaßt Klasse 1 Komponenten ohne Rundung, die Klassen 2 und 3 sind durch zunehmende Rundung gekennzeichnet, und Klasse 4 beinhaltet gut bis sehr gut gerundete Komponenten.

Auch das von Catalov (1972) bei der Untersuchung triadischer Kalke entwickelte Vergleichsschema für die Rundung und Sortierung von Bio- und Intraklasten liefert gute Resultate.

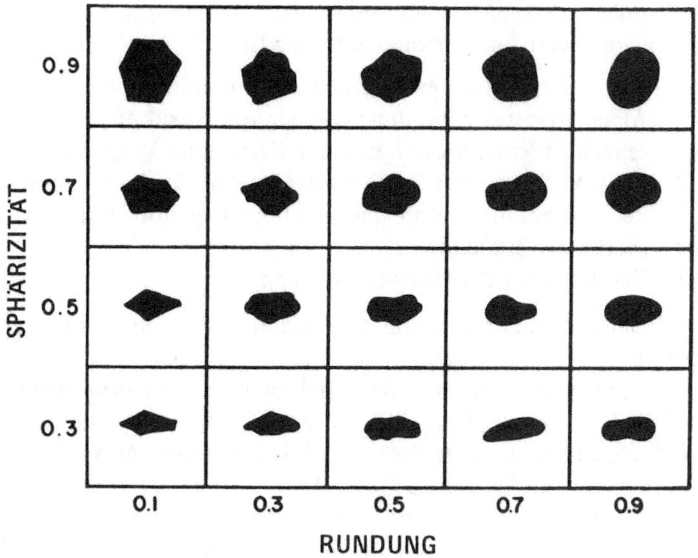

Abb. 31. Schätzbilder für Rundung und Sphärizität. Nach Krumbein u. Sloss (1963). Erforderlich ist die Erfassung von mindestens 100 Komponenten, wobei unterschiedliche Korngrößenklassen zu berücksichtigen sind

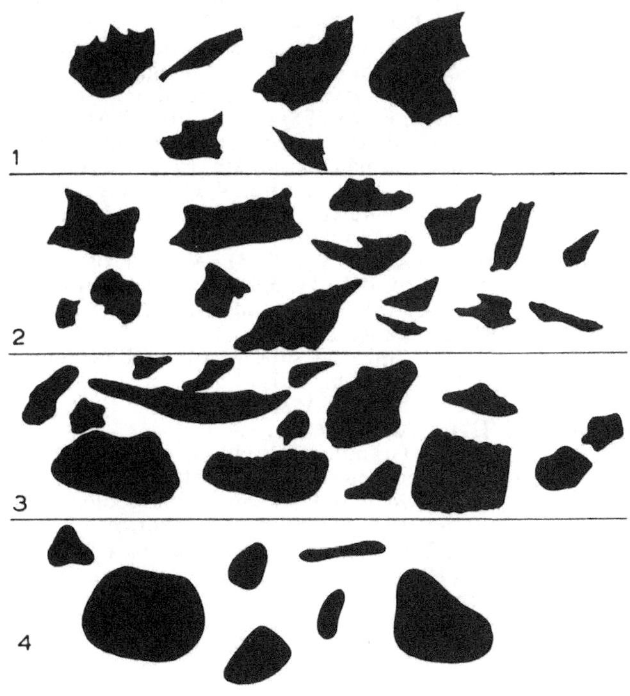

Abb. 32. Schätzbilder zur Beschreibung der Rundung karbonatischer Bioklasten. Nach Pilkey et al. (1967)

Folk (1962) hat darauf hingewiesen, daß die durchschnittliche Rundung in Kalkareniten von folgenden Faktoren abhängig ist:

a) primäre Rundung der Biogene (z.B. Foraminiferen),
b) Abhängigkeit der Rundung von der Mikrostruktur,
c) schnellere Rundung der größeren Partikel im Vergleich mit kleineren Partikeln,
d) Produktionsrate der Organismen (auch im Starkwasserbereich werden nicht alle Bioklasten gerundet, wenn eine sehr hohe Organismenproduktion besteht!),
e) Stärke der Brandung,
f) Zeitdauer der Brandungseinwirkung.

Der Zusammenhang von Auswaschung, Sortierung und Rundung ist in Abb. 55 dargestellt.

Untersuchungen über die Rundung rezenter karbonatischer Bioklasten finden sich bei Folk u. Robles (1964, Alacran Reef Complex, Yucatan), Pilkey et al. (1967, Küsten- und Dünensande, amerikanische Atlantikküste), Maxwell et al. (1961, Barrier-Riff, Australien) und Swinchatt (1965, Florida). Chave (1964, in Imbrie u. Newell) hat Experimente über die Zerstörbarkeit von rezenten schalentragenden Organismen beschrieben.

Im fossilen Bereich ist die Bestimmung des Rundungsgrades insbesondere für die auf der unterschiedlichen Wasserbewegung zur Zeit der Sedimentation aufgebauten Energie-Index-Klassifikation (Plumley et al., 1962) von Bedeutung, vgl. z.B. Catalov (1972) und Abschnitt 6.2.4.

4.2.2.2 Literatur

Beal, M.A., Shepard, F.P. (1956): A use of roundness to determine depositional environments. J. Sed. Petrol. **26**, 46–60, Tulsa

Cailleux, A. (1962): Morphoskopische Analyse und ihre Bedeutung für die Paläoklimatologie. Geol. Rdsch. **40**, 11–19, Stuttgart

Catacosinos, P.A. (1965): Tables for the determination of sphericity and shape of rock particles. J. Sed. Petrol. **35**/2, 354–365, 1 Abb., 11 Tab., Tulsa

Catalov, G.A. (1972): An attempt at energy index (EI) analysis of the Upper Anisian, Ladinian and Carnian carbonate rocks in the Teteven Anticlinorium (Bulgaria). Sed. Geol. **8**, 159–175, 5 Abb., 4 Taf., Amsterdam

Chave, K.E. (1964): Skeletal durability and preservation. In: Imbrie, J., Newell, N.D. (eds.): Approaches to Paleoecology, 377–387, New York: Wiley

Emerich, G.H., Wobber, F.J. (1963): A rapid visual method for estimating sedimentary parameter. J. Sed. Petrol. **33**/4, 831–843, 4 Abb., 5 Tab., Tulsa

Flemming, N.C. (1965): Form and function of sedimentary particles. J. Sed. Petrol. **35**/2, 381–390, 4 Abb., Tulsa

Folk, R.L. (1962): Spectral subdivision of limestone types. Mem. Amer. Ass. Petrol. Geol. **1**, 62–84, 7 Abb., Tulsa

Folk, R.L., Robles, R. (1964): siehe 4.3.2.2

Füchtbauer, H. (1970): siehe Lit. 1.4.1

Köster, E. (1964): Granulometrische und morphometrische Meßmethoden an Mineralkörnern, Steinen und sonstigen Stoffen 336 S., 109 Abb., 68 Tab., Stuttgart: Enke

Krumbein, W.C. (1941): Measurement and geological significance of shape and roundness of sedimentary particles. J. Sed. Petrol. **11**, 64–72, Tulsa

Krumbein, W.C., Sloss, L.L. (1963): siehe Lit. 1.4.1

Kuenen, Ph.H. (1964): Experimental abrasion: 6. Surface action. Sedimentology **3**, 92–143, 1 Abb., 6 Tab., Amsterdam

Lees, G. (1964): A new method for determining the angularity of particles. Sedimentology 3/1, 2–21, 11 Abb., Amsterdam

Lüttig, G. (1962): Geröllmorphometrie des Zechsteinkonglomerates im Schacht Rossenray. 1. Fortschr. Geol. Nordrhein-Westf. **6**, 385–390, Krefeld
Maxwell, W.G.H., Day, R.W., Fleming, P.J.G. (1961): siehe 2.4.1
Mrazek, J. (1975): Korngestaltsuntersuchungen am Körnerpräparat und im Dünnschliff. Z. angew. Geol. **21**, 280–284, Berlin
Pettijohn, F.J. (1957): siehe Lit. 1.4.1
Pettijohn, F.J., et al. (1972): siehe Lit. 1.4.1
Pilkey, O.H., Morton, R.W., Lutenauer, J. (1967): The carbonate fraction of beach and dune sands. Sedimentology **8**, 311–327, 4 Tab., 5 Abb., Amsterdam
Plumley et al. (1962): siehe Lit. 6.5
Powers, M.C. (1953): A new roundness scale for sedimentary particles. J. Sed. Petrol. **23**, 117–119, Tulsa
Russel, R.D., Taylor, R.E. (1937): Roundness and shape of Mississippi river sands. J. Geol. **45**, 225–267, Chicago
Sames, C.W. (1969): Morphometric data of some recent pebble associations and their application to ancient deposits. J. Sed. Petrol. **36**/1, 126–142, 6 Abb., Tulsa
Shepard, F.P., Young, R. (1951): Distinguishing between beach and dune sands. J. Sed. Petrol. **31**, 196–214, Tulsa
Smalley, I.J. (1967): The presentation of subjective shape and roundness data. Sedimentology **8**, 35–38, 1 Abb., Amsterdam
Smith, N.S. (1972): Flume experiments on the durability of mud clasts. J. Sed. Petrol. **42**/2, 378–383, 6 Abb., Tulsa
Swinchatt, J.P. (1965): siehe Lit. 4.2.3.2
Wadell, H. (1935): Volume, shape and roundness of quartz particles. J. Geol. **43**, 250–280, Chicago
Waskom, J.D. (1958): Roundness as an indicator of environmental along the coast of Panhandle, Florida. J. Sed. Petrol. **28**/3, 351–360, 9 Abb., Tulsa
Whalley, W.B. (1972): The description and measurement of sedimentary particles and concept of form. J. Sed. Petrol. **42**/4, 961–965, Tulsa

4.2.3 Korngrößen-Analysen

4.2.3.1 Methoden und Beispiele

Korngrößenanalysen dienen der Beschreibung, Typisierung und der genetischen Interpretation von Sedimenten und Sedimentgesteinen. Zunächst bevorzugt bei der Untersuchung von silikatischen Klastiten verwendet, wurden in den letzten Jahren wiederholt Versuche unternommen, Korngrößenanalysen als zusätzliche Fazieskriterien auch bei Karbonaten und Karbonatgesteinen (Kalkareniten und Kalkruditen) auszuwerten.

Nachfolgend werden einige Methoden der Korngrößen-Bestimmung, der graphischen Darstellung von Korngrößen-Verteilungen und der Aussagemöglichkeiten der Korngrößen-Parameter beschrieben, um den verstärkten Einsatz dieser Methoden bei der Beschreibung und Interpretation von Kalkareniten anzuregen.

I. Bestimmung der Korngrößen

A. Definition von Korn und Korngröße: Ein Korn ist eine klastische Komponente, die sich bei Transport und Ablagerung als einheitliches Element erweist und gut definierte Abgrenzungen besitzt.

Die *Korngröße* kann definiert werden:

1. in *Lockergesteinen: Sieb-Korngrößen* (= Maschenweite eines Siebes) bzw. Nominal-∅ Wadell (1932) = ∅ einer Kugel, welche das gleiche Volumen besitzt wie das Korn).

2. in *Festgesteinen: Schliff-Korngrößen,* Messung des scheinbar längsten Korn-∅ (z.B. Friedman, 1958; Hötzl, 1966) oder Bestimmung des flächengleichen Kreises (Hörnstein, 1960; Gerät: Teilchengrößenanalysator Fa. ZEISS).

B. Korngrößen-Einteilung siehe Abb. 33! Im deutschen Schrifttum Atterberg-Klassifikation, im englischsprachigen Schrifttum Wentworth-Klassifikation. Um statt dieser logarithmischen Abstufungen eine arithmetische Abstufung der Korngrößen-Darstellung zu ermöglichen, schlug Krumbein (1934) für die Atterberg-Skala die *Zeta-Grade* (wenig gebraucht, vgl. Walger, 1965) und für die Wentworth-Skala die *Phi-Grade* vor.. Phi entspricht dem negativen Logarithmus zur Basis 2 der Korngrößenmessung (in mm). Die Korngröße 1 mm entspricht dem phi-Wert von Null, kleinere Korngrößen haben positive phi-Werte, größere Korngrößen negative phi-Werte. Vorteile der Phi-Skala: alle Unterteilungen sind gleichrangig, die Ergebnisse der Korngrößenanalysen können auf mm-Papier aufgetragen werden. Umrechnung von phi-Werten in mm nach Tabellen (Page, 1955; Müller, 1964; Griffith, 1968).

C. Korngrößenbestimmungen in Lockersedimenten: Verfahren: Korngrößen über 20 mm ∅ – direktes Messen. Korngrößen zwischen 20 und 0,063 mm ∅ – Siebanalyse. Korngrößen unter 0,063 mm ∅ Schlämm (Pipetten)-Analyse.

D. Korngrößenbestimmung in Festgesteinen: Bei Karbonatgesteinen i.a. nur im Schliff, Folienabzug oder Anschliff möglich. Die „Schliffkorngröße" ist eine Funktion der Mineralzusammensetzung, der wahren Korngröße, Kornform, Orientierung der Körner und der Kornpackung.

1. *Meßtechnik:* Es wird der scheinbar längste Korn-∅ gemessen. Verfahren: Im Handstücksbereich Verwendung der Müller-Lupe, im Schliffbereich Meßokular oder Ausmessung von Schliffphotographien.

Untergrenze der Meßbarkeit liegt bei etwa 6 μ, Komponenten unter 20 μ sollen nach Plaas (1962) nicht mehr gemessen werden. Rezente Bioklasten kleiner als 60 μ sind nach den von Ferey et al. (1962) durchgeführten Experimenten häufig nicht mehr nach Gruppen unterscheidbar und daher nur einer einzigen Meßgruppe (Bioklaste i.w.S.) zuzuordnen.

Fehlerquellen:

a) Schnittlagenbedingt werden fast ausschließlich kleinere Korn-∅ gemessen als vorhanden sind.

b) Es werden nur Körner gemessen, die unter das Fadenkreuz (Point-Counter-Verfahren) fallen, größere Körner haben eine höhere Chance, dadurch werden die Verteilungskurven zum gröberen Bereich hin verschoben.

c) Form und Orientierung der Körner kann sich verkleinernd oder vergrößernd auswirken.

a) und c) heben sich z.T. gegenseitig auf, der Verkleinerungseffekt kann durch Umwandlung der Zahlenhäufigkeiten (Schliffdaten) in Siebhäufigkeiten eliminiert werden (Friedman, 1958). Bei Messungen senkrecht ss wird der Orientierungseffekt verringert. Fehlerquelle b) kann durch "ribbon-sampling" (Plaas, 1962) ausgeschaltet werden: es werden alle Körner gemessen, die innerhalb eines Feldes liegen. Feld(Band)-Breite soll mindestens dem größten sichtbaren Korn-∅ entsprechen. Nach Stauffer (1966) können

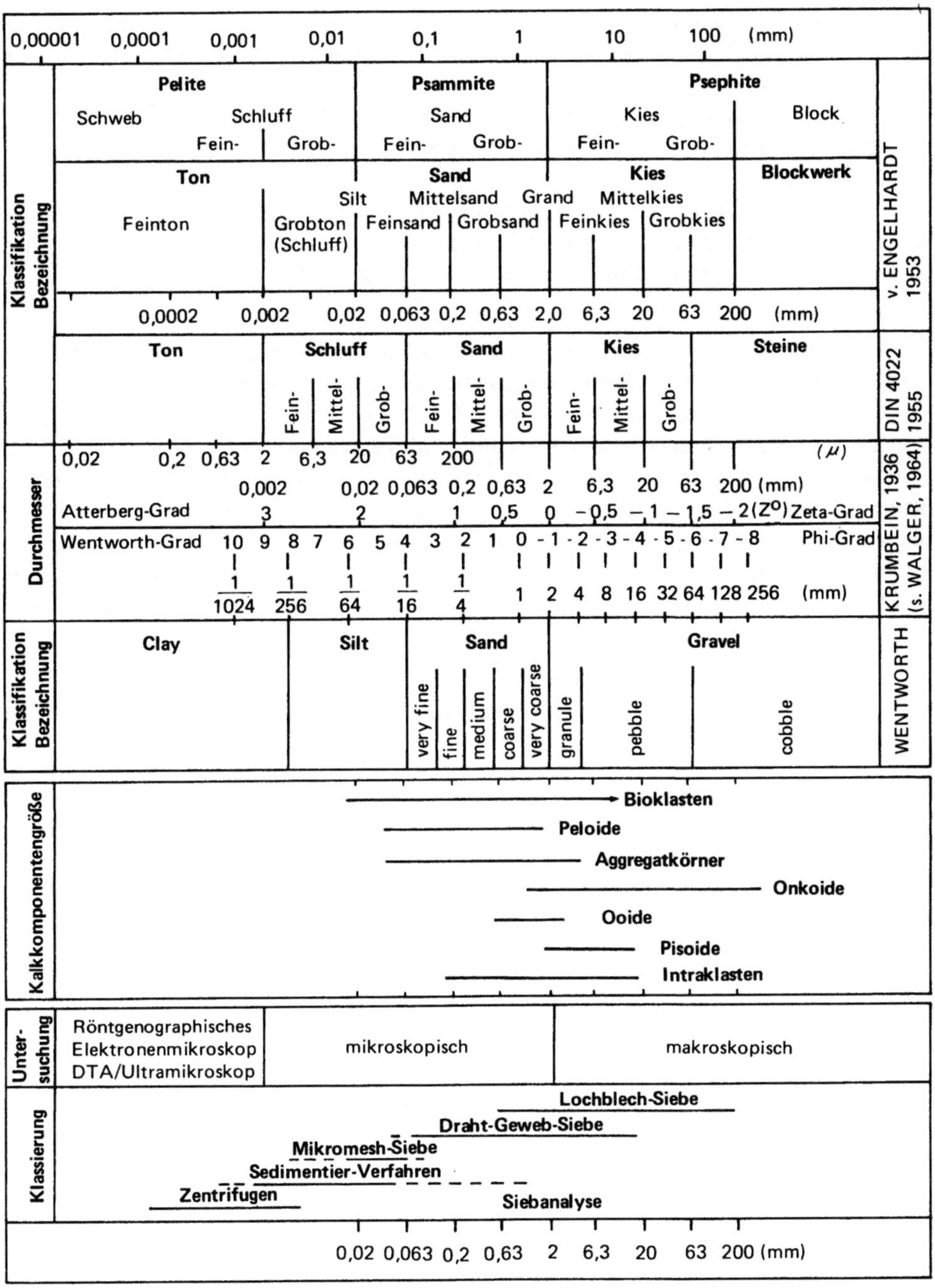

Abb. 33. Korngrößeneinteilungen von Sedimenten bzw. Karbonatkomponenten. Ergänzt nach Vossmerbäumer (1976)

die im Feld-Verfahren gewonnenen Werte nicht direkt mit Siebdaten verglichen werden (Feld-Verfahren führt zu Zahlenhäufigkeiten, Point-Counter- und Linien-Verfahren zu Volumenhäufigkeiten!).

Zahl der notwendigen Meßdaten pro Schliff: mindestens 300 Körner, bei Kalkareniten statistisch gesicherte Resultate bei etwa 500 Körnern. Überprüfungsmöglichkeiten siehe Abb. 24.

2. *Umwandlung der Schliff- in Siebdaten:* Da sich die meisten Interpretationen von Korngrößenverteilungen auf die Auswertung von nicht verfestigten Sedimenten (Siebdaten) aufbauen, sollten Schliffdaten in Siebdaten übergeführt werden.

Möglichkeiten:

a) Nach mathematisch-statistischen Vergleichen handelt es sich bei den beiden Meßmethoden um eigenständige Methoden mit eigenständigen Ergebnissen.

b) Nach empirischen Untersuchungen (Friedman, 1958) ergeben sich bei Sandsteinen lineare Beziehungen zwischen Sieb- und Schliffdaten und damit die Möglichkeit von Umrechnungsformeln bzw. Umwandlungsnetzen (nach Friedman, bei Müller, 1964). Burger u. Skala (1976) haben gezeigt, daß die Berechnung von Siebdaten aus Schliffwerten mathematisch nicht unterstützt werden kann. Praxis: kaum Umwandlungen. Bei Kalkareniten (W.F. Ott, 1969) ergeben sich bei Umrechnungen der Schliffdaten keine signifikanten Unterschiede der Parameter, siehe Abb. 36. Diskussion bei Folk (1966).

II. Graphische Darstellung der Korngrößen-Verteilungen

In gut sortierten Sedimenten entspricht die Verteilung der Korngrößen einer logarithmischen Verteilung.

A. Darstellungsmöglichkeiten: a) Summenkurve (cummulative curve) am häufigsten verwendet. Abszisse: Korn-Ø in phi-Werten oder in mm, Ordinate: prozentuale Summenhäufigkeit. Zu bevorzugen ist die Eintragung im Wahrscheinlichkeitsnetz, auf dem die niedrigen und hohen Prozentwerte auf der Ordinate gegenüber den mittleren Werten weit auseinandergezogen erscheinen. Die Normalverteilung erscheint hier nicht als Kurve, sondern als Gerade. Knicke, Verbiegungen etc. der Summenkurve repräsentieren Mischverteilungen bzw. Mischsedimente.

b) Histogramme, anschaulich und einfach, für Interpretationen kaum brauchbar, vgl. Walger (1965).

c) Häufigkeitskurven (frequency-curve) stellen die 1. Ableitung der Summenkurve dar, selten verwendet. Parameter schlecht abzulesen.

B. Deutungsmöglichkeiten des Summenkurvenverlaufs: Knickstellen und unvollständige Kurven, die sich bei der Darstellung im logarithmischen Wahrscheinlichkeitspapier ergeben, werden gedeutet als:

a) Resultate der Vermischung von zwei oder mehreren sich überlagernden lognormalen Sedimentpopulationen.

b) Mischung von amputierten lognormalen Populationen, die den durch die Art des Sedimentransportes erzeugten Subpopulationen entsprechen (z.B. Visher, 1969; Sagoe u. Visher, 1977).

Der Kurvenverlauf wird dementsprechend als Hinweis auf „Strömungsgrundtypen" (Sindowski, 1958; Douglas, 1968), Sedimentfilterung (z.B. durch Küstenbrandung, Tanner, 1966) und auf wechselnde Sedimentationsbedingungen (Sagoe u. Visher, 1977) betrachtet.

III. Statistische Korngrößenparameter

Parameter sind Kennzahlen (modes), welche der Charakterisierung der Korngrößenverteilung dienen. Zu berechnen aus den phi-Werten, die dem Wahrscheinlichkeitsnetz entnommen werden können.

A. Berechnung und Interpretation der Parameter:

1. Mittlere Korngröße: am einfachsten bestimmbar, aber am ungenauesten. Möglichkeiten:

a) *Median* (median diameter): *M*, Md, Ø 50 – wird als Projetion des 50%-Wertes der Ordinate auf die Abszisse abgelesen, umfaßt nur den mittleren Teil der Kornverteilung!

b) *Modalwert* (modal diameter): Mo, M – Korn-Ø, welcher dem steilsten Punkt bzw. Wendepunkt der Summenkurve, bezogen auf eine arithmetisch unterteilte Ordinate entspricht. Charakterisiert den am häufigsten auftretenden Korn-Ø! Kein gutes Maß für die durchschnittliche Korngröße!

c) *Mean* (graphic mean) nach Otto (1939): M Ø = (phi 16 + phi 84)/2; vernachlässigt das zentrale Drittel der Verteilung, daher besser andere Formel: Mz (nach Folk u. Ward) = (phi 16 + phi 50 + phi 84)/3.

Zur Beschreibung der Summenkurve werden im deutschen Schrifttum verwandt: *Quartilmaße* der Summenkurve mit logarithmischer Abszisse (Q_1 = 25%, Q_2 = 50% = MD, Q_3 = 75%). Percentilmaße (P_1 – P_{100}), die übrigen %-Werte der Ordinate.

Aussagekraft der „durchschnittlichen" Korngrößen: Der Mittelwert ist eine Funktion der Korngrößen des zur Verfügung stehenden Materials und des Energiebetrages des transportierenden Mediums. Bei Mischverteilungen (z.B. Einschwemmungen von gröberem Material in feines Material) ist keine genetische Ausdeutung von Md oder M_Z möglich. Einen quantitativen Vergleich zwischen den Korngrößen und der mittleren Strömungsgeschwindigkeit gestattet das Hjulström-Diagramm (1939). Bei Übertragung dieses Diagrammes auf fossile Sedimentgesteine ist Vorsicht angebracht.

Zur Beschreibung von Riffkomplexen werden auch die in verschiedenen Riffteilen unterschiedlichen mittleren Größen der Karbonatpartikel herangezogen (rezent, Ginsburg, 1956).

2. *Sortierung* (Abb. 34) zeigt an, wieviele Korngrößenfraktionen in einem Korngemisch mit welchen Gehalten vertreten sind. Der Sortierungskoeffizient gilt als Maß der Variabilität. Berechnungsmöglichkeiten:

a) Im deutschen Schrifttum So = Q_3/Q_1 bzw. $\sqrt{Q_3/Q_1}$. Der Sortierungsgrad wird i.a. nach Füchtbauer (1959) angegeben.

b) Nach Inman (1952): sigma phi = (phi 84 – phi 16)/2.

c) Als häufig gebrauchtes und genaueres Sortierungsmaß empfiehlt sich die "inclusive graphic standard deviation" nach Folk u. Ward (1957): sigma i = (phi 84 – phi 16)/4 + (phi 95 – phi 5)/6.6

Dieser Kennwert umfaßt auch die für Interpretationen sehr wichtigen Randbereiche der Summenkurven.

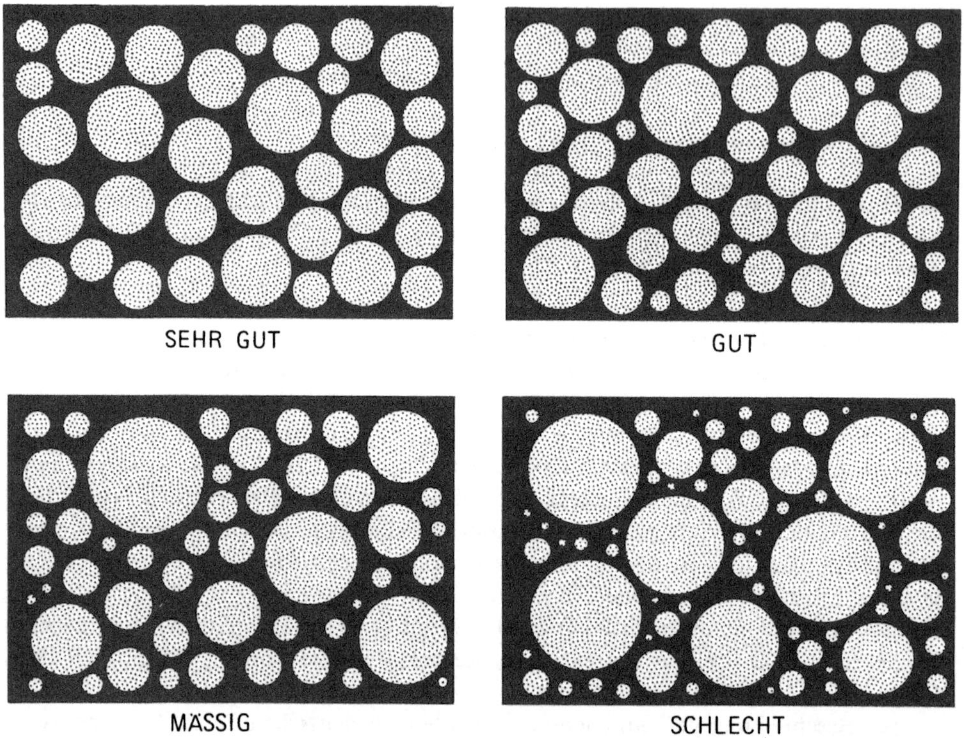

Abb. 34. Vergleichsbilder für die Sortierung von Komponenten. Nach Anstey u. Chase (1974)

Aussagekraft der Sortierung: „So" ist abhängig von der Korngröße des für die Ablagerung zur Verfügung stehenden Materials, von der Art der Sedimentation, von den Strömungsverhältnissen (konstant oder periodisch) und von der Zeitrate, in welcher Sediment zugeführt wird. Bei rezenten Karbonatsanden (Folk, 1962; Folk u. Robles, 1964) ergibt ein Diagramm So : Md eine sinusförmige Kurve (siehe Abb. 36). Die Deutlichkeit dieses Sinus-Trends hängt von der Wirksamkeit der Oberflächenwellen, der Erosionskraft und von den Bruchformen der Bioklasten ab; je schwächer die Wellenbewegung ist, desto deutlicher ist das Sinusmuster ausgebildet.

3. *Schiefe* (skewness, Sk) kennzeichnet die Asymmetrie der Verteilungskurven. Eine Tendenz in Richtung auf die feinere Kornfraktion drückt sich in log Sk negativ, in Richtung auf die gröbere Kornfraktion in log Sk positiv aus.

Berechnungsmöglichkeiten: a) im deutschen Schrifttum $Sk = Q_1 \times Q_3 / Q_2^{\,2}$, b) nach Folk u. Ward (1957) "Inclusive graphic skewness"

$$Sk_i = \frac{\text{phi } 16 + \text{phi } 84 - 2 \text{ phi } 50}{2\,(\text{phi } 84 - \text{phi } 16)} + \frac{\text{phi } 5 + \text{phi } 95 - 2 \text{ phi } 50}{2\,(\text{phi } 95 - \text{phi } 5)}$$

Vereinfachung der Formel durch Warren (1974).

Aussagekraft der Schiefe: Sk wird von vielen Autoren eine "environment sensitive" Bedeutung zugemessen (z.B. Friedman, 1967; Folk u. Robles, 1964; Hails et al., 1969). Dünensande besitzen häufig eine positive Schiefe, Strandsande häufig eine negative Schiefe. Siehe Füchtbauer (1970).

4. *Kurtosis* (K_G) charakterisiert die Zuspitzung bzw. Verflachung der Kurvenausläufer (tails). $K_G > 1$ = Sortierung im zentralen Bereich besser (leptocurtic curves), $K_G < 1$ = Sortierung in den Randbereichen besser (platycurtic curves). Normale Kurven besitzen einen K_G-Wert = 1.

Berechnungsmögllichkeiten: nach Folk u. Ward (1957) Graphic kurtosis K_G = (phi 95 – phi 5) / 2,44 (phi 75 – phi 25).

Aussagekraft der Kurtosis: anscheinend weniger aussagekräftig als die Schiefe. Wichtig in Verbindung mit SK (siehe Folk u. Robles, 1964).

B. Die Brauchbarkeit der Korngrößenparameter im Rahmen von Faziesanalysen ist u.a. auch abhängig von den bei der Erfassung der Korngrößen verwendeten phi-Klassen (ganze, 1/2- und 1/4-phi-Werte). 1/4-phi-Werte scheinen am sinnvollsten, wenn Parameter-Diagramme (covariate plots) genetisch interpretiert werden sollen (Moiola u. Weiser, 1968). Hinweise auf die Aussagekraft von Parameter-Diagrammen (M_Z vs. Sk, M_Z vs. σ_i, Sk vs. σ_i, Sk vs. K_G) finden sich in der Literaturübersicht. Siehe auch Abb. 36/1.

Korngrößenverteilungen werden auch zur Charakterisierung des Ausmaßes der diagenetischen Veränderungen von Karbonatgesteinen herangezogen (z.B. Germann, 1966, mitteltriadischer Wettersteinkalk der Nordalpen), da der ursprüngliche lognormale Kornbestand durch Zementation, Sammelkristallisation etc. überprägt wird und sekundär bi- und polymodale Korngrößenverteilungen entstehen können.

IV. Klastizitätsindex

Der größte scheinbare Korn-∅ (unter mindestens 100 Körnern) wird von Carozzi (1950, 1958) als „Klastizitätsindex" bezeichnet und als Maß für die (höchste) Wasser- und Transportenergie gewertet (vgl. Abb. 35). Bei mikrofaziellen Untersuchungen häufig verwendet, ist doch Vorsicht geboten (kennzeichnendes Merkmal für Wasserenergie ist der Grad der Auswaschung von feinem Material, nicht unbedingt die Maximalgröße von Komponenten!).

V. Die Passega-Diagramme

Passega (1957) hat zur Charakterisierung der Transport- und Ablagerungsmechanismen ein *„CM-Diagramm"* vorgeschlagen, in welchem auf der Abszisse der Median-Wert M (in mm oder phi-Werten) und auf der Ordinate die 1%-Korngröße (in phi oder mm, entspricht dem gröbsten Korn) für jede Probe aufgetragen wird. phi-Werte werden auf einfachem mm-Papier, mm-Werte auf doppelt logarithmischem Papier aufgetragen. Für Proben aus genetisch einheitlichen Ablagerungsbereichen ergeben sich charakteristische Punkt-*Muster*, deren Gestalt und Abstand von der *CM-Linie* fünf Ablagerungsräumen entsprechen (siehe Abb. 36):

1. Flußsedimente – meist L- oder bumerangförmig.
2. Tractive currents, marine Bodenströmungen oder auf Schelfen – ähnlich Typ 1, meist bumerangförmig.
3. Turbidit-Muster geradlinig und parallel der CM-Linie ausgerichtet, die Achsen der Muster liegen auf Linien, die durch C = 2,3 M bis C = 4,2 M definiert sind.

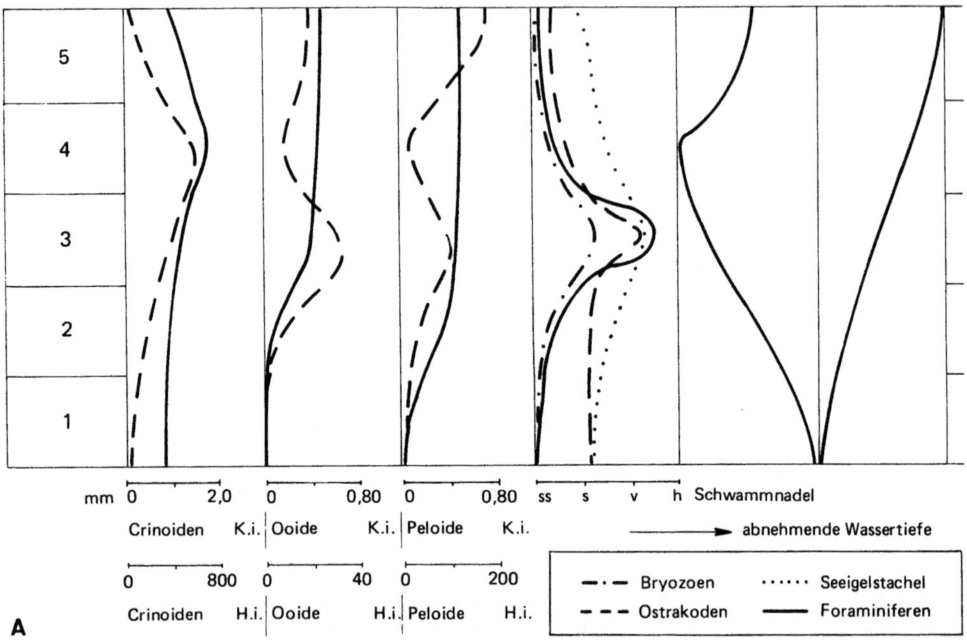

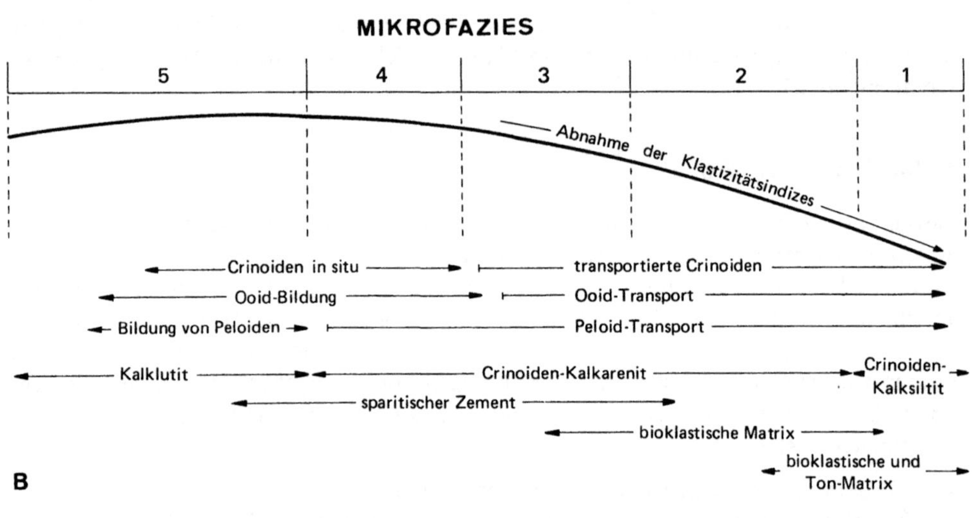

Abb. 35. Unterscheidung von Mikrofaziestypen durch Komponentengrößen (*K.i.*, Klastizitätsindex) und Komponentenzahlanalyse (*H.i.*, Häufigkeitsindex) am Beispiel unterkarbonischer Crinoiden-Kalke. Vereinfacht nach Walpole u. Carozzi (1961). Oberes Bild, rechte Spalte: zunehmende Wasserenergie von Mikrofaziestyp 1 zu Mikrofaziestyp 5

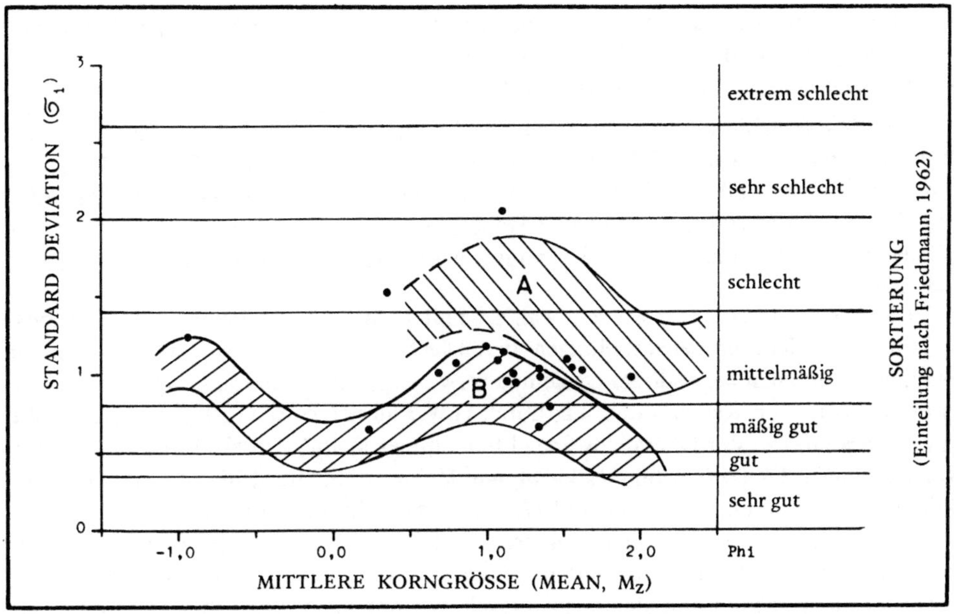

Abb. 36/1. Parameter-Diagramm. Sortierung (Standardabweichung) : mittlere Korngröße (Mean M_Z) von Kalkareniten des Sulzfluh-Kalkes (Malm). Sinus-Trends. *A* (Unterwasserbereich) und *B* (Strand) nach Folk u. Robles (1964). Hinweis auf Strandsedimentation für die Kalkarenite des Sulzfluh-Kalkes

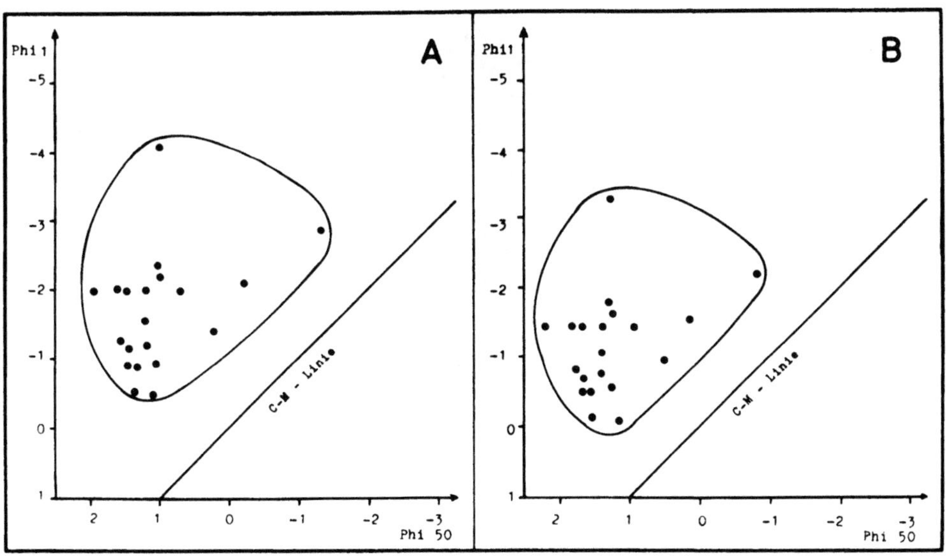

Abb. 36/2. Sulzfluhkalk. Passega-Diagramm. Charakteristisches Punktmuster für Strandsedimente. Kein wesentlicher Unterschied bei Verwendung von Zahlenhäufigkeiten (A) und Gew.% (B). (Schliffdaten umgerechnet in Siebdaten, nach Friedman-Methode)

4. Strandsedimente-Muster: keulenförmig, mit Spitze nach unten, Minimalgröße des Medians stets in der Nähe der 125 μ-Linie.
5. Stillwasserbereich: kreisförmige Muster in großem Abstand von der CM-Linie.

Zur Charakterisierung der verschiedenen Transportmechanismen hat Passega (siehe Literaturübersicht!) weitere Diagramme vorgeschlagen, welche eine verfeinerte Trennung von Fein-, Feinst- und Grobfraktionen gestatten. Die Auswertung dieser FM-, LM-, AM- und Cs- bzw. Cu-Diagramme erlauben paläobathymetrische Aussagen (Passega, 1964) und können auch als Parameter der Sortierung verwendet werden (Passega, 1972; 1977, Sed. **24**).

Die Passega-Diagramme stellen wahrscheinlich die brauchbarsten Interpretationsverfahren von Korngrößenverteilungen dar. Die Methode wurde sowohl bei rezenten Sedimenten als auch bei Sedimentgesteinen verwendet, zur Kennzeichnung der Sedimentationsbereiche von Kalkareniten u.a. durch H.W. Flügel u. Pölsler (1965, Turbiditbänke in der Beckenfazies der Oberalmer Schichten, alpiner Malm), Hötzl (1966, Kalkarenite und Kalkrudite der Tressenstein-Kalke, alpiner Malm), W.F. Ott (1969, Strandsedimente, Sulzfluh, alpiner Malm) und Zacher (1973, Schrattenkalk, Unterkreide).

Sofern die unterschiedlichen primären Zerfallsmöglichkeiten der Organismenhartteile (Abb. 37) berücksichtigt werden, geben Korngrößenanalysen entlang von Faziestraversen zusammen mit anderen strukturellen Merkmalen brauchbare Hinweise zur Gliederung und Interpretation der Ablagerungsräume (Beispiel Abb. 38).

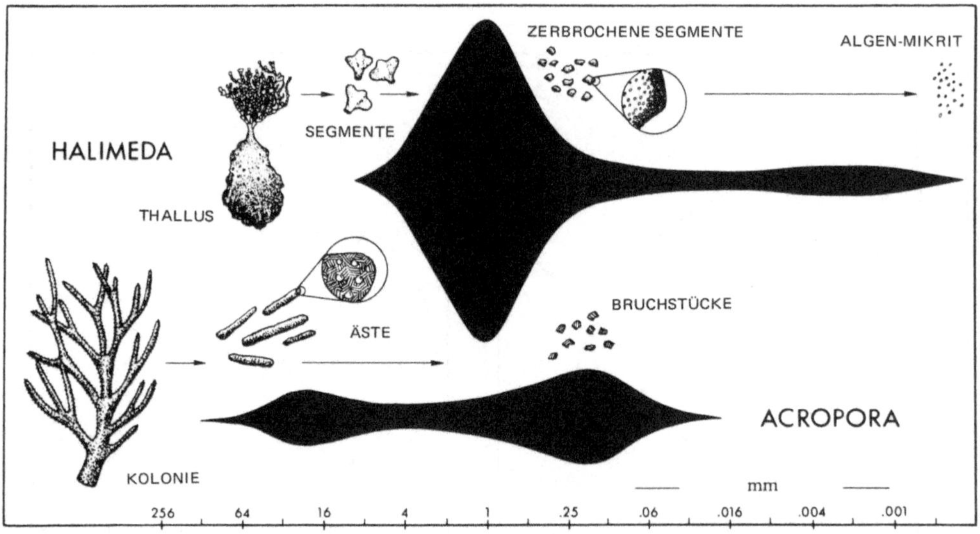

Abb. 37. Korngrößenanalysen fossiler Kalkarenite müssen die durch die Zerfallsmöglichkeit der Organismenhartteile unterschiedlichen Kornfraktionen berücksichtigen. Beispiel: rezente Karbonatsande, Alacran Riff, Yucatan (nach Folk u. Robles, 1964, vereinfacht). Codiaceen zerfallen zu Komponenten im Mikron-Bereich, Korallen zu Bioklasten im Sand- und Kiesbereich

Abb. 38. Modalbestand, Korngrößen und Rundung als unterschiedliche, an den Karbonatkomponenten ablesbare Parameter in einer rezenten Riffzone (Florida). Vereinfacht nach Swinchatt (1965). Traversenlänge etwa 7,5 km

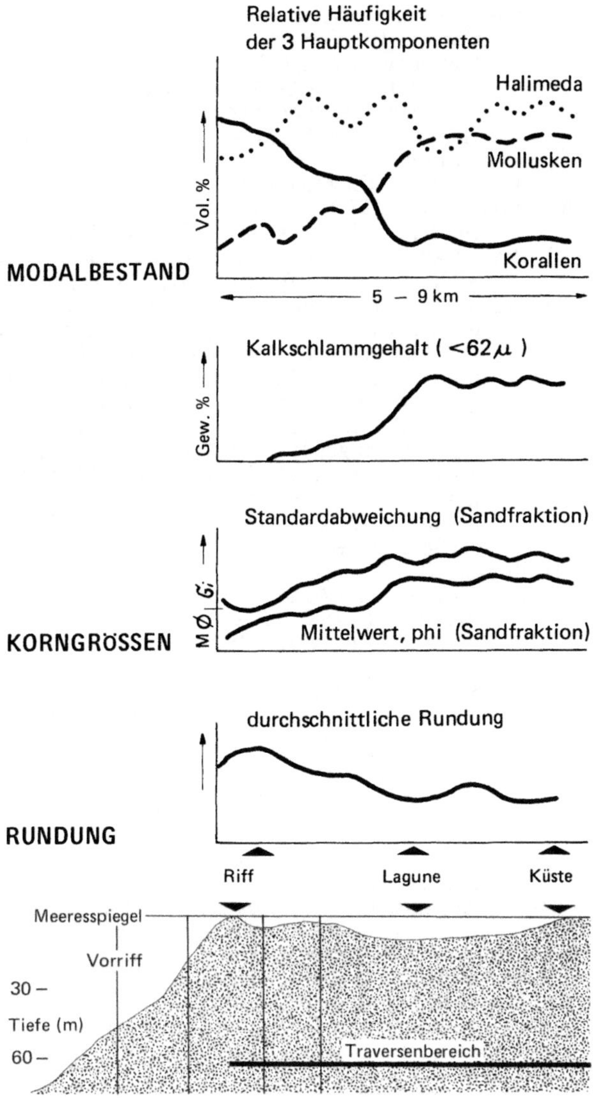

4.2.3.2 Literaturhinweise – Kommentierte Bibliographie (Korngrößenanalysen)

Aus der sehr umfangreichen Literatur über die Methoden und Auswertung von Korngrößenverteilungen in Sedimenten und Sedimentgesteinen sind nachfolgend methodisch wichtige Publikationen (= M), Arbeiten über Korngrößenparameter als Faziesindikatoren (= F) und Untersuchungen über Korngrößenverteilungen in Kalksanden bzw. Kalkareniten (= K) zusammengestellt.

M) Adams, J. (1977): Sieve size statistics from grain measurement. J. Geol. **85**/2, 209–227, 10 Abb., Chicago
Empirisch ermittelte und theoretisch abgeleitete Umrechnungsformeln; wichtige Arbeit.

(F, M) Allen, G.P.,, Castaing, P., Klingebiel, A. (1972): Distinction of elementary sand populations in the Gironde estuary (France) by R-mode factor analysis of grain-size data. Sedimentology **19**, 1/2, 21–35, 7 Abb., Amsterdam
Eine statistische Analyse ermöglicht eine gute Unterscheidung von 4 korngrößenabhängigen Transportmechanismen (kleiner 3 phi – einheitliche Suspension + Bodenfracht, größer 5 phi – "surface creep". Die CM-Kurve reflektiert den Anteil jeder Gruppe.

Anstey, R.L., Chase, T.L. (1974): siehe 1.4.1

(K) Basan, P.R. (1973): Aspects of sedimentation and development of a carbonate bank in the Baracuda Keys, South Florida. J. Sed. Petrol. **43**/1, 42–54, 5 Abb., Tulsa

(K) Braithwaite, C.J.R. (1973): Settling behaviour related to sieve analysis of skeletal sands. Sedimentology **20**, 251–262, 4 Abb., Oxford

(M, F) Buller, A.T., McManus, J. (1972): Simple metric sedimentary statistics used to recognize different environments. Sedimentology **18**, 1/2, 1–21, 14 Abb., Amsterdam
Der Vergleich von über 800 Korngrößenanalysen rezenter Sedimente aus verschiedenen Ablagerungsbereichen zeigt, daß die Deutung der statistischen Parameter u.a. von den verwendeten Skalen (phi-Skala für Sedimente mit geringer Korngrößenvariation, z.B. Sande; arithmetische Skala für Sedimente mit großer Korngrößenvariation) abhängig ist. Bei der letztgenannten Gruppe erweisen sich die Quartil- und Median-Werte nach Trask (QDa und Md in mm) sowie die Schiefe (Sk a) als aussagekräftig. Parameterdiagramme (QDa:Md mm) auf doppelt logarithmischem Papier gestatten die Unterscheidung u.a. von äolischen, fluviatilen, Küsten- und „Stillwasser"-Bereichen.

(M) Burger, H., Skala, W. (1976): Comparison of sieve and thin-section technique by a Monte-Carlo-Model. Computers and Geosci. **2**, 123–139, Oxford

(M, F) Carozzi, A.V. (1958): Micro-mechanisms of sedimentation in the epicontinental environment. J. Sed. Petrol. **28**/2, 133–150, 13 Abb., Tulsa
Das größte im Schliffbereich meßbare transportierte Korn (unter mindestens 100 Sedimentkörnern) wird als Maß für die (größte) Wasserenergie gewertet = „Klastizitätsindex". Relativ häufig bei mikrofaziellen Untersuchungen verwendet, muß die genetische Auswertung dieses Parameters mit Vorsicht erfolgen.

(F) Chappell, J. (1967): Recognizing fossil strand lines from grain-size analysis. J. Sed. Petrol. **37**/1, 157–165, 10 Abb., Tulsa
Rezente Küstensande weisen negative, Dünensande positive Schiefewerte auf. Bereits bei quartären Sanden sind jedoch abweichende Verhältnisse festzustellen.

(K) Chave, K.E. (1960): Carbonate skeletons to limestones: problems. Trans. N.Y. Acad. Sci. **23**, 14–24
Küstensande mit bimodaler Verteilung, Erklärung: Abrasion von kalkigem Material produziert feinere Zwischengrößen.

(M) Correns, C.W. (1934): Grundsätzliches zur Darstellung der Korngrößenverteilung. Zbl. Min. etc., A **1934**, 11, 321–331, Stuttgart

(M, K) Davis, J.C., Conley, C.D. (1977): Relation between variability in grain size and area of samples on a carbonate sand beach. J. Sed. Petrol. **47**/1, 251–256, 6 Abb., Tulsa
Die statistische Überprüfung der Variabilität von Korngrößen im Bereich einer rezenten Karbonatsandküste (Yucatan, Mexico) mit Hilfe der Methode der „Lateinischen Quadrate" zeigt, daß die Erfassung der Variationsbreite unabhängig von der Probengröße ist und daß die Variationsbreite auch im Schliffbereich charakterisiert werden kann.

(M) Deelmann, J.C. (1972): Automatic grain size analysis by means of electromagnetic surface measurements. J. Sed. Petrol. **42**/3, 732–735, 10 Abb., Tulsa
Oberflächenrauhheit der Probe, Schliffe, Schnitte von Kalken etc.

(M, F) Douglas, D.J. (1968): Grain-size-indices, classification and environment. Sedimentology **10**, 83–100, 12 Abb., 1 Tab., Amsterdam

(K) Early, Ch.F., Goodell, H.G. (1968): The sediments of Card Sound, Florida. J. Sed. Petrol. **38**/4, 985–999, 11 Abb., Tulsa
Schelfsedimente. Die Größe der Karbonatpartikel nimmt seewärts ab, steigt jedoch mit Annäherung an parallel zur Küste angeordneten kleinen Korallenriffen. Im Inneren der Bucht wenig Karbonat, viel unterschiedlich sortierter Quarzsand.

(K) Emery, K.O. (1963): Marine geology of Guam. Geology and hydrology of Guam, Marin Island. Geol. Surv. Prof. Paper **403–B**, B 1–B 76, 65 Abb., 3 Tab., Washington
Korngrößenanalysen rezenter Flachwasseriffkarbonate.

(K, F) Fabricius, F. (1967): Die Rät- und Lias-Oolithe der nordwestlichen Kalkalpen. Geol. Rdsch. **56**, 140–170, 10 Abb., 1 Taf., 2 Tab., Stuttgart
Bei einem Vergleich mit rezenten Kalkooiden können Korngrößenparameter fossiler Ooide (im Gegensatz zu anderen Kalkkomponenten) Auskünfte über die Paläobathymetrie u.a. vermitteln. Verwendet werden Md, So, Sk und Kt.

Feray, D.E., et al. (1962): siehe 6.4

(K) Flügel, H.W., Pölsler, P. (1965): Lithogenetische Analyse der Barmstein-Kalkbank B_2 nordwestlich von St. Koloman bei Hallein (Tithonium, Salzburg). N. Jb. Geol. Paläont. **1965**/9, 513–527, 6 Abb., 2 Tab., Stuttgart
Kalke; Korngrößen-Parameter und Passega-Diagramm weisen auf Turbidite hin.

(K) Folk, R.L. (1962): Sorting in some carbonate beaches of Mexico. Trans. New York Acad. Sci. (2), **25**/2, 222–224, 11 Abb., 2 Tab., New York
Im Diagramm „Sortierung: mittlere Korngröße" ergibt sich bei terrigenen (silikatischen) und karbonatischen Sedimenten eine Sinus-Verteilung, die bei karbonatischen Sedimenten abhängig von der Stärke der Brandung und von der unterschiedlichen Zerbrechung der Organismenschalen ist. Die Sortierung der überwiegend aus einem Komponententyp zusammengesetzten Küstensedimente ist in verschiedenen Korngrößenklassen ähnlich. Die Sortierung der Küstensedimente ist unabhängig von der Korngestalt und von der Wellenstärke. Letztere beeinflußt die mittlere Korngröße. Oberflächenproben besitzen eine Standardabweichung sigma_i kleiner 0,70, Unterwasserproben ein sigma_i von über 0,90.

(K) Folk, R.L. (1966): A review of grain-size parameters. Sedimentology **6**, 73–93, 1 Abb., 3 Tab., Amsterdam
Sehr wichtige kritische Übersicht über die Methoden der Korngrößendarstellung und -interpretation!

(K) Folk, R.L. (1967): Sand cays of Alacran Reef, Yucatan, Mexico. J. Geol. **75**/4, 412–437, 2 Taf., 12 Abb., Chicago

(M) Folk, R.L. (1968): Bimodal supermature sandstone: Product of the desert floor. 12th Intern. Geol. Congr. Prag **8**, 9–32, 7 Abb., Prag
Methodisch interessante Untersuchung über die Erkennung und Ursachen einer bimodalen Korngrößenverteilung.

(K) Folk, R.L., Robles, R. (1964): Carbonate sands of Isla Perez, Alcaran Reef Complex, Yucatan. J. Geol. **72**/3, 255–292, 4 Taf., Chicago
Wichtige Untersuchungen über die Verteilung, Zusammensetzung, Korngrößen und Korngestalt einer rezenten Karbonatsandküste. Die Küstensedimente von Isla Perez bestehen zu 60% aus Resten von *Halimeda*, 25% Korallenfragmenten, 15% Foraminiferen u.a. Sechs nach Ursprung, Korngröße und -gestalt sowie topographischer Position unterschiedene Sedimentpopulationen sind vorhanden: a) Im Bereich des stark bewegten Wassers entstehen große blockförmige Fragmente aus massiven Korallen. b) Abgebrochene Korallenäste (*Acropora*) bilden rampenförmige Erhebungen im Karbonatsand bzw. sind unterhalb des Wasserspiegels senkrecht zur Küstenlinie angeordnet. c) Das verbreitetste Sediment ist ein überwiegend aus scheibenförmigen *Halimeda*-Fragmenten bestehender Sand (o phi).d) Im Bereich der schwächsten Wellenbewegung an der Küste findet sich sehr gut sortiert 2-phi-Sand aus Korallendetritus. e) In zwei flachen, geschützten Buchten mit geringer Wasserbewegung treten Gastropoden-fecal pellets auf. f) Im subtidalen Sediment findet sich Karbonatschlamm, der aus der Abrasion von Korallen und von *Halimeda* entsteht (Abb. 37 zeigt die Zerkleinerungsfähigkeit der biogenen Karbonatpartikel!). Die Sortierung dieser Küstensedimente ist mit der silikatischer Küstensedimente durchaus vergleichbar; auch bei karbonatischen Sedimenten ergeben Parameterdiagramme Sinus-Verteilungen. Submarine Sedimente von Isla Perez unterscheiden sich von den Küstensedimenten durch höhere Feinstkorngehalte und schlechtere Sortierung.

(M) Folk, R.L., Ward, W.C. (1957): Brazos River bar, a study in the significance of grain-size parameters. J. Sed. Petrol. **27**, 3–27, Tulsa
Die Autoren schlagen neue Formeln zur Berechnung der Korngrößenparameter M, sigma_i (Inclusive Graphic Standard Deviation), SK_i (Inclusive Graphic Skewness) und KG (Graphic Kurtosis) vor, welche im Vergleich mit den häufig verwendeten Trask- oder Inman-Werten einen größeren Teil des Korngrößenspektrums berücksichtigen.

(F) Force, L.M. (1969): Calcium carbonate size distribution on the West Florida shelf and experimental studies on the microarchitectural control of skeletal breakdown. J. Sed. Petrol. **39**, 902–934, 21 Abb., Tulsa

Der Vergleich der Korngrößen der karbonatischen Bioklasten und der Quarze im flachen küstennahen Innenschelf-Bereich mit den Ergebnissen von Tank-Experimenten (Abrasionsversuche an Mollusken-Schalen) zeigt, daß *Chione, Strombus* und *Aequipecten* bei mechanischer Beanspruchung entsprechend dem mikrostrukturellen Schalenaufbau nach drei Kornfraktionen zerfallen (Lagen – 500–250 μ, Teillagen – 34–4 μ und Kristallaggregate – 0,5–0,125 μ). Wellen- und Gezeitenbewegung führt zu einer Umverteilung der zerstörten Biogene: Die im Innenschelf im Wellenbereich entstandenen, weniger als 500 μ messenden Partikel werden im Außenschelf und in der Lagune sedimentiert. In der Brecherzone werden meist gröbere Partikel abgelagert.

(M) Friedman, G.M. (1958): Determination of sieve-size distribution from thin-section data for sedimentary petrological studies. J. Geol. **66**/4, 394–416, 9 Abb., Chicago

(M) Friedman, G.M. (1962): Comparison of moment measures for sieving and thin-section data in sedimentary petrological studies. J. Sed. Petrol. **32**/1, 15–25, 8 Abb., Tulsa
Korrelation der mittleren Sieb-Korngröße mit Schliff-Korngrößen. Umrechnungstabellen!

(M) Friedman, G.M. (1967): Dynamic processes and statistical parameters compared for size frequency distribution of beach and river sands. J. Sed. Petrol. **37**, 327–354, Tulsa
Korngrößen-Parameter-Diagramme gestatten die Unterscheidung von rezenten Küsten- und Flußsedimenten. Wichtige Arbeit (siehe auch Friedman, 1961, J. Sed. Petrol. **31**!)

(M) Füchtbauer, H. (1959): Zur Nomenklatur der Sedimentgesteine. Erdöl u. Kohle **12**, 605–613, 7 Abb., Hamburg
Darstellung der im deutschsprachigen Schrifttum üblichen Korngrößeneinteilungen.

(M) Füchtbauer, H. (1970): siehe 1.4.1

(M, K) German, K. (1966): Ablauf und Ausmaß diagenetischer Veränderungen im Wettersteinkalk (alpine Mitteltrias). Diss. Univ. München, 122 S., 17 Taf., 8 Tab., München
Die Korngrößenkurven und -parameter diagenetisch veränderter Karbonatgesteine gestatten unter Berücksichtigung der Veränderung der Matrixkorngrößen Aussagen über den Grad der Diagenese.

(K, F) Ginsburg, R.H. (1956): Environmental relationships of grain size and constituent particles on some South Florida carbonate sediments. Bull. Amer. Ass. Petrol. Geol. **40**, 2384–2427, Tulsa
Wichtige Arbeit über die Korngrößenverteilung im Bereich mehrerer über ein Riffareal verlaufender Traversen. Unterschiedliche Korngrößen-Reichweiten und Mittelwerte in verschiedenen Teilbereichen.

(M) Gnaccolini, N. (1968): Caratteristiche granulometriche di alcuni campioni di sabbie di Spiaggia, di duna costeria, di fiume, di ambiente marino epineritico e di arenarie presumbilmente deposte da corrente di torbidita. Mem. Soc. Geol. Ital. **7**, 361–378, 12 Abb., Pisa
Wichtiger Vergleich verschiedener zur Faziesdifferenzierung (Küste, Küstendünen, Flußsande, marine Flachwassersande, Turbidite) verwendeter Methoden. Eine Unterscheidung zwischen Küsten-, Fluß- und Turbidit-Sanden auf der einen Seite und Küsten- und Flußsanden auf der anderen Seite ist durch das Parameter-Diagramm SK_I oder So_s:alpha (simple skewness measure) möglich. SK:KG (graphic Kurtosis) gestattet die Unterscheidung von Küstendünen und Flußsedimenten. Werte und Vorzeichen der Schiefe (SK oder alpha) erweisen sich als verschieden signifikant. Fluß- und Meeressande scheinen durch Korngrößenparameter nicht unterscheidbar. Das Passega-Diagramm erlaubt eine Unterscheidung von normal sedimentierten Meeressanden und von Turbiditsanden. Die Proben stammen aus der südlichen Adria.

(M) Griffith, J.C. (1967): siehe 1.4.1

(F) Hails, J.R., Moyt, H.J. (1969): The significance and limitations of statistical parameters for distinguishing ancient and modern sedimentary environments of the Lower Georgia coastal plain. J. Sed. Petrol. **39**/2, 559–580, 10 Abb., Tulsa
Rezente und pleistozäne Küstensedimente werden hinsichtlich ihrer Korngrößenparameter verglichen. Als brauchbar erwiesen sich insbesondere die Schiefewerte bzw. Vorzeichen.

(M) Hörnstein, A. (1960): A method and a set of apparatus for mineralogic-granulometric analysis with a microscope. Bull. Geol. Inst. Uppsala **38**, 105–137, Uppsala

(M) Hjulström, F. (1939): Transportation of detritus by running water. In: Trask, P.D.: Recent marine sediments. Amer. Ass. Petrol. Geol. **23**, 5–31, 4 Abb., Tulsa
Experimente ermöglichen die Darstellung der regelhaften Beziehungen zwischen Sedimentablagerung, -transport und Erosion in fließenden Gewässern im „Hjulström-Diagramm". Die Transportphase entspricht einem Gleichgewichtsstadium zwischen Fließgeschwindigkeit und angebotenen Korngrößen. Bleibt die Korngröße unverändert, so bewirkt erhöhte Fließgeschwindigkeit Erosion, abnehmende Fließgeschwindigkeit Sedimentablagerung. – Dieses Diagramm wird von einigen Autoren verwendet, um aus der Häufigkeit bestimmter Korngrößen Strömungsgeschwindigkeiten abzulesen.

(K) Hoskin, Ch.M., Nelson, R.V. Jr. (1971): Size modes in biologic carbonate sediment, Southeastern Alaska. J. Sed. Petrol. **41**/4, 1026–1037, 8 Abb., Tulsa
Kalkschalige Endobionten im Subtidal und Balaniden im Gezeitenbereich werden durch mechanische und biologische Erosion zerkleinert, wobei bei Muscheln und Balaniden Bioklasten mit Größen zwischen 12 und 0,1 mm entstehen. Die Korngrößenverteilungen und -parameter gestatten keine Faziesinterpretationen.

(K, F) Hötzl, H. (1966): Zur Kenntnis des Tressenstein-Kalkes (Ober-Jura, Nördliche Kalkalpen). N. Jb. Geol. Paläont. Abh. **123**/3, 281–310, Taf. 32–36, 10 Abb., 4 Tab., Stuttgart
Kalkarenite und Kalkrudite werden hinsichtlich ihrer Korngrößenparameter (So, Sk, Kg) untersucht und im Passega-Diagramm ausgewertet. Wichtige Arbeit für Korngrößenanalysen, die sich auf Schliffe stützen.

(M) Inman, D.L. (1952): Measures for describing the size distribution of sediments. J. Sed. Petrol. **22**, 125–145, Tulsa
Formeln zur Berechnung der Korngrößenparameter. Vgl. Isphording (1972)!

(M) Isphording, W.C. (1972): Analysis of variance applied to measures of central tendency and dispersion in sediments. J. Sed. Petrol. **42**/1, 107–121, 8 Abb.,Tulsa
Kritische Arbeit über die Abhängigkeit der Erfassung der Korngrößenverteilung von unterschiedlichen Siebdaten und von unterschiedlichen Berechnungsmethoden. Verglichen werden 0,5 und 1,0 phi-Siebintervalle und Korngrößenparameter, die nach Davis u. Ehrlich (1970, central-moment measure), Folk u. Ward (1957) und Inman (1952) berechnet wurden. Ergebnis: Bei der Berechnung des Mittelwertes und der Standardabweichung von Küsten- und Flußsedimenten ergeben sich bei 0,5-phi-Intervallen keine Unterschiede zwischen den drei Methoden, nur geringfügige Unterschiede zeigen die drei Methoden bei der Berechnung des mittleren Durchmessers von Küsten- und Flußsedimenten, wenn 1,0-phi-Intervalle verwendet werden; bei Berechnung der Standardabweichung von Küsten- und Flußsedimenten auf Grund von 1,0-phi-Daten verlieren die Ergebnisse an Genauigkeit, unabhängig von der verwendeten Berechnungsmethode. Auffallende Unterschiede bestehen bei der Berechnung der Skewness und Kurtosis bei Verwendung der central-moment-measure-Methode und der beiden anderen Methoden. Obwohl die Inman-Formel beim mittleren Durchmesser, Standardabweichungen und Skewness zu Resultaten führt, welche mit den Folk u. Ward-Werten statistisch vergleichbar sind, ist das letztgenannte Verfahren vorzuziehen. Kurtosis muß nach Davis u. Ehrlich mit 0,5-phi-Werten berechnet werden.

(M, K) Jaanusson, V. (1952): Untersuchungen über die Korngröße der ordovizischen Kalksteine. Geol. Fören. Stockholm. Föranhandl. **74**/2, No. 469, 121–130, 3 Abb., Stockholm
Messung der Korn-Ø nach Rosival-Methode ermöglicht Unterscheidung von „sandiger Fraktion" (Ø größer 0,1 mm) und von „Grundmasse" (Ø kleiner 0,1 mm).

(K) Jindrich, Vl. (1969): Recent carbonate sedimentation by tidal channels in the Lower Florida Keys. J. Sed. Petrol. **39**/2, 1–553, 14 Abb., Tulsa
Wichtige Untersuchungen über Sedimentmischung in einem Gezeitenkanal in einem rezenten Karbonatsedimentationsgebiet im Hangenden von pleistozänen Karbonaten, deren Gesteinsfragmente mit rezenten Bioklasten vermischt werden. Die Kanalsedimente sind durch anormale Größen/Rundungsbeziehungen und durch negative Schiefeverteilungen gekennzeichnet.

(F, M) Klovan, J.E. (1965): The use of factor analysis in determining depositional environments from grain-size distribution. J. Sed. Petrol. **36**, 115–125, Tulsa
Die Faktorenanalyse rezenter Sedimente aus der Barataria Bay, Louisiana, zeigt, daß die Sedimentverteilung abhängig ist von der Wind-Wellen-Energie, der Strömungsenergie und der gravitativen Energie. Die Vorteile der Faktorenanalyse liegen

in der Tatsache, daß das gesamte Korngrößenspektrum berücksichtigt wird, daß keine z.T. künstliche statistische Beschreibung erforderlich ist und daß Gruppierungen ermöglicht werden, die den natürlichen Gegebenheiten entsprechen.

(F, M) Koldijk, W.S. (1968): On environment-sensitive grain-size parameters. Sedimentology **10**, 57–69, 8 Abb., Amsterdam
Überprüfung der Brauchbarkeit von Korngrößenparametern (nach Folk u. Ward; Friedman) für die Unterscheidung von Küsten- und Flußsanden. Ergebnis: Brauchbar Inclusive Standard Deviation nach Folk u. Skewness. Computerprogramme für Parameter nach Folk u. Ward, Friedman u. Trask.

(M) Köster, E. (1964): Granulometrische und morphometrische Meßmethoden an Mineralkörnern, Steinen und sonstigen Stoffen. 336 S., 109 Abb., 68 Tab., Stuttgart: Enke
Übersicht über Methoden der Korngrößenmessungen und der Erfassung der Korngestalt.

(M) Krumbein, W.C. (1935): Thin-section mechanical analysis of indurated sediments. J. Geol. **43**, 482–496, Chicago

(M) Krumbein, W.C. (1938): Korngrößeneinteilung und statistische Analyse. N. Jb. Min. Geol. Pal., Abh. **73**, 137–150, Stuttgart
Beschreibung der phi-Skala.

(K, F) Lacey, J.E., Carozzi, A.V. (1967): Critères de distinction entre oolithes autochthones et allochthones. Application du calcaires de Saint-Géneviève (Viséen de l'Illinois, USA). Bull. Centre Rech. Pau SNPA **1, 2**, 279–313, 4 Taf., 14 Abb., Pau
Unterscheidung von autochthonen und allochthonen Ooiden mit Hilfe der Korngrößenverteilung (Schiefe, SK).

(K, F) Lewis, M.S. (1969): Sedimentary environments and unconsolidated carbonate sediments of the fringing coral reef of Mahé, Seychelles. Marine Geol. **1**, 95–127, 14 Abb., Amsterdam
Korngrößenparameter (Sortierung, Schiefe u.a.) weisen keine klare Korrelation mit bestimmten Riffteilen auf, wohl aber mit der „Verfügbarkeit" der Biogene und mit unterschiedlichen Turbulenzbereichen.

(F, K) Lynts, G.W. (1966): Relationships of sediment-size distribution to ecologic factors in Buttonwood Sound, Florida Bay. J. Sed. Petrol. **36**/1, 66–74, 8 Abb., Tulsa
Die Faktoren-Vektoren-Analyse der Ökofaktoren (Wassertiefe, Temperatur, Salinität, pH und Eh) von 74 Proben aus der kaum 3 m tiefen Buttonwood-Bucht zeigt, daß zwischen den ökologischen Faktoren und den Sedimentgrößen keine lineare Korrelation besteht. Die Sedimentkorngröße ist von der Verbreitung des Seegrases *Thalassia* bestimmt (feinkörniges Sediment im Bereich der sedimentfangenden und -stabilisierenden Gräser).

(K) Maiklem, W.R. (1968): Some hydraulic properties of bioclastic carbonate grains. Sedimentology **10**, 101–109, 4 Abb., Amsterdam
Gestalt und Dichte der bioklastischen Karbonatkörner beeinflussen maßgeblich die Korngrößenverteilung. Wichtige Arbeit!

(K) Mallik, T.K. (1976): Grain-size variation in the Kavaratti Lagoon sediments, Lakshadweep, Arabian Sea. Marine Geol. **20**, 57–75, 10 Abb., Amsterdam
Wichtige Arbeit über die Korngrößenverteilung in einer rezenten Atoll-Lagune. Die Fraktion 2–1 mm besteht aus Korallen und *Halimeda*. Die Fraktion 1–0,5 mm besteht aus Foraminiferen, die Fraktion 0,5–0,25 mm aus Korallen und die Fraktion < 0,25 mm aus verschiedenen Bioklasten.

(K) Maxwell, W.G.H., Day, R.W., Fleming, P.J.G. (1961): Carbonate sedimentation on the Heron Island Reef, Great Barrier Reef. J. Sed. Petrol. **31**/2, 215–230, 9 Abb., Tulsa
Korngrößenparameter, Rundung und Zusammensetzung der Karbonatsande auf der Riffplattform gestatten die Unterscheidung von Faziesbereichen.

(K, M) Meischner, K.D. (1964): Allodapische Kalke, Turbidite in riffnahen Sedimentationsbekken. Dev. Sed. **3**, 156–191, 3 Taf., 5 Abb., Amsterdam: Elsevier
Diskussion der Hjulström-Kurve im Zusammenhang mit der sedimentologischen Charakterisierung der allodapischen Kalke.

(M, F) Moiola, R.J., Weiser, D. (1968): Textural parameters: an evaluation. J. Sed. Petrol. **38**/1, 45–53, 8 Abb., Tulsa
Wichtige Arbeit über die Aussagekraft von Korngrößenparameter-Diagrammen rezenter Sedimente. Brauchbar erwiesen sich Parameter, die auf Grund von 0,25-phi-Siebdaten ermittelt wurden. 0,5 und 1,0-phi-Siebdaten sind nur in einigen Fällen

deutbar. „Mittlerer Durchmesser vs. Schiefe" gestattet die Unterscheidung von Küste, Küstensanden und Inland-Dünensanden, „Mittlerer Durchmesser vs. Standardabweichung" die Unterscheidung von Küsten- und Flußsanden und Fluß- und Küsten-Dünensanden.

(M) Müller, G. (1964): siehe 1.4.1

(F) Müller, G. (1966): Grain size, carbonate content, and carbonate mineralogy of recent sediments of the Indian Ocean off the Eastern Coast of Somalia. Naturwissenschaften **53**/32, 547–550, 3 Abb., Berlin
Korngrößen nehmen seewärts ab, die Verhältniswerte Ton/Silt/Sand gestatten die Erkennung von parallel zur Küste verlaufenden Sedimentationszonen.

(M) Müller, G. (1967): A pocket microscope for grain-size measurement in the field. J. Sed. Petrol. **37**, 703–704, 2 Abb., Tulsa
Beschreibung der „Müller-Lupe", welche die direkte Korngrößenmessung im Gelände ermöglicht.

(M) Münzer, H., Schneiderhöhn, P. (1953): Das Sehnenschnittverfahren. Heidelbg. Beitr. Min. Petrogr. **3**, 456–472, Heidelberg

(M) Neumann, R. (1963): Die Auswertung von Korngrößenverteilungen durch Häufigkeitsanalysen. N. Jb. Geol. Paläont. Mh. **1963**/9, 492–501, 2 Tab., 2 Abb., Stuttgart
Häufigkeitsanalysen nach Daeves u. Beckel gestatten bessere Unterscheidungen der Anteile der Korngrößenfaktoren an der Gesamtverteilung.

(K, F) Ott, W.F. (1969): Zur Geologie des Sulzfluhkalkes in Graubünden und Vorarlberg. Unveröff. Diss. TH Darmstadt, 187 S., 10 Taf., Darmstadt (Maschinenschrift)
Eingehende Darstellung der Methoden der Korngrößenanalyse von Karbonatgesteinen am Beispiel des oberjurassischen Sulzfluh-Kalkes. Als aussagekräftig hinsichtlich des Entstehungsraumes der Kalkarenite erwiesen sich Parameterdiagramme (M vs. Sk) und das Passega-Diagramm. Wichtiger Vergleich verschiedener Meßmethoden!

(M) Otto, G.H. (1938): siehe 1.3.2.2

(M) Page, H.G. (1955): Phi-millimeter conversion table. J. Sed. Petrol. **25**, 285–292, Tulsa
Umrechnungstabelle von mm-Werten in phi-Werte (– log 2).

(M) Passega, R. (1957): Texture as characteristic of clastic deposition. Bull. Amer. Ass. Petrol. Geol. **41**/9, 1952–1984, 17 Abb., Tulsa
Wichtige Arbeit. Das CM-Diagramm (Md vs. 1% Percentil-Wert) charakterisiert Art des Materialtransportes, der Ablagerungsbedingungen und den Sedimentationsraum. Stammen die Proben aus genetisch einheitlichen Bereichen, so ergibt die Häufung der durch Md und Percentil bestimmten Punkte charakteristische Muster (patterns). Nach CM-Muster und nach dem Abstand von der CM-Linie können folgende Sedimenttypen unterschieden werden: 1. Fluß-Sedimente, Muster L- oder bumerangförmig. 2. Marine Strömungen (tractive currents), z.B. Gezeitenströmungen, Muster L-förmig. 3. Turbidity currents, CM-Muster geradlinig und parallel der CM-Linie. 4.Strandsandsedimente, CM-Muster keulenförmig, mit Spitze nach unten. 5. Stillwasserbereiche, CM-Muster kreisförmig, größerer Abstand von der CM-Linie. – Die von Passega vorgeschlagene Methode wurde wiederholt zur Charakterisierung von rezenten und fossilen Ablagerungsbereichen mit Erfolg eingesetzt! (Vgl. Abb. 36/2).

(M) Passega, R. (1964): Grain size representation by CM patterns as a geological tool. J. Sed. Petrol. **34**/4, 830–847, 11 Abb., Tulsa
Durch Untersuchungen von mehr als 10.000 Sedimentproben aus verschiedenen Ablagerungsbereichen konnte der Verfasser die genetische Aussagekraft des CM-Diagrammes verfeinern. Eine Unterteilung des CM-Musters in verschiedene Segmente und die getrennte Analyse der Segmente gestatten die Erkennung von unterschiedlichen Transportmechanismen innerhalb eines Sediments. Bei Berücksichtigung des größten in einheitlicher Suspension transportierten Kornes (Cs bzw. Cu) sind Aussagen über die Wassertiefen möglich. Es werden paläobathymetrische Profile und Karten vorgelegt.

(M, F) Passega, R. (1972): Sediment sorting related to basin mobility and environment. Bull. Amer. Petrol. Geol. **56**/12, 2440–2450, 3 Abb., 1 Tab., Tulsa

(M) Passega, R., Byramjee, R. (1969): Grain-size image of clastic deposits. Sedimentology **13**, 233–252, 5 Abb., Amsterdam
Neben dem CM-Diagramm, welches die Grobfraktion der Probe charakterisiert, werden zur Charakterisierung der Fein- und Feinstfraktionen FM-, LM- und AM-Diagramme vorgeschlagen (F, L und A = Gew.% der Körner kleiner als 125, 31 und 4 μ).

(K, M) Pilkey, O.H., Morton, R.W., Lutenauer, J. (1967): The carbonate fraction of beach and dune sands. Sedimentology **8**, 311–327, 5 Abb., 5 Tab., Amsterdam
Untersuchungen der Korngrößen der Karbonatfraktion und des unlöslichen Rückstandes zeigen, daß für die Ursachen der Korngrößenverteilung sowohl bei der Karbonatfraktion als auch im säureunlöslichen Rückstand gleiche Faktoren wirksam werden.

(M) Plaas, L. van der (1962): Preliminary note on the granulometric analysis of sedimentary rocks. Sedimentology **1**, 145–157, 1 Abb., Amsterdam
Methodik der Korngrößenmessung in Schliffen; die Verwendung der point-counter- und der line-Methode wird abgelehnt und die "ribbon sampling method" vorgezogen. Gemessen werden alle in einer Bandbreite erkennbaren Körner, die größer als 20 μ sind. Die Bandbreite muß gleich groß oder größer als der größte sichtbare Korn-Ø sein. – Diese Methode führt zu „Zahlenhäufigkeiten", die nicht mit den aus Siebdaten ermittelten Volumenhäufigkeiten vergleichbar sind!

(M) Rizzini, A. (1968): Sedimentological representation of grain sizes. Mem. Soc. Geol. Ital. **7**, 65–69, 19 Abb., Rom

(M) Sagoe, K.M., Visher, G.S. (1977): Population breaks in grain-size distributions of sand – a theoretical model. J. Sed. Petrol. **47**/1, 285–310, 6 Abb., Tulsa

(K, F) Sarntheim (1970): Sedimentologische Merkmale für die Untergrenze der Welleneinwirkung im Persischen Golf. Geol. Rdsch. **59**/2, 649–666, 7 Abb., Stuttgart
Während die Korngrößenverteilung rezenter Mergel nichts über die Tiefenwirkung der Wellentransportkraft aussagt, ist bei Kalksedimenten auf „Flächen" und in der Umgebung von Inseln eine deutliche Korngrößenabnahme mit zunehmender Wassertiefe festzustellen, wobei erst bei etwa 50 m Wassertiefe die Wellenbasis erreicht wird.

(M, K) Sarntheim (1971): Oberflächensedimente im Persischen Golf und Golf von Oman. II. Quantitative Komponentenanalyse der Grobfraktion. Meteor. Forsch.-Ergebnisse C 5, 1, **113**, 4 Taf., 45 Abb., 8 Tab., Berlin-Stuttgart: Borntraeger
Wichtige Arbeit über die Beziehungen zwischen Korngrößen und Kornbestand in der Fraktion größer 63 μ.

(M) Sevon, W.D. (1968): First and second degree regression correlation on the size analysis statistical parameters of Trask, Imman, Folk and Ward, and Friedman. J. Sed. Petrol. **38**/1, 238–240, 2 Tab., Tulsa
Gute Korrelation der von den Autoren verwendeten Methoden für mean und standard deviation, hingegen ergeben sich wesentliche Unterschiede bei einem statistischen Vergleich der Werte für Kurtosis und Skewness bei den einzelnen Autoren!

(M) Sindowski, K.W. (1958): Die synoptische Methode der Kornkurven-Vergleiche zur Ausdeutung fossiler Sedimentationsräume. Geol. Jb. **73**, 235–275, 68 Abb., Hannover
Als Ergebnis von etwa 5000 Korngrößenanalysen von Sanden und Sandsteinen werden 10 Kornkurventypen vorgestellt, welche bestimmte Ablagerungsbereiche charakterisieren sollen.

(M) Stauffer, P.H. (1966): Thin-section analysis: a further note. Sedimentology **7**/3, 261–263, Amsterdam

(K) Swinchatt, J.P. (1965): siehe 2.4.1

(M) Tanner, W.F. (1964): Modification of sediment size distributions. J. Sed. Petrol. **34**/1, 156–164, 8 Abb., Tulsa
Bedingt durch das Zusammenspiel mehrerer Transportmechanismen, durch den primären Ausfall bestimmter Korngrößen (filtering) sowie durch die Nichterfassung feiner Korngrößen ergeben sich zickzackförmig verlaufende Korngrößenkurven, welche nicht dem im Hjulström-Diagramm zum Ausdruck kommenden Normalverteilungsschema entsprechen. Dies gilt insbesondere für wellenbewegte Flachwasserbereiche.

(M, F) Tanner, W.F. (1966): The surf "break": key to paleogeography? Sedimentology **7**/3, 203–210, 3 Abb., Amsterdam
Die Korngrößenkurven rezenter Küstensedimente, die im Bereich von schwacher bis mäßiger Brecherwirkung entstehen, sind durch einen Knick (etwa bei 1,5 phi) ausgezeichnet, der durch Auswaschung bestimmter Fraktionen bedingt ist. Dieser "surf break" kann als Faziesmerkmal zur Erkennung alter Küstenlinien verwendet werden.

(M, K) Usdowski, H.-E. (1962): Die Entstehung der kalkoolithischen Fazies des norddeutschen Unteren Buntsandsteins. Beitr. Min. Petrogr. **8**, 141–179, 25 Abb., Heidelberg
Vergleich von Siebanalysen ausgelöster Ooide und von Schliffanalysen (Verfahren nach Schneiderhöhn u. Münzer). Kurven und Parameter (So, Sk) sind nahezu identisch.

(M, F) Valia, H.S., Cameron, B. (1977): Skewness as a paleoenvironmental indicator. J. Paleont. **47**/2, 784–793, 13 Abb., Tulsa
Miozän, Delaware. Negative und positive Schiefe zusammen mit lithologischen und strukturellen Merkmalen gute Indikatoren der Ablagerungsbedingungen.

(M) Vandenberghe, N. (1975): An evaluation of CM patterns for grain-size studies of fine-grained sediments. Sedimentology **22**, 615–622, 4 Abb., Oxford
Die Untersuchung von tonigen Sedimenten mit Hilfe von CM-, AM-, und LM-Diagrammen zeigt, daß das Muster einer „uniformen Suspension" nicht unbedingt aussagekräftig sein muß, sondern durch den Reichtum des Sediments an Ton bzw. durch einen Wechsel in der Anlieferung von Ton und Silt erklärt werden kann.

(M, F) Visher, G.S. (1969): Grain size distribution and depositional processes. J. Sed. Petrol. **39**/3, 1074–1106, 21 Abb., Tulsa
Wichtige Arbeit über die Möglichkeiten der genetischen Ausdeutung von Korngrößenkurven, kritische Darstellung der verschiedenen Methoden (vgl. Sagoe u. Visher, 1977!).

(M) Wadell, H. (1932): Volume, shape and roundness of rock particles. J. Geol. **40**, 443–451, Chicago

(M, F) Walger, E. (1961): Die Korngrößenverteilung von Einzellagen sandiger Sedimente und ihre genetische Bedeutung. Geol. Rdsch. **51**/2, 484–507, 8 Abb., Stuttgart
Bereits in Einzellagen sandiger Sedimente treten beträchtliche Variationsbreiten der Korngrößenverteilungen auf. Die Interpretation von Korngrößenanalysen sollte von der Erfassung von „Sedimentationseinheiten" ausgehen.

(M) Walger, E. (1965): Zur Darstellung von Korngrößenverteilungen. Geol. Rdsch. **54**/2, 976–1002, 11 Abb., Stuttgart
Korngrößendaten müssen unbedingt nach phi- oder zeta-Graden (je nach Benützung der Wentworth- oder Atterberg-Skala) dargestellt werden, wenn sie genetisch ausgewertet werden sollen.

(M) Warren, G. (1974): Simplified form of the Folk-Ward Skewness parameter. J. Sed. Petrol. **44**/1, 259, Tulsa
Vereinfachung der zur Berechnung der Schiefe und Asymmetrie der Korngrößenverteilung von Folk u. Ward (1957) vorgeschlagenen Formel für Sk. Demnach kann folgende Formel verwendet werden: SK_I = (phi 84 – phi 50) / (phi 84 – phi 16) minus (phi 50 – phi 5) / (phi 95 – phi 5).

(K) Zacher, W. (1973): Das Helvetikum zwischen Rhein und Iller (Allgäu – Vorarlberg). Geotekton. Forsch. **44**, 1–74, 4 Taf., 12 Abb., Stuttgart

4.2.4 Komponenten-Gefüge

„Gefüge" (Sander, 1951) umfaßt als Überbegriff sowohl „Strukturen" (engl. textures) als auch „Texturen" (engl. structures). Zu den im Rahmen von MF-Analysen wichtigsten strukturellen Merkmalen gehören außer der Komponentengröße, -gestalt und -rundung (siehe Abschnitte, 4.2.1, 4.2.2 und 4.2.3) die sich in der Packung und Korn-Orientierung ausdrückenden Komponenten-zu-Komponenten-Beziehungen (engl. "fabric") sowie die Hohlraum- und Geopetalgefüge. Texturelle Merkmale lassen sich im Schliffbereich als Feinschichtung, als genetisch unterschiedliche Diskontinuitätsflächen und als sedimentäre Spaltenfüllungen erkennen.

4.2.4.1 Orientierung und Packung der Komponenten

Strömungstransport erzeugt auch bei karbonatischen Komponenten bestimmte Orientierungsmuster, die bei der Diskussion von Paläoströmungen von Interesse sein können (Beispiel bei Stauffer, 1962). Im allgemeinen wird bei gleichbleibender Strömungsenergie eine kleinere Karbonatkomponente transportiert werden als ein gleichzeitig verfügbares Quarzkorn, da Quarz ein spezifisches Gewicht von 2,65 besitzt, Kalzit und Aragonit hingegen eine Dichte von 2,72 bzw. 2,95. Da die Dichte der Karbonatkörner jedoch durch die hohe Intrapartikelporosität und durch die mit dem Abbau der organischen Substanz verbundenen Gasbildung reduziert wird, können Karbonatkomponenten unter Umständen geringere Dichte als Wasser aufweisen und in Schwebe transportiert werden.

a) *Orientierung:* Für mikrofazielle Untersuchungen von Bedeutung sind großräumig verfolgbare Regelungsmuster. Grundsätzlich treten bei der Ausdeutung dieser Muster ähnliche Schwierigkeiten auf wie bei der Interpretation von Quarzkornregelungen (siehe Vossmerbäumer, 1976). Bisher liegen nur wenige Untersuchungen vor, in welchen Kalkkomponenten zur Bestimmung von Paläoströmungen herangezogen werden (z.B. Stauffer, 1962). Für Orientierungsmessungen eignen sich insbesondere Bioklasten (Crinoiden-Stielglieder, Schwarzacher, 1961; Fusuliniden, King, 1948). Hinweise finden sich bei Potter u. Pettijohn (1963: 37–40).

b) *Packung:* Als Packung ist das Abstands- oder Dichtemuster der Komponenten zu verstehen. Dieses für Aussagen über die Porosität und Permeabilität wichtige Merkmal kann in Schliffen entsprechend dem von Taylor (1950) vorgeschlagenen Verfahren durch Erfassung der Häufigkeit der Komponentenberührungen und der Art der Komponentenkontakte beschrieben werden (siehe Abb. 39). Verschiedene Packungsindizes (Kahn, 1956; Pettijohn et al., 1972) liefern für die einzelnen Proben Vergleichswerte.

Ein weiteres Maß der Packungsdichte ist der *„Offenheitsgrad"* (Sander, 1951), der sich als Quotient der Gesamtzahl der Komponenten und der Anzahl der sich berührenden Komponenten – bezogen auf eine bestimmte Schliff-Fläche – ergibt.

Wesentlich ist die Erkennung von Packungstypen für das Verständnis der von Dunham (1962) vorgeschlagenen Kalkklassifikation (siehe 6.2.2) sowie für die Diskussion von Kompaktionsstrukturen.

4.2.4.2 Geopetalgefüge

Einige der für die Erkennung des sedimentären Unten und Oben wesentlichen Kriterien sind im Schliffbereich gut erkennbar. Entsprechend der von B. Sander (1936: 56) gegebenen Gliederung können folgende, häufiger auftretende Geopetalgefüge unterschieden werden:

1. Mechanische Anlagerung
   a) „Sandfang" in Reliefs oder am Grunde von Kleinhöhlen (Koch, 1959; vgl. Taf. 11/2).
   b) Korngradierung (grobes Korn unten, feines Korn oben; vgl. Taf. 11/2). Häufig tritt "reverse grading bedding" auf (feines Sediment unten, grobe Körner oben), insbesondere in durch Fenstergefüge gekennzeichneten Kalken. Derartige Gefüge können durch diagenetische Bildungen (z.B. Caliche-Sedimente) oder durch den Bernoullischen Grenzschichteffekt bedingt sein (Fisher u. Mattinson, 1968).
   c) Polare Anlagerung von Komponenten auf Schicht- oder Diskontinuitätsflächen (siehe Taf. 18/2).
   d) Ablagerung von schüsselförmigen Schälchen bzw. Klappen mit der Wölbung gegen oben.
   e) Oben gekappte Schrägschichtung (Harbaugh, 1959).

Abb. 39. Beschreibung der Komponenten-Packung und der Komponenten-Kontakte nach Taylor (1950). Unterschieden wird zwischen Punktkontakten, Konkav-Konvex-Kontakten, Langkontakten und durch Lösung bedingten Suturenkontakten (oft mit Mikrostylolithen). Die Häufigkeit der Kontakttypen entlang von Traversen kann in Prozenten ausgedrückt eine Vorstellung vom Packungstyp vermitteln

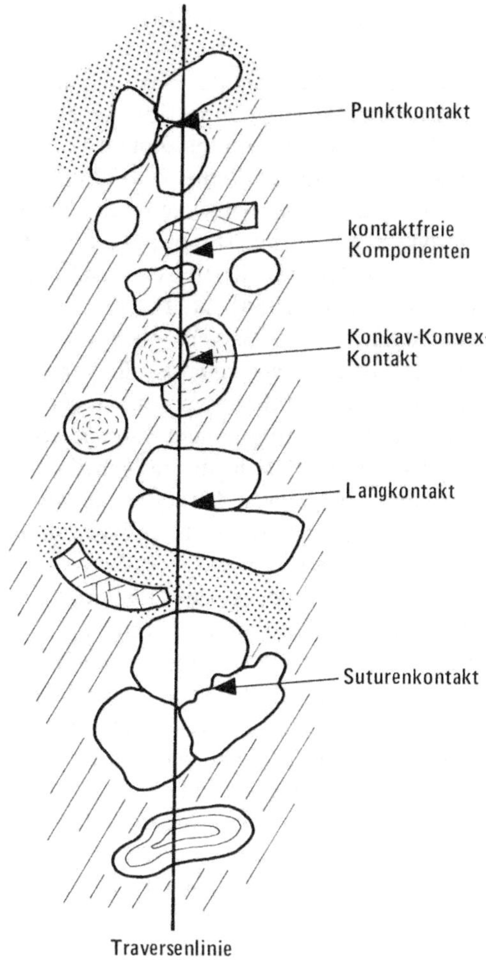

2. Chemische Anlagerung
   a) Fossile Wasserwaagen („Sparithaube" im oberen Teil eines Hohlraumes, im unteren Teil Internsedimentation und/oder Sandfang), siehe Taf. 10/1, 11/1, 18/1, 18/5.
   b) Hohlraumgefüge wie Stromatactis (Taf. 10/1–2).
   c) LF-Gefüge mit von oben herabhängender Girlande (siehe S. 198).
   d) Nur teilweise ausgelöste Ooide und Halbmond-Ooide.
3. Biogene Anlagerung
   a) Gleichsinnig angeordnete Algen-Krusten (Lichtorientierung!).
   b) Sessile Organismen in situ (z.B. Stromatoporen-Kolonien, Einzelkorallen).

Beispiele für die Auswertung von Geopetalgefügen in Karbonatgesteinen finden sich außer in den Übersichten von Fiege (1938) und Shrock (1948) in den Arbeiten von Schwarzacher (1948), Fuganti (1964), Hückel u. Jacobshagen (1962) und Schulz (1967) sowie auf den Tafeln 10, 11 und 18.

4.2.4.3 Hohlraumgefüge (Taf. 10)

Viele mikritische, pelmikritische und arenitische Kalke weisen gleichförmig oder unregelmäßig verteilte Hohlräume auf, die als syn- bis postsedimentäre Bildungen mit mechanisch abgelagertem Internsediment (z.B. Mikrit, Siltit oder Peloide) und/oder chemisch angelagertem Sparit (Zement) erfüllt sind. Derartige – nicht mit sparitischen Interpartikel- oder Lösungsporen zu verwechselnde (vgl. Krebs, 1969; Scoffin, 1972) – Hohlräume wurden zuerst durch Dupont (1882) unter dem Namen *„Stromatactis"* (Taf. 10/1–2) aus dem belgischen Kohlenkalk und aus dem Devon beschrieben und als Hydrozoen gedeutet. Ham (1954) hat für kleine, spaterfüllte Hohlräume in ordovicischen Kalken von Oklahoma den Namen *"birdseyes"* eingeführt. Folk (1959) schlug den Namen "dismicrite" (= disturbed micrite) für Mikrite mit auf sehr verschiedene Weise entstandenen spariterfüllten Hohlräumen vor. Dieser Name hat sich jedoch, bedingt durch seine zu weitgefaßte Definition, nicht durchgesetzt.

Es empfiehlt sich, die in Tabelle 22 skizzierten nomenklatorischen Unterschiede zwischen "birdseyes" (deutsch: „Spatitaugen") und „Stromatactis" anzustreben, da diese Hohlraumgefüge wichtige Faziesindikatoren darstellen (vgl. Wolf, 1965; Deelman, 1972; Bechstaedt, 1974).

Die bei der Genese der Hohlräume wirksamen Vorgänge sind in Tabelle 23 zusammengestellt. Es ist damit zu rechnen, daß die im flachen Subtidal- und im Intertidalbereich entstandenen Hohlräume .wiederholt im vadosen Bereich überarbeitet werden. Tebbutt et al. (1965) haben den Begriff "fenestra" bzw. *„Fenster"* vorgeschlagen: " . . . a primary or penecontemporaneous gap in rock framework, larger than grain-supported interstices". Diese Fenster stellen noch offene oder mit Sediment oder Zement gefüllte Hohlräume dar, die nicht durch ein Gerüst abgestützt werden. Die Anordnung der Fenster kann parallel zur Schichtung oder schräg bzw. unregelmäßig ausgebildet sein. Für den erstgenannten Typ trifft der Begriff "laminoid-fenestral fabric" zu (deutsch: LF-Gefüge): dünne Karbonatsand- oder Siltpartien sind durch horizontal gelängte, unregelmäßig geformte Fenster getrennt (vgl. Taf. 10/1). Es können zwei Typen unterschieden werden (Abb. 40):

Tafel 10/1–3. Hohlraum-Gefüge ▶

1. Laminoides Fenster-Gefüge. LF-A-Gefüge nach Tebbutt et al. (1965). In nach Komponentengrößen sortierten Pisoid-Lagen treten horizontal gestreckte Hohlräume vom Typus *Stromatactis* auf, deren Boden mit mikritischem und pisoidischem Internsediment bedeckt ist. Der obere Teil der Hohlräume ist mit sparitischem Zement erfüllt. Obertrias (Dachsteinkalk, ?Ober-Karn): Steinbruch Nésza NW Budapest. Balkenlänge 10 mm

2. Algen-Laminite aus mikritischen und pelmikritischen mm-Lagen, in welche Hohlräume vom Typus *Stromatactis* eingeschaltet sind. Im unteren Bildabschnitt sind vertikal verlaufende, mit Sparit erfüllte „Fäden" erkennbar, die auf Cyanophyten zurückgehen dürften. Obertrias (Hauptdolomit, Nor): Gaissau, Salzburg. Balkenlänge 10 mm

3. Krypto-Algen-Gefüge mit Hohlräumen, die auf im Supratidalbereich gebildete Schrumpfrisse zurückzuführen sind. Insbesondere im oberen Bildabschnitt sind zerbrochene und aufgearbeitete Pisoide und laminare Caliche-Krusten erkennbar (Bildungen im meteorischen Bereich). Detailbeschreibung bei Catalano et al. (1974). Obertrias: Capo Rama, Monti di Palermo, Sizilien. Balkenlänge 10 mm

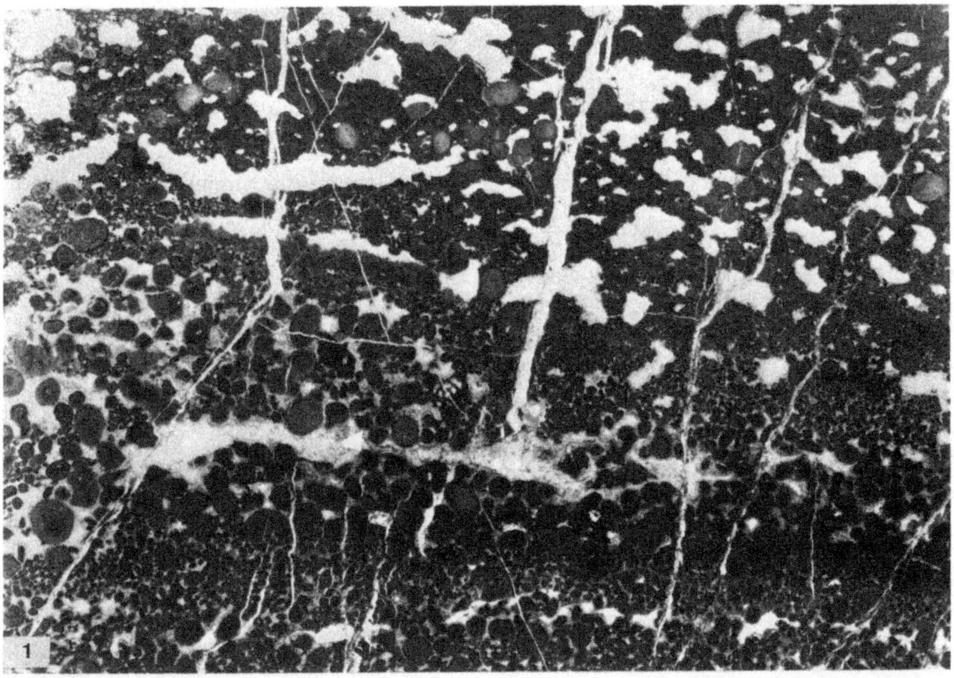
1

2

3

Tabelle 22. Hohlraumgefüge: „Spatitaugen" (birdseyes) und Stromatactis unterscheiden sich durch Größe, unterschiedliche Füllung und teilweise auch durch verschiedene Bildungsbereiche (birdseyes bevorzugt im Inter- und Supratidal, Stromatactis im Sub- und Intertidal)

	Birdseyes	Stromatactis
Gestalt	Kugelförmig, eiförmig, gelängt, unregelmäßig	Labyrinthisch; relativ flacher Boden; unregelmäßig geformtes, „gezacktes" Dach
Hohlraumfüllung	Sparit, häufig 2 Generationen, kein Internsediment	(Oft ebenes) Internsediment im unteren und Sparit im oberen Abschnitt
Größe	Klein, häufig 1–3 mm	Größer als birdseyes, mehrere mm bis cm
Anordnung	Unregelmäßig verteilt oder schichtparallel; in Mikrit, Mikrosparit oder Pelmikrit	Häufig als längliche Sparitareale schichtparallel angeordnet; in Mikrit, Pelmikrit oder in arenitischen Kalken

a) LF-A-Gefüge (Taf. 10/1): mit deutlichen laminoiden Gefügen (entsprechen den „käsig-kavernösen Gefügen" bzw. den „krustigen Karbonaten" bei Sander, 1936).
b) LF-B-Gefüge: mit unregelmäßigen laminoiden Gefügen
  – LF-B-I-Typ: „niedrig-detritisch", Karbonatpartien zwischen den Hohlräumen aus Mikrit.
  – LF-B-II-Typ: „hoch-detritisch", Karbonatpartien mit zahlreichen Komponenten

LF-A- und LF-B-Gefüge können auf Krypto-Algen-Gefüge, auf Schrumpfungserscheinungen oder auch auf Gas- und Wasserblasenbildungen im Sediment zurückgeführt werden (vgl. 4.2.4.4). Für die Beschreibung der Gestalt der Hohlräume sollten die Begriffe birdseyes und Stromatactis dienen, zur Benennung des durch Fenstergefüge charakterisierten Karbonatgesteins kann der Name *„Loferit"* (Fischer, 1964) verwendet werden. – Mineralisierte Flechten und Wurzelelemente von Pflanzen erzeugen in Calichekrusten Strukturen, die mit Hohlraumgefügen verwechselt werden können (Klappa, 1978, Carbonate Symposium Liverpool).

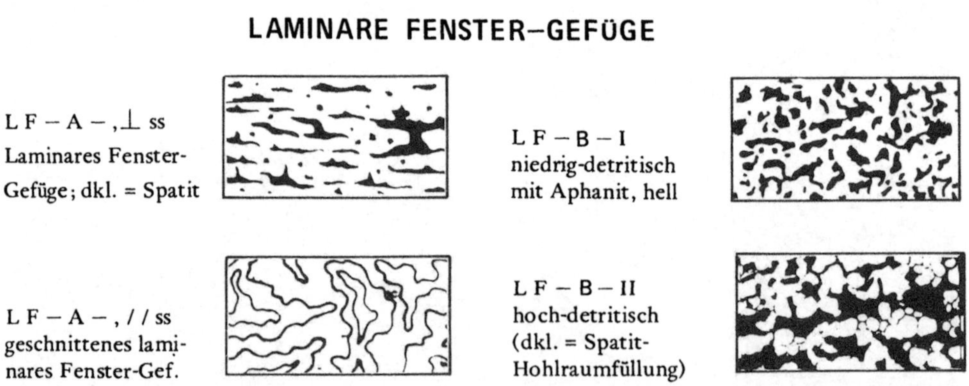

Abb. 40. LF-A- und LF-B-Gefüge. Schwarz = Sparit in den Hohlräumen. Nach Müller-Jungbluth u. Toschek (1969)

4.2.4.4 Feinschichtungstypen (Taf. 10)

Die Existenz von Feinschichtung (Lamination) setzt voraus, daß die Größe oder die Art des ab- bzw. angelagerten Karbonatmaterials in der Zeit wechseln. Dieser Wechsel kann durch Variationen in der Art und der Häufigkeit von sessilen Organismen, die Sediment binden oder durch unterschiedliche Wasserenergie bedingt sein. Laminierte Karbonatsedimente entstehen in der Gegenwart insbesondere in Bereichen mit geringer oder fehlender Bioturbation und mit herabgesetzter Diversität. Es sind dies in den Flachmeeren insbesondere die Gezeitenzone und die supratidalen Areale.

Nach der Ordnung der Feinschichten können unterschieden werden:

1. *Laminite* (Taf. 10/2), bei welchen ± einheitlich aufgebaute Feinschichten durch parallel strukturierte Laminae (z.B. Bitumenfilme im nordalpinen Hauptdolomit; Wachstumsunterbrechungen in Algen-Matten) getrennt werden;

2. *Rhythmite,* bei welchen ein wiederholter Wechsel der Laminae-Sequenzen zu beobachten ist.

Nach der Regelmäßigkeit der Feinschichtung kann zwischen „plan-laminaren" Feinschichten (PLF-Gefüge) und unregelmäßigen, laminoiden Gefügen (z.B. Fenstergefügen, siehe 4.2.4.3) unterschieden werden.

Da die Bildung von Feinschichtungsgefügen bei Karbonaten sehr häufig mit den wechselseitigen Beziehungen zwischen skelettfreien Algen/Bakterien-Assoziationen und Sedimentation verbunden ist, erscheint eine von Rezentbeobachtungen ausgehende Übersicht über die *„Krypto-Algen-Gefüge"* (cryptalgal fabrics Aitken, 1967) und eine Diskussion der Genesemöglichkeiten sinnvoll (Tabelle 24 und Tabelle 25), vgl. Monty (1976). Siehe Tafel 10/3!

4.2.4.5 Diskontinuitätsflächen (Tafel 11)

Häufig sind im Schliff- und Handstücksbereich Flächen beobachtbar, welche Unterbrechungen in der Normalsedimentation oder Zeiten der Nichtsedimentation anzeigen. Derartige Flächen werden als „Diskontinuitätsflächen" oder Erosions- bzw. Korrosionsflächen bezeichnet, wobei sich die Benennung durch A. Heim (1924, 1958) an der mutmaßlichen Genese orientiert. Diskontinuitätsflächen können mit folgenden Vorgängen in Verbindung stehen:

1. *Subsolution:* Karbonatlösung am Meeresboden im Bereich kühlerer Meeresströmungen bzw. in größeren Wassertiefen (vgl. z.B. R. Hollmann, 1962, 1964). W. Schlager (1974) und andere Autoren sehen in der Subsolution keinen rein anorganischen Lösungsvorgang, sondern ein Zusammenwirken von unterschiedlicher Zementation, organischer Korrosion und Ausspülung von losem Sediment in Zeiten der Nicht-Sedimentation.

2. *Omission:* Nicht-Sedimentation bzw. Sedimentationsunterbrechung. Omissionsflächen werden häufig als *„Hartgründe"* bezeichnet, da in Zeiten der Nicht-Sedimentation verstärkte Zementation zu Lithifizierung des Meeresbodens führen kann (Übersicht bei Fürsich u. Wendt, 1976).

3. *Dereption:* Entfernung des in tieferen Meeresteilen abgelagerten Sediments durch Bodenströmungen.

4. *Kondensation:* Zeitliche Streckung (Verlangsamung) der Sedimentation. Es entstehen sehr geringmächtige Karbonatbänke, die mehrere paläontologische Zonen bzw. „Geisterfaunen" enthalten können.

Tabelle 23. Entstehungsmöglichkeiten der als "birdseyes" und „Stromatactis" unterschiedenen Hohlraumgefüge in Kalken. Rezent bekannte Genesevorgänge sind durch * hervorgehoben. Wolf (1965) und Zorn (1971) sprechen von „Orthosparitaugen" primäre Hohlraumfüllungen) und „Pseudosparitaugen" (postsedimentäre bis epigenetische fleckenhafte Rekristallisation). Für schichtparallel angeordnete birdseyes sind die Genesemöglichkeiten 1, 5 und 6 wahrscheinlich. Unregelmäßig verteilte Sparitaugen können durch die unter 2, 3 und 8 angeführten Vorgänge entstehen

	Birdseyes		Stromatactis	
Genese des Hohlraumes	Vorgang	Autor	Vorgang	Autor
Hohlraum entspricht einem nicht mehr erhaltenen Organismus	1) Anlage durch Algen *	Ham (1952) Philcox (1964) Deelman (1972)	10) Umkristallisierte Algen	Prentice (1950)
			11) Umkristallisierte Riffbildner, z.B. Bryozoen	Lowenstam (1950) Carozzi u. Textoris (1963)
			12) Überdeckte Weichkörper, nach deren Zersetzung eine Kaverne zurückblieb	Bathurst (1959) Ott u. Parks (1963)
Indirekte Organismenbeteiligung	2) Gasblasen verwesender Organismen *	Korn (1932) Hodgson (1958) Cloud (1960) Shinn (1968b)		
	3) Wühltätigkeit von Endobionten	Fruth u. Scherreiks (1975)	13) Bioturbation *	Tucker (1973) Bechstädt u. Mostler (1974)
			14) Grabbauten z.B. von Crustaceen *	Shinn (1968a)
	4) Durch Algen abgestützte Kavernen, Erosionsformen ablaufender Gezeitengewässer *	Wolf (1965)		
Ohne Organismenbeteiligung	5) Schrumpfporen bei Austrocknung im Gezeitenbereich *	Fischer (1964)		

6) Lufteinschlüsse bei Auftauchen und Neuüberdeckung im Gezeitenbereich *	Burri (1970) Deelman (1972)		
7) Auslösung von Anhydrit*			
8) Unterschiedliches Verhalten von kapillaren und nichtkapillaren Sedimentporen gegenüber Wasser *	Deelman (1972)	15) Rutschbewegungen im Schlamm, z.B. an Riff-Flanken	Schwarzacher (1961)
		16) Unterschiedliche Setzung bei der Entwässerung tonarmer Karbonate *	Heckel (1972) Bechstädt (1974)
		17) Subaerische Lösung und Hohlraumbildung und Füllung mit vadosem Silt	Semeniuk (1971)
9) Spätdiagenetische, selektive Umkristallisation („Pseudosparitaugen")	Wolf (1965) Zorn (1971)	18) Spätdiagenetische, selektive Umkristallition	Wolf (1965)

Tabelle 24. Nomenklatur der „Krypto-Algen-Gefüge" (Monty, 1976)

Krypto-Algen-Gefüge (= biosedimentäre Strukturen, die durch die sedimentbindenden und/oder karbonatabscheidende Tätigkeit von nichtverkalkten Algen und Bakterien entstanden sind)	Lagen-Gefüge	*Laminierte Gefüge* (deutliche Feinschichtung mit Unstetigkeitsflächen)	
		Laminoide Gefüge (ohne Laminae; ± horizontal angeordnete Strukturen (z.B. Fenster) bedingen ein unregelmäßiges Lagen-Gefüge	*Laminoides Fenster-Gefüge*
			Laminoides boundstone-Gefüge
			Lentikular-laminoides Gefüge
	Lagenfreie Gefüge	*Thrombolithische Gefüge* (Aitken, 1967). cm-große mikritische Areale und Sparit-Areale, zusammen mit Algenfilamenten	
		Massive Gefüge (ohne bevorzugte Orientierung der Komponenten)	
		Radiale Gefüge aus radialwachsenden Algen-Filamenten, z.B. rezent *Scytonema*, fossil *Ortonella*)	

Tabelle 25. Entstehungsmöglichkeiten von „Krypto-Algen-Gefügen" nach Rezentbeobachtungen (Monty, 1976)

Lagen-Gefüge

1. Laminaebildung durch Tag/Nacht-Unterschiede im Algenwachstum
2. Wechsel von bevorzugt vertikalen und bevorzugt horizontalem Wachstum innerhalb der Thalli
3. Unterschiedliche Wachstumsrate der Algenarten einer Algenmatte
4. Algenwachstum im Inneren von Algenmatten
5. Periodische Verkalkung von Cyanophyceen-Matten
6. Abscheidung von Karbonatkristallen mit unterschiedlichem Habitus
7. Periodische Anreicherung von Elementen(z.B. Fe, Mn)
8. Periodische Zufuhr von detritischen Komponenten
9. Periodische Zementation
10. Unterschiedliches diagenetisches Verhalten der Algenmatten (z.B. bevorzugte Dolomitbildung)
11. Einregelung von detritischen Komponenten und Bindung durch Algen
12. Trennung übereinanderliegender Algenmatten durch Gasentwicklung oder Schrumpfung und Austrocknung; Bildung von Fenster-Gefügen

Lagenfreie Gefüge

Thrombolithische Gefüge

1. Oxydation von toten Algenkolonien
2. Zusammenwachsen von Algenkolonien
3. Interne Lösung von Algenkolonien

Massive Gefüge

1. Einfangen und Verkleben detritischer Komponenten
2. Überwiegen der Sedimentanlieferung gegenüber der Algentätigkeit
3. Algen binden bereits abgelagertes Sediment
4. Diatomeen-Matten
5. Diagenetische Erscheinungen

Radiale Gefüge

Kennzeichen für Diskontinuitätsflächen in Schliffen sind:

1. Auffallende Farbunterschiede in parallel zur Schichtung verlaufenden Mikritzonen, bedingt durch Fe- und Mn-Anreicherungen (dünner Saum oder dickere Kruste).
2. Fe-Mn-Krusten, zum Teil mit sessilen Mikroorganismen („Foraminiferen-Riffe", vgl. Taf. 11/1 und 11/5).
3. Unregelmäßig gezackte, parallel zur Schichtung verlaufende Suturen.
4. „Gekappte", d.h..entlang einer planen Fläche gelöste kalkschalige Organismenreste (z.B. Ammoniten).
5. „Gekappte" Kleinhöhlen.
6. Glaukonitanhäufungen unterhalb der Diskontinuitätsflächen (Taf. 11/3).
7. Bohrungen, häufig Bohralgen (Ø zwischen 2 und 60 μ).
8. Mikrogerölle.
9. Subsolutionsfragmente (Taf. 5/6, Taf. 11/2).
10. „Stromatolithische" Strukturen (z.B. „Blumenkohlstrukturen") in Limonitkrusten (Taf. 11/4).
11. Mischfaunen.

Tafel 11/1–7. MF-Merkmale tiefermariner Kalke ▶

1. Diskontinuitätsflächen. Die Echinodermenreste in der unteren Bildhälfte sind an einer als Hartgrund ausgebildeten Diskontinuitätsfläche gelöst und „gekappt". Darüber folgen „stromatolithische Limonit-Krusten", deren Genese umstritten ist (siehe Abschnitt 4.2. 4.5). Die obere Bildhälfte zeigt (roten) Biomikrit mit Schwammnadeln, Schalenresten und einem Seeigelstachelquerschnitt. Unterer Lias (Adneter Kalk): Leisbruch bei Adnet, Salzburg. Balkenlänge 2 mm

2. Subsolutionsfragment. Submarin gelöste Sedimentpartikel (roter Biomikrit) bilden ein offenes Gefüge, dessen Hohlräume mit Internsediment (unten) und chemisch angelagertem Sparit (oben) gefüllt wurden. Geopetalgefüge sind als (*1*) Korngradierung und (*2*) Sandfang bzw. „fossile Wasserwaage" entwickelt (siehe 4.2.4.2). Lias (roter Knollenkalk): Kieferbruch, Adnet/Salzburg. Balkenlänge 2 mm

3. Diskontinuitätsflächen? Die liegenden feinarenitischen Biomikrite werden von dunkelroten, tonreichen Mikriten überdeckt, die tief in ein Mikrorelief des Untergrundes eingreifen. Da einzelne Biogene in den unteren Bereich eindringen und die wirbelförmige Anordnung von Schalenresten (*1*) für Bioturbation spricht, dürfte die Neuanlagerung des Sedimentes ohne Hartgrundbildung erfolgt sein. Auf die Existenz von Sedimentationsunterbrechungen weisen Glaukonit-Anhäufungen im Bereich der liegenden Biomikrite (*2*). Unteres Ordoviz (Limbata-Kalk, Arenig): Steinbruch Gettlinge, Öland, Schweden. Balkenlänge 2 mm

4. „Limonitrose" (cauliflower structure, Blumenkohlstruktur) in einem Lösungshohlraum unterhalb einer Diskontinuitätsfläche. Der Schliff zeigt drei Sedimenttypen: (*1*) Biomikrit mit Foraminiferen (oben links), Echinoideen-Stachel (darunter) und Schalenbruch, (*2*) dunkelrote, tonreiche Mikrite mit einer dünnen basalen Mangankruste und (*3*) feinstarenitischer Biomikrit mit Ostrakoden und Filamenten. Blumenkohlstrukturen entstehen durch Migration kolloidaler Fe-Lösungen. Obertrias (Hallstätter Kalk, Nor): Hallstatt, Oberösterreich. Balkenlänge 2 mm

5. Fe/Mn-Krusten mit vertikal übereinander gewachsenen, sessilen Foraminiferen (*Tolypammina*?; „Foraminiferen-Riffe" nach Wendt, 1969). Die Foraminiferen (*1*) sind auf dünnen Limonitkrusten aufgewachsen (*2*). In rezenten Manganknollen und -krusten sind sessile sandschalige Foraminiferen unabhängig von der Wassertiefe und der submarinen Topographie häufig (siehe Wendt, 1974). Obertrias (Hallstätter Kalk, Karn): Feuerkogel bei Bad Aussee, Steiermark. Balkenlänge 2 mm

6. Filamente. Die häufig massenhaft auftretenden, sehr dünnen kalzitischen Biogene düften larvale Schalenstadien von Mollusken darstellen (siehe Abschnitt 5.3.13). Filamentkalke sind faziell in den Subtidal- und Bathyalbereich einzustufen. Obertrias (Pötschen-Kalk, Nor): Pötschenpaß-Straße ESE Bad Goisern, Oberösterreich. Balkenlänge 2 mm

7. Submarine Spaltenfüllungen. Im Bildausschnitt sind von rechts nach links erkennbar: (*1*) „Muttergestein" der Spalten als echinodermenführender Pelsparit (Oberrätriffkalk); (*2*) roter Echinodermen-Biomikrit; (*3*) roter, nahezu fossilfreier Mikrit; (*4*) pseudosparitische Kalzitader; (*5*) Echinodermen-Sparit mit dicht gepackten Echinodermenresten, die durch Rindenzementbildung vergröbert wurden. Es handelt sich um ein vertikal verlaufendes, in mehreren Phasen aufgerissenes und mit verschieden alten Sedimenten verfülltes Spaltensystem, das mit der Zerbrechung der obertriadischen Plattformkarbonate und mit der Absenkung der jurassischen Sedimentationsbasis erklärt werden kann (siehe Abschnitt 4.2.4.6). Trias/Lias (Spaltenfüllung unteres Lias): Kirchenbruch Adnet, Salzburg. Balkenlänge 2,5 mm

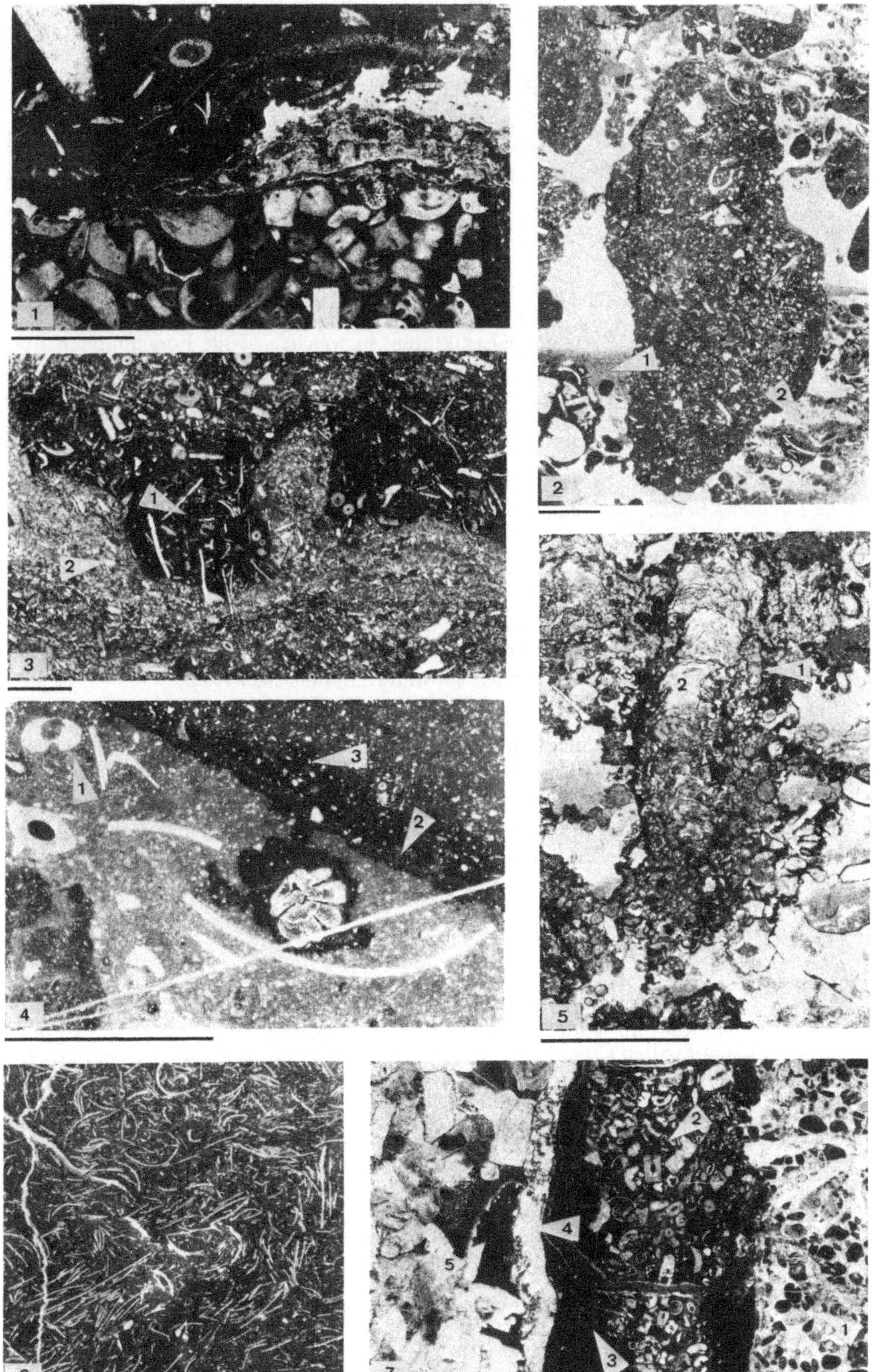

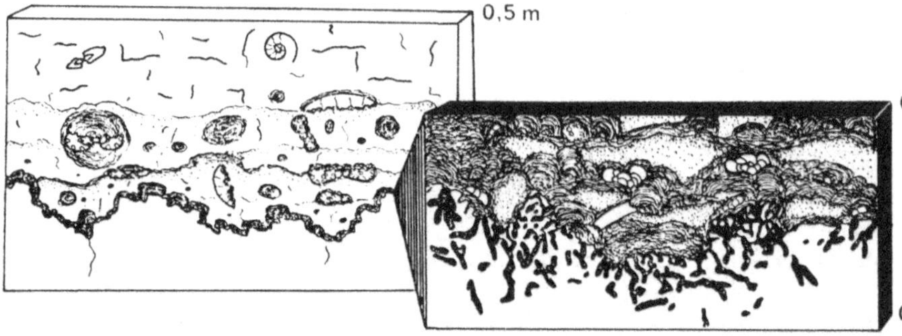

Abb. 41. Diskontinuitätsflächen in einem jurassischen Kondensationshorizont. Die Fe/Mn-imprägnierte Zone weist an ihrer Basis Mikrobohrungen auf. Darüber entwickeln sich „stromatolithische" Blumenkohlstrukturen, in welchen sessile Foraminiferen aufwachsen. Nach Wendt (1970)

Wie Abb. 41 zeigt, treten an Diskontinuitätsflächen relativ häufig *„stromatolithische Limonit-Krusten"* auf, deren Genesemöglichkeiten zusammenfassend von Seyfried (1978) diskutiert wird:

1. Frühe Migration und Ausfällung von Fe/Mn-Mineralen am Meeresboden.
2. Anorganische Bildungen, im wesentlichen durch Migration kolloidaler Fe-Lösungen diagenetisch entstanden („Blumenkohl-Struktur", "cauliflower structure").
3. Limonitisierung organischer Strukturen (z.B. Jenkyns, 1970) oder anorganische Fe-Fällung über einem organogenen Substrat (z.B. Fürsich, 1971).

Die Auflagerungsfläche der Limonitkrusten entspricht sehr oft einem Lösungshartboden im Sinne von Fabricius (1968) und ist durch Bohralgen, Aufwuchs von sessilen Foraminiferen, Serpuliden u.a. sowie durch meist starke Mineralisation charakterisiert.

Die Frage, inwieweit in mesozoischen Kondensationshorizonten echte *Stromatolithen* auftreten, ist nach wie vor umstritten. Es häufen sich jedoch Hinweise, die für die oben unter (3) angeführte Erklärung sprechen (vgl. Krystyn, 1971; Jenkyns, 1974; Bernoulli u. Jenkyns, 1974; Wendt, 1970, 1971):

Tafel 12/1 u. 2. Fazies-„Verzahnung" im Schliffbereich ▶

1. Spalten-Füllungen. Im Normalsediment (*1*) mit Filamenten, Radiolarien und Globochaeten (*2*) sind Spalten (*3*) aufgerissen, die durch feinarenitisches Sediment mit juvenilen Ammoniten und Muschelschalen verfüllt wurden. Im unteren Bildabschnitt (*4*) ist ein mit Muschelschalen (*Halobia*-Lumachellen) erfüllter Hohlraum angeschnitten. Bei Nichtbeachtung derartiger Sedimentstrukturen ist die biostratigraphische Gliederung bzw. die Erkennung von Mischfaunen sehr schwierig. Beispiele hierfür liefern die Hallstätter Kalke des alpin-mediterranen Raumes (vgl. Krystyn et al., 1971). Obertrias (Hallstätter Kalk): Siriuskogel in Bad Ischl, Oberösterreich. Balkenlänge 1 mm

2. Sedimentäre Einlagerung von rotem Mikrit mit Ammoniten (*1*), Echinodermen (*2*), Foraminiferen (*3*) und Globochaeten in graue pelsparitische Dachsteinkalke des Vorriff-Bereiches (*4*). Derartige „Verzahnungen" weisen auf eine relativ enge räumliche Nachbarschaft von Flachwasser- und Beckenablagerungen hin. Obertrias (Nor): Südfuß des Hohen Brett, Göll-Massiv, Berchtesgadener Alpen. Balkenlänge 1 mm

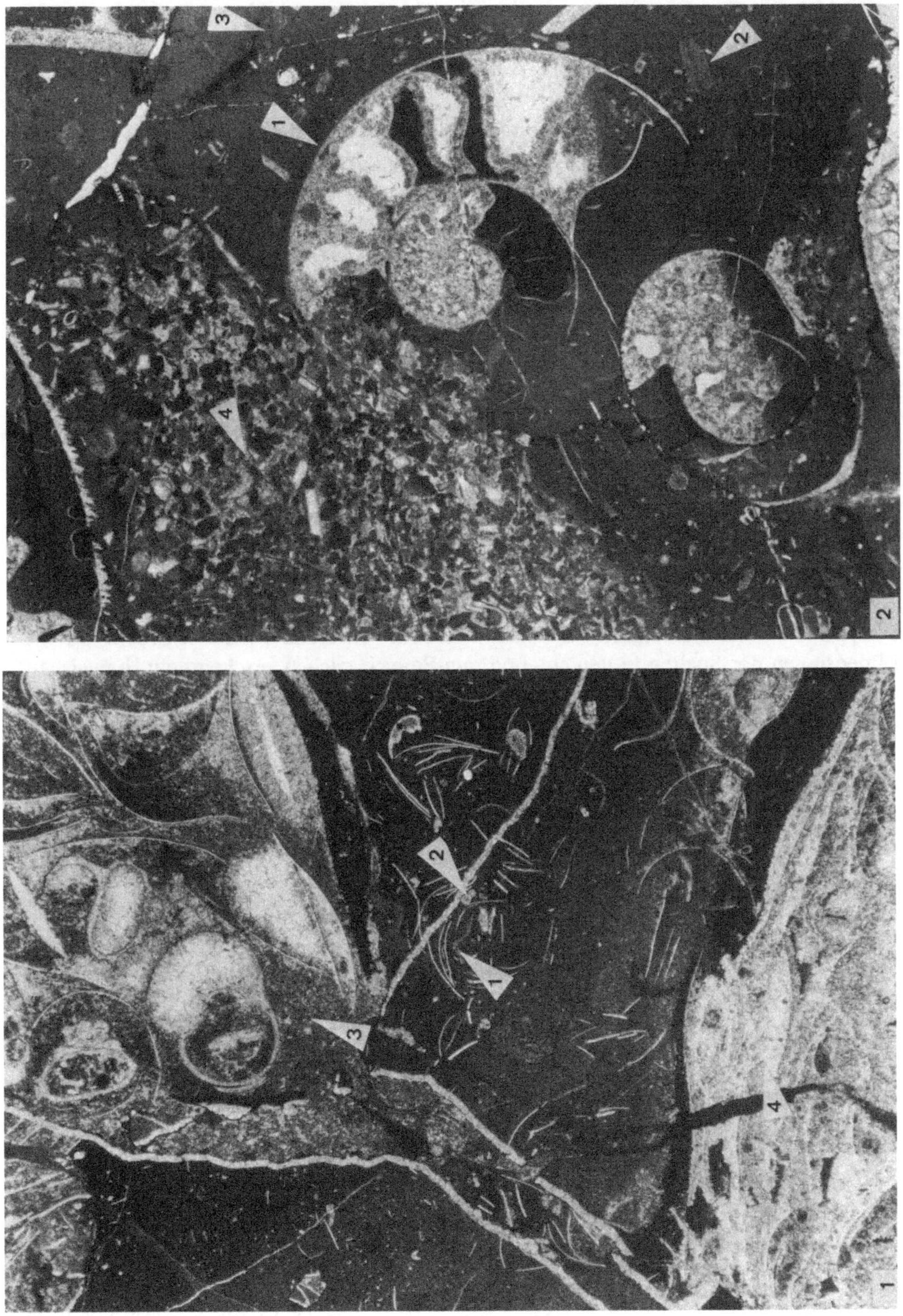

a) Die häufig zu beobachtende Assoziation von Foraminiferen, Serpuliden, Bryozoen und Crinoiden spricht für Wassertiefen von etwa 50–100 m;

b) Die in submarinen Spalten auftretenden Muschelfaunen weisen auf relatives Flachwasser hin;

c) Das massierte Vorkommen von *Discohelix* spricht für Wassertiefen um und unter 100 m. In diesen Wassertiefen ist eine Mitwirkung von Algen bei der Bildung der Krusten denkbar (vgl. 5.12.3). Schwierigkeiten ergeben sich bei der Annahme von Wassertiefen unter 200 m bis etwa 1000 und mehr m (Germann, 1971; Garrison u. Fischer, 1969).

4.2.4.6 Submarine Spaltenfüllungen (Neptunian dykes, Taf. 11 u. 12)

Durch Dehnungsspannungen bei der Anlage von großräumigen Horst-Graben-Strukturen in Randgebieten von Schwellen und absinkenden Trögen entstehen S- und Q-Spalten (schichtparallel und quer zur Schichtung verlaufend), die im alpin-mediterranen Mesozoikum durch spezielle Fossilanhäufungen und durch vom Nebengestein häufig abweichende Mikrofazies-Typen ausgezeichnet sind. Eindrucksvolle Beispiele haben Wendt (1970, 1971), Schöll u. Wendt (1971) und Jurgan (1971) aus dem Trias und aus dem Jura der Alpen und von Sizilien und Tucker (1973) aus devonischen Cephalopodenkalken beschrieben. Die beiden Spaltentypen sind durch Fazies, kondensierten Fossilinhalt, Dimensionen und Füllungsmechanismen deutlich voneinander unterschieden. Da die Dimensionen der Spalten in den cm- und mm-Bereich reichen, erscheint ein Hinweis auf diese Strukturen auch bei mikrofaziellen Arbeiten angebracht (vgl. Taf. 11/7). Häufig weisen die Spalten randliche Zement-Tapeten auf und zeigen mehrere, durch wiederhol-

---

Tafel 13/1 u. 2. Mikritische Kalke ▶

Bedingt durch die Armut an mikrofaziellen Merkmalen muß sich die Faziesinterpretation vieler feinkörniger Karbonate bevorzugt auf die palökologische Auswertung der Organismen stützen:

1. Schwamm-Kalk. Das inhomogene Gefüge dürfte durch frühdiagenetische „Protointraklasten"- bzw. Autoklasten-Bildung (siehe Abschnitt 4.1.3.7) bedingt sein. Im Mikrit fallen auf: (*1*) Nadeln und Nadelgerüste von Kieselschwämmen, (*2*) auf Schwämmen und auf dem Sediment inkrustierte Serpuliden (Hinweis auf „Kryptohartgründe"!), (*3*) sessile Foraminiferen, (*4*) Algen-Krusten (möglicherweise auf Cyanophyceen zurückgehend), (*5*) „tuberolithische" Partien (siehe Abschnitt 5.3.4). *Übungsbeispiel:* Kalkklassifikation nach (a) Folk, 1959, (b) Dunham, 1962; (c) Standard-Mikrofaziestypus nach Wilson, 1975. Resultate siehe Abschnitt 11. Oberjura (Oxford): Cerin, Südfrankreich. Balkenlänge 10 mm

2. Echinodermen-Kalk. Das inhomogene Gefüge ist durch Drucklösung mit Mikrostylolithen-Bildung (*1*) bedingt. An Biogenen treten auf: (*2*) Echinodermen (überwiegend Crinoiden, zum Teil angebohrt = *3*), Foraminiferen mit (*4*) ***Involutina turgida*** Kristan-Tollmann und Trocholinen, (*5*) Brachiopoden. *Übungsbeispiel:* Kalkklassifikation nach (a) Folk, (b) Dunham; (c) Schätzung der Häufigkeit der Komponenten ohne Vergleichsbilder, (d) Schätzung der Komponentenhäufigkeit unter Verwendung der Schätzbilder von Baccelle u. Bosellini (1965) (siehe Abb. 26). (e) Standard-Mikrofaziestypus nach Wilson (1975). Resultate siehe Abschnitt 11. Lias (roter Knollenkalk): Wimberger Bruch Adnet, Salzburg

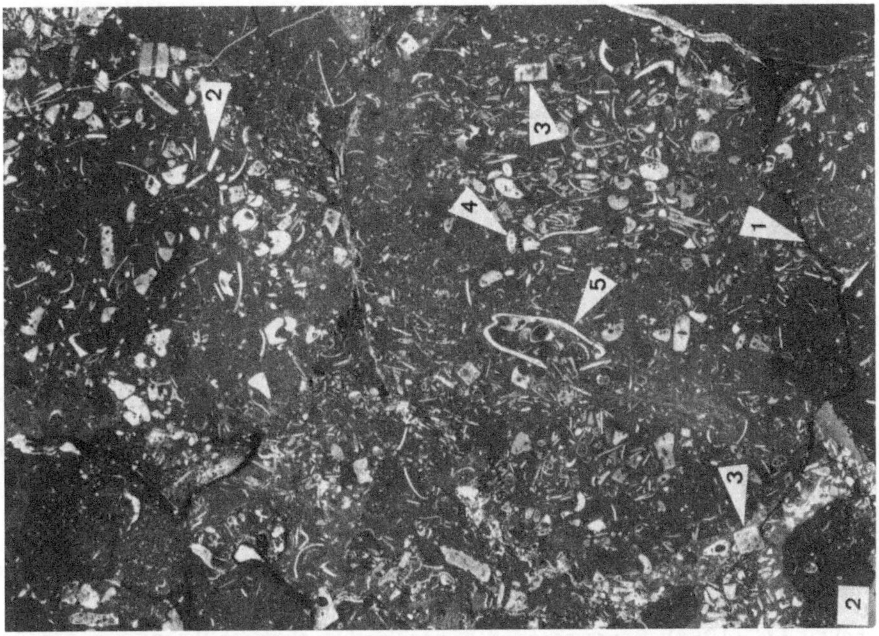

tes Aufreißen bedingte Generationen von Sedimentfüllungen. Typisch für Spaltenfüllungen sind weitgehend monotone Fossilanreicherungen (Brachiopoden, Ammoniten, Gastropoden) und das Fehlen von Fe/Mn-Krusten und Resedimenten sowie das Zurücktreten von gradierten Strukturen.

4.2.5 Literatur

4.2.5.1 Orientierung und Packung der Komponenten

Allen, J.R.L. (1962): Petrology, origin and deposition of the highest Lower old Red Sandstone of Shropshire, England. J. Sed. Petrol. **32**, 657–697, Tulsa
Dunham, R.J. (1962): siehe 6.4
Kahn, J.S. (1956): The analysis and distribution of packing in sand-size-sediments. J. Geol. **64**, 385–395, Chicago
King, P.H. (1948): Geology of the southern Guadaloupe Mountains, Texas. US Geol. Surv. Prof. Paper **215**, 183 S., Washington
Pettijohn, F.J., et al. (1972): siehe 1.4.1
Potter, P.E., Pettijohn, F.J. (1963): siehe 1.4.1
Sander, B. (1951): siehe 4.2.1.2
Schwarzacher, W. (1961): Petrology and structure of some Lower Carboniferous Reefs in Northwestern Ireland. Bull. Amer. Ass. Petrol. Geol. **45**/9, 1481–1503, 17 Abb., 2 Tab., Tulsa
Smalley, I.G. (1964): Representation of packing in a clastic sediment. Amer. J. Sci. **262**, 242–248, Washington
Stauffer, K. (1962): Quantitative petrographic study of Paleozoic carbonate rocks Caballo Mountains, New Mexico. J. Sed. Petrol. **32**/3, 357–396, 38 Abb., Tulsa
Taylor, J.M. (1950): Pore-space reduction in sandstones. Amer. Ass. Petrol. Geol. Bull. **34**, 701–716, Tulsa
Vossmerbäumer, H. (1976): siehe 1.4.1

4.2.5.2 Geopetalgefüge

Carozzi, A.V. (1963): Half-moon oolites. J. Sed. Petrol. **33**, 633–645, Tulsa
Fay, M. (1976): Riffnahe Resedimente im Raum Kelheim: Lithologie, Genese und stratigraphische Bemerkungen. N.Jb.Geol.Paläont.Abh. **152**/1, 51–74, 5 Abb., Stuttgart
Fiege, K. (1937): Zyklische Sedimentation. Abh. preuß. geol. Landesanst., N.F., **177**, Berlin
Fisher, R.V., Mattinson, J.M. (1968): Wheeler George turbidite-conglomerate series, California: inverse grading. J. Sed. Petrol. **38**, 1013–1023, Tulsa
Fuganti, A. (1964): Strutture geopete in calcari mesozoici del Trentino e del Veronese (Alpi orientali). Atti Acc. Roveretana Agiati, ser. 6, **4**, fasc. B 5–9, 5 Taf., Trento
Harbaugh, J.W. (1959): Small scale cross-lamination in limestones. J. Sed. Petrol. **29**/1, 30–37, 6 Abb., Tulsa
Hückel, B., Jacobshagen, V. (1962): Geopetale Sedimentgefüge im Hauptdolomit und ihre Bedeutung für die tektonische Analyse der Nördlichen Kalkalpen. Z. dtsch. geol. Ges. **113**, 2/3, Jg. 1961, 305–310, Taf. 5–6, 1 Abb., Stuttgart
Koch, E. (1959): „Sandfang". Ein Hinweis auf die Lagerungsverhältnisse. N. Jb. Geol. Mh. 443–450, 7 Abb., Stuttgart
Sander, B. (1936): siehe 1.4.1
Schulz, O. (1967): Die synsedimentäre Mineralparagenese im oberen Wettersteinkalk der Pb-Zn-Lagerstätte Bleiberg-Kreuth (Kärnten). Tschermaks min. petrograph. Mitt. **12**, 2/3, 230–289, 16 Abb., Wien
Schwarzacher, W. (1948): Sedimentpetrographische Untersuchungen kalkalpiner Gesteine. Hallstätter Kalke von Hallstatt und Ischl. J. geol. Bundesanst. **91**, Jg. 1946, 1–48, 15 Abb., Wien

Shrock, R.R. (1948): Sequence in Layered Rocks. 507 S. New York–London: McGraw Hill

4.2.5.3 Hohlraumgefüge

Bathurst, R.G.C. (1959): The cavernous structure of some Mississippian Stromatactis reefs in Lancashire, England. J. Geol. **67**, 506–521, Chicago
Bechstädt, Th. (1974): Sind *Stromatactics* und radiaxial-fibröser Calcit Faziesindikatoren? N. Jb. Geol. Paläont. Mh. **174**/11, 643–663, 17 Abb., Stuttgart
Bechstädt, Th., Mostler, H. (1974): Mikrofazies und Mikrofauna mitteltriadischer Beckensedimente der Nördlichen Kalkalpen Tirols. Geol. Paläont. Mitt. Innsbruck **4**, 5/6, 1–74, Innsbruck
Bolliger, W., Burri, P. (1970): siehe 4.1.4.2
Carannante, G., Ferreti, V., Simone, L. (1975): La cavita paleocarsiche cretaciche di Dragoni (Campania). Boll. Soc. Naturalisti Napoli **83**, Jg. 1974, 1–12, 6 Abb., Napoli
Cloud, P.E. Jr. (1960): Gas as sedimentary and diagenetic agent. Amer. J. Sci. **258** A, Bradley-Vol., 35–45
Deelman, J.C. (1972): On mechanisms causing birdseye structures. N. Jb. Geol. Paläont. Mh. **1972**/12, 582–595, 7 Abb., Stuttgart
Dunham, R.J. (1970): Keystone vugs in Carbonate Beach Deposits. Bull. Amer. Ass. Petrol. **54**/5, 845, Tulsa
Dupont, E. 1882): Les Iles coralliennes de Roly et de Philippeville. Bull. Mus. Roy. Hist. Nat. **1**, 89–160, Taf. 7–8, Bruxelles
Fischer , A.G. (1964): The Lofer Cyclothems of the Alpine Triassic. Kansas Geol. Surv. Bull. **169**, 107–149, 38 Abb., Lawrence/Kansas
Folk, R.A. (1959): Practical petrographic classification of limestones. Bull. Amer. Ass. Petrol. Geol. **43**, 1–38, Tulsa
Fruth, I., Scherreiks, R. (1975): Facies and geochemical correlation in the Upper Hauptdolomit (Norian) of the eastern Lechtaler Alps. Sediment, Geol. **13**, 27–45, Amsterdam
Ham, W.E. (1952): Algal origin of the "Birdseyes" limestone in the McLish Formation. Oklahoma Acad. Sci., Proc. **33**, 200–203
Heckel, P.H. (1972): Possible inorganic origin for *Stromatactis* in calcilutite mounds in the Tully Limestone, Devonian of New York. J. Sed. Petrol. **42**/1, 7–18, 6 Abb., Tulsa
Hodgson, W.A. (1958): On the origin of calcite-filled cavities in the British Dinantian limestones. Eclogae geol. Helvet. **51**, 649–656, Basel
Illing, L.V. (1959): Deposition and diagenesis of some upper paleozoic carbonate sediments in western Canada. 5th World Petrol. Congr. Proc. Paper 2, Sect. I, 23–50, New York
Korn, H. (1932): Entgasungsspuren in Sedimenten. Chemie der Erde **7**, 1–23, 6 Abb., Jena
Krebs, W. (1969): Early void-filling cementation in Devonian fore-reef limestones (Germany). Sedimentology **12**, 279–299, Amsterdam
Lowenstam, H.A. (1950): Niagaran reefs of the Great Lake area. J. Geol. **58**, 430–487, Chicago
Müller-Jungbluth, W.V, Toschek, P.H. (1969): siehe 6.4
Otte, C. Jr., Parks, J.M. Jr. (1963): Fabric studies of Virgil and Wolfcamp bioherms, New Mexico. J. Geol. **71**/3, 380–396, 2 Tab., 5 Abb., 3 Taf., Chicago
Philcox, M.E. (1963): Banded calcite mudstone in the lower Carboniferous "Reef" knolls of the Dublin Basin, Ireland. J. Sed. Petrol. **33**/4, 904–913, 11 Abb., Tulsa
Prentice, J.E. (1950): The carboniferous limestone of the Manifold valley region, North Staffordshire. Geol. Soc. London Quart. **106**, 171–209, London
Sander, B. (1936): siehe 1.4.1
Schwarzacher, W. (1961): Petrology and structure of some Lower Carboniferous Reefs in Northwestern Irland. Bull. Amer. Ass. Petrol. Geol. **45**, 1481–1503, 17 Abb., 2 Tab., Tulsa

Scoffin, T.P. (1972): Cavities in the reefs of the Wenlock Limestone (Mid-Silurian) of Shropshire, England. Geol. Rdsch. **61**/2, 565–578, 12 Abb., Stuttgart
Semeniuk, V. (1971): Subaerial leaching in the limestones of the Bowan Park Group (Ordovician) of Central Western New South Wales. J. Sed. Petrol. **41**/4, 939–950, 9 Abb., Tulsa
Shinn, E.A. (1968a): Burrowing in recent lime sediments of Florida and the Bahamas. J. Paleont. **42**/4, 879–894, Taf. 109–112, 17 Abb., Menasha
Shinn, E.A. (1968b): Practical significance of Birdseyes structures in carbonate rocks. J. Sed. Petrol. **38**/1, 215–223, 13 Abb., Tulsa
Tebbutt, G.E., Conley, C.D., Boyd, D.W. (1965): Lithogenesis of a carbonate rock fabric. Contrib. Geol. **4**/1, 1–13, 1 Taf., Laramie
Textoris, D.A., Carozzi, A.V. (1964): Petrography and evolution of Niagaran (Silurian) reefs. Indiana. Bull. Amer. Ass. Petrol. Geol. **48**/4, 397–426, 24 Abb., Tulsa
Tucker, M.E. (1973): Sedimentology and diagenesis of Devonian pelagic limestones (Cephalopodenkalke) and associated sediments of the Rhenohercynian Geosyncline, West Germany. N. Jb. Geol. Paläont. Abh. **142**/3, 320–350, Stuttgart
Wolf, K.H. (1965): Littoral environment, indicated by open-space structures in algal limestones. Palaeo-3 **1**, 183–223, Amsterdam
Zorn, H. (1971): Paläontologische, stratigraphische und sedimentologische Untersuchungen des Salvatoredolomits der Tessiner Kalkalpen. Schweiz. Paläont. Abh. **91**, 90 S., Basel

4.2.5.4 Feinschichtungstypen

Aitken, J.D. (1967): siehe 5.3.12.7/6
Monty, Cl. (1976): The origin and development of cryptalgal fabrics. In: Walter, M.R. (ed.): Stromatolites. Dev. Sed. **20**, 193–249, 36 Abb., Amsterdam–Oxford-New York: Elsevier

4.2.5.5 Diskontinuitätsflächen; Submarine Spaltenfüllungen

Bernoulli, D., Jenkyns, H.C. (1974): Alpine, Mediterranean, and central Atlantic Mesozoic facies in relation to the early evolution of the Tethys. Spec. Publ. Soc. Econ. Paleont. Min. **19**, 128–160, Tulsa
Fabricius, F.H. (1968): Calcareous sea bottoms of the Raetian and Lower Jurassic sea from the west part of the Northern Calcareous Alps. In: Müller, G., Friedman, G.M. (eds.): Recent Developments in Carbonate Sedimentology in Central Europe, 240–249, 1 Taf., 2 Abb., Berlin–Heidelberg–New York: Springer
Fürsich, F. (1971): Hartgründe und Kondensation im Dogger von Calvados. N. Jb. Geol. Paläont. Abh. **138**, 313–342, Stuttgart
Fürsich, F.T., Wendt, J. (1976): Hartgründe und Kondensations-Lagerstätten. Zbl. Geol. Paläont. Teil II **1976**, 5/6, 238–245, 4 Abb., Stuttgart
Garrison, R.E., Fischer, A.G. (1969): Deep-water limestones and radiolarites of the Alpine Jurassic. Spec. Publ. Soc. Econ. Paleont. Min. **14**, 20–56, Tulsa
Germann, K. (1971): Mangan-Eisen-führende Knollen und Krusten in jurassischen Rotkalken der Nördlichen Kalkalpen. N. Jb. Geol. Paläont. Mh. **1971**, 133–156, Stuttgart
Heim, A. (1924): Über submarine Denudation und chemische Sedimente. Geol. Rdsch. **15**, 1–47, Stuttgart
Heim, A. (1958): Oceanic sedimentation and submarine discontinuities. Eclogae geol. Helvet. **51**, 642–649, Basel
Hollmann, R. (1962): Über Subsolution und die „Knollenkalke" des Calcare Ammonitico Rosso Superiore in Monte Baldo (Malm, Norditalien). N. Jb. Geol. Paläont. Mh. **1962**/4, 163–179, 8 Abb., Stuttgart
Hollmann, R. (1964): Subsolutions-Fragmente. N. Jb. Geol. Paläont. Abh. **119**/1, 22–82, Taf. 7–10, 7 Abb., Stuttgart

Jaanusson, V. (1961): Discontinuity surfaces in limestones. Bull. Geol. Inst. Univ. Uppsala **40**, 221–241, 2 Abb., Uppsala
Jenkyns, H.C. (1971): The genesis of condensed sequences in the Tethyan Jurassic. Lethaia **4**, 327–352, 11 Abb., Oslo
Jenkyns, H.C. (1974): siehe 3.10
Jurgan, H. (1969): Sedimentologie des Lias der Berchtesgadener Kalkalpen. Geol. Rdsch. **58**, 464–501, Stuttgart
Krystyn, L. (1971): Stratigraphie, Fauna und Fazies der Klaus-Schichten (Aalenium-Oxford) in den östlichen Nordalpen. Verh. geol. Bundesanst. **1971**/3, 486–509, Wien
Schlager, W. (1969): Das Zusammenwirken von Sedimentation und Bruchtektonik in den triadischen Hallstätterkalken der Ostalpen. Geol. Rdsch. **59**, 289–308, Stuttgart
Schlager, W. (1974): Preservation of cephalopod skeletons and carbonate dissolution on ancient Tethyan sea floor. Spec. Publ. Intern. Ass. Sed. **1**, 49–70, 10 Abb., Oxford
Schöll, W.U., Wendt, J. (1971): Obertriadische und jurassische Spaltenfüllungen im Steinernen Meer (Nördliche Kalkalpen). N. Jb. Paläont. Abh. **139**/1, 82–98, 10 Abb., Stuttgart
Seyfried, H. (1978): siehe 3.10
Tucker, M.E. (1973): Sedimentology and diagenesis of Devonian pelagic limestones (Cephalopodenkalk) and associated sediments of the Rhenohercynian Geosyncline, West Germany. N. Jb. Paläont. Abh. **142**/3, 320–350, 24 Abb., 1 Tab., Stuttgart
Wendt, J. (1969): Foraminiferen-„Riffe" im karnischen Hallstätter Kalk des Feuerkogel (Steiermark, Österreich). Paläont. Z. **43**, 177–193, Taf. 21–22, Stuttgart
Wendt, J. (1970): Stratigraphische Kondensation in triadischen und jurassischen Cephalopodenkalken der Tethys. N. Jb. Geol. Paläont. Mh. **1970**, 433–449, Stuttgart
Wendt, J. (1971): Genese und Fauna sedimentärer Spaltenfüllungen im mediterranen Jura. Paläontograph. A **136**, 122–192, Taf. 15–18, Stuttgart
Wendt. J. (1974): Encrusting organisms in deep-sea manganese nodules. Spec. Publ. Intern. Ass. Sed. **1**, 437–447, Oxford
Wendt, J. (1976): Submarine Spaltenfüllungen. Zbl. Geol. Paläont. Teil II **1976**, 5/6, 245–251, 3 Abb., Stuttgart

5. Fossilien im Schliff-Bereich

In diesem Abschnitt soll die Frage beantwortet werden, welche Fossilien in Kalkschliffen aus verschiedenen Zeitbereichen zu erwarten sind (Abschnitt 5.1), in welcher Weise trotz schnittbedingter Schwierigkeiten eine Bestimmung bzw. Typisierung nach Gruppen möglich ist (5.2) und welche speziellen Probleme und Auswertungsmöglichkeiten bei einigen häufigeren Gruppen auftreten (5.3). Entsprechend ihrer Bedeutung und entsprechend der oft nur geringen Kenntnis dieser Gruppe werden in diesem Zusammenhang die Kalkalgen ausführlicher behandelt (5.3.12). Der Abschnitt 5.4 beschäftigt sich mit den im jüngeren Mesozoikum des alpin-mediterranen Raumes entwickelten „Mikrofazies-Zonen".

Gut bebilderte Einführungen in die Vielfalt der in Schliffen feststellbaren Organismen geben Cayeux (1935), Maslov (1937), Majevske (1969) und insbesondere Horrowitz u. Potter (1971) sowie Lucas et al. (1976) – siehe Abschnitt 5.5.1.

5.1. Übersicht

Bedingt durch die unterschiedliche Entwicklungsgeschwindigkeit und Diversität besitzen die in Kalkschliffen beobachtbaren Organismen in den einzelnen Formationen verschiedene Häufigkeiten. Dazu kommen die durch ökologische Faktoren hervorgerufenen Unterschiede. Ferner darf nicht vergessen werden, daß einige Gruppen infolge der geringen Größe der Organismenreste nur sehr geringe Chancen haben, in Schliffen erkannt zu werden. Beispiele dafür liefern die Echinodermen (insbesondere Holothuriensklerite) und agglutinierte Foraminiferen. Während in Säurerückständen zum Beispiel von obertriadischen Hallstätter Kalken Hunderte und Tausende von Holothurienresten auftreten, sind in Schliffen der gleichen Proben im allgemeinen nur sehr wenige Exemplare erkennbar. Die Erfassung der Fauna sollte sich daher in keinem Fall allein auf Dünnschliffe oder auf die Makrofauna beschränken.

Tabelle 25 gibt einen kursorischen Überblick über die in Kalkschliffen häufiger zu beobachtenden Organismengruppen. Nicht berücksichtigt ist die große Zahl der – zum Teil stratigraphisch wichtigen – „Mikroproblematika" (siehe Abschnitt 5.3.13).

5.2 Bestimmungsschlüssel

Bestimmungsschlüssel für die in Schliffen im allgemeinen willkürlich geschnittenen Fossilreste haben Horrowitz u. Potter (1971), Füchtbauer (1974: 212) und Majewske (1969, speziell für Molluskenschalen) entworfen. Milliman (1974) bringt einen Bestimmungsschlüssel zur Identifikation rezenter karbonatischer Komponenten im Durch- und Auflicht.

Tabelle 26. Unterschiedliche Häufigkeit und stratigraphische Bedeutung von „Schliff-Fossilien". Es bedeuten + = in Schliffen selten, / = in Schliffen nicht selten, x = in Schliffen relativ häufig, ⊕ = nur in orientierten Schliffen bestimmbar, 1 = stratigraphisch wichtige Gruppen, im Abschnitt 5.3 näher besprochen

	Präkambrium	Kambrium	Ordovic	Silur	Devon	Unter-Karbon	Ober-Karbon	Perm	Trias	Lias	Dogger	Malm	Unter-Kreide	Ober-Kreide	Alttertiär	Jungtertiär	
Foraminiferen					1	2	3	4	5	/	/	6	7	8	9	10	
Radiolarien			/	/	/	/			/	/	x	x	x	/			
Calpionellen												11					
Andere Tintinniden			+	+	+	+	…	…	+	…	…	/			…		
Archaeocyathinen		⊕															
Kieselschwämme												x					
Kalkschwämme							⊕	⊕	12								
Sklerospongien									…	…	…	…	⊕	…		…	
Stromatoporen u.a.			⊕	⊕	⊕	…	…	…	⊕	…	⊕	⊕	⊕	⊕			
Chaetetiden			⊕	⊕	⊕	⊕	⊕	⊕	⊕	⊕	⊕	⊕	⊕	⊕	⊕		
Tabulate Korallen			⊕	⊕	⊕	⊕	⊕	⊕									
Korallen			⊕	⊕	⊕	⊕	⊕	⊕	⊕	⊕	⊕	⊕	⊕	⊕	⊕	⊕	
Bryozoen		⊕	⊕	⊕	⊕	⊕	⊕	⊕	⊕	⊕	⊕	⊕	⊕	⊕	⊕	⊕	
Brachiopoden		/	/	/	/	/	/	/	/	/							
Gastropoden					/			/	/			/	/		/	/	
Muscheln						/	/	/	/	/	/	/	/	/	/	/	
Filamente									x	x	x	x					
„Nautiliden"			/	/													
Ammonoideen									/	/	/	/					
Belemniten										/	/	/	/	/			
Tentaculiten				x	x												
Serpuliden									/		/	/ •			/	x	
Trilobiten		x	x	/													
Crustaceen-Koprolithen								/	13	/	/	14	15				
Ostracoden				/	/				/						/	/	
Cystoideen, Blastoideen u.a.			/														
Crinoiden, sessil			x	x	x	x	/	/	/	x	/	/					
Schwebcrinoiden									16			17					
Echiniden				/	/	/	/	/	/	/	/	/	/	/	/	/	/
Ophiuren									/	/		/					
Holothurien										/							
Blau-Grünalgen-„Matten"	x	x	x	x	x	x	x	x	x	x	x	x	x	x	x	x	x
Porostromata		x	x	x	x	x	/	/	/	/	/	x	x	/	…	…	…
Grünalgen, Codiaceen		/	/	/	/	/	/	/	/	/	/	x	x	x	x	x	
Dasycladaceen		/	/	/	/	/	18	19	20	21	22	23	24	25	26	/	
Characeen					/	/			/			27	28	/	/	29	
Rhodophyceen: Solenoporaceen		/	/	x	x	/	/	/	x	/	/	x	x	/	/		
Gymnocodiaceen								30		…	…		31				
Squamariaceen													/	/			
Corallinaceen														32	33	34	
„Ungdarellaceen"						35	x	/									
„Ancestrale Corallinaceen"							36	/									
„Phylloide Algen"							37	x									
Calcisphaeren					38	39						40	41	x			
Globochaeten									/	x	/	42					
Sporen/Pollen								/				+					
Nannoconiden												43					

Der nachfolgend vorgestellte Bestimmungsschlüssel orientiert sich an den in den Erlanger Mikrofazies-Kursen festgestellten, praktischen Notwendigkeiten. Es erscheint – insbesondere für Anfänger – notwendig, die verwirrende Vielfalt der möglichen Schnittfiguren auf wenige Grundformen zu reduzieren und damit eine erste Ansprache zu ermöglichen. Die Größenangaben stellen lediglich häufigere Werte dar, es sind daher auch die im Schlüssel benachbarten Gruppen mit „größeren" bzw. „kleineren" Formen zu berücksichtigen.

Der Bestimmungsschlüssel berücksichtigt lediglich „Schnitt-Bilder", wobei als Hauptgruppen unterschieden werden:

A. Kreis- und Ellipsen-Schnitte . . . . Schlüsselnummer 1
B. U- und V-förmige Schnitte 12
C. Gebogene Elemente 16
D. Netz-Strukturen 23
E. Lagen-Strukturen 31
F. Gekammerte, aneinandergereihte Strukturen 34

Die eingeklammerten Buchstaben bzw. Ziffern ermöglichen die Rückverfolgung des Bestimmungsganges.

A. Kreis- und Ellipsen-Schnitte

1a: isolierte Schnitte 2
b: miteinander verbundene Schnitte 11

(1a) 2a: mit mehreren ± gleich großen Öffnungen:
a_1: rundliche, mikritische Komponenten, Ø etwa 0,15–0,50 mm; regelmäßiges Muster aus punktförmigen Kanalquerschnitten, z.T. regelmäßig verbunden (Taf. 32/13) . . . . *Crustaceen-Koprolithen*
a_2: kleinere Öffnungen ringförmig um größere Öffnung gereiht (Taf. 21/7) *Characeen*
b: mit 1 Zentralöffnung 3
c: ohne Zentralöffnung:
umkristallisierte, nicht näher unterscheidbare *Schwammnadeln* (Rhaxen), *Radiolarien*, planspirale *Foraminiferen* oder *Calcisphaeren* oder 10

(2b) 3a: Ø kleiner als 0,10 mm:
Kalzitringe ohne Mikrostruktur, zusammen mit U- und V-förmigen Schnitten . . . . *schiefe Schnitte von Calpionellen*
b: Ø i.a. kleiner als 0,50 mm 4
c: Ø oft größer als 0,50 mm 5
d: Ø meiste mehrere mm. 6
e: Ø größer als 1 cm bis mehrere cm 7

(3b) 4a: mikrokristalline oder spätige Kreisschnitte, interne Kreisstruktur oft nur undeutlich, Außenrand z.T. unscharf, mit Zacken (Taf. 18/6) . . . . *kalzitisierte Radiolarien*
b: oft unscharf umgrenzte Kreisschnitte, Wand verschieden stark in Lagen differenziert, z.T. mit feinen Radialporen (Taf. 15/6–7). . . . . . *Calcisphaeren*

(3c) 5a: große Zentralöffnung:
dünne, zu regelmäßigen Spitzdornen ausgezogene, kalzitische Wand, z.T. Spiralstruktur und periphere, ringförmig angeordnete Hohlräume, Ø etwa 3 mm (Taf. 21/7) . . . . *Characeen-Oogonien bzw. -Gyrogoniten*

b: durchscheinende, oft gelbliche, außen z.T. stachelförmig skulpturierte Kreisschnitte, max. Ø 1 mm. . . . . *Foraminiferen, z.B. Nodosarien*

c: um Zentralöffnung sehr komplex gebautes, geometrisches Muster aus Radial- und Tangentialelementen, z.T. skulpturiert, z.T. feinperforiert, Einkristall (Taf. 20/3) . . . .*Seeigel-Stachel*

d: Zentralöffnung mit unterschiedlich dicker Wand, die von oft dunkel erscheinenden Poren (innen bzw. außen verdickt, verdünnt oder gleich breit) durchzogen wird (Taf. 22/4) . . . . *Dasycladaceen bzw. Gymnocodiaceen*

e: große Zentralöffnung, girlandenförmige Wand (Außenornamentation), Ø bis etwa 1 mm (Taf. 19/3). . . . . *Tentaculiten*

f: scharf begrenzte Kreis- und Ellipsenschnitte mir sehr kleiner Zentralöffnung, Kalzit oder SiO_2, meist zusammen mit stabförmigen, z.T. spitz endenden Schnitten ohne Innenstruktur (Taf. 13/1) . . . . *Schwamm-Nadeln*

g: kalzitische Kreis- und Ellipsenschnitte mit schmaler Zentralöffnung, Wand mit lamellarer Mikrostruktur . . . . . . *Brachiopoden-Stachel* (z.B. *Productiden*)

h: kalzitisch-phosphatische, oft dunkel gefärbte Kreisschnitte, Ø im mm-Bereich, z.T. unregelmäßig elliptisch gelängt, oft zusammen mit „Hirtenstab-Strukturen" – siehe unter 21; (Taf. 19/7) . . . . *Trilobiten*

(3d) 6a: große, kalzitische Schnitte von inkrustierten Schalen, Mikrostruktur zweigeteilt: außen konzentrische Lamellarstruktur, innen durchsichtige Lage; meist gehäuft auftretend (Taf. 19/4–5). . . . .*Serpuliden* (siehe 22c)

b: große, kalzitische Schnitte, Mikrostruktur 3-geteilt: differenzierte prismatische Mittellage und durchsichtige Innen- und Außenlagen; Schnitte oft teleskopartig ineinandergeschoben . . . . *Scaphopoden*

(3c) 7a: Zentralöffnung sehr klein oder fehlend 8

b: Zentralöffnung groß. 9

(7a) 8a: kleiner, verschieden gestalteter Zentralraum (kreisrund, pentagonal u.a.), umgeben von sehr feiner Netzstruktur, oft gelblich, Einkristall (Taf. 13/2) . . . . *Crinoiden-Stielglieder*

b: große Kreisschnitte (Ø 3–10 mm) mit sehr kleiner (oder fehlender) Zentralöffnung, umgeben von wechsellagernden, hell- und dunkelgefärbten Ringstrukturen und/oder radialstehenden, großen Kalzit-Prismen (Taf. 19/2) . . . . *Belemniten-Rostren*

(7b) 9a: große Zentralöffnung mit radialstehenden, meist nicht bis ins Zentrum reichenden Elementen, verschieden differenzierter und verschieden deutlicher Wand, z.T. punktförmige Schnitte oder Axialstrukturen. Mikrostruktur (der Septen) aus Faserbündeln („Federstruktur") bzw. mit „Mittelstreifen" (Taf. 9) . . . . *Einzelkorallen (Rugosa und Scleractinia)*

b: große Zentralöffnung; dicke, meist umkristallisierte Schalenwand; oft zusammen mit Zylinder-Schnitten mit einfach-perforierten Querelementen . . . . *Nautiloideen*

c: große Kreisschnitte, einseitig eingedellt, mit einem gegen das Zentrum verdickten Element. Schale meist umkristallisiert oder kreuz-lamellar (Taf. 18/2, 18/4) . . . . *Gastropoden (Spindel-Schrägschnitt)*

d: „Wand" der Zylinderschnitte mit wurmförmiger Struktur . . . . *Kalkschwämme*

(2c) 10a: abgerundete Komponenten, sehr feine Netzstruktur, im Durchlicht dunkelbraun bis schwarz; oft mit Differenzierung in einen peripheren dickeren und zentralen aufgelockerten Teil (mit Bläschen-Schicht), phosphatisch . . . . *Vertebraten-Reste*

b: abgerundete mikritische Komponenten ohne deutliche Innenstruktur, Ø i.a. kleiner als 1 mm . . . . *.Peloide*

(1b) 11a: i.a. wenige Kreis- oder Kreissegment-Schnitte linear oder zu kugelförmigen Aggregaten angeordnet. Kammern rund oder eckig, oft mit dornenartiger Außenskulptur, Gesamt-Ø 0,5–1 mm, z.T. größer (Taf. 15/1) . . . . *planktonische Foraminiferen*

b: symmetrisch nebeneinanderliegende Kreissegment-Schnitte mit gleichmäßigen Ausstülpungen – entsprechend 2 Kalzitplatten mit unterschiedlicher Auslöschung. . . . . *.Ophiuren-Wirbel*

c: Kreissegment- und nierenförmige Schnitte, oft linear aufgewachsen auf stabförmigem Element, z.T. in Gruppen, Ø um 0,05 mm. Wand nicht differenziert (Taf. 12/2) . . . . *Globochaeten*

d: symmetrisch angeordnete, lineare Schnittfiguren; ausgehend von einer runden Kammer werden die aufeinanderreitenden Kammerschnitte nach beiden Seiten hin deutlich größer

d_1: im Mikro-Bereich (Taf. 32/12). . . . . *Foraminiferen (planspirale und trochospirale Bautypen)*

d_2: im Makro-Bereich (Taf. 19/1) . . . . . *juvenile Ammoniten und Gastropoden*

e: unsymmetrisch angeordnete Kammern

e_1: im Mikro-Bereich (Taf. 11/5). . . . . *.inkrustierte Foraminiferen*

e_2: im Makro-Bereich (Taf. 13/1) . . . . *Serpuliden*

B. U- und V-förmige Schnitte

12a: Länge i.a. unter 0,20 mm:
U- und V-förmige Schnitte mit z.T. gebogenen Rändern in der Mündungsregion; z.T. mit dornenförmigem Fortsatz. Wand kalzitisch o. mit dunkel gefärbten (organischen) Lamellen (Taf. 16) . . . . . *Calpionellen/Tintinniden*

b: Länge i.a. größer als 0,50 mm 13

(12b) 13a: V-förmige Schnitte 14

b: breite U- (und V-)förmige Schnitte 15

(13a) 14a: schmale V-Schnitte, außen z.T. gezackt (Skulptur), z.T. auch Innenskulptur, z.T. „segmentiert". Länge im mm- und cm-Bereich (Taf. 19/3) . . . . *Tentakuliten* i.w.S.

b: ineinandergeschachtelte V-Schnitte, gezacker Außenrand (Malm/Kreide) (Taf. 23/6). . . . . *.„Bankia" striata*

c: breite V-förmige Schnitte mit symmetrischen Verbreiterungen an den Flanken, Einkristalle, oft kleiner als 14a (Taf. 20/8). . . *pelagische Crinoiden*

d: relativ schmale, V-förmige, lange Schnitte mit schmalem, V-förmigem Innenraum; Wand aus anorganischen (kalzitischen) und organischen (dunkel gefärbten) Lamellen Ø bis cm-Bereich (Taf. 19/2). . . . . *Belemniten*

(13b) 15a: große Zentralöffnung, deutliche Wand mit nach innen oder außen verbreiterten oder verengten bzw. gleich dick bleibenden Poren-Schnitten (in der Umbiegungsstelle oft als kreisförmige Schnitte); z.T. deutlich segmentiert (Taf. 22/4–9). . . . . *Dasycladaceen*

b: perlschnurartig aneinandergereihte Hohltonnen, i.a. dünne Wand mit zahlreichen, schräg nach außen verlaufenden, sehr feinen Poren. Innenraum breit, meist mit Sediment oder Sparit gefüllt, selten primäre Längsstrukturen (Taf. 22/1) . . . . *Gymnocodiaceen*

C. Gebogene Elemente

16a: i.a. massiv 17

b: i.a. hohl. 22

(16a) 17a: schwach gebogen. 18

b: stark gebogen, eingedreht und eingerollt 19

(17a) 18a: sehr dünn (um 0,03 mm), relativ lang, oft parallel gelagert, oft massenhaft auftretend. Mikrostruktur lamellar und feinprismatisch (Taf. 12/1, 18/6) . . . . *„Filamente"*

b: dicker, z.T. wellblechartig gebogen, oft mit verschiedenen Mikrostrukturen innerhalb einer Schale (lamellar, prismatisch, gekreuzt-prismatisch) (Taf. 18/4, 28/1). . . . . *Muschel-Schalen*

c: dick, mit gezacktem Konvexrand . . . . *Aptychen*

d: gebogene Schalen, Lamellenbau, Kalziumphosphat (bräunlich, sehr geringe Doppelbrechung), Schalendicke bis 0,20 mm . . . . *inartikulate Brachiopoden*

e: dicke, oft stark ge- und verbogene Elemente mit (und ohne) dunkel gefärbten, vertikal und schrägverlaufenden Poren (Ø um 0,03 mm) und auffallender, feinlamellarer Mikrostruktur (Taf. 18/1,3,5). . . . . *artikulate Brachiopoden*

f: kalzitische, i.a. schwach gebogene Elemente mit peripheren Innenstrukturen (Porenzonen) und i.a. stark umkristallisierter, grobspätiger Zentralzone (Taf. 21/6, 30/2). . . . . *„phylloide" Algen (Squamariaceen?)*

g: halbmondförmige Elemente, Einkristalle . . . . *Armplatten von Crinoiden oder Dorsalia und Lateralia von Ophiuren*

(17b) 19a: spiralenförmig. 20

b: gekrümmt 21

(19a) 20a: offene Spirale, zentraler Beginn oft verdickt, i.a. keine Querelemente. Mikrostruktur gekreuzt-prismatisch, meist zerstört (Taf. 18/4). . . . . *Gastropoden-Querschnitt*

b: gekammerte Spirale, mm-Bereich, Querelemente, Wand- und Oberflächenelemente verschieden stark differenziert (Taf. 32/5). . . . *Foraminiferen*

c: gekammerte Spirale, cm-Bereich, Querlemente mit einer Öffnung, Wand meist umkristallisiert . . . . *juvenile Ammoniten*

(19b) 21a: Hirtenstab-förmig eingedreht, Mikrostruktur prismatisch, i.a. deutliche dunkel gefärbte Begrenzung (Taf. 19/8). . . . . *Trilobiten (zurückgebogene Panzer-Flanken)* b: dünne Klappen oder Schalen, Ränder zurückgebogen, Größe 0,5 bis 1 mm, Mikrostruktur feinprismatisch (Taf. 19/6). . . . . *Ostrakoden*

(16b) 22a: sehr kleine (Ø 0,10 bis 0,05 mm), kurze und gebogene, meist in Massen auftretende Röhrchen, oft in mikritische Lagen-Strukturen eingebettet, z.T. in Ketten zusammengeschlossen und sich gegenseitig umschließend (Taf. 21/1). . . . . *porostromate Algen (Cyanophyceen, z.B. Girvanella)*

b: schwach gebogene, längere, z.T. einfach gegabelte Röhren mit mikrogranularer Wand, Ø meist um 0,10 mm, oft in Massen auftretend, häufig zusammen mit Riffbildnern (Ober-Trías) (Taf. 32/8) . . . . *Microtubus*

c: scharf begrenzte, gebogene oder spiralig eingedrehte, kalzitische Röhren; oft zementiert. 2-geteilte Mikrostruktur (innen: parallel-laminiert, außen: cone-in-cone-Lamination); mm-Bereich, Röhren-Ø um 1 mm (Taf. 19/5). . . . . *Serpuliden*

D. Netz-Strukturen

23a: regelmäßige, gut begrenzte Maschen 24

b: unregelmäßige, verschieden geformte Maschen 30

(23a) 24a: Maschen rechteckig, quadratisch oder polygonal 25

b: Maschen bläschenförmig 29

c: Maschen extrem regelmäßig, sehr fein; Einkristalle! (Taf. 20/5) . . . . *Echinodermen*

(24a) 25a: Netz-Strukturen 26

b: offenes Maschenwerk aus dünnen, stabförmigen, miteinander unter bestimmten Winkeln verbundenen Elementen (SiO_2 oder Kalzit) (Taf. 13/1) . . . . *Schwämme*

c: „Röhren", die sich unter bestimmten, innerhalb der „Kolonie" gleichbleibenden Winkeln gabeln (Taf. 21/3) . . . . *porostromate Filamentalgen (Typ „Cayeuxia")*

d: Kolonien aus ± parallel angeordneten Röhren 27

e: Schalen aus parallel angeordneten Prismen 28

(25a) 26a: sehr feine Netzstruktur aus i.a. rechteckigen, im Durchlicht oft schwarz erscheinenden Zellen. Differenzierung in Bereiche mit größeren und kleineren Maschen; im Netz eingelagert spaterfüllte Kreisschnitte (Sporangien). Zellen-Ø etwa 5–15 Mikron (Taf. 22/2, 33/3) . . . . *Corallinaceen*

b: cm-große Kolonien aus dünnen, langen Vertikalfäden; z.T. mit teilweise niveaubeständigen Querelementen bzw. Zonierung. Keine weitere Differenzierung. Maschen-Ø bei 10–30 Mikron (Taf. 21/8). . . . . *Solenoporaceen*

c: Fragmente mit feiner Netzstruktur aus verschieden großen Zellen im Zentrum und mit zyklisch wechselnder Zellen-Größe an der Peripherie. Zellwände z.T. stark verdickt; z.T. mit inkohlter organischer Substanz, z.T. mit Zellinfiltraten (SiO_2, FeS_2, $CaCO_3$) . . . . *Holzreste*

d: Fragmente mit Netzwerk aus z.T. feinporösen, scharf begrenzten „Horizontalelementen" und dicht- oder weitstehenden Verbindungselementen; meist mikrogranulare Feinstruktur; oft in Verbindung mit in Reihen angeordneten Kammern (Taf. 30/3) . . *Bruchstücke von Großforaminiferen* e: größere Kolonien mit Netzstruktur aus horizontalen, z.T. gewellten Elementen (Laminae) und verschieden langen Pfeilern und Dornen; stark differenzierte Mikrostrukturen (Taf. 17/3, 29/5) . . . . *Stromatoporen*

(25d) 27a: Kolonien oder Kolonie-Bruchstücke aus gleich oder verschieden großen Röhren mit geraden und gewölbten Querböden. Kolonie-Gestalt oft bäumchenartig (dann mit nach oben und außen divergierenden Röhren). Röhren-Ø i.a. kleiner als 0,5 mm. Wandstruktur faserartig (Taf. 17/4, 31/7) . . . . *Bryozoen*

b: Kolonien aus gleich großen, aneinanderstoßenden eckigen Maschen (z.T. im Tangentialschnitt mit Radialelementen bzw. Septen) bzw. Vertikalröhren mit Querböden, z.T. Wandporen. Mikrostrukturen z.T. mit Faserbündeln. Röhren-Ø meist über 0,5 mm, oft mehrere mm (Taf. 17/6) . . . . *Stockkorallen und Chaetetiden*

(25e) 28a: Schalen mit „cellular-prismatischer" Struktur, sehr regelmäßige rektangulare und radiale Muster. Prismen um 0,05–0,1 mm (Taf. 18/7) . . . . *Rudisten-Schalen*

b: Schalen mit „Honigwaben-Struktur" im Tangentialschnitt, Ø der Prismen bis 0,10 mm (Taf. 18/8) . . . . *Muscheln (Inoceramen)*

(24b) 29a: Kolonien aus übereinandergesetzten, halbkugeligen Bläschen, z.T. mit dornenförmigen oder größeren Vertikalelementen . . . . *Stromatoporen*

b: Blasen-Strukturen mit eingelagerten tabulierten Vertikalröhren . . . . . . *Bryozoen* (Röhren-Ø i.a. unter 0,50 mm) oder *tabulate Korallen* (Röhren-Ø i.a. über 0,5 mm, oft mehrere mm)

c: vertikal angeordnete Blasen, randliche Begrenzung der gesamten Strukturen deutlich (Taf. 17/1) . . . . *Rand- und Längsschnitte von Korallen und Sphinctozoen*

(23b) 30a: wurmförmige Elemente in meist dunkel gefärbter, mikritischer Matrix, oft Gesamtstruktur als Kreisschnitt (Taf. 31/9) . . . . *Kalkschwämme*

b: flache Fragmente oder Kegelschnitte mit vermikularem Netzwerk aus dunkel gefärbten Elementen mit Kammern (Taf. 23/7–8) . . . . *retikulate Foraminiferen (z.B. Lituoliden)*

c: sessile Kolonien; unregelmäßige Netzstruktur aus bevorzugt vertikalen Elementen und Horizontalelementen. Häufig verschieden breite, tabulierte Röhren und sternförmige Kanalsysteme . . . *(mesozoische) Hydrozoen*

d: Fragmente aus Kalziumphosphat, bräunlich oder schwarz gefärbt (geringe Doppelbrechung), verschieden große Maschen . . . . *Knochenreste*

E. Lagen-Strukturen

31a: inkrustierend, auf dem Substrat flach ausgebreitet 32

b: frei, Komponente 33

(31a) 32a: unregelmäßiges, mikritisches Feinschichtungsgefüge mit spaterfüllten, schichtparallelen Hohlräumen im mm-Bereich (Taf. 10/2) . . *„Algen-Matten"*

b: in verschiedener Weise aufgebogene, aus mikritischen und sparitischen Lagen bestehende Strukturen; z.T. mit terrigenen Einlagerungen (z.B. Quarz) und Aufwuchs von sessilen Benthonten. Geometrische Grundform entspricht einer Halbkugel, cm- bis m-Bereich (Abb. 46) . . . *Stromatolithen* (Kontrolle hinsichtlich „Caliche"-Lagen notwendig, siehe S. 40!)

(31b) 33a: unregelmäßige Knollen und kugelförmige Komponenten. Umriß oft lappenartig; unregelmäßige, untereinander nicht parallele, sich z.T. kappende Lagen (meist Mikrit, Algen und Foraminiferen) um biogene oder anorganische „Kerne". Größe im mm- bis cm-Bereich (Taf. 30/1) . . . . *Onkoide* (Kontrolle hinsichtlich „Caliche-Onkoiden" (S. 41) notwendig

b: phosphatisch

b_1: regelmäßig umrissene (oft rhombische) Komponenten mit deutlicher, streng konzentrischer Lamellenstruktur, im Durchlicht meist dunkel . . . . *Fischschuppen*

b_2: zahnartiger, oft unregelmäßiger Umriß, dunkel oder hellgrau gefärbt; deutliche, verschieden orientierte Lamellenstruktur. Gesamtgröße zwischen 1 und 3 mm . . . . *Conodonten*

F. Gekammerte, aneinandergereihte Strukturen

34a: einzeilig 35

b: mehrzeilig 36

(34a) 35a: Mikro-Bereich 37

b: Makro-Bereich 38

(34b) 36: kleine, an Größe zunehmende Kammern . . . . *Foraminiferen*

(35a) 37a: kleine, an Größe zunehmende Kammern, in einer Reihe angeordnet, (Taf. 30/3) . . . . *Foraminiferen*

b: schüsselförmig aufeinandersitzende Segmente mit zentraler Pore (Obertrias; Taf. 32/7) . . . . *Cheilosporites*

(35b) 38a: gerade, gekammerte Schalen, cm-Bereich; Querelemente mit Pore (Sipho) . . . . *„Orthoceraten"*

b: Leiterstruktur mit schwach gebogenen Querelementen . . . . *Tangentialschnitte von Ammoniten*

c: rundliche, aneinandergereihte Segmente: Segmentdecken z.T. mit Poren; in den Segmenten z.T. Bläschenstrukturen (Taf. 17/1, 31/1–2) . . . . *segmentierte Kalkschwämme (Sphinctozoa)*

5.3 Ausgewählte Organismen-Gruppen

5.3.1 Foraminiferen (Taf. 14, 15, 23, 32)

Bau: Kalkige, agglutinierte oder silikatische Gehäuse, ein- oder mehrkammerig (in Serien: uni-, bi- und triserial) bzw. gewunden (plan- und trochospiral). Größe zwischen 0,05 mm und etwa 2 cm.

Mikrostruktur:

1. *„Sandschaler"* (z.B. Textularien, Lituoliden, Orbitolinen). Fremdmaterial (Quarzkörner, Schalenbruch etc.) wird durch organische oder karbonatische Matrix verkittet. – Ab Kambrium.

2. *„Kalkschaler"* mit drei Bautypen bei Kalzitwänden:

a) *Mikrogranular:* aus Mikritkörnern, scheinbar nicht orientierte Kristalle, Lagenbau möglich – z.B. Fusuliniden.

b) *Porzellanartig:* aus Mikritkörnern, echte Zufallsorientierung, keine Perforation, kein Lagenbau. Im Durchlicht schwarz, im Auflicht hellweiß – z.B. Milioliden, Alveolinen, Nubecularien.

c) *Hyalin:* glasig, im Durchlicht hell, im Auflicht dunkel. Bei radialfaserigen hyalinen Schalen schwarzes Kreuz in Schnitten senkrecht zur Oberfläche (c-Achsen stehen senkrecht!), bei granular-hyalinen Schalen einheitliche Auslöschung. Perforiert, Lagenbau möglich. – Z.B. Rotaliidae, Orbitoididae, Nummulitidae, planktonische Foraminiferen. Von Bedeutung ist die Berücksichtigung der durch Umkristallisation bedingten Strukturen (vgl. Hohenegger u. Piller, 1975).

Bestimmungsmethodik: Die meisten Schliffe zeigen naturgemäß nur willkürliche Schnittlagen, in denen viele Bestimmungsmerkmale nur durch Kombination verschiedener Schnitte faßbar sind. Oft ist die Anordnung der Kammern nicht erkennbar, z.B. können triseriale Gehäuse als uni- oder biseriale Schnitte erscheinen. Schnitte senkrecht zur Windungsachse zeigen paarweise angeordnete Kammern, ähnlich wie bei Schnecken oder Ammoniten. Abhilfe schaffen spezielle Untersuchungsmethoden:

1. *Vergleich von auf ein Koordinatensystem bezogenen Schnitten mit isolierten Gehäusen:* z.B. bei jungpaläozoischen Kleinforaminiferen (Cummings, 1958).

2. *Berücksichtigung von konstruierten Schnittbildern:* Beispiele bei Neumann (1967) und Hottinger (1971).

3. *Räumliche Rekonstruktion durch Serienfolienabzüge:* Beispiel bei E. Flügel (1967).

4. *Orientierte Schnitte* (vgl. Taf. 14/3–8): z.B. bei Fusuliniden, Orbitoiden, Orbitolinen, Nummuliten. Erforderlich sind Axialschnitte (durch die Anfangskammer, in der Windungsachse), Sagittalschnitte (durch Anfangskammer, senkrecht Windungsachse, zusätzliche Parallelschnitte (nicht durch Anfangskammer, senkrecht Windungsachse) und Tangentialschnitte (nicht durch Anfangskammer, parallel Windungsachse).

Bei benthonischen Kleinforaminiferen ist eine Auswertung als Faziesindikatoren oft erst nach einer Häufigkeitsanalyse möglich, bei welcher alle in einem bestimmten Schliffareal typisierbaren Gehäuse berücksichtigt werden. Beispiele bei Lobitzer u. Hohenegger (1974) und Schäfer u. Senowbari-Daryan (1978).

Verbreitung (die Zahlen entsprechen denen der Tabelle 26): Benthonische Foraminiferen sind ab dem Kambrium, planktonische ab der Trias – in größerer Häufigkeit ab Kreide – bekannt.

In Kalkschliffen sind Foraminiferen in folgenden Zeitabschnitte von Bedeutung:

1. *Devon:* Im oberen Devon (Schelf- und Bank- sowie Riff-Fazies. Faziesindikatoren (z.B. Hinweise auf zentrales Riff, Interriff etc.). Beispiele: Kettenbrink u. Toomey (1975). Vgl. Taf. 29/1.

2. *Unterkarbon:* Im Bereich Famenne und Unterkarbon Zonengliederung mit Hilfe von Foraminiferen, Calcisphären und Algen. Beispiele bei: Conil u. Papproth (1968), Conil u. Lys (1964), Mamet (1970), Bless et al. (1976). Vgl. Taf. 14/1–2.

2.–4. *Ob. Visé bis Ober-Perm:* Standard-Zonengliederung mit Fusuliniden. Reichhaltiges Material und orientierte Schnitte erforderlich! – Beispiele bei: F. Kahler (1974). Vgl. Taf. 14/3–8.

3.–4. *Oberes Karbon und Perm:* Kontrolle der Faziesvariationen mit Hilfe von Kleinforaminiferen-Gruppen. – Beispiel: E. Flügel (1970). Vgl. Taf. 30/6–8.

5. *Trias:* a) Zonengliederung, zusammengefaßt bei Zaninetti (1976). b) Unterscheidung von ökologischen Kleinbereichen in Riffkomplexen (z.B. Schäfer u. Senowbari-Daryan, 1978) der alpinen Ober-Trias. Vgl. Taf. 32.

6. *Malm:* „Leitformen" im Rahmen von Coenozonen-Gliederungen (vgl. 5.4), zusammen mit Kalkalgen. Alpin-mediterraner Raum. Vgl. Taf. 23.

7. *Unterkreide:* a) Coenozonen-Gliederungen mit benthonischen Foraminiferen. b) Barreme bis Cenoman: Zonengliederung mit Orbitolinen (Taf. 15/8). Beispiel: Schröder (1975). c) Hauterive: Zonengliederung mit planktonischen Foraminiferen (*Hedbergella-* u. *Rotalipora*-Bereich). Beispiele: Bolli (1966).

8. *Oberkreide:* a) Zonengliederung mit planktonischen Foraminiferen *Hedbergella-* und (Turon bis Maastricht) *Globotruncana*-Bereich mit doppelkieligen Globotruncanen sowie Rugoglobigerinen im Campan und Maastricht. Beispiel: Bolli (1966). b) Gliederung mit benthonischen Großforaminiferen (*Orbitoides, Lepidorbitoides* – oberes Campan und Maastricht). *Pseudosiderolites* und *Siderolites* – Campan und Maastricht). Beispiele: Vgl. Taf. 15.

9.–10. *Alt- und Jungtertiär:* a) Stratigraphische Gliederungen mit benthonischen Großforaminiferen, z.B. *Discocyclina* (unt. Paläozän bis ob. Eozän), *Nummulites (unt. Eozän* bis ob. Oligozän), *Miogypsina* (mittl. Oligozän bis mittl. Miozän), *Lepidocyclina* (ob. Eozän bis unteres Miozän), *Assilina* (ob. Paläozän bis unt. Eozän), *Alveolina* (unt.

Tafel 14/1–8. Foraminiferen aus dem Jungpaläozoikum, Balkenlänge jeweils 1 mm ▶

1. Kleinforaminiferen: Für die biostratigraphische Gliederung im höheren Devon und im Unterkarbon erweisen sich die in Kalkschliffen zum Teil massenhaft auftretenden Foraminiferen als sehr brauchbar. Im Bild: *Endothyranopsis* sp. Unterkarbon (Dinant): Becken von Dinant, Belgien

2. Kleinforaminiferen: Kohlenkalk (Visé) mit zahlreichen Schnitten von endothyriden Kleinforaminiferen und einigen Calcisphaeren (Bildmitte). Unterkarbon (Kohlenkalk): Büsbach bei Aachen

3. Fusuliniden: *Fusulinella subsphaerica* Toriyama. Axialschnitt. Karbon (Westfal): Shisidedai, Akiyoshi-Plateau, Japan.

4. *Pseudoschwagerina (Zellia) heritschi* F. u. G. Kahler. Obere Pseudoschwagerinen-Kalke, Unterperm: Zottachkopf, Karnische Alpen

5. *Parafusulina kaerimizensis* (Ozawa). Unteres Perm (Akiyoshi-Kalk): Kaerimizu, Akyoshi-Plateau, Japan

6. *Neoschwagerina craticulifera* (Schwager). Mittleres Perm: Kaerimizui, Akyoshi-Plateau, Japan

7. *Verbeekina verbeeki* (Geinitz). Oberes Mittelperm. Sisopho, Gebiet von Battambang, Kambodscha

8. *Yabeina multiseptata gigantea* (Gubler). Oberes Mittelperm. Sisophon, Gebiet von Batambang, Kambodscha

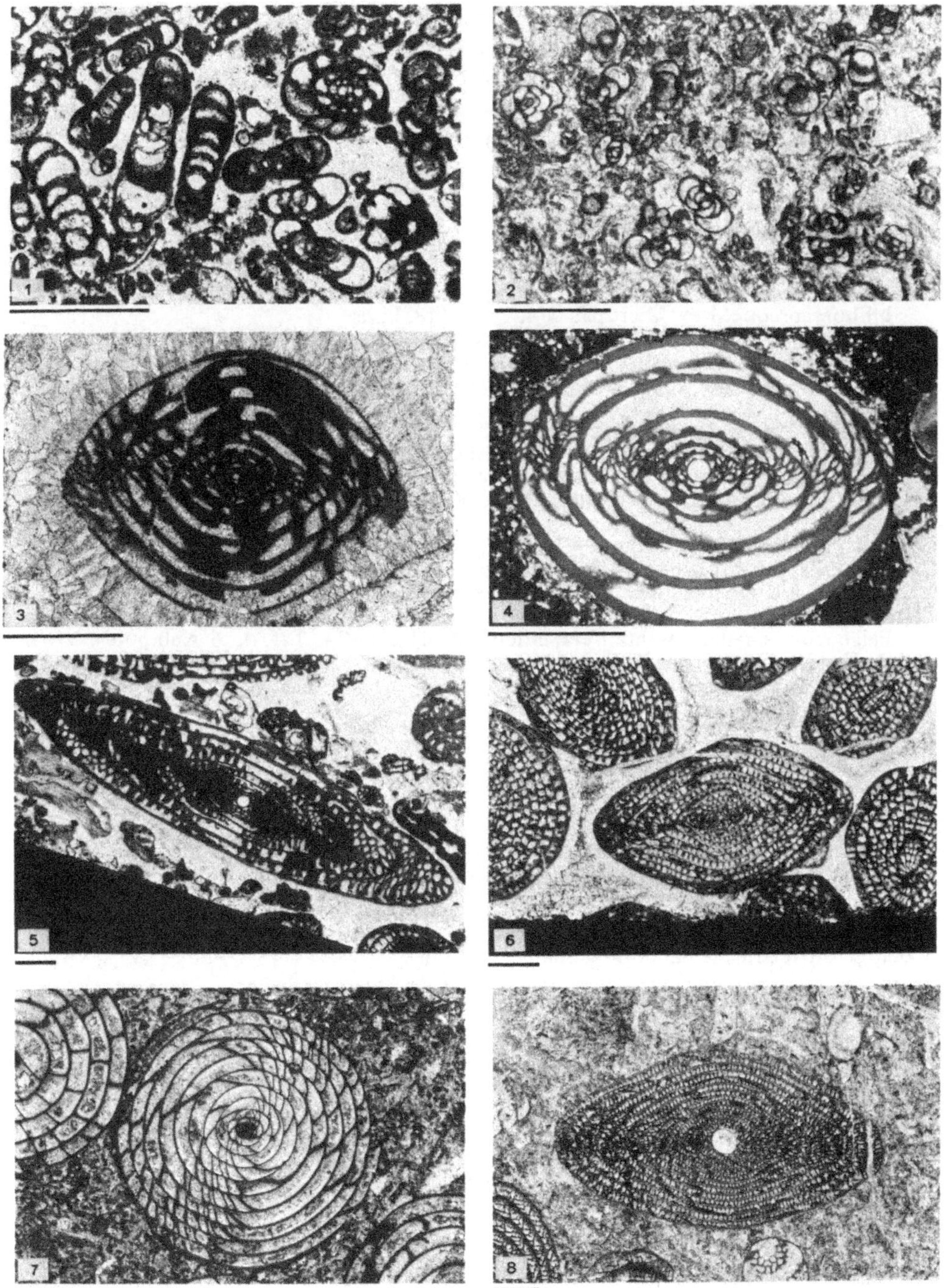
1
2
3
4
5
6
7
8

Paläozän bis mittleres Eozän). – Beispiele bei Papp u. Turnovsky (1970). Vgl. Taf. 33. b) Gliederung mit planktonischen Foraminiferen: Globigerinen-Bereich (älteres Paläozän), Globorotalien-Bereich (mittl. Paläozän bis unt. Eozän), Hantkeninen-Bereich (Eozän), Pseudohastigerinen-Bereich (unt. und mittl. Oligozän), *Globigerinoides*-Bereich (unt. Miozän) etc. – Beispiele: Blow (1969), Bolli (1966). Vgl. Taf. 15.

Literatur (Foraminiferen)

Bignot, G., Neumann, M. (1962): La structure des tests des foraminiferes. Analyse bibliographique. Rev. Micropal. **4**/4, 237–248, Paris

Bless, M.J.M., et al. (1976): Dinantian rocks in the subsurface North of the Brabant and Ardenno-Rhenisch massifs in Belgium, the Netherlands and the Federal Republic of Germany. Meded. Rijks. Geol. Dienst. N.S. **27**/3, 81–195, 20 Taf., 3 Beil., Roermond

Blow, W.H. (1969): Late Middle Eocene to Recent Planctonic Foramiferal Biostratigraphy. Proc. 1st Intern. Conf. Plankt. Mikrofoss., Geneva, 199–222, Leiden: Brill

Bolli, H. (1966): Zonation of Cretaceous to Pliocene marine sediments based on planktonic Foraminifera. Boll. Inform. Ass. Venezolana Geol. Min. Petrol. **9**/1, 3–32, Caracas

Conil, R., Lys, M. (1964): siehe 5.3.13

Conil, R., Papproth (1968): Mit Foraminiferen gegliederte Profile aus dem nordwestdeutschen Kohlenkalk und Kulm. Decheniana **119**, 1/2, 51–94, 6 Taf., Bonn

Cummings, R.H. (1958): The faunal analysis and stratigraphic application of Upper Palaeozoic smaller foraminifera. Micropal. **4**/1, 1–24, Taf. 1, 6 Abb., New York

Flügel, E. (1967): Eine neue Foraminifere aus den Riff-Kalken der nordalpinen Ober-Trias: *Alpinophragmium perforatum* n.g., n.sp. Senck. leth. **48**/5, 381–402, 2 Taf., Frankfurt/M.

Tafel 15/1–8. Planktonische Foraminiferen und Calcisphaeren; Orbitolinen ▶

1. *Globigerina subhelvetica* Haeusler. Malm (Oxford): Apennin, Italien. Balkenlänge 0,5 mm

2. *Globotruncana* sp. und *Pseudotextularia* sp. (rechts unten). Oberkreide (Maastricht): E Delphi, Mittelgriechenland. Balkenlänge 0,5 mm

3. *Globotruncana* cf. *tricarinata* (Querreau). Oberkreide (unteres Maastricht): E Delphi, Mittelgriechenland. Balkenlänge 0,5 mm

4. *Globotruncana stuartiformis* Dalbiez und *Globotruncana* ex gr. G. *arca* (Cushman), rechts oben. Oberkreide (unteres Maastricht): E Delphi, Mittelgriechenland. Balkenlänge 0,5 mm

5. *Orbulina universa* und andere Arten. Tertiär (Miozän): Pietraroia, Südapennin. Balkenlänge 0,5 mm

6. Calcisphaeruliden: überwiegend *Stomiosphaera sphaerica* (Kaufmann), vereinzelt *Stomiosphaera* cf. *conoidea* Bonet. Oberkreide (Seewer Kalk, unteres Turon): Seewen, Schweiz. Balkenlänge 0,5 mm

7. Calcisphaeruliden: überwiegend Stomiosphaeren, vereinzelt (im Bild links mit schwarzer Wand) Cadosinen. In Bildmitte Seeigelstachel. Oberkreide (Pläner, Turon): Salzgitter. Balkenlänge 0,5 mm

8. Orbitolinen und miliolide Foraminiferen charakterisieren die ausgedehnten flachen Schelfbereiche in der unteren Kreide. Im Bild *Orbitolina* sp. und *Palaeodictyoconus* sp. Unterkreide (Barreme): Spanien. Balkenlänge 0,5 mm. Mat. R. Schröder

Foraminiferen und Calcisphaeren

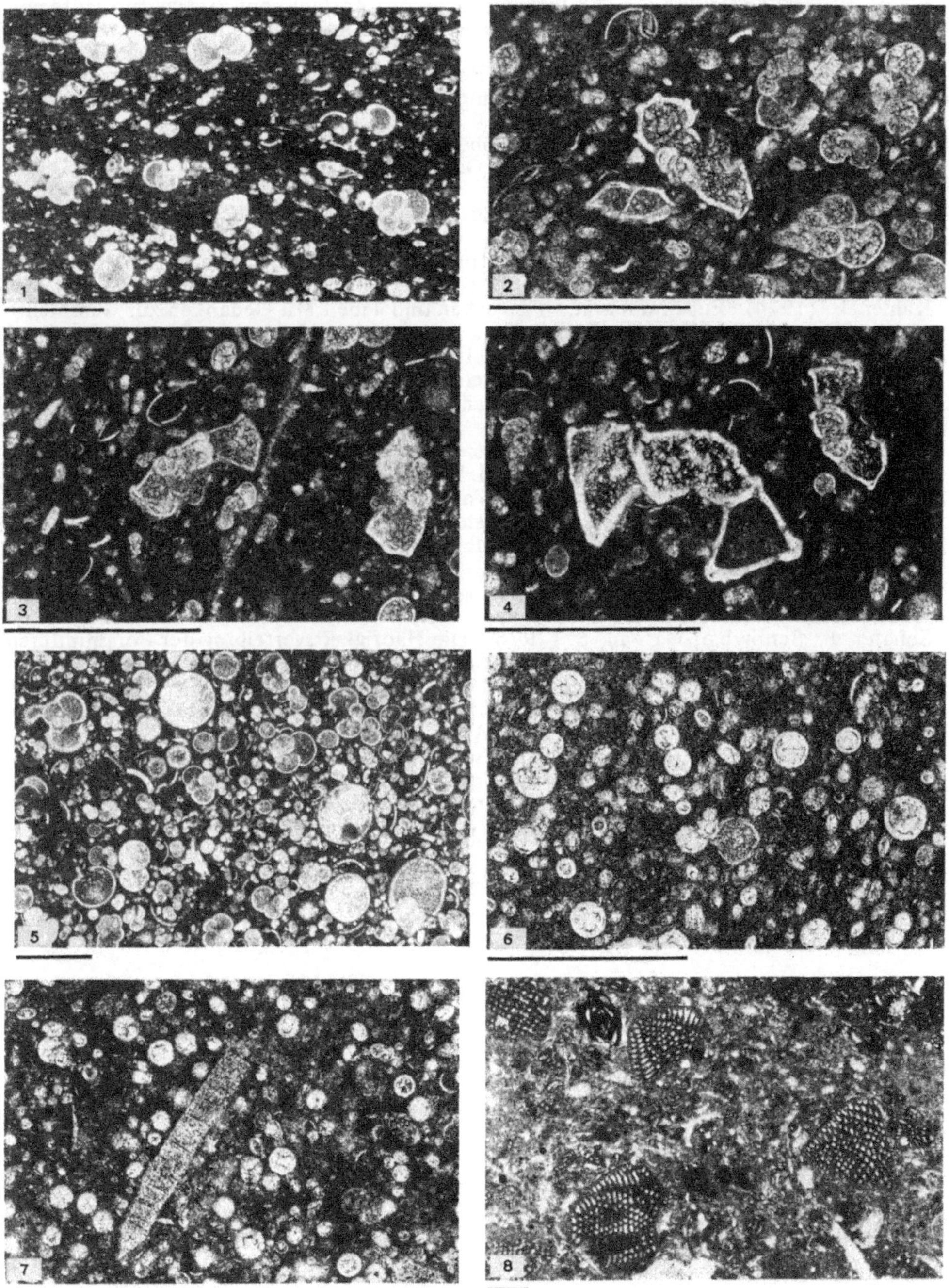

Flügel, E. (1970): Palökologische Interpretation des Zottachkopf-Profiles mit Hilfe von Kleinforaminiferen (oberer Pseudoschwagerinen-Kalk, unteres Perm. Karnische Alpen). Carinthia II, Sonderheft **28**, 61–96, 4 Taf., 3 Abb., 2 Tab., Klagenfurt

Hohenegger, J., Lobitzer, H. (1971): Die Foraminiferen-Verteilung in einem obertriadischen Karbonatplattform-Becken-Komplex der östlichen Kalkalpen. Verh. geol. Bundeanst. **1971**/3, 458–485, 3 Taf., 4 Abb., Wien

Hohenegger, J., Piller, W. (1975): Diagenetische Veränderungen bei obertriadischen Involutinidae (Foraminifera). N. Jb. Geol. Paläont. Mh. **1975**/1, 26–39, 3 Abb., Stuttgart

Hottinger, L. (1960): Über paleocaene und eocaene Alveolinen. Eclogae geol. Helvetiae **53**/1, 265–283, 21 Taf., 4 Tab., Basel

Hottinger, L. (1967): Foraminifères imperforés du Mésozoique marocain. Notes et Mém. Serv. géol. Maroc **209**, 1295, Rabat

Kahler, F. (1974): Fusuliniden aus Tien-schan und Tibet. Mit Gedanken zur Geschichte der Fusuliniden-Meere im Perm. Rep. Sci. Exp. North-Western Prov. China Sven Hedin, Sino-Swedish Exped. Publ. **52**, 148 S., 2 Taf., 2 Abb., viele Tab., Stockholm

Kettenbrink, E., Toomey, D. (1975): Distribution and paleoecological implications of calcareous foraminifera in the Devonian Cedar Valley formation of Iowa. J. Foram. Res. **5**/3, 176–187, 2 Taf., 2 Abb.

Mamet, B.L. (1970): Carbonate Microfacies of the Windsor Group (Carboniferous), Nova Scotia and New Brunswick. Geol. Surv. Canada, Dept. Energy Min. Res. Paper **70**/21, 121 S., 19 Taf., 15 Abb., Ottawa

Neumann, M. (1967): Manuel de micropaleontologie des foraminiferes, Systematique Stratigraphie. 297 S., 182 Abb., 60 Taf., Paris: Gauthier-Villars

Papp, A., Turnovsky, K. (1970): siehe 5.5.1

Pokorny, V. (1958): Grundzüge der zoologischen Mikropaläontologie, Bd. 1, 582 S., 549 Abb., Berlin: Deutscher Verlag der Wissenschaften

Schäfer, P., Senowbari-Daryan, B. (1978): Die Häufigkeitsverteilung der Foraminiferen in drei obertriadischen Riffkomplexen der Nördlichen Kalkalpen (Salzburg/Österreich). Verh. geol. Bundesanst. Wien **1978**, im Druck

Schroeder, R. (1975): General evolutionary trends in Orbitolinas. Rev. Espan. Micropaleont., Num. Especial, 117–128, 9 Abb., Madrid

Towe, K.M., Cifelli, R. (1967): Wall ultrastructure in the calcareous foraminifera: crystallographic aspects and a model for calcification. J. Paleont. **41**, 742–762, Tulsa

Zaninetti, L. (1976): Les Foraminifères du Trias, Essai de synthèse et correlation entre les domaines mesogéens européen et asiatique. Riv. Ital. Paleont. Strat. **82**/1, 1–158, Taf. 1–24, Milano

5.3.2 Radiolarien (Taf. 12/1, Taf. 18/6)

Grundbau: Kieselschale (Skelettopal), rezent auch $SrSO_4$ (Acantharia), Grundformen: Hohle perforierte Kugeln oder Doppelkugeln oder Vasen mit Balken und Dornen. Größe bis 1 mm, meist Ø 0,10–0,20 mm.

Schliffbereich: SiO_2, häufig sekundär durch Kalzit ersetzt, Hohlräume mit Kalzit gefüllt, dadurch Ähnlichkeit mit „Calcisphaeren", Schwammnadeln u.a. Randlich oft „gezackt". Im allgemeinen sind nur die Umrisse gut erkennbar. In Kalkschliffen wird häufig der Versuch gemacht, die an ihren Gehäuse-Umrissen ± erkennbaren Gruppen der Spumellaria (Gehäuse i.a. kugelförmig) und Nasselaria (Gehäuse vasen- bzw. mützenförmig u.ä.) zu unterscheiden. Nähere Bestimmungen sind in Schliffen nicht möglich.

Verbreitung: Ab Kambrium marin. Gesteinsbildend in Kieselschiefern und Lyditen sowie in Radiolariten. In Kalken insbesondere in Becken-Sedimenten. Ab Ober-Trias häufiger, im alpin-mediterranen Dogger und Malm (Beispiel: Kuhry et al., 1976) sowie in der bathyalen Maiolica-Fazies der Kreide verbreitet.

Literatur (Radiolarien)

Calvert, S.E. (1974): Deposition and diagenesis of silica in marine sediments. Spec. Publ. intern. Ass. Sediment. **1**, 273–299, 7 Abb., Oxford

Casey, R.E. (1971): Radiolarians as indicators of past and present water-masses. Micropal. Oceans, 331–341, 3 Taf., 2 Abb., Cambridge

Colom, G. (1955): Jurassic-Cretaceous pelagic sediments of the Western Mediterranean and the Atlantic area. Micropal. **1**/2, 109–124, Taf. 1–5, 4 Abb., New York

Garrison, R.E. (1974): Radiolarian cherts, pelagic limestones, and igneous rocks in eugeosynclinal assemblages. Spec. Publ. Intern. Ass. Sediment. **1**, 367–399, 6 Abb., Oxford

Grunau, H.R. (1965): Radiolarian cherts and associated rocks in space and time. Eclogae geol. Helv. **58**, 157–208, Basel

Kuhry, B., de Clercq, S.W.G., Decker, L. (1976): Indications of current actions in Late Jurassic Limestones. Radiolarian Limestones, Saccocoma Limestones and associated rocks from the Subbetic SE Spain. Sed. Geol. **15**, 235–258, 3 Taf., 2 Abb., Amsterdam

5.3.3 **Calpionellen und Tintinniden** (Taf. 16)

Systematik: Protozoa, Ciliata

Bau: Glockenförmige Gehäuse, Längsschnitte U- und V-förmig. Die nur aus festen Kalken bekannten Calpionellen werden zu den Ciliaten gerechnet und mit den fossil und rezent bekannten Tintinniden verglichen. Bau der Lorica bei beiden Gruppen ähnlich: Glocke mit Oralzone und Kragen und Aboralzone, z.T. mit Kaudalfortsatz. Lorica z.T. mit Quer- und Längsornamentation. Gehäuselänge etwa 50–200 μ.

Mikrostruktur: Wandstruktur kalzitisch, „radialfibrös" [bei Calpionellen (Taf. 16/1–15) mikroangular, bei *Chitinoidella* (Taf. 16/16) mit organischer Wandsubstanz];nach Aubry et al. (1975) besteht die C.-Wand primär aus spiralenförmig angeordneten Mikritkristallen; in tonigen Bereichen werden Coccolithen und andere Körner agglutiniert. Wichtige Hinweise bei Tappan u. Loeblich (1968); Aubry et al. (1975).

Bestimmungsmethodik: nur in Schliffen. Extrem schiefe Schnitte müssen durch Erfassung der „geometrischen Variationsbreite" ausgeschaltet (Remane, 1964) und Medianschnitte (Längsschnitte mit axialem Kaudalfortsatz oder zugespitztem aboralem Pol wie bei *Tintinnopsella*) typisiert werden; bei rundovalen Gehäusen entspricht der Medianschnitt dem größten Schnitt (*Calpionella*). Tektonisch deformierte Gehäuse können zu Fehlbestimmungen führen. Eine statistische Auswertung (Häufigkeitsverteilung von Arten) erscheint für biostratigraphische Aussagen sinnvoll. Vgl. Remane (1964a, 1964b).

Verbreitung: marin, häufig in pelagischen Kalken, zusammen mit Nannoplankton. Calpionellen i.e.S. sind auf den Zeitbereich Ober-Tithon bis Valangin beschränkt; es können vier weltweit verfolgbare Zonen unterschieden werden (Abb. 42). Die Indexarten sind auf Taf. 16 abgebildet. Wichtige Übersichten bei Allemann et al. (1971) und Remane (1974). Abb. 38 zeigt die für die Zonengliederung verwendeten Arten, Abb. 42 die Standard-Calpionellenzonen.

Bemerkungen zu prä- und postjurassischen „Tintinniden": Durch Chennaux (1968) wurden Tintinniden aus dem nordafrikanischen Ordovic, durch Hermes (1966) aus dem Ludlow, durch Teichert (1965), Cuvillier u. Sacal (1963) und Murray u. Taylor (1965) aus dem Devon, durch Cuvillier u. Barreyre (1964) aus dem Visé und verschiedentlich auch aus der alpinen Trias (Borza, 1971) beschrieben. Es handelt sich um auffallend großwüchsige Formen, deren systematische Stellung unklar ist. Zu den Tintinniden i.w.S. gehören die aus der mittleren bis oberen Kreide bekannten Formen (Eichler, 1965). Nicht zu den Tintinniden gerechnet werden hier die „aberranten Tintinniden" (Radoičić, 1969), siehe Abschnitt 5.3.13.

Eine Übersicht über die fossil und rezent bekannten Gattungen und höheren systematischen Einheiten der Ciliaten geben Loeblich u. Tappan (1968).

Tafel 16/1–16. Calpionellen und Tintinniden aus dem Bereich Tithon/Unterkreide ▸

1. *Calpionella alpina* Lorenz. Große Form, typisch für Grenzbereich A 2/A 3. Oberes Tithon (Subzone A 2): Serres-Montclus, Frankreich.
2. *Crassicollaria intermedia* (Durand Delga). Oberes Tithon (Subzone A 2): Serres-Montclus, Frankreich
3. *Crassicollaria brevis* Remane, Oberes Tithon (Subzone A 3): Serres-Montclus, Frankreich
4. *Crassicollaria parvula* Remane. Berriasien (Zone b): Chevallon, Frankreich
5. *Calpionella alpina* Lorenz. Typische Form aus dem unteren Bereich der Zone B. Basales Berriasien (Zone B): Saint-Pontcrasse (Isere), Frankreich
6. *Calpionella elliptica* Cadisch. Berriasien (Zone C): Berrias, Frankreich
7. *Calpionellopsis simplex* (Colom). Lectotypus nach Remane. Berriasien: Mallorca
8. *Calpionellopsis simplex* (Colom) Berriasien (Subzone D 1): Berrias, Frankreich
9. *Tintinnopsella carpathica* (Murgeanu u. Filipescu). Berriasien (Zone C): Serres-Montclus, Frankreich
10. *Tintinnopsella carpathica* (Murgeanu u. Filipescu). Berriasien (Zone C): Berrias, Frankreich
11. *Calpionellopsis oblonga* (Cadisch). Berriasien (Subzone D 2): Berrias, Frankreich
12. *Lorenziella plicata* Remane. Berriasien (oberer Teil der Subzone D 2): Berrias, Frankreich
13. *Remaniella cadischiana* (Colom), kleine Form. Berriasien (Subzone D 3): Berrias, Frankreich
14. *Tintinnopsella longa* (Colom). Basales Valangin (D 3): Berrias, Frankreich
15. *Lorenziella hungarica* Knauer. Berriasien (D 3): Berrias, Frankreich
16. *Chitinoidella boneti* Doben mit organischer Wandstruktur. Zone mit *Chitinoidella*. Tithon-Geröll in Berriasien-Sedimenten: Pontaux (Drome), Frankreich

Alle Aufnahmen stellte freundlicherweise Prof. Dr. J. Remane, Univ. Neuchâtel, zur Verfügung. – Balkenlänge für alle Fig. 20 µ

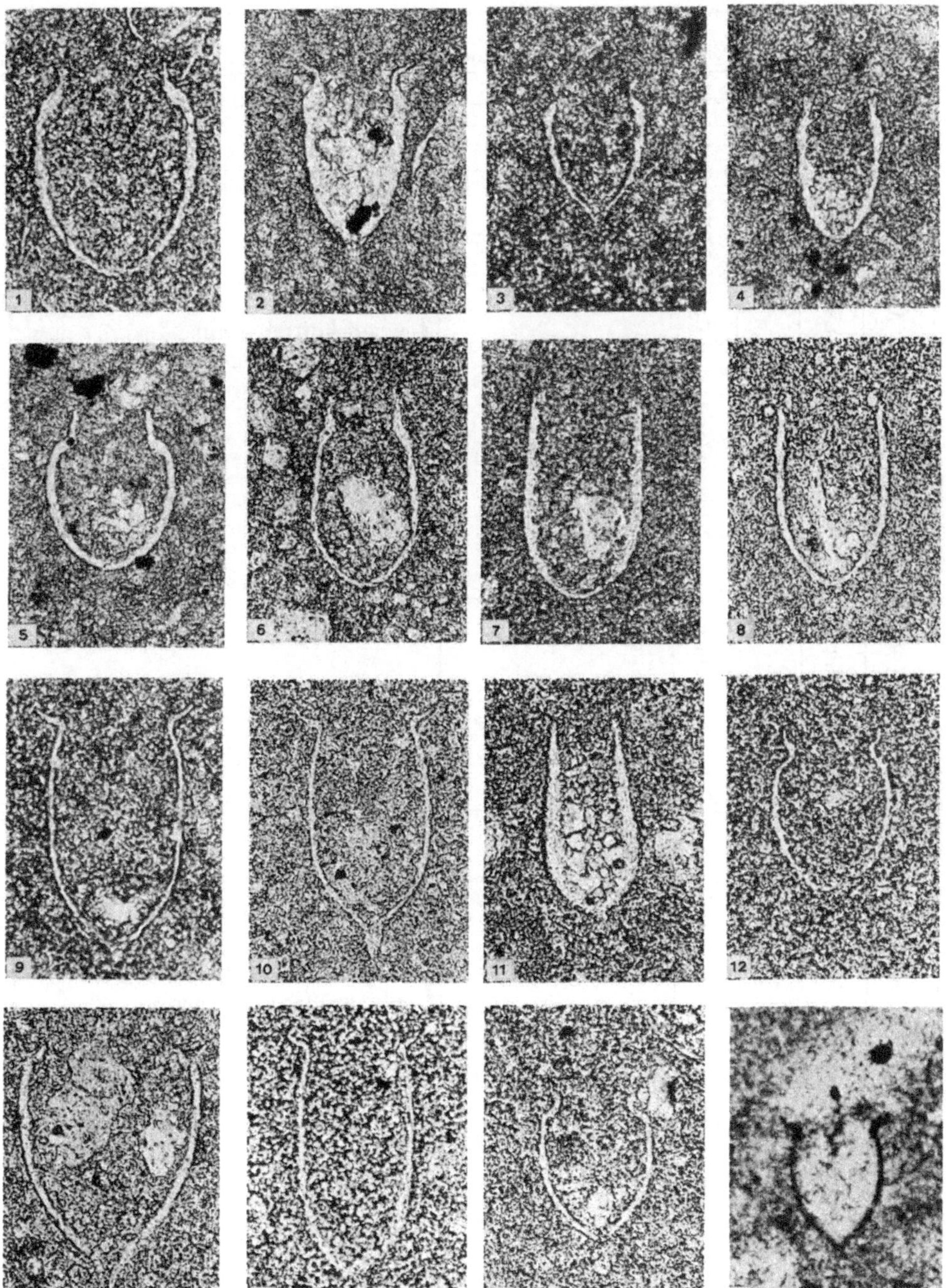
1
2
3
4
5
6
7
8
9
10
11
12
13
14
15
16

Stufe	1	2	3	Standard – Calpionellenzone	Stratigraphisches Ereignis
					letzte Calpionellidae BONET
VALANGIN	Calpionellites darderi		Calpionellites darderi	Calpionellites	
					erstes Auftreten von Calpionellites darderi
VALANGIN / BERRIAS	Calpionellopsis simplex Calpionellopsis oblonga	D	Calpionellopsis	Calpionellopsis	
					erstes Auftreten von Calpionellopsis
BERRIAS	Calpionella elliptica	C	Calpionella elliptica	Calpionella	
BERRIAS / OBER TITHON	Calpionella alpina	B	Calpionella alpina	Calpionella	
					"Explosion" von Calpionella alpina, mit Übergang zu kleineren, globularen Formen
OBER TITHON	Crassicollaria intermedia	A	Crassicollaria intermedia	Crassicollaria	
					Auftreten der Calpionellidae BONET

Abb. 42. Standard-Calpionellengliederung nach Allemann et al. (1972). *1*, Gliederung im Apennin nach Catalano u. Liguori; *2*, Gliederung in Südfrankreich nach Remane; *3*, Gliederung im alpinen Raum nach Allemann

5.3.3.1 Literaturhinweise

Allemann, F., Catalano, R., Fares, F., Remane, J. (1971): Standard calpionellid zonation (Upper Tithonian-Valanginian) of the Western Mediterranean Province. Proc. II Planktonic Conference, Roma 1970, 1337–1340, 1 Tab., Rom
Standard-Zonengliederung (wichtig).

Aubry, M.P., Bignot, G., Bismuth, H., Remane, J. (1975): Premiers résultats de l'observation au M.E.B. de la Lorica des Calpionelles et de quelques microfossiles qui leur sont associés. Rev. Micropal. **18**/3, 127–133, Taf. 1–2, Paris

Bonet, F. (1956): Zonification microfaunistica de las calizas cretacicas del este de Mexico. Bol. Asoc, mexicana de geologos petroleros **8**, 7/8, VI 3–102, 30 Taf., Mexico
Zonen-Gliederung mit Calpionellen in der Unter-Kreide von Mexico. Innerhalb der Tintinnida werden 2 Gruppen unterschieden: 1) Calpionelloidea (Gehäuse kalzitisch), 2) Tintinnidea (Gehäuse aus organischer Substanz).

Borza, K. (1969): siehe 5.5.1

Borza, K. (1971): *Praecalpionellopsis gemeriensis* n. gen., n. sp., aus der oberen Trias der Westkarpaten. Geol. Zbornik, Geol. Carpathica **22**/1, 131–135, 6 Abb., Bratislava
Hallstätter Kalke, Norische Kalke.

Colom, G. (1965): Essais sur la biologie, la distribution géographique et stratigraphique des Tintinnoidiens fossiles. Eclogae geol. Helvetiae **58**/1, 319–334, 3 Taf., 2 Abb., 4 Tab., Basel
Sehr wesentliche Arbeit, viel Literatur.

Cuvillier, J., Barreyre, M. (1964): Presence des Tintinniens dans le Viséen des Asturies. Rev. Micropaléont. **7**/1, 80–81, Paris
Ob. Vise von Asturien, kreisförmige Schnitte mit 30–40 μ Ø, U-förmige Schnitte, 30–40 μ lang, maximal 60 μ breit, Wand 10 μ dick, keine Wandstruktur. Verglichen mit Stomiosphaeren.

Cuvillier, J., Sacal, V. (1963): Présence de Tintinnoidiens dans le Devonien supérieur du Sahara septentrional. Rev. Micropal. **6**/2, 73–75, 1 Taf., 1 Abb., Paris
Famenne der Sahara, Goniatiten-Kalke, *Vautrinella lapparenti* n. gen. n. sp., 200–250 μ lang.

Doben, K. (1963): Über Calpionelliden an der Jura/Kreide-Grenze. Mitt. Bayer. Staatssammlg. Paläont. hist. Geol. **3**, 35–50, Taf. 5–6, 1 Tab., München
Ober-Tithon bis inkl. mittl. Berriasien (das untersuchte Profil ist daher umfangreicher als die von Remane aus dem Vocontischen Trog beschriebenen Profile!). Zonen-Gliederung (1–6). Beschreibung von Tintinniden mit org. Wand: *Chitinoidella* n. gen., mit *C. boneti* n. sp. aus dem ob. Mittel-Tithon. Wichtige Arbeit für stratigraphische Auswertungen!

Eichler, D.L. (1965): Cretaceous tintinnids from the western interior of the United States. Micropaleontographica **11**/4, 449–456, Taf. 1, 3 Abb., New York
Körperlich erhaltene Tintinniden aus den Schiefern einer marinen Randfazies der Alb und Cenoman. Die neuen Arten werden rezenten Tintinniden-Genera zugeordnet. *Dicloepella* n. gen. Es handelt sich um die stratigraphisch jüngsten fossilen Tintinniden.

Hermes, J.J. (1966): Tintinnids from the Silurian of the Betic Cordilleras, Spain. Rev. Micropaleont. **8**/4, 211–214, 1 Taf., Paris
Ludlow, roter brekziöser Orthoceren-Kalk. Runde bis ovale Schnitte z.T. mit Kragen, 0,19 mm lang, 0,09 mm breit.

Holzer, H.L. (1968): Stratigraphie und Lithologie der Jura-Kreide-Folge im nördlichsten Pechgraben-Steinbruch (OÖ). Mitt. naturwiss. Ver. Steiermark **98**, 47–57, 4 Abb., 1 Beil., Graz
Gliederung mit Hilfe von Calpionellen, gute Übersicht über Zonen-Gliederungen in verschiedenen Gebieten.

Loeblich, A.R., Tappan, H. (1968): Annoted index to genera, subgenera and suprageneric taxa of the ciliate order Tintinnida. J. Protozool. **15**/1, 185–192

Lorenz, T. (1902): Geologische Studien im Grenzgebiet zwischen Helvetischer und Ostalpiner Fazies. 2. Der südliche Rhätikon. Ber. naturforsch. Ges. Freiburg i.Breisgau **12**, 35–93, Freiburg
Calpionella n. gen. mit *C. alpina* n. sp. im Zement der Falknis-Brekzie (Tithon). Beschreibung der ersten Calpionellen!

Radoicić, R. (1969): Aberantna Grana Fosilnih Tintinnina (Podred Tintinnina). La Branche Aberrantes des Tintinnines Fossiles (Sous-Ordre Tintinninina). Palaeontologia Jugoslavica **9**, 5–71, 8 Taf., Zagreb

Remane, J. (1962): Zur Calpionellen-Systematik. N. Jb. Geol. Paläont. Mh. **1962**/1, 8–24, 46 Abb., Stuttgart

Remane, J. (1964a): Untersuchungen zur Systematik und Stratigraphie der Calpionellen in den Jura-Kreide-Grenzschichten des Vocontischen Troges. Palaeontographica A **123**, 1/3, 1–57, Taf. 1–6, 1 Beil., 18 Abb., Stuttgart
Wichtigste Arbeit über Calpionellen-Stratigraphie und -Bestimmungsmethodik (geometrische Variationsbreite). Zonengliederung: Zone A, *Crassicollaria* Remane (unt. Ober-Tithon), Zone B, *Calpionella* Lorenz (ob. Ober-Tithon bis unt. Berriasien), Zone C, *Tintinnopsella* Colom (ob. Berriasien).

Remane, J. (1964b): Über zwei interessante Deformationstypen bei Calpionellen-Gehäusen (Protozoa, Tintinnina?). N. Jb. Geol. Paläont. Mh. **1964**/11, 664–672, 4 Abb., Stuttgart

Remane, J. (1965): Neubearbeitung der Gattung *Calpionellopsis* Col., 1948 (Protozoa, Tintinnina?). N. Jb. Geol. Paläont. Abh. **122**/1, 27–49, Taf. 5–6, 7 Abb., Stuttgart
Neudefinition von *Calpionellopsis*. Diese Gattung charakterisiert die Zone D (etwa mittl. Berriasien).

Remane, J. (1969): Les possibilités actuelles pour une utilisation stratigraphiques des Calpionelles (Protozoa incertae sedis, Ciliata?). Proc. First Intern. Conf. Planktonic Microfoss., Geneva 1967, **2**, 559–573, 7 Abb., Leiden: Brill

Remane, J. (1974): Les Calpionelles. Cours de IIIe cycle en science de la terre, Paléontologie, Université de Genève, partie II, 58 S., 23 Abb., Genf
Übersicht über Morphologie, Systematik und stratigraphische Verbreitung der Calpionellen.

Tappan, H., Loeblich, A.R. Jr. (1968): Lorica composition of modern and fossil Tintinnida (Ciliata, Protozoa), systematics. Geologic distribution and some new Tertiary taxa. J. Paleont. **42**/6, 1378–1394, Taf. 165–174, 1 Abb., Tulsa

5.3.4 Spongien (Taf. 13. 17, 24, 31)

Grundbau: Köcher, Zylinder, Schüsseln, Krusten u.a. Größe wenige cm bis 50 cm. Hartskelett aus lose angeordneten oder zu einem Gerüst verbundenen Nadeln (Spicula) aus SiO_2, Spongin, Kalzit oder Aragonit.

Schliffbereich: Vollständige Schwämme sind durch ihren Grundbauplan charakterisiert (i.a. große zentrale Ausströmöffnung, viele kleine Einströmporen, „wurmförmige" Skelettelemente im Bereich der „Wand"). Fragmente von Kalkschwämmen können mit Hydrozoen und Korallenrandschnitten verwechselt werden. Die Spicula (Taf. 11/1, 13/1) können ein offenes Maschenwerk (aus Megaskleren – größer 3 μ und Mikroskleren – kleiner 1 μ) bilden. Isolierte Spicula besitzen verschiedene Formen (siehe Vorschläge zur Klassifikation bei A.H. Müller, 1963, Lehrbuch der Paläozoologie, II/1, Butler, 1961, J. Paleont. **35**/1, Majewske, 1969, siehe 5.5.1). Nadel-Ø 0,05– 0,1 mm. Im Querschnitt erscheinen Spicula oft kreisrund. Nicht kalzitisierte Kieselspicula besitzen einen Zentralkanal, der bei den primär aus Hoch-Mg-Kalzit bestehenden Kalzitspicula bei der Diagenese meist verloren gegangen ist. Hinweise auf die Zusammensetzung und Diagenese von Kalzitspicula finden sich bei Jones (1970).

Verbreitung: Ab dem Kambrium Großgruppen: Desmospongea, Hyalospongea und Calcispongea. Die neu entdeckte Gruppe des Sclerospongea (mit Kieselspicula im Aragonitskelett) ist fossil ab dem Perm bekannt (hinsichtlich der Stellung der Stromatoporen siehe unter 5.3.5).

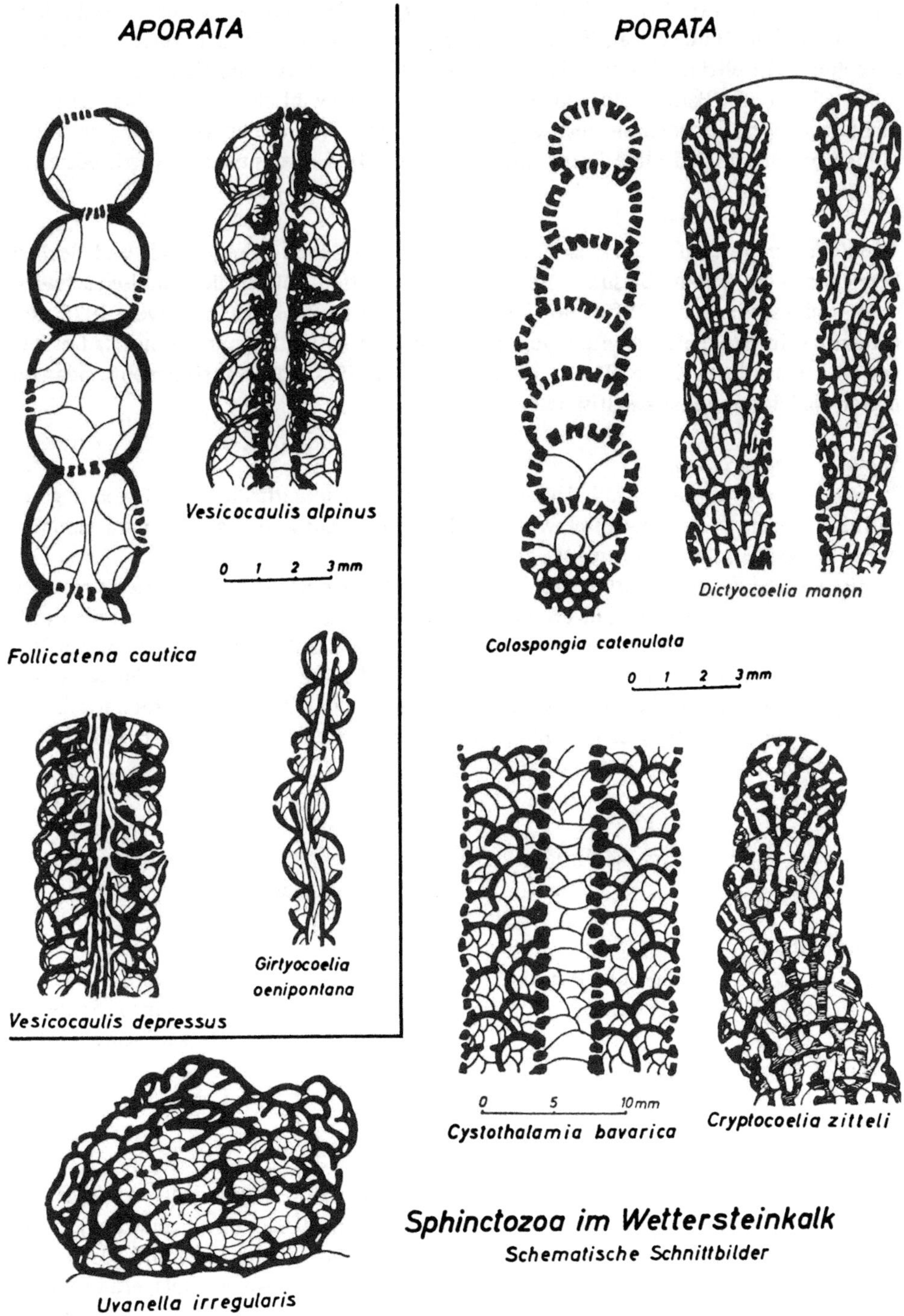

Abb. 43. Häufige segmentierte Kalkschwämme aus der Riff-Fazies des Wettersteinkalkes (Ladin, Mitteltrias) der Nordalpen. Nach Ott (1967)

Kalkschwämme (Taf. 17/1, 24/8, 31/1–3, 31/9): finden sich – z.T. als Gerüstbildner, z.T. als Sedimentfänger – in Flachwasserkalken (z.B. Riff-Fazies der Wetterstein-Kalke, nordalpine Mitteltrias, E. Ott, 1967; Oberrät-Riffe und Dachsteinkalk-Riffe der nordalpinen Ober-Trias; Perm-Riffe von Texas). Es treten sowohl einfache, zylindrische und nicht gegliederte Inozoen als auch segmentierte und z.T. mit Füllgewebe ausgezeichnete Sphinctozoen mit und ohne Poren auf (vgl. Abb. 43). Skelettsubstanz Kalzit oder Aragonit.

Kieselschwämme (Taf. 13/1): sind in etwas tieferen Schelf-, Schelfrand- und Beckenbereichen nicht selten. Beispiele für eine Schelfposition liefern die fränkisch-schwäbischen Schwamm-Algen-„Riffe" im Malm (vgl. Behr u. Behr, 1976; Meyer, 1975, und Literatur). In Beckensedimenten treten Kieselspicula häufig zusammen mit Radiolarien auf (z.B. Oberalmer Kalke, Tithon, Nordalpen). Oft sind die Gerüstfragmente oder isolierten Nadeln sekundär kalzitisiert.

Schwämme und Sediment:

a) *Sedimentfänger:* Durch Herabsetzung und Vereinheitlichung der Strömungsverhältnisse tragen Kieselschwämme wesentlich zur Entstehung von "sponge mud mounds" bei (z.B. süddeutscher und rumänischer Malm).

b) *Gerüstbildner in Riffen des Bewegtwasserbereiches:* Nichtsegmentierte und segmentierte Kalkschwämme sind (Haupt)-Riffbildner, z.T. zusammen mit Korallen (z.B. mitteltriadischer Wettersteinkalk; obertriadische Riff-Kalke der Nordalpen, siehe Taf. 31).

c) *Gesteinsbildner:* Z.B. in hemipelagischen Beckensedimenten durch Massenanhäufungen von Kieselspicula; es entstehen silikatische oder silikatisch-karbonatische bis karbonatische Gesteine. Zur Benennung dieser und anderer Schwammgesteine hat O.F. Geyer (1962) folgendes Schema vorgeschlagen:

Spongiolithe i.w.S.	Spongiolithe i.e.S.	– Spiculite (Schwammnadel-gesteine)	– Tuberolithe
	Spongiolithische Gesteine	– Spiculitische Gesteine – Gaizite Gaizitische Gesteine	– Tuberolithische Gesteine („Schwamm-fetzen"-Gesteine)

Der Begriff „Tuberoid" (Fritz, 1958) bezieht sich auf „abgerundete, knollige, lappige oder kugelige Komponenten (von Schwammkalken des süddeutschen Malm), Größe 0,2 bis 5 mm, die sich von der Grundmasse durch i.a. dunklere Färbung und durch Kombination von mikritischer und sparitischer Zusammensetzung sowie Einlagerung anderer Kompontenten unterscheiden". Die Deutung als „Zerfallsprodukte" von nicht vollständig fossilisierten Schwämmen und Schwammkrusten, die am Ort eingebettet wurden, muß überprüft werden (Algenbeteiligung möglich!). Siehe 4.1.3.2 und Taf. 13/1.

Literatur (Spongien)

a) Übersichten, Sedimentologie etc.

Fry, W.G. (ed.) (1976): The Biology of the Porifera. Symp. Zool. Soc. London **25**, 490 S., London: Academic Press

Geyer, O.F. (1962): Über Schwammgesteine (Spongiolith, Tuberolith, Spiculit und Gaizit). Hermann-Aldinger-Festschrift, 51–59, Taf. 6–8, 1 Abb., Stuttgart

Gramann, F. (1962): Schwamm-Rhaxen und Schwamm-Gesteine (Spongiolithe, Spiculite) aus dem Oxford N.W. Deutschlands. Geol. Jb. **80**, 213–220, 2 Taf., Hannover

Jones, W.C. (1970): The composition, development, form and orientation of calcareous sponge spicules. Symposia, Zool. Soc. London **25**, 91–123, London

Rigby, J.K. (1971): Sponges and Reef and Related Facies through Time. Symp. North American Paleont. Conv. **1969**, part I. 1374–1388

b) Alpine Trias

Cuif, J.P. (1973): Histologie de quelques Sphinctozoaires(Porifères) triasiques. Geobios **6**/2, 115–125, Lyon

Jablonsky, E. (1973): Segmentierte Kalkschwämme (Sphinctozoa) aus Wettersteinkalken einiger Gebirge der Westkarpaten. Acta Geol. Geogr. Univ. Comenianae, Geol. **26**, 189–202, Taf. 67–68, Bratislawa

Ott, E. (1967): Segmentierte Kalkschwämme (Sphinctozoa) aus der alpinen Mitteltrias und ihre Bedeutung als Riffbildner im Wettersteinkalk. Abh. Bay. Akad. Wiss. math.-naturw. Kl. N.F. **131**, 96 S., 10 Taf., München

Ott, E. (1974): *Phragmocoelia* n.g. (Sphinctozoa), ein segmentierter Kalkschwamm mit neuem Füllgewebetyp aus der alpinen Trias. N. Jb. Geol. Paläont. Mh. **1974**/12, 712–723, 4 Abb., Stuttgart

Zankl, H. (1969): Der Hohe Göll. Aufbau und Lebensbild eines Dachsteinkalk-Riffes in der Obertrias der nördlichen Kalkalpen. Abh. Senckenberg. Naturforsch. Ges. **519**, 114 S., 15 Taf., 74 Abb., Frankfurt a.M.

c) Süddeutsche „Schwamm-Riffe", Malm

Behr, K., Behr, H.-J. (1976): Cyanophyten aus oberjurassischen Algen-Schwamm-Riffen. Lethaia **9**, 283–292, 8 Abb., Oslo

Draganescu, A. (1976): Constructional to corpuscular sponge algal, algal and coralalgal facies in the Upper Jurassic Carbonate formation of Central Dobrogea (the Casimcea Formation). In: Patrulius, D., et al.: Carbonate Rocks and Evaporites. Guidebook. Intern. Coll. Carb. Rocks/Evapor. Romania, Guidebook Ser. **15**, 13–43, 2 Taf., 8 Abb., Bukarest

Fritz, G.K. (1958): Schwammstotzen, Tuberolithe und Schuttbreccien im Weißen Jura der Schwäbischen Alb. Arb. Geol. Paläont. Inst. TH Stuttgart **13**, 1–119, 24 Abb., 5 Taf., Stuttgart

Hiller, K. (1964): Über die Bank- und Schwammfazies des Weißen Jura der Schwäbischen Alb (Württemberg). Arb. Geol. Paläont. Inst. TH Stuttgart **40**, 1–190, 38 Abb., 26 Taf., Stuttgart

Meyer, R.K. (1975): Mikrofazielle Untersuchungen in Schwamm-Biohermen und -Biostromen des Malm Epsilon (Ober-Kimmeridge) und des obersten Malm-Delta der Frankenalb. Geol. Bl. NO-Beyern **25**/4, 149–177, 14 Abb., Erlangen

Meyer, R.K. (1977): Mikrofazies im Übergangsbereich von der Schwammfazies zur Korallen-Spongiomorphiden-Fazies im Malm (Kimmeridge-Tithon) von Regensburg bis Kelheim. Geol. Jb. A **37**, 33–69, 5 Taf., 1 Abb., 2 Tab., Hannover

Nitzopoulos, G. (1973): Faunistisch-ökologische, stratigraphische und sedimentologische Untersuchungen am Schwammstotzen vom Spielberg am Hahnenkamm (Ob. Oxfordien, Südliche Frankenalb). Diss. FB 16 TH Berlin, 131 S., 11 Taf., 18 Abb., Berlin (Fotodruck)

Roll. A. (1934): Form, Bau und Entstehung der Schwammstotzen im süddeutschen Malm. Z. Paläont. **16**, 197–246, Berlin

Wagenplast, P. (1972): Ökologische Untersuchungen der Fauna aus der Bank- und Schwammfazies des Weißen Jura der schwäbischen Alb. Arb. Geol. Paläont. Inst. TU Stuttgart **67**, 1–99, 10 Abb., 18 Taf., Stuttgart

5.3.5 Stromatoporen und Hydrozoen (Taf. 17, 28, 29)

Grundbau: Coenosteum aus „Horizontalelementen" (Lamellen, Laminae, Dissepimente) und aus „Vertikalelementen" (Pfeiler u.a.). Zusätzlich treten Astrorhizen-Systeme (Kanalsysteme, sternförmig angeordnete Kanäle) und andere im Coenosteum eingebettete Röhren auf.

Schliffbereich: Paläozoische und mesozoische „Stromatoporen" zeigen häufig eine charakteristische „Netz-Struktur" (∅ der Maschen 0,10–0,20 mm), deutliche Wachstumslagen (Latilaminae) und verschieden ausgebildete tabulierte Röhren. Die Mikrostruktur der Laminae und Pfeiler ist durch einen unterschiedlichen Feinbau der Skelettelemente und durch unterschiedliche Diagenesestadien bedingt.

Bemerkungen zur Systematik: Die Zuordnung einiger bisher zu den Hydrozoen gestellter Fossilgruppen ist heute umstritten:

a) *Stromatoporoidea* (Taf. 17/2, 17/3, 29/5): Diese im Altpaläozoikum sehr bedeutende Gruppe wird von einigen Autoren mit der rezent und fossil bekannten Gruppe der Sclerospongien in Verbindung gebracht und (z.B. Stearn, 1975) zu den Schwämmen gestellt. Kazmierczak (1976) sieht eine Zuordnungsmöglichkeit zu Cyanophyceen.

b) *Spongiomorphidea* (Taf. 28/1): Diese aus dem Mesozoikum bekannte Gruppe wurde ursprünglich zu den Hexakorallen gerechnet, dann zu den Hydrozoen gestellt und heute von einigen Autoren (z.B. Turnšek, 1968) als eigenständige, mit Korallen verwandte Gruppe der Cnidaria angesehen.

Tafel 17/1–6. Kalkschwämme, Stromatoporen, Coelenteraten und Bryozoen ▶

1. Kalkschwamm-Längsschnitt (*Cystothalamia* sp.) mit blasigen Kammern und perforaten Wänden sowie mit Vesiculae. Hohlraumfüllungen mit mehreren Zementgenerationen und im Zentrum der Hohlräume mit vadosem Silt (Hinweis auf Diagenese im marinen und im vadosen Bereich). Mittelperm: Pietra di Salomone, Sosio-Tal, Sizilien. Balkenlänge 5 mm

2. Stromatoporen: *Amphipora rudis* Lecompte. Quer- und Längsschnitte durch zylindrische Formen; charakteristische Netzstruktur. Mitteldevon (Schwelmer Kalk, Givet): Steinbruch Steltenberg bei Hohenlimburg, Sauerland. Balkenlänge 2 mm

3. Stromatoporen: *Clathrocoilona spissa* (Lecompte) umwächst rugose Korallen (*Acanthophyllum* sp.). Mitteldevon (Schwelmer Kalk, Givet): Steinbruch E Letmathe, Sauerland. Balkenlänge 5 mm

4. Bryozoen: Charakteristisch sind verschieden große Röhrenschnitte innerhalb eines Stockfragmentes sowie nach oben und außen divergierende Zellröhren (im Bild unten). Malm: Südlicher Apennin. Balkenlänge 1 mm

5. Hydrozoen: Längsschnitt durch eine verzweigte Kolonie von *Ellipsactinia caprense* Steinmann. Rechts im Bild Schnitt durch *Actinostromaria* sp. Oberjura (Plassenkalk, Tithon): Röthelstein, Steirisches Salzkammergut. Balkenlänge 5 mm. Mat. D. Wurm

6. „Chaetetiden" bzw. „Tabulozoen" (siehe Abschnitt 5.3.5): Längsschnitt durch *Ptychochaetetes globosus* Koechlin. Oberjura (Plassenkalk): Krahstein bei Bad Mitterndorf, Steirisches Salzkammergut. Balkenlänge 5 mm. Mat. T. Steiger

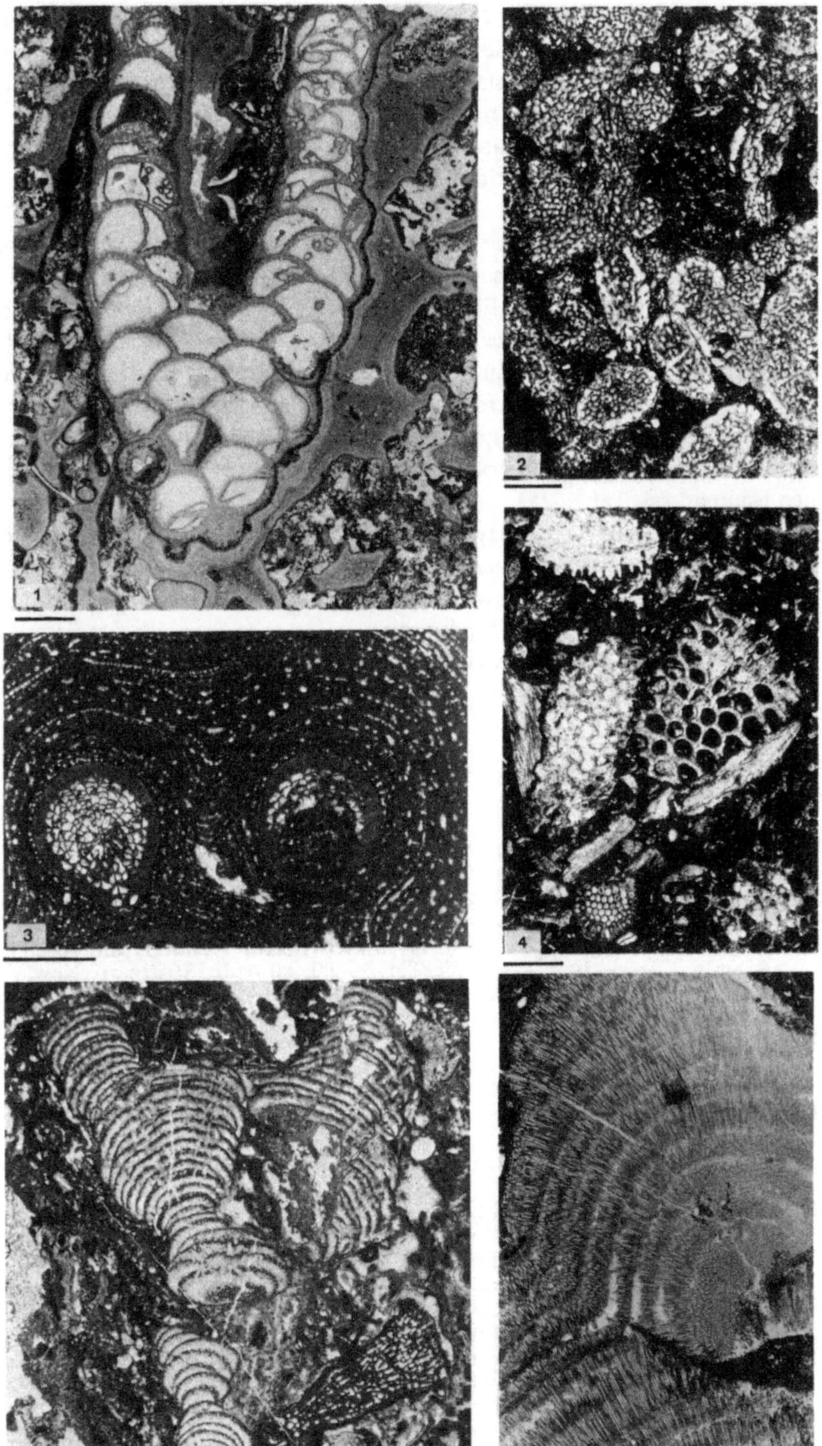
1
2
3
4
5
6

c) *„Tabulozoen" und „Chaetetiden"* (Taf. 17/6): Als Tabulozoen wurden durch Kühn (1943) koloniebildende Organismen bezeichnet, die durch engstehende, meist tabulierte Röhren charakterisiert sind. Dieser Bau entspricht z.T. dem der zu den tabulaten Korallen gerechneten Chaetetiden. Verschiedene Autoren betrachten die in mesozoischen Flachwasserkarbonaten nicht seltenen „Chaetetiden" als Hydrozoen, andere Autoren sehen in den Chaetetiden Schwämme.

Verbreitung: Im Schliffbereich wichtig sind die Gruppen der *Spongiomorphiden* (Mittel-Trias bis Unter-Kreide, insbesondere in der obertriadischen Riff-Fazies und in der oberjurassisch-unterkretazischen Flachwasserfazies); *Stromatoporen* (Ordovic bis tiefstes Unter-Karbon und Mittel-Trias bis Ober-Kreide) insbesondere als Gerüstbildner in altpaläozoischen „Riffen" (z.B. Silur-Riffe der Insel Gotland, Devon-Riffe im Rheinischen Schiefergebirge und in den Ardennen) sowie in oberjurassischen Schelfkarbonaten (z.B. Plassen-Kalke, alpiner Malm); *„Ellipsactinien"* (auffallend große, regelmäßig gebaute Kolonien; gesteinsbildend im oberen Jura und in der unteren Kreide des alpin-mediterranen Raumes, vgl. Taf. 17/5).

Die Bedeutung fossiler Hydrozoen für Faziesanalysen liegt in der Möglichkeit der Auswertung von Wuchsformen als Hinweise auf unterschiedliche hydrodynamische Bereiche bzw. Wassertiefen sowie als Kriterien für Teilbereiche von altpaläozoischen und mesozoischen Riff- und Schelfbildungen.

Ein Überblick über den Kenntnisstand und die bei der Untersuchung fossiler Hydrozoen auftretenden Probleme findet sich bei E. Flügel (1975).

Literatur (Hydrozoen)

Abbott, B.M. (1973): Terminology of stromatoporoid shapes. J. Paleont. **47**/4, 805–806, 1 Tab, Lawrence

Embry, A.F., Klovan, J.E. (1972): Absolute water depth limits of late Devonian Palecological zones. Geol. Rdsch. **61**/2, 672–686, 10 Abb., Stuttgart

Fenninger, A., Flajs, G. (1974): Zur Mikrostruktur rezenter und fossiler Hydrozoen. Biomin. Forsch. Ber. **7**, 69–99, Taf. 1–10, 10 Abb., Stuttgart–New York

Flügel, E. (1975): Fossile Hydrozoen – Kenntnisstand und Probleme. Paläont. Z. **49**/4, 369–406, 13 Abb., 3 Tab., Stuttgart

Hartmann, W.D., Goreau, T.F. (1972): *Ceratoporella* (Porifera: Sclerospongiae) and the chaetetid "corals". Transact. Connecticut Acad. Arts Sci. **44**, 131–148, 26 Abb., New Haven

Kazmierczak, J. (1976): Cyanophycean nature of stromatoporoids. Nature (London) **264**, No. 5581, 49–51, 2 Abb., London

Kühn, O. (1943): Zur Kenntnis des Rhät von Vorarlberg. Mitt. alpenländ. geol. Ver. Wien **33**, 111–157, 2 Taf., 6 Abb., Wien

Milan, A. (1969): Faziesverhältnisse und Hydrozoenfauna des Malm im Küstenland des Nördlichen Velebit und Velika Kapela. Geol. Vjesnik **22**, 11/16, 135–217, 8 Abb., 2 Tab., 1 geol. Karte, 22 Taf., Zagreb

Stearn, C.W. (1972): The relationship of the stromatoporoids to the sclerosponges. Lethaia **5**, 369–388, 9 Abb., Oslo

Stearn, C.W. (1975): The stromatoporoid animal. Lethaia **8**, 89–100, Oslo

Turnsek, D. (1968): Some hydrozoans and corals from Jurassic and Cretaceous stratas of Southwestern Jugoslavia. Slovenska Akad. Znanosti Umetnosti, Cl. IV, **11**/9, 351–376, 9 Taf., Ljubljana

Wendt, J. (1975): Aragonitische Stromatoporen aus der alpinen Obertrias. N. Jb. geol. paläont. Abh. **150**/1, 111–125, 8 Abb., 1 Tab., Stuttgart

5.3.6 Korallen (Taf. 9, 17, 24, 28, 31)

Grundbau: Einzel- und Stockkorallen, exothekales Skelett mit Außenwand, Septen, Dissepimenten, Böden und Zentralstrukturen. Bei Octocorallen (Alcyonaria), ab Perm, isolierte Kalzit-Skleren, 0,1–10 mm lang.

Mikrostrukturen: Bei rezenten Hexakorallen (= Scleractinia, bekannt ab Mittel-Trias) besteht das Exoskelett aus Aragonit; von Verkalkungszentren ausstrahlende Sclerodermite bilden eine sphaerolithische Primärstruktur. In Schliffen fossiler *Hexakorallen* und *rugoser Korallen* (= Tetrakorallen, Ordovic bis Perm, Taf. 29/5) zeigen die Septen häufig eine im Durchlicht dunkel erscheinende „Mittelzone", zu welcher Kalzitkristalle „federartig" angeordnet sind. Einen Überblick über die Interpretationsmöglichkeiten der bei den Rugosa bekannten Feinstrukturen gibt H.W. Flügel (1975). – Längs- und Schrägschliffe von Korallen ergeben häufig eine „Netzstruktur" [aus Septen mit dornenförmigen seitlichen Fortsätzen (= Ornamenten) und Dissepimenten]. Verwechslungsmöglichkeiten bestehen mit Hydrozoen (insbesondere Spongiomorphiden), Kalkschwämmen und u.U. Prismenstrukturen bei Muscheln (z.B. Rudisten)!

Im Gegensatz zu den Scleractinia, Rugosa und zu den Bödenkorallen (= Tabulata, Ordovic bis Perm bzw. Eozän, Taf. 29/5) sind die Hartteile der Octocorallia (ab Kreide) als isoliert im Weichkörper eingebettete Sklerite (Spicula) entwickelt. Gestalt: gerade, schwach gebogen, gekreuzt, selten glatt, meist mit verschiedenartigen dornenförmigen Elementen. Größe: bei den Stolonifera (Gattung *Tubifera*) Ø 0,1–1,0 μ, bei Alcyonaria und Gorgonia Ø bis 100 μ, Länge bis 300 μ. In Schliffen sehr selten.

Schliffbereich: Korallen sind i.a. nur in orientierten Schliffen (Quer- und Längsschliffe) genau bestimmbar. In Mikrofazies-Schliffen ist häufig – z.T. bedingt durch die in Riffkalken starke Diagenese und Umkristallisation – nur eine Typisierung nach Gattungsgruppen möglich (z.B.: „Thamnoporen" in devonischen Kalken; „Thecosmilien" in mesozoischen Riffkalken; vgl. Taf. 31/5).

Verbreitung: Hermatypische Korallen gehören zu den wichtigsten Riff- und Rasenbildnern. Rugose und tabulate Korallen bauen die mittel- und tiefoberdevonischen „Riffe" im Rheinischen Schiefergebirge (Eifel, Sauerland), Hexakorallen z.B. die Oberrät-Riffe in den Nördlichen Kalkalpen oder die Malm-zeta-Riffe in der Südlichen Frankenalb auf. Ab dem Mesozoikum treten auch ahermatypische Tiefwasser-Korallen auf (vgl. Teichert, 1958), die in der Straße von Florida in Tiefen von 500–700 m Schlammhügelstrukturen mit Korallengerüsten bilden (Scoffin, 1978, Carbonate Symposium Liverpool).

Literatur (Korallen)

Flügel, H.W. (1975): Skelettentwicklung, Ontogenie und Funktionsmorphologie rugoser Korallen. Paläont. Z. **49**/4, 407–431, 10 Abb., Stuttgart

Teichert, C. (1958): Cold- and deep-water coral banks. Bull. Amer. Ass. Petrol. Geol. **42**/5, 1064–1082, 3 Abb., Tulsa

5.3.7 Bryozoen (Taf. 17, 20, 28, 31)

Grundbau: Inkrustierende, verzweigte oder fenestrale Kolonien aus morphologisch differenzierten Röhren. Wände als dünne, kaum verkalkte Membranen bzw. aus Chitin oder aus $CaCO_3$ – meist Kalzit, bei Cheilostomata auch Aragonit. Verschieden breite, ebene, gewölbte, unterbrochene Röhren, Ø i.a. kleiner 0,5 mm, mit (sehr) kleinen Acanthoporen mit Parabel-Strukturen; größere Mesoporen ohne oder mit Querböden, noch größere Autoporen. Nach Gestalt der Röhren (Zooecien) können *zwei Gruppen* unterschieden werden (Boardman u. Cheetham, 1969):

a) Lange, untereinander parallele Röhren:
rezent bei Cyclostomata (ab Ordovic),
fossil bei Cryptostomata (Ordovic-Perm), Trepostomata (Ordovic-Trias), Cystoporata (Ordovic-Perm).

b) kurze, schachtelförmige Röhren:
rezent bei Cheilostomata (ab Kreide),
fossil bei Fenestrellida (Karbon-Perm), zu Cryptostomata gehörend.

Mikrostruktur: Bei allen größeren Bryozoengruppen treten im Schliffbereich u.a. laminierte, granulare und fibröse Mikrostrukturen auf; im submikroskopischen Bereich sind meistens sieben Feinbau-Typen unterscheidbar (Sandberg, 1970).

Verwechslungsmöglichkeiten: Bryozoen der Gruppe A können mit tabulaten Korallen, Hydrozoen bzw. „Chaetetiden" und Rotalgen verwechselt werden. Die Ø der Korallenkelche sind i.a. größer (5–10 mm), die von Rotalgen i.a. beträchtlich kleiner als die Ø der Bryozoen. Viele Bryozoen sind durch im Zentrum parallel, an der Peripherie nach oben und außen divergierend angeordnete Röhren oder durch verschieden breite, polymorphe Röhren (z.B. bei Trepostomata: Auto-, Meso- und Acanthoporen) charakterisiert, vgl. Taf. 31/7.

Verbreitung: ab Ordovic, überwiegend marin. Häufig in Schelfkarbonaten, z.T. auch riffbildend als Sedimentfänger und Gerüstbildner (i.a. "mud-mounds"-Kohlenkalkfazies im Unterkarbon), Zechstein-Bryozoen-Riffe. Oberkretazische Schelfsedimente. Die Bedeutung von Bryozoen in rezenten Riffen (hauptsächlich Inkrustationen auf der Unterseite von Korallenstöcken und auf Felsabbrüchen, seltener Höhlenbewohner; Bioklasten) hat Cuffey (1972) untersucht.

Literatur (Bryozoen)

Boardman, R.S., Cheetham, A.H. (1969): Skeletal growth, intracolony variation, and evolution in Bryozoa. J. Paleont. **43,** 205–233, Taf. 27–30, 8 Abb., Tulsa

Cuffey, R.J. (1972): The roles of bryozoans in modern coral reefs. Geol. Rdsch. **61**/2, 542–550, 1 Abb., Stuttgart

Taverner-Smith, R., Williams, F.R.S. (1971): The secretion and structure of the skeleton of living and fossil Bryozoa. Phil. Trans. Roy. Soc. London **264,** No. 859, 97–159, London

5.3.8 **Schalen von Brachiopoden** (Taf. 13, 18, 19), **Mollusken** (Taf. 9, 12, 18, 19, 28, 33) **und Serpuliden** (Taf. 13, 19, 28)

Die bei Schalen im Schliffbereich erkennbaren Strukturen und Mikrostrukturen gestatten z.T. eine *gruppenspezifische Unterscheidung von Bioklasten.*

Als *Unterscheidungsmerkmale* können verwendet werden (Majewske, 1969; Horrowitz u. Potter, 1971; siehe 5.5.1):

a) die *ursprüngliche Schalen-Mineralogie* (aragonitische Schalen sind i.a. stärker umgewandelt und rekristallisiert als primär kalzitische Schalen). Hinweise auf unterschiedliche Lösungsstadien finden sich bei Catalov (1971).

b) Der *Schalen-Lagenbau,* zur Trennung von höheren systematischen Einheiten brauchbar – bei Brachiopoden und Muscheln sowie bei Serpuliden.

c) Die *Mikrostrukturen*, z.B. bei Brachiopoden und Serpuliden; auch bei Arthropoden (bei dieser Gruppe treten Mikrostrukturen auf, die bei Mollusken nicht oder nur untergeordnet vertreten sind).

d) *Poren in der Schale* (Lage der Poren, Beispiel Brachiopoden; Größe der Poren, Beispiele bei Trilobiten und Ostrakoden, siehe Tabelle 29).

In Tabelle 28 sind die von Boggild (1930) bei Mollusken unterschiedenen Grundtypen der Schalenfeinstrukturen zusammengestellt. Die rasterelektronenmikroskopische Untersuchung der Feinstrukturen (zahlreiche wichtige Arbeiten in der Zeitschrift „Biomineralisation"!) hat gezeigt, daß diese Typen beträchtlich zu differenzieren sind. Tabelle 27 gibt einen Überblick über die im Schliff erkennbaren Unterscheidungsmerkmale von Brachiopoden, Muscheln, Gastropoden, Cephalopoden und Serpuliden. Tabelle 29 zeigt die Merkmale bei Trilobiten- und Ostrakoden-Schalen.

Können Muschel- und Brachiopodenschalen im Schliff nicht unterschieden werden, so kann die Bezeichnung „Zweischaler" Verwendung finden.

Literatur (Schalen)

Bachmann, G.H. (1973): Die karbonatischen Bestandteile des oberen Muschelkalkes (Mittlere Trias) in Südwestdeutschland und ihre Diagenese. Arb. Inst. Geol. Paläont. Univ. Stuttgart, N.F. **68**, 1–99, 67 Abb., Stuttgart

Bathurst, R.G.C. (1964): The replacement of aragonite by calcite in the molluscan shell wall. In: Imbrie, J., Newell, N. (eds.): Approaches to Paleoecology, 357–376, New York: Wiley

Boggild, O.G. (1930): The shell structure of the molluscs. Kgl. Danske Vitenskab. Selskab. Mat. Fys. Medd. **9**, 231–325, Copenhagen

Brönnimann, P., Zaninetti, L. (1972): On the occurrence of the Serpulid *Spirorbis* Dandin, 1800 (Annelida, Polychatia, Sedentaria) in thin sections of Triassic rocks of Europe and Iran. Riv. Ital. Paleont. Strat. **78**/1, 67–84, Taf. 10–12, Milano

Catalov, G. (1971): Certain diagenetic processes in the progress of lithification of the Triassic limy sediments in the Teteven Anticlinorium. Bull. Geol. Inst. Ser. Strat. Lithol. **20**, 157–176, 3 Taf., 2 Abb., Sofia

Strausz, L. (1959): Über Gastropoden-Gehäuseschnitte. Acta Geol. **6**/1–2, 209–229, 3 Taf., 22 Abb., Budapest

Wilbur (1964): Shell structure and mineralization in molluscs. Calcification in biological systems. Amer. Ass. Adv. Sci. Publ. **64**, 15–40

Williams, A. (1968): Evolution of the shell structure of articulate Brachiopods. Paleont. Assoc. Spec. Papers Paleont. **2**, 55 S., London

Tafel 18/1–8. Schalen von Brachiopoden und Mollusken ▶

1. Brachiopode mit Medianseptum. Die Schale zeigt die für punctate Articulata charakteristischen, sehr feinen Porenmuster. Sowohl auf der Außenfläche der Schale als auch im von den Klappen begrenzten Hohlraum sind Karbonatzemente gewachsen, wobei die „Sparithaube" das sedimentäre Oben (im Bild links) angibt. Das Schaleninnere wirkte als lokaler Stillwasserbereich (ablesbar aus der gleichartigen Orientierung der Schälchen). Außer Brachiopodenresten sind Echinodermen mit kennzeichnender Netzstruktur zu sehen. Lias-Spaltenfüllung: Steinbruch Maurach, Tirol. Balkenlänge 2 mm

2. Gastropoden-Querschnitt mit Spindel („großer Kreisschnitt, einseitig eingedellt, mit einem gegen das Zentrum hin verdickten Element" – siehe Bestimmungsschlüssel, 5.2). Schale neomorph verändert (ursprüngliche Schalensubstanz gelöst und durch Kalzit ersetzt), im Gehäuseinneren polare mechanische Anlagerung von Peloiden (das sedimentäre Oben entspricht dem Bildunten!). Links im Bild ein sehr kleiner Spindel-Schrägschnitt. Die Schneckenreste sind in ein aus sehr unregelmäßig geformten Maschen bestehendes Gewebe eingelagert (*Bacinella* Radoicic). Obertrias (gebankte Dachsteinkalke): Kehlsteinstraße, Bayern. Balkenlänge 2 mm

3. Punctate Brachiopoden-Schalen, Randschnitt. Lias-Spaltenfüllung: Maurach, Tirol. Balkenlänge 2 mm

4. Gastropoden und Muschelschalen. Die Schnecken (*Halopella* sp.) besitzen Schalen aus einer organisch imprägnierten lamellaren Außenlage und aus einer dickeren prismatischen Innenlage. In der Bildmitte im Schneckengehäuse Ostrakoden. In der mikrosparitischen Matrix ist stellenweise ein grobes Dolomitmosaik erkennbar. Untere Trias (Werfener Kalk, Skyth): Kühweger Törl, Naßfeldgebiet, Karnische Alpen. Balkenlänge 1 mm

5. Mikritischer Brachiopoden-Kalk. Die Brachiopoden zeigen als „fossile Wasserwaagen" Mikrostruktur. Kennzeichnend ist eine aus rechteckigen oder rhombischen Maschen be-Tirol. Balkenlänge 2 mm

6. „Filamente" (wahrscheinlich Prodissoconche von planktonischen Muscheln) und Radiolarien. Mitteltrias (Reiflinger Kalk): Zauchenbachtal, Steirisches Salzkammergut. Balkenlänge 2 mm

7. Muschelschalen. Rudisten-Wandbruchstücke mit charakteristischer prismatischer Mikrostruktur. Kennzeichnend ist eine aus rechteckigen oder rhombischen Maschen bestehende Struktur. Allochthone, aus Kreidesedimenten stammende Komponente im Alttertiär (Eozän): Hallthurm bei Reichenhall, Bayern. Balkenlänge 2 mm

8. Muschelschalen. Prismenstrukturen in der Schale von Inoceramen, oben links parallel zur Schalenoberfläche geschnitten. Die Schale ist durch Muscheln angebohrt und mit Peloiden gefüllt. An der Basis des linken größeren Bohrloches sind Serpuliden zu erkennen. Oberjura (Kimmeridge): Steinbruch Rothengst, Osterwald, Niedersachsen. Balkenlänge 2 mm

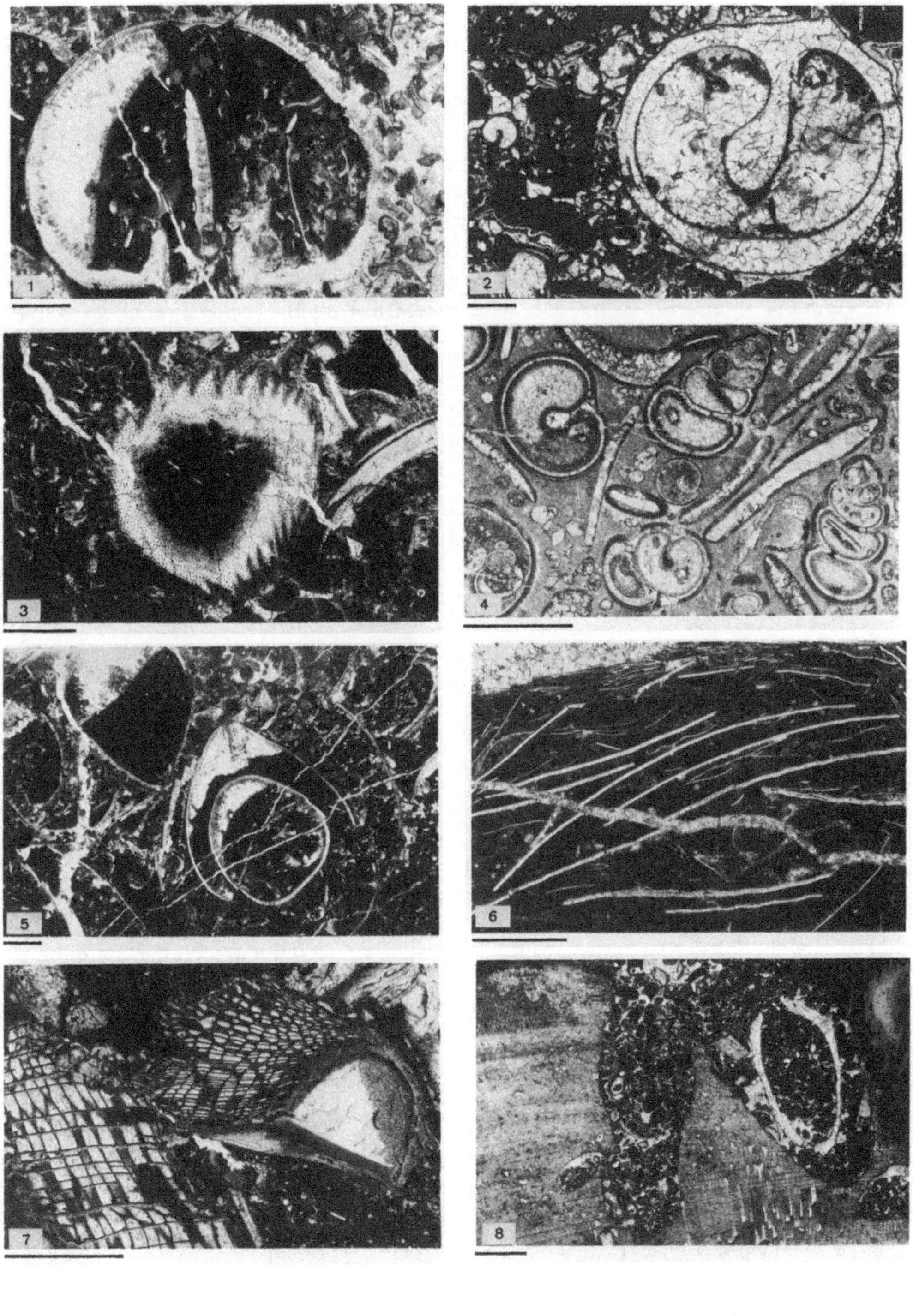
1
2
3
4
5
6
7
8

Tabelle 27. Schalenstrukturen bei Brachiopoden, Mollusken und Serpuliden

	Brachiopoden ab Kambrium nur marin Taf. 13/2, 18/1, 18/3, 18/5, 29/5	Muscheln ab Ordovic Taf. 12/1, 18/4, 18/7, 18/8, 28/1	Schnecken ab Kambrium Taf. 9, 18/2, 18/4, 33/2	Nautiloideen ab Ordovic	Ammonoideen Unter-Devon bis Kreide Taf. 12/1, 12/2, 19/1	Belemniten Unter-Karbon bis Eozän Taf. 19/2	Serpuliden ab Ordovic Taf. 13/1, 18/8, 19/4, 19/5, 28/1
Hartteile	2 ungleiche Klappen, Innenelemente (Armgerüst); Spicula	2 Klappen, randlich verbunden; Schliffbild abhängig von Gestalt, Orientierung u. Ornamentation	Gedrehte Schale, z.T. Deckel	Gerade oder eingerollte Schale, gekammert	Eingerollte Schale, gekammert	Gerade, 3-teilig	Gewinkelte, eingedrehte Schale, gewunden, keine Querböden, bevorzugt auf hartem Substrat o. auf Wasserpflanzen, z.B. Bioherme
Größe	Meist maximal 10 cm, selten	Meist 1–15 cm, maximal 2 m	mm- bis cm-Bereich	meist >10 cm	meist im cm-Bereich	cm-Bereich	Ø 1 mm 0,2–10 mm
Schalen-Mineralogie	Inarticulata: Chitin-Phosphat mit Kalk-Einlagerung, selten nur $CaCO_3$; Articulata: Kalzit	Außen Periostracum aus organ. Conchiolin, darunter Ostracum aus Kalzit, innen Hypostracum aus Aragonit	Außen Conchiolin, darunter: bei Prosobranchia außen Kalzit, innen Aragonit; bei Opisthobranchia u. Pulmonata außen u. innen Aragonit; Deckel Conchiolin	Außenschale aus Kalzit o. Kalzit + Aragonit o. nur Aragonit; Kammereinlagerungen aus Kalzit oder Aragonit	Außenschale meist aus Aragonit; Aptychen aus Kalzit, Anaptychen aus Conchiolin	Rostrum aus radialgestellten Kalzitprismen; Proostracum: Conchiolin; Phragmokon: Aragonit oder organisch	Kalzit, auch Aragonit
Lagenbau der Schale	Meist 2 Lagen: a) primäre, sehr dünne feingranulare *Außenlage* (meist nicht erhalten); b) dickere *Innenlage* aus mehreren mikrostrukt. Einheiten	Im karbonatischen Bereich 2–3 Lagen. Bei Anisomyaria: äußere prismatische oder blättrige Kalzitlage, innere aragonitische Perlmuttschicht (bei Austern nur verschieden orientierte Kalzitblätter). Bei Homomyaria: aragonitische, komplex gebaute Innen- u. Außenschicht aus Kreuzlamellen	Im karbonatischen Bereich 1–5 Lagen mit versch. min. Zusammensetzung u. Mikrostrukturen; meist 2–3 Lagen	Bis 3 Lagen; außen u. innen prismatisch, Mittellage Perlmutt	3 Lagen, ähnlich wie bei Nautiloideen	fehlt	2 Lagen; außen cone-in-cone-Struktur, innen konzentrische Struktur

Poren in der Schale	a) Punctat (bzw. endopunctat) = Poren in Innenlage, z.B. Terebratula. b) impunctat = kleine Poren, z.B. *Rhynchonella*. c) pseudopunctat = deutliche Balken in innerster Schalenschicht	fehlen	fehlen	fehlen	fehlen	fehlen	fehlen
Mikrostrukturen	Innenlage besteht aus äußerer Faser- o. Lamellenstruktur und innerer Prismenstruktur	Am häufigsten *foliat* (typisch bei Monomyaria z.B. Ostreiden, Pectiniden, Limiden); *prismatisch*; homogen; seltener: gekreuzt-lamellar; granular	a) in *Kalzit*-Lagen: normal-prismatisch; foliat (selten, Bellerophon); gekreuzt-lamellar (selten) unregelmäßig körnig (selten). b) in *aragonitischen* Lagen: sehr verbreitet gekreuzt-lamellar; selten prismatisch; homogen; bei 7 Familien Perlmutt	Außenteile foliat Perlmutt; Innenteile meist homogen bzw. prismatisch	ähnlich wie bei Nautiloideen	Rostrum: Prismen senkrecht zur Wand	Außen Parabelstruktur, innen dünnere konzentrische Struktur
Gruppierungsmöglichkeiten nach Mikrostrukturen	Bei Articulata: 1. primäre poröse Lage Kalzit-XX, Innenlage fibrös; 2. primär porös, Innenlage fibrös, innerste Lage prismatisch; 3. Kreuzblatt-Struktur	1. perlmutt-prismatisch (Außenlage prismatisch, Innenlage Perlmutt); 2. blättrig (mit 1 oder mehreren Lagen); 3. gekreuzt-lamellar; (Außenlage gekreuzt-lamellar; Innenlage komplex-lamellar). Ausnahmen: Inoceramen; Rudisten	–	–	–	–	–
Diagnostische Merkmale	Bei Punctata u. Impunctata Mikrostruktur in innerer Lage mit rechteckigen o. rhombischen Prismen; bei Pseudopunctata zusätzlich zur Lamellenstruktur Punctae	Nach Gestalt des Fragmentes, Schalen-Lagenbau u. Mikrostruktur Unterscheidung von höheren systemat. Einheiten (z.T. Familien) möglich – siehe Bestimmungsschlüssel bei Majewske (1969)!	Mehrere Lagen aus verschiedenen mikrostrukturellen Elementen	Da primär viel Aragonit, oft stark rekristallisiert		Rostrum: Wechsel von Kalzit und Fe-reichen Abschnitten	Von Gastropoden durch äußere Mikrostruktur (bei Schnecken meist radial-prismatisch) unterschieden

Tabelle 28: Hauptstrukturen der Molluskenschalen, zusammengestellt nach Bøggild (1930) u.a.

A. Homogen: Schale erscheint als gebogener Einkristall

1. Aragonit – nur bei Mollusken, optische Achsen senkrecht zur Schalenoberfläche.
2. Kalzit – bei Foraminiferen und Serpuliden.

B. Prismatisch: Überwiegend Kalzit. Schmale, polygonale Prismen, meist senkrecht, seltener parallel zur Schalenoberfläche. Beispiele: Lamellibranchiaten (z.B. *Inoceramus*, vgl. Taf. 18/8), punctate und impunctate Brachiopoden.

C. Blättrig: Dünne, parallele Platten aus

1. Aragonit (Perlmuttschicht) nur bei Mollusken; um 1 μ dicke Platten, die durch organische Filme getrennt werden. Beispiele: *Haliotis, Pinna;* Cephalopoden.
2. Kalzit (seltener) + dickere Blätter, mit wechselnder Neigung gegen die Schalenoberfläche, „Schrägschichtung".

D. Gekreuzt-lamellar: Ähnlich Muskelfasern mit alternierend gleicher Auslöschung. – Beispiele: nur Muscheln und Schnecken, sehr verbreitet; z.B. *Arca, Cardium, Ostrea; Murex, Strombus.*

1. Aragonitlamellen senkrecht oder schräg zur Schalenoberfläche angeordnet, in Muscheln konzentrisch um die Schloßregion angeordnet, bei Schnecken drei Lagen mit unterschiedlicher Orientierung.
2. Kalzit – seltener.

E. Komplex gekreuzt-lamellar (Fischgrätenmuster): Komplex aufgebaute Lagen wechseln mit sehr dünnen prismatischen Lagen, so daß in allen Schnitten senkrecht zur Schalenoberfläche ein charakteristisches Fischgrätenmuster entsteht. Nur bei Mollusken.

Tafel 19/1–8. Mollusken, Serpuliden und Arthropoden ▶

1. Ammoniten und sehr dünne Filamente in mikritischer Matrix. Obertrias (Hallstätter Kalk, Nor): Hallstatt, Oberösterreich. Balkenlänge 3 mm

2. Belemniten-Rostrum, angebrochen, mit deutlichen Wachstumslagen. Dogger: Bohrung Würgau, Franken. Balkenlänge 1 mm

3. Tentaculiten. Längsschnitt und Querschnitte von *Nowakia* sp. Mitteldevon (Daleje-Schichten, Eifel): Hlubocepy, Prager Becken. Balkenlänge 1 mm

4. Serpuliden-Querschnitt. Dogger: Bohrung Würgau, Franken. Balkenlänge 1 mm

5. Serpuliden-Kalk. Dogger: Bohrung Würgau, Franken. Balkenlänge 1 mm

6. Ostrakoden-Schale mit deutlicher Duplikatur und homogen-prismatischem Schalenbau (gekreuzte Nicols). Unteres Perm: Forni Avoltri, Carnia. Balkenlänge 0,5 mm

7. Trilobiten-Panzer, Randschnitte. Ordovic (*macrourus*-Kalk, Caradoc): Öland, Schweden. Balkenlänge 3 mm

8. Trilobiten-Panzer in charakteristischen „Hirtenstab"-Schnitten. Ordovic (*limbata*-Kalk, Arenig): Steinbruch Köppingsklint, Öland/Schweden. Balkenlänge 1 mm

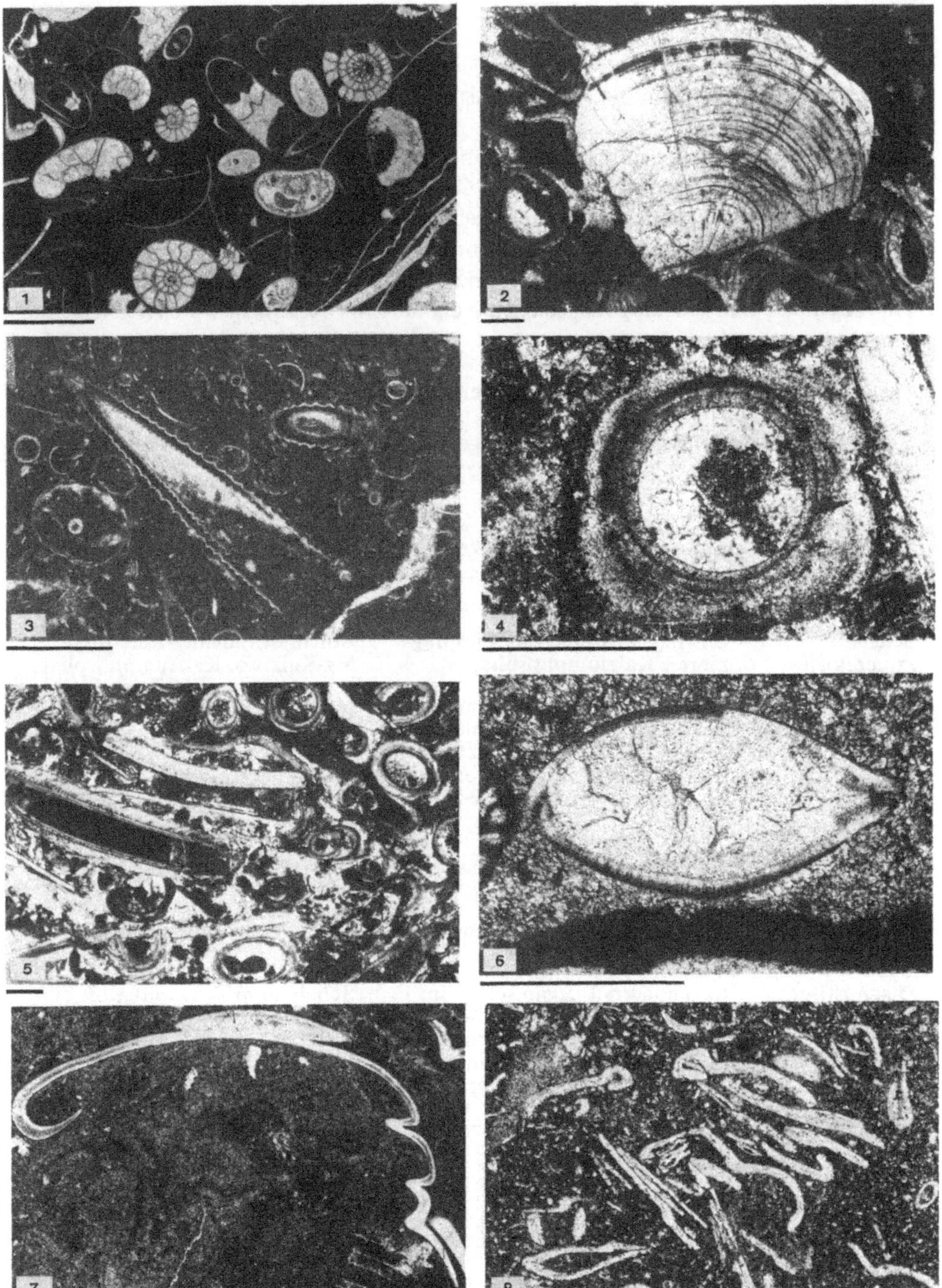
1
2
3
4
5
6
7
8

5.3.9 **Trilobiten** (Taf. 19, Tabelle 29)

Grundbau: Segmentierte Exoskelette, Dorsalpanzer aus Cephalon, Thorax und Pygidium. Der i.a. weniger als 1 mm dicke, segmentierte Panzer besteht aus Chitin, das stark mit Kalzit und Kalziumphosphat imprägniert ist. Der Feinbau der i.a. aus 2 oder 3 Lagen bestehenden Hartteile ist durch eine feinprismatische Struktur und viele feine senkrecht zur Oberfläche verlaufende Poren (bes. im Ordovic) gekennzeichnet.

Randliche Schnitte der stark zurückgebogenen Segmente ergeben charakteristische „Hirtenstab"-Figuren (Taf. 19/8). Querschnitt von Trilobitenstacheln können von Brachiopodenstacheln durch die homogen-prismatische Struktur bei Trilobiten und durch den Lagenbau bei Brachiopodenstacheln (dünne helle Außenlage, dickere, lamellierte Innenlage) unterschieden werden.

Verwechslungsmöglichkeiten: Brachiopoden, Mollusken, Ostrakoden.

Verbreitung: Kambrium bis Perm. Häufiger in kambrischen und ordovizischen Schelf-Kalken.

Tabelle 29. Im Schliff wichtige Merkmale von Trilobiten und Ostrakoden

	Trilobiten	Ostrakoden
Schalen-mineralogie	Chitin, stark mit Kalzit imprägniert + Kalziumphosphat	Chitin o. Chitin + Kalzit bzw. Mg-Kalzit o. Kalziumphosphat
Lagenbau der Schale	2 oder 3 Lagen: dünne, aus senkrecht angeordneten Prismen bestehende Außenschicht; dickere Innenlage aus Lamellen. Teilweise noch homogene oder lamellare Mittelschicht	Möglich bis zu 9 Lagen, meist nur eine oder wenige Lagen
Mikrostruktur	Homogen-prismatisch bzw. feinlamellar	Homogen-prismatisch o. feinprismatisch
Poren in der Schale	Kleinere und größere Kanäle	Sehr winzig
Diagnostische Merkmale	Lagenbau mit organischer (im Durchlicht dunkler) Außenschicht + fein-prismatische Mikrostruktur; isolierte Hirtenstab-Schnitte; durch Kanäle bedingt „spongiöse" Struktur	Schalenumriß, Duplikatur, dünne homogen- oder fein-prismatische Klappen

Literatur (Trilobiten)

Dalingwater, J.E. (1973): Trilobite cuticle microstructure and composition. Paleont. **16**, 827–839, Taf. 107–109, Tab. 1, London

Harrington, H.J. (1959): General description of Trilobita. In: Moore, R.C.: Treatise on invertebrate paleontology, part O, Arthropoda **1**, O 38–O 117, Abb. 27–85, Lawrence

Størmer, L. (1930): Scandinavian Trunucleidae. Skrift. utgitt Norske Videnskaps, Akad. Oslo, I, Mat.-Naturv. Kl. **4**, 111 S., 14 Taf., 47 Abb., Oslo

Teigler, D.J., Towe, K.M. (1974/75): Microstructure and composition of the trilobite exoskeleton. Fossils and Strata, Sonderband. Evolution and morphology of the Trilobita, Trilobitoidea, and Merostomata, Oslo

5.3.10 **Ostrakoden** (Taf. 2, 11, 18, 19, 21, 31)

Grundbau: Zweiklappige dünne Schalen, an den freien Rändern zurückgebogene Schalenabschnitte (Duplikatur; Taf. 19/6); Schalengröße oft 1 mm (bis 60 mm). Oberfläche glatt oder verschieden ornamentiert. Schalen aus Chitin oder Chitin + Kalzit oder aus Kalziumphosphat.

Mikrostruktur: Mineralogische Zusammensetzung und Lagenbau der Schalen scheinen in der geologischen Zeit zu schwanken. Es können bis zu 9 Lagen auftreten. Mikrostruktur: fein- oder homogen-prismatisch. Im polarisierten Licht Achsenkreuz. Innenporen im Schliff i.a. nicht sichtbar.

Verwechslungsmöglichkeiten bestehen mit dünnschaligen Muscheln (Posidonomyen, „Filamenten") und hyalinen Foraminiferenschalen.

Verbreitung: ab Kambrium, aquatisch, marin, Brack- und Süßwasser.

Literatur (Ostrakoden)

Bate, R.H., East, B.A. (1972): The structure of the ostracod carapace. Lethaia **5**, 177–194, 11 Abb., Oslo

Levinson, S.A. (1961): Identification of fossil ostracods in thin-section. In: Moore, R.C. (ed.): Treatise on invertebrate paleontology, Part Q, Arthropoda **3**, Q 70–Q 73, Abb. 31, Lawrence

5.3.11 **Echinodermen** (Taf. 11, 12, 13, 18, 20, 24)

Der Skelettbau der ausschließlich marinen Echinodermen ist durch zahlreiche, geometrisch gut definierte kalzitische Einzelelemente charakterisiert, die häufig isoliert im Sediment eingebettet werden (Beispiel: Crinoidenstielglieder). Die Einzelelemente erreichen Dimensionen von < 1 mm bis mehrere cm. Im *Schliffbereich diagnostisch wichtige Merkmale* für Echinodermen sind:

a) *Optischer Charakter der Einzelelemente:* Jedes Einzelelement (Platte, Stielglied etc.) entspricht optisch einem einzelnen Kalzit-Einkristall. Unter gekreuzten Nicols ergibt sich für jedes Element eine einheitliche Auslöschung. Diese einheitliche optische Reaktion der Skelettelemente entsteht durch die parallele Anordnung der c-Achsen vieler Kristalle, welche die Skelettelemente zusammensetzen.

b) *Maschenstruktur* (Taf. 20/5, 20/6). Die Platten und Dornen vieler Echinodermen zeigen eine offene Maschenstruktur im Zentrum und eine etwas dichtere Maschenstruktur an der Peripherie; die Hartteile sind bis zu 60% von organischen Geweben durchsetzt. Bedingt durch den großen Porenraum kommt es im Laufe der Diagenese rasch zur Bildung von Kalzitkristallen mit Skalenoeder-Spaltflächen (auf Gesteinsbruchflächen im Auflicht aufleuchtend).

c) *Graue oder gelbliche Farbe im Durchlicht* (Taf. 20/6). Crinoiden- und Echinidenreste zeigen im Durchlicht häufig eine gleichmäßig graue oder auch eine honiggelbe Farbe.

d) *Charakteristische Umrisse:* Viele Echinodermenelemente sind bereits an ihren charakteristischen Umrissen erkennbar; dies gilt insbesondere für Seeigel- und Crinoidenreste.

e) *Typische Mikrostrukturen* (Taf. 20/1–3): Querschnitte von Echiniden- und Ophiurenstacheln sind an den stark differenzierten Radialmustern erkennbar.

f) *Diagenese der Echinodermenreste:* An die Einkristalle der Echinodermenreste lagert sich Kalzit im optischen Kontinuum an, es bildet sich "rim-cement" (siehe Lucia, 1962; Evamy u. Shearman, 1965), vgl. Abschnitt 3 und Taf. 11/7.

Mineralogie der Echinodermenhartteile: Kalzit, mit 2–4% Mg Der Mg-Gehalt ist temperaturabhängig, wobei jedoch Unterschiede innerhalb der verschiedenen Skelett-Teile vorhanden sind (Raup, 1966). Auch Sr-, Mn-, Fe- und Na-Gehalte bei rezenten Seeigeln sind anscheinend temperaturabhängig (Harris u. Pilkey, 1966).

Großgliederung: Im allgemeinen werden folgende Echinodermen-Hauptgruppen unterschieden:

A. Im erwachsenen Zustand oder nur in der Jugend festgewachsen, mit Stiel oder aboralem Körperpol . . . . *Pelmatozoa*
   a) Eocrinoidea (unt. Kambrium – mittl. Ordovic)
   b) Paracrinoidea (mittl. Ordovic)
   c) Carpoidea (mittl. Kambrium – unt. Devon)
   d) Edrioasteroidea (unt. Kambrium – unt. Karbon)
   e) Cystoidea (mittl. Ordovic – ob. Devon)
   f) Blastoidea (ab unt. Ordovic)
   g) Crinoidea (ab unt. Ordovic)

Tafel 20/1–8. Echinodermen ▶

1. Echinoideen-Stachel, Querschnitt. Typ *Cidaris* (vgl. Lucas et al., 1976). Die weißen, zum Teil abgeplatteten Schnitte entsprechen Schwammrhaxen. Oberjura (Tithon): Arnegg, Württemberg, Balkenlänge 1 mm

2. Echinoideen-Stachel mit Mikritkrusten. Typ *Echinus*. Links Muschelschale. Unteres Perm: Forni Avoltri, Carnia. Balkenlänge 1 mm

3. Echinoideen-Stachel, Querschnitt. Typus *Diadema*. Obertrias (Dachsteinkalk, Nor): Gosaukamm, Oberösterreich. Balkenlänge 1 mm

4. Crinoiden. Schrägschnitt durch eine Stielplattenserie mit gezackten Trennflächen. Unterdevon (Ems): Wolaya-See, Karnische Alpen. Balkenlänge 1 mm

5. Crinoiden-Elemente mit deutlicher „Siebstruktur", zum Teil angebohrt. Sehr kleine, abgebrochene Bryozoen-Äste mit eckigen und ovalen Öffnungen. Unteres Perm (Trogkofelkalk): Teufelsschlucht, Karawanken, Slowenien. Balkenlänge 1 mm

6. Echinoideen-Stachel, Längsschnitt mit der für Echinodermaten charakteristischen, sehr feinen „Siebstruktur" und der kennzeichnenden grauen Farbe im Durchlicht. Unteres Perm: Lika, Kroatien. Balkenlänge 1 mm

7. Schwebcrinoiden. Schrägschnitte der im Umriß knochenförmigen Armglieder von *Osteocrinus rectus* (Frizell u. Exline). Obertrias (Hallstätter Kalk, Karn): Feuerkogel bei Aussee, Steirisches Salzkammergut. Balkenlänge 1 mm

8. Schwebcrinoiden. Verschiedene Elemente (geweihartige Secundibrachialia u.a.) von *Saccocoma* Agassiz im Mikrit. Malm (Kimmeridge): Zentralapennin, Italien. Balkenlänge 1 mm

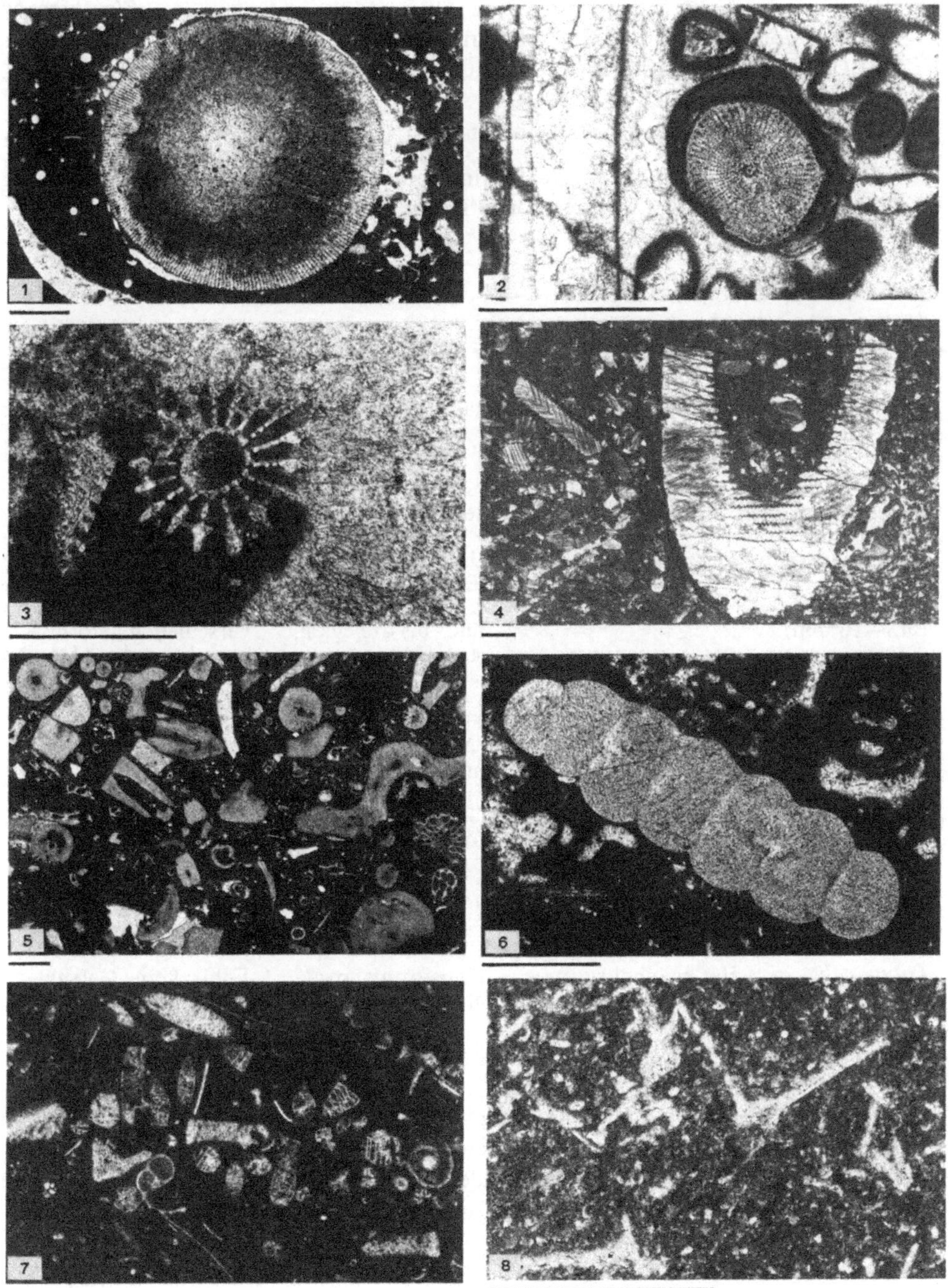
1
2
3
4
5
6
7
8

B. Freibeweglich . . . . *Eleutherozoa*
   a) Stelleroidea (See- und Schlangensterne; ab unt. Ordovic)
   b) Ophiocistoidea (unt. Ordovic – mittl. Devon)
   c) Echinoidea (Seeigel, ab Ordovic)
   d) Holothuroidea (Seegurken, ab Kambrium)

Im *Schliffbereich* sind vor allem Crinoiden- und Echinidenreste, weniger häufig auch Holothurien- und Ophiurenreste anzutreffen:

1. Crinoiden (Taf. 13/2, 20/4)

Bau: Stielwurzeln, Stiel, Kelch aus Dorsalkapsel und Kelchdecke, Arme.

Klassifikation von isolierten Elementen (nach Moore, 1939; Moore u. Jeffords, 1968):

Tabelle 30. Klassifikation von Crinoiden-Elementen

Skelettelemente	Funktion	Umriß	Muster
Columnalia (Ø 1–10 mm)	Stielglieder	Kreisrund, oval, fünf- bis dreieckig, sternförmig	Axialkanal (Lumen) verschieden geformt, peripher radiale Marken (Gelenksflächen)
Apicalia	Basal- und Infrabasalplatten an der Kelchbasis	Fünfeckig oder kreisrund, oft noch zusammenhängend	Wenn kreisrund, Zentralkanal
Facetalia (Radialia)	Platten zur Befestigung des untersten Armgliedes	Gebogen, knochenförmig	–
Pinnata (Brachialia)	Platten der freien Arme	z.T. U-förmig	Ligamentansätze mit Streifen, Zentralkanal
Polygonalia	Verlegenheitsgruppe, morphologische Zugehörigkeit unklar	Kreisförmig, oval etc.	Fehlt; keine Gelenksflächen, kein Lumen

Isolierte Crinoidenglieder und andere Crinoidenelemente können stratigraphisch brauchbar sein (z.B. Rasmussen, 1961: Biol. Skrifter Dansk Vitensk. Selskap **12**; Kreidegliederung mit Stielgliedern von Isocriniden). Im Schliffbereich wurden bisher kaum genauere Typisierungen vorgenommen (Ausnahmen bei Mišík, 1964; siehe 4.2.1.2).

Verbreitung: ab Ordovic, im Paläozoikum und teilweise auch im Mesozoikum überwiegend sessiles Benthos im flachmarinen Bereich. Wichtige Komponenten in Riff- und Schelffaunen. Die Genese von „Crinoiden-Kalken" wurde durch Ruhrmann (1971a, b) für riff-ferne und riffnahe Sedimentation untersucht, die paläogeographische Situation der jurassischen Crinoidenkalke in der Tethys durch Jenkyns (1971).

Von besonderer Bedeutung sind die ab der Trias bekannten *„Schwebcrinoiden"*, von welchen in Kalkschliffen zwei Gruppen von Interesse sind:

a) *Triadische Roveacriniden* (Taf. 20/7). Kristan-Tollmann (1970) und Mostler (1972) haben auf die gesteinsbildende und biostratigraphische Bedeutung auch in Kalkschliffen bestimmbarer Mikroschwebecrinoiden in Beckensedimenten der alpin-mediterranen Trias aufmerksam gemacht. Wichtig sind Arten von *Osteocrinus* (Kristan-Tollmann in der unteren Ober-Trias (Karn); erhalten ist meist das Centrodorsale (zentral liegende Platte der Dorsalkapsel bei ungestielten Formen).

b) *Jurassische Schwebcrinoiden („Saccocomen")*, Taf. 20/8. In oberjurassischen Kalken des alpin-mediterranen Raumes treten z.T. in gesteinsbildender Häufigkeit Elemente der Gattung *Saccocoma* Agassiz (ob. Jura bis ob. Kreide) auf. In Schliffen hat Lombard (1937) diese Formen zunächst als "formes découpées" beschrieben. Brönnimann (1955) erkannte die Zugehörigkeit zu Echinodermen und stellte die Gattung *Lombardia* auf, die nach Verniory (1954, 1956) einzuziehen ist, da es sich um Facetalia und Brachialia von *Saccocoma* und um Ophiurenreste handelt (Groiss, 1964).

Verbreitung: Häufig findet sich die *Saccocoma*-Fazies im Liegenden der Calpionellen-Fazies und im Hangenden von Kalken mit Globochaeten (plankton. Algen), z.B. Farinacci u. Sirna (1959; Sizilien und Umbrien), Lefeld u. Radwanski (1960; Polnische Tatra). Die Massenvorkommen scheinen auf den Bereich Kimmeridge bis mittleres Tithon beschränkt zu sein (Borza, 1969).

2. *Echinoiden* (Taf. 11/1, 11/4, 20/1–3, 20/6)

Grundbau: Gehäuse aus zahlreichen Kalktäfelchen mit meist 5 Ambulakralfeldern mit Poren und meist 5 Interambulakralfeldern ohne Poren. Auf den Platten verschiedenartige Stacheln (Schutz- und Bewegungsfunktion).

Schliffbereich: Im allgemeinen sind in Kalkschliffen Quer- und Längsschliffe von *Stacheln* oder *Platten* erkennbar:

a) *„Siebplatten":* Ähnlich wie Crinoidenplatten. Unterschied: kein Radialmuster, beträchtliche Texturvariation (verschieden geformte „Zellen").

b) *Stacheln:* I.a. bestehend aus Schaft, Hals und Kopf; *Typisierung* im Querschnitt (besser im selteneren Längsschnitt) nach Stachelwand (aus Deckschicht, Septen und Interseptalelementen) und Axialbereich (Hohlkanal oder Komplex von miteinander verbundenen, vertikalen Röhren oder schwammiges Gewebe). Nach Hesse (1900) zeigen Seeigelstacheln gattungsspezifische Unterschiede, vgl. auch Lucas et al. (1976: 194, und Taf. 20). Seeigelstacheln finden sich sowohl in Flachwasser- als auch in Tiefwasserkarbonaten. Bekannt ab dem Ordovic.

Verwechslungsmöglichkeiten bestehen mit Dasycladaceen, kleinen Korallen und Knochengeweben von Vertebraten.

3. *Holothurien*

Bau: Innenskelett aus im Weichkörper und in der Körperhaut eingebetteten Skleriten.

Schliffbereich: Nahezu alle bisher beschriebenen Holothuriensklerite beziehen sich auf isoliertes Material (z.B. alpine Trias, Mostler, 1972). In Schliffen werden Holothurienreste meist aus folgenden Gründen übersehen:

a) geringe Größe (kleiner als 1 mm, meist 0,25–0,50 mm).

b) In zweidimensionalen Schnitten sind nur einige Gruppen typisierbar. Bekannt sind Holothuriensklerite sowohl aus Schliffen von Riffkalken (Dachsteinriffkalke) als auch aus Beckenkarbonaten (Hallstätter Kalke) der alpinen Trias.

4. *Ophiuren*

Bau: Körperscheibe mit ventral liegendem Mund (mit Kieferskelett) und schlangenartig beweglichen Armen aus gelenkig verbundenen wirbelartigen Körpern aus zwei spiegelbildlichen Hälften. Wirbelkörper seitlich geschützt von Lateralia, oben vom Dorsale, unten vom Zentrale.

Schliffbereich: Glazek u. Radwanski (1968) haben aus dem polnischen Rät in Dünnschliffen symmetrisch verbundene Kalzitplatten mit bei gekreuzten Nicols verschiedener Auslöschung beobachtet und als Vertebrae erkannt. Lateralia sind im Schnitt gebogen. Ophiurenstacheln sind im Tangentialschliff schwer von Echinidenstacheln zu unterscheiden (Unterscheidungsmöglichkeiten vgl. Mostler, 1971).

Literatur

a) Echinodermen

Evamy, B.D., Shearman, D.J. (1965): The development of overgrowth from Echinoderm fragments. Sedimentology **5**, 211–233, Amsterdam.

Harris, R.S., Pilkey, O.H. (1966): Temperature and salinity control of the concentration of skeletal Na, Mn, and Fe in *Dendraster excentricus.* Pacific Sci. **20**, 235–238

Lucas, D., et al. (1976): siehe 5.5.1

Lucia, J. (1962): Diagenesis of a crinoidal sediment. J. Sed. Petrol. **32**, 848–865

Moore, R.C., Jeffords, R.M. (1968): Classification and nomenclature of fossil crinoids based on studies of dissociated parts of their columns. Univ. Kansas Paleont. Contr. Echinodermata Art. **9**, 86 S., Lawrence

Nissen, H.V. (1963): Röntgengefügeanalyse in Kalzit von Echinodermenskeletten. N. Jb. Paläont. Abh. **117**, 230–234, Stuttgart

Raup, D.N. (1959): Crystallography of Echinoid calcite. J. Geol. **67**/6, 661–674, Chicago

Raup, D.N. (1966): The endoskeleton: In: Boolootiani, R.A. (ed.): The Physiology of Echinodermata, 379–395, New York: Wiley

b) Crinoiden

Borza, K. (1969): Die Mikrofazies und Mikrofossilien des Oberjuras und der Unterkreide der Klippenzone der Westkarpaten. 301 S., 88 Taf., Bratislawa (Slowak. Akad. Wiss.)

Brönnimann, P. (1955): Microfossils incertae sedis from the Upper Jurassic and Lower Cretaceous of Cuba. Micropal. **1**/1, 28–51, Taf. 1–2, 10 Abb., 1 Tab., New York

Farinacci, A., Sirna, G. (1959): Livelli a *Saccocoma* nel Malm dell'Umbria e della Sicilia. Boll. Soc. Geol. Ital. **79**/3, 1–23, Taf. 1–6, 2 Abb., Rom

Jenkyns, H.C. (1971): Speculations on the genesis of crinoidal limestones in the Tethyan Jurassic. Geol. Rdsch. **60**, 471–488, Stuttgart

Kristan-Tollmann, E. (1970): Die Osteocrinusfazies, ein Leithorizont von Schwebcrinoiden im Oberladin-Unterkarn der Tethys. Erdöl und Kohle **23**, 781–789, 13 Abb., 1 Taf., Hamburg

Lefeld, J., Radwanski, A. (1960): Les Crinoides planctoniques *Saccocoma* Agassiz dans le Malm et le Neocomien Haut Tatrique des Tatras polonaises. Acta Geol. Pol. **10**, 593–614, Taf. 38–41, 1 Abb., Warschau

Lombard, A. (1937): Microfossiles d'attribution incertaine du Jurassique supérieur alpin. Eclogae geol. Helv. **30**/2, 320–331, Basel
Lombard, A. (1945): Attribution de microfossiles du Jurassique supérieur alpin à des Chlorophycées (Proto- et Pleurococcalées). Eclogae geol. Helv. **38**, 163–173, Basel
Moore, R.C. (1939): The use of fragmentary crinoidal remains in stratigraphic paleontology. Bull. Sci. Lab. Denison Univ. **33**, 165–250, 4 Taf., 14 Abb., Denison
Moore, R.C., Jeffords, R.M. (1968): Classification and nomenclature of fossil crinoids based on studies of dissociated parts of their columns. Univ. Kansas Paleont., Inst. Echinodermata, Art. **9**, Ser. No. 46, 1–86, Taf. 1–28, 6 Abb., Lawrence
Mostler, H. (1972): Die stratigraphische Bedeutung von Crinoiden-, Echiniden- und Ophiuren-Skelettelementen in triassischen Karbonatgesteinen. Mitt. Ges. Geol. Bergbaustud. **21**, 711–728, 3 Taf., 3 Abb., Innsbruck
Ruhrmann, G. (1971a): Riff-ferne Sedimentation unterdevonischer Krinoidenkalke im Kantabrischen Gebirge (Spanien). N. Jb. Geol. Paläont. Mh. **1971**/4, 231–248, 12 Abb., Stuttgart
Ruhrmann, G. (1971b): Riff-nahe Sedimentation paläozoischer Krinoiden-Fragmente. N. Jb. Geol. Paläont. Abh. **138**/1, 56–100, 22 Abb., 3 Tab., Stuttgart
Verniory, R. (1954): *Eotrix alpina* Lombard, Algue ou Crinoide? Arch. Sci. **7**, Genf
Verniory, R. (1956): La création du genre *Lombardia* Brönnimann est elle justificée? Arch. Sci. **9**, Genf

c) Echiniden

Hesse, E. (1900): Die Mikrostruktur der fossilen Echinoideenstacheln und deren systematische Bedeutung. N. Jb. Min. Geol. Paläont. Beil.-Bd. **13**, 185–264, 12 Taf., Stuttgart
Lucas, G., et al. (1976): siehe 5.5.1

d) Holothurien

Mostler, H. (1972): Holothuriensklerite in der alpinen Trias und ihre stratigraphische Bedeutung. Mitt. Ges. Geol. Bergbaustud. **21**, 729–744, Innsbruck

e) Ophiuren

Glazek, J., Radwanski, A. (1968): Determination of brittle stars in thin sections. Bull. Acad. Polon. Sci., Ser. Sci. Geol. geogr. **16**, Warschau
Groiss, J.Th. (1964): Echinodermenreste in Schlämmproben aus dem Weißen Jura der Franken-Alb. Geol. Bl. NO-Bayern **14**/2, 43–53, 3 Abb., 1 Tab., Erlangen
Mostler, H. (1971): Ophiurenskelettelemente (äußere Skelettanhänge) aus der alpinen Trias. Geol. Paläont. Mitt. Innsbruck **1**/9, 1–35, 5 Taf., 27 Abb., Innsbruck

5.3.12 **Kalkalgen** (Taf. 21, 22, 23)

Etwa 6% der rezenten Algenarten besitzen verkalkungsfähige Thalli. Obwohl „Kalkalgen" im eigentlichen Sinne nur benthonische und planktonische Algen mit einem biochemisch abgeschiedenen $CaCO_3$-Skelett sind, werden häufig auch jene Algen als „Kalkalgen" bezeichnet, die durch Wechselwirkung von physikalischen und biologischen Prozessen zur Karbonatfällung und zur Bildung von Feinschichtungsgefügen (Algenmatten und Stromatolithen) beitragen. Diese Algen ("non-skeletal algae") sind seit dem Präkambrium (etwa ab 2,4 Milliarden Jahren vor heute) bekannt, die Kalkalgen im engeren Sinne seit dem Kambrium.

5.3.12.1 Klassifikation

Algen mit verkalkungsfähigen Thalli (Algenkörpern) finden sich bei verschiedenen Großgruppen. Neben benthonischen Arten treten mit den Coccolithophoriden (Chrysophyta) ab dem Lias und mit den Globochaeten (ab der Trias, vielleicht auch schon im Paläozoikum, siehe 5.13) auch planktonische Gruppen auf. Eine Übersicht über die Klassifikation der benthonischen Kalkalgen gibt Tabelle 31.

In der Klassifikation und in der nachfolgenden Besprechung der Kalkalgen nicht berücksichtigt sind die wenigen, aus Kalkschliffen bisher beschriebenen *Algensporen:* a) unteres Perm der Südalpen, kreisförmige und nierenförmig eingedellte Schnitte mit dünner Kalzitwand und Ø zwischen 60 und 160 μ, Mittelwert 150 μ; gedeutet als Dasycladaceensporen (E. Flügel, 1966). b) Malm der Südlichen Frankenalb und der Nordalpen, ovale Schnitte mit dünnen laminierten Kalzitwänden und durch bis zu vier Septen unterteiltem Innenraum, Ø zwischen 130 x 170 und 208 x 415 μ; gedeutet als Rhodophyceensporen (Fay u. Dirsche, 1975).

5.3.12.2 Verkalkungsmodus und Morphologie

$CaCO_3$ findet sich in den Algen-Zellen (bei einzelligen Algen, z.B. bei Coccolithophoriden und bei der Dasycladaceengattung *Acetabularia*), in der Zellwand (z.B. bei Rotalgen),

---

Tafel 21/1–8. Kalkalgen ▶

1. Porostromate Cyanophyceen. *Girvanella ducii* Wethered. Mitteldevon (Schwelmer Kalk, Givet): Letmathe, Sauerland. Balkenlänge 0,5 mm

2. Porostromate Cyanophyceen. *Rothpletzella devonica* (Maslov) zusammen mit inkrustierten Foraminiferen (?). Unterdevon (Currajong-Kalk): NW Canberra, Australien. Balkenlänge 1 mm

3. Cyanophyceen. Typus *Ortonella* bzw. *Cayeuxia*. Spitzwinkelig gegabelte Filamentröhren. Malm (Untertithon): Steinbruch Kapfelberg bei Kelheim, Südliche Frankenalb. Balkenlänge 1 mm

4. Codiaceen. Fragmente von *Halimeda* sp. Deutlich entwickelte zentrale Medulla und randlicher Cortexbereich. *Halimeda* ist in rezenten Lagunen ein wichtiger Produzent von Karbonatsilt und Karbonatschlamm. Rezent: Kenia, Ostafrika. Balkenlänge 1 mm

5. Dasycladaceen. Quer- und Längsschnitte von *Heteroporella zankli* (Ott). Obertrias: Cozzo di Lupo bei Palermo, Sizilien. Balkenlänge 1 mm

6. Phylloide Algen. Die gebogenen, von sessilen Foraminiferen inkrustierten Platten lassen eine schmale externe Porenzone und einen breiten, umkristallisierten Zentralbereich erkennen. *Eugonophyllum johnsoni* Konishi u. Wray. Phylloide Algen tragen im nordamerikanischen Ober-Karbon und im unteren Perm der Südalpen wesentlich zur Bildung von "mud mounds" bei (siehe Abschnitt 10). Unteres Perm (untere Rattendorfer Schichten): Hüttenkofel, Karnische Alpen. Balkenlänge 1 mm

7. Characeen-Gyrogoniten. Es handelt sich um ursprünglich an den Gabelungen der Zweige sitzende Oogonien, deren verkalkte Wand durch spiralig eingedrehte röhrenförmige Elemente charakterisiert ist. Characeen sind heute auf nicht-marine Bereiche beschränkt. Zusammen mit diesen Biogenen treten häufig Ostrakoden auf (im Bild links). Oberster Jura (Münder Schichten, Purbeck): Niedersachsen. Balkenlänge 1 mm

8. Solenoporaceen. *Solenopora zlambachense* Flügel. Ober-Trias (Zlambach-Schichten): Rohrmoos, Gosaukamm, Oberösterreich. Balkenlänge 1 mm

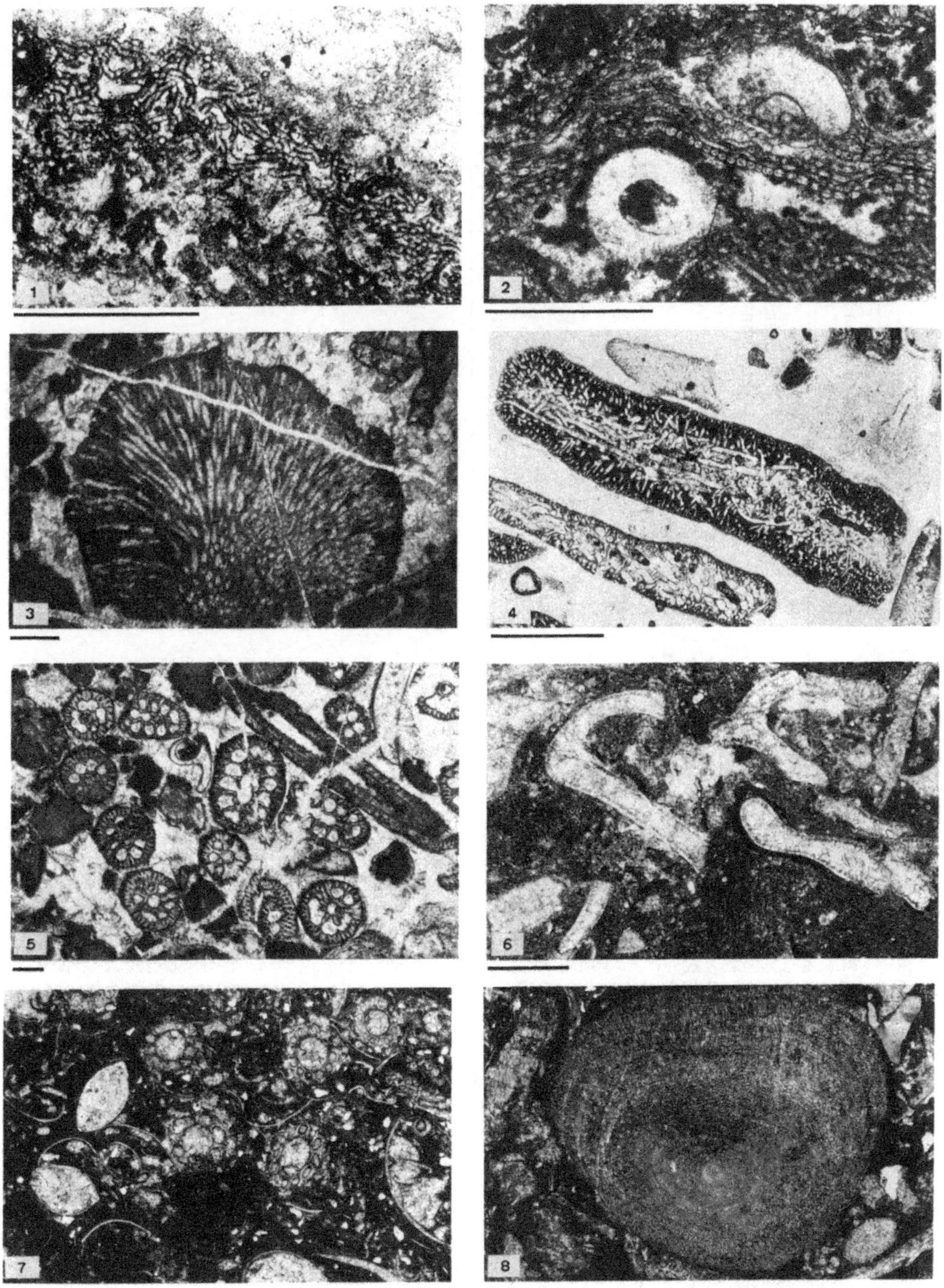
1
2
3
4
5
6
7
8

Tabelle 31. Klassifikation der benthonischen Kalkalgen. Nach Wray (1977)

Gruppe (Division)	Klasse	Ordnung	Familie	Zeitliche Reichweite	Lebensbereich rezent	Mineralogie rezent
Cyanophyta (Blau-Grünalgen)	Cyanophyceae			Ab Präkambrium	Nicht-marin bzw. randmarin	Überwiegend Kalzit
Rhodophyta (Rotalgen)	Rhodophyceae	Cryptonemiales	Solenoporaceae	Kambrium-Neogen	–	–
			Gymnocodiaceae	Perm-Paläozän	–	–
			Squamariaceae	Karbon-Perm, ab Kreide	Marin	Aragonit
			Corallinaceae	Ab Jura	Marin	Mg-Kalzit
Chlorophyta (Grünalgen)	Chlorophyceae	Siphonales	Codiaceae	Ab Kambrium	Marin	Aragonit
		Dasycladales	Dasycladaceae	Ab Kambrium	Marin	Aragonit
	Charophyceae	Charales	Characeae etc.	Ab Silur	Nicht-marin	Kalzit

außerhalb der Zelle in der Schleimschicht (z.B. bei Dasycladaceen) oder als Oberflächeninkrustation auf dem Thallus (bei vielen Blau-Grünalgen). Nach Flajs (1977) können nach der mineralogischen Zusammensetzung, nach der Ultrastruktur und nach dem Verkalkungsmuster (extrazellulär oder in der Zellwand) neun Strukturtypen unterschieden werden. Insbesondere bei Filamentalgen (Cyanophyceen) ist eine Trennung von extrazellulär in der Schleimschicht erfolgter oder auf der Oberfläche des Thallus inkrustierter $CaCO_3$-Ablagerung schwierig (siehe E. Flügel, 1977c, und Taf. 2/1).

Die *Morphologie* der Kalkalgen kann beschrieben werden durch:

1. Wuchsformen und äußere Geometrie (inkrustiert; aufrecht wachsend wie z.B. bei Dasycladaceen; mikrongroße Filamente wie z.B. bei Blau-Grünalgen).

2. Innenstrukturen im Schliffbereich (z.B. Zellenschicht bei Corallinaceen, Gliederung des Thallus bei Codiaceen, Thallusgestalt und Porenausbildung bei Dasycladaceen, Reproduktionsorgane).

3. Mikro- und Ultrastruktur (bei fossilen Formen selten gut erhalten). Im Schliff erscheinen mikrogranulare Elemente im Durchlicht dunkel (z.B. bei Corallinaceen, häufig „Minimikrit", siehe 4.1.2), sparitische Elemente hell (z.B. bei Dasycladaceen).

Für *Gattungs- und Artbestimmungen* sind unter anderem folgende Termini von Bedeutung (vgl. auch Abb. 44):

Achse – der stammartige, Zweige tragende Teil (z.B. bei Dasycladaceen) oder der zentrale Teil bei Codiaceen.

artikuliert – gegliedert, aus Segmenten bestehende Thalli bei Corallinaceen (Corallinoideen).

aspondyl – unregelmäßige, nicht in Wirteln erfolgende Anordnung der Zweige bei Dasycladaceen.

Conceptacel – Höhlung mit Reproduktionsorganen, z.B. Sporangien; wichtig bei der Bestimmung von Corallinaceen (vgl. Abb. 44).

Cortex – peripher oder randlich um eine zentrale Achse angeordnete Abschnitte der Thalli, insbesondere bei Codiaceen (z.B. *Halimeda*, vgl. Abb. 44).

euspondyl – regelmäßige Anordnung der Primärzweige in Wirteln (wie die Speichen eines Wagenrades), bei Dasycladaceen.

Filamente – im allgemeinen parallel angeordnete, verzweigte oder unverzweigte Zellreihen mit oder ohne Schleimschichten.

Gametangium – Gameten-produzierendes Organ

Gyrogoniten – kleine, spiralförmig verkalkte Teile der Oogonien von Characeen (vgl. Abb. 44).

Hypothallium – basaler bzw. zentraler Abschnitt von Rotalgenthalli mit parallel zum Substrat angeordneten, im Vergleich zu den peripheren Bereichen größeren Zellen (vgl. Abb. 44).

Medulla – die Zentralregion eines intern differenzierten Thallus, z.B. bei Codiaceen (vgl. Abb. 44).

metaspondyl – die Primärzweige sind in Gruppen von 3 oder 6 Zweigen in regelmäßigen Wirteln angeordnet, bei Dasycladaceen.

Oogonium – einzellige, weibliche Reproduktionsorgane von Charophyceen.

Perithallium – Zellschicht über oder um das Hypothallium, im allgemeinen aus sehr kleinen Zellen.

phylloid – blattförmige Wuchsformen, „phylloide Algen".
Primärzweige – die vom Hauptstamm abgehenden Zweige bei Dasycladaceen.
Sekundärzweige – Zweige und Zweig-Gruppen, die von den Primärzweigen abgehen, bei Dasycladaceen.
Sporangium – sporenproduzierende Struktur, Sporenschachtel.
Sporen – spezialisierte, bewegliche oder nicht bewegliche Zellen, die von der Elternpflanze freigesetzt werden und Anlaß zur Bildung einer neuen Pflanze geben.
Thallus – der gesamte Algenkörper bzw. die gesamte Algenkolonie.
Wirteln – kreisförmig in der gleichen Ebene um den Stamm angeordnete Zweige bei Dasycladaceen.
Zentralstamm – das Zentralelement der Dasycladaceen, von welchem die Zweige abgehen.

5.3.12.3 Ökologische Faktoren

Die Verbreitung rezenter Algen wird bestimmt durch

a) Physikalische Faktoren wie Lichtangebot und -qualität, Wassertemperatur, Wasserbewegung, Substratbeschaffenheit, Gestalt des Lebensraumes.

b) Chemische Faktoren wie Chemismus des Wassers, Salzgehalt, gelöste Gase etc.

c) Biologische Faktoren wie konkurrierende Organismen und Häufigkeit der herbivoren Organismen.

Tabelle 33 gibt eine Übersicht über die wesentlichen ökologischen Faktoren rezenter Kalkalgengruppen.

Das für die Photosynthese notwendige Lichtangebot nimmt mit zunehmender Wassertiefe ab, wobei jedoch die Eindringtiefe des Lichtes von der geographischen Breite abhängt. Etwa 50% der in klares Wasser eindringenden Lichtmenge werden bereits in den obersten 5–10 m absorbiert. Trotzdem treten Algen auch in größeren Wassertiefen auf, wenn spezielle Pigmente vorhanden sind, die auch das minimale Lichtangebot in tieferen Meeren aufnehmen können. Da die Wellenlängen des Lichtes in verschiedenen

---

Abb. 44. Morphologie und Bestimmungsmerkmale einiger wichtiger Kalkalgengruppen. ▶ Blau-Grünalgen: (1) Längsschnitt durch ein Filament mit einem zentralliegenden Trichombündel, das von der Schleimschicht umhüllt wird. (2) Für die Unterscheidung der besonders in randmarinen Bereichen mit eingeschränkten ökologischen Bedingungen häufigen filamentösen fossilen Cyanophyceen ist das Verzweigungsmuster der „Röhren" wichtig. Rotalgen: (3) Segmentierte Corallinaceen, charakteristische Wuchsform (*A*). *B*, Ausschnitt mit Hypo- und Perithallus. (4) Für die Bestimmung ist die Anordnung der Zellen (*C* und *D* mit vielen Lagen, *E* und *F* als eine Lage) und die Lage der Conceptacel sowie die Ausbildung der Conceptaceldächer von Bedeutung. (5, *G*, in Reihen; *H*, viele Poren; *I*, eine Pore). *H* und *P*, Hypo- und Perithallus. Grünalgen: (6) bei Dasycladaceen ist die Gestalt und Anordnung der Zweige bzw. der „Wandporen" und deren Verzweigungsmuster von wesentlicher taxonomischer Bedeutung. (7) zeigt eine gegliederte Dasycladaceen-Gattung (*Cymopolia*) im Querschnitt *A* und Längsschnitt *B*. Die Vergrößerung *C* läßt die Primärzweige (*Pz*), Sekundärzweige (*Sz*) und die im Inneren der Äste liegenden Sporangien erkennen. Charophyceen tragen in Astgabelungen verkalkte Reproduktionsorgane (8). (9) zeigt einige mesozoische Gyrogoniten (*A*, Characeae; *B*, Sycidiaceae; *C*, Trochiliscaceae; *D*, Clavatoraceae). Aufrecht wachsende, stark verzweigte Codiaceen (10) sind für die bioklastische Karbonatproduktion von großer Bedeutung. Unklar ist die systematische Stellung der auf das Jungpaläozoikum beschränkten „phylloiden Algen". Vereinfacht nach Wray (1977)

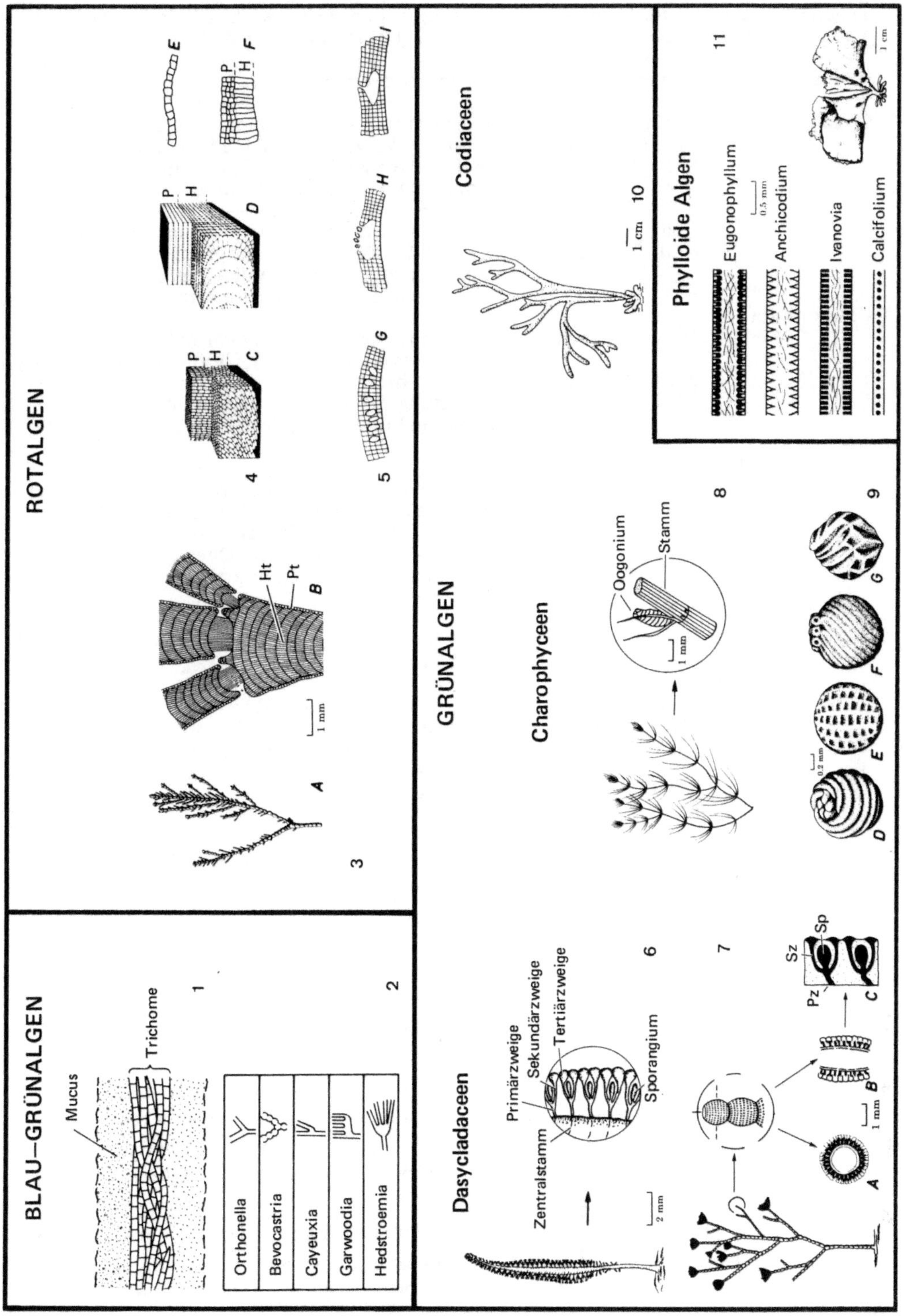
BLAU-GRÜNALGEN
Mucus
Trichome
1
Orthonella
Bevocastria
Cayeuxia
Garwoodia
Hedstroemia
2
ROTALGEN
3
A
B
Ht
Pt
1 mm
4
C
D
E
F
P
H
5
G
H
I
GRÜNALGEN
Dasycladaceen
Zentralstamm
Primärzweige
Sekundärzweige
Tertiärzweige
Sporangium
2 mm
6
7
1 mm
A
B
C
Pz
Sz
Sp
Charophyceen
Oogonium
Stamm
1 mm
8
0.2 mm
D
E
F
G
9
Codiaceen
1 cm
10
Phylloide Algen
Eugonophyllum
0.5 mm
Anchicodium
Ivanovia
Calcifolium
1 cm
11

Tabelle 32. Für die Bestimmung von Gattungen und Arten wichtige Merkmale fossiler Kalkalgen (Dasycladaceen nach Bassoulet et al., 1977). Vgl. auch Abb. 44

Großgruppe	Gruppe	Diagnostische Merkmale
Cyanophyta	Verkalkte Filamentalgen (Taf. 21/3)	1. Anordnung der Filamente (inkrustiert. aufrecht). 2. Verzweigung der Filamente bzw. röhrenförmigen Kalkhüllen; 3. Durchmesser der Röhren; 4. Gestalt der Röhren
Chlorophyta	Codiaceen (Taf. 21/4, 29/3)	1. Wuchsform (segmentiert, nicht segmentiert etc.); 2. Größe, Gestalt und Anordnung der Filamente im zentralen Medulla- und peripheren Cortexbereich; 3. Reproduktionsorgane
	Dasycladaceen (Taf. 5/4, 9, 21/5, 22/4–9, 23/1–3, 24/4, 30/2, 4, 9)	1. Anordnung der Primärzweige; 2. Gestalt des Thallus (segmentiert etc.), Gestalt und Anordnung der Äste bzw. „Poren" und Reproduktionsorgane = Gattungsmerkmale; 3. Dimensionen, Verkalkungsgrad und innere Begrenzung der „Stammzelle"
Rhodophyta	Solenoporaceen (Taf. 9, 21/8, 28/1)	1. Ausbildung oder Fehlen von horizontalen Verbindungen („Querböden") zwischen den Filamenten; 2. Horizontbeständigkeit der Querelemente; 3. Gestalt der „Zellen" im Querschnitt; 4. Gestalt der Filamente (perlschnurartig etc.); 5. Dimensionen
	Gymnocodiaceen (Taf. 22/1)	1. Größe der Segmente des Thallus; 2. Dichte und Größe der Wandporen
	Corallinaceen (Taf. 3/4, 6; 22/2, 24/8, 33/1, 33/3)	1. Typus und Lage der Reproduktionsorgane (Conceptacel); 2. „Zellen"-Gestalt und -Anordnung im zentralen Hypothallus; 3. Zellengestalt und -anordnung im peripheren Perithallus; 4. Heterocysten; 5. Dimensionen

Wassertiefen selektiv absorbiert werden, finden sich die an Blau- und Grünbereiche angepaßten Rotalgen in der Gegenwart auch in größeren Wassertiefen (bis etwa 400 m), während die im Rotbereich am stärksten assimilierenden verkalkten Grünalgen bevorzugt an das Flachmeer (bis etwa 100 m Wassertiefe) gebunden sind.

Die *Verwendung von fossilen Algen als Tiefenindikatoren* muß daher von folgenden Voraussetzungen ausgehen (vgl. auch Riding, 1974):

1. Die Algen müssen größeren systematischen Einheiten zuordenbar sein (also nicht nur „Algen", sondern Dasycladaceen, Melobesien etc.).

2. Allochthonie (Verfrachtung, z.B. Elliott, 1975) muß ausschließbar sein.

3. Nach Möglichkeit sollte der Versuch unternommen werden, die bei rezenten Algen bekannte Tiefenzonierung der Gattungen und Arten auch im fossilen Material wieder zu erkennen. Dies erscheint bei tertiären und eventuell mesozoischen Kalkalgen bei eingehenden Untersuchungen möglich.

Im allgemeinen ist festzustellen, daß die benthonischen Kalkalgen der Gegenwart ihre größte Diversität im küstennahen Flachwasser aufweisen (wenige m bis einige Zehner Meter). Filamentöse und coccale Blau-Grünalgen finden sich bevorzugt im Gezeitenbereich, Grünalgen häufiger in Tiefen bis zu etwa 20–30 m und Rotalgen überwiegend

Tabelle 33. Ökologische Faktoren rezenter Kalkalgen

	Salinität	Wassertemperatur	Wassertiefe	Wasserenergie	Substrat	Lebensbereiche
Cyanophyceen	Süßwasser, Brackwasser, hypersalin, nicht normalsalin	Warm- und Kaltwasser	Flachste Gezeitenzone bis in große Tiefen	i.a. gering	Schlamm- und Sandböden (Sedimentbinder), Bohrer in Hartböden	Terrestrisch, lakustrin, Gezeitenbereich
Chlorophyceen: Codiaceen	Normalmarin	Tropisch (um 25°) wenige subtropisch	Untere Gezeitenzone, meist < 10 m; bis 100 m; Artenverteilung tiefenabhängig	Gering, i.a. Stillwasserbereich	Sand- u. Schlammböden, nur wenige Arten auf Hartböden	In geschützten Lagunen und am tieferen Vorriffhang
Dasycladaceen	Meist normalmarin, einige Arten tolerieren Brackwasser u. hypersaline Bereiche	Tropisch bis subtropisch; wenige Arten in warmem, temperiertem Wasser. Wichtiger Faktor!	Unterhalb der Gezeitenfläche bis etwa 30 m; maximal ~90 m; meist 3–5 m	Gering, i.a. Stillwasserbereich (unterhalb Wellenfläche oder in geschützten Lagunen)	Sand- u. Schlammböden, einige Arten auf Hartböden	In geschützten Lagunen
Charophyceen	Süß- u. Brackwasser, hypersalin	Warmwasser und kühleres Wasser	Bis etwa 10 m, meist sehr flach	Stehende oder langsam fließende Wasser	Schlamm- u. Sandböden	Am Strand von Süßwasserseen; im küstennahen Brackwasser
Rhodophyceen: Squamariaceen	Normalmarin	Warmwasser (Tropen, Subtropen)	Untere Gezeitenfläche bis einige m unter NN, maximal etwa 90 m	Gering	Meist Hartböden	Riffregionen, offenmarin
Corallinaceen	Meist normalmarin; nur wenige Arten tolerieren reduzierte Salinitätswerte im Küstenbereich	Warm- u. Kaltwasser (Tropen bis Polarregion); stenothermische Arten u. Gattungen	Gezeitenzone bis 250 m; meist < 25 m; Artenverteilung tiefenabhängig	Verschieden: einige Taxa im Starkwasser-, andere im Stillwasserbereich	meist Hartböden (Riffe; Felsen), aber auch Weichböden oder instabile Böden	Offen-marine Plattformen und Buchten mit Bänken oder Riffen (Riffaußenrand); am Schelfhang (Rhodolithen)

im Gezeiten- und oberen Subtidalbereich. Allerdings treten sowohl bei den inkrustierenden Corallinaceen als auch bei den Codiaceen Arten auf, die an Wassertiefen von mehr als 50 m angepaßt sind (z.B. Lithothamnien-Rhodolithen; *Halimeda* im unteren Vorriffbereich der karibischen Riffe). Die Tiefenabhängigkeit bedingt das horizontale Verbreitungsmuster vieler Algen (Beispiele bei Milliman, 1977). Fossile Schelf- und Riffareale können unter anderem auch durch faziesabhängige Algengattungen bzw. Assoziationen untergliedert werden. Beispiele für devonische Riffkomplexe finden sich bei Wray (1972), für unterpermische Schelf- und Schelfrandbereiche bei E. Flügel (1977b), für mitteltriadische Riffkomplexe bei E. Ott (1972), für jungmesozoische Schelfzonen bei Conrad (1977) und für tertiäre Plattformkarbonate bei Elliott (1968).

Auf Grund des sehr generalisierten Verbreitungsmusters rezenter Kalkalgen (Abb. 45) werden Algen im Rahmen von Faziesanalysen meist als Indikatoren für geringe Wassertiefen, relative Küstennähe und Warmwasser angesehen. Abweichungen sind jedoch die Regel!

Tafel 22/1–9 Kalkalgen

▶

1. Gymnocodiaceen. Die Formen dieser zu den Rotalgen gerechneten Gruppe unterscheiden sich von Dasycladaceen durch dichtstehende, schräg gegen außen verlaufende Wandporen (und Zentralstrukturen). *Gymnocodium bellerophontis* (Rothpletz). Oberes Perm: Kapiskaya, Westanatolien. Balkenlänge 1 mm

2. Corallinaceen. Knollige, durch auffallend feinkörnigen und schwarz erscheinenden Mikrit charakterisierte Thalli von Melobesioideen. Rechts segmentierte Thalli von Corallinoideen mit gröberzelligem Hypothallus und feinzelligem Perithallus. Jungtertiär (Leithakalk, Miozän): Wildon, Steiermark. Balkenlänge 1 mm

3. Ancestrale Corallinaceen. *Ungdarella uralica* Maslov als Kern eines Bio-Onkoids. Unteres Perm: Forni Avoltri, Carnia. Balkenlänge 1 mm

4. Dasycladaceen. Schrägschnitte von *Oligoporella pilosa* Pia. Die Arten der *Physoporella-Oligoporella*-Gruppe mit zweizeiligen Wirteln charakterisieren den Bereich „Hydasp", Pelson und unteres Illyr der Anisischen Stufe der unteren alpinen Mitteltrias (vgl. Abschnitt 5.3.12.5). Mitteltrias (Pelson, Anis): Silica brezova, Slovensky kras – Gebirge, Karpaten, Slowakei. Balkenlänge 1 mm

5. Dasycladaceen. Schrägschnitte von *Teutloporella nodosa* (Schafhäutl). Mitteltrias (Anis): Nordflanke des Velebit, Kroatien. Balkenlänge 1 mm

6. Dasycladaceen. *Griphoporella curvata* Gümbel. Obertrias (Dachsteinkalk): Haindlmauergöß, Gesäuse, Steiermark. Balkenlänge 1 mm

7. Dasycladaceen. *Teutloporella socialis* Praturlon. Oberer Malm: Monte Corno, Abruzzen, Italien (Typlokalität!). Balkenlänge 1 mm

8. Dasycladaceen. *Triploporella marsicana* Praturlon. Untere Kreide: Collelongo, zentraler Apennin. Balkenlänge 1 mm

9. Dasycladaceen. *Neomeris cretacea* Steinmann. Ober-Kreide (Maastricht): Zagrosketten, Iran. Balkenlänge 1 mm

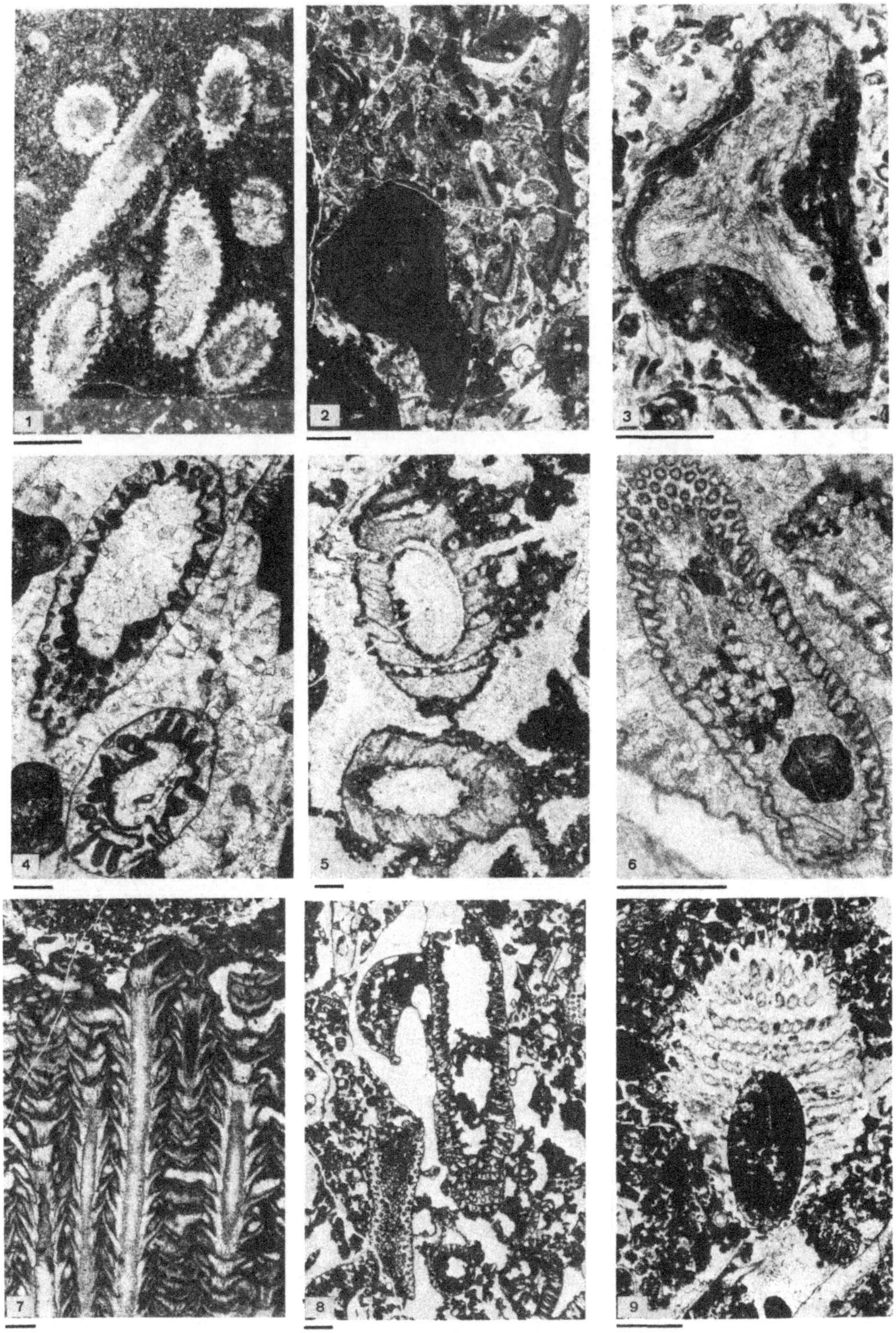
1
2
3
4
5
6
7
8
9

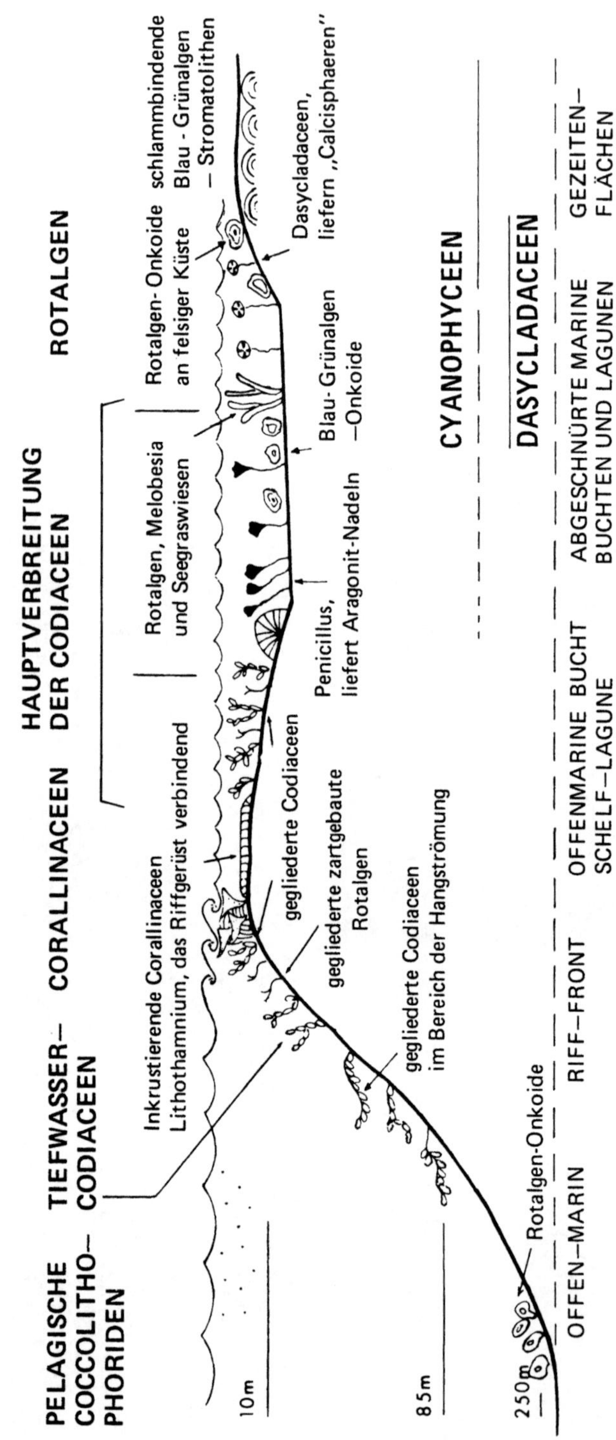
PELAGISCHE COCCOLITHO-PHORIDEN
TIEFWASSER-CODIACEEN
CORALLINACEEN
HAUPTVERBREITUNG DER CODIACEEN
ROTALGEN
Inkrustierende Corallinaceen Lithothamnium, das Riffgerüst verbindend
Rotalgen, Melobesia und Seegraswiesen
Rotalgen-Onkoide an felsiger Küste
schlammbindende Blau-Grünalgen – Stromatolithen
10m
85m
250m
Rotalgen-Onkoide
gegliederte Codiaceen im Bereich der Hangströmung
gegliederte zartgebaute Rotalgen
gegliederte Codiaceen
Penicillus, liefert Aragonit-Nadeln
Blau-Grünalgen –Onkoide
Dasycladaceen, liefern „Calcisphaeren"
CYANOPHYCEEN
DASYCLADACEEN
OFFEN–MARIN
RIFF–FRONT
OFFENMARINE BUCHT SCHELF–LAGUNE
ABGESCHNÜRTE MARINE BUCHTEN UND LAGUNEN
GEZEITEN-FLÄCHEN

5.3.12.4 Algen und Karbonatsedimentation

Die wechselseitigen Beziehungen zwischen benthonischen Algen und Sedimentbildung können, ausgehend von Rezentbeobachtungen, wie folgt zusammengefaßt werden:

A. Sediment-Aufbau

1. *Sedimentation von Algen-Bioklasten:* Die Reste von Dasycladaceen, Codiaceen (*Halimeda*) und artikulaten Corallinaceen bilden in rezenten Lagunensedimenten etwa 20–60% der arenitischen Kornfraktion. Im Mittelmeer und im Atlantik findet sich in dem als "maerl" bezeichneten Karbonatsand- und Kiessediment eine bis zu 75% aus Corallinaceen bestehende Ablagerung. Ähnliche Algenbioklasten-Anhäufungen sind aus jungpaläozoischen und mesozoischen Lagunensedimenten bekannt (z.B. Mizzien-Kalke des mittleren Perms, Diploporen-Kalke der alpinen Mitteltrias).

2. *Sedimentation von Zerfallsprodukten im Mikron-Bereich:* Codiaceen (*Penicillus, Halimeda*) und andere Grünalgen setzen beim Zerfall der Thalli als Grundbausteine aragonitische Nadeln von wenigen Mikron Größe frei, die wesentlich zur Feinschlammbildung im Flachwasser – und durch Verfrachtung – auch im tieferen Sedimentationsraum beitragen (siehe Abb. 36). Die Jahresproduktion liegt zwischen 25 g/m^2 im Riff und 90 g/m^2 in Lagunen. Ähnliche Mengen liefern auch andere Algen wie z.B. epiphytisch lebende Rotalgen der Gattung *Melobesia* (40 g/m^2/Jahr). Mit rezenten Codiaceen vergleichbare fossile Algen sind erst ab der Obertrias bekannt.

3. *Aufbau von biogenen Gerüststrukturen* durch inkrustierende Kalkalgen, insbesondere durch Corallinaceen. Rezente Beispiele liefern die Lithothamniensäume der pazifischen Korallenriffe und die als "biocenoses coralligenes" bezeichneten Hartböden im Mittelmeerraum. Fossil sind derartige Gerüststrukturen aus dem jüngeren Mesozoikum und aus dem Tertiär bekannt (z.B. Buchbinder, 1977. vgl. Tafel 33/1).

4. *Biochemisch induzierte Karbonatfällung* um Blau-Grünalgen, die „Matten" bilden und Sediment „binden" können (vgl. Abschnitt 4.2.4.4). Es entstehen biosedimentäre Strukturen, die als *Stromatolithen* bezeichnet werden (Abb. 46). Diese im Inter- und Supratidal sowie im oberen Subtidalbereich gebildeten, flachen und gewölbten, aus algenreichen und sedimentreichen Abschnitten bestehenden Strukturen geben wichtige Hinweise auf die Wassertiefe, Wasserenergie und relative Küstennähe (siehe Literaturzusammenstellung 5.3.12.6 und insbesondere Walter, 1976). Hierher gehören auch die Algen-Onkoide (vgl. 4.1.3.4).

B. Sediment-Lithifizierung

5. *Karbonatzementbildung:* Alexandersson (1974, 1977) hat die Möglichkeiten einer durch den bakteriellen Zerfall der organischen Substanz induzierten oder durch die Assimilation der Algen bedingten submarinen Zementation in Corallinaceen-Gerüsten beschrieben.

C. Sediment-Abbau:

6. Verfestigte Sedimente und Kalkschalen werden durch *bohrende Algen* (meist Cyanophyceen und Chlorophyceen) aufgelockert und zum Teil völlig abgebaut. Es entsteht Algenmikrit ("algal dust", Wood, 1941) bzw. Mikritrinden und Komponenten (siehe 4.1.3.6). Da auch Pilze und Tieferwasseralgen als Bohrer in Frage kommen, ist eine paläobathymetrische Auswertung von bohrenden Algen schwierig.

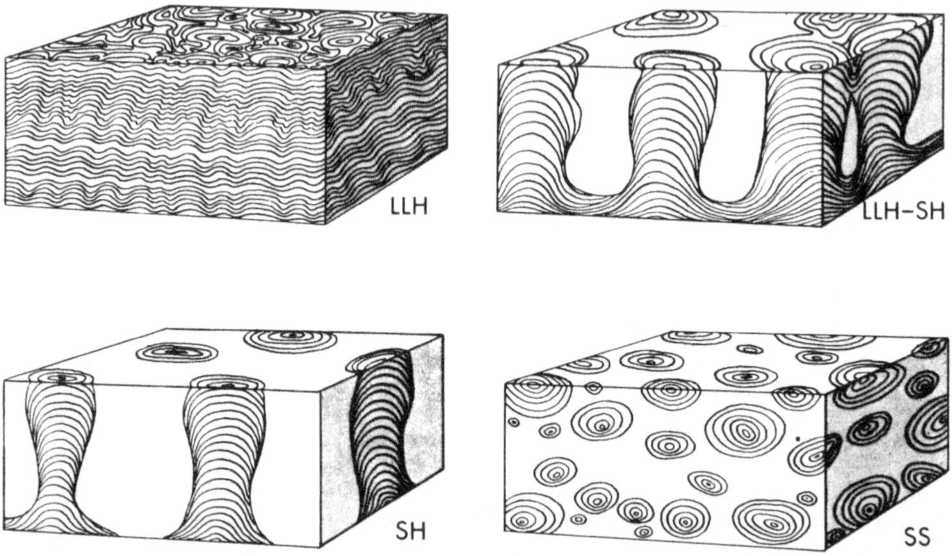

Abb. 46. Wuchsformen von Stromatolithen. Viele Stromatolithen lassen sich auf geometrische Grundformen zurückführen (Logan et al., 1964), deren Anlage jedoch nicht ausschließlich durch Umweltverhältnisse wie zum Beispiel die Stärke der Wasserbewegung gesteuert wird. Biologische Faktoren (unterschiedliche Reaktion von Algenarten auf Sedimentanlieferung und Karbonatfällung) sind von wesentlicher Bedeutung (vgl. Walter, 1976). Für die Beschreibung von Gelände- und Schliffbefunden können verwendet werden: *LLH,* laterally linked hemispheroids; lateral verbundene Halbkugeln mit durchlaufenden Lamellen, die Aufwölbungen können eng oder weit auseinanderstehen (Untertypen LLH-C und LLH-S). *SH,* Stacked hemispheroids; übereinandergesetzte Halbkugeln bilden Säulen, die durch nichtlaminiertes Sediment getrennt werden. Die Aufwölbungen besitzen konstante Durchmesser oder sind verschieden breit (Untertypen SH-C und SH-SH-V). *SS,* spheroidal structures, kugelförmige Strukturen um einen Kern (Onkoide). Untertypen SS-C (Normalonkoide, konzentrisch aufgebaut), SS-R (Lagenbau gelegentlich unterbrochen) und SS-I (gegensätzlich angeordnete Lagen, s. Abb. 15). Die Symbole gestatten sowohl die Beschreibung von Wuchskombinationen (Beispiel *LLH-SH)* als auch die rasche Beschreibung der Groß- und Kleinstrukturen (in Bruchform; im Nenner die im Gelände und Handstück typisierbaren Großstrukturen, im Zähler die im Handstück und in Schliffen erkennbaren Kleinstrukturen innerhalb der Großstrukturen). Nach Anstey u. Chase (1974)

5.3.12.5 Stratigraphische Bedeutung (Tabelle 34)

Unter den Kalkalgengruppen kommt den Dasycladaceen trotz beträchtlicher Schwierigkeiten bestimmungstechnischer und systematischer Natur (siehe Herak et al., 1977; Bassoulet et al., 1977) die größte biostratigraphische Bedeutung zu. Dies gilt insbesondere für das Jungpaläozoikum (z.B. im Unterkarbon, Mamet u. Roux, 1975), für die alpin-mediterrane Trias und für die jungmesozoischen Schelfkarbonate der Tethys. Als Beispiel sei die von J. Pia begründete und von E.Ott (1972) neu entwickelte Dasycladaceen-Gliederung für die alpine Mittel- und Obertrias vorgestellt (Abb. 47) und auf die größtenteils auf Kalkalgen aufgebauten „Mikrofazies-Zonen" im Jura des Mittelmeerraumes verwiesen (vgl. Abschnitt 5.4).

Tabelle 34. Bedeutung einzelner Kalkalgengruppen in der Erdgeschichte. Nicht berücksichtigt sind die Characeen. Die Vertikalstriche geben die zeitliche Reichweite an. X, z.T. häufiger; (X), nur lokal von Bedeutung; B, Beteiligung am Aufbau von Biohermen im Stillwasserbereich (mud mounds); R, Riffgerüst-Bauer; RR, Riff-Rückseite, i.a. geschützte Bereiche; S, Schelfregion

	Cyanophyta					Chlorophyta		Rhodophyta							
	„*Girvanella*"	„*Renalcis*"	„*Epiphyton*"	„*Orthonella*", „*Cayeuxia*"	Andere Typen	Codiaceen	Dasycladaceen	Solenoporaceen	Gymnocodiaceen	Squamariaceen	Inkrust. Corallinaceen	Segment. Corallinaceen	„*Ungdarella*"	Ancestrale Corallinaceen	Phylloide Algen
Gegenwart				X	X	S	S			R	R	S			
Tertiär				│	│	S	S	│		│	R	S			
Kreide	│			X	│	S	S	X	S	R	R	S			
Jura	│			X	B	X	SRR	X	│			X			
Trias	X			RR	│	(X)	SRR	RRR	│						
Perm	│			│	│	X	SRR	│	S				X	R	R
Karbon	│			S	│	(X)	X	X					S	S R	B S
Devon	R	R		│	│	(X)	(X)	RR							
Silur	R			X	│	X	X	R							
Ordovic	B	B	B	│	│	X	X	X							
Kambrium	B	B	B	│	│	X	X	X							
Präkambrium				│	│										

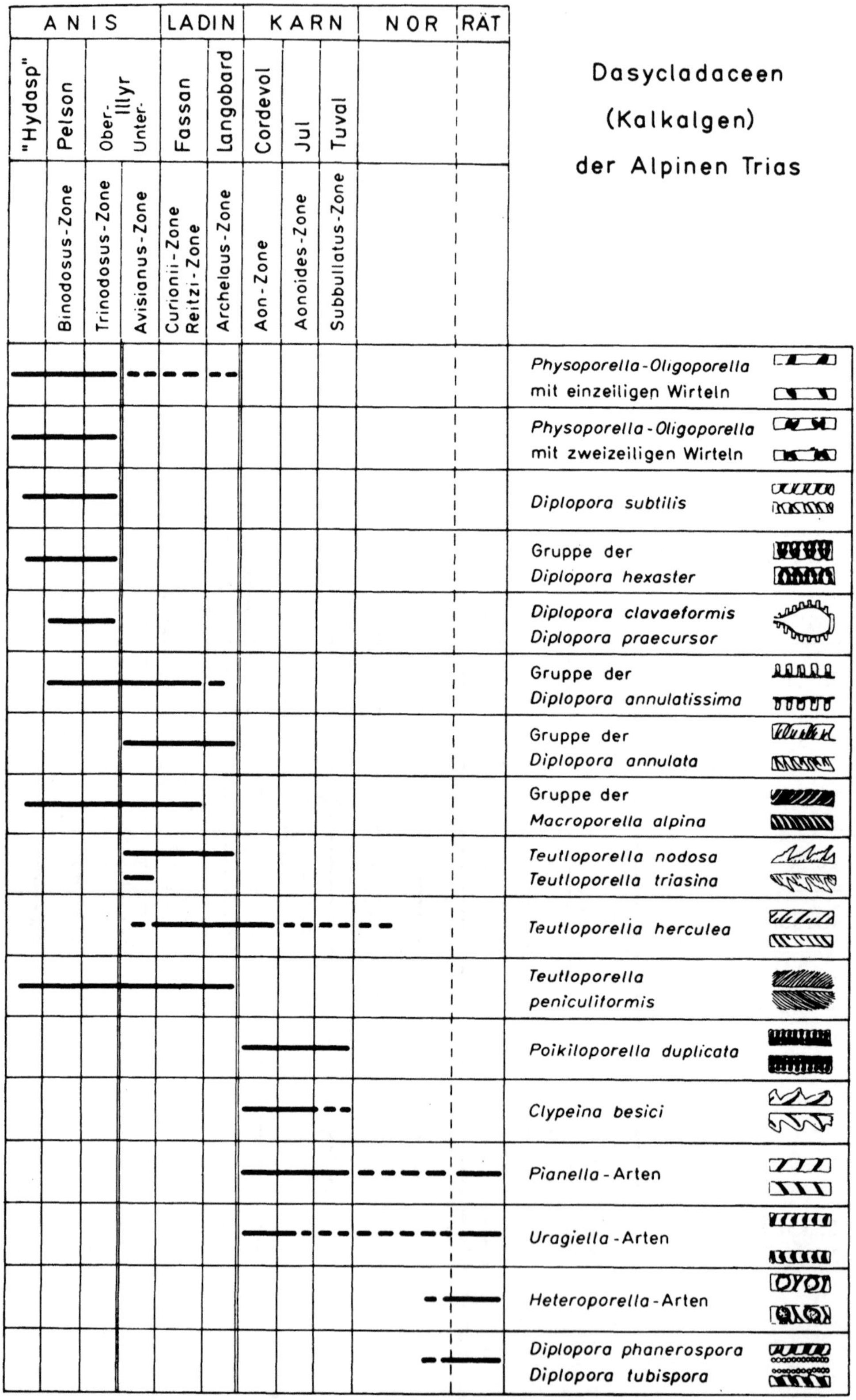

Abb. 47. Gliederung der alpin-mediterranen Mittel- und Obertrias mit Dasycladaceen. Nach E. Ott (1972)

5.3.12.6 Bestimmungsschlüssel für Hauptgruppen der Kalkalgen

A Äußere Form schlecht definiert, flache Lagen und Krusten mit deutlichen oder undeutlichen mm-Lagen . . . . sedimentbindende *Algen* (siehe Tab. 24)

B Äußere Form gut definiert 1

(B) 1a Im Schliff deutliche Mikrostruktur 2

b Im Schliff undeutliche oder keine Mikrostruktur 8

c Gestalt kugel- oder eiförmig, mit z.T. in Spiralen angelegter Oberflächenskulptur aus Furchen und Leisten. . . . . *Characeen* (ab Silur) (Taf. 21/7)

(1a) 2a Mikrostruktur aus deutlichen „Netzzellen". 3

b Mikrostruktur aus Röhren. 4

c Mikrostruktur mit Zentralröhre 6

(2a) 3 Zellen im Längsschnitt rechteckig

a Thallusdifferenzierung in Hypothallus (zentral, größere Zellen) und Perithallus (peripher, kleinere Zellen); Sporangien. . . . . . . *Corallinaceen* (ab Jura)

a1 Thalli massiv, inkrustiert, nicht gegliedert. . . . . *Melobesoideae* (ab Jura) (Taf. 22/2, 33/3)

a2 Thalli bäumchenförmig, gegliedert . . . . *Corallinoideae* (ab Unter-Kreide) (Taf. 22/2)

b Keine Thallusdifferenzierung, keine Sporangien, Querelemente können zurücktreten. . *Solenoporaceen* (Mittelkambrium bis Neogen) (Taf. 21/8, 28/1)

(2b) 4a Röhren ± gleichförmig, kurz oder lang 5

b Röhren verschieden groß, perlschnurartig. . . . . *Rothpletzella*, Cyanophyceen (Silur-Trias) (Taf. 21/3, 29/2)

c Röhren im Zentrum des Thallus groß, gegen die Peripherie zu immer kleiner werdend . . . . *Codiaceen*

c1 Thallus meist segmentiert, Segmentumriß oval . . . . Typ *Halimeda* (ab Trias) (Taf. 21/4)

c2 Thallus blatt- bis wellblechartig; interne Differenzierung in randliche Porenzone (Cortex) und breite, meist rekristallisierte Zentralzone (Medulla). . . . . .Typ *„phylloide Algen"* (Squamariaceen?), Karbon-Perm (Taf. 21/6,30/2)

(4a) 5a Kurze, gebogene, nicht tabulierte Röhren, oft zu Aggregaten verschmolzen, oft knollenförmige Thalli . . . . *Girvanella* (Cyanophyceae) (Kambrium bis Kreide) (Taf. 8/8, 21/1)

b Lange, unter diagnostisch wichtigen Winkeln gegabelte, i.a. eng stehende Röhren; Thallus knollen- oder krustenförmig . . . . *porostromate Cyanophyceen* (ab Kambrium) (Taf. 21/3)

(2c) 6a Wand von Poren durchbohrt, z.T. mit wirteligen Verzweigungen. 7

b Wand ohne Poren, aber z.T. mit kleineren Kreisschnitten; immer skulptuiert . . . . Oogonien von *Characeen* (Taf. 21/7)

(6a) 7a Zylindrische oder kugelige Thalli; hohle Kalksegmente mit von i.a. isoliert stehenden Poren durchsetzter Wand . . . . *Dasycladaceen* (ab Kambrium) (Taf. 22/4–9)

b Große, i.a. segmentierte Thalli; hohle Kalksegmente mit dünner Wand (von schräg nach außen laufenden, *dichtstehenden* Poren durchsetzt) und großem

Zentralraum, lose angeordnete Zellfäden, häufig jedoch umkristallisiert . . .
. . . . *Gymnocodiaceen* (Perm bis Paläozän) (Taf. 22/1)

(1b)8a Variable Wuchsformen; ± parallele, mikritische Feinschichtungsgefüge mit (schichtparallelen) Fenstergefügen . . z.T. *Algenmatten* („Loferite", s. Tab. 22)

b Geometrische Wuchsformen mit ausgeprägter Gestalt 9

(8b)9 Oft große „Kolonien" (cm- bis m-Bereich), ± regelmäßige Lagenstrukturen . *Spongiostromata* (Cyanophyceen/Bakterien-Assoziationen, ab Präkambrium)

a „Kolonien" am Boden aufgewachsen, *gewölbte* Wuchsformen, ± deutliche Lamellenstruktur, keine deutliche Mikrostruktur . . . *Stromatolithen* (Abb. 46)

b „Kolonien" frei, nicht am Boden festgewachsen, Kerne umhüllend, i.a. unregelmäßige Lagenstrukturen . . . . *Onkolithen* (Onkoide) (Taf. 29/1)

5.3.12.7 Literaturhinweise

Übersichten über den derzeitigen Stand der Kenntnis fossiler Algen finden sich bei:

Flügel, E. (ed.) (1977a): Fossil Algae. Recent Results and Developments, 375 S., Berlin Heidelberg–New York: Springer
37 Arbeiten über Blau-Grünalgen und Stromatolithen; Entwicklung und Klassifikation der Dasycladaceen; Rotalgen; Fragen der Zuordnung verschiedener paläozoischer Gruppen zu den Algen; Biometrische Analyse; Ultrastruktur der Kalkalgen; Algen und Sedimentation.

Ginsburg, R., Rezak, R., Wray, J.L. (1972): Geology of Calcareous Algae (Notes for a Short Course). Sedimenta I, 78 S., Comp. Sed. Lab. Marine Geol. Geophys., Univ. Miami
Kurze Darstellung der Morphologie, Kalzifikation, Reproduktion, Klassifikation und Ökologie rezenter Kalkalgen sowie der Bedeutung fossiler Kalkalgen als Riff- und Stromatolithenbildner.

Walter, M.R. (ed.) (1976): Stromatolites. Dev. Sed. **20**, 790 S., Amsterdam–Oxford–New York: Elsevier
Wichtiges Standardwerk über rezente und fossile Stromatolithen. – Methoden und Systematik; abiogene, stromatolithen-ähnliche Strukturen; Biologie; Gefüge und Mikrostrukturen; Morphogenese; Biostratigraphie; Umweltinterpretation – rezente Modelle; geologische Beispiele; Stromatolithen als Faziesindikatoren; Mineralisation von Stromatolithen; Auswertung im Hinblick auf die Beziehungen Erde–Mond.

Wray, J.L. (1977): Calcareous Algae. Dev. Paleont. Strat. **4**, 185 S., 170 Abb., Amsterdam–Oxford–New York: Elsevier
Guter Überblick über Morphologie, Klassifikation, geologische Verbreitung und Ökologie der verkalkten Cyanophyceen, Rhodophyceen und Chlorophyceen. Weitere Abschnitte behandeln Algenmatten-Sedimente, Umweltfaktoren, sedimentproduzierende Algen und Beispiele für verschieden alte Algen-Assoziationen.

Zusammen mit den Algen-Bibliographien und den nach geologischen Zeitabschnitten geordneten Übersichten von J.H. Johnson (alle im "Quarterly" bzw. in den "Professional Contributions of the Colorado School of Mines", Golden) liegen gute Einführungen in das Stoffgebiet vor:

Bibliographien

Johnson, J.H. (1943): Geologic Importance of Calcareous Algae with Annoted Bibliography. Quart. Colorado School of Mines **38**, Golden

Johnson, J.H. (1957): Bibliography of Fossil Algae, 1942–1955. Quart. Colorado School of Mines **52**, Golden

Johnson, J.H. (1967): Bibliography of Fossil Algae, Algal Limestones, and the Geological Work of Algae, 1956–1965. Quart. Colorado School of Mines **62**/4, 148 S., Golden

Übersichten nach Zeitabschnitten

Kambrium (Quart. Colorado School of Mines, **61**/1, 1966), Ordovicium (**56**/2, 1961), Silur (**54**/1, 1959), Devon (**53**/2, 1959), Mississippian (**51**/4, 1956), Pennsylvanian und Perm (**58**/3, 1963), Jura (**59**/2, 1964), Unter-Kreide (Prof. Contrib. Colorado School of Mines **6**, 1969).

Größere Übersichten

Fott, B. (1971): Algenkunde, 2. Aufl., 581 S., 303 Abb., Stuttgart: Fischer
Grundlegende Übersicht über Taxonomie, Systematik und Ökologie der rezenten Algen. Gute Abbildungen, zahlreiche Literaturhinweise.

Johnson, J.H. (1961): Limestone-Building Algae and Algal Limestones. 297 S., 139 Taf., Golden (Colorado School of Mines)

Round, F.E. (1975): Biologie der Algen, 2. Aufl., 342 S., 12 Taf., 77 Abb., Stuttgart: Thieme
Gedrängte Darstellung der Morphologie, Fortpflanzung, Cytologie, Genetik, Ökologie, Physiologie, wirtschaftliche Bedeutung und Taxonomie der rezenten Algen. Für paläontologische Untersuchungen von Interesse: $CaCO_3$- und SiO_2-Ablagerungen bei Algen.

Bestimmungsarbeiten

1. Altpaläozoikum

Chuvashov, B.I. (1965): Foraminifery i vodorosli iz verkhnedevonskikh otloshenii zapadnogo sklona serednego i yushnogo Urala. Akad. nauk. SSSR, Uralskii, Trudy inst. geol. **74**, 3–153, Taf. 1–28, Sverdlovsk
Algen aus dem Frasne und Famenne.

Copper, P. (1976): The Cyanophyte *Wetheredella* in Ordovician reefs and off-reef sediments. Lethaia **9**, 273–281, 3 Abb., Oslo

Elliott, G.F. (1972): Lower Palaeozoic green algae from Southern Scotland, and their evolutionary significance. Bull. Brit. Mus. Nat. Hist., Geol. **22**/4, 357–376, 10 Taf., London;

Gnilovskaja, M.B. (1972): Izvestkovye vodorosli srednego i pozdnego ordovika vostochnogo Kazachstana. Akad. nauk. SSSR. Inst. geol. geochron. dokembriya, 195 S., 15 Taf., Leningrad: Nauka
Beschreibung der ordovizischen Grün- und Rotalgen, neue Gattungen und Arten.

Guilbault, J.P., Mamet, B.L. (1976): Codiacées (Algues) ordoviciennes des Basses-Terres du Saint-Laurant. Can. J. Earth Sci. **13**/5, 636–660, 7 Taf., 7 Abb., Ottawa

Johnson, J.H. (1964): Lower Devonian algae and encrusting foraminifera from New South Wales. J. Paleont. **38**/1, 98–108, Taf. 25–29, 1 Abb., Tulsa
Codiaceen, Blau-Grünalgen, Beschreibung einiger im unteren Devon weitverbreiteter Arten.

Kazmierczak, J. (1975): Colonial Volvocales (Chlorophyta) from the Upper Devonian of Poland and their paleoenvironmental significance. Acta Paleont. Polonica **20**/1, 73–85, Taf. 17–20, Warschau
Früher als „Calcisphaeren" bezeichnete kugelförmige Organismenreste in lagunären devonischen Flachwasserkarbonaten werden als Kolonien von Grünalgen (Volvocaceen) erkannt. Der Lebensraum dürfte durch geringe Salinität gekennzeichnet gewesen sein. – Wichtig für die Interpretation devonischer und unterkarbonischer Kalke mit Calcisphaeren!

Korde, K.B. (1973): Vodorosli kembriya. Akad. nauk SSSR, Trudy paleont. inst. **139**, 349 S., 59 Taf., Moskau: Nauka
Grundlegende Arbeit über die Morphologie, Systematik, Verbreitung, Ökologie und Stammesgeschichte der kambrischen Algen.

Machielse, S. (1972): Devonian algae and their contribution to the western Canadian sedimentary basin. Bull. Can. Petrol. Geol. **20**/2, 187–237, 19 Taf., 8 Abb., Calcary
Interessante Beschreibung der sedimentbindenden und -liefernden Bedeutung devonischer Algen. Bestimmte Algengruppen und -gattungen sind an bestimmte Sedimentationsbereiche gebunden. Abbildungen schlecht.

Maslov, V.P. (1956): Iskopaemye izvestkovye vodorosli SSSR. Trudy Inst. Geol. Akad. Nauk SSSR **160**, 361 S., 86 Taf., 136 Abb., 9 Tab., Moskau (russisch; französische Übersetzung!)
Grundlegende Arbeit über fossile Algen aus allen Formationen, speziell über paläozoische Formen.

Pantic, S. (1973): New species of Devonian algae from Klek, Southeastern Bosnia. Ann. Geol. Péninsule Balkanique **38**, 259–276, 3 Taf., 1 Abb., Beograd

Poncet, J. (1976): Hypothèse relative à la morphologie du thalle de *Renalcis* (algue calcaire-Paléozoique), et affinité possible avec les Rivulariacées actuelles. Geobios **9**/3, 345–351, 5 Abb., Lyon

Shuysky, V.P. (1973): Izvestkovye rifoobrazuyushchie vodorosli nizhnego devona urala. Akad. Nauk SSSR, Uralskii nauchnyi tsentr. institut geologii i geochemii, 155 S., 34 Taf., Moskau: Nauka
Beschreibung der unterdevonischen Kalkalgen aus Riffbiotopen im Ural.

Wray, J.L. (1967): Upper Devonian calcareous algae from the Canning Basin, Western Australia. Colorado School of Mines, Prof. Contrib. **3**, 76 S., Golden

Wray, J.L. (1971): Algae in reefs through time. Proc. North American Paleont. Convention, Sept. 1969, Part J, 1358–1373, 20 Abb.

Wray, J.L., Playford, P.E. (1970): Some occurrences of Devonian reef-building algae in Alberta. Can. Petrol. Geol. Bull. **18**, 544–555, Calgary

2. *Jungpaläozoikum*

Emberger, J. (1976): Les Algues (Chlorophyceae, Prasinophyceae, Rhodophyceae) du Carbonifère et du Permien. Essai d'un inventaire bibliographique, géographique, stratigraphique. Bull. Inst. géol. Bassin d'Aquitaine, Num. Spec., 168 S., 35 Tab., Talance

Güvenç, T. (1974): Repartition stratigraphique des Algues Calcaires du Carbonifère et du Permian de la Tethys. Sept. Congr. Intern. Strat. Géol. Carbonifères, Krefeld 1971, C.R. **3**, 143–159, 6 Abb., Krefeld

Güvenç, T. (1975): Discussion des Genres de Porostromata Pia 1927 et leurs representants dans la Carbonifère et le Permien de Turquie. Congr. Earth Sci., 50th Anniv. Turkish Republic, Papers, 241–256, 2 Taf., 1 Abb., 3 Tab., Ankara

Homann, W. (1972): Unter- und tief-mittelpermische Kalkalgen aus den Rattendorfer Schichten, dem Trogkofel-Kalk und dem Treßdorfer Kalk der Karnischen Alpen (Österreich). Senck. leth. **53**, 3/4, 135–313, 10 Taf., 10 Abb., Frankfurt/M.

Mamet, B., Roux, A. (1975): Dasycladacées devoniennes et carboniferes de la Tethys occidentale. Rev. Espan. Micropal. **7**/2, 245–295, 13 Taf., 5 Abb., Madrid

3. *Trias*

Bystricky, J. (1964): Slovensky kras. Stratigrafia a Dasycladaceae mezozoika Slovenskeho krasu. Ustred. ustav. geol., 104 S., 38 Taf., Bratislawa (slowakisch mit deutscher Kurzfassung)
Wesentliches Bestimmungswerk, in Einzelheiten zu ergänzen durch die Arbeiten von E. Ott.

Flügel, E. (1975): Kalkalgen aus Riffkomplexen der alpin-mediterranen Obertrias. Verh. Geol. Bundesanst. **1974**, 2/3, 297–346, 4 Taf., 11 Abb., Wien
Beschreibung der Rot- und Grünalgen aus norischen und rätischen Riffkalken der Alpen, Ägäis und von Ungarn.

Ott, E. (1967): Dasycladaceen (Kalkalgen) aus der nordalpinen Obertrias. Mitt. Bayer. Staatsslg. Paläont. histol. Geol. **7**, 205–226, Taf. 12–13, München

Ott, E. (1972): Die Kalkalgen-Chronologie der alpinen Mitteltrias in Angleichung an die Ammoniten-Chronologie. N. Jb. Geol. Paläont. Abh. **141**/1, 81–115, 2 Abb., 1 Tab., Stuttgart

Pia, J. (1912): Neue Studien über die triadischen Siphoneae verticillatae. Beitr. Paläont. Geol. Österr.-Ung. u.d. Orients **25**, 25–81, Taf. 2–8, Wien

Pia, J. (1920): Die Siphoneae verticillatae vom Karbon bis zur Kreide. Abh. zool. botan. Ges. Wien **11**/2, 1–263, 8 Taf., Wien

4. Jura und Kreide

Emberger, J., Jaffrezo, M. (1975): Compléments à un essai d'inventaire des algues Dasycladacées du Jurassique et du Crétacé inférieur. Bull. Inst. Geol. Bassin d'Aquitaine **18**, 59–132, Talance
Bibliographie aller aus dem Zeitbereich Jura-Unterkreide beschriebenen Dasycladaceen.
Groupe Elf-Aquitaine (1975): Catalogue des algues Dasycladacées du Jurassique et du Crétace. 2 Bände, Centre de recherche de Boussens.
Bildkatalog aller aus jurassischen und kretazischen Schichten beschriebenen Dasycladaceen-Arten (Originalbeschreibung, Arten-Vergleiche, stratigraphisches und räumliches Vorkommen, Bibliographie. Wichtiges Hilfsmittel bei Bestimmungen!).

5. Tertiär

Adey, W.H., MacIntyre, I.G. (1973): Crustose coralline algae: A re-evaluation in the geological sciences. Geol. Soc. Amer. Bull. **84**, 883–904, 31 Abb., New York
Buchbinder, B. (1975): Lithogenesis of Miocene reef limestones in Israel with particular reference to the significance of the red algae. State of Israel, Min. Comm. Industry, Geol. Surv. Oil Res. Dov. Rep. OD/3/75, 170 S., 4 Taf., Jerusalem
Johnson, J.H., Adey, W.H. (1965): Studies of *Lithophyllum* and related algal genera. Quart. Colorado School of Mines **60**/2, 105 S., 12 Taf., Golden
Maslov, V.P. (1962): Iskopaemye bagryanye vodorosli SSSR i ikh svyaz s fatsiyami. Akad. Nauk SSSR, Trudy geol. in-ta **53**, 222 S., 36 Taf., 128 Abb., Moskau (russ.)
Mastrorilli, V.I. (1967): Nuovo contributo allo studio delle Corallinacee dell'Oligocene Ligure-Piemontese: i reperti della Tavetta Ponzone. Atti Ist. Geol. Univ. Genova, 1967 **5**/2, 153–406, 42 Taf., Genua

6. Algen und Sediment

Aus der sehr großen Zahl der Arbeiten zu diesem Thema sei das Stromatolithen-Buch von Walter (1976) hervorgehoben und auf folgende Einzelarbeiten verwiesen:

Aitken, J.D. (1967): Classification and environmental significance of cryptalgal limestones and dolomites, with illustrations from the Cambrian and Ordovician of South-western Alberta. J. Sed. Petrol. **37**/4, 1163–1178, 22 Abb., Tulsa
Bathurst, R.G.C. (1967): Subtidal gelatinous mat, sand stabilizer and food, Great Bahama Bank. J. Geol. **75**/6, 763–738, Chicago
Gebelein, C.D. (1969): Distribution, morphology, and accretion rate of recent subtidal algal Stromatolites, Bermuda. J. Sed. Petrol. **39**/1, 49–69, 19 Abb., Tulsa
Kerkmann, K. (1966): Über „Oolithe" und „Stromatolithe" und die Beteiligung von Algen an der Kalksteinbildung. Wiss. Z. Hochschule f. Archit. u. Bauwesen, Weimar **13**/3, 293–302, 19 Abb., Weimar
Logan, B.W., Rezak, R., Ginsburg, R.N. (1964): Classification and environmental significance of algal stromatolites. J. Geol. **72**/1, 68–83, 5 Abb., Chicago
Monty, C. (1977): Evolving concepts on the nature and the ecological significance of Stromatolites. In: Flügel, E. (ed.): Fossil Algae, 15–35, Berlin–Heidelberg–New York: Springer
Schröder, J.H. (1972): Calcified filaments of an endolithic alga in recent Bermuda reefs. N. Jb. Geol. Paläont. Mh. **1972**/1, 16–33, 18 Abb., Stuttgart
Walther, J. (1885): Die gesteinsbildenden Kalkalgen des Golfes von Neapel und die Entstehung strukturloser Kalke. Z. dtsch. geol. Ges. **37**, 229–357, Berlin
Wolf, K.H. (1962): The importance of calcareous algae in limestone genesis and sedimentation. N. Jb. Geol. Mh. **1962**/5, 245–261, 1 Tab., Stuttgart
Wray, J.L. (1971): Algae in reef through time. Proc. N. Amer. Conv., Part J, 20 Abb., 1358–1373

Literatur: Abschnitte 5.3.12/1–6

Alexandersson, T. (1974): Carbonate cementation in coralline algal nodules in the Skagerrak, North Sea: biochemical precipitation in undersaturated waters. J. Sed. Petrol. **42**, 441–460, Tulsa

Alexandersson, T. (1977): Carbonate cementation in recent coralline algal constructions. In: Flügel, E. (ed.): Fossil Algae, 261–269, 2 Abb., Berlin–Heidelberg–New York: Springer

Bassoullet, J.P., Bernier, P., Deloffre, R., Genot, P., Jaffrezo, M., Poignant, A.F., Segonzac, G. (1977): Classification criteria of fossil Dasycladales. In: Flügel, E. (ed.): Fossil Algae, 154–166, Berlin–Heidelberg–New York: Springer

Buchbinder, B. (1977): siehe unter „Tertiär", S. 277

Conrad, M.A. (1977): The Lower Cretaceous calcareous algae in the area surrounding Geneva (Switzerland): Biostratigraphy and depositional environments. In: Flügel, E. (ed.): Fossil Algae, 295–300, 2 Abb., 3 Tab., Berlin–Heidelberg–New York: Springer

Elliott, G.F. (1968): Permian to Paleocene calcareous algae (Dasycladaceae) of the Middle East. Brit. Mus. (Nat. Hist.) Bull. Geol. Suppl. **4**, 111 S., 24 Taf., London

Elliott, G.F. (1975): Transported algae as indicators of different marine habitats in the English middle Jurassic. Paleont. **18**/2, 351–366, Taf. 48–50, London

Fay, M., Dirsche, V. (1975): First evidence of red algal spores in Upper Jurassic carbonate sediments of southern Germany and the Austro-Bavarian Alps. N. Jb. Geol. Paläont. Mh. **1975**/10, 586–592, 9 Abb., 1 Tab., Stuttgart

Flajs, G. (1977): Die Ultrastrukturen des Kalkalgenskelettes. Palaeontogr. (B) **160**/4–6, 69–128, 17 Taf., 16 Abb., 1 Tab., Stuttgart

Flügel, E. (1966): Algen aus dem Perm der Karnischen Alpen. Carinthia II, Sonderheft **25**, 3–76, 11 Taf., 15 Abb., 12 Tab., Klagenfurt

Flügel, E. (1977a): Environmental models for upper Paleozoic benthic calcareous algal communities. In: Flügel, E. (ed.): Fossil Algae, 314–343, 4 Taf., 3 Abb., 8 Tab., Berlin–Heidelberg–New York: Springer

Flügel, E. (1977b): Verkalkungsmuster porostromater Algen aus dem Malm der Südlichen Frankenalb. Geol. Bl. NO-Bayern **27**/3, im Druck, Erlangen

Ginsburg, R.N., Schroeder, J. (1973): Growth and submarine fossilization of algal cup reefs, Bermuda. Sedimentology **20**, 575–614, Amsterdam

Herak, M., Kochansky-Devidé, V., Gušić, I. (1977): The development of the Dasyclad algae through the ages. In: Flügel, E. (ed.): Fossil Algae, 143–153, 2 Abb., Berlin–Heidelberg–New York: Springer

Riding, R. (1974): *Girvanella* and other algae as depth indicators. Lethaia **8**, 173–179, Oslo

Wood, A. (1941): "Algal dust" and the finer-grained varieties of Carboniferous limestones. Geol. Mag. **78**/3, 192–200, London

Wray, J. (1972): Environmental distribution of calcareous algae in Upper Devonian reef complexes. Geol. Rdsch. **61**, 578–584, Stuttgart

5.3.13 Mikroproblematika

Nicht nur Bestimmungsschwierigkeiten „erzeugen" Mikroproblematika, sondern auch die unklare großsystematische Stellung einiger im Schliffbereich wichtiger Fossilgruppen. Dies gilt unter anderem für:

a) *Paläozoikum:* *Calcisphaeren*
Umbellinen

b) *Mesozoikum:* *Sphaeren*
„Bankia" striata (Carozzi)
Globochaeten
Filamente
Microtubus communis Flügel etc.
Tubiphytes Maslov

A. Calcisphaeren des Paläozoikums (Taf. 14/2)

Hohlkugeln mit verschieden struierten Kalzitschalen, Ø < 0,10–0,50 mm.

Verbreitung: Insbesondere im Bereich Givet bis Visé in Flachwasserkarbonaten der back-reef und Schelflagunen, z.T. offensichtlich in Bereichen mit herabgesetzter oder erhöhter Salinität (Kazmierczak, 1975). Häufig in Amphiporen-Kalken des Rheinischen Schiefergebirges.

Kenntnis: Erstmals von Williamson (1879) aus dem englischen Unter-Karbon und aus dem nordamerikanischen Mitteldevon (heute als Charophyten erkannt) beschrieben. Heute weltweit bekannt, insbesondere im Oberdevon von Belgien (Lombard u. Monteyne, 1952), Alberta (Konishi, 1958), USA (Stanton, 1967) und Mexico (Brunner, 1975) sowie häufig USSR (Chuvashov, 1965, und Reitlinger, 1957; Bestimmungsarbeiten!). In Tournai- und Visé-Kalken (in Kohlenkalk-Fazies) in Deutschland, Frankreich (Dervillé, 1950, 1960), Belgien (Conil u. Lys, 1964; wichtige Bestimmungsarbeit!) etc.

Gliederung: a) Nach Gattungen und Arten (Dervillé, 1950; Birina, 1948; Reitlinger, 1957; Conil u. Lys, 1964, etc.). b) Nach morphologischen Gruppen (z.B. Lombard u. Monteyne, 1952).

Systematische Zuordnung: Algen (z.B. *Eovolvox* Kazmierczak, Grünalgenkolonie, Trochilisken von Characeen, Algen- bzw. Dasycladaceen-Sporen z.B. Rupp, 1967; Marszalek, 1975). *Foraminiferen* (insbesondere bei sowjetischen Autoren und bei Conil u. Lys, 1964), anorganisch (unwahrscheinlich).

Bedeutung: Faziesfossilien, diagnostisch wichtig für geschützte Flachwasserbereiche (restricted shallow environments), insbesondere in mittel- und ober-devonischen backreef-Sedimenten (E. Flügel u. H. Hötzl, 1972).

B. Umbellinen

Schalen mit elliptischem und ovalem Umriß und exzentrisch liegender Höhlung. Verschieden dicke, feinradialstrahlige Wand, die in einen Kragen ausläuft. Längerer Ø 450 μ, kürzerer Ø 400 μ.

Beschrieben als Alge *Umbella*, als Homonym in *Umbellina* Loeblich u. Tappan umbenannt.

Verbreitung: Etwa ähnlich wie Calcisphaeren, häufig im Frasne und Famenne.

Systematische Zuordnung: Algen (Characeen), Foraminiferen (Unterfamilie Umbellinae der Familie Lagenidae) oder neue Gruppe der Protisten.

C. Sphaeren aus dem Mesozoikum (Taf. 7/5, 15/6–7)

Zum Teil in gesteinsbildender Häufigkeit im Bereich Lias bis Maastricht, insbesondere in „pelagischen" Karbonaten.

Hohlkugeln mit oder ohne Mündung(en), stark differenzierte Wand. Kugel-Ø etwa 20–150 μ.

Kenntnis: 1865 durch Kaufmann (in Heer) aus dem Seewer Kalk (Turon) der Schweiz beschrieben („Oligosteginen"), von Lorenz (1902) *Pithonella* genannt. 1935 beschreibt Colom aus dem ob. Lias und der Unterkreide der Balearen *Fibrosphaera*; durch Wanner (1940), Vogler (1941), Bonet (1956) und Scheibner (1967) werden die Gattungen *Stomiosphaera* und *Cadosina, Cadosinella, Calcisphaerula* und *Cadosinopsis* bekanntgemacht. Bolli (1974) beschreibt den submikroskopischen Bau jurassischer Calcisphaeren, Keupp (1977) Calcisphaeren aus den Solnhofener Schichten (Tithon). Ein Teil der einschichtigen Sphaeren (*Pithonella* Lorenz) dürfte kalkigen Dinoflagellaten-Zysten entsprechen (Keupp, 1978).

Bedeutung: Als Plankton betrachtet, zusammen mit Coccolithophoriden u.a. Von einigen Autoren als Tiefenanzeiger eingesetzt (Adams et al., 1967); Tiefsee, jedoch auch Flachmeer oder tiefere Schelfbereiche möglich [Beispiel Oberkreide von Westfalen (Pläner), Voigt u. Häntzschel, 1964; Locker, 1967]. Als Leitformen brauchbar im Bereich oberer Jura/Kreide, z.B. Borza (1964, W-Karpaten, und 1972), z.T. Zonengliederung.

Systematische Gliederung: Bei Borza (1972) Cadosinidae, Stomiosphaeridae und Calcisphaerulidae.

D. „Bankia" striata (Carozzi), Taf. 23/6

Kalzitische, V-förmige, ineinandergeschachtelte Schnitte mit gezackten Außenrändern. Häufig in Flachwasserkalken des oberen Malms und der unteren Kreide, alpin-mediterraner Raum.

Kenntnis: 1927 durch Favre u. Richard aus dem Purbeck des Juragebirges als "organisme C" beschrieben (Deutung Pteropoden). 1954 stellt Carozzi die Gattung *Vaginella* mit *V. striata* auf (Deutung Pteropoden). Ab 1959, insbesondere 1966 beschrieb Radoicić aus dem Valangin von Jugoslawien „aberrante Tintinniden". 1963 deutete Farinacci die Art *„striata"* als Paletten von Terediniden (Bohrmuscheln) und erkannte den stratigraphischen Wert der Art. Durch Barthel (1960) und Gollestaneh (1975) wird die Art zu den Dasycladaceen gestellt, vom letztgenannten Autor zur neuen Gattung *Carozziella,* von Bernier (1975) zur neuen Gattung *Campbelliella.*

Bedeutung: Leitform für die oberjurassische bzw. den Grenzbereich zur Kreide umfassende „Coenozone mit *Bankia striata*", siehe Tabellen 35, 36 und 37.

E. Globochaeten (Taf. 12/1)

1937 beschrieb Lombard aus den Malm-Kalken des Schweizer Jura und der Schweizer Alpen etwa 0,05 mm große, kugelige und nierenförmige, eingedellte Organismenreste, die isoliert auftreten (nach Lombard, 1945 = *Globochaete alpina*) oder in Reihen angeordnet sind (nach Lombard, 1945 = *Eothrix alpina*). Nach Lombard handelt es sich um planktonische, einzellige Grünalgen. Diese Formen sind heute aus dem Zeitraum Anis bis eventuell Eozän mit einem Verbreitungsmaximum im Lias und im oberen Malm bekannt. Globochaeten treten insbesondere in mikritischen Tieferwasserkalken auf, zusammen mit Schwebcrinoiden und mit Calpionellen (im Malm) und zusammen mit Filamenten, Radiolarien, Echinodermen und dünnschaligen Mollusken und Ostrakoden in der Trias (z.B. Hallstätter Kalk) und im Lias. *Globochaete tatrica* (Radwanski, 1968) aus dem Rät der Tatra unterscheidet sich durch die Größe (Ø 400–500 μ gegenüber 10–100 μ bei *G. alpina*).

F. „Filamente" (Taf. 4/4, 4/6, 12/1, 18/6, 19/1, 24/3)

In gehäufter Form auftretende, dünne, etwa 0,10 mm gebogene und bis etwa 5 mm lange kalzitische Elemente. Meist in mikritischen Kalken („Mikrolumachellen-Kalke").

Kenntnis: Zunächst als Filamente von Cyanophyceen angesehen (Cuvillier, 1951, 1959) und als *Paleotrix* oder *Axothrix* bezeichnet (Ferasin, 1956; Nagy, 1971), hat sich heute die Deutung als Reste von dünnschaligen Lamellibranchiaten durchgesetzt (Peyre, 1959; Mišik, 1964; Kuhry, 1975). Die i.a. sehr große Zahl wäre aus dem Umstand erklärbar, daß es sich um die Prodissoconche von planktonisch verdrifteten Larven handelt. Nach Kuhry (1975) entspricht die stratigraphische Reichweite der typischen, dünnschaligen Filamente der von *Bositra buchi* (Toarcien-Oxford). Ältere Filamente dürften auf Halobien etc., jüngere auf untypische *Saccocoma*- oder Ostrakodenschnitte zurückzuführen sein.

Bedeutung: Die insbesondere im Dogger weit verbreitete Filamentfazies wird häufig von einer *Saccocoma*-Fazies (vgl. Kuhry, 1975) oder von Radiolarien-Kieselkalken überlagert. Insgesamt sind „Filamente" aus dem Zeitbereich Anis bis Kreide bekannt, wobei Häufungen in der Beckenfazies der alpinen Trias (z.B. Reiflinger Kalke, Hallstätter Kalke), in der Rotkalkfazies des alpinen Lias, im Dogger und im unteren und mittleren Oberjura zu beobachten sind. Die Sedimentation erfolgte im subtidalen bis bathyalen Bereich.

G. Microtubus communis E. Flügel (Taf. 32/8) *und andere Mikroproblematika aus der alpinen Trias*

In obertriadischen Riffkalken treten in der zentralen Riff-Fazies zusammen mit Kalkschwämmen, Korallen und anderen Riffbildnern sehr häufig röhrenförmige Organismenreste (Ø etwa 0,10 mm) auf, die als Wurmröhren oder Foraminiferen gedeutet wurden (E. Flügel, 1964; H. Zankl, 1969). Es handelt sich um charakteristische Faziesfossilien.

Weitere, zum Teil als Fazies- und bedingt als Leitformen brauchbare Mikroproblematika aus der alpinen Trias sind bei E. Flügel (1972) und Borza (1975) beschrieben. Es handelt sich u.a. um Hohlröhren (neben *Microtubus* z.B. *Lamellitubus* Ott und *Aeolisaccus* Elliott); Rundkörper (Calcisphaeren, *Ladinosphaera* Oberhauser); unregelmäßig-kugelige Aggregate (Globochaeten, *Baccanella* Pantic); figurierte Krusten mit perforierten Schichten (Problematikum A bei Ohlen, 1959); Zellenverbände (*Thaumatoporella* Raineri – Taf. 23/4, *Bacinella* Radoicic, *Pycnoporidium? eomesozoicum* Flügel); Ketten aus ineinandergeschachtelten, schlüsselförmigen Segmenten (*Cheilosporites* Wähner, Taf. 32/7).

H. Tubiphytes Maslov (Taf. 30/5)

Diese mikritischen, rundlichen bis lappenförmig unrissenen Biogene besitzen ein sehr feines, spinnfädenartiges Gewebe und eine oder mehrere, spariterfüllte Röhren. Im Auflicht milchig-weiß, im Durchlicht schwarz.

Verbreitung: Unteres Karbon bis Jura. Sehr häufig als „Riffbildner" im Perm-Riffen (z.B. Trogkofelkalk der Karnischen Alpen) und in mitteltriadischen Wettersteinkalk-Riffen der Alpen. Ähnliche Formen treten auch in den Algen-Schwamm-Riffen der Frankenalb (Malm) auf.

Deutung: Als Alge (Schizophyten) beschrieben, z.T. als Rotalge angesehen. Die Hydrozoen-Deutung dürfte abzulehnen sein. Vielleicht auch Kalkschwämme.

Literatur

Calcisphaeren

Birina, L.M. (1948): Novye vidy izvestkovykh vodoroslei i foraminifer pogranichnykh sloev devona i karbona. Sovetskaya geol. **28**, 154–159, 2 Taf., Moskau

Brunner, P. (1975): Estudio estratigrafico del Devonico en el area de El Bisani, Caborca, Sonora. Rev. Inst. Mexicano Petroleo **7**/1, 16–45, 6 Taf., Mexico

Chuvashov, B.I. (1965): Foraminiferi i vodorosli verkhnedevonskikh otlozhenii zapadnogo sklona srednego i iushnogo Urala. Akad. Nauk SSR Uralski filial. Trudy inst. geol. **74**, 153 S., 29 Taf., 3 Abb., Sverdlovsk

Conil, R., Lys, M. (1964): Materieux pour l'étude micropaléontologique du Dinantien de la Belgique et de la France (Avesnois). Parties 1–2. Algues et Foraminifères. Mem. Inst. Géol. Univ. Louvain **23**, 1–296, Taf. 1–42, Louvain
Sphaeren und Foraminiferen aus dem Bereich Famenne bis Vise. Sehr gute Schliffphotographien, stratigraphische Auswertung. Wichtige Bestimmungsarbeit!

Dervillé, H. (1950): Contribution à l'étude des Calcisphères du Calcaire de Bachant. Ann. Soc. géol. Nord **70**, 273–285, Taf. 14, Lille

Dervillé, R.P.H. (1960): Contribution à l'étude des calcisphères végétales. Bull. Serv. Carte géol., Als. Lorr. **13**/4, 169–177, 2 Taf., Strasbourg
Wesentliche Arbeit über Calcisphaeren aus dem Unter-Karbon. Neue Arten und Gattungen, Deutung als Algen.

Flügel, E., Hötzl, H. (1971): Foraminiferen, Calcisphaeren und Kalkalgen aus dem Schwelmer Kalk (Givet) von Letmathe im Sauerland. N. Jb. Geol. Paläont. Abh. **137**, 358–395, 6 Taf., Stuttgart

Kazmierczak, J. (1975): Colonial Volvocales (Chlorophyta) from the Upper Devonian of Poland and their paleogeographical significance. Acta Palaeont. Polonica **20**/1, 73–85, Taf. 17–20, Warschau

Konishi, K. (1958): Devonian calcareous algae from Alberta, Canada. Quart. Colorado School of Mines **53**/2, 85–109, 4 Taf., Golden

Lombard, A., Monteyne, R. (1952): Calcisphères dans le Frasnien de Bois de Villers (Namur). Bull. Soc. Belg. Géol. Paléont. Hydrol. **61**, 13–25, Bruxelles

Marszalek, D.S. (1975): Calcisphere ultrastructure and skeletal aragonite from the alga *Acetabularia antillana*. J. Sed. Petrol. **45**, 266–271, Tulsa

Reitlinger, E.A. (1957): Sfery devonskikh otlozhenii russkoi platformy. Doklady Akad. nauk SSSR **115**/4, 774–776, 1 Taf., Moskau

Rupp, A.W. (1967): Origin, structure and environmental significance of recent and fossil calcispheres (abs.). Geol. Soc. Amer. Spec. Paper **101**, 186

Stanton, R.H. Jr. (1967): Radiosphaerid calcispheres in North America and remarks on calcisphere classification. Micropaleont. **13**/4, 465–472, Taf. 1, 1 Tab., New York

Umbellinen

Bykova, E.V., Polenova, E.N. (1955): Foraminiferi, radiolarii i ostrakody devona Volgo-Uralskoi oblast., VNIGRI, Trudy, n.s. **87**, 141 S., 24 Taf., Moskau
Calcisphaeren aus dem Devon. *Umbella* n. gen., als Foraminifere (Lagenidae) gedeutet.
Mamet, B. (1970): Sur les Umbellaceae. Can. J. Earth Sci. **7**/4, 1164–1171, 1 Taf., 1 Abb., Ottawa
Wichtige Übersicht, Charophyceen.

Sphaeren aus dem Mesozoikum

Adams, T.D., Khalilli, M., Khosrovi Said, A. (1967): Stratigraphic significance of some oligosteginid assemblages from Lurestan Province, northwest Iran. Micropal. **13**/1, 55–67, Taf. 1, 4 Abb., New York
Bein, A., Reiss, Z. (1976): Cretaceous *Pithonella* from Israel. Micropal. **22**/1, 83–91, 3 Taf., New York
Bolli, H. (1974): Jurassic and Cretaceous Calcisphaerulidae from DSDP, leg 27, Eastern Indian Ocean. In: Veevers, J.J., et al. (eds.): Initial Rep. Deep-Sea Drilling Project **27**, 843–907, 24 Taf., 5 Abb., Washington
Bonet, F., Trejo, M. (1956): Nuevos datos sobre la familia Calcisphaerulidae (Protozoa). Ann. Esc. Nac. Ciencias Biol. **9**/1, 43–48, Mexicó
Borza, K. (1964): Die Gattung *Stomiosphaera* Wanner, 1940, in den Westkarpaten. Geol. Sbornik **15**/2, 189–195, Taf. 1–2, Bratislawa
Borza, K. (1972): Neue Arten der Gattungen *Cadosina* Wanner, *Pithonella* Lorenz und *Palinosphaera* Reinsch aus der oberen Kreide. Geol. Zborn. Slov. Akad. Vied **23**/1, 139–150, Bratislawa
Kaufmann, F.J. (1865): Die Polythalamien des Seewerkalkes, des Gault und des Schrattenkalkes. In: Heer, O.: Die Urwelt der Schweiz, 194–203, Abb. 104–115, Zürich: Schulthess
Keupp, H. (1977): siehe 4.1.4.1
Keupp, H. (1978): Calcisphaeren des Untertithons der südlichen Frankenalb und die systematische Stellung von *Pithonella* Lorenz 1901. N. Jb. Geol. Paläont. Mh. **1977** (im Druck)
Locker, S. (1967): Die Sphaeren der Oberkreide und die sogenannten Orbulinaritfazies. Geologie **16**, 850–859, 2 Taf., 2 Abb., Berlin
Villain, J.-M. (1975): "Calcisphaerulidae" (incertae sedis) du Crétacé supérieur du Limbourg (Pays-bas), et d'autres regions. Palaeontograph., A **149**, 193–242, 9 Taf., Stuttgart
Vogler, J. (1941): Ober-Jura und Kreide von Misol (Niederländisch-Ostindien). Palaeontographica, Suppl. **4**/4, 243–293, Taf. 19–24, Stuttgart
Voigt, E., Häntzschel, W. (1964): Gradierte Schichtung in der Oberkreide Westfalens. Fortschr. Geol. Rheinland Westfalen **7**, 495–548, 18 Taf., Krefeld
Wanner, J. (1940): Gesteinsbildende Foraminiferen aus dem Malm und der Unterkreide des östlichen Ostindischen Archipels. Paläont. Z. **22**, 75–99, Taf. 1–2, 37 Abb., Berlin

„Bankia" striata

Barthel, K.W. (1969): Die obertithonische regressive Flachwasser-Phase der Neuburger Bankkalke in Bayern. Bayer. Akad. Wiss., math.-naturwiss. Kl., Abh., N.F. **142**, 174 S., 14 Taf., 33 Abb., München
Bernier, P. (1974): *Campbelliella striata* (Carozzi): Algue dasycladacée? Une nouvelle interprétation de l'"Organisme C" Favre et Richard, 1927. Geobios **7**/2, 155–175, Taf. 32–34, Lyon. (cum lit!)
Farinacci, A. (1963): L'"organismo C" Favre 1927 appartiene alle Teredinidae? Geol. Romana **2**, 151–178, 5 Taf., 6 Abb., Rom
Favre, J., Richard, A. (1927): Étude du Jurassique supérieur de Pierre-Chatel et de la Cluse de la Balme (Jura méridional). Mém. Soc. Paléont. Suisse **46**, 31–39, 3 Taf., 14 Abb., Genf

Gollesstaneh, A. (1965): A micropaleontological study of the Upper Jurassic and Lower Cretaceous of Southern Iran. These Doct. Phil. Univ. London, 629 S., 240 Taf., 23 Abb., London: Photodruck

Radoicić, R. (1969): Aberantne grana fossilnih Tintinnina (Podred Tintinnina). Paleont. Yugoslavica **9**, 71 S., 31 Abb., 8 Taf., Zagreb

Globochaeten

Lombard, A. (1937): siehe 5.3.11

Radwanski, A. (1968): Studium petrograficzne i seymentologiczne retyku wierchowegi Tatr. Zakld naukgeol. Polskiej. Akad. nauk. Studia Geol. Polonica **25**, 146 S., 54 Taf., Warschau

Tellez, Giron, C., Trejo, M. (1974): Nuevos datos sobre *Globochaete alpina*. Rev. Inst. Mex. Petrol. **6**/1, 98–103, 2 Taf., Mexico

Zawidzka, K. (1972): *Globochaete alpina* Lombard in the Lower Muschelkalk of Lower Silesia. Acta Geol. Polon. **22**, 467–472, 2 Taf., 2 Abb., Warschau

Filamente

Cuvillier, J. (1951): siehe 5.5.1

Cuvillier, J. (1969): Calcaires à filamentes. Proc. 1st Intern. Conf. Planctonic microfoss. Geneva **1976**/2, 123–125, Leiden: Brill

Ferasin, F. (1956): Sulla presenza di supposte alghe filamentose nel giurese del Veneto. Riv. Ital. Paleont. Strat. **62**, 198–204, Taf. 17–18, 1 Abb., Milano

Kuhry, B. (1975): Observations on filaments from the Subbetic of SE Spain. Rev. Espan. Micropaleont. 7/2, 291–343, Madrid

Mišik, M. (1964): Lithofazielle Studien im Lias der Großen Fatra und im westlichen Teil der Niederen Tatra. Sbornik. Geol. Vied. Uapadue Karpaty **1**, 7–92, Taf. 1–15, 15 Abb., Bratislawa

Nagy, I. (1971): Le probleme de *Paleotrix*. Le rôle des algues filiformes dans le Jurassique supérieur de la Montagne de Mecsek. Magyar all. Földt. Inteze, Evi Jelentese **1971**, 299–326, Budapest

Peyre, Y. (1959): Etudes sur l'organisme du Jurassique présentant l'aspect du filaments. Rev. Micropaléont. **2**/2, 80–87, 2 Taf., 2 Abb., Paris

Microtubus communis, triadische Mikroproblematika

Borza, K. (1975): Mikroproblematika aus der oberen Trias der Westkarpaten. Geol. Zbornik, Geol. Carpathica **26**/2, 199–236, 8 Taf., Bratislawa

Flügel, E. (1964): Mikroproblematika aus den rhätischen Riffkalken der Nordalpen. Paläont. Z. **38**, 74–87, Taf. 8–9, 1 Abb., Stuttgart

Flügel, E. (1972): Mikroproblematika in Dünnschliffen von Trias-Kalken. Mitt. Ges. Geol. Bergbaustud. **21**, 957–988, 2 Abb., 2 Tab., Innsbruck

Zankl, H. (1969): Der Hohe Göll. Aufbau und Lebensbild eines Dachsteinkalk-Riffes in der Obertrias der nördlichen Kalkalpen. Abh. Senckenberg. Naturforsch. Ges. **519**, 96 S., 15 Taf., 74 Abb., Frankfurt/M.

5.4. Mikrofazies-Zonen

Ausgehend von Dünnschliffuntersuchungen mesozoischer Karbonate im Mittelmeergebiet, in den Karpaten und in den Alpen wurden in den letzten Jahren „Coenozonen"-Gliederungen für jurassische und kretazische Karbonatfolgen vorgeschlagen, die von der empirisch ermittelten Reichweite einzelner Organismenarten ausgehen, jedoch auch die „Blütezeiten" einzelner Arten oder Assoziationen (z.B. Colom, 1955) und die von ökologischen Faktoren abhängigen „Massenvorkommen" berücksichtigen. Damit werden ökologisch bestimmte Aspekte in die Stratigraphie eingeführt.

Tabelle 35. Coenozonengliederung im Jura und in der Unter-Kreide des südlichen Apennin

		Sartoni u. Crescenti (1962)	Farinacci u. Radoicic (1964)	de Castro (1962)	Crescenti (1969)	
Kreide	Ober-	*Cuneolina pavonia parva* und *Discyclina schlumbergeri*	Rudisten-Biostrom		*Cuneolina pavonia parva* und *Discyclina schlumbergeri*	Orbitoiden
Kreide	Mittel-	*Cuneolina pavonia parva*	*Cuneolina pavonia parva* und *Nummoloculina heimi*		*Cuneolina pavonia parva*	Orbitoiden
Kreide	Unter-	*Cuneolina camposaurii*	Orbitolinen + *Salpingoporella dinarica* *Salpingoporella annulata*		*Cuneolina camposaurii*	
Jura	Malm	*Salpingoporella appeninica*			*Salpingoporella appeninica*	*Protopeneroplis striata*
Jura	Malm	*Clypeina jurassica* und „*Vaginella*" *striata*	*Clypeina jurassica* und „*Bankia*" *striata*	„*Vaginalla*" *striata* *Clypeina jurassica*	*Clypeina jurassica* und „*Vaginella*" *striata*	*Protopeneroplis striata*
Jura	Malm	*Kurnubia palastiniensis* *Macroporella sellii*	*Cladocoropsis mirabilis*	(Komplex mit Hornsteinlagen) *Cladocoropsis mirabilis*	*Kurnubia palastiniensis*	*Protopeneroplis striata*
Jura	Dogger	*Pfenderina salernitana*	links: Trochamminiden, Verneuliniden und Textularien; rechts: Pfenderiniden	*Pfenderina neocomiensis*	*Pfenderina salernitana*	*Protopeneroplis striata*
Jura	Dogger	*Thaumatoporella parvovesiculifera*	links: (Forts.); rechts: *Selliporella donzelli* Trochamminiden Verneuliniden Textularien	Komplex mit oolithischen Niveaus	*Thaumatoporella parvovesiculifera*	*Protopeneroplis striata*
Jura	Dogger		Atypischer Bereich			*Protopeneroplis striata*
Jura	Lias	*Palaeodasycladus mediterraneus* *Orbitopsella praecursor*	*Palaeodasycladus mediterraneus*	*Palaeodasycladus mediterraneus*	*Palaeodasycladus mediterraneus*	*Protopeneroplis striata*
Jura	Lias	Atypischer Bereich				

Tabelle 36. Mikrofazieszonierung in verschiedenen jurassischen Sedimentationsbereichen des Zentralapennins (nach Crescenti, 1971)

	Ablagerungsbereiche			
	Schelf – Lagune	Schwelle		Becken (Pelagische Fazies)
Malm	*Salpingoporella apenninica*	↑ *Tubiphytes morronensis*		*Calpionella alpina*
	Clypeina jurassica und „*Vaginella*" *striata*	*Proto-peneroplis striata*	*Pianella pygmaea*	*Saccocoma*
	Kurnubia palastiniensis		*Labyrinthina mirabilis*	*Globochaete alpina*
Dogger	*Pfenderina salernitana*			
	Thaumatoporella parvovesiculifera			
Lias	*Palaeodasycladus mediterraneus*	„*Dictyoconus*" *cayeuxi*		

Tafel 23/1–9. Indexarten für mikrofazielle Zonierungen im alpin-mediterranen Jura ▶

1. ***Pianella pygmaea*** (Gümbel). Malm: Krahstein, Steirisches Salzkammergut. Häufig im oberen Malm. Balkenlänge 0,5 mm

2. ***Salpingoporella annulata*** (Carozzi). Malm: Krahstein, Steirisches Salzkammergut. Balkenlänge 0,5 mm

3. ***Clypeina jurassica*** Favre. Malm (Plassenkalk): Röthelstein, Steirisches Salzkammergut. Balkenlänge 0,5 mm

4. ***Thaumatoporella parvovesiculifera*** (Raineri). Malm (Plassenkalk): Krahstein, Steirisches Salzkammergut. Diese, von einigen Autoren zu den Rotalgen gerechnete problematische Art ist aus dem Zeitbereich Anis bis obere Kreide bekannt. Relativ häufig finden sich diese Formen im Lias und im Malm. Balkenlänge 0,5 mm

5. ***Protopeneroplis striata*** Weynschenk. Malm (Plassenkalk): Krahstein, Steirisches Salzkammergut. Häufiger im Dogger und im unteren Malm. Balkenlänge 0,5 mm

6. **„*Bankia*" *striata*** (Carozzi), eingeschlossen in Mikritonkoid. Diese in ihrer systematischen Stellung umstrittene Art (siehe Abschnitt 5.3.13) tritt bevorzugt im oberen Malm und in der tiefsten Kreide auf. Oberer Malm: Zentralapennin, Italien. Balkenlänge 0,5 mm

7. ***Labyrinthina mirabilis*** Weynschenk. Malm (Plassenkalk): Krahstein, Steirisches Salzkammergut. Balkenlänge 0,5 mm

8. ***Kurnubia palastinensis*** Henson. Unterer Malm: Zentraler Apennin, Italien. Balkenlänge 0,5 mm

9. ***Orbitopsella praecursor*** (Gümbel). Mittlerer Lias: Zentraler Apennin, Italien. Balkenlänge 0,5 mm

Fig. 1, 2, 4, 5 und 7 Mat. T. Steiger, Fig. 3 Mat. D. Wurm

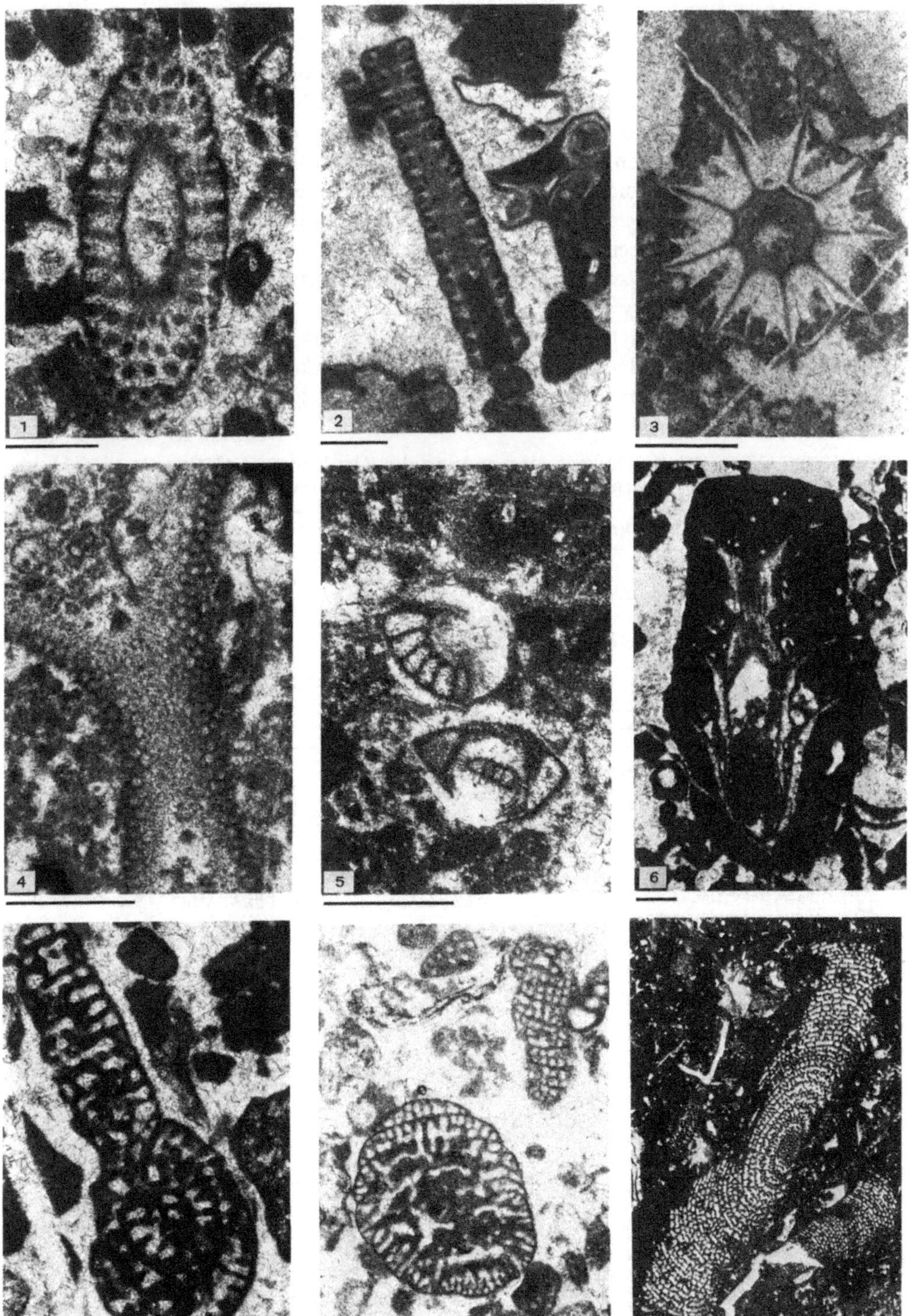
1
2
3
4
5
6
7
8
9

Verwendung finden in der Flachwasserfazies insbesondere Kalkalgen (Dasycladaceen) und Foraminiferen sowie einzelne Hydrozoen und Mikroproblematika. Da die Organismen häufig eine starke Faziesbindung aufweisen, können stratigraphische Gliederungen häufig nur auf ähnliche Faziesentwicklungen übertragen werden. Pelagische Serien werden mit Hilfe von planktonischen Organismen gegliedert (Calpionellen, Schwebcrinoiden, Sphaeren, Globochaeten, Foraminiferen).

Grundlegende Untersuchungen stammen von Sartoni u. Crescenti (1962), Crescenti (1966, 1969, 1971), Colacicchi (1967), Colacicchi u. Praturlon (1965), Radoicic (1966), Dragastan (1975), Farinacci u. Radoicic (1964) und Borza (1969).

Die Tabellen 35–37 zeigen einige Mikrofazies-Zonierungen sowie die in Einzelheiten von den bisherigen vertikalen Verbreitungsmustern abweichende, von Dragastan (1975) in den Ostkarpaten untersuchte Abfolge. Da die Faziesgürtel im allgemeinen quer durch die Zeit wandern, sind die Mikrofazieszonen kaum als zeitgleiche Einheiten anzusehen. Auf Taf. 23 sind einige verbreitete Indexarten zusammengestellt.

Tabelle 37. Vergleich der Mikrofazieszonen in den Ost-Karpaten (Dragastan, 1975), im Apennin und in den Äußeren Dinariden (Farinacci u. Radoicic, 1964)

			Bicaz-Tal, Ostkarpaten, Rumänien		Zentraler Apennin und Äußere Dinariden
Unter-Kreide	Barreme bis unt. Apt		*Atopochara*		
		XIV	*Palaeodictyoconus arabicus*	*„Pianella" exilis*	Orbitolinen + *Salpingoporella dinarica*
		XIII	*Likanella? danilovae*	*Salpingoporella melitae*	
		XII	*Pseudocyclammina hedbergi*	*Salpingoporella dinarica*	
	Berrias – Valangin – Hauterive	XI	Ostracoden		*Salpingoporella annulata*
		X	*Lorenziella*	*Salpingoporella annulata* (Taf. 23/2)	
		IX	*Calpionellopsis* (Taf. 16/7–8)		
		VIII	*Calpionella* (Taf. 16/5)		„Aberrante Tintinniden"
Malm	Portland	VII	*Clypeina jurassica* (Taf. 23/3)		*Clypeina jurassica* + „aberrante Tintinniden (= „*Bankia*")
		VI	*„Bankia" striata* (Taf. 23/6)		
		V	*Kurnubia jurassica* (vgl. Taf. 23/8)		*Clypeina jurassica* + *„Bankia" striata*
		IV	*„Pianella" pygmaea* (Taf. 23/1)		*Clypeina jurassica*
		III	*Paalzowella*		
	Kimmeridge	II	*Saccocoma* (Taf. 20/8)		*Cladocoropsis mirabilis*
		I	Protoglobigerinen (vgl. Taf. 15/1)		
	Oxford				

Literatur

Borza, K. (1969): siehe 5.5.1
Castro, P. de (1962): Il Givra-Lias dei Monti Lattari e dei rilievi ad ovest della valle dell' Irno e della Piana di Montoro. Boll. Soc. Naturalisti Napoli **71**, 73 S., 19 Taf., 5 Abb., Napoli
Colacicchi, R. (1967): Geologia della Marsica orientale. Geol. Romana **6**, 189–316, 72 Abb., 2 Taf., Rom
Colacicchi, R., Praturlon, A. (1965): Stratigraphical and palaeogeographical investigations on the Mesozoic shelf-edge facies in Eastern Marsica (Central Apennines, Italy). Geol. Romana **4**, 89–118, 11 Abb., 3 Taf., Rom
Colom, G. (1955): Jurassic-Cretaceous pelagic sediments of the western Mediterranean zone and Atlantic area. Micropaleont. **1**, 109–119, New York
Crescenti, U. (1966): Osservazioni sulla stratigrafia dell'Apennino meridionale alla luce delle recenti ricerche micropaleontologiche. Boll. Soc. Geol. Ital. **85**, 541–579, 3 Abb., Rom
Crescenti, U. (1969): Biostratigrafia delle facies mesozoiche dell'Appenino centrale: Correlazioni. Geol. Romana **8**, 15–40, 22 Abb., 1 Taf., Rom
Crescenti, U. (1971): Biostratigraphic correlations in the Jurassic facies of central Italy by means of the microfossils. Ann. Inst. Geol. Publ. Hungarici **54**/2, 209–213, 2 Abb., Budapest
Dragastan, O. (1975): siehe 5.5.1
Farinacci, A., Radoicic, R. (1964): Correlazione fra serie gioresi e cretacee dell'Appennino Centrale e delle Dinaridi esterne. Rendiconti **7**/2, Ser. 2, 269–300, Taf., Rom
Radoicic, R. (1966): siehe 5.5.1
Sartoni, S., Crescenti, U. (1962): siehe 5.5.1

5.1.1 Mikrofazies-„Sammelwerke"

Nachfolgend werden Publikationen mit zahlreichen Tafeln mit Schliffphotographien zusammengestellt, die bei der Bestimmung von „Schliff-Fossilien" bzw. bei der ökologisch-faziellen Auswertung herangezogen werden können.

Abkürzungen: K = Känozoikum, M = Mesozoikum, P = Paläozoikum, SF = wichtige Arbeiten über „Schliff-Fossilien".

(M) Bachmann, G.H. (1973): Die karbonatischen Bestandteile des Oberen Muschelkalkes. Arb. Inst. Geol. Paläont. Univ. Stuttgart, N.F. **68**, 1–99, 67 Abb.
Genaue, auf über 1000 Schliffen und 500 Folienabzügen aufgebaute Untersuchung über Ausbildung, Genese und Diagenese des Oberen Muschelkalkes. Gute Schliffphotographien. Speziell behandelt werden Fragen der Diagenese von Fossilschalen.

(M) Bissel, H.J. (1970): Petrology and petrography of Lower Triassic marine carbonates of Southern Nevada (U.S.A). Intern. Sed. Petrograph. Ser. **14**, 27 S., 82 Taf., 13 Abb., Leiden: Brill
Schelf-, Übergangs- und Beckenbereiche in der unteren Trias von Nevada. Gute Schliffphotographien.

(M) Bonet, F. (1952): La Facies Urgoniana del Cretacio Medio de la Region de Tampico. Bol. Asoc. Mex. Geol. Petrol. **4**/5–6, 153–261, 50 Abb., Mexico

(M) Bouroullec, J., Deloffre, R. (1976): Rélations facies-environment au Crétacé moyen en Aquitaine occidentale. Bull. Centre Rech. Pau, SNPA **10**/2, 535–583, 34 Taf., 5 Abb., 2 Tab., Pau
Vraconian, Cenoman, verschiedene Faziesbereiche (supratidal, lagunär, tiefer-marin). Gute Schliffphotographien.

(M) Borza, K. (1969): Die Mikrofazies und Mikrofossilien des Oberjuras und der Unterkreide der Klippenzone der Westkarpaten. 301 S., 88 Taf., Bratislawa (Slowak. Akad. Wiss.)
Sehr genaue paläontologische Beschreibung der in oberjurassischen und unterkretazischen Kalken der inneren Klippenzone der Westkarpaten im Schliffbereich auftretenden pelagischen Mikrofossilien. Der Schwerpunkt der ausgezeichneten Arbeit

liegt auf der Untersuchung und stratigraphischen Auswertung der Sphären (*Cadosina, Stomiosphaera, Calcisphaerula, Pithonella*) und Tintinniden. Gute Schliffphotographien, viele Detailaufnahmen.

(P, M, K) Bozorgnia, F., Banafti, S. (1964): Microfacies and micro-organisms of the Paleozoic through tertiary sediments of some parts of Iran. 22 S., 158 Taf., Teheran: Iranian National Oil Co.
Kambrium bis Jungtertiär (3 Taf. Altpaläoz., 37 Jungpaläoz., 3 Trias, 22 Jura, 41 Kreide, 52 Tertiär). Kurze strat. Übersicht, 1 geol. Karte des Iran. – Photos i.a. gut, Fossilbestimmungen unterschiedlich (untypische Fusuliniden-Schnitte. Algen meist nicht genauer bestimmt, Jura gut).

(M) Carozzi, A.V., Bouroullec, J., Deloffre, R., Rumeau, J.L. (1972): Microfacies du Jurassique d'Aquitaine. Bull. Centre Rech. Pau, CMFA Vol. Spec. *1*, 594 S., 200 Taf., Pau
Detaillierte mikrofazielle und chemisch-sedimentologische Untersuchung von Jurakarbonaten (Lias bis Malm) der Aquitaine. Die präzise durchgeführte Typisierung der Bohrkerne mit Hilfe von Dünnschliffen, quantitativen und qualitativen Rückstands- und Spurenelementanalysen sowie die petrophysikalischen Daten ermöglicht eine auf vier theoretischen Modellen aufgebaute Rekonstruktion der Umwelts- und Sedimentationsbedingungen und der Paläogeographie. Fossilien (im wesentlichen nur Foraminiferen und Kalkalgen) werden gut abgebildet, aber nicht näher beschrieben (siehe hierzu die Arbeiten von Bourroullec u. Deloffre, 1969 u. 1970, Bull. Centre Rech. Pau SNPA **3** bzw. **4**.

(K) Carozzi, A.V., Reyes, M.V., Ocampo, V.P. (1976): Microfacies and Microfossils of the Miocene Reef Carbonates of the Philippines. Spec. Publ. **1**, Philippine Oil Dev. Co., 79 S., 20 Taf., Manila

(P) Carozzi, A.V., Textoris, D.A. (1967): Paleozoic carbonate microfacies of the Eastern stable interior (U.S.A.). Intern. Sed. Petrograph. Ser. **11**, 41 S., 100 Taf., 13 Abb., Leiden: Brill
Ordovicium bis Pennsylvanian, geol.-strat. Übersicht nach Formationen jeweils mit paläogeographischen Termini, Photos i.a. gut, Fossilbestimmungen fehlen bzw. sind allgemein gehalten (nur Gruppen). "Environmental interpretation" sehr allgemein.

(SF) Cayeux, L. (1935): Le roches sédimentaires de France. Roches carbonatées. 463 S., 26 Taf., Paris: Masson
Klassische Arbeit über die sedimentologische Bedeutung von Fossilien in Karbonaten, gute Abbildungen.

(M, K) Christodoulou, G., Tsaila-Monopolis, St. (1975): Eastern Hellenic zone microfacies. National Inst. Geol. Mining Res. **17**/1, Geol. Geophys. Red., 63 S., 75 Taf., 6 Abb., Athen (griechisch mit engl. Tafelerklärungen)
Gute Übersicht über Schliff-Fossilien und Mikrofazies (auch Methodik) im Bereich Skyth bis Paläozän.

(M, K) Cita, M.B. (1965): Jurassic, Cretaceous, and Tertiary microfacies from the Southern Alps (Northern Italy). Intern. Sed. Petrograph. Ser. **8**, 99 S., 117 Taf., 17 Abb., Leiden: Brill
Lias bis Jungtertiär, Jura–Kreide: Tertiär = 50:50, kurze Übersicht über Stratigraphie, Paläogeographie und Tektonik der Südalpen. S. 59–63, "Meaning of Microfacies and its Application to Stratigraphy", lesenswert! Photos von versch. Qualität, Fossilbestimmungen gut bis sehr gut.

(M, K) Cuvillier, J., Sacal, V. (1951): Correlations stratigraphiques par microfacies en Aquitaine occidental. Intern. Sed. Petrogr. Ser. **2**, 16 S., 90 Taf., Leiden: Brill
Diese klassische Arbeit hat inzwischen 3 Auflagen erlebt (nun englisch). Lias bis Tertiär, gute Photos, i.a. gute Fossilbestimmungen.

(M) Derin, B., Reiss, Z. (1966): Jurassic microfacies of Israel. Israel Inst. Petrol., Spec. Publ., 43 S., 320 Abb., 1 Beil., Tel Aviv
Lias bis Ober-Jura (post-Oxfordian). S. 5–8: "Significance of Microfacies" lesenswert! Übersicht über den Jura in Israel, Korrelationstabelle, einheitliche sedimentologische Klassifikation (nach Folk). Photos versch. gut, Fossilbestimmungen i.a. gut. Wichtige Arbeit für den Jura!

(K) Doebl, F., Mowahed-Awal, H., Rothe, P., Sonne, V., Tobien, H., Weiler, H., Weiler, W. (1972): Ein „Aquitain"-Profil von Mainz-Weisenau (Tertiär, Mainzer Becken). Mikrofaunistische, sedimentpetrographische und geochemische Untersuchungen zu seiner Gliederung. Geol. Jb. A **5**, 141 S., 17 Taf., 4 Abb., 13 Tab., Hannover
Wichtige Arbeit über ein jungtertiäres Kalk-Mergel-Profil.

(M) Draganescu, A. (1976): Lower Cretaceous carbonate and carbonate-evaporite-sedimentation in the East-Wallachian Sector of the Moesian Platform (Eastern Romanian Plain). An Inst. Geol. Geofiz. **48**, 5–56, 38 Taf., 3 Abb., Bukarest
Ob. Tithon/unt. Berrias bis Valangin. Mikritkalke des Innenschelfes, Karbonat-Evaporit-Folge im Gezeitenbereich. Gute Schliffphotos, insbesondere von Favreinen-Kalken und Pelspariten.

(M) Dragastan, O. (1975): Upper Jurassic und Lower Cretaceous microfacies from the Bicaz Valley Basin (East Carpathian). Mem. Inst. Geol. Geophys. **21**, 87 S., 95 Taf., Bukarest
Zeitbereich Kimmeridge bis unt. Apt. Lokal brauchbare Gliederung mit Hilfe von „Mikrofazies-Zonen". Beschreibung von Foraminiferen, Kalkalgen, Calpionellen und anderer Mikrofossilien im Schliffbereich. Gute Schliffphotographien. Wichtige Arbeit für die mikrofazielle Untersuchung von oberjurassischen und unterkretazischen Schichtfolgen.

(M) Fabricius, F.H. (1966): Beckensedimentation und Riffbildung an der Wende Trias/Jura in den Bayerisch-Tiroler Kalkalpen. Intern. Sed. Petrogr. Ser. **9**, 143 S., 27 Taf., 24 Abb., 7 Tab., Leiden: Brill
Ober-Trias (Nor) bis Unter-Lias. In Inhalt und Darstellung von den anderen Bänden der Reihe stark und sehr vorteilhaft abweichend. Ausgezeichnete Übersicht über die Paläogeographie, Photos gut, desgl. Fossilbestimmungen.

(P) Falke, H. (ed.) (1972): Rotliegend. Essays on European Lower Permian. Intern. Sed. Petrogr. Ser. **15**, 299 S., 66 Abb., Leiden: Brill
Übersicht über die fazielle und stratigraphische Entwicklung der unterpermischen Sedimentation in Zentral- und Westeuropa.

(M) Fenninger, A., Holzer, H.L. (1972): Fazies und Paläogeographie des ober-ostalpinen Malm. Mitt. Geol. Ges. Wien **63**, Jg. 1970, 52–141, 15 Abb., 2 Beil., 19 Taf., 1 Tab., Wien
Zusammenfassende Darstellung der Untersuchungen über die Fazies des oberostalpinen Oberjura unter eingehender Berücksichtigung der Mikrofazies. Behandelt werden alle wesentlichen Schichtgruppen der Flachwasser- (z.B. Plassen-Kalke), Schwellen- (z.B. Steinmühl-Kalk) und Becken-Entwicklung (z.B. Oberalmer Schichten) sowie Sedimente aus den Übergangsbereichen zwischen diesen Ablagerungsgebieten.

(M) Ford, N., Houbolt, J.J. (1963): The microfacies of the Cretaceous of Western Venezuela. Intern. Sed. Petrograph. Ser. **6**, 52 S., 55 Taf., Leiden: Brill
Hauptsächlich Ober-Kreide, planktonische Foraminiferen. Photos i.a. gut, Fossilbestimmung unterschiedlich.

(M) Gadzicki, A. (1974): Rhaetian microfacies, stratigraphy and facial development in the Tatra Mts. Acta Geol. Polonica **24**/1, 17–96, Taf. 1–52, Warschau
Mikrofazielle und biostratigraphische Untersuchungen der karbonatischen Krizna-Einheit, welche mit Hilfe von Foraminiferen dem unteren Rät (*pokornyi*- und *friedli*-Zone) und dem oberen Rät (*hantkeni*-Zone) zugeordnet wird. Zahlreiche gute Schliffphotographien, genaue Beschreibung insbesondere der im Schliff typisierbaren Foraminiferen. Für mikrofazielle Untersuchungen im alpinen Rät wichtige Arbeit!

(P) Glintzboeckel, C., Rabate, J. (1964): Microfaune et microfacies du Permo-Carbonifer du Sud Tunisien. Intern. Sed. Petrograph. Ser. **7**, 45 S., 108 Taf., Leiden: Brill
3 Bohrungen im Bereich Mittel- bis Ober-Perm und Namur bis Ober-Perm. Strat. Korrelationstabelle. Photos i.a. gut. Fossilbestimmungen bei Fusuliniden bis zur Gattung, bei Algen meist fehlend.

(M) Grunau, H. (1959): Mikrofazies und Schichtung ausgewählter jungmesozoischer radiolaritführender Sedimentserien in den Zentralalpen. Intern. Sed. Petrogr. Ser. **4**, 179 S., 95 Abb., Leiden: Brill
Ausgezeichnete, sehr anregende Arbeit über sedimentologische und strat. Fragen im südalpinen Jungmesozoikum. Für Schliff-Fossilien wichtig bei Nannoconiden und Calpionellen.

M, K) Hagn, H. (1955): Fazies und Mikrofauna der Gesteine der Bayerischen Alpen. Intern. Sed. Petrogr. Ser. **1**, 174 S., 71 Taf., 8 Abb., Leiden: Brill
Trias bis Miozän, das Schwergewicht liegt auf Kreide und Alttertiär. Gute Photos, gute Fossilbestimmung. Das Buch soll demnächst in revidierter Form neu aufgelegt werden.

M, K) Hanazawa, S. (1961): Facies and micro-organisms of the paleozoic, mesozoic and cenozoic sediments of Japan and her adjacent Islands. Intern. Sed. Petrogr..Ser. **5**, 117 S., 148 Taf., Leiden: Brill

Silur bis Holozän. Gute Übersicht über die Stratigraphie und Tektonik der japanischen Inseln. Gute Photos. Fossilbestimmungen gut, meist bis zur Art. Wichtig für die Ansprache insbesondere von altpläozoischen Mikrofossilien.

(M, K) Henson, F.R.S. (1950): Cretaceous and Tertiary reef formation and associated sediments in Middle East. Amer. Ass. Petrol. Geol. Bull. **34**, 215–238, 1 Tab., 14 Abb., Tulsa
Unterscheidung von Riffteilen in kretazisch-tertiären Karbonaten mit Hilfe von Schlifftypen und Fossilien. In methodischer Hinsicht klassische Arbeit.

(F) Horrowitz, A.St., Potter, P.E. (1971): Introductory Petrography of Fossils. 302 S., 100 Taf., 28 Abb., Berlin–Heidelberg–New York: Springer
Kurze Einführung in die Karbonatpetrographie, Übersichten über die in Dünnschliffen von Kalken zu beobachtenden Fossilgruppen. Erste zusammenfassende Darstellung; viele Literaturzitate (mit Kurzerläuterungen), i.a. gute bis sehr gute Schliffphotos (die auch als Dias erhältlich sind).

(P) Khvorova, I.A. (1958): Atlas karbonatikh porod srednego i verkhnego karbona Russkoi platforma. Trudy Akad. nauk. SSSR, Geol. Inst., 165 S., 67 Taf., Moskau
Mittl. und ob. Karbon, das Schwergewicht liegt auf sedimentologischen Daten (Dolomitisierungstexturen!), Fossilien sind nur allgemein (meist nur Gruppen) bestimmt. Ausnahme bei Fusuliniden.

(P, K, M) Lehmann, E.P., et al. (1957): Microfacies of Libya. Tripoli, Petrol. Explor. Soc. Libya, 80 S., 37 Taf., 1 Abb., Tripoli
Kambrium bis Miozän. Bestimmungen bis Gattungen und Arten.

(SF) Lucas, G., Cros, P., Lang, J. (1976): Les roches sédimentaires. 2. Etude microscopique des roches meubles et consolidées. 503 S., 400 Abb., 40 Tab., Paris: Doin
Kurze Darstellung der Karbonatpetrographie. Sehr ausführliche und reich bebilderte Übersicht über die in Kalkschliffen auftretenden Fossilgruppen sowie über die Diagenese von Karbonaten. Sehr instruktive Schliff-Photographien!

(SF) Majevske, O.P. (1969): Recognition of invertebrate fossil fragments in rocks and thinsections. Intern. Sed. Petrogr. Ser. **13**, 101 S., 106 Taf., Leiden: Brill
Beschreibung und gute Abbildungen der in Schliffen erkennbaren Bautypen und Feinstrukturen von Fossilien und rezenten Invertebraten. Ausgezeichnete schematische Darstellung der Morphologie der Hauptgruppen. Der Schwerpunkt des Buches liegt auf der (im wesentlichen auf der Monographie von Bøggild, 1930, aufgebauten) Beschreibung und Typisierung der Molluskenschalen (Bestimmungsschlüssel). Nicht behandelt werden Forams.

(SF) Maslov, V.P. (1937): Atlas karbonatnykh prod. **1**, Inst. Sci. Rech. Min. appl., 54 S., 55 Taf., Moskau–Leningrad, (russ, französ. Zsf. und Tafelerklärung)
Paläozoikum und Mesozoikum, gute Photos. Brauchbar für eine erste Übersicht über Schliff-Fossilien.

(K) Massieux, M. (1973): Micropaléontologie stratigraphique de l'Eocene des Corbières septentrionales (Aude). Cahiers de Paelontologie, Centre nationale de recherche scientifique. 139 S., 29 Taf., 17 Abb., Paris
Im wesentlichen auf Dünnschliffuntersuchungen gegründete Bearbeitung der eozänen Karbonate südlich der Montagne Noire unter besonderer Berücksichtigung der Foraminiferen, insbesondere Nummuliten und Algen.

(P, M, K) Microfacies italiane (dal carbonifero al miocene medio). 35 S., 145 Taf., Milano: AGIP MINERARIA
Ober-Karbon bis Miozän. Ausgezeichnete Schliffphotos, Fossilien leider oft falsch oder ungenügend bestimmt. (Die Bestimmungen werden in Einzelarbeiten, meist in Riv. Ital. Paleont. Strat., revidiert).

(M, K) Mišik, M. (1966): Microfacies of the Mesozoic and Tertiary limestones of the West Carparthians. 269 S., 110 Taf., 3 Abb., Bratislawa: Slov. Akad. Vied (engl. u. slowak.)
Skyth bis Jungtertiär, Schwergewicht auf Jungmesozoikum und Tertiär. Geol. strat. Übersicht über die W-Karpaten. Photos verschieden gut. Bildbeschreibung sehr gut, da genaue Fossilbestimmungen mit sedimentologischen Daten verknüpft werden, gefolgt von Aussagen über den Ablagerungsraum und verbunden mit Literaturangaben.

(M) Mostler, H. (ed.) (1972): Symposium Innsbruck, 20.–23. März 1972, Mikrofazies und Mikropaläontologie der Alpinen Trias und deren Nachbargebiete. Mitt. Ges. Geol. Berbaustud. Österreich **21**/1–2, 1–1016, zahlreiche Phototaf und Abb., Innsbruck
Ergebnisse eines Symposiums über mikrofazielle und mikropaläontologische Arbeiten in der alpinen Trias. Zahlreiche wichtige Detailuntersuchungen und Übersichten!

(P) Ota, M. (1968): The Akyoshi limestone group: Ageosynclinal organic reef complex. Bull. Akiyoshi-dai Sci. Mus. **5**, 44 S., 31 Taf., 15 Abb., Akiyoshi
Unterkarbon bis Oberperm. Riffbildung auf submarinem Vulkan. Viele gute Schliffbilder.

(M) Pantić-Prodanović, S. (1975): Les microfacies triassiques des Dinarides. Le Montenegro, la Bosnie occidentale et l'Herzegovine et Serbie occidentale. Soc. Sci. Arts Montenegro, Monograph. **4**, Cl. Sci. Nat. 4, 257 S., 100 Taf., Titograd
Wichtige Zusammenstellung der stratigraphisch auswertbaren Schliff-Fossilien, insbesondere Foraminiferen, Kalkalgen und Mikroproblematika. 12 Taf.: Skyth, 54 Taf.: Mitteltrias, 34 Taf.: Obertrias

(SF) Papp, A., Turnovsky, K. (1970): Anleitung zur biostratigraphischen Auswertung von Gesteinsschliffen (Microfacies Austriaca). Jb. Geol. Bundesanst., Sonderbd. **16**, 50 S., 88 Taf., 11 Abb., 3 Tab., Wien
Allgemein gehaltene Übersicht über einige häufiger in Schliffen auftretende Fossilien. Paläozoikum (Taf. 13–21: silurische Chitinozoen und Hystrichosphaeriden, jungpaläozoische Fusuliniden und Kleinforam.), Mesozoikum (Taf. 22–62), Tertiär (Taf. 63–88). Typisierung von Zeitbereichen in der Kreide und im Alttertiär durch planktonische und benthonische Großforaminiferen (Tab. 2 und 3!). – Stellenweise zu stark verallgemeinert, heute teilweise überholt (speziell Trias und Jura), Schliffphotos verschieden gut.

(M) Perconig, E. (1968): Recognition of the Triassic and Jurassic sediments of Spain. Intern. Sed. Petrogr. Ser. **10**, 63 S., 123 Taf., 11 Abb., Leiden: Brill

(K) Popescu, B. (1976): Sedimentology of Priabonian carbonate rocks, Jibou area, NW Transsylvanian basin. An. Inst. Geol. Geofiz. **48**, 117–140, 11 Taf., 8 Abb., Bukarest
Ob. Eozän, Corallinaceen, Foram., Mollusken, Echinod., Bryozoen, Korallen. Plattform, Schelflagune, keine detaillierten Fossilbestimmungen. 500 Schliffe.

(M, K) Radoicić, R. (1960): Microfacies du Cretacé et du Paléogene des Dinarides externes de Yougoslavie. Inst. Rech. Geol. R.P. Crna Gora, Ser. A **4**/1, 171 S., 67 Taf., Titograd
Valangin bis Eozän. Gute Photos, gute Fossilbestimmungen (im Eozän mehr allgemein gehalten, genauer in der Unter- und Mittel-Kreide). Wichtige Bestimmungsarbeit.

(M) Radoicić, R. (1966): Microfacies du Jurassique des Dinarides externes de la Yougoslavie. Geologija **9**, 377 S., 165 Taf., 11 Abb., 2 Beil., 1 Abb., Ljubliana
Lias bis Malm/Unter-Kreide, zusammenfassende Profilbeschreibung für verschiedene Jura-Vorkommen im westlichen Jugoslawien und Montenegro. Verbreitungstabelle für Foram. und Algen. Altertümliche Sedimentansprache. Gute Photos. Fossilbestimmungen gut, vielfach auf publizierte Vorarbeiten aufgebaut. Sehr wichtige Arbeit für Schliff-Fossilien aus dem Jura!

(M) Radwanski, A. (1968): Petrographical and sedimentological studies of the High-Tatric Rhaetic in the Tatra Mountains. Studia Geol. Polonica, Zaklad Nauk Geol. **25**, 146 S., 54 Taf., Warschau (poln. und engl. Kurzfassung)
Detailbeschreibung der klastischen unterrätischen Tormanowa-Schichten und der karbonatischen rätischen Schichtgruppen auf Grund von Dünnschliffen. Gute Schliffphotos mit englischer Erläuterung.

(M, K) Rey, M., Nouet, G. (1958): Microfacies de la région prérifaine et de la Moyenne Moulouya. Intern. Sed. Petrogr. Ser. **3**, 27 S., 97 Taf., Leiden: Brill
Trias bis Miozän. Gute Photos, Fossilbestimmungen i.a. kurz gehalten. Schwergewicht auf Lias/Dogger, Cenoman/Senon und Oligozän/Miozän.

(K) Rusu, A., Draganescu, A. (1976): Facies-zoned carbonate sedimentology at the time of the Hoia Limestone (Upper Tongrian) in NW Transsylvania (Romania) An. Inst. Geol. Geofiz. **48**, 141–169, 20 Taf., 2 Abb., Bukarest
Mittl. Oligozän (Ob. Tongrian), sandige Corallinaceen-Fazies = bewegtes Flachwasser, schlammige Milioliden-Corallinaceen-Fazies = Schelfrand und Schelfhang mit Korallen-Biohermen, schlammige Globigerinen-Bryozoen-Fazies = marine Beckenfazies. Artbestimmung der Korallen, Corallinaceen. Unterschiedlich gute Schliffphotos.

(P) Sacal, V., Cuvallier, J. (1964): Microfacies di Paléozoique Saharien. Com-franc. Petroles Notes et Mém. **6**, 30 S., 100 Taf., Paris.
Kambrium bis Karbon. Ausgezeichnete (Hochglanz-!) Schliffphotos. Fossilbestimmungen nur teilweise genügend, meist nur Gruppenbestimmungen. Für eine erste

Einführung in die Schliffbilder altpaläozoischer (speziell devonischer) Kalke gut brauchbar.

(P; M, K) Sampo, M. (1969): Microfacies and microfossils of the Zagros area, Southwestern Iran (from Permian to Miocene). Intern. Sed. Petrogr. Ser. **12**, 102 S., 105 Taf., Leiden: Brill
Genaue, auf Profiluntersuchungen aufgebaute mikrofazielle Bearbeitung der Karbonatfolgen der Südwestlichen (Trias bis Pleistozän) und Nordöstlichen (Prä-Perm bis Pleostozän) Zagros-Ketten, Unterscheidung von „Faunen-Zonen" nach benthonischen und pelagischen Forams sowie Algen, insbesondere für den Bereich Jura bis Miozän. Gute Fossilbestimmungen, gute Detailphotos von Schliff-Forams.

(M, K) Samuel, O., Borza, K., Köhler, E. (1972): Microfauna and lithostratigraphy of the Paleogene and adjacent Cretaceous of the Middle Vah Valley (West Carpathian). 246 S., 180 Taf., Bratislawa (Geol. ust. Dionyza Stura)
Untersuchung der paläogenen und kretazischen Schichtenfolgen mit älteren Geröllen in Konglomeraten des Vah-Tales NE Bratislawa unter besonderer Berücksichtigung der in Schliffen bestimmbaren Organismen (Foraminiferen, Calciphaeren, Algen). Ausgezeichnete Schliffphotographien.

(M) Sartoni, S., Crescenti, U. (1962): Recherche biostratigrafiche nel Mesozoico dell'Apennino meridionale. Giorn. Geol. (2), **29**, 161–304, Taf. 11–52, Bologna
Lias bis Paläozän. Gliederung der Karbonatfolgen in 10 Coenozonen und 3 Subzonen (die inzwischen in weiten Teilen des Mittelmeerraumes wiedergefunden wurden). Gute paläontologische Bestimmungen und genaue Beschreibungen. Heute eine „klassische" Arbeit (zu ergänzen durch Crescenti, 1966, Boll. Soc. Geol., Ital. **85**).

(M) Schulze, K.-H. (1975): Mikrofazielle, geochemische und technologische Eigenschaften von Gesteinen der Oberen Heersumer Schichten des Korallenoolith (Mittleres bis Oberes Oxfordium, NW-Deutschland) zwischen Weser und Leine. Geol. Jb. D **11**, 3–102, 6 Abb., 6 Tab., 20 Taf., Hannover
Halbquantitative Auswertung von über 1700 Schliffen, Vergleich mit geochemischen und technologischen Daten. Die technologischen Eigenschaften der Gesteine, insbesondere Verwitterungskriterien, lassen sich bestimmten Mikrofazies-Typen (es werden 21 MF-Typen unterschieden und abgebildet) zuordnen.

(P) Tellez-Giron, C. (1970): Microfacies y microfosiles paleozóicos del area de ciudad Victoria. Tamps, N.E. de Mexico. Inst. Mexicana Petroleo, Ser. Monografía **1**, 127 S., 57 Taf., 1 Abb., 1 Tab., Mexico
Ordoviz, Silur, Karbon und Perm, i.a. nur Bestimmung der Fossilgruppen. Bestimmung bis zur Gattung bei silurischen Bryozoen, karbonischen und permischen Kleinforams und Fusuliniden. Abbildungen von verschiedenartigen Calcisphaeren. Mikrofossilien oft zu stark vergrößert, teilweise unscharfe Photos, keine Fossilbeschreibung.

(P) Zamarreño, I. (1972): Las litofacies carbonatadas del Cambrico de la zona cantabrica (NW España) y su distribución paleogeografía. Fac. Ciencias, Univ. Oviedo, Univ. Oviedo, 102 S., 17 Taf., Oviedo
Auf genaue Profilaufnahmen, paläontologische und sedimentologische Daten sowie auf Auswertung von zahlreichen Dünnschliffen gegründete Analyse von unter- und mittelkambrischen Schichtgruppen. Gute Schliffphotographien.

6. Karbonatklassifikationen

Karbonatgesteine können unterteilt werden

a) nach der chemischen und mineralogischen Zusammensetzung
   – z.B. Chilingar (1960), Pettijohn (1957) oder Füchtbauer (1959),

b) nach Gefügemerkmalen („Grundmasse" und Komponenten),

c) nach speziellen physikalischen Parametern
   – z.B. nach der Porosität, Choquette u. Pray (1970) – siehe 9.2.1.1.

Da nahezu alle heute verwendeten Klassifikationen von dem im Schliff oder im Handstück typisierbaren Merkmalen Matrix, Zement und Komponenten ausgehen, werden nachfolgend die nach Gefügemerkmalen möglichen Karbonatklassifikationen besprochen.

6.1. Grundlagen

Tabelle 38 zeigt die Vor- und Nachteile einiger modernerer Karbonatklassifikationen. Unterschiede in den Klassifikationen ergeben sich weniger durch unterschiedliche Grundkonzepte als durch Berücksichtigung von verschiedenen und verschieden vielen Komponententypen (so werden "lumps" von einigen Autoren zu den Intraklasten gerechnet, von anderen als eigenständige Gruppe betrachtet), durch Gruppentrennungen nach verschiedenen prozentuellen Grenzwerten, durch eine voneinander abweichende Berücksichtigung der Größe, Sortierung und Rundung der transportierten bzw. transportierbaren Komponenten und durch zum Teil spezielle Fragestellungen, die eigenständige Klassifikationen erfordern (zum Beispiel für „Schillkalke", Schäfer, 1970).

Wichtige Klassifikationsvorschläge finden sich in dem 1962 von Ham herausgegebenen Symposiumsband "Classification of Carbonate Rocks" (Mem. Amer. Ass. Petrol. Geol. **1**). Häufiger verwendet werden die Klassifikationen von Folk (1959, 1962), Dunham (1962), Leighton u. Pendexter (1962) und Bissell u. Chilingar (1967) (siehe Füchtbauer, 1974). Eine Diskussion aller bis 1967 veröffentlichten Vorschläge findet sich bei Baisert (1968).

Obwohl die von A. Schopenhauer getroffene Feststellung „Die Sprache ist kein schutzloser Misthaufen" auch für die Fachsprache gelten sollte, fällt es oft schwer, in der englischsprachigen Literatur eingeführte Namen in sinnvoller und insbesondere in kurzer Form in die deutsche Sprache zu übertragen. Bei Nichtübertragbarkeit jedoch entstehen deutsch-englische „Mischsätze", die zwar verständlich, aber sprachlich unschön sind („Es treten Korallen-boundstones auf, die häufig Pellets enthalten"). Einen Ausweg aus diesem Dilemma scheint die Verwendung von Symbolen und durch Zahlen gekennzeich-

Tabelle 38. Vergleich der Brauchbarkeit einiger moderner Kalkklassifikationen

	Anwendungsbereich	Voraussetzung	Vorteile	Nachteile
Dunham (1962)	Gelände, Handstück, Schliff	Unterscheidung von Texturtypen	Rasche Typisierungsmöglichkeit im Gelände	–
Folk (1959, 1962)	Schliff	Unterscheidung der Komponententypen, Matrix,	i.a. sinnvolle Unterteilung des Texturspektrums	Teilweise zeitintensiv, z.T. zu weitgehende Unterteilungen
Füchtbauer (1970)	Gelände, Handstück, Schliff	Unterscheidung von Komponententypen, Matrix, Zement	Rasche Gruppierungsmöglichkeit	Vermischung von deskriptiven und genetischen Kriterien
Leighton u. Pendexter (1962)	Gelände, Handstück	Unterscheidung von Komponententypen, Matrix	Rasche Gesteinsansprache	Vermischung von genetischen und deskriptiven Kriterien, z.T. zu rigorose Häufigkeitsgrenzen
Monty (1963)	Schliff	Detaillierte Unterscheidung der Komponententypen	Gut durchdachtes Schema	Zu komplizierte Namen und Namensgebung; Konzept sehr ähnlich wie bei Folk
Plumley et al. (1962)	Handstück, Schliff	Unterscheidung von Texturtypen. Rückstandsmengen	Rasche Typisierung von „genetischen" Typen	Grundkonzept z.T. angreifbar
Todd (1966)	Schliff	Unterscheidung von Komponenten, Matrix, Zement, Textur, Rückstand, chem. Zusammensetzung	Versuch einer „umfassenden" Klassifikation	Für Faziesuntersuchungen zu aufwendig

nete Kategorien zu bringen (z.B. Mamet, 1961). Da derartige Verfahren jedoch die Anschaulichkeit der Namen und Begriffe beträchtlich mindern, bleibt nur der Kompromiß: deutsche Übersetzungen dort, wo kurze und aussagekräftige Worte zur Verfügung stehen; in allen anderen Fällen Verwendung der englischen Namen. Letzteres ist – insbesondere bei der Bezeichnung der Karbonatkomponenten – notwendig, da die Namen der Kalktypen die abgekürzten Komponentennamen enthalten.

6.2. Klassifikationen

Zu den gebräuchlichsten Karbonatklassifikationen gehören die von Folk (1959, 1962) und Dunham (1962) vorgeschlagenen Einteilungen. Nachfolgend werden die Kriterien dieser und einiger anderer Klassifikationen beschrieben.

Tabelle 39. Karbonatklassifikation nach Folk 1959, 1962 (ergänzt)

Folk-Klassifikation (ergänzt)							
	Kalksteine, teilweise dolomitisierte Kalksteine und primäre Dolomite					sekundäre Dolomite	
	> 10% Allocheme allochemische Gesteine		< 10% Allocheme mikrokristalline Gesteine				
	spätiger Calcit-zement > mikrokristalline Calcit-Grundmasse	mikrokristalline Calcit-Grundmasse > spätiger Calcit-Zement	1–10% Allocheme	< 1% Allocheme	Ungestörte Bioherm-Gesteine	Allochem-Spuren	Keine Allochem-Spuren
	spätige allochem. Gesteine	mikrokristalline allochem. Gesteine					
	I	II	III		IV	V	
Volumetrische Allochem-Zusammensetzung: > 25% Intraklaste	Intrasparrudit Intrasparit	Intramikrudit Intramikrit	wenige Allocheme: *Intraklaste* Intraklast-haltiger Mikrit	Mikrit, wenn gestört, Dismikrit bei primärem Dolomit Dolomikrit	Biolithit	Allocheme enthaltend: Feinkristalline intraklastische Dolomite	Mittelkristalline Dolomite
< 25% Intraklaste: > 25% Ooide	Oosparrudit Oosparit	Oomikrudit Oomikrit	*Ooide* Ooid-haltiger Mikrit			Grobkristalline oolithische Dolomite	
< 25% Ooide: Volumen-Verhältnis Biogene/Peloide > 3:1	Biosparrudit Biosparit	Biomikrudit Biomikrit	*Biogene* Biogen-führender Mikrit			Aphanokristalline Dolomite mit Fossilresten	
3:1–1:3	Biopelsparit	Biopelmikrit	*Peloide* Peloid-haltiger Mikrit				Feinkristalline Dolomite
< 3:1	Pelsparit	Pelmikrit					
Vol.-Verhältnis Biogene/Onkoide 1:2	Onkosparit Onkosparrudit	Onkomikrit Onkomikrudit	*Onkoide* Onkoid-haltiger Mikrit				

6.2.1 Folk (1959, 1962), Tabelle 39

Die von Folk vorgeschlagene Klassifikation geht davon aus, daß Karbonatgesteine in bezug auf die Sedimentation grundsätzlich mit Sandsteinen und Schiefern vergleichbar sind.

I. *Hauptbestandteile* der Kalke sind:

A. *Allocheme* (Karbonatkörner): (1) *Intraklaste* – synsedimentäre Resedimente, z.B. Schlickgerölle, grapestones, Bahamite. (2) *Pellets* – rundliche, kugelige bis eiförmige Komponenten aus Mikrit, i.a. ohne Innenstruktur. Größe 0,03–0,15 mm, häufig 0,04–0,08 mm. Vermutlich überwiegend Kotpillen. (3) *Ooide.* (4) *Biogene* (Fossilien, skeletal grains). (5) Eine Ergänzung muß die Folk-Klassifikation durch die Behandlung der *Onkoide* als nomenklatorisch selbständige Komponenten erfahren, wobei als Grenzwert für Onkomikrit bzw. Onkosparit etwa > 10% Onkoide angesehen werden können. B. *Matrix* (Mikrit). C. *Sparit.*

II. Die durch die Kombination von Mikrit (siehe Abb. 48), Sparit und Allochem gewonnenen *Gesteinsnamen* können durch folgende Zusätze *modifiziert* werden: (1) *Korngrößen*, terrigene Beimengungen etc. (z.B. "medium biosparrudite" = Kalk mit 4–16 mm großen Bioklasten, "sandy glauconite foram biosparite" = Kalk mit mehr als 10% Foraminiferen, durch Zement verkittet, mehr als 10% silikatische Beimengungen mit Glaukonit); (2) *Geländeeigenschaften* (z.B. „schwarzer, harter, massiver Mikrit", „weißer, harter, kreuzgeschichteter Oosparit").

III. *Unterteilung nach dem Texturspektrum* (siehe Abb. 49): Die 3 Kalkhauptgruppen können nach Folk (1962) in *8 Gruppen* unterteilt werden, welche das texturelle Spektrum in seiner Abhängigkeit vom unterschiedlichen Grad der Wasserenergie widerspiegeln. Es werden unterschieden:

1. *Reiner Mikrit oder Dismikrit mit weniger als 1% Allochemen,* z.B. lithographische Kalke (Beispiel Solnhofener Plattenkalk).

2. *Mikrit oder Dismikrit mit 1–10% Allochemen,* z.B. fossilführender Mikrit oder pelletführender Mikrit.

3. *Biomikrit, Intramikrit, Oomikrit und Pelmikrit mit 10–15% Allochemen:* die Allocheme sind in der Matrix „verstreut" (sparse biomicrites etc.) und locker gepackt. Vgl. Taf. 24/2.

4. *Biomikrit, Pelmikrit etc. mit mehr als 50% Allochemen:* Die Allocheme erscheinen „dicht gepackt" etc. (packed biomicrites etc.). Vgl. Taf. 24/4.

5. *Schwach ausgewaschener Biosparit* mit etwa gleich viel Mikrit und Sparit. Entsteht bei geringer oder wechselnder Wasserenergie.

6. *Nicht sortierter Biosparit* etc. (unsorted biosparite). Der Mikrit ist vollständig oder nahezu vollständig ausgewaschen, und die schlecht sortierten Allocheme sind durch Sparit zementiert. Mehr als 2/3 Sparit. Vgl. Taf. 24/3, 24/6.

7. *Sortierter Biosparit* etc. (sorted biosparite). Die Allocheme sind gut sortiert, aber nur geringfügig abradiert und gerundet. Vgl. Taf. 24/1.

8. *Biosparit etc. mit gerundeten Allochemen* (rounded biosparite). Die Mehrzahl der Allocheme ist gut gerundet. Im allgemeinen in der Brandungszone gebildet.

Diese Gruppen könnten die unterschiedlichen Karbonatsedimente im Becken, Flachschelf und Küstenbereich widerspiegeln. Es ist jedoch zu bedenken, daß primäre Texturveränderungen (textural inversions) häufig sind (z.B. Transport von Kalksandkörnern

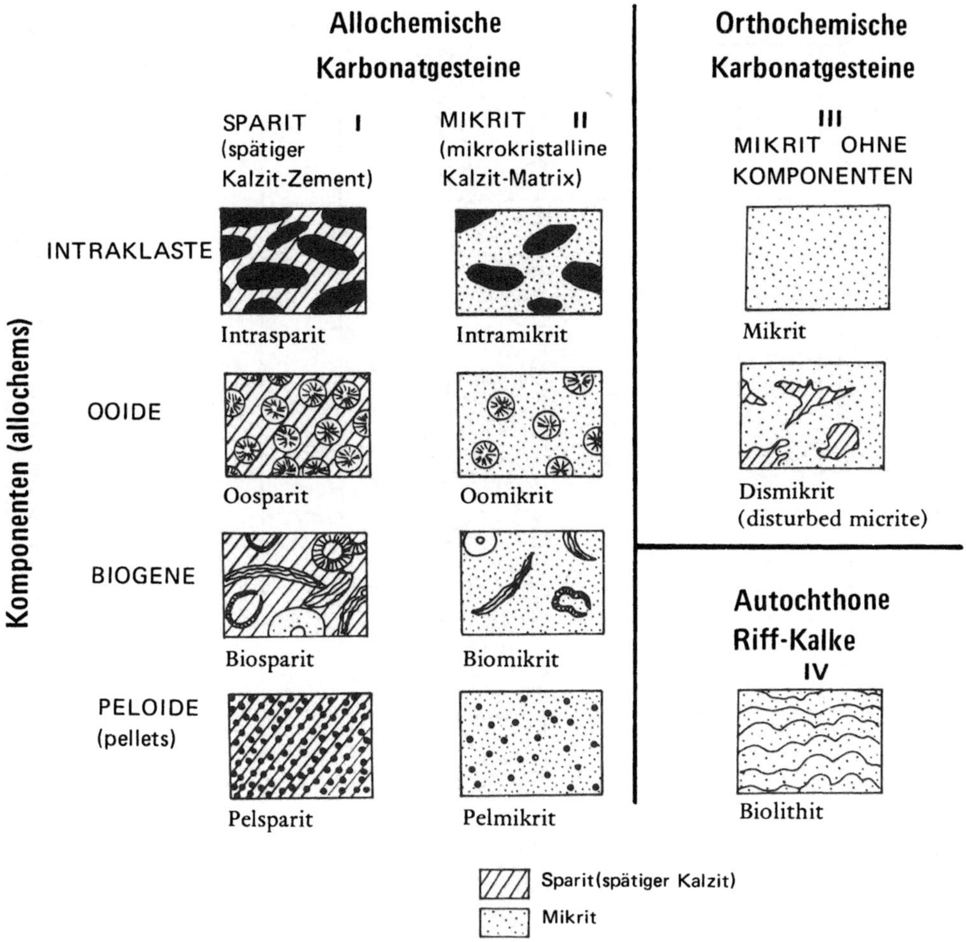

Abb. 48. Folk-Klassifikation (aus Folk, 1959). Grundsätzlich werden komponentenreiche (allochemical rocks) und komponentenarme bis -freie Karbonatgesteine (orthochemical rocks) sowie biogene Gerüstkalke (autochthonous reef rocks) unterschieden. Die Namensgebung ergibt sich aus der Kombination der Bezeichnungen für Matrix (Mikrit), Zement (Sparit) und für Komponenten (Intraklaste etc.)

von der Riff-Fläche in die Kalkschlammlagune; es entsteht ein Sediment der Gruppe 3 oder 4, wobei jedoch die Sandkörner gut sortiert sind). Oomikrite entstehen häufig durch Auswaschung von Kalkooiden aus dem Flachwasser-Bildungsbereich in etwas tiefere, geschützte Schlammbereiche, auch Bioturbation kann zur Vermischung von Texturtypen führen! Taf. 24/4 zeigt ein Beispiel einer texturellen Inversion.

Ein statistischer Vergleich der Folk-Klassifikation mit der Sedimentverteilung auf der Andros-Plattform, Bahama-Bank, durch Imbrie u. Purdy (1962) zeigt, daß die Gruppen 5–8 auch durch Faktorenanalysen gut erkennbar sind, während die Unterteilung der mikritischen Kalke im Oomikrit, Intramikrit, Biomikrit, Biopelmikrit und Pelmikrit zu diffizil erscheint (auf der Bahama-Bank konnten nur "skeletal mud facies" und eine "pellet mud facies" unterschieden werden).

TEXTUR–SPEKTRUM VON KARBONATGESTEINEN

	2/3 Kalkschlamm-Matrix (Mikrit)				gleich viel Sparit und Mikrit	2/3 spätiger Zement (Sparit)		
% Komponenten	0 – 1 %	1 – 10 %	10 – 50 %	über 50 %		schlechte Sortierung	gute Sortierung	gerundet
Repräsentative Gesteinsnamen	Mikrit & Dismikrit	biogen-führender Mikrit	locker gepackter Biomikrit	dicht gepackter Biomikrit	schwach aus-gewaschener Biosparit	nichtsortierter Biosparit	sortierter Biosparit	Biosparit mit gerundeten Komponenten
Terminologie FOLK 1959	Mikrit & Dismikrit	biogenführ Mikrit	Biomikrit			Biosparit		
Klastische Analoga	Tonstein		sandiger Tonstein	toniger und unreifer Sandstein		mäßig reifer Sandstein	reifer Sandstein	überreifer Sandstein

Kalkschlamm-Matrix

spätiger Kalzit-Zement

Abb. 49. Textur-Spektrum von Karbonatgesteinen (aus Folk, 1962). Die Wasserenergie im Sedimentationsraum nimmt (auf der Abbildung von links nach rechts) zu, wie dies in der Gegenwart etwa im Bereich Becken – Flachschelf – Küstenbereich der Fall ist

Tabelle 40. Kalkklassifikation nach Dunham (1962) mit Ergänzungen nach Embry u. Klovan (1972)

<table>
<tr><td colspan="6">(Allochthone Kalke)
Primäre Komponenten während der Sedimentation, nicht organogen verbunden</td><td colspan="3">(Autochthone Kalke)
Primäre Komponenten während der Sedimentation organogen verbunden</td></tr>
<tr><td colspan="4">Weniger als 10% Komponenten > 2 mm</td><td colspan="2">Mehr als 10% Komponenten > 2 mm</td><td colspan="3" rowspan="2">Verbindung durch Organismen</td></tr>
<tr><td colspan="2">Mit Mikrit (< 0,03 mm)</td><td colspan="2">Ohne Mikrit</td><td rowspan="4">Mud-supported</td><td rowspan="4">Grain-supported</td></tr>
<tr><td colspan="2">Mud-supported</td><td colspan="2" rowspan="3">Grain-supported</td><td rowspan="2">Als Sediment-Fänger (z.B. dendroide Organismen wie Korallen)</td><td rowspan="2">Als Sediment-Binder (z.B. lamellare Organismen wie Algen)</td><td rowspan="2">Als Gerüstbildner (z.B. Rifforganismen, Korallen)</td></tr>
<tr><td rowspan="2">Weniger als 10% Komponenten (> 0,03 mm – < 2 mm)</td><td rowspan="2">Mehr als 10% Komponenten</td></tr>
<tr><td colspan="3">B o u n d s t o n e</td></tr>
<tr><td>Mudstone (Taf. 13/1)</td><td>Wackestone (Taf. 24/2, 30/2)</td><td>Packstone (Taf. 28/1)</td><td>Grainstone (Taf. 24/1, 24/2, 24/4, 24/7, 28/2, 30/1)</td><td>Floatstone</td><td>Rudstone (Taf. 24/6)</td><td>Bafflestone (Taf. 31/5)</td><td>Bindstone (Taf. 10/3)</td><td>Framestone (Taf. 24/8, 31/3)</td></tr>
</table>

6.2.2 Dunham (1962), Ergänzungen durch Embry u. Klovan (1972)

Diese Einteilung geht von der Art der Komponentenverbindung während der Sedimentation und vom Komponentengefüge aus. Bei letzterem werden „schlammgestützte" (mud-supported) und „komponentengestützte" (grain-supported) Gefüge unterschieden.“Mud-supported" entspricht Kalkschlamm mit eingelagerten, sich nicht berührenden Komponenten (ähnlich Kieskörnern in einer Regenpfütze). “Grain-support" ist dann gegeben, wenn die Komponenten sich gegenseitig abstützen („Sandhaufen-Prinzip").

Bedingt durch Schnitteffekte ist diese Abstützung im Schliff nicht immer durch Berührung der Komponenten ausgedrückt. Kriterien für “grain-supported" sind konkav-konvexe Komponentenkontakte und ein „Offenheitsgrad" < 2, im allgemeinen um 1,2 (siehe Abschnitt 4.2.4.1).

Die Differenzierung der autochthonen Kalke (boundstones) geht von der Fähigkeit der Organismen aus, Sediment zu „fangen" [z.B. im relativen Stillwasserbereich zwischen dichtstehenden Korallenästen oder Schwämmen, Beispiele: „Thecosmilien" im Mikrit der Kössener Schichten, Rät; „Peronidellen“ (nicht-segmentierte Kalkschwämme") der Riffkernfazies der obertriadischen Dachsteinkalke]. Andere Organismen wie insbesondere Algen, aber auch sessile Foraminiferen oder lamellare Stromatoporen können Sediment „binden" (vgl. Tabelle 25). Biogene Gerüste aus eng miteinander verbundenen sessilen Organismen treten in Riffen auf. Beispiele für die insbesondere bei der Untersuchung von Riffkomplexen sinnvollen Unterteilung der boundstone-Gruppe finden sich bei Embry u. Klovan (1972, Devon von Canada).

Eine Übersetzung der Gesteinsnamen erscheint kaum sinnvoll und durchführbar.

6.2.3 Leighton u. Pendexter (1962)

Die *Textur von Karbonatgesteinen ist charakterisiert* durch:

1. *Mikrit*, entsprechend dem Kalkschlamm der Karbonatsedimente, obere Korngrenze 0,03 mm
2. *Körner* (Komponenten)
3. *Poren*
4. *Zement* in Hohlräumen zwischen den Komponenten, spätiger Kalzit oder Dolomit

Die Autoren unterscheiden folgende (Komponenten)-Typen: a) *Detritische Körner* (Gesteinsfragmente, Intraklaste); b) *Biogene* (skeletal grains) (vollständig oder als Fragmente – Crinoiden, Mollusken, Algen, Foraminiferen etc.). c) *Pellets:* Fecal Pellets (Kotpillen), Mikritkörner; d) *Lumps:* Aggregatkörner, Algen-Lumps; e) *Umrindete Körner* (coated grains): Ooide und Oberflächenooide, Pisolithe, algen- oder foraminiferen-umkrustete Körner.

Der Name der Kalktypen ergibt sich aus der Kombination von Korntypen und Grundmasse (Mikrit), wobei das Komponenten/Mikrit-Verhältnis zu berücksichtigen ist. Siehe Tabelle 41.

Beispiele: Crinoiden-Mikrit-Kalk = Kalk mit 50–90% Crinoidenfragmenten und 50–10% mikritischer Grundmasse.

Oolithkalk = Kalk mit mehr als 90% Ooiden und weniger als 10% Mikrit bzw. nur sparitischem Zement.

Korallen-Mikrit-Kalk = Kalk mit 50–90% gerüstbildenden Korallen und 50–10% Mikrit.

Tabelle 41. Kalk-Klassifikation nach Leighton u. Pendexter (1962)

Komponen-ten/Mikrit-Verhältnis	% Kompo-nenten	Komponenten-Typen					Organogene Gerüstbildner	Keine organoge-nen Gerüstbildner
		Detritische Körner	Biogene (skeletal grains)	Peloide	Lumps	Rindenkörner (coated grains)		
		Detritus-Kalk	Biogen-Kalk	Peloid-Kalk	Lump-Kalk	Oolithischer Kalk Pisolithischer Kalk Onkoidischer Kalk (Algal encrusted Ls.)	Korallen-Kalk, Algen-Kalk etc.	
9 : 1	~ 90%						- - - - - -	
		Detritus-Mikrit-Kalk	Biogen-Mikrit-Kalk	Peloid-Mikrit-Kalk	Lump-Mikrit-Kalk	Oolith-Pisolith- etc. Mikrit-Kalk	Korallen-Mikrit-Kalk Algen-Mikrit-Kalk	Caliche Travertin Kalktuff
1 : 1	~ 50%						- - - - - -	
		Mikrit-Detritus-Kalk	Mikrit-Biogen-Kalk	Mikrit-Peloid-Kalk	Mikrit-Lump-Kalk	Mikrit-Oolith-, Pisolith- etc. Kalk	Mikrit-Korallen-Kalk, Mikrit-Algen-Kalk	
1 : 9	~ 10%	← Mikritische Kalke →						

Zusätzlich sind Angaben über die *Größe der Komponenten* (kryptokörnig – 0,001–0,004 mm, mikrokörnig – 0,004–0,06 mm, sehr feinkörnig – 0,06–0,12 mm, feinkörnig – 0,12–0,25 mm, mittelkörnig – 0,25–0,50 mm, grobkörnig – 0,50–1,0 mm, sehr grobkörnig – 1,0–2,0 mm, Brekzien und Konglomerate – über 2,0 mm), über *Porenräume* und *Zementation* möglich.

Die von Geologen der Jersey Research Company entwickelte Klassifikation ist bereits im Gelände anwendbar. Füchtbauer (1970, 1974) schließt sich in der Nomenklatur weitgehend dem Schema von Leighton u. Pendexter an und berücksichtigt bei der Namengebung die Art und Häufigkeit der Partikel (Komponenten wie z.B. Pillen), Matrix (Mikrit) und Zement (Sparit). Beispiel: Pillenkalk (pelletal limestone, mehr als 90% Pillen), matrixführender Pillenkalk (micritic pelletal limestone, zwischen 75 und 90% Pillen), matrixreicher Pillenkalk (micritic-pelletal limestone, 50–75% Pillen), pillenreicher Kalk (pelletal-micritic limestone, 25–50%), pillenführender Kalk (pelletal micritic limestone, 10–25%) und Kalklutit bzw. schwach pillenführender Kalk (micritic limestone – unter 10% Pillen).

6.2.4 Energie-Indizes-Klassifikation nach Plumley et al. (1962)

Diese Klassifikation (Tabelle 42) berücksichtigt die Tatsache, daß unterschiedliche Wasserenergie verschiedene Struktur- und Texturtypen erzeugt. Wesentliche genetische Faktoren sind die Wellenbasis (Wassertiefe, in welcher durch Wellentiefgang keine Sedimentumlagerung erfolgt – abhängig von der Wellenamplitude, von Stürmen und von der Topographie des Meeresbodens u.a.) und das Energieniveau (energy level), das durch die am Meeresgrund herrschende, durch Wellen oder Strömungen bedingte kinetische Energie verursacht ist und aus dem Gefüge der transportierten Komponenten sowie aus der Menge und Art der Matrix (Mikrit, Sparit) abgelesen werden kann. Von grundsätzlicher Bedeutung ist die Erkennung der Tatsache, daß ein *Transport der Komponenten* vorliegt. *Kriterien* hierfür können sein:

a) Fragmente von teilweise verfestigtem Sediment (Intraklaste) oder stratigraphisch ältere Gesteine (Extraklaste); Silt- bis Kiesgröße; angular oder gerundet.
b) Primär nicht runde, zugerundete Fossilfragmente.
c) Schlecht sortierte Matrix, z.B. Siltkörner in feinkörniger Matrix (kann auch durch Bioturbation bedingt sein!).
d) Vermischung von gleichgroßen Karbonat- und Silikatkomponenten, z.B. Bioklasten und Quarze.
e) Vermischung von verschiedenen ökologischen Organismentypen (z.B. Fusuliniden in Algen-Biomikriten, Dasycladaceen in Crinoiden-Biospariten).
f) Ooide (Vorsicht – siehe 4.1.3.5).
g) Wellenresistente, koloniebildende Organismen in situ (Auswertung der Wuchsformen, z.B. bei Korallen und Stromatoporen sowie bei Corallinaceen).
h) Kennzeichnende Sedimentstrukturen wie Kreuzschichtung, Dachziegellagerung etc.

Diese Klassifikation gestattet i.a. eine rasche Bezeichnung der möglichen Wasserbewegung zur Zeit der Sedimentation. Eine Unterscheidung der vorgeschlagenen Untergruppen ist schwierig, da hierzu auch die – in Schliffen meist nicht gut faßbaren –

nichtkarbonatischen Bestandteile quantitativ abschätzbar sein müssen. Vor einer Überbewertung der Energie-Indizes-Klassifikation muß aus folgenden Gründen gewarnt werden:

a) Die Komponentengrößen werden in direkte Abhängigkeit von der Wasserbewegung gebracht. Diese Größen sind jedoch außer durch die Wasserenergie auch durch die Verfügbarkeit (z.B. größenabhängiger Zerfall von Biogenen, vgl. Abb. 37) kontrolliert sowie durch andere Milieufaktoren (Art und Intensität der Zementbildung in grapestones; Wachstumsgeschwindigkeit der Algen in Onkoiden) beeinflußt.

b) Die Häufigkeit von detritischen Quarzen muß nicht von der Wasserenergie abhängig sein. Bei äolischem Transport entstehen im Stillwasserbereich Karbonate mit bis zu 50% Quarz – bei Plumley et al. werden nur bis 5% Quarz genannt.

c) Wie in allen Klassifikationen kann das Vorkommen von mikrokristalliner Matrix nicht a priori als Hinweis auf Stillwasserbedingungen gewertet werden, da sedimentbindende Organismen feinste Sedimentkörner auch im bewegten Wasser fixieren können. Dies gilt insbesondere für Algen.

d) Die für die einzelnen Organismengruppen angegebenen Energiebereiche sind zu eng gewählt. Korallen und Kalkalgen treten zum Beispiel auch in den Energiebereichen I und II auf. Die Fossilassoziationen sollten daher für die Bestimmung der Energieindizes nur am Rande bewertet werden.

e) Die vermuteten Energiebereiche müssen nach Möglichkeit durch Beobachtungen im Handstück- und Aufschlußbereich überprüft werden, da Strömungsmarken, Kreuzschichtung etc. in Schliffen oft nicht deutlich erkennbar sind.

Der Vorteil der Klassifikation liegt in der Tatsache, daß vertikale und horizontale Faziesänderungen durch die Energieindizes rasch und in einfacher Weise beschrieben werden können. Sofern die unterschiedlichen Typen mit verschiedener Wassertiefe gleichgesetzt werden (Vorsicht!), ergeben sich einfache Sedimentationsmodelle (Beispiele bei Plumley et al., 1962, und Skupin, 1973 – Trochitenkalk, deutscher Muschelkalk). Eine kritische Auswertung der Klassfikation haben Bolliger u. Burri (1970) im Zusammenhang mit der Bearbeitung von Kalken aus dem Zentralen Schweizer Jura vorgenommen.

Die Berücksichtigung der Veränderungen der minimalen und maximalen Energie-Indizes (EI $\log_{min}$, EI $\log_{max}$) in Profilen erleichtert die Erkennung und Beschreibung zyklischer Sedimentationsmuster (Catalov, 1972).

6.2.5 Müller-Jungbluth u. Toschek (1969)

Die Vorteile der „Innsbrucker" Kalkklassifikation liegen in der *Verbindung* der *Korngrößenbezeichnung* [Rudit und Arenit als Komponentengrößen, Siltit und Aphanit (= Feinsiltit bis Kryptit) als *„Grundmasse"*-Größen], *„Grundmasse"-Typen* (Mikrit als ursprüngliche Matrix, Sparit als umkristallisierte Matrix mit Mikro- und Makrosparit, Spatit als Zement) und *Komponententypen* verschiedener Häufigkeit. Folgende *Komponententypen* werden unterschieden:

I. *Minerale* (authigene M., „exotische" M.)
II. *Protointraklast* (Konzentrierung von bewegtem, aber nicht losgerissenem Kalkschlamm)

Tabelle 42. Klassifikation der Energie-Indizes nach Plumley et al. (1962)

Energieindex	Kalk-Untertyp	Mineralogie	Textur: Größe der Komponenten	Textur: Sortierung	Textur: Rundung	Fossilhäufigkeit und Diversität	Charakteristische Fossilien Fossilassoziationen Fossilerhaltung
Ruhig I Ablagerung im Stillwasserbereich, keine oder sehr schwache Turbulenz	I_1	Kalzit Ton (15–50%) detrit. Quarz <5%	<0,06 mm, Matrix 50%	Matrix gut; Fossilien schlecht	Ursprüngliche Fossilgestalt erhalten; wenn zerbrochen, eckige Fragmente	Fossil-leer bis fossilführend; einfache Assoziationen	Crinoiden: Echinoideen; Bryozoen (zarte verzweigte Typen); Einzelkorallen; Ostrakoden; dünnschalige Brachiopoden, Muscheln u. Schnecken, Foraminiferen; Schwammnadeln; röhrenförmige, inkrustierende u. sedimentfangende Algen; Koprolithen von Sedimentbewohnern. Verbreitete Assoziationen: Crinoiden-Bryozoen; Muscheln; Foraminiferen (überwiegend planktonisch). Viele Fossilien nicht zerbrochen bzw. abradiert. Die Fragmentierung der Fossilien ist durch Disartikulation nach dem Tod, bohrende Organismen etc. und Lösung bedingt.
	I_2	Kalzit (dominierend) Ton (<15%) detritischer Quarz <5%				Mäßig bis reich fossilführend; einfache Assoziationen (Schille)	
	I_3 (Taf. 24/2)		Komponenten jeder Größe Matrix 50%	Matrix gut; Fossilien mäßig bis gut			
Zeitweise bewegt II Ablagerung alternierend im Stillwasser- und Bewegtwasserbereich, schwache oder zeitweise unterbrochene Turbulenz	II_1 (Taf. 24/4)	Überwiegend Kalzit Ton (<25%) detritischer Quarz <50%	<0,06–0,5 mm Matrix 50%	Matrix gut; klast. Material schlecht bis gut	Klastisches Karbonatmaterial subangular bis gerundet; Rundung der terrigenen Klasten ist Funktion der Größe; Ooide können vorhanden sein	Fossil-leer bis mäßig fossilführend; ziemlich einfache Assoziationen	Charakteristische Fossilien u. Fossilassoziationen ähnlich wie beim Typ I. Das Fossilmaterial ist im Vergleich mit Typus I stärker fragmentiert u. durch Wellenbewegung gerundet. Verstreute Fossilreste aus dem Bewegwasserbereich können vorhanden sein.
	II_2		0,5–2 mm Matrix 50%				
	II_3		Komponenten jeder Größe, Wechsellagerung	Sortierung in den einzelnen Lamina gut		Fossil-leer bis fossilführend; ziemlich komplexe Assoziationen	
Schwach bewegt III Ablagerung in	III_1	Überwiegend Kalzit, detrit. Quarz (bis 50%)	<0,06 mm	Matrix gut; klast. Material mäßig bis gut	Klast. Material zugerundet bis gut gerundet;	Fossil-leer bis spärlich fossilführend, einf. Ass.	Echinodermen, Bryozoen und Muschelschutt, Foraminiferen, Algenkrusten.

schwach bewegtem Wasser, mäßige Turbulenz	III_2		0,06–0,125 mm	Matrix schlecht; klast. Material mäßig bis gut	feinkörnige Ooide können vorhanden sein	Fossil-leer bis mäßig fossilführend einf. Assoziationen	Häufige Fossilassoziationen sind Foraminiferen, abradierte Muschel-Schalen. Fossilmaterial zerkleinert aus größeren Fossilstrukturen sowie durch Wellen und Strömung abradiert.
	III_3		0,125–0,25 mm			Fossil-leer bis reichlich fossilführend; einfache bis ziemlich komplexe Ass.	
Mäßig bewegt IV Ablagerung in mäßig bewegtem Wasser, starke Turbulenz	IV_1	Überwiegend Kalzit, detrit. Quarz (bis 50%)	0,25–0,5 mm	Matrix schlecht; klast. Material mäßig bis gut	Klast. Material zugerundet bis gut gerundet. Ooide können vorhanden sein	Mäßig bis reichlich fossilführend; einfache bis ziemlich komplexe Assoziationen.	Crinoiden, Echinoideen, Bryozoen, Brachiopoden u. Lamellibranchiatenfragmente; Stockkorallen, Stromatoporidenfragmente (überwiegend Silur–Devon); tubulare Algenfragmente selten, Algenkrusten. Häufige Fossilassoziationen sind ähnlich den Ass.-Typen I, II u. III, oder sind eine Mischung dieser Assoziationen. Fossilmaterial im allgemeinen zerbrochen u.abradiert.
	IV_2 (Taf. 24/1)		0,5–1,0 mm				
	IV_3 (Taf. 24/6)		1,0–2,0 mm			Mäßig bis reichlich fossilführend; mäßig kompl. bis kompl. Assoziationen	
Stark bewegt V Ablagerung u. Wachstum in stark bewegtem Wasser, Turbulenz	V_1	Überwiegend Kalzit Ton (<5%) detritischer Quarz (<25%)	>2 mm >2 mm	Matrix schlecht; klast. Material schlecht bis mäßig	Klast. Material zugerundet bis gerundet. Pisoide können vorh.sein	Spärlich bis mäßig fossilführend; komplexe Ass.	Crinoiden, Echinoideen, Bryozoen, Krusten, dickschalige Brachiopoden, Pelecypoden u. Gastropoden, Korallenstöcke, Stromatoporidenfragmente (überwiegend Silur–Devon); Algenkolonien-Fragmente, Rudistenfragmente (Kreide). Fossilassoziationen sind ähnlich Typ IV der Assoziation. Fossilmaterial im allgemeinen zerbrochen u.abradiert.
	V_2 (Taf. 24/5)		>2 mm	Matrix schlecht; klast. Material schlecht	Klast. Material eckig bis gerundet	Fossil-leer bis spärlich fossilführend, komplexe Assoziationen	
	V_3 (Taf. 24/8)	Kalzit	–	–	–	Reichlich fossilführend (stellenweise Koloniewachstum)	Korallenkolonien, Stromatoporiden, Algenkolonien (grundsätzlich Rhodophyta und einige Arten von Cyanophyta).

III. *Detritus*
   1. *Allochthones Mineral*
   2. *Nicht-Karbonatgesteins-Bruchstück*
   3. *Karbonatgesteins-Bruchstück (Lithoklast):*
      a) *Extraklast* (Bruchstück eines verfestigten älteren Karbonatgesteins von außerhalb des Ablagerungsraumes)
      b) *Intraklast* (Resediment eines schwach verfestigten bis festen Karbonates ± aus dem Ablagerungsraum)
      c) *Autoklast* (Inhomogenitätsbrekzie, ± im sedimentären Verband).
      d) *Plastiklast* (Schlickgeröll)

IV. *Biogene* (Organismenhartteile)
   1. *Biomorpha* (vollständige Formen)
   2. *Bioklaste* (Organismenbruchstücke)
   3. *Biopetroklaste* (allochthone, ältere Biogene)
   4. *Organismengerüstbildner* (sessile Organismengruppen, Koloniebildner)

V. *Rundkörperchen*
   1. *Pellet* (gut gerundet, ohne innere Struktur, meist kleiner 1,0 mm bis größer 0,03 mm, kleiner 0,03 mm = Mikropellet)
   2. *Kotpille* (fecal pellet, Internstruktur bestimmbar)
   3. *Algenpellet* (kryptokristallines Material)
   4. *Lump* (grapestone, synsedimentär verbackene, semilithifizierte Kornaggregate, Megalump = größer 0,4 mm. Glomeroklast = Klumpenhaufen)
   5. *Umkrustete Körner*
      a) *Einfachooid* (superficial ooid, ein oder wenige Ringe)
      b) *Ooid* (viele gleichförmig-konzentrisch angelagerte Schalen, größer 2 mm = Pisolithe)
      c) *Einfachonkoid* (superficial oncoid, meist eine unregelmäßige Schale)
      d) *Onkoid* (mit regelmäßiger, durch Algen gebildeter Schale)

Der Gesteinsname enthält Komponenten, die mit mindestens 40–50% vertreten sind; geringerprozentige Komponenten werden durch Adjektiva oder Zusätze bezeichnet, zum Beispiel: Aphanit-führender Lithoklast-Arenosparit mit wenigen Bioklasten = mindestens 40% Lithoklasten in Arenitgröße als Hauptbestandteil, einige wenige Bioklasten, „Grundmasse" Sparit (rekristallisierte Matrix) mit 10–25% Mikrit von aphanitischer Korngröße (kleiner als 0,16 mm). Die Verwendung der Adjektiva ist genormt (-haltig = 5–10%, -führend = 10–25%, -reich = 25–50%, -überreich = 50–75%).

Die Nachteile der Klassifikation liegen – abgesehen von der Bildung von Wortungetümen – in der unrichtigen Verwendung der Begriffe Sparit (bezieht sich nach Folk in erster Linie auf Zement, der als Porenfüllung gebildet worden ist!), Lithoklast (kein Überbegriff, sondern Synonym von Extraklast) und in der Verwendung von zu rigorosen Grenzwerten für die Komponentenhäufigkeit (resultierend aus der Überbewertung des Energie-Index-Schemas nach Plumley et al., 1962).

Die vorgeschlagene Kennzeichnung der Komponenten- und Matrixkorngrößen im Gesteinsnamen kann auch in der Folk-Nomenklatur zum Ausdruck gebracht werden:

Schwach ausgewaschener Intraarenosparit mit wenigen Bioklasten = entspricht dem oben verwendeten Beispiel!

Biorudarenoaphanit (= Biomikrit mit Bioklasten von überwiegend Rudit- und untergeordnet Arenitgröße, Korngrößen des Mikrites i.w.S. kleiner als 0,16 mm). Die Korngrößen der mikritischen Matrix könnten durch Einführung von Kryptit (unter 0,001 mm, Kurzform Kry-), Lutit (0,001–0,004 mm, Kurzform Lu-) und Siltit (bis Feinsiltit unter 0,16 mm, Kurzform Sil-) benannt werden. Zum Beispiel:

Biomikrit: Biosilmikrit oder Biolumikrit.

In der Praxis wird eine derart diffizile Klassifikation erst im Anschluß an eine rasterelektronenmikroskopische Untersuchung möglich und sinnvoll sein.

6.3 Diskussion und Beispiele (Taf. 24)

In der nachfolgenden *Checkliste für Klassifikationsmerkmale* sind die in Schliffen erkennbaren Merkmale zusammengefaßt, die bei der Namensgebung von Bedeutung sind:

A. Allochthone Kalke (z.B. „Detrituskalke")

1. Welche Grundmassetypen treten auf? – Mikrit, Mikrosparit, Sparit (eventuell Ortho- und Pseudosparit)?
2. Welche der nachfolgend genannten Komponenten dominiert? Welche Komponenten stehen der Häufigkeit nach an zweiter Stelle? – Biogene bzw. Bioklasten, Peloide, Aggregatkörner, Onkoide, Ooide, Rindenkörner, Intraklasten, Extraklasten, terrigene Komponenten?
3. Wie ist das Komponenten/Grundmasse-Verhältnis (grain/micrite ratio bzw. grain/sparite ratio)? Häufig werden die Grenzwerte 1:9, 1:1 und 9:1 verwendet. Das Verhältnis 9:1 wird in der Natur kaum erreicht. Andere Grenzwerte erscheinen daher unter Umständen sinnvoller, z.B. 3:7, 1:1 und 7:3 (vgl. K.A. Schäfer, 1970).
4. Werden die Komponenten durch Schlamm oder durch andere Komponenten gestützt? Wie ist der Offenheitsgrad?
5. In welche Größenbereiche fallen die häufigeren Komponenten? Siltit, Arenit oder Rudit?
6. Sind rundungsfähige Komponenten gerundet bzw. angular ausgebildet?

B. Autochthone Kalke (z.B. „Riffkalke")

1. Bilden die sessilen Organismen relativ flache, dicht übereinanderfolgende „Krusten" bzw. biogene Anlagerungsstrukturen (bindstone)?
2. Bilden die sessilen Organismen Vertikalstrukturen mit sedimentgefüllten Zwischenräumen (bafflestone)?
3. Bilden die sessilen Organismen „Gerüststrukturen", wobei die einzelnen Kolonien durch Organismen-Inkrustationen miteinander verbunden sind (framestone)?
4. Welche Organismengruppen dominieren?
5. Sind auffallende Organismen-Assoziationen zu erkennen?

Tafel 24/1–8. Karbonatklassifikationen ▶

A = Klassifikation nach Folk, 1959 bzw. 1962, B = Klassifikation nach Dunham, 1962, C = Energieklassifikation nach Plumley et al., 1962, D = Klassifikation nach Müller-Jungbluth u. Toschek, 1969, E = Klassifikation nach Füchtbauer, 1974.

1. A – Pelsparit bzw. sortierter Pelsparit mit Echinodermenresten; B – Grainstone bzw. pelletoidal grainstone; C – IV/2; D – echinodermenführender Pelarenosparit; E – Pillenkalk mit Echinodermen. Unterkreide: Rhone-Mündung, Genf, Schweiz. Balkenlänge 1 mm

2. A – Biomikrit bzw. locker gepackter Biomikrit; B = bioclastic wackestone; C – I/3; D – feindetritischer Biosilmikrit; E – biogenreicher bzw. filamentreicher Kalk. Obertrias (Kössener Schichten): Gaissau bei Hallein, Salzburg. Balkenlänge 10 mm

3. A – Oosparit bzw. nicht sortierter Oosparit mit Biogenen; B – oolith lime grainstone; C – IV/2; D – Ooarenosparit mit Dasycladaceen und Echinodermen; E – Kalkoolith. Unteres Perm: Forni Avoltri, Carnia. Balkenlänge 1 mm

4. A – Dasycladaceen-Biomikrit; B – Dasyclad lime wackestone; C – II/1; D – Dasycladaceen-Bioarenoaphanit; E – matrixreicher Fossilkalk. Als Biogene treten neben Dasycladaceen (*Diplopora adnetensis* Flügel) Echinodermenreste auf. Möglicherweise handelt es sich um eine „texturelle Inversion" im Sinne von Folk (1962), da die Dasycladaceen nicht in dem durch den feinkörnigen Mikrit angezeigten niedrigenergetischen Sedimentationsbereich gelebt haben dürften. Ober-Trias (Oberrätriffkalk): Gruberriff, Feichtenstein, Salzburg. Balkenlänge 1 mm

5. A – extraklastenführender Sparit mit Echinodermen; B – lithiclast lime grain/rudstone; C – V/2; D – Lithoklast-Rudoarenosparit mit Echinodermen; E – Detritus-Fossilkalk. Sowohl die sehr gut gerundeten pelsparitischen Komponenten als auch die gerundeten mikritischen Komponenten sind als Extraklasten anzusehen. Hierfür sprechen: hoher Rundungsgrad, Abschneiden der Komponenten in den Geröllen an der Geröllgrenze, unterschiedliche Zemente in den Geröllen und zwischen den Geröllen. Unter-Karbon: Kücu Tepe bei Balya, Anatolien. Balkenlänge 1 mm

6. A – Intrasparit bzw. nichtsortierter Intrasparit; B – lithiclast lime rud/grainstone; C – IV/3; D – biogenführender Intrarudoarenosparit; E – zementierter Intraklastkalk. Die große Komponente in der oberen Bildhälfte ist ein typisches Aggregatkorn, in dem ältere Aggregatkörner, Peloide und Organismenschalen durch mikritische Matrix verkittet sind ("lump"). Die kreisförmigen Foraminiferenschnitte entsprechen *Triasina hantkeni* Majzon. Ober-Trias (gebankter Dachsteinkalk): Leanyvar, Gerecse-Gebirge, Ungarn. Balkenlänge 1 mm

7. A – Biospelsparit; B – bioclastic lime grainstone; E – zementierter Pillenkalk mit Foraminiferen. Unter den Foraminiferen fallen die Schnitte von *Galeanella tollmanni* (Kristan) auf. Diese Art ist in den obertriadischen Riffen auf lokale Schuttareale im zentralen Riffbereich beschränkt. Obertrias (Dachsteinriffkalk): Sauwand bei Gußwerk, Steiermark. Balkenlänge 1 mm

8. A – Biolithit; B – algal-foraminiferal boundstone bzw. framestone; C – V/3; D – Biolithit; E – Riffkalk. Das biogene Gerüst setzt sich aus der agglutinierten Foraminifere *Haddonia heissigi* Hagn (Bildmitte oben), verschiedenen Corallinaceen (graue und schwarze Krusten), Korallen (im Bild unten und links oben, zum Teil angebohrt) und aus Kalkschwämmen (oben links) zusammen. Unten rechts *Discocyclina* sp. Tertiär (Ober-Eozän): Steinbruch am Nordostabfall des Eisenrichter-Steins bei Hallthurm, SE Bad Reichenhall. Balkenlänge 1 mm

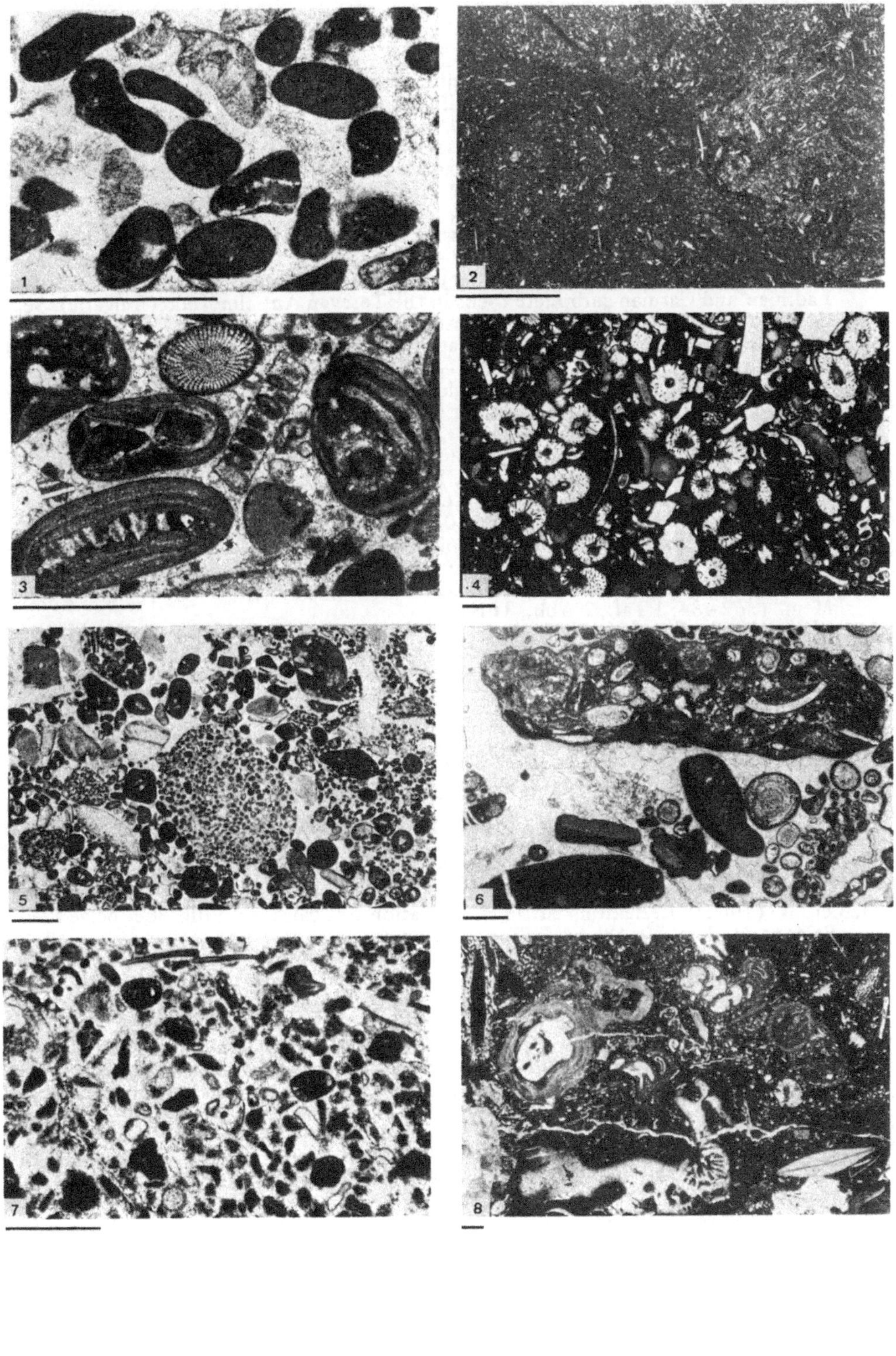
1
2
3
4
5
6
7
8

6.4 Literatur

Baisert, H. (1967): Vergleich der Kalkklassifikationen. Z. angew. Geol. **12**, Berlin

Bissel, H.J., Chilingar, G.V. (1967): Classification of sedimentary carbonate rocks. In: Chilingar, G.V., Bissell, H.J., Fairbridge, R.W. (eds.): Carbonate Rocks. Dev. Sed. **9** A, 87–168, 16 Taf., Amsterdam: Elsevier

Bramkamp, R.A., Powers, R.W. (1958): Classification of Arabian carbonate rocks. Geol. Soc. Amer. Bull. **69**, 1305–1318, New York

Bolliger, W., Burri, P. (1970): siehe 4.1.4.1

Catalov, G. (1971): Structural-genetic classification of the limestones. Bull. Geol. Inst. Sev. Strat. Lithol. **20**, 133–156, Taf. 1–6, 1 Tab., Sofia (bulgar., engl. Kurzfassung)

Catalov, G.A. (1972): An attempt at energy index (EI) analysis of the Upper Anisian, Ladinian and Carnian carbonate rocks in the Teteven Anticlinorium (Bulgaria). Sed. Geol. **8**, 159–175, 4 Taf., 5 Abb., Amsterdam

Chilingar, G.V. (1960): Notes on classification of carbonate rocks on basis of chemical composition. J. Sed. Petrol. **30**/1, 157–158, 3 Tab., Tulsa

Choquette, P.W., Pray, L.C. (1970): Geologic nomenclature and classification of porosity in sedimentary carbonates. Bull. Amer. Ass. Petrol., Geol. **54**/2, 107–250, 13 Abb., Littleton, Col. 80121

Dunham, R.J. (1962): Classification of carbonate rocks according to depositional texture. Mem. Amer. Ass. Petrol. Geol. **1**, 108–121, 7 Taf., Tulsa

Embry, A.F., Klovan, E.J. (1972): Absolute water depths limits of Late Devonian paleoecological zones. Geol. Rdsch. **61**/2, 10 Abb., Stuttgart

Feray, D.E., Heuer, E., Hewatt, W.G. (1962): Biological, genetic and utilitarian aspects of limestone classification. Mem. Amer. Ass. Petrol., Geol. **1**, 20–32, 3 Abb., Tulsa

Folk, R.L. (1962): Spectral subdivision of limestone types. Amer. Ass. Petrol., Geol. Mem. **1**, 62–84, 1 Taf., 7 Abb., Tulsa

Folk, R.L. (1962): Spectral subdivision of limestone types. Amer. Ass. Petrol., Geol. Mem. **1**, 62–84, 1 Taf., 7 Abb., Tulsa

Füchtbauer, H. (1959): Zur Nomenklatur der Sedimentgesteine. Erdöl u. Kohle **12**, 605–613, 7 Abb., Hamburg

Füchtbauer, H. (1974): siehe 1.4.1

Füchtbauer, H., Müller, G. (1970): Sedimente und Sedimentgesteine. In: Sediment-Petrologie **3**, 378 S., 133 Abb., 55 Tab., Stuttgart: Schweizerbart

Grabau, A.W. (1904): On the classification of sedimentary rocks. Amer. Geol. **33**, 228–247

Imbrie, J., Purdy, E.G. (1962): Classification of modern Bahamian carbonate sediments. Mem. Amer. Ass. Petrol. Geol. **1**, 253–272, 13 Abb., Tulsa

Leighton, M.W., Pendexter, C. (1962): Carbonate rock types. Mem. Amer. Ass. Petrol. Geol. **1**, 33–61, 9 Taf., 2 Abb., Tulsa

Mamet, B. (1961): Reflexions sur la classification des calcaires. Bull. Soc. belge Géol. Paléont. Hydrol. **70**, 48–64, 7 Abb., Bruxelles

Mišik, M. (1972): Lithologische und fazielle Analyse der mittleren Trias der Kerngebirge der Westkarpaten. Acta Geol. Geogr. Univ. Comenianae, Geol. **22**, 5–154, Taf. 1–54, 9 Abb., Bratislava

Monty, Cl. (1963): Bases d'une nomenclature des roches calcaires marines. Ann. Soc. Géol. Belgique **86**, 1962/63, Mem. 2, B 87–122, 1 Taf., 1 Tab., Bruxelles

Müller-Jungbluth, W.V., Toschek, P.H. (1969): Karbonatsedimentologische Arbeitsgrundlagen. 2. Aufl., Veröff. Univ. Innsbruck **8**, Alpenkundl. Studien 4, 32 S., 3 Taf., Innsbruck

Pettijohn, J. (1957): siehe 1.4.1

Pirlet, H. (1965): Classification des Calcaires de la Série des Areno-Cryptites. Ann. Soc. Géol. Belgique **88**, 1964/65, Bull. 7–10, B 395–B 410, 2 Abb., 1 Tab., Bruxelles

Plumley, W.J., Risley, G.A., Graves, R.W., Kaley, M.E. (1962): Energy index for limestone interpretation and classification. Mem. Amer. Ass. Petrol., Geol. **1**, 85–107, 4 Taf., 5 Abb., Tulsa

Robinson, R.B. (1966): Classification of reservoir rocks by surface texture. Bull. Amer. Ass. Petrol. **50**, 3/1, 547–559, Tulsa

Rutte, E. (1954): Eine Klassifikation der karbonatischen Süßwassergesteine mit Beispielen aus Südwestdeutschland. N. Jb. Geol. Paläont. Abh. **100**, 208–246, Stuttgart

Sander, B. (1936): Beiträge zur Kenntnis der Anlagerungsgefüge (rhythmische Kalke und Dolomite aus der Trias). Z. Krist. Min. Petrogr., B, N.F. **48**, 1/2, 3/4, 27–139, Leipzig

Sander, N.J. (1967): Classification of carbonate rocks of marine origin. Bull. Amer. Ass. Petrol. Geol. **52**, 3/1, 325–336, Tulsa

Schäfer, K.A. (1970): Zur Klassifikation der bioklastischen Karbonatgesteine des Unteren Hauptmuschelkalkes in Baden-Württemberg. N. Jb. Geol. Paläont. Mh. **1970**/2, 102–115, 5 Abb., 2 Tab., Stuttgart

Skupin, K. (1973): siehe 4.2.1.2

Todd, T.W. (1966): Petrogenetic classification of carbonate rocks. J. Sed. Petrol. **36**/2, 317–340, 3 Abb., 10 Tab., Tulsa

Wolf, K.H. (1961): An introduction to the classification of limestones. N. Jb. Geol. Paläontol. Mh. **1961**/5, 236–250, 2 Abb., 1 Tab., Stuttgart

7. Mikrofazies-Typen

Sofern sich Dünnschliffuntersuchungen von Kalken nicht mit paläontologischen oder petrographischen Bestimmungen begnügen, werden „Typisierungen" angestrebt, durch welche die Summe der Beobachtungen zusammengefaßt, verglichen und reproduzierbar gemacht werden soll.

7.1. Voraussetzungen

Ein wesentlicher Bestandteil von Faziesanalysen ist die Unterscheidung von genetisch auswertbaren MF-Typen. Als Definitionskriterien sollten daher bevorzugt jene Merkmale herangezogen werden, deren Existenz und Häufigkeit auf relativ wenige Umweltfaktoren zurückführbar ist oder die an bestimmte Sedimentationsräume gebunden sind („Mikromechanismen der Sedimentation" im Sinne von Carozzi, 1958). Im wesentlichen sind dies:

– Matrix, Komponenten, Zement, Größe und Gestalt der Komponenten, Art und Wuchsformen der Organismen, Organismenassoziationen, Komponentengefüge.

Oft wird die Häufigkeit der Komponenten als wesentliches Kriterium zur Unterscheidung von MF-Typen herangezogen. Die derart definierten Typen fallen dann unter Umständen mit Gruppierungen zusammen, die sich aus den Kalkklassifikationen ergeben. Solange jedoch keine zusätzlichen paläontologischen Hinweise vorliegen, gestatten die Kalktypen im allgemeinen keine genetischen Interpretationen.

Typisierungen im Schliffbereich sind mit der Frage der „*mikrofaziellen Variationsbreite*" verbunden:

Darunter ist die Streuung der für mikrofazielle Typisierungen verwendeten Merkmale um einen Mittelwert innerhalb einer Beprobungseinheit (z.B. einer Kalkbank) zu verstehen. Grundsätzlich muß davon ausgegangen werden, daß sich die Zusammensetzung einer Kalkbank und damit die MF-Typen im Streichen der Bank ändern. Dies macht das Beispiel der über 540 km verfolgbaren Einheit des Leavenworth-Kalkes (Oberkarbon, USA; Toomey, 1966) deutlich, bei welchem die quantitative Erfassung der Schliffmerkmale zur Erkennung von 3 Faziestypen führte, die verschiedenen Ablagerungsbereichen zugeordnet werden müssen. Ein anderes Beispiel aus dem Unterperm der Karnischen Alpen (Tabelle 43, Abb. 50) zeigt, daß die in den Kalkbänken feststellbaren quantitativen und qualitativen Unterschiede verschieden groß sind: Während bei dem relativ einheitlich zusammengesetzten und gut sortierten Kalkarenit der Bank 274 der „Bankserien-Mittelwert" (errechnet aus den Mittelwerten der einzelnen Proben der Bank) als repräsentativ angesehen werden kann, können die in den Bänken D 64 und B 300

Tabelle 43. Mikrofazielle Variationsbreite in drei Kalkbänken; Innenschelfbereich; unteres Perm der Karnischen Alpen

Bank	Lithologie	Bank-mächtigkeit	Lateraler Probenabstand	Variation (nach Point-Counter-Analysen)
D 64	Biomikrit bzw. Biosparit mit Fusuliniden, phylloiden Algen u. Kleinforaminiferen	50 cm	abwechselnd 30 cm u. 3 m (30 Proben)	Unterschiede in den %-Sätzen der Biogene: a) bei 30 cm-Abstand (15 Probenpaare): bei 6 Paaren 10%, bei 8 Paaren 10–20%, bei 1 Paar 50%; b) bei 3 m-Abstand (15 Paare): bei 12 Paaren 20%, bei 1 Paar 20–30%, bei 2 Paaren 50%. Auswertung: die Abstände für repräsentative Proben müssen unter 3 m liegen; der Prozentmittelwert ist nicht repräsentativ. 4 Kalktypen nach der Folk-Klassifikation.
B 274	Biosparit mit Echinodermen, Bryozoen und Foraminiferen	40 cm	4 m (15 Proben)	Sehr geringe Unterschiede in der quantitativen Zusammensetzung der einzelnen Proben; der Prozentmittelwert der Bank ist repräsentativ für die Mikrofazies der Bank; 2 Folksche Typen.
B 300	Biomikrit mit Echinodermen und Kleinforaminiferen	45 cm	20 cm (10 Proben)	Unterschiede vorwiegend im Matrix/Komponenten-Verhältnis ausgedrückt; Prozentmittelwert der Bank nicht repräsentativ; 2 Folksche Typen.

auftretenden Schwankungen nicht mehr toleriert werden (Standardabweichung der Bankserienmittelwerte größer als 15%). Eine Klassifikation der Proben allein nach dem Schema von Folk führt kaum zu aussagekräftigen Gruppierungen. Abhilfe können in derartigen Fällen die von Eltgen (1969, 1970) beschriebenen statistischen Methoden (Sequenztest) bringen, siehe Abschnitt 7.3.1.

7.2. Qualitative Typisierung

Im Rahmen dieser bei den meisten mikrofaziellen Typisierungen verwendeten Methode werden MF-Typen nach dem Vorkommen oder Fehlen bzw. nach der relativen Häufigkeit von ausgewählten Merkmalen unterschieden. Im allgemeinen werden die in den Anlagerungsgefügen zum Ausdruck kommenden „primären" Merkmale bevorzugt und durch „charakteristische" Schliffphotographien dokumentiert. Naturgemäß ist eine derartige Klassifikation in hohem Grad subjektiv, jedoch erscheint die der Typisierung vorausgehende Gewichtung der Merkmale für die genetische Deutung von Vorteil zu sein.

Grundsätzlich kann davon ausgegangen werden, daß eine zu hohe Anzahl von MF-Typen den natürlichen Gegebenheiten im allgemeinen nicht entsprechen dürfte: Dies ergibt sich bei einem Vergleich der in rezenten Karbonatgebieten unterschiedenen

Faziestypen mit den MF-Typen verschieden alter Kalke: In den flachmarinen Bereichen der Bahama-Bank werden bis zu 6 Faziestypen unterschieden, im Persischen Golf bis zu 12. Die Zahl der in tiefermarinen Bereichen unterschiedenen Faziestypen ist im allgemeinen noch geringer. Legt man dem Vergleich mit den fossilen MF-Typen die Angaben von Wilson (1975), ergänzt durch eigene Beobachtungen zugrunde, so erhalten wir folgende Zahlen:

Devon: Beckenfazies 2 MF-Typen, Plattform mit offener Zirkulation 2, Flanken der Bankentwicklung 3, Rand der Bankfazies 3, landnahe Bankfazies 3.

Permischer Riffkomplex, Texas: Becken 1, tieferer Schelfrand 1, Abfall der Plattform 1, Riffregion 3, Rand der Plattform 4, geschützte Lagune 2.

Obertrias-Riffe der Nordalpen: Riffkern 2, Riffhang 1, Hinterriffregion mit offener Wasserzirkulation 2, Untiefen im Bewegtwasserbereich 3, geschützte Schelflagunen 5, geschützte Untiefen in der Lagune 3.

Oberjura-Plattformentwicklung und Beckenfazies in den Nordalpen: Plattformfazies mit offener Wasserzirkulation 4, küstennahe Schuttfazies des Bewegtwasserbereiches 3, pelagische Schwellenfazies 3, Beckenfazies 3.

Kreide von Mexico: Becken und Beckenrandfazies 1 , Hang 2, organogene Strukturen 1, Schelfrand mit offener Wasserzirkulation 1.

Miozäne Riff-Fazies der Philippinen (Carozzi et al., 1976): Gezeitenflächen 1, Küstenzone 1, Lagune 6, Hinterriff 2, Riff 1, Vorriff 1, unterer Vorriffhang 2, offenmariner Bereich 1, tieferer Bereich mit Karbonatturbiditen 1.

Verschiedene Autoren wie zum Beispiel Klovan (1964), Müller-Jungbluth u. Toschek (1969) und E. Flügel (1972) haben Arbeitsblätter für MF-Untersuchungen entwickelt. Die Verwendungsmöglichkeit derartiger Arbeitstabellen hängt von der Fragestellung (Aussagen über den Ablagerungsraum, über die Diagenese, über die Palökologie etc.) ab und von dem Umfang der im Schliffbereich faßbaren Kriterien.

Für die bei der Unterscheidung von MF-Typen meist angestrebten genetischen Aussagen über den Ablagerungsraum und über die Ablagerungsmechanismen kann die im Abschnitt 7.4 zusammengestellte Check-Liste verwendet werden. Die Tafeln 25–27 dienen als Übungsbeispiele.

7.3. Quantitative Typisierung

Sofern die Häufigkeit bestimmter Komponenten bzw. die Zusammensetzung des Modalbestandes als wichtige Faziesmerkmale betrachtet werden und genügend sinnvolle Daten vorliegen, sind statistische Vergleiche der MF-Proben hinsichtlich ihrer „Ähnlichkeit"

Abb. 50. Mikrofazielle Variationsbreite in einer Kalkbank. Die Proben wurden jeweils in einem Horizontalabstand von 30 cm (dargestellt ober- und unterhalb der Mittellinie) und in einem Horizontalabstand von 3 m zwischen den Probenpaaren entnommen und der Modalbestand durch Point-Counter-Messung erfaßt. Ergebnis vgl. Tabelle 43. Es bedeuten: *weiß*, Sparit; *feines Raster*, Mikrit; *Schrägschraffur*, Fusuliniden; *punktiert*, Kleinforaminiferen; *gekreuzt*, Algen, insbesondere phylloide Algen. Das Beispiel stammt aus den unterpermischen Rattendorfer Schichten (Untere Pseudoschwagerinen-Kalke) der Karnischen Alpen. Diese Kalke stellen Sedimente des Innenschelfbereiches dar ▶

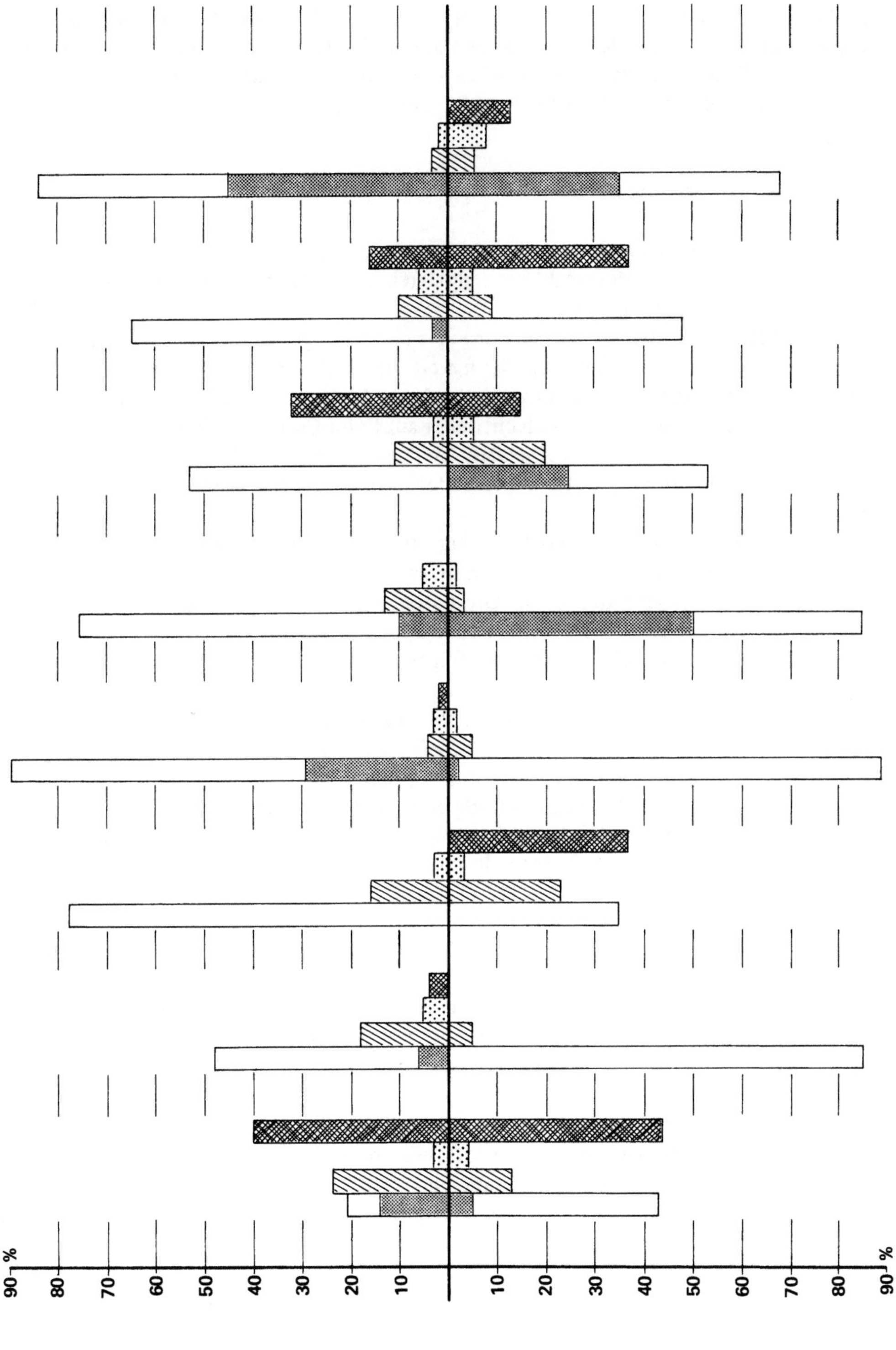
90 % 80 70 60 50 40 30 20 10
10 20 30 40 50 60 70 80 90 %

angebracht. Als Methoden bieten sich multivariate Verfahren wie Cluster- und Faktorenanalysen an, wobei entweder quantitative Daten (z.B. Imbrie u. Purdy, 1962) oder semiquantitative Daten (presence-absence-Daten, z.B. Bonham-Carter, 1965, 1967a; Buchbinder, 1975; Hohenegger, 1974) verwendet werden können.

7.3.1 Statistische Methoden

Ziel der bei Faziesuntersuchungen verwendeten statistischen Methoden ist es, die Vielzahl der beobachteten Merkmale zu reduzieren und damit die zu interpretierenden Daten überschaubarer zu gestalten.

Grundlagen derartiger Untersuchungen sind im allgemeinen eine hohe Zahl von Dünnschliffen, Angaben über die Häufigkeit der mikrofaziellen Merkmale und der Wunsch, die subjektive Typisierung durch eine „objektive" Klassifikation zu ersetzen. Die Häufigkeitsangaben stützen sich entweder auf Point-Counter-Zählungen oder auf die Feststellung, ob ein Merkmal vorhanden ist oder nicht bzw. ob ein Merkmal in einer bestimmten Rangordnung (selten, verbreitet, häufig etc.) auftritt (semi-quantitative Daten).

Diese Grunddaten dienen als Grundlage für Untersuchungen über die Ähnlichkeit bzw. Nicht-Ähnlichkeit des Probenmaterials. Hierbei können durch verschiedene Korrelationskoeffizienten oder durch das Ordinationsverfahren (siehe Ekdale et al., 1976) entweder die Gesamtheit der Proben miteinander verglichen werden (Q-Technik) oder n Variable (R-Technik). Die Vergleiche erfolgen im allgemeinen im Rahmen von Cluster- und Faktoren-Analysen.

Zur Erfassung der Stichproben- bzw. Variablen-Beziehungen, die von quantitativen Daten ausgehen, werden der Korrelationskoeffizient (meist die Produktmomentkorrelation bzw. die Pearson-Bravaissche Korrelation), der Distanzkoeffizient (z.B. Harbaugh, 1964) und der cos-Theta-Koeffizient (z.B. Imrie, 1963) verwendet. Alle drei Koeffizienten können sowohl für die Q-Technik als auch für die Vergleiche nach der R-Technik eingesetzt werden. Vergleichsberechnungen zeigen, daß die Frage nach der Wahl der Ähnlichkeitsmaße nicht von sehr wesentlicher Bedeutung ist, da die drei Koeffizienten zu ähnlichen Klassifizierungen der Variablen und der Stichproben führen (vgl. E. Flügel u. Hötzl, 1976; Dörhöfer, 1974). Lediglich der Korrelationskoeffizient zeigt im Rahmen der Faktorenanalyse gewisse Vorteile.

Werden semi-quantitative Daten verwendet, so stützt sich die Clusteranalyse meist auf binäre Koeffizienten (vgl. Cheetham u. Hazel, 1969) wie zum Beispiel auf den Jaccard-Koeffizienten (siehe Bonham-Carter, 1965; Buchbinder, 1975; Ekdale et al., 1976; Jaquet, 1973a).

Die Ergebnisse der Clusteranalysen werden in Dendrogrammen dargestellt, in welchen die statistisch möglichen Zusammenfassungen der Variablen bzw. der Stichproben in Gruppenbildungen zum Ausdruck kommen.

Clusteranalysen gestatten Aussagen über das wechselseitige Verhalten der einzelnen Variablen; die Faktorenanalyse gestattet die Erfassung der sich hinter einer Anzahl von miteinander korrelierten Variablen verbergenden Größen bzw. Faktoren. Damit werden aus einer Vielzahl von beobachteten Variablen hypothetische Größen abgeleitet, welche die auftretenden Beziehungen zwischen den Variablen reproduzieren. Unter bestimmten

Voraussetzungen können diese „Faktoren" im Sinne von realen kausalen Zusammenhängen wie zum Beispiel Umweltbedingungen interpretiert werden. Eine derartige Interpretation sollte bei Faziesanalysen jedoch kritisch getestet und nach Möglichkeit durch palökologische Untersuchungen gestützt werden. Der Vorteil der Faktorenanalyse bei Faziesstudien liegt im wesentlichen darin, daß die zu deutenden „Möglichkeiten" in ihrer Häufigkeit reduziert werden und daß die verschieden starke Bedeutung der Faktoren für die einzelnen Merkmale gewichtet wird.

Cluster- und Faktorenanalysen führen zu Klassifikationen, die im Idealfall „Reaktionsgruppen" als Grundeinheiten beinhalten. Darunter versteht Purdy (1963) die durch bestimmte Komponenten-Assoziationen und durch eine ähnliche Reaktion der Komponenten auf Veränderungen der Umwelt definierten Gruppierungen (vgl. z.B. Keskin, 1966).

Außer diesen Verfahren werden im Rahmen von MF-Arbeiten in zunehmend stärkerem Maß Zeit-Trend-Analysen durchgeführt (Fox u. Brown, 1965; Rao u. Carozzi, 1971), um die Veränderungen in Profilen besser erfassen zu können.

Von besonderer Bedeutung erscheinen Simulationsverfahren, welche die statistische Entwicklung von genetischen Modellen ermöglichen und die bei der Sedimentation denkbaren Prozesse deutlicher machen (Harbaugh u. Bonham-Carter, 1970). Harbaugh (1966a) hat die Vorteile dieses Verfahrens am Beispiel einer durch Algenwachstum beeinflußten marinen Flachwasserfazies dargestellt, Lumsden (1975) zeigte die Möglichkeiten einer Kalkarenitbildung auf.

Das von Charollais u. Davaud (1974) vorgeschlagene Verfahren der EDV-Erfassung möglichst aller theoretisch möglichen mikrofaziellen Daten setzt eine einheitliche Kodifizierung voraus. Die von den Autoren entwickelten Programme gehen von insgesamt 772 bzw. 876 Parametern aus, die der Identifizierung und Beschreibung der MF-Proben dienen. Hierbei werden sowohl strukturelle und mineralogische Daten als auch die unterschiedlichen Karbonatkomponenten und Biogene berücksichtigt. Das Programm EXTRACT erlaubt die Klassifikation der Proben in Anlehnung an die von Dunham (1962) bzw. Folk (1959) vorgeschlagenen Einteilungen. Weitere Programme dienen der Verfolgung der vertikalen Variation, der Cluster-Analyse (bis 1000 Proben mit je 200 Variablen) und der graphischen Darstellung von Ähnlichkeitsgruppierungen in Dendrogrammen sowie einfachen binären Beziehungen.

Der Einsatz der EDV-Verfahren ermöglicht eine rasche Aufbereitung und Ordnung von umfangreichem Probenmaterial. Eine Objektivierung der MF-Typisierung kann jedoch nicht allein durch Ausschöpfung der multivariaten Gruppierungsmethoden erreicht werden, solange die erreichbaren Klassifikationen in hohem Maß methodenabhängig sind. McCammon (1968) hat in eindrucksvoller Weise gezeigt, wie unterschiedlich Faziesgruppierungen und Fazies-Karten bei Verwendung verschiedener multivariater Klassifizierungsmethoden sein können.

Die nachfolgenden Literaturhinweise enthalten methodisch wichtige und anregende Arbeiten.

7.3.2 Literaturhinweise

M = methodisch wichtige Arbeiten, K = quantitative Faziesdifferenzierungen von Karbonatsedimenten

(K) Behrens, E.W. (1965): Environment reconstruction for a part of the Glen Rose Limestone, Central Texas. Sedimentology **4**, 65–111, 10 Taf., 11 Abb., Amsterdam
Unterkreide. 15 m mächtige Kalkfolge. 199 Proben aus 24 Lokalitäten sowie etwa 300 verstreut entnommene Proben. Erfassung der MF-Merkmale durch Point-Counter-Zählungen sowie Mineralbestand und nichtkarbonatischer Rückstand. – Berechnung von „Reaktionsgruppen" der Proben (R-Technik, Product Moment Correlation) führt zur Unterscheidung von 4 Fazies- und insgesamt 6 Subfazies-Einheiten, die im Intertidal, Subtidal und im hypersalinen Bereich entstanden sind.

(M) Bonham-Carter, G.F. (1965): A numerical method of classification using qualitative and semi-quantitative data, as applied to the facies analysis of limestones. Bull. Canad. Petrol. Geol. **13**/4, 482–502, 3 Abb., 9 Tab., Calgary
Die Beschreibung der Proben erfolgt nach der Existenz oder dem Fehlen bzw. nach der relativen Häufigkeit der Merkmale. Derart können auch nicht meßbare Eigenschaften (z.B. Gesteinsfarbe) berücksichtigt werden. Die wechselseitige Beziehung aller Probenpaare (Q-Technik, Assoziationskoeffizient nach Jaccard) wird durch Cluster-Analysen erfaßt und als Dendrogramm dargestellt. Ein Vergleich dieser semiquantitativen Methode mit auf Point-Counter-Daten und Korrelationsanalysen aufgebauten Gruppenbildungen (Beispiel Bahama-Bank; Purdy) führt nur bei etwa 12% der Proben zu unterschiedlichen Fazies-Zuordnungen.

(K) Bonham-Carter, G.F. (1967a): An example of the analysis of semi-quantitative petrographic data. Proc. Seventh World Petrol. Congr., Mexico City, 567–583
Oberes Karbon, Canada. Semi-quantitative Gruppierungen nach der 1965 beschriebenen Methode.

(M) Bonham-Carter, G.F. (1967b): Fortran IV program for Q-mode cluster analysis of nonquantitative petrographic data using IBM 7098/7094 computers. State Geol. Surv. Kansas, Computer Contrib. **17**, 28 S., Lawrence

(M) Bouroullec, J., Deloffre, R. (1974): Essai d'utilisation statistique des microfacies dans le Crétacé moyen d'Aquitaine occidentale (France). Bull. Centre Rech. Pau-SNPA **8**/2, 469–509, 5 Taf., 8 Abb., 6 Tab., Pau
Alb und Cenoman, Material aus 23 Erdölbohrungen. Die alle 2 m entnommenen Schliffproben werden quantitativ ausgewertet und die Häufigkeit der MF-Merkmale in allen Proben der lithostratigraphischen Einheiten mit den Häufigkeitsdaten anderer Einheiten verglichen. Die in den Häufigkeitsänderungen zum Ausdruck kommende Wandlung des Sedimentationsraumes läßt sich durch die Modelle einer Delta-Sedimentation bzw. einer Plattform-Sedimentation deuten.

(M, K) Buchbinder, B. (1975): Lithogenesis of Miocene reef limestones in Israel with particular reference to the significance of the Red Algae. Geol. Surv. Israel, Oil Res. Div., Rep. OD/3/75, 173 S., 6 + 6 Taf., Jerusalem
Oberes Miozän. Untersuchung von 249 Biokalkarenit-Proben nach folgendem Schema: Visuelle Schätzung der Komponentenhäufigkeit im Dünnschliff, Häufigkeitshistogramme und Berechnung der Mittelwerte sowie der Standardabweichung, Einteilung in drei Häufigkeitsklassen und Aufbereitung des Materials nach Vorhanden/Nichtvorhanden; Klassifikation der Proben durch Assoziationsanalysen und durch Cluster-Analysen (Q-Technik, Jaccard-Koeffizient), Überprüfung der relativen Wichtigkeit der Gruppen in jeder Klassifikation (Chi-Quadrat-Test), Vergleich der nach verschiedenen Methoden erhaltenen Klassifikationen: Die Assoziationsanalyse ermöglicht detailliertere Gruppierungen und führt zu homogeneren Gruppen als die Cluster-Analyse.

(M) Burr, E.J. (1968): Cluster sorting with mixed character types. I. Standardization of character values. Aust. Computer J. **1**, 97–99

(M) Burr, E.J. (1970): Cluster sorting with mixed character types. II. Fusion strategies. Aust. Computer J. **2**, 98–103

Carozzi, A.V. (1958): Micro-mechanisms of sedimentation in the epicontinental environment. J. Sed. Petrol. **28**/2, 133–150, 13 Abb., Tulsa

Carozzi, A.V., Reyes, M.V., Ocampo, V.P. (1976): Microfacies and microfossils of the Miocene reef carbonates of the Philippines. Spec. Publ. **1**, Philippine Oil Dev. Co., 79 S., 20 Taf., Manila

(M. K) Carss, B.W., Carozzi, A.V. (1965): Petrology of Upper Devonian pelletoidal limestones, Arrow Canyon Range, Clark County, Nevada. Sedimentology **4**, 197–224, 2 Taf., 12 Abb., 3 Tab., Amsterdam
Unteres Oberdevon. Etwa 360 m mächtige Kalkfolge, Probenabstand 60 cm. Schliffuntersuchung (Klastizitäts- und Häufigkeitsindizes aller detritischen Komponenten, Häufigkeitsindizes der Biogene). Auf Grund der Mittelwerte der Indizes werden 10 MF-Typen unterschieden, die unterschiedlichen Wassertiefen zugeordnet werden können. Zur Überprüfung der Genauigkeit, mit welcher die Proben einem bestimmten MF-Typ zugewiesen wurden und zur Bestimmung der wechselseitigen Beziehungen zwischen den MF-Typen dienen Korrelationsanalysen.

(M) Charollais, J., Davaud, F. (1974): Microfaciès et ordinateur. 224 S., 188 Abb., Paris: Editions Technique
Die Autoren schlagen einheitliche Methoden für die Kodifizierung und Quantifizierung der mikrofaziellen Merkmale von Sedimentgesteinen vor, die eine EDV-Auswertung ermöglichen. Das Buch gliedert sich in drei Abschnitte: Probenbezeichnung und mikrofazielle Daten, Kodifizierung, Programme für die Auswertung der Daten (z.B. Klassifikation neuer Proben, graphische Darstellung von MF-Merkmalen). Die z.T. neu entwickelten Programme sind in Fortran IV beschrieben.

(M) Cheetham, A.H., Hazel, J.E. (1969): Binary (Presence-Absence) similarity coefficients. J. Palaeont. **43**/5, 1130–1136, Tulsa
Kritische Übersicht über die im Rahmen von Assoziationsanalysen verwendeten Koeffizienten, durch welche die Ähnlichkeit oder der Unterschied zwischen Proben beschrieben werden kann.

(M) Davis, J.C. (1973): Statistics and data analysis in geology. 550 S., New York: Wiley

(M) Demirmen, F. (1969): Multivariate procedures and Fortran-IV program for evaluation and improvement of classifications. Kansas State Geol. Surv., Computer Contrib. **31**, 1–51, Lawrence

(K) Dörhöfer, S. (1974): Mikrofazielle Untersuchungen der Kalksteine des Mündener Mergels von Thüste. Unveröff. Diplomarb. TU Hannover, 40 S., 9 Taf., 12 Abb., 1 Anlage, Hannover (Maschinenschrift)
Oberjura, Westfalen. Unterscheidung von Mikrofaziestypen durch Faktoren- und Cluster-Analyse (die Verwendung von Distanz- und von Korrelationskoeffizienten bringen keine wesentlichen Unterschiede). Der Vergleich der auf Primär- und Sekundärmerkmalen aufgebauten Gruppierung mit einer die diagenetischen Merkmale nicht berücksichtigenden Analyse ergibt eine klarere Faziestrennung bzw. -interpretation.

Dunham, R.J. (1962): siehe 6.4

(M, K) Ekdale, A.A., Ekdale, S.E., Wilson, J.L. (1976): Numerical analysis of carbonate microfacies in the Cupido Limestone (Neocomian-Aptian), Coahuila, Mexico. J. Sed. Petrol. **46**/2, 362–368, 7 Abb., Tulsa
Unterkreide. Ausgehend von 16 Dünnschliffkriterien wurden die Proben einer Cluster-Analyse unterzogen, wobei lediglich das Auftreten oder Fehlen der Merkmale berücksichtigt wurde. Die Q-Technik führt zur Unterscheidung von 15 Gruppen (= Mikrofazies). Ein nach dem Ordinationsverfahren durchgeführter Vergleich der Proben-Verschiedenheit gibt Hinweise auf die mögliche primäre Verwandtschaft zwischen den MF-Typen.

(K) Ellenor, D.W. (1975): Sedimentology of the Middle Devonian Timor Limestone, Northeastern New South Wales, Australia. Sed. Geol. **13**, 125–152, 3 Taf., 12 Abb., 1 Tab., Amsterdam
Eifel/Givet. 14 Profile, Probenabstand 1,5 m, 697 Schliffe, pro Schliff 13 MF-Merkmale, Point-Counter-Analysen. Unterscheidung von 5 Faziestypen und mehreren Untertypen durch Cluster-Analysen.

(M) Eltgen, H. (1969): Statistische Methoden in der Mikro-Biofazies. Sedimentology **11**, 259–274, 8 Abb., Amsterdam

(M) Eltgen, H. (1970): Statistische Methoden in der Mikro-Biofazies-Analyse. Clausthaler Tekton. H. **10**, 363–374, Clausthal
Malm und Kreide, Westfalen. Überprüfung der Schwankungen im Mikrofaziesbereich durch Vergleich der Mittelwerte der organogenen und anorganischen Bestand-

teile (Kreisdarstellungen liefern lediglich Hinweise auf die allgemeine Häufigkeit der Komponenten; horizontale und vertikale Koordinatendarstellungen geben Hinweise auf räumliche Entwicklungen); Korrelationsanalysen (liefern unbefriedigende Ergebnisse; Gründe: die Verteilung der MF-Merkmale entspricht nicht der Normalverteilung); Diskriminanzanalysen, verbunden mit Varianzanalysen und dem Chi-Quadrat-Test sowie Sequenzanalysen gestatten eine Bestimmung des Homogenitätsgrades der Kalkbänke. Die notwendige Stichprobenzahl läßt sich anhand von Sequenztesten bestimmen. Die Schwankungen der Komponenten innerhalb der einzelnen Bänke sind nicht größer als zwischen den Bänken.

(M) Everitt, B. (1974): Cluster Analysis. London: Heinemann

(K) Fenninger, A. (1970): Faktorenanalyse nordalpiner Malmkalke. Verh. geol. Bundesanst. **1970**/4, 618–636, 7 Abb., 6 Tab., Wien
Oberjurassische Flachwasser-, Schwellen- und Beckenkarbonate. 365 Proben, 15 Merkmale, Point-Counter-Zählungen. Cluster-Analysen (R-Technik) und Faktorenanalysen heben Zusammenhänge zwischen einzelnen Variablen hervor und gestatten dadurch eine bessere Bewertung der Merkmale als Faziesindikatoren.

Flügel, E. (1972): Mikrofazielle Untersuchungen in der alpinen Trias. Methoden und Probleme. Mitt. Ges. Geol. Bergbaustud. Österreich **21**/1, 7–64, 9 Taf., 1 Beil., 1 Abb., 1 Tab., Innsbruck

(M) Flügel, E., Hötzl, H. (1976): Palökologische und statistische Untersuchungen in mitteldevonischen Schelf-Kalken (Schwelmer Kalk, Givet; Rheinisches Schiefergebirge). Bayer. Akad. Wiss., Math.-naturwiss. Kl., Abh., N.F. **156**, 70 S., 29 Abb., 17 Tab., München
Givet, Sauerland. Vergleichende Untersuchung statistischer Methoden hinsichtlich deren Eignung für Faziesstudien. Verglichen werden: Punktzähl- und Linienmeßmethode; Korrelationskoeffizient, cos-Theta- und Distanzkoeffizient im Rahmen von Cluster-Analysen (keine wesentlichen Unterschiede); schiefwinklige und orthogonale Rotation bei der Faktorenanalyse (keine Vorteile).

Folk, R.L. (1959): siehe 6.4

(M) Forgotson, J.M. Jr., Iglehart, C.F. (1967): Current uses of computers by exploration geologists. Bull. Amer. Ass. Petrol. Geol. **51**/7, 1202–1224, 27 Abb., 3 Tab., Tulsa

(M) Fox, W.T., Brown, J.A. (1965): The use of time-trend analysis for environmental interpretation of limestones. J. Geol. **73**/3, 510–518, 4 Abb., Chicago
Oberes Ordovic, Indiana/USA. 28,5 m mächtige Kalk/Mergel-Wechselfolge; 105 Kalkproben; Point-Counter-Analysen. Verfolgung der Häufigkeitsänderungen der MF-Merkmale in der Vertikalen durch Zeit-Trend-Kurven unter Berücksichtigung verschiedener Gleichungen.

(M) Griffiths, J.C. (1967): Scientific Method in Analysis of Sediments. 508 S., McGraw Hill Int. Ser. Earth Planetary Sci., New York

(K) Griffith, L.S., Pitcher, M.G., Rice, G.W. (1969): Quantitative environmental analysis of a Lower Cretaceous reef complex. Soc. Econ. Paleont. Min. Spec. Paper **14**, 120–138, 34 Abb., Tulsa
Ein Vergleich der rezenten Sedimentationsverhältnisse vor Florida mit dem unterkretazischen El Abra-Riff in Mexico und den nur aus Bohrungen bekannten Karbonaten der unterkretazischen Edwards Formation von Texas mit Hilfe von Faktorenanalysen ermöglicht eine Faziesdifferenzierung. Faktorenanalysen unter Berücksichtigung aller zur Verfügung stehenden Daten und Faktorenanalysen, welche nur die wichtigeren Faunenelemente berücksichtigen, erbrachten weitgehend übereinstimmende Resultate.

(M) Harbaugh, J.W. (1964): Balgol programs for calculation of distance coefficients and correlation coefficients using an IBM 7090 computer. Spec. Distrib. Publ., State Geol. Surv. Kansas **9**, 33 S., Lawrence

(M, K) Harbaugh, J.W. (1966a): Mathematical simulation of marine sedimentation with IBM 7090/7094 computers. Computer Contrib. **1**, State Geol. Surv. Kansas, 52 S., 22 Abb., Lawrence

(K) Harbaugh, J.W. (1966b): Computer simulation of marine-organism community environments. Bull. Amer. Ass. Petrol. Geol. **50**/3, 616–617, Tulsa
Mathematische Simulation der in einem flachmarinen Sedimentationsraum ablaufenden anorganischen und durch Organismen gesteuerten Prozesse. Ein Vergleich mit den in oberkarbonischen Algen-Kalken beobachtbaren Faziesmerkmalen gestattet die Überprüfung der Modellsituationen.

(M) Harbaugh, J.W., Bonham-Carter, G. (1970): Computer Simulation in Geology. 575 S., New York: Wiley

(K, M) Harbaugh, J., Demirmen, F. (1964): Application of factor analysis to petrologic variations of Americus limestone (Lower Permian), Kansas and Oklahoma. State Geol. Surv. Kansas, Spec, Distrib. Publ. **15**, 41 S., 15 Abb., Lawrence
30 cm bis 1,5 m mächtige Einheit; über 450 km verfolgbar; 97 Proben von 27 Lokalitäten. Point-Counter-Analysen. Überprüfung der innerhalb der Proben und zwischen den Proben auftretenden Variation durch Faktorenanalysen (Q- und R-Tecnik) und Trend-Flächen-Analysen.

(M) Harbaugh, J., Merriam, D.F. (1968): Computer Applications in Stratigraphic Analysis. 282 S., New York: Wiley

(M) Hohenegger, J. (1974): Über einfache Gruppierungsmethoden von Fossilvergesellschaftungen am Beispiel obertriadischer Foraminiferen. N. Jb. Geol. Paläont. Abh. **146**/3, 263–297, 11 Abb., Stuttgart

(M) Hriskevich, M.E. (1970): Middle Devonian reef production, Rainbow Area, Alberta, Canada. Bull. Amer. Ass. Petrol. Geol. **54**/12, 2260–2281, 27 Abb., Tulsa
Mathematische Simulation als Hilfsmittel der Prospektion.

(K, M) Imbrie, J., Purdy, E.G. (1962): Classification of modern Bahamian carbonate sediments. Mem. Amer. Ass. Petrol. Geol. **1**, 253–272, 13 Abb., Tulsa
Faktorenanalyse der von Purdy (1963) untersuchten und klassifizierten Proben von der Bahama-Bank gestattet einen Vergleich zwischen einer auf „Gleichwertigkeit" aller Merkmale aufgebauten Gliederung und zwischen der Folk-Gliederung.

(M, K) Jaquet, J.-M. (1973a): Définition de microfaciès par classification automatique et comparison des descripteurs. Arch. Sci. Geneve **26**/2, 137–171, 2 Taf., 7 Abb., 7 Tab., Genf
Oberes Berrias, Jura-Gebirge/Frankreich. 700 Proben; 41 nicht-numerische Merkmale. Berechnung der Ähnlichkeitskoeffizienten auf Grund des Fehlens oder der Existenz der Merkmale: Dendrogramm nach Sokal u. Sneath. Es wurden 7 MF-Typen unterschieden. Die Bestimmung der zwischen den Variablen einer Probe und zwischen den Proben bestehenden Variationen ermöglichen die Unterscheidung von sinnvollen Fazies-Einheiten.

(M, K) Jaquet, J.-M. (1973b): Analyse statistique de la variation verticale des descripteurs dans la formation de Vions (Berriasien supérieur, Jura méridional). Arch. Sci. Geneve **26**/1, 246–283, 3 Taf., 8 Abb., 4 Tab., Genf
Untersuchung der vertikalen Variation des Karbonat-, Quarz- und Tongehaltes, des mittleren Quarzkorn-Ø etc. durch Trend- und Autokorrelations-Analysen.

(K) Keskin, C. (1966): Microfacies study of the Pinarhisar Reef Complex. Istanbul Univ. Fen Fak. Mecmuasi, Ser. B **31**/3–4, 109–146, 12 Taf., 6 Abb., 6 Tab., Istanbul
Eozän, Thracien/Türkei. 1000 Proben, Point-Counter-Analysen. Berechnung von „Reaktionsgruppen" für 730 Proben, Faktorenanalysen. Es wurden 5 Faziestypen festgestellt (Bryozoen-Algen-F., Korallen-Hydrozoen-F., Küsten-F., Schlamm-F. mit Seeigel-Fragmenten, Foraminiferen-Fazies).

Klovan, J.E. (1964): Facies analysis of the Redwater Reef Complex, Alberta, Canada. Bull. Canadian Petrol. Geol. **12**/1, 1–100, 9 Taf., Calgary

(M) Klovan, J.E., Billings, G.K. (1967): Classification of geological samples by discriminant-function analysis. Bull. Canadian Petrol. Geol. **15**/3, 313–330, Calgary

(M) Klovan, J.E., Imbrie, J. (1971): An Algorithm and Fortran-IV program for large-scale Q-mode factor analysis and calculation of factor scores. J. Math. Geol. **3**/1, 61–77, New York

(M) Krumbein, W.C. (1968): Statistical models in sedimentology. Sedimentology **10**/1, 7–23, 4 Abb., 4 Tab., Amsterdam

(M) Krumbein, W., Graybill, F. (1965): An Introduction to Statistical Models in Geology. 475 S., New York: McGraw Hill

(M) Lumsden, D.N. (1975): Computer simulation experiments with clastic limestones. J. Geol. **83**/3, 375–386, 8 Abb., Chicago
Um die Entstehung von Detritus-Kalken zu erklären, werden die möglichen Beziehungen zwischen Wasserenergie am Meeresboden und 5 Hauptbestandteilen von Kalken (Mikrit, Sparit, Biogene, Rindenkörner, Ooide) im Rahmen einer mathematischen Simulation diskutiert.

(M) Marsal, D. (1967): Statistische Methoden für Erdwissenschaftler. 152 S., 40 Abb., Stuttgart: Schweizerbart

(M) McCammon, R.B. (1968): Multiple component analysis and its application in classification of environments. Bull. Amer. Ass. Petrol. Geol. **52**/11, 2178–2196, 10 Abb., 13 Tab., Tulsa
Vergleich verschiedener, zur Klassifikation von Faziesproben brauchbarer Methoden (Assoziationsanalysen, Ähnlichkeitsanalysen auf Grund von Faktorenanalysen (Q-Technik) und Multiple Component Analysis) am Beispiel der Bahama-Bank, wobei die letztgenannte Methode zu bevorzugen ist.

(M) McCammon, R.B. (ed.) (1975): Concepts in Geostatistics. 168 S., Berlin–Heidelberg–New York: Springer

(M) McCammon, R.B., Wenninger, G. (1970): The Dendrograph. Computer Contrib. State Geol. Surv. Kansas **48**, 28 S., Lawrence

(M) Melguen, M. (1973): Correspondence Analysis for Recognition of Facies in Homogennous Sediments off an Iranian River Mouth. In: Purser, B.H. (ed.): The Persian Gulf, 99–113, 11 Abb., Berlin–Heidelberg–New York: Springer

(M) Melguen, M. (1974): Facies analysis by "correspondence analysis": Numerous advantages of this new statistical technique. Marine Geol. **17**, 165–182, 10 Abb., Amsterdam
Holozäne Bohrkerne aus dem Persischen Golf. Faziesdifferenzierung im Bereich „homogener" Sedimentation mit Hilfe der Korrespondenz-Analyse (abgewandelte Faktorenanalyse). Vorteile: rasche Synthese von sehr vielen Beobachtungsdaten, Korrelation der Mikrofossilien mit den Umweltfaktoren, Bestimmung von signifikanten Faziesparametern, objektive Klassifikation der sedimentären Komponenten entsprechend ihrer Genese und entsprechend der Sedimentationsgeschichte.

(M) Mello, J.F., Buzas, M.A. (1968): An application of cluster analysis as a method of determining biofacies. J. Paleont. **42**/3, 747–758, 6 Abb., Menasha
44 rezente Foraminiferenarten aus 99 Proben in 3 Traversen vor der texanischen Küste werden durch den Jaccard-Koeffizienten in Cluster-Analysen zu sinnvollen ökologischen Gruppen zusammengefaßt.

(M) Miller, R.L., Kahn, J. St. (1962): Statistical Analysis in the Geological Sciences. New York–London: Wiley

Müller-Jungbluth, W.V., Toschek, P.H. (1969): siehe 6.4

(K) Nowak, F.J., Carozzi, A.V. (1973): Microfacies of the Upper Bird Spring Group (Pennsylvanian-Permian) Arrow Canyon Range, Clark County, Nevada. Arch. Sci. **25**/3, 343–382, 2 Taf., 2 Abb., Genf
200 m mächtige Kalkfolge; 907 Proben; Probenabstand 22 cm. Schliffe: Häufigkeits- und Klastizitätsindizes der Crinoidenfragmente, Ooide, Lithoklaste und der terrigenen Quarze sowie Häufigkeitsindizes der Bioklasten von Bryozoen und Brachiopoden und der agglutinierten Foraminiferen und der Peloide. Computer-Ausdruck der Daten. Vergleich der Anzahl von MF-Typen, die sich bei „kontinuierlicher" Probennahme ergeben und bei Probenabständen von etwa 20 cm ergibt statistisch signifikante Unterschiede.

(M) Ojakangas, D.R. (1970): Fortran IV program for simulating geological development of sedimentary basins. Computer Contrib. **49**, State Geol. Surv. Kansas, 51 S., 15 Abb., Lawrence

(K) Osborne, R.H. (1967): The American Upper Ordovician standard. VIII. R-mode factor analysis of Cincinnatian limestones. J. Sed. Petrol. **37**/2, 649–657, 5 Tab., Tulsa

(K) Osborne, R.H. (1969): The American Upper Ordovician standard. XI. Multivariate classification of typical Cincinnatian calcarenites. J. Sed. Petrol. **39**/2, 769–776, 3 Abb., Tulsa

(K) Osborne, R.H. (1973): The American Upper Ordovician standard. XVII. Areal variations of limestone frequencies in the Kope and Fairview Formations, Hamilton County, Ohio. J. Sed. Petrol. **43**/1, 137–146, 4 Abb., Tulsa

(M) Parks, J.M. (1967): Cluster analysis applied to multivariate geologic problems. J. Geol. **74**, 703–715, 5 Abb., Chicago

(K, M) Purdy, E.G. (1963): Recent calcium carbonate facies of the Great Bahama Bank. 1. Petrography and reaction groups. J. Geol. **71**/3, 334–355, 5 Taf., 5 Abb., Chicago
218 rezente Sedimentproben, imprägniert und in Dünnschliffen untersucht. Point-Counter-Analysen. Korrelationsanalysen führen zur Feststellung von "reaction groups", die als Gruppen von sedimentären Bestandteilen definiert werden, die Umweltveränderungen gegenüber ähnlich reagieren.

(K, M) Rao, C.P., Carozzi, A.V. (1971): Application of computer techniques to the petrographic study of oolithic environments, Ste. Genevieve Limestone (Mississippian), southern Illinois and eastern Missouri. Arch. Sci. **24**/1, 17–55, 1 Taf., 18 Abb., Genf
Unterkarbon. 800 Schliffe, Häufigkeits- und Klastizitätsindizes. Unterscheidung von 8 MF-Typen sowie von autochthonen und allochthonen Ooiden. Trendanalysen geben Hinweise auf die Beziehungen zwischen den Klastizitäts- und Häufigkeitsindizes der Ooide und der Nichtooide.

(K) Rao, C.P., Mann, C.J. (1972): Quantitative environmental analysis of Ste. Genevieve Limestone (Mississippian), Southern Illinois and Eastern Missouri. J. Geol. **80**, 464–480, 7 Abb., Chicago
Diskriminanzanalysen zeigen, daß die Klastizitätsindizes bessere Fazieskriterien sind als Klastizitätsindizes + Häufigkeitsindizes. Die Ergebnisse der Diskriminanzanalyse, die Beziehungen zwischen den 8 MF-Typen und die Berücksichtigung der Ablagerungsstrukturen gestatten die Unterscheidung von 21 "energy groups", die zu 5 Hauptgruppen zusammengefaßt werden können.

(K) Rao, C.P., Mann, C.J., Carozzi, A.V. (1973): Factor analysis testing microfacies and interpretated environmental factors: Ste. Genevieve Limestone (Mississippian), Illinois and Missouri. J. Geol. **81**/1, 65–80, 7 Abb., Chicago
Faktorenanalysen (Q-Technik) zeigen, daß bereits 4 Faktoren etwa 87% der in den Mikrofaziestypen, in den vermuteten Energietypen etc. zum Ausdruck kommenden Daten erklären.

(M) Sarntheim, M., Walger, E. (1973): Classification of modern marl sediments in the Persian Gulf by factor analysis. In: Purser, B.H. (ed.): The Persian Gulf, 81–98, 10 Abb., Berlin–Heidelberg–New York: Springer
170 Bodenproben. Untersuchung von je 38 Merkmalen durch Faktorenanalysen nach der Q- und R-Technik gestattet die Definition von kartierbaren Fazieseinheiten.

(M) Smith, F.G. (1966): Geological Data Processing Using Fortran IV. 284 S., New York: Harper & Row

(M) Sokal, R.R., Michener, C.D. (1958): A statistical method for evaluating systematic relationship. Univ. Kansas Sci. Bull. **38**, 1409–1438, Lawrence

(M) Sokal, R.R., Sneath, P. (1963): Principles of Numerical Taxonomy. 359 S., San Francisco: Freeman

(K) Toomey, D.F. (1966): Application of factor analysis to a facies study of the Leavenworth Limestone (Pennsylvanian – Virgilian) of Kansas and Environs. Spec. Distrib. Publ. Kansas Geol. Surv. **27**, 28 S., 13 Abb., 6 Tab., Lawrence
Bestimmung von Reaktionsgruppen auf Grund von Point-Counter-Analysen und von Foraminiferen-Zählungen; es konnten 3 Faziestypen festgestellt werden. Da den beobachteten Merkmalen gleiches Gewicht zugemessen wurde, erscheinen die erkannten Faziestypen sinnvoll. Die auf Grund der Foraminiferenhäufigkeit gewonnene Gruppierung deckt sich nicht mit der Faziesgruppierung.

Wilson, J.L. (1975): siehe 1.4.1

7.4 Checkliste für mikrofazielle Typisierungen

In der nachfolgenden Prüfliste sind die für mikrofazielle Untersuchungen und Typisierungen wesentlichen Fragen zusammengestellt.

1. Relativer Anteil der Hauptbestandteile

a) Matrix (Mikrit und Mikrosparit)
b) Sparit (porenfüllender Zement, neomorpher Sparit)
c) Karbonatische Komponenten (Tabelle 13)
d) Nichtkarbonatische Komponenten (Quarz, Tone, Cherts u.a.)
e) Authigene Minerale
f) Dolomit
g) Andere Bestandteile

2. *Matrix*

a) Homogen oder inhomogen
b) Mikrit i.e.S. (Mikrit I, Körner unter 4 Mikron) oder Mikrit II bzw. Mikrosparit (Korngröße bis 20 Mikron)
c) Bei inhomogenen Mikriten: Kalksiltit (Feinstschutt), „Krümelgefüge" (z.B. umkristallisierte Peloide), Bioturbation, Lamination
d) Mikrit zusammen mit Sparit (etwa gleich viel; primär – durch unvollkommene Auswaschung der feinstkörnigen Sedimentkörner bedingt oder sekundär – durch Umkristallisation etc. entstanden)

3. *Biogene*

a) Vollständige Biogene (Biomorpha) oder Bioklasten.
b) Systematische Zuordnung nach Gruppen, Gattungen und Arten
c) Monomikte oder polymikte Assoziationen
d) Ökologische Typisierung (sessile oder vagile Benthonten, Plankton, Nekton; Wuchsformen)
e) Typisierung der Algen-Gruppen
f) Rolle der Organismen als Sediment-Binder, Sediment-Fänger, Gerüstbildner oder wesentlicher Sedimentbestandteil
g) Biogener Aufwuchs auf Bioklasten und anderen Komponenten
h) Mikritsäume um Bioklasten
i) Intragranulare Poren mit Mikrit oder mit Sparit gefüllt
j) Sind primär aus Aragonit bestehende Hartteile bevorzugt gelöst, oder fehlen aragonitische Hartteile vollkommen?
k) Größe, Sortierung und Rundung der Bioklasten
l) Häufigkeit der Biogene insgesamt und der einzelnen Organismengruppen

4. *Peloide*

a) Gestalt und Rundung
b) Häufigkeit
c) Größe und „Sortierung"
d) Auftreten der Peloide (indifferent; in Linsen oder in Feinschichtungsbereichen; in Nestern) – Pseudopeloide oder Kotpillen
e) Farbe und Korngröße des Mikrits in den Peloiden und in der Matrix (verschieden oder gleich) – Kotpillen oder Pseudopeloide

---

Tafel 25. Übungsbeispiel zur Bestimmung der mikrofaziellen Merkmale. Die Übung setzt sich aus vier Schritten zusammen: (1) Beschreibung der mikrofaziellen Merkmale durch Beantwortung der Fragen in der Checkliste (Abschnitt 7.4); (2) Kalkklassifikation nach Folk und nach Dunham; (3) Standard-Mikrofaziestypus nach Wilson; (4) Faziesdiagnose und Einordnung in Fazies-Modelle: (a) mögliche Wassertiefe, (b) Wasserbewegung, (c) Salinität, (d) mögliche Bereiche im Irwin-Modell und im Wilson-Modell. Die Resultate sowie Angaben zu paläontologischen Bestimmungen finden sich im Abschnitt 11. Balkenlänge 10 mm ▶

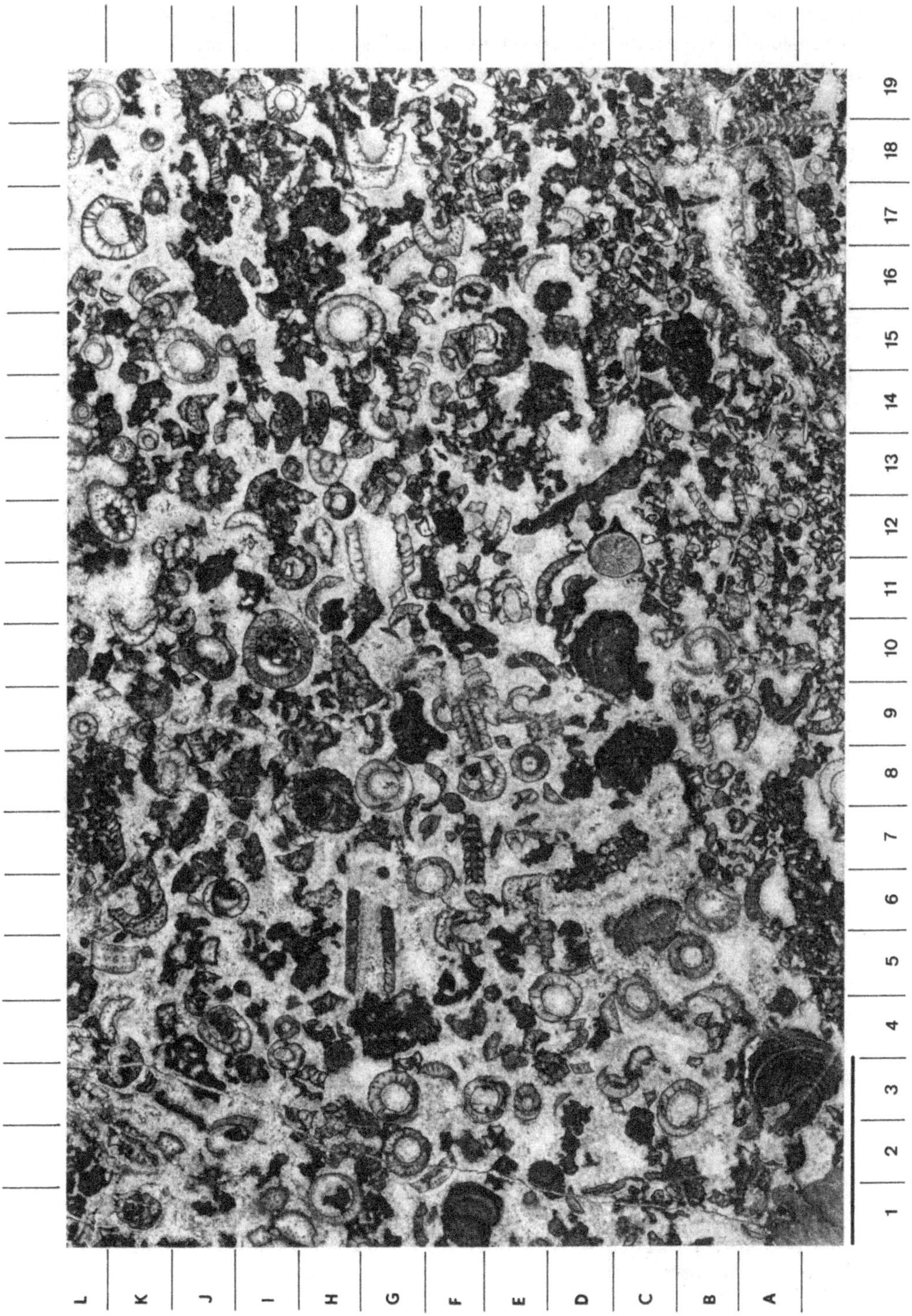
1
2
3
4
5
6
7
8
9
10
11
12
13
14
15
16
17
18
19
L
K
J
I
H
G
F
E
D
C
B
A

f) Gemeinsames Vorkommen mit Endobionten oder mit bioturbaten Strukturen?
g) Gemeinsames Vorkommen mit Algen bzw. mit Aggregatkörnern? – Algen-Peloide
h) Schalen-Bioklasten mikritisiert oder umkristallisiert? – Pelletoide
i) Zeigen die Peloide regelmäßige Strukturen (Streifen, rasterförmige verteilte Punkte)? – Crustaceen-Kotpillen

5. Aggregatkörner

a) Grapestones, Algen-Lumps oder Lumps?
b) Welche Komponenten werden verkittet?
c) Werden die Komponenten in den Aggregatkörnern an den Rändern abgeschnitten?
d) Treten die Aggregatkörner zusammen mit Algen bzw. in Algen-Matten auf?
e) Zement-Typus in den Aggregatkörnern und zwischen den Aggregatkörnern gleich?
f) Größe
g) Anteil der Aggregatkörner am Modalbestand bzw. an den Komponenten
h) Treten die Aggregatkörner in sparitischen oder mikritischen Kalken auf?

6. Onkoide

a) Algen-Onkoide (porostromate Onkoide oder Rhodolithen)?
b) Foraminiferen-Algen-Onkoide bzw. „zoophytische" Bio-Onkoide oder Mikrit-Onkoide
c) Gestalt der Onkoide
d) Zeigen die Onkoide einen ± regelmäßigen Bau, oder sind Wachstumsunterbrechungen festzustellen?
e) Treten gekappte oder sehr verschiedenartig angeordnete Lagen auf?
f) Sind die Onkoid-Lagen eben oder gekräuselt?
g) Größe der Onkoide
h) Sind die Onkoide deformiert?
i) Entsprechen die Kerne der Onkoide dem im Sedimentationsraum zur Verfügung stehenden Material?
j) Sind die Onkoide in eine feinkörnige Matrix eingebettet oder in Sparit?
k) Lassen die walzenförmigen Onkoide Einregelungen erkennen?
l) Häufigkeit der Onkoide verglichen mit anderen Komponenten

7. Ooide

a) Einfachooide oder Normalooide
b) Häufigkeit, Größe und Sortierung
c) Treten Tangentialstrukturen, Radialstrukturen oder Mikrit-Ringe auf?

Tafel 26. Übungsbeispiel zur Bestimmung der mikrofaziellen Merkmale: (1) Beschreibung der MF-Merkmale in den strukturell unterschiedlichen Schliffbereichen unter Verwendung der Checkliste (7.4); (2) Kalkklassifikation nach Folk und nach Dunham; (3) Faziesinterpretation. Die Resultate sowie paläontologische Bestimmungen finden sich in Abschnitt 11. Balkenlänge 10 mm ▶

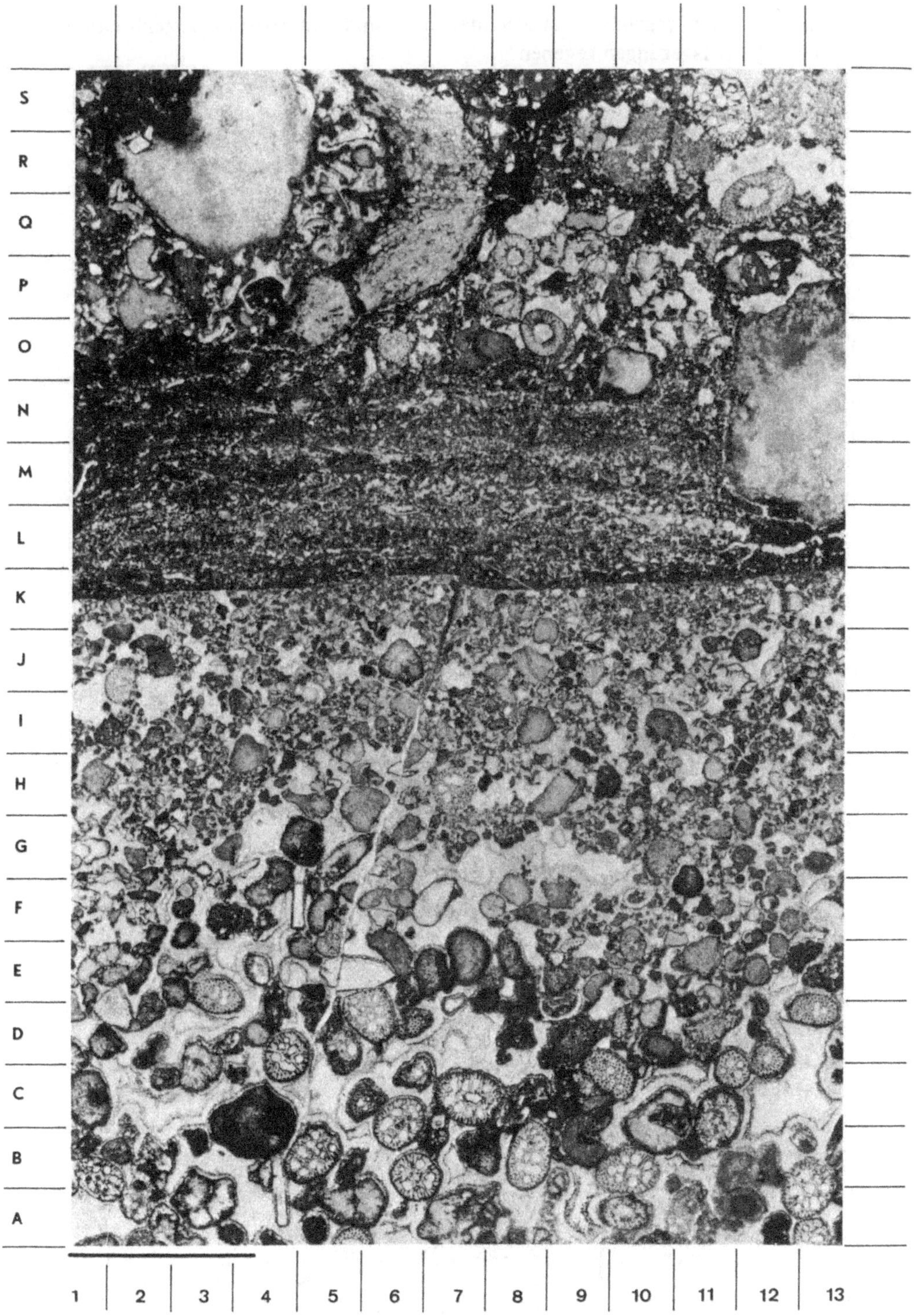
S
R
Q
P
O
N
M
L
K
J
I
H
G
F
E
D
C
B
A
1
2
3
4
5
6
7
8
9
10
11
12
13

d) Sind die Ringe regelmäßig ausgebildet, oder sind Hinweise auf Algenbohrungen und Algenanlagerungen gegeben?
e) Wie dick sind die Ooid-Schalen?
f) Wie groß sind die Kerne der Ooide?
g) Ist die Ooid-Größe einheitlich, obwohl die Kerne verschieden groß sind?
h) Wie ist das Verhältnis Ooidschalen-Dicke/Kern-Durchmesser?
i) Entsprechen die Ooid-Kerne dem zur Verfügung stehenden Material?
j) Treten Mehrfach-Ooide auf?
k) Lassen sich mehrere Ooid-Generationen erkennen?
l) Treten zerbrochene Ooide auf?
m) Werden Ooide als Kerne für neue Ooide verwendet?
n) Gibt es verformte, ausgeschwänzte Ooide?
o) Treten ausgelöste Ooide (Halbmond-Ooide) auf?
p) Weisen die Ooide einen asymmetrischen Bau auf? – Pisoide; Stillwasserooide
q) Finden sich die Ooide zusammen mit Karbonatkrusten? – Pisoide
r) Treten die Ooide in sparitischen oder mikritischen Kalken auf?
s) Treten nur Ooide auf, oder finden sich die Ooide vermischt mit anderen Komponenten?
t) Wie hoch ist die Packungsdichte bzw. der Offenheitsgrad?

8. Rindenkörner

a) Welche Komponenten weisen Mikritrinden auf?
b) Sind alle oder nur ein Teil der Komponenten mit Mikritrinden versehen?
c) Läßt sich eine „Mikritisierung" nachweisen (sind Bohrlöcher erkennbar)?
d) Finden sich die Rindenkörner zusammen mit Algen?
e) Ist die Diversität der mit den Rindenkörnern zusammen vorkommenden Organismen gering oder hoch?
f) Gibt es Hinweise auf eine Verfrachtung der Rindenkörner?

9. Lithoklasten

a) Können Intra- und Extraklasten unterschieden werden?
b) Sind die Komponenten in den Klasten an den Lithoklastenrändern abgeschnitten?
c) Unterscheiden sich die Komponenten der Lithoklasten von den übrigen Komponenten der Probe?
d) Unterscheiden sich die Lithoklasten in der Farbe von anderen Komponenten? – Hinweis auf Extraklasten ("black pebbles")
e) Weisen die Lithoklasten Kompaktionsmerkmale auf?

Tafel 27. Übungsbeispiel zur Bestimmung der mikrofaziellen Merkmale. Angestrebt wird: ▶ (1) Beschreibung der MF-Merkmale unter Verwendung der Checkliste in Abschnitt 7.4; (2) Angaben über (a) Sedimentationsbedingungen und (b) Diageneseablauf, (c) mögliche paläogeographische Situation. Die Resultate finden sich in Abschnitt 11. Balkenlänge 2 mm

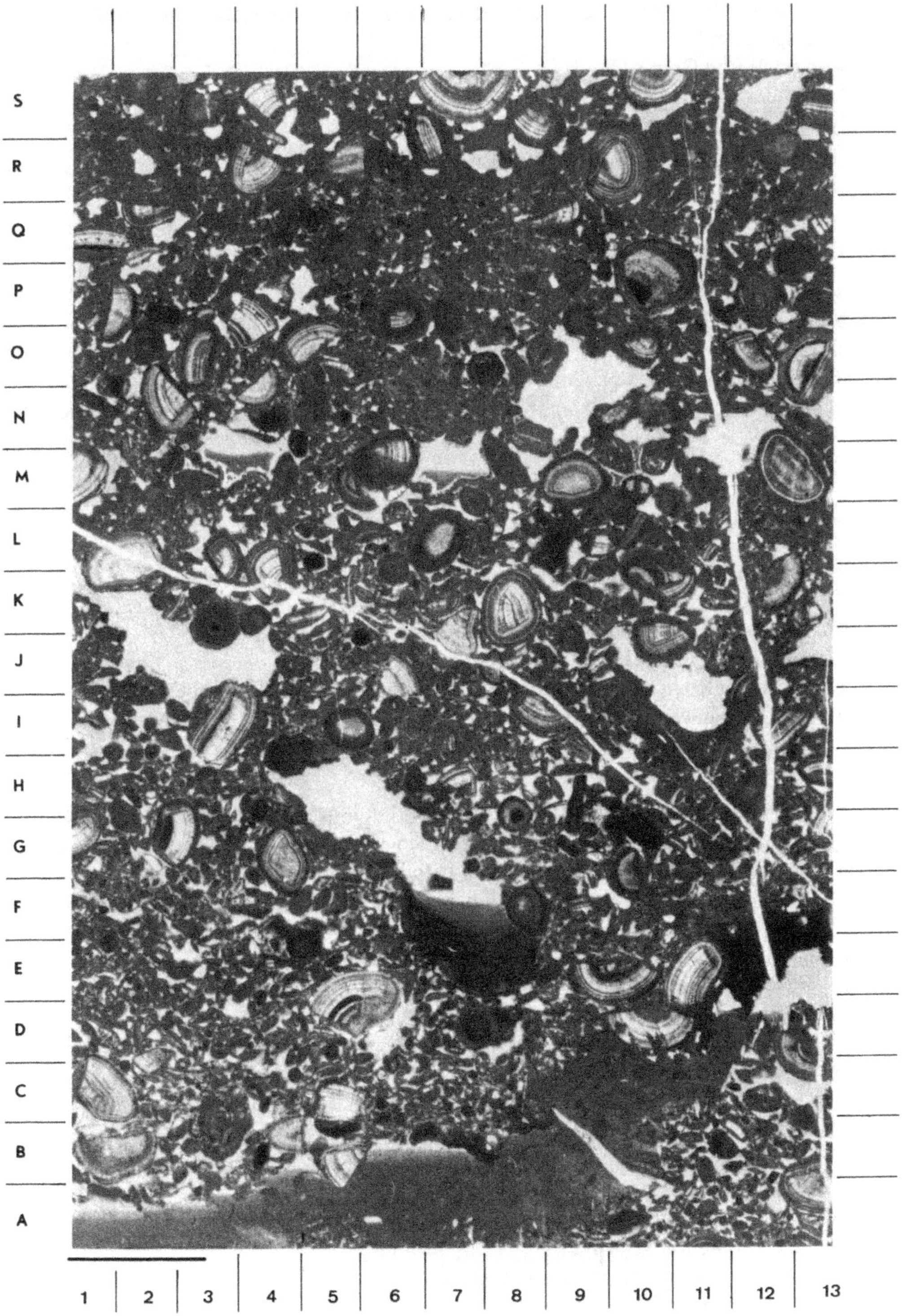
S
R
Q
P
O
N
M
L
K
J
I
H
G
F
E
D
C
B
A
1
2
3
4
5
6
7
8
9
10
11
12
13

f) Sind die Zemente in den Lithoklasten und in den übrigen Komponenten ähnlich ausgebildet?
g) Gestalt und Größe
h) Handelt es sich um flache oder um dicke Klasten?
i) Sind die Klasten abgerundet oder gerundet?
j) Weisen die Klasten Parallelorientierung oder Kreuzschichtung auf?
k) Häufigkeit

10. Terrigene Komponenten

a) Welche Minerale bzw. Gesteinsfragmente treten auf?
b) Weisen die Mineralkörner Rundung auf?
c) Häufigkeit
d) Sind die Minerale in bestimmten Zonen konzentriert?
e) Finden sich terrigene Komponenten als Einschlüsse in anderen Komponenten?

11. Gefüge

a) Weisen die Komponenten "grain-support" oder "mud-support" auf?
b) Wie ist die Packungsdichte bzw. die Art der Komponentenkontakte?
c) Zeigen die Komponenten bevorzugte Orientierungsmuster?
d) Ist das Gefüge durch Bioturbation homogenisiert?
e) Ist eine strömungsabhängige Dachziegellagerung erkennbar?
f) Sind Geopetalstrukturen vorhanden?
g) Zeigen die Komponenten normale oder inverse Korngrößen-Gradierungen?
h) Gibt es Hinweise auf texturelle Inversion (hochenergetische Komponenten in mikritischer Matrix)?

12. Feinschichtungs- und Hohlraumgefüge, Diskontinuitätsflächen

a) Ist Feinschichtung vorhanden bzw. deutlich ausgeprägt?
b) Handelt es sich um Laminite oder Rhythmite?
c) Treten laminierte oder laminoide Gefüge auf?
d) Welchem Typ lassen sich die laminoiden Gefüge zuordnen?
e) Sind die Fenster-Gefüge als LF-A- oder LF-B-Gefüge entwickelt?
f) Finden sich lagenfreie thrombolithische Gefüge?
g) Entsprechen die Hohlräume birdseyes oder Stromatactis?
h) Ist das Internsediment Mikrit, laminierter Mikrit oder Silt?
i) Weist das Internsediment Schrägschichtung oder Rutschungsstrukturen auf?
j) Wie ist der Karbonatzement im oberen Teil der Kleinhöhlen ausgebildet?
k) Sind Diskontinuitätsflächen mit Fe-Mn-Anreicherungen vorhanden?
l) Sind Limonit-Krusten mit „stromatolithischen" Strukturen („Blumenkohl-Strukturen") vorhanden?
m) Zeigen die Diskontinuitätsflächen Aufwuchs sessiler Organismen?
n) Treten Anbohrungen auf?
o) Sind Subsolutionsfragmente vorhanden?
p) Sind Lösungsstrukturen vorhanden?

13. Karbonatzement (Sparit) – siehe Abschnitt 3.3.1

a) Welchem Typ entspricht der Zement?
b) Gibt es mehrere Zementgenerationen?
c) Gibt es Unterschiede in der Farbe der verschiedenen Zementtypen (z.B. Fe-haltiger Zement B)?
d) Ist Mikrit-Zement vorhanden?
e) Findet sich Rindenzement um Echinodermen?
f) Entspricht der Zement zwischen den Komponenten dem Zement in den Komponenten?
g) Wie ist der Kontakt zwischen den Zementen und den Komponenten?
h) Sind die Kristallgrößen einheitlich, oder nehmen die Kristalle von der Aufwuchsfläche weg an Größe zu?
i) Entspricht der Rand des Sparitmosaiks einer ursprünglich freien Oberfläche auf den Komponenten?
j) Treten vadose Zemente auf? – Dripstone cement, Meniscus-Zement
k) Findet sich in von Zementen ausgekleideten Hohlräumen vadoser Silt?

8. Standard-Mikrofaziestypen

Unter Berücksichtigung sowohl der sedimentologischen als auch der palökologischen Daten können die in verschieden alten Kalken beobachtbaren Mikrofazies-Typen zu Grundtypen zusammengefaßt werden, welche die Ablagerungs- und Lebensbedingungen in einem bestimmten Sedimentationsbereich widerspiegeln. Dieses am Beispiel der obertriadischen Riffkarbonate im alpin-mediterranen Raum entwickelte Konzept (E. Flügel, 1972) wurde durch Wilson (1975) ausgebaut und durch zahlreiche Beispiele aus dem Paläo- und Mesozoikum präzisiert. Vor einer Überbewertung dieser Häufigkeitstypen muß gewarnt werden. Als Grundlage für eine Diskussion der Ablagerungsbereiche erweisen sich die SMF-Typen jedoch oft als brauchbar.

8.1 Grundlagen

Voraussetzung für die Erkennung der von Wilson (1975: 63) als "Standard Microfacies Types" bezeichneten Grundeinheiten ist die Beschreibung der mikrofaziellen Merkmale im Rahmen der Dunhamschen Klassifikation (siehe 6.2.2). Die 24 Standard-Mikrofaziestypen (SMF-Typen) verteilen sich in folgender Weise auf die von Dunham unterschiedenen Karbonattypen (Tabelle 44):

Tabelle 44. SMF-Typen und Kalktypen

Mudstone	Wackestone Floatstone	Packstone	Grainstone Rudstone	Boundstone
a) mit Spicula *1* b) mit pelagischen Mikrofossilien *3* c) laminiert, Fenstergefüge *19* d) Algen-Stromatolithen *20* e) Spongiostromata-Gefüge *21* f) fossilfrei *23*	a) mit Bioklasten *9* b) mit Onkoiden *22* c) mit sessilen Organismen *8*	a) mit Bio- und Extraklasten *4*	a) mit Rindenkörnern *11* b) mit Onkoiden *13* c) mit Ooiden *15* d) mit Peloiden *16* e) mit Aggregatkörnern *17* f) mit Dasycladaceen/Foraminiferen *18* g) Rudstone mit Riffschutt *6* h) Rud- oder Floatstone mit Klasten aus fossilfreiem Mikrit o. Kalksiltit *24*	Sessile Organismen in situ, bilden organogene Strukturen *7*
	d) Rindenkörner und abgerollte Bioklasten aus hochenergetischen Bereichen im Mikrit *10* (Wackestone/Packstone)			
		b) Mikrobioklast. Kalksiltit, sehr kleine Bioklasten und Peloide *2* (Packstone/Grainstone)		
		c) Bioklasten, z.T. Floatstone, Internsedimente häufig *5* (Packstone/Grainstone)		
		d) Bioklastenanhäufungen, z.B. Lumachellen, Echinodermen *12* (Packstone/Grainstone)		

8.2 SMF-Typen (siehe Tabelle 45 und Abb. 51)

Tabelle 45. Standard-MF-Typen. Nach Wilson (1975) und E. Flügel (1972)

SMF-Typ	Merkmale	Fazies-Zonen
1	*Spiculit*; dunkler, an organischer Substanz reicher toniger Mudstone oder Wackestone oder kieselige spiculitische Kalksiltite. Spicula i.a. orientiert, meist kieselige Monaxonen, i.a. durch Kalzit ersetzt	FZ 1 – Becken, Tiefwasserbereich mit langsamer Sedimentation
2	*Mikrobioklastischer Kalksiltit.* Kleine Bioklasten und Peloide in sehr feinkörnigem Grain- oder Packstone. mm-Rippelkreuzschichtung häufig	FZ 1, FZ 2 – offenes Schelfmeer im unteren Hangbebereich, FZ 3 – tieferer Schelfrand
3	*Pelagischer Mudstone.* In mikritischer Matrix verstreut pelagische Mikrofossilien (z.B. Radiolarien oder Globigerinen) oder Megafauna (z.B. Graptolithen oder dünnschalige Muschelbruchstücke)	FZ 1 und FZ 3
4	*Mikrobrekzie* oder Packstone aus Bio- und Lithoklasten. Abgerollte Körner, oft gradiert. Nach dem Ursprung poly- oder monomikt. Auch Quarz, Cherts und Kalkdetritus	FZ 3, FZ 4 – Hangabfall (fore-slope). Dieser Typ entspricht in der Mikrofazies den „allodapischen Kalken" nach Meischner (1965), z.T. Turbidite
5	*Grainstone bis Packstone* oder *Floatstone* mit *Bioklasten* insbesondere von Riffbewohnern und Riffbildnern. Im feinkörnigen Sediment geopetale Füllungen und Schirmeffekt	FZ 4, typische Riff-Flanken-Fazies
6	*Riff-Rudstone* mit großen Bioklasten bzw. zerbrochenen Kolonien von Gerüstbildnern, keine Matrix	FZ 4, Vorriffbereich, Schutt aus dem Riff, i.a. im hochenergetischen Bereich
7	*Boundstone.* Sessile Organismen in situ. Ausgebildet als Framestone, Bindstone oder Bafflestone	FZ 5 – Organogene Struktur, z.B. Riff
8	*Wackestone mit vollständigen Organismen,* die im Mikrit verankert sind. Nur wenige Bioklasten. Gut erhaltene Endo- und Epifauna	FZ 2 und FZ 7 – Schelflagune mit offener Wasserzirkulation; Ruhigwasserbereiche unterhalb der normalen Wellenbasis
9	*Bioklastischer Wackestone* oder bioklastischer Mikrit. Fragmente verschiedener Organismen, die durch Bioturbation texturell homogenisiert wurden. Bioklaste können mikritisiert sein	FZ 2 und FZ 7 – Flacher Bereich mit offener Zirkulation oder gerade unterhalb der Wellenbasis
10 (Taf. 28/1)	*Packstone bis Wackestone* mit *umrindeten* und abgerollten *Bioklasten*	FZ 2 und FZ 7 – texturelle Inversion, Komponenten aus hochenergetischen Bereichen auf Untiefen wurden in lokalen Flachwasserbereichen in der Nachbarschaft der Untiefen sedimentiert

Tabelle 45 (Fortsetzung)

SMF-Typ	Merkmale	Fazies-Zonen
11 (Taf. 9)	*Grainstones* mit *umrindeten Bioklasten* und sparitischem *Zement*	FZ 6 – Rand von Kalksandbarren mit ständiger Auswaschung; in Gebieten mit konstanter Wellenbewegung oder oberhalb der Wellenbasis
12 (Taf. 33/2)	*Bioklastischer Grain- oder Rudstone* mit *Organismenanhäufungen*, wobei bestimmte Organismentypen (z.B. Dasycladaceen oder Schalen oder Crinoiden) dominieren	FZ 6 – i.a. im Hangbereich und am Schelfrand
13	*Biosparitischer Grainstone* mit *Onkoiden*	FZ 6 – mäßig hochenergetischer Bereich, sehr flaches Wasser
14	*"Lags"* (verzögerte Sedimentation). Umrindete und abgerollte Partikel, z.T. vermischt mit Ooiden und Peloiden, die geschwärzt oder Fe-inkrustiert sind; auch Phosphat sowie allochthone Lithoklasten; i.a. dünne Bänke	FZ 6 – verlangsamte Ablagerung in der Auswaschungszone
15	*Oolith* aus gut sortierten, vollständig ausgebildeten Ooiden, meist Ø 0,5–1.5 mm. Meist geschlossenes Gefüge. Immer kreuzgeschichtet	FZ 6 – in Bewegtwasserbereichen auf Oolith-Untiefen, an Küsten u. Gezeitenbarren
16	*Grainstone* mit *Pellets*. Wahrscheinlich Fecal Pellets, z.T. mit angehäuften Ostrakoden oder Foraminiferenschalen	FZ 7 und FZ 8 – Schelf mit herabgesetzter Wasserzirkulation und Gezeitenflächen
17 (Taf. 28/2)	*Grapestone, Pelsparit* oder Grainstone mit isolierten Peloiden, agglutinierten Peloiden, umrindeten Partikeln und Lumps	FZ 7 und FZ 8 – sehr warmes, flaches Wasser mit nur geringer Zirkulation
18	*Foraminiferen- oder Dasycladaceen-Grainstone* mit gehäuft auftretenden Biogenen	FZ 7 und FZ 8 – auf Gezeitenbarren und in Lagunenkanälen
19	*Loferit, laminierter* Mudstone-Wackestone, z.T. in Pelsparit mit Fenstergefügen übergehend. Oft Ostrakoden und Peloide, vereinzelt Foraminiferen, Gastropoden und Algen	FZ 8 – in stark abgeschnürten Buchten
20	*Algen-Stromatolithen-Mudstone*	FZ 9 – am häufigsten in der Gezeitenzone
21	*Spongiostromen-Mudstone*, in sehr feinkörnigem Mikrit büschelige Algen-Gefüge	FZ 8 – in Gezeitentümpeln
22	*Mikrit mit großen Onkoiden*, Wackestone oder Floatstone	FZ 8 – Stillwasserbereiche, Flachwasser, back-reef, oft an den Rändern der Tümpel und Kanäle
23	Nichtlaminierter, *homogener, fossilfreier Mikrit*, z.T. mit Gips-Kristallen	FZ 8 und FZ 9 – in hypersalinen Gezeitentümpeln
24	*Rud- oder Floatstone mit großen Litho- und Bioklasten* aus fossilfreiem Mikrit oder Siltit, wenig Matrix. Z.T. Dachziegel-Textur und Kreuzschichtung	FZ 8 – entsteht bei verzögerter Sedimentation in Gezeitenkanälen („intraformationelle Brekzie")

	1	2	3	4	5	6	7	8	9	
	Becken (Fondothem)	Offen-mariner Schelf (tiefes Undathem)	Tiefer Schelfrand oder Beckenrand (Clinothem)	Plattformhang (Clinothem)	Riff oder Plattformrand	Plattformrand-Sande	Offene Plattform-Bereiche (Schelf-Lagune) (flaches Undathem)	Geschlossene Plattform-Bereiche	Plattform-Evaporite (Sabkha)	Land

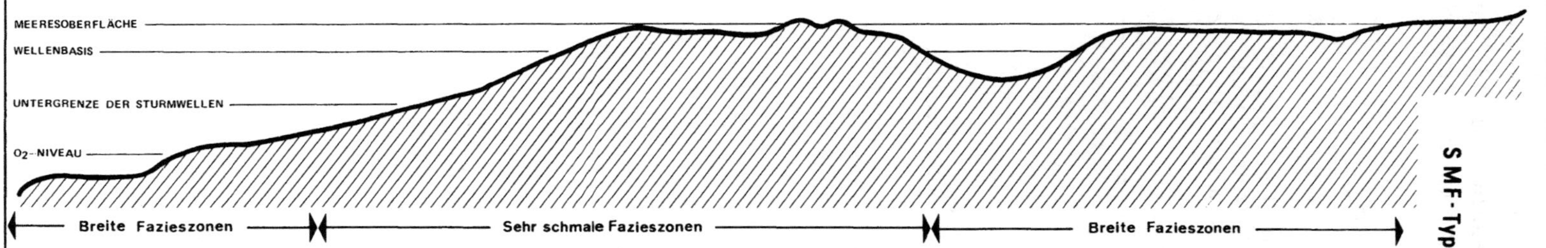

	1	2	3	4	5	6	7	8	9
SMF-Typen	1, 2, 3	2, 8, 9, 10	2, 3, 4	4, 5, 6	7, 11, 12	11, 12, 13, 14, 15	8, 9, 10, 16, 17, 18	16, 17, 18, 19, 20, 21, 22	20, 23
Fazies-Zonen	Tiefmarin, ausgebildet als a) Leptogeosynklinalen und Kalkturbidite b) Miogeosynklinalen	Tiefmarin, neritische Sedimentation	Sedimentation von Karbonatdetritus und pelagischem Material	Instabile Schuttsedimentation	Durch Organismentätigkeit gebildete Riffe	In Untiefen, Küstenregionen oder Gezeitenbereichen ausgeschwemmte Karbonatsande. Auf Inseln Äolianite	Offene Buchten und Lagunen hinter dem äußeren Plattformrand	Abgeschlossene Lagunen und Küstentümpel mit eingeschränkter Wasserzirkulation	Gips und Anhydritbildung durch Verdunstung von nur sporadisch überfluteten supratidalen Bereichen. Arides Klima
Lithologie	Dunkle Schiefer und Siltsteine, dünngebankte Kalke (Mudstones und Kalksiltite), feine Lamination, im mm-Bereich, rhythmische Schichtung	Wechsellagerung von sehr fossilreichen Kalken (bioklastische Wackestones und Wackestones mit vollständigen Fossilien; Kalksiltite) und Mergeln, dünn- bis mittelbankig, wellig-nodular	Feinkörnige Kalke (dunkler Mudstone, einige Kalksiltite), zum Teil mit Hornsteinen; einige Schiefer- und Siltsteinlagen, oft massive Einheiten, Linsen mit gradiertem Sediment, z.T. große Blöcke	Sedimentäre Brekzien und resedimentierte Kalksande. Einige Schiefer, Siltsteine etc. Rutschungsstrukturen, exotische Blöcke, z.T. Bioherme	Massive Kalke und Dolomite. Keine terrigenen Sedimente	Kalkarenite (gut sortierte Grainstones) mit Ooiden, Bioklasten etc., z.T. Dolomit, Quarzsand-Beimengungen. Kreuzschichtung	Sehr unterschiedliche Kalktypen (Grain- bis Mudstone), z.T. geringmächtige klastische Einschaltungen	Dolomit und dolomitische Kalke. Mudstone mit Peloiden, Algenmatten: lithoklastische Wackestones. Karbonate und Klastika gut differenziert. Fenster-Gefüge, mm-Lamination	Unregelmäßig laminierte Dolomite und Anhydrite; z.T. in Rotschichten übergehend; Caliche. Klastische Einschaltungen z.T. bedeutend
Organismen	Ausschließlich Nekton und Plankton, auf Schichtflächen in verschiedener Häufigkeit erhalten. Zum Teil kondensierte Faunen	Schalenfauna mit hoher Diversität, Epi- und Endofaunen. Bioturbation häufig	Umgelagerte, flachmarine Bioklasten zusammen mit autochthonem Benthos und mit Plankton, zum Teil Geisterfaunen	Umgelagerte Kolonien aus Bereich 5. Oft sehr fossilreich	Gerüstbauende Organismen mit von der Wasserenergie abhängigen Wuchsformen	Anhäufungen von abgerollten Schalen von Benthos aus den Bereichen 4 oder 5. Nur wenige autochthone Elemente (Gastropoden, Foraminiferen, Dasycladaceen)	Hochdiverse Fauna, stenohaline Elemente selten. Häufig Sedimentstabilisierung durch Seegräser, Stellenweise lokale Riffe (patch reefs). Endobionten und Bioturbation häufig	Geringdiverse Fauna, meist Gastropoden, Algen, spezialisierte Foraminiferen (z.B. Milioliden), Ostrakoden	Nur Algen in Stromatolithen, kaum tierische Organismen

Abb. 51. Faziesschema nach Wilson (1975). Verteilung der Standardmikrofaziestypen

8.3 SMF-Typen und Fazieszonen

J.L. Wilson ordnete die 24 SMF-Typen 9 “Standard Facies Belts” zu (Abb. 51 und 57), wobei einzelne SMF-Typen in mehreren Fazieszonen vorkommen können (Tabelle 46).

Tabelle 46. SMF-Typen und Standard-Fazieszonen

SMF/FZ	1 Becken	2 offen-mariner Schelf	3 tiefer Schelfrand	4 Hang	5 „Riff"	6 Plattformrand	7 Schelflagune, offene Zirkulation	8 Schelf- u. Gezeitenflächen eingeschr. Zirkulation	9 Sabkhas mit Evaporiten u. Salzseen
1	------								
2	------	------	------						
3	------		------						
4			------	------					
5				------					
6				------					
7					------				
8		------					------		
9		------					------		
10		------					------		
11					------	------			
12					------	------			
13						------			
14						------			
15						------			
16							------	------	
17							------	------	
18							------	------	
19								------	
20									------
21								------	
22								------	
23								------	------
24								------	

Schwierigkeiten ergeben sich bei der Unterscheidung der Fazieszonen 2 und 7 mit Hilfe der SMF-Typen sowie zum Teil auch bei der Trennung von Sedimenten des tieferen Schelfrandes und des Beckens.

8.4 Beispiele (Taf. 28)

1. Tafel 28/1 (Kalk aus den Zlambach-Schichten, Ober-Trias; Fischerwiese bei Alt-Aussee, Steiermark):

Matrix Mikrit. Dichtgepackte, zerbrochene, nichtgerundete Bioklasten (überwiegend Korallen, Solenoporaceen, Muscheln und einige Echinodermen, Serpuliden und Bryozoen).

Dunham-Klassifikation: packstone. Einordnung in das SMF-Schema: Die Fragmentierung von Biogenen, die an durchlichtete Bewegtwasserbereiche gebunden sind und die Einbettung der Bioklasten in feinkörnigen, tonigen Mikrit spricht dafür, daß eine „texturelle Inversion" gegeben ist, d.h. daß Komponenten aus einem Flach- und Bewegtwasserbereich in Gebieten mit Stillwassersedimentation abgelagert wurden. Es handelt sich demnach um SMF-Typ 10. Sedimente, die diesem Typus entsprechen, entstehen nach Wilson sowohl im offenmarinen Schelfbereich als auch in Schelflagunen mit offener Wasserzirkulation. Die paläogeographische Situation (vgl. Bolz, 1974) spricht dafür, daß die mikritischen Kalkarenite dem in niedrigenergetischen Bereichen zwischen lokalen Fleckenriffen (patch reefs) abgelagerten Riffdetritus entsprechen.

2. Tafel 13/2 (Roter Adneter Knollenkalk, Lias alpha 3/Lias gamma; Kiefer-Plattenbruch NE Adnet bei Hallein, Salzburg):

Matrix Mikrit. Die Komponenten bestehen aus Echinodermen (Crinoiden, Echinoiden), Foraminiferen, einigen Brachiopodenschalen und aus juvenilen Gastropoden. Auffallend ist die unregelmäßige, „fleckenhafte" Verteilung der Organismenreste. Dunham-Klassifikation: wackestone. SMF-Typus: Die unregelmäßige Verteilung der Organismen deutet bioturbate Durchwühlung an, der Fossilinhalt spricht für eine artenreiche Bodenfauna. Dem Wilsonschen Schema entsprechend, ist die Probe dem SMF-Typ 9 zuzuordnen, sofern das Benthos autochthon ist. Damit wäre eine Einordnung in den offenen marinen Schelf oder in den Bereich einer Schelflagune mit offener Wasserzirkulation gegeben. Aus der paläogeographischen Situation (vgl. Hudson u. Jenkyns, 1969) sowie aus den im Schliffbild deutlichen Lösungsstrukturen (Residualton-Säume; die Lösungsgrenzen kappen die Biogene) ist eine Sedimentation im tiefneritischen, normalmarinen (Echinodermen!) und gut durchlüfteten Bereich wahrscheinlich. Inwieweit das „konglomeratische" Gefüge des Kalkes durch Lösung am Meeresgrund (Subsolution) entstanden ist oder durch Drucklösung an den Komponenten submariner Rutschmassen, ist unklar. Vgl. auch unter „Übungsbeispiele".

3. Tafel 33/2 (Eozän; Pesciara, M. Bolca bei Verona, Italien):

Matrix Siltit bzw. Mikrit, stellenweise Sparit. Sehr kleine Peloide häufig. Komponenten: Mollusken (Gastropoden, Muscheln), Foraminiferen (Milioliden und Alveolinen), vereinzelt Dasycladaceen. Muschelschalen mit dünnem Mikritsaum; in und unter den Schalen Internsedimentation, z.T. mit Geopetalgefügen. Dunham-Klassifikation: packstone. SMF-Typ: Die Anhäufung von Mollusken-Schalen, der durch die Schalen gegebene „Schirm-Effekt" und unterschiedliche Ausbildung der Grundmasse sprechen für eine Zuordnung zu Typus 12 („Riff" oder Plattformrand). Da potentielle „Rifforganismen" fehlen, dürfte eine Interpretation als Sedimentation auf flachen Untiefen im Bewegwasserbereich mit offener Wasserzirkulation (eventuell hinter einer Riffzone) vertretbar sein.

Die Tafeln 28/2, 13 und 25 geben die Möglichkeit, die Bestimmung von SMF-Typen zu üben.

Grundsätzlich sollten die SMF-Typen als für erste Hinweise brauchbares Hilfsmittel, aber nicht als „Bestimmungsschlüssel" für Faziesinterpretationen betrachtet werden.

8.5 Literatur

Bolz, H. (1974): Die Zlambach-Schichten (alpine Obertrias) unter besonderer Berücksichtigung der Ostrakoden. 2.: Zur Stratigraphie und Fazies der Zlambach-Schichten. Senck. leth. **55**, 325–361, 4 Taf., 2 Abb., 3 Tab., Frankfurt

Dunham, R.J. (1962): siehe 6.4

Flügel, E. (1972): Mikrofazielle Untersuchungen in der Alpinen Trias. Methoden und Probleme. Mitt. Ges. Geol. Bergbaustud. **21**, 9–64, 9 Taf., Innsbruck

Hudson, J.D., Jenkyns, H.C. (1969): Conglomerates in the Adnet Limestones of Adnet (Austria) and the origin of the „Scheck". N. Jb. Geol. Paläont. Mh. **1969**/9, 552–558, 2 Abb., Stuttgart

Wilson, J.L. (1975): siehe 1.4.1

Tafel 28/1–2. Standard-Mikrofaziestypen ▶

1. SMF-Typ 10. Packstone mit fragmentierten, dichtgepackten Bioklasten in mikritischer Matrix. Überwiegend Reste sessiler Benthonten: Korallen (*1*), Bryozoen (*2*), Hydrozoen (Spongiomorphiden, *3*), Serpuliden (*4*), Muschelschalen (*5*), Kalkalgen (Solenoporaceen, *6*) sowie die Zusammensetzung der Fauna sprechen für einen höherenergetischen Lebensbereich und allochthone Sedimentation in niedrigenergetischen, geschützten Gebieten. Ober-Trias (Zlambach-Kalke): Fischerwiese bei Lupitsch, Steirisches Salzkammergut. Balkenlänge 10 mm

2. SMF-Typ 17. Grainstone mit Aggregatkörnern sowie einigen Foraminiferen und Schalen. Die Zusammensetzung des Sedimentes, der hohe Karbonatgehalt der Kalke (nichtkarbonatischer Rückstand < 0,4 Gew.%) und die Fossilarmut bzw. die geringe Diversität lassen einen Vergleich mit der „grapestone"-Sedimentation auf der Großen Bahama-Bank zu (siehe Abschnitt 4.1.3.3). Ober-Trias (Dachsteinkalk, Nor): westlicher Gosaukamm, Oberösterreich. Balkenlänge 1 mm

4
5
3
2
6
1
5
3
2
1
1

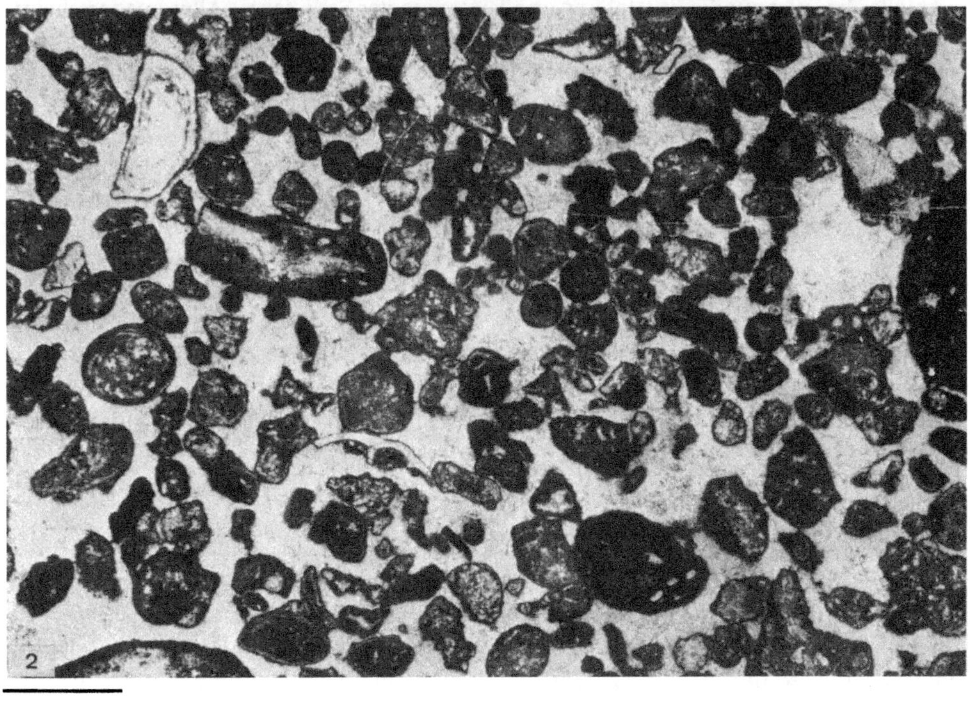
2

9. Weiterführende Untersuchungen

Mikrofazielle Typisierungen können durch geochemische Untersuchungen und durch die Erfassung von physikalischen Merkmalen in ihrer Auswertbarkeit ergänzt werden. Die Abschnitte 9.1 und 9.2 bringen einige Anregungen.

9.1 Beziehungen zwischen Mikrofazies und geochemischen Merkmalen

Karbonatsedimente und -gesteine bestehen aus zwei Elementgruppen: a) Elemente, die an die Karbonatphase gebunden sind (Ca, Mg, Sr, Mn, z.T. Ba u.a.). b) Elemente, die in Mineralen des säureunlöslichen, nichtkarbonatischen Rückstandes auftreten (z.B. Si, Al, Fe, B). Wie die zusammenfassenden Arbeiten von Degens (1968), Ernst (1970), Ingerson (1961), Krejci-Graf (1964, 1966) und Starke (1968) zeigen, gibt die „Chemofazies" wertvolle Hinweise auf die Entstehung und Diagenese der Sedimente. Allerdings erscheint es beim gegenwärtigen Kenntnisstand unbedingt notwendig, die Anwendbarkeit von geochemischen Methoden im Rahmen von Faziesanalysen jeweils kritisch zu prüfen (vgl. Diskussion bei Wedepohl, 1970).

Bisher wurden für Faziesinterpretationen insbesondere die Menge und mineralogische Zusammensetzung des säureunlöslichen Rückstandes sowie die Verteilung und Häufigkeit von Spurenelementen herangezogen.

9.1.1 Unlöslicher Rückstand von Karbonatgesteinen

Sowohl die „absolute" oder „relative" Menge (siehe Seibold, 1952) als auch die Zusammensetzung des Rückstandes können sinnvolle Aussagen über den Sedimentationsverlauf ermöglichen. Die Methoden der Tonmineralanalyse sind bei G. Müller (1964) und Millott (1970) dargestellt.

9.1.1.1 Rückstandsmengen

Die quantitative Erfassung der Rückstandsgehalte ermöglicht folgende Hinweise:

a) *Überprüfung der den MF-Typen zugeschriebenen Energie-Indizes* (vgl. 6.2.4): Im einfachen Fall sollten orthosparitische Kalke weniger Rückstand enthalten als niedrigenergetische mikritische Kalke. Dies trifft in einzelnen Fällen wie z.B. im Muschelkalk des Odenwaldes auch zu (geringere Werte in den Schillkalken der Spiriferina-Bank, höhere und innerhalb der Bänke stark schwankende Werte in den mikritischen Kalken; Backhaus u. E. Flügel, 1971). In anderen Beispielen jedoch (unterpermische Schelfkalke der Karnischen Alpen; Riffkern-Fazies der nordalpinen Obertrias) ist keine Korrelation zwischen Matrixmenge und Rückstandsmengen feststellbar.

b) *Hinweise auf den Sedimentationsverlauf:* Eine Verfolgung der Karbonatgehalte und der Rückstandsmengen in Profilen kann eine in den MF-Typen nicht zum Ausdruck kommende *„zyklische Sedimentation"* deutlich machen (Beispiele bei Reed u. Burchett, 1964; E. Flügel et al., 1971). Änderungen in der *Sedimentationsrate* werden in einem die Bankdicken und die absoluten Ton- bzw. Karbonatgehalte berücksichtigenden Diagramm deutlich (Seibold, 1952; H.W. Flügel, 1968). *Sedimentationsunterbrechungen,* die mit Lösung, Bodenbildung und Neuabsatz verbunden sind, können durch von Bank zu Bank abrupt auftretende Wechsel in der Menge des unlöslichen Rückstandes, in unterschiedlichen Tonmineralen und durch eine Zunahme der Grobfraktion charakterisiert sein (Hayes, 1963). Allerdings muß sichergestellt sein, daß die zum Teil beträchtliche bankinterne Variationsbreite bekannt ist.

c) *Hinweise auf küstennahe Gezeiten-Bereiche:* Im Vergleich mit den Werten normalmariner Kalke deutlich höhere Rückstandsgehalte finden sich häufig in stromatolithischen Mikriten und Pelmikriten karbonatischer Wattflächen (Beispiel: norischer Hauptdolomit der Lechtaler Alpen, Fruth u. Scherreiks, 1975). Lösung im supratidalen Bereich kann zur Anreicherung der silikatischen Komponenten sowie zu Spurenelementkonzentrationen (Fe, Mn, Zn) in niedrigenergetischen Gezeitenzonen führen.

d) *Stratigraphische Parallelisierung:* Mikrofaziell nur schwer aufzugliedernde Profile, insbesondere von Becken-Karbonaten können mit Hilfe der Rückstandsprozentwerte bzw. von Kornfraktionsquotienten-Kurven verglichen und zum Teil auch parallelisiert werden. Beispiele aus dem alpinen Malm beschreiben Bausch u. Poll (1976).

9.1.1.2 Mineralbestand der Rückstände

Der Mineralbestand der Rückstände mariner Karbonate ist durch eine Reihe von silikatischen Mineralen gekennzeichnet, unter welchen Illite, mixed layer-Minerale, Kaolinit, Chlorit, Muskovit sowie Quarz und Albit häufiger sind (vgl. Robbins u. Keller, 1952; Weaver, 1963; Millott, 1970). Eine Deutung der qualitativen Unterschiede muß davon ausgehen, ob die Gesamtmenge des Rückstandes als terrigener Detritus aufzufassen ist, wie dies für einen Großteil der in den Kalken enthaltenen Tonminerale der Fall sein dürfte, oder inwieweit die Möglichkeit von Umwandlungen bzw. Mineralneubildungen gegeben ist (hierzu: Engelhardt, 1961; Millott, 1970). Die Ansichten der verschiedenen Autoren über den Wert der Tonminerale als Faziesindikatoren sind nicht einheitlich:

a) *Hinweise auf Klimabedingungen im Erosionsgebiet und auf paläogeographische Konfigurationen:* Häufig werden durch Kaolinit-Vormacht charakterisierte Tonmineralprovinzen als Hinweis auf relativ küstennahe Flachmeersedimentation betrachtet (z.B. Becher, 1965; Griffin, 1962; Bausch, 1971), während küstenferne und tiefere Ablagerungsgebiete Assoziationen mit Illiten und Chloriten aufweisen (Rateev et al., 1969). Daß jedoch durchaus auch andere Verteilungsmuster gegeben sind, zeigen Persoz u. Remane (1976).

b) *Angaben zur Paläosalinität:* Während Degens (1968) in dieser Frage sehr zurückhaltend ist, versucht z.B. Kübler (1963) einen Zusammenhang zwischen der Tonmineralverteilung und zwischen der Salinität in verschiedenen Meeresteilen zu sehen. Diskussionen über dieses Thema finden sich u.a. bei Krumm (1965) und Griffin u. Ingram (1955).

c) *Illit-Kristallinität:* In zahlreichen Arbeiten wird dieser Index als Maß für die Versenkungstiefe verwendet (vgl. Kubler, 1968; Dunoyer de Segonzac, 1970). Persoz u. Remane (1976) machen auf die speziellen Probleme aufmerksam, die sich bei der Auswertung von Illiten aus Karbonatgesteinen ergeben.

9.1.2 Spurenelemente

Die in Konzentrationen zwischen 10^{-2} und 10^{-3} Gew.% und weniger auftretenden Spurenelemente sind entweder an die Karbonatphase gebunden (und dann in starkem Maße abhängig von der Art der Biomineralisation und von den bei der Diagenese erfolgenden Veränderungen) oder an die nichtkarbonatischen Phasen (abhängig von der Art der Anlieferung, von der Korngröße und Mineralogie sowie von organischen Substanzen). Nach Wedepohl (1970) ist die Mehrzahl der aus Karbonatgesteinen bekannten Spurenelemente an die detritische, silikatisch-oxidische Fraktion der Kalke gebunden. Mg, Sr und Mn sind in spezifischer Form mit der Karbonatphase verknüpft, bedingt durch die kristallchemische Ähnlichkeit mit Hauptkomponenten der häufigeren Karbonatminerale (Sr und Ca, Mg und Ca, Mn und Mg) und durch relativ hohe Konzentrationen im Meer und im Porenwasser. Es ist verständlich, daß sich ein Großteil der auf Spurenelementverteilungen aufgebauten Faziesanalysen mit diesen Elementen befaßt (vgl. Übersichten bei Friedman, 1969; Schroll, 1967, 1976).

Die Meinungen über die Aussagekraft von Spurenelementen für die genetische Interpretation von Karbonatgesteinen gehen auseinander. Teilweise mag das dadurch bedingt sein, daß bisher nur sehr wenige Untersuchungen über die Beziehungen zwischen Kalk-Typen (MF-Typen) und geochemischen Parametern vorliegen (z.B. Cerny, 1976) und daß viele der vermuteten „Korrelationen" nicht statistisch untermauert sind. Nachfolgend sind einige Beispiele zusammengestellt, welche *Möglichkeiten* aufzeigen und zu eingehenderen Untersuchungen anregen sollen.

a) *Gliederung von Flachmeer-Bereichen:* Angestrebt wird die Trennung von Riff- und Nicht-Riffsedimenten, die Erkennung von verschiedenen Teilen der Riffkomplexe und die Unterscheidung und bessere Interpretation von Teilbereichen:

Riff- und Nicht-Riffsedimente bzw. Teilbereiche der Riffkomplexe: Die in rezenten Riffgebieten durchgeführten Untersuchungen (Tabelle 47) zeigen, daß die Häufigkeit der Spurenelemente insbesondere von Sr in der Lagune, im zentralen Riffbereich und im Vorriff Unterschiede aufweist, die zumindestens teilweise auf die unterschiedliche Verteilung von aragonitischen Bioklasten zurückzuführen sind. In eine andere Richtung weisen die von Till (1971) mitgeteilten Ergebnisse (Spurenelementverteilung bedingt durch Verteilung der Tonminerale und der organischen Substanzen).

Die in fossilen Riffen festgestellten Unterschiede zeigen kein gleichartiges Verteilungsmuster, obwohl häufig verschieden hohe Sr-Werte in Lagunen-, Riff- und Beckensedimenten beobachtet wurden (vgl. Tabelle 47). Die unterschiedlichen Ergebnisse sind durch (a) Unterschiede beim Einbau von Sr in die Karbonatminerale der Organismenschalen bedingt [abhängig vom Sr/Ca-Verhältnis im Meerwasser, von der Karbonatmineralogie (Aragonit mit mehr Sr als Kalzit), Wassertemperatur, Salinität, art- und gattungs-

Tabelle 47. Faziesgliederung mit Hilfe von Spurenelementen in rezenten und fossilen Flachwasser- bzw. Riffkarbonaten

Autor	Alter Lokalität	Untersuchte Spurenelemente	Ergebnisse
Stehli u. Hower (1960)	Rezent: Florida	Sr	Sr-Gehalt im zentralen Riff am höchsten, fällt gegen das Hinter- u. Vorriff ab
Siegel (1961)	Rezent: Florida	Sr	ähnlich wie bei Stehli u. Howe
Milliman (1967)	Rezent: Hogsty Atoll, Bahamas	Sr	Sr-Werte am höchsten in der Lagune; vom Hinterriff über das Riff zum Vorriff schwach ansteigend
Hoskin (1968)	Rezent: Alacran Reef, Mexico	Mg, Sr	Maximale Mg-Werte in der Nähe von Rotalgen-Sedimenten, höchste Sr-Werte in der Nähe von Sr-reichen Korallen und Codiaceen
Billings u. Ragland (1968)	Rezent: Belize, British-Honduras	Sr, Ca, Mg, Fe, Mn, Zn, Na, K, Li, Rb	Unterschiedliche Spurenelement-verteilung im Riff und in der Lagune
Till (1971)	Rezent: Belize, fossil: Devon Alberta		Diskussion der Daten von Chester und von Cameron: Unterschiede liegen weniger in den Spurenelementen als im Auftreten von Tonmineralen und organischer Substanz
Davies (1972)	Ober-Jura (Corallian): Yorkshire und Schweiz	Sr, Ba, Si, Al, Ti, Co, Mn, Fe, Ni	Korallenriffkalke mit wenig Spurenelementen, aber viel Sr (>2000 ppm); unterlagernde Oolithe mit wenig Sr
H.W. Flügel u. Wedepohl (1967)	Ober-Jura: Plassen-Kalk der Nordalpen	Sr	In der Flachwasserfazies gleichbleibend niedrige Werte (100–200 ppm) durch Diagenese bedingt
Sternberg et al. (1959)	Ober-Trias (Ober-Rät): Steinplatte-Riff, Tirol	Sr	Sr-Werte steigen von der Lagune über das Riff zum Vorriff an
E. Flügel u. E. Flügel-Kahler (1963)	Ober-Trias (Rät): Sauwand-Riff, Steiermark	Sr	Sr steigt langsam vom Hinterriff zum Riff und dann steil zum Vorriff an
Kollmann u. Kurat (1970)	Ober-Trias (Dachsteinkalk, Nor): Gosaukamm Oberösterreich	Sr	Keine signifikanten Unterschiede in verschiedenen Riffteilen
Campbell u. Lerbekmo (1965)	Unter-Karbon Alberta	Sr	In der Umgebung von Riffen erhöhter Sr-Gehalt
Weaver (1968)	Ober-Devon: Alberta	Sr, Ba	Sr-Verteilung an Riffschutt gebunden, Ba-Verteilung an nichtkarbonatische Minerale
Chester (1965)	Ober-Devon: Sturgeon Lake-Riff, Alberta	Ni, Co, Cr, V, Ba, Sr, Ni/V, Cr/Ni, Ba/Sr, Pb/Ga	Nicht-Riff-Fazies gekennzeichnet durch Ni, Co, Cr, Ba und Sr und Verhältniswerte von Ni/Co, Cr/V, Pb/Ga u. Cu/Co
Veevers (1969)	Ober-Devon u. Unter-Karbon: Bonaparte Gulf Basin, NW-Australien	Ca, Mg, Fe, P, Sr, Ba, Mn, Pb, Zn	Spurenelemente sind an bestimmte Kalktypen gebunden; Sr-Werte niedrig in der Küstenlagune, im Riff und im Vorriff; hoch in der küstenfernen Lagune

spezifische Effekte der Organismen] und (b) durch verschiedenartige Erniedrigung der Sr-Gehalte während der Diagenese in geschlossenen oder offenen Systemen ohne oder mit Süßwassereinfluß (vgl. H.W. Flügel u. Wedepohl, 1967; Kinsman, 1969; Veizer et al., 1971; Veizer, 1977).

b) *Unterscheidung von Flach- und Tiefwasserkalken* (Tabelle 48): Die bisher vorliegenden Arbeiten zeigen, daß zur Unterscheidung von flach- und tiefermarinen Kalken die Mn-Gehalte und die unterschiedlichen Mengen an Alumosilikaten bzw. darin enthaltener Spurenelemente wie Co, Ni, Cu, Zn, Mo und Pb Verwendung findet. Niedrige und hohe Sr-Werte in Flach- und Tieferwasserkalken erscheinen häufig an sparitische und mikritische Kalktypen und damit an Unterschiede im primären Verhalten gegenüber Porenlösungen und gegenüber diagenetischem Lösungsumsatz gebunden. In ähnlicher Weise wie bei Sr sind auch die für die Mn-Verteilung verantwortlichen Faktoren umstritten: Bindung an die Karbonatphase oder an Silikate (vgl. Lütke, 1976; Cerny, 1976). Relativ hohe Mn-Gehalte können durch verschiedene Ursachen bedingt sein (verlangsamte Tonsedimentation, submariner Vulkanismus, Anreicherung während Trockenlegungsphasen u.a.). Dolomitisierung scheint die Mn-Gehalte im Gegensatz zu den Sr-Gehalten nur gering zu beeinflussen.

c) *Hinweise auf die Art der Sedimentation:* Wie die Arbeiten von Matthews (1966), Hoskin (1968), Friedman (1968) u.a. erkennen lassen, können die Bestandteile von rezentem Kalkschlamm und von Kalksanden mit Hilfe der Sr- und Mg-Gehalte (Hoch- und Niedrig-Sr-Aragonit) in ihrer Genese bzw. nach ihrem Liefergebiet differenziert werden. Veizer u. Demovic (1974) und Veizer et al. (1971) unternahmen den Versuch, die Sr-Werte in Verbindung mit anderen Merkmalen (unlösliche Rückstände, Korngefüge) zur Unterscheidung von physikochemisch bzw. biochemisch gebildeten Karbonatsedimenten von feinstbioklastischen Karbonaten (Auto- vs. Allomikrite, siehe 4.1.2) zu verwenden.

d) *Unterstützung der Interpretation von MF-Typen durch geochemische Daten:* Immer häufiger wird der Versuch unternommen, die aus dem Fossilinhalt und der Mikrofazies ableitbaren Aussagen über den Ablagerungs- und Lebensraum durch geochemische Merkmale zu überprüfen. Beispiele finden sich bei Carozzi et al. (1972) – verschiedene mesozoische Schelf- und Beckenbereiche, Carozzi (1971) – Interngliederung von mitteldevonischen Hinterriff-Karbonaten, und MacQuown u. Bloxam (1972) – unterkarbonischer Flachwasserschelf mit verschieden starker terrigener Beeinflussung.

e) *Klärung von früh- und spätdiagenetischen Lösungs- und Stoffwanderungsprozessen:* Die Sr-Verteilung in fossilen Karbonaten wird durch die Diagenese, Dolomitisierung, den Tongehalt der Karbonate und durch die ursprüngliche Salinität des Ablagerungsmilieus maßgeblich beeinflußt (vgl. Kranz, 1976):

Diagenese: Die bei der Umkristallisation der primären metastabilen Karbonatminerale (Transformation Aragonit – Kalzit) stattfindende Sr-Verarmung (rezent 4000–10 000 ppm, fossil zwischen 200 und 600 ppm, Mittelwert 610) kann bei Vergleichen mit den Ergebnissen der experimentellen Untersuchungen (Kinsman u. Holland, 1969) Hinweise auf Lithifizierung und Zementbildungsvorgänge in offenen oder geschlossenen Systemen (Süßwasser, Brackwasser, marin) geben, Diskussion bei H.W. Flügel u. Wedepohl (1967), Veizer u. Demovic (1974), Folk u. Land (1975) und Veizer (1977).

Salinität: Karbonate und Sulfate des norddeutschen Zechsteins zeigen, daß salinar beeinflußte Kalke relativ hohe Sr-Werte besitzen. Kranz (1976) konnte ähnliche Bezie-

Tabelle 48. Geochemische Kriterien mariner Flach- und Tieferwasserkarbonate

Autor	Alter Lokalität	Ergebnisse	
		Flachmarin	Tiefermarin
Veizer (1967)	Malm-Urgon: Hohe Tatra, CSSR	Hohe Mg- u. Sr-Gehalte	Erhöhte Gehalte an Al, Si, Fe, Mn; Auftreten von Ti, Ni, Co
Bencini u. Turi (1974)	Rät bis Neokom: Lima-Tal, N-Apennin	Niedrige Mn-Gehalte	Hohe Mn-Gehalte
Flügel, H.W., u. Wedepohl (1967)	Malm: Nordalpen	Relativ niedrige Sr-Werte (Plassen-Kalke)	Relativ hohe Sr-Werte (Oberalmer Kalke)
Bausch (1965)	Malm: S-Deutschland	Relativ niedrige Sr-Werte (Schwamm-Kalke)	Relativ hohe Sr-Werte (Bank-Kalke)
Bonnefous u. Kubler (1968)	Lias bis Tithon: Tunesien	In Plattform-Karbonaten geringe Gehalte Mo, Pb,	In Tieferwasser-Karbonaten erhöhte Gehalte Zn, Cu
Buggisch (1972)	Unteres Oberdevon (Kellwasser-Kalk): Rheinisches Schiefergebirge	Mn-Werte gering	Mn-Werte hoch
Franke (1975)	Höheres Oberdevon (Cephalopoden-Kalke und Plattformkarbonate): Brilon, Sauerland	Mn-Werte gering	Mn-Werte sehr hoch
Lütke (1976)	Givet u. Oberdevon (Flinz): Harz	Mn-Werte in Flachwasser-Karbonaten gering (Mittelwert 510), in Schwellenkalken (Cephalopoden-Kalken) um 1200 ppm	Mn-Gehalte hoch (in Flinzkalken Mittelwert 2100 ppm)
Tucker (1973)	Ober-Devon (Clymenien-Kalke): Rheinisches Schiefergebirge	Geringe Mn-Werte	Hohe Mn-Werte in Cephalopoden-Kalken (Schwellen-Fazies)

hungen in der Lagunenfazies des mitteltriadischen Wettersteinkalkes nachweisen. Hohe Sr-Werte finden sich jedoch auch in lakustrinen Karbonaten.

Einfluß der Tongehalte: Nach Bausch (1965, 1968) steigen die Sr-Gehalte von Kalken mit wachsendem Tonanteil an. Die Ursachen hierfür sieht Bausch in der adsorptiven Bindung eines Teiles des bei der Frühdiagenese freiwerdenden Sr an Tonminerale. Feinverteilte Tonanteile können die Sammelkristallisation hemmen und die diagenetische Sr-Verarmung verlangsamen. Verschiedene Autoren wie Veizer et al. (1974) haben sich gegen die Bindung von Sr an die Tonkomponente ausgesprochen.

f) *Aussagen über ökologisch wirksame Umweltfaktoren:* Verschiedene Elemente, insbesondere das in Tonminerale eingebaute Bor, werden zur Charakterisierung der

Paläosalinität herangezogen (Ernst, 1966, 1970; Harder, 1970; Cody, 1971), wobei die Aussagekraft jedoch umstritten ist. Eine diesbezügliche Analyse von Tonmineralen aus unlöslichen Rückständen von Karbonatgesteinen stößt insofern auf Schwierigkeiten, als im allgemeinen zu wenig unveränderte Substanz vorhanden ist. Andere als Salinitätsindikatoren verwendete Elemente sind Sr/Ca, Ca/Mg sowie Fe, Mn und P; Beispiele finden sich bei Aust (1969) und insbesondere in der durch den Vergleich zwischen paläontologischen und geochemischen Befunden interessanten Arbeit von Gittinger (1969).

Auf weitere Möglichkeiten wie Paläowassertemperaturen-Bestimmungen durch O- oder C-Isotopen soll hier nicht eingegangen werden.

9.1.3 Literatur: Geochemische Untersuchungen

Al-Hashimi, W.S. (1976): Significance of Strontium distribution in some carbonate rocks in the Carboniferous of Northumberland, England. J. Sed. Petrol. **46**/2, 339–376, 4 Abb., Tulsa

Amiel, A.J., Friedman, G.M., Miller, D.S. (1973): Distribution and nature of corporation of trace elements in modern aragonitic corals. Sedimentology **20**, 47–64, Oxford

Atrup, P., Gauthier, J. (1967): Etude géochemique d'une séquence des "terres noires". Application au problème de l'écologie de Spongiaires constructeurs. Bull. Soc. Géol. France (7), **8**, 1966, 405–412, 2 Abb., Paris

Aust, H. (1969): Lithologie, Geochemie und Paläontologie des Grenzbereiches Muschelkalk-Keuper in Franken. Arb. Naturwiss. Ver. Würzburg **10**, 3–155, 33 Abb., 4 Taf., 3 Tab., Würzburg

Backhaus, E., Flügel, E. (1971): Fazielle und geochemische Untersuchungen am unteren Muschelkalk des Michelstädter Grabens (Odenwald). Notizbl. Hess. Landesamt Bodenforsch. **99**, 200–213, Taf. 15, 5 Tab., Wiesbaden

Bausch, W.M. (1965): Strontiumgehalte in süddeutschen Malmkalken. Geol. Rdsch. **55**/1, 86–96, 9 Abb., Stuttgart

Bausch, W. (1968): Outlines of distribution of strontium in marine limestones. In: Müller, G., Friedman, G.M. (eds.): Recent Developments in Carbonate Sedimentology in Central Europe, 106–115, 6 Abb., Berlin–Heidelberg–New York: Springer

Bausch, W. (1971): Tonmineralprovinzen im europäischen Malm. Ann. Inst. Geol. Publ. Hungarice **54**/2, 333–334, Budapest

Bausch, W.M., Poll, K.G. (1976): Nichtkarbonatische Rückstände von Malmkalken der Ostalpen. Geol. Rdsch. **65**/2, 579–592, 10 Abb., Stuttgart

Becher, A. (1965): Eine Tonmineralfolge vom Beckenrand zum Beckeninneren im Buntsandstein Nordost-Bayerns. Beitr. Min. Petrogr. **11**, 586–613, 17 Abb., Heidelberg

Bencini, A., Turi, A. (1974): Mn distribution in the Mesozoic carbonate rocks from Lima Valley, northern Apennines. J. Sed. Petrol. **44**/3, 774–782, 2 Abb., Tulsa

Billings, G.K., Ragland, P.C. (1969): Geochemistry and mineralogy of the recent reefs and lagoonal sediments South of Belize (British Honduras). Chem. Geol. **3**, 135–153, 9 Abb., 4 Tab., Amsterdam

Bolliger, W., Burri, P. (1967): Versuch einer Zeitkorrelation zwischen Plattformcarbonaten und tiefmarinen Sedimenten mit Hilfe von Quarz-Feldspat-Schüttungen (mittlerer Malm des Schweizer Jura). Eclogae geol. Helvet. **60**/2, 491–507, 4 Abb., Basel

Bonnefous, J., Jubler, B. (1968): Etudes stratigraphiques et géochimiques d'échantillons de terrains jurassiques de Tunisie (région nord-est). Bull. Centre Rech. Pau. SNPA 2/2, 283–319, 6 Abb., 7 Taf., 1 Tab., Pau

Bordine, B.W. (1965): Paleoecologic implications of strontium, calcium and magnesium in Jurassic rocks near Thistle, Utah. Brigham Young Univ. Geol. Studies **12**, 91–120, 13 Abb.

Bruder, H.J. (1968): Ökologische, geochemische und sedimentologische Untersuchungen im Lias zeta (Oberes Toarcium) Schwabens, mit Berücksichtigung des obersten Lias epsilon. Arb. Geol. Paläont. Inst. Univ. Stuttgart, N.F. **56**, 165 S., 21 Taf., 6 Abb., 29 Abb., Stuttgart

Buggisch, W. (1972): Zur Geologie und Geochemie der Kellwasserkalke und ihrer begleitenden Sedimente (Unteres Oberdevon). Abh. hess. Landesamt Bodenforschg. **62**, 68 S., 13 Taf., 19 Abb., 6 Tab., Wiesbaden
Butler, G.P. (1972): Strontium geochemistry of modern and ancient calcium-sulphate-sediments. In: Purser, B.H. (ed.): The Persian Gulf, 423–462, Berlin–Heidelberg–New York: Springer
Campbell, F.A., Lerbekmo, J.F. (1965): Chemical composition of Mississippian carbonate rocks from Throton Creek, Alberta. Bull. Canadian Petrol. Geol. **13**, 229–237, Calgary
Carozzi, A.V. (1971): Geochemical data on back-reef carbonates; Traverse group (Givetian) of the northern part of the Southern Peninsula of Michigan. Bull. Centre. Rech. Pau. SNPA **5**/2, 213–222, Pau
Carozzi, A.V., et al. (1972): siehe 5.5.1
Cerny, I. (1976): Vergleich der Anis beiderseits der Periadriatischen Naht im Raum von Eisenkappel (Kärnten). Diss. Univ. Graz
Chester, A. (1965): Geochemical criteria for differentiating reef from non-reef facies in carbonate rocks. Bull. Amer. Ass. Petrol. Geol. **49**, 258–276, Tulsa
Cioni, R., Innocenti, F., Mazzuoli, R., Radicati di Brozole, F. (1973): Sr-distribution and carbonate mineralogy in the "Calcare Masiccio" formation of non metamorphic Tuscan series, North of Arno River. Boll. Soc. Geol. **92**, 363–389, 13 Abb., 2 Tab., Rom
Cody, R.D. (1971): Adsorption and the reliability of trace elements as environment indicators for shales. J. Sed. Petrol. **41**/2, 461–471, 2 Abb., Tulsa
Couch, E.L. (1971): Calculation of paleosalinities from boron and clay mineral data. Bull. Amer. Ass. Petrol. Geol. **55**/10, 1829–1837, 5 Abb., Tulsa
Curtis, C.D. (1964): Studies on the use of B as a paleoenvironmental indicator. Geochim. Acta **28**, 1125–1135, 1 Tab., Oxford
Davies, P.J. (1972): Trace elements distribution in reef and subreef rocks of Jurassic age in Britain and Switzerland. J. Sed. Petrol. **42**/1, 183–194, 3 Abb., Tulsa
Degens, E.T. (1968): Geochemie der Sedimente. 282 S., 75 Abb., 20 Tab., Stuttgart: Enke
Delfaud, J., Gauthier, J. (1968): Contribution à la connaissance de l'environment de dépôsits carbonates de plate-forme. Caractères géochimiques et sédimentologiques du Jurassique Nord-Aquitain. Bull. Centre. Rech. Pau. SNPA **2**/2, 347–383, 2 Tab., 8 Tab., 7 Abb., Pau
Engelhardt, W.v. (1961): Neuere Ergebnisse der Tonmineralforschung. Geol. Rdsch. **51**/2, 457–477, 11 Tab., Stuttgart
Ernst, G. (1963): Stratigraphische und gesteinschemische Untersuchungen im Santon und Campan von Lägerdorf (SW-Holstein). Mittl. Geol. Staatsinst. Hamburg **32**, 71–127, 8 Abb., Taf. 13–14, Hamburg
Ernst, W. (1966): Stratigraphisch-fazielle Identifizierung von Sedimenten auf chemisch-geologischem Wege. Geol. Rdsch. **55**/1, 21–29, 3 Abb., Stuttgart
Ernst, W. (1970): Geochemical facies analysis. Methods Geochem. Geophys. **11**, 152 S., Amsterdam–London–New York: Elsevier
Flügel, E., Flügel-Kahler, E. (1963): Mikrofazielle und geochemische Gliederung eines obertriadischen Riffes der nördlichen Kalkalpen (Sauwand bei Gußwerk, Steiermark, Österrreich). Mitt. Mus. Bergbau, Geol. Technik **24**, Landesmus. Joanneum Jg. 1962, 129 S., 10 Taf., 11 Abb., 19 Tab., Graz
Flügel, E., Homann, W., Tietz, G.-F. (1971): Litho- und Biofazies eines Detailprofils in den Oberen Pseudoschwagerinen-Schichten (Unter-Perm) der Karnischen Alpen. Verh. geol. Bundesanst. Wien **1971**/1, 10–42, 6 Abb., 4 Tab., Wien
Flügel, H.W. (1968): Some notes on the insoluble residues in limestones. In: Müller, G., Friedman, G. (eds.): Recent Developments in Carbonate Sedimentology in Central Europe, 46–54, 2 Abb., Berlin–Heidelberg–New York: Springer
Flügel, H.W., Wedepohl, K.H. (1967): Die Verteilung des Strontiums in oberjurassischen Karbonatgesteinen der Nördlichen Kalkalpen. Ein Beitrag zur Diagenese von Karbonatgesteinen. Contr. Mineral. Petrol. **14**, 229–249, 6 Abb., 7 Tab., Heidelberg
Fornaseri, M., Grandi, L. (1963): Contenuto in stronzio di serie calcares italiane. Giorn. geol. (2), **31**, 171–198, Bologna
Franke, W. (1975): Sedimentchemische und palökologische Aspekte stabiler Schwellen. Ber. SFB **48**/A, 31–50, 6 Abb., Göttingen

Friedman, G.M. (1968): Geology and geochemistry of reefs, carbonate sediments and waters, Gulf of Aquaba (Elat), Red Sea. J. Sed. Petrol. **38**/3, 895–919, 32 Abb., Tulsa
Friedman, G.M. (1969): Trace elements as possible environmental indicators in carbonate sediments. Spec. Publ. Soc. Econ. Paleont. Min. **14**, 193–198, 3 Abb., Tulsa
Fruth, I., Scherreicks, R. (1975): Facies and geochemical correlations in the Upper Hauptdolomit (Norian) of the Eastern Lechtaler Alps. Sediment. Geol. **13**, 27–45, Amsterdam
Gittinger, K. (1969): Geochemische Faziesuntersuchungen im oberen Hauptmuschelkalk und unteren Keuper Luxemburgs. Publ. Serv. Geol. Luxemburg **19**, 109 S., 41 Abb., Luxemburg
Graf, D.L. (1960): Geochemistry of carbonate sediments and sedimentary carbonate rocks. Part. III. Minor elements distribution; Part IV, Bibliography (55 S.!). Div. Illinois State Geol. Surv. Circ. **301** und **309**, Urbana
Griffin, G.M. (1962): Regional clay-mineral facies-products of weathering intensity and current distribution in the Northeastern Gulf of Mexico. Geol. Soc. Amer. Bull. **73**, 737–768, 1 Taf., 19 Abb., New York
Griffin, G.M., Ingram, R.L. (1955): Clay minerals of the Neuse River Estuary. J. Sed. Petrol. **25**/3, 194–200, Tulsa
Harder, H. (1970): Boron content of sediments as a tool in facies analysis. Sed. Geol. **4**/2, 153–175, 2 Abb., 9 Tab., Amsterdam
Hayes, J.B. (1963): Clay minerals of Mississippian strata of southeast Iowa. Clay and Clay Minerals **10**, 413–425, 7 Abb., Oxford: Pergamon Press
Hoskin, Ch.M. (1968): Magnesium and strontium in mud fraction of recent carbonate sediment, Alacran Reef, Mexico. Bull. Amer. Ass. Petrol. Geol. **52**/11, 2170–2177, 5 Abb., Tulsa
Imreh, J., Imreh, G., Mihalka, S. (1965): Zur Verbreitung des Strontiums in tertiären Kalken. N. Jb. Min. Abh. **103**/3, 286–292
Ingerson, E. (1961): Problems of the geochemistry of sedimentary carbonate rocks. Geochim. Cosmochim. Acta **26**, 815–847, New York
Katz, A., Sass, E., Starinsky, A., Holland, H.D. (1972): Strontium behaviour in the aragonite-calcite transformation. An experimental study at 40–98°C. Geochim. Cosmochim. Acta **36**, 481–496, Oxford
Kinsman, D.J.J. (1969): Interpretation of Sr^{2+} concentration in carbonate minerals and rocks. J. Sed. Petrol. **39**/2, 486–508, 4 Abb., Tulsa
Kinsman, D.H., Holland, H.D. (1969): The co-precipitation of cations with $CaCO_3$. – IV. The co-precipitation of Sr^{2+} with aragonite between 16° and 96°. Geochim. Cosmochim. Acta **33**, 1–17, 1 Abb., Oxford
Kollmann, H., Kurat, G. (1970): Zur Strontiumverteilung im Riff und den anschließenden Gebieten des Gosaukammes. Ann. Naturhist. Mus. Wien **74**, 409–415, 3 Abb., Wien
Kranz, J.R. (1976): Strontium – ein Fazies-Diagenese-Indikator im oberen Wettersteinkalk (Mittel-Trias) der Ostalpen. Geol. Rdsch. **65**/2, 593–615, 9 Abb., 4 Tab., Stuttgart
Krejci-Graf, K. (1964): Geochemical diagnosis of facies. Proc. Yorkshire Geol. Soc. **34**, 469–521, Leeds
Krejci-Graf, K. (1966): Geochemische Faziesdiagnostik. Freiberger Forschungshefte C **224**, Geol., 80 S., 4 Tab., Leipzig
Krejci-Graf, K. (1968): Zur Chemie von Gesteinen mit Korallen und Organismen ähnlicher Umweltbedingungen. Chemie der Erde **27**, 121–142, 9 Tab., Jena
Krejci-Graf, K., Klein, K., Kreher, A., Rosswurm, H., Wenzel, G. (1965): Versuche zur geochemischen Fazies-Diagnostik. Chemie der Erde **24**/2, 115–146, Jena
Krumm, H. (1965): Mineralbestand und Genese fränkischer Keuper- und Lias-Tone. Beitr. Min. Petrographie **11**, 91–137, 24 Abb., 3 Tab., Heidelberg
Krumbein, W.C., Garrels, R.M. (1952): Origin and classification of chemical sediments in terms of pH and oxidation-reduction potentials. J. Geol. **60**/1, 1–33, Abb. 1–8
Kübler, B. (1963): Untersuchungen über die Tonfraktion in der Sahara. Fortschr. Geol. Rheinl. Westf. **10**, 319–324, Krefeld
Kübler, B. (1968): Evaluation quantitative du métamorphisme par la cristallinité de l'illites. Etat des progres réalisés ces dernières années. Bull. Centr. Rech. Pau SNPA **2**, 385–397, Pau

Kühn, W. (1963): Geochemische Untersuchungen bei der Kalkerkundung südwestlich Elbingerode (Harz). Z. angewandte Geol. **9**/9, 458–461, Berlin

Lerman, A. (1966): Boron in clays and estimation of paleosalinities. Sedimentology **6**, 267–286, 6 Abb., 3 Tab., Amsterdam

Lütke, F. (1976): Sedimentologische und geochemische Untersuchungen zur Genese der Flinzfazies im Harz (Givet und Oberdevon). Z. dtsch. Geol. Ges. **127**, 499–508, 4 Abb., Hannover

MacQuown, W.C., Jr., Bloxam, T.W. (1972): Depositional history of Carboniferous (Middle Visean) limestones from Bristol and parts of South Wales. Bull. Amer. Ass. Petrol., Geol. **56**/12, 2392–2414, 11 Abb., 7 Tab., Tulsa

Marchig, V. (1974): Zur Geochemie rezenter Sedimente des Indischen Ozeans. „Meteor" Forschungserg. C.

Matthews, R.K. (1966): Genesis of recent lime mud in southern British Honduras. J. Sed. Petrol. **36**, 428–454, Tulsa

Milliman, J.D. (1967): Carbonate sedimentation on Hogsty Reef. A Bahamian Atoll. J. Sed. Petrol. **37**/2, 658–676, 19 Abb., Tulsa

Millot, G.. (1970): Geology of Clay Minerals. Weathering, Sedimentology, Geochemistry. 425 S., 85 Abb., New York–Heidelberg–Berlin: Springer

Müller, G. (1964): siehe 1.4.1

Müller, G. (1967): Strontium distribution in recent Indian Ocean sediments off the Eastern Coast of Somalia. J. Sed. Petrol. **37**/3, 957–960, 2 Abb., 1 Tab., Tulsa

Müller, G. (1969): Sedimentary phosphate method for estimating paleosalinities: Limited applicability. Science **163**, No. 3869, 812–813, 1 Tab., Washington

Persoz, F., Remane, J. (1976): Mineralogie et géochemie des formations à la limite Jurassique-Crétacé dans le Jura et le Basin vocontien. Eclogae geol. Helvet. **69**/1, 1–38, 25 Abb., 2 Tab., Basel

Rateev, M.A., Gorbunova, Z.N., Lisitzyn, A.P., Nosov, G.L. (1969): The distribution of clay minerals in the oceans. Sedimentology **13**, 1/2, 21–43, 6 Abb., Amsterdam

Reed, E.C., Burchett, R.R. (1964): Stratigraphic sequences in the Pennsylvanian of Nebraska and their relationships to cyclic sedimentation. Bull. Kansas Geol. Surv. **169**/2, 441–447, 3 Abb., Lawrence

Robbins, C., Keller, W.D. (1952): Clay and other non-carbonate minerals in some limestones. J. Sed. Petrol. **22**/3, 146–152, 2 Abb., Tulsa

Scheriau-Niedermayr, E. (1973): Geochemische Untersuchungen über die Verteilung von Zink und Blei in den mesozoischen Gesteinen des Drauzuges und der Karawanken (Kärnten, Österreich). Carinthia II, **163**/83, 147–168, 4 Abb., 4 Tab., Klagenfurt

Schroeder, J.H. (1969): Experimental dissolution of calcium, magnesium, and strontium from recent biogenic carbonates: a model of diagenesis. J. Sed. Petrol. **39**/3, 1057–1073, 11 Abb., Tulsa

Schroeder, J.A., Miller, D.S., Friedman, G.M. (1970): Uranium distributions in recent skeletal carbonates. J. Sed. Petrol. **40**/2, 672–681, 12 Abb., Tulsa

Schroeder, J.H., Siegel, F.R. (1969): Experimental dissolution of calcium, magnesium and strontium from Holocene biogenic carbonate: A model of diagenesis. Bull. Amer. Ass. Petrol. Geol. **53**/3, 740, Tulsa

Schroll, E. (1967): Über den Wert geochemischer Analysen bei stratigraphischen und lithologischen Untersuchungen von Sedimentgesteinen am Beispiel ausgewählter Profile der ostalpinen Trias. Geol. Sbornik **18**/2, 315–330, 9 Abb., Bratislawa

Schroll, E. (1976): Analytische Geochemie, **2**, Grundlagen und Anwendung. 374 S., 126 Abb., 70 Tab., Stuttgart: Enke

Schweizer, V. (1971): Zum Kalk-, Eisen- und Mangangehalt einiger Profile aus dem Lias gamma (Carixium, Untere Schwarzjura-Mergel) Süddeutschlands. N. Jb. Geol. Paläont. Abh. **138**/1, 119–133, 7 Abb., 2 Tab., Stuttgart

Seibold, E. (1952): Chemische Untersuchungen zur Bankung im unteren Malm Schwabens. N. Jb. Geol. Paläont. Abh. **95**/3, 337–370, 11 Abb., 2 Tab., Stuttgart

Siegel, F.R. (1961): Variations of Sr/Ca ratios and Mg contents in recent carbonate sediments of the northern Florida Keys area. J. Sed. Petrol. **31**/3, Tulsa

Starke, R. (1968): Mineralogisch-geochemische Methoden der Faziesdiagnostik. Ber. dtsch. Ges. geol. Wiss. B.: Min.- u. Lagerstättenforsch. **13**, 219–226, Berlin

Stehli, F.G., Hower, J. (1961): Mineralogy and early diagenesis of carbonate sediments. J. Sed. Petrol. **31**/3, 358–371, 11 Abb., Tulsa

Sternberg, E.T., Fischer, A.G., Holland, H.D. (1959): Strontium contents of calcite from the Steinplatte Reef Complex, Austria. Bull. Geol. Soc. Amer. **70**, 12/2, p. 1681 (abstract), New York

Till, R. (1971): Are there geochemical criteria for differentiating reef and nonreef carbonate? Bull. Amer. Ass. Petrol. Geol. **55**/3, 523–530, 6 Tab., Tulsa

Turekian, K.K. (1964): The marine geochemistry of strontium. Geochim. cosmochim. Acta **28**/9, 1479–1496, Oxford

Turekian, K.K., Wedepohl, K.H. (1961): Distribution of the elements in some major units of the Earth's crust. Bull. Geol. Soc. Amer. **72**/2, 175–192, 1 Tab., New York

Tucker, M.E. (1973): Sedimentology and diagenesis of Devonian pelagic limestones (Cephalopodenkalk) and associated sediments of the Rhenohercyne Geosyncline, West Germany. N. Jb. Geol. Paläont. Abh. **142**, 320–350, 24 Abb., 1 Tab., Stuttgart

Veevers, J.J. (1969): Associations of fossils, grain-types, and chemical constituents in the Upper Devonian and Lower Carboniferous limestones of the Bonaparte Gulf Basin, Northwest-Australia. J. Sed. Petrol. **39**/3, 1118–1131, 4 Abb., Tulsa

Veizer, J. (1967): Employing of semiquantitative spectral analysis for stratigraphic and lithofacial investigation in limestones from the Mantle Series of the High Tatra Mts. Geol. Sbornik **18**/1, 79–85, 7 Abb., Taf. 1–2, Bratislawa

Veizer, J. (1977): Diagenesis of pre-Quaternary carbonates as indicated by tracer studies. J. Sed. Petrol. **47**/2, 565–581, 13 Abb., Tulsa

Veizer, J., Demovič, R. (1974): Strontium as a tool for facies analysis. J. Sed. Petrol. **44**, Series of the High Tatra Mountains and Middle Triassic of the Slovak Karst Region). Geol. Sbornik, Geol. Carpathica **20**/2, 303–332, 20 Abb., Bratislawa

Veizer, J., Demovič, R. (1973): Environmental and climatic controlled fractionation of elements in the Mesozoic carbonate sequences of the western Carpathians. J. Sed. Petrol. **43**/1, 258–271, 10 Abb., Tulsa

Veizer, J., Demovič, R. (1974): Strontium as a tool for facies analysis. J. Sed. Petrol. **44**, 93–115, 9 Abb., Tulsa

Veizer, J., Demovič, R., Turan, J. (1971): Possible use of strontium in sedimentary carbonate rocks as a palaeoenvironmental indicator. Sed. Geol. **5**, 5–22, 9 Abb., Amsterdam

Walker, C.T. (1968): Evaluation of Boron as a palaeosalinity indicator and its application of offshore prospects. Bull. Amer. Ass. Petrol. Geol. **52**/5, 751–766, 9 Abb., Tulsa

Weaver, Ch.E. (1958): Geological interpretation of argillaceous sediments. Bull. Amer. Ass. Petrol. Geol. **42**, 245–271, Tulsa

Weaver, Ch.E. (1963): Discussion on the origin of clay minerals in sedimentary rocks. Clays and Clay Minerals **10**, 159–173, 4 Abb., Oxford–London–New York: Pergamon Press

Weaver, Ch.E. (1968): Geochemical study of a reef complex. Amer. Ass. Petrol. Geol. Bull. **52**/11, 2153–2169, 15 Abb., Tulsa

Weber, J.N. (1973): Incorporation of strontium into reef coral skeletal carbonate. Geochim. Cosmochim. Acta **37**/9, 2173–2190, Oxford

Wedepohl, K.H. (1969): Primäre und diagenetische Strontiumgehalte von Karbonatgesteinen. Ber. dtsch. Ges. geol. Wiss. B. Min. Lagerstättenforsch. **14**/1, 17–23, 2 Abb., 2 Tab., Berlin

Wedepohl, K.H. (1970): Geochemische Daten von sedimentären Karbonaten und Karbonatgesteinen in ihrem faziellen und petrogenetischen Aussagewert. Verh. geol. Bundesanst. **1970**/4, 692–705, 4 Abb., Wien

Wigley, P. (1973): The distribution of strontium in limestones on Barbuda, West-Indies. Sedimentology **20**, 295–304, Amsterdam

9.2 Beziehungen zwischen Mikrofazies und technologischen Merkmalen

Abgesehen von den bekannten, im folgenden nur kurz skizzierten Beziehungen zwischen der Porosität bzw. Permeabilität von Karbonatgesteinen und der sedimentären Mikrofazies sei hier auf die für die technische Verwendung von Karbonatgesteinen wichtigen Zusammenhänge zwischen Mikrofaziestypen und physikalischen bzw. chemischen Eigenschaften hingewiesen.

9.2.1 Beispiele

9.2.1.1 Faziesabhängige Porosität in Karbonatgesteinen

Für die Erdölgeologie, aber auch für Probleme der „Paläohydrogeologie" (Flötgen u. Milde, 1974) ist die Typisierung der durch die Art der Sedimentation und durch den Ablauf der Diagenese entstandenen Porosität von grundsätzlicher Bedeutung. Die in den letzten Jahren vorgeschlagenen Porositätsklassifikationen (z.B. Robinson, 1966; Choquette u. Pray, 1970; Chilingar et al., 1972) gehen von der Art und vom Zeitpunkt der Porenbildung, von der Porengröße und von der Gestalt der Porenräume aus. Eine häufig verwendete (bei Füchtbauer, 1974, etwas modifizierte) *Klassifikation* haben Choquette u. Pray (1970) entwickelt (vgl. Abb. 52):

A. Vom sedimentären Gefüge abhängig:
   1. Zwickelporen (interparticle oder intragranular pores): Porosität zwischen Komponenten (z.B. zwischen Ooiden oder zwischen Bioklasten). Vgl. Taf. 2/2.
   2. Hohlformporen (intraparticle pores): Porosität innerhalb einzelner Komponenten, insbesondere der Biogene (primäre Hohlräume in Korallen oder Rudisten; Hohlräume im Gerüst sessiler Organismen, z.B. Korallenkolonien oder Corallinaceen). Vgl. Taf. 2/2 und 30/2.
   3. Interkristallinporen (intercrystal pores): Porosität zwischen etwa gleich großen, im Habitus ähnlichen Kristallen (z.B. in „zuckerkörnigen" Dolomiten).
   4. Partikellösungsporen (moldic porosity): Porosität in Hohlräumen, die durch Lösung von Komponenten bzw. Grundmasse entstanden sind (z.B. "oomoldic" = Porosität in ausgelösten Kalkooiden, "biomoldic" = Porosität in ausgelösten Biogenen z.B. Schalen; möglicherweise gehören auch Hohlraumgefüge wie Stromatactis hierher). Vgl. Taf. 30/2.
   5. Fensterporen (fenestral porosity): Porosität in Fenstergefügen (siehe 4.2.4.2), z.B. in inter- oder supratidalen Algenmatten bzw. „Loferiten".
   6. Schirmporen (shelter pores): größere Komponenten schirmen den von ihnen überdeckten Porenraum gegen Sedimentfüllung ab, z.B. phylloide Algen im nordamerikanischen Oberkarbon.
   7. Biogengerüstporen (growth framework porosity): Porosität zwischen den Teilen von gerüstbildenden, sessilen Organismen (z.B. in boundstones).

B. Nicht vom Gefüge abhängig:
   8. Kluftporen (fracture pores): Porosität in durch Lösung, Rutschung oder Tektonik entstandenen Kluftsystemen.

9. Röhrenporen (channel pores): auffallend lange und relativ schmale Poren, entstanden durch Lösung an Klüften.
10. Gesteinslösungsporen (vugs): mit freiem Auge sichtbare, im allgemeinen nicht vom Gefüge abhängige Hohlräume.
11. Kavernen (cavern pores): Porosität im m-Bereich.

C. Vom Gefüge abhängig oder nicht abhängig:
12. Brekzienporen (breccia pores): Zwickelporenporosität in Brekzien.
13. Biogen, von Endobionten gebildete Poren (boring porosity): Porosität in Bohrgängen, die durch verschiedene Organismen in harten Gesteinen angelegt werden.
14. Biogen, durch wühlende Organismen gebildete Poren (borrow porosity): Porosität in Wühlgängen und Wohnröhren von im weichen Sediment lebenden Organismen.
15. Schrumpfporen (shrinkage pores): durch Sedimentschrumpfung (im allgemeinen Austrocknung) entstandene Poren.

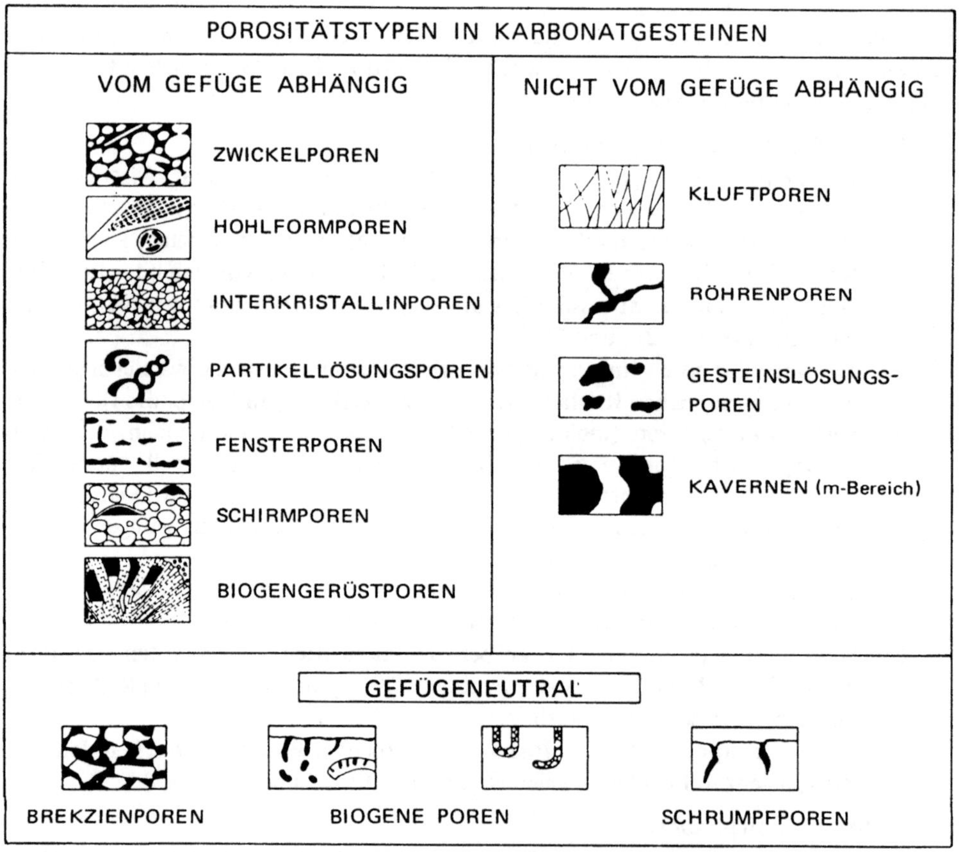

Abb. 52. Klassifikation der Porositätstypen in Karbonatgesteinen nach Choquette u. Pray (1970)

Wie aus Abschnitt 6.2 hervorgeht, bestehen enge Beziehungen zwischen dem primären Anlagerungsgefüge und den möglichen Porentypen. Beispiele für Abhängigkeit der Porosität und Permeabilität von den ursprünglichen Faziestypen karbonatischer Gesteine stellen die oberkarbonischen Algenkalke des Ismay-Feldes (Choquette u. Traut, 1963), die oberjurassische Arab-D-Formation in Saudi-Arabien (Powers, 1962) und die unterkretazische Lagerstätte Dalum im Emsland dar. Ein ausgezeichnetes Beispiel für die Faziesabhängigkeit von Porositätstypen in Karbonaten ist das alttertiäre Zelten-Feld in Lybien (Bebout u. Pendexter, 1975): Von 15 MF-Typen sind 7 von größerer Verbreitung (Milioliden-Foraminiferen-Mikrit, toniger Bryozoen-Echinoideen-Mikrit, toniger Mollusken-Mikrit, Corallinaceen-Mikrit, *Discocyclina*-Foraminiferen-Kalkarenit, Foraminiferen-Kalkarenit und -Mikrit, *Discocyclina*-Foraminiferen-Mikrit). Die höchste Porosität findet sich in den ursprünglich komponentengestützten Corallinaceen-Mikriten, *Discocyclina*-Foraminiferen-Kalkareniten sowie in Foraminiferen-Kalkareniten. In diesen Gesteinen blieb die primäre Porosität infolge Fehlens von Kompaktion erhalten und wurde durch Sedimentlösung unter Grundwassereinfluß bis zum jetzigen Wert von 40% verstärkt.

Die Tafeln 2 und 30 zeigen Beispiele der Porenansprache in Kalken.

9.2.1.2 Mikrofazies und Chemismus von Karbonatgesteinen

Obwohl die Abhängigkeit verschiedener technologischer Parameter von der chemisch-mineralogischen Zusammensetzung sowie von der Textur der Karbonatgesteine bekannt ist (vgl. z.B. Siegel, 1967; Boynton, 1966), werden erst in den letzten Jahren umfangreichere Untersuchungen zu diesem Fragenkomplex durchgeführt. Nachfolgend und im Abschnitt 9.2.1.3 wird ein Beispiel beschrieben, um zu weiteren Arbeiten anzuregen.

Reine und hochreine Kalke und Mikrofazies-Typen: Für die Verwendung von Kalken in der chemischen Industrie ist der $CaCO_3$-Gehalt bzw. der Gehalt an säureunlöslichen, nichtkarbonatischen Rückständen von wesentlicher Bedeutung. Entsprechend der bei E. Flügel u. J.G. Haditsch (1977) verwendeten Einteilung können unterschieden werden: Gruppe der reinsten Kalke ($>$ 99 Gew.% $CaCO_3$), Gruppe der hochreinen Kalke (99–98 Gew.% $CaCO_3$) und Gruppe der reinen Kalke (95–98 Gew.% $CaCO_3$).

Gezielte Untersuchungen in der Obertrias des Gesäuses und der Grimming-Region (Steiermark) zeigen, daß die rückstandsarmen Kalktypen an bestimmte, genetisch bedingte MF-Typen gebunden sind (vgl. Abb. 53). Während die durch Algen-Matten charakterisierte Loferit-Fazies der Dachsteinkalke und zum Teil auch die Kalkalgen-Foraminiferen-Detritus-Fazies relativ hohe und stärker schwankende Rückstandsmengen aufweisen, sind die Riffkern-Fazies und insbesondere die Aggregatkorn-Fazies durch geringe Rückstandswerte im Bereich von „reinen" und „hochreinen" Kalken charakterisiert. Die Bindung an die Aggregatkorn-Fazies wird aus der paläogeographischen Situation dieser Sedimente verständlich (flachmarine Hinterriff-Zone, möglicherweise im Gezeitenbereich mit herabgesetzter Sedimentation und damit reduzierter Zufuhr von terrigenen Komponenten).

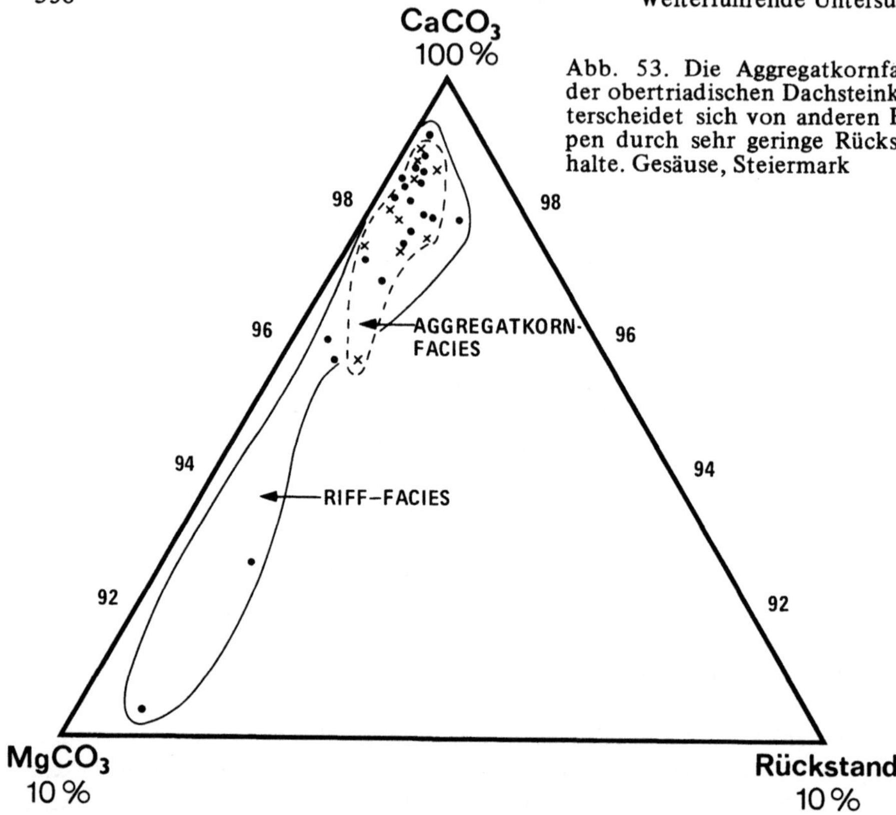

Abb. 53. Die Aggregatkornfazies (x) der obertriadischen Dachsteinkalke unterscheidet sich von anderen Faziestypen durch sehr geringe Rückstandsgehalte. Gesäuse, Steiermark

9.2.1.3 Mikrofazies und physikalische Eigenschaften von Karbonatgesteinen

Für die Verwendung von Karbonatgesteinen im Straßenbau sind die das Bruchverhalten und die Frostbeständigkeit charakterisierenden Parameter der Schotterschlagfestigkeit, Druckfestigkeit, Trockenrohdichte und Wasseraufnahme von wesentlicher Bedeutung (zusammengefaßt in: Forschungsgesellschaft für das Straßenwesen, 1963 und 1970).

Beziehungen zwischen Mikrofaziestypen und technologischen Eigenschaften von Gesteinen des Korallenoolith (Malm) in Niedersachsen: Schulze (1969, 1970, 1975) hat gezeigt, daß bestimmte mikrofazielle Eigenschaften der Gesteine für die unterschiedlichen Werte der Trockenrohdichte und der Wasseraufnahme verantwortlich sind (Abb. 54) und daß auch das unterschiedliche Verhalten in der Schotterschlagprüfung mit verschiedenen MF-Typen zusammenfällt. Bisher liegen noch zu wenige vergleichbare Untersuchungen vor, um allgemein verbindliche Beziehungen zwischen MF-Typen und den oben genannten Parametern erkennen zu können. Es darf nicht vergessen werden, daß einige Eigenschaften wie zum Beispiel die Druckfestigkeit durch „nicht-sedimentäre" Ereignisse wie tektonische Beanspruchung, spätere Dolomitisierung oder Dedolomitisierung stark beeinflußt werden können. Trotzdem sollten diese Fragestellungen auch im Zusammenhang mit MF-Untersuchungen in verstärktem Maß weiterverfolgt werden. Ein weiteres Beispiel findet sich bei S. Dörhöfer (1974), welche die als Werksteine brauchbaren Bereiche in den Kalkareniten des oberjurassischen Münder Mergels (Niedersachsen) nach MF-Merkmalen typisieren und damit Hinweise auf einen gezielten Abbau geben konnte.

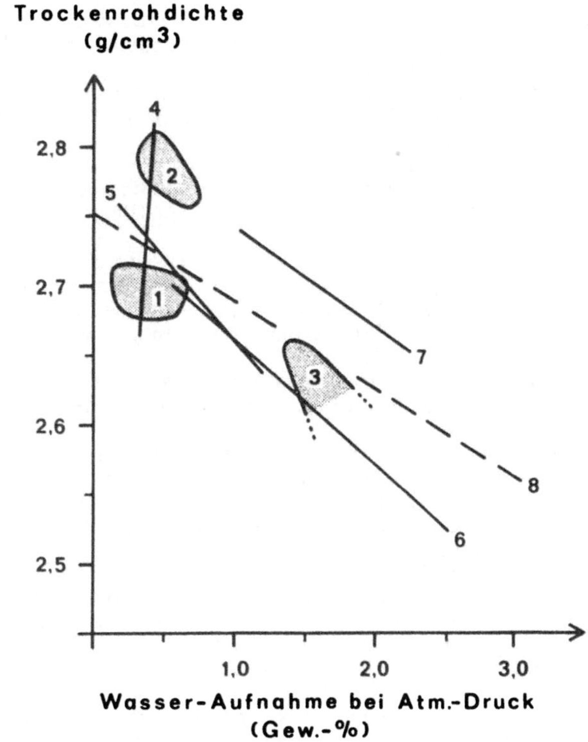

Abb. 54. Zusammenhänge zwischen Mikrofazies und technologischen Eigenschaften von Karbonatgesteinen. Regressionsgeraden der Trokkenrohdichte und Wasseraufnahme von Karbonatgesteinen des Weser-Gebirges. *1–7*, Mikrofaziestypen: *1*, Kalkoolith; *2*, kalzitischer Dolomit; *3*, poröser kalzitischer Dolomit; *4*, bioklastischer Kalkarenit; *5*, mikritischer Kalk, z.T. dolomitisch; *6*, dolomitischer *humeralis*-Dolomit, zum Teil dedolomitisiert; *7*, quarzführender und toniger Dolomit; *8*, Regressionsgerade für die Werte aller Faziestypen. Nach Schulze (1970)

9.2.2 Literatur: Chemische und physikalische Eigenschaften von Kalken

Bebout, D.G., Pendexter, C. (1975): Secondary carbonate porosity as related to early Tertiary depositional facies. Zelten Field, Lybia. Amer. Ass. Petrol. Geol. Bull. **59**/4, 665–693, 25 Abb., Tulsa

Beiersdorf, H. (1969): Druckspannungsindizien in Karbonatgesteinen Süd-Niedersachsens, Ost-Westfalens und Nord-Hessens. Geol. Mitt. **8**, 217–262, 28 Abb., Aachen

Boynton, R.S. (1966): Chemistry and Technology of Lime and Limestone. 520 S., New York–London–Sidney: Wiley

Chilingar, G.V., Mannon, R.W., Rieke, H.H. (1972): Introduction to carbonate reservoir rocks. In: Chilingar, G.V., Mannon, R.W., Riecke, H.H. (eds.): Oil and Gas Production from Carbonate Rocks, 1–34, New York: Elsevier

Choquette, Ph., Pray, L. (1970): Geologic nomenclature and classification of porosity in sedimentary carbonates. Amer. Ass. Petrol. Geol. Bull. **54**/2, 207–250, 13 Abb., 3 Tab., Tulsa

Choquette, Ph., Traut, J.D. (1963): Pennsylvanian carbonate reservoirs, Ismay Field, Utah and Colorado. In: Bass, R.O., Sharps, S.L. (eds.): Shelf Carbonates of the Paradox Basin. Four Corners Geol. Soc. Symp. 4th Field Conf., 157–186, 5 Taf., Durango

Dörhöfer, S. (1974): siehe 7.3.2

Flötgen, F., Milde, G. (1974): Zur Rolle von Karbonatgesteinen in der Paläohydrogeologie. Z. angew. Geol. **20**/7, 313–318, 3 Abb., Berlin

Flügel, E. (1977): Untersuchungen über die Beziehungen zwischen mikrofaziellen und technologischen Merkmalen steirischer Dachstein-Kalke (Obertrias; Grimmingstock, Gesäuse). Mitt. Abt. Geol. Paläont. Landesmus. Joanneum, Graz (im Druck)

Flügel, E., Haditsch, J.G. (1977): Vorkommen hochreiner und reinster Kalke im Steirischen Salzkammergut. Arch. Lagerstättenforsch. Ostalpen, Leoben (im Druck)

Forschungsgemeinschaft für das Straßenwesen e.V. (ed.) (1963): Vorläufiges Merkblatt über Verwendung und Prüfung von Natursteinen für den Straßenbau. 14 S., 2 Tab., Köln

Forschungsgemeinschaft für das Straßenwesen e.V. (ed.) (1970): Richtlinien für die Güteüberwachung von Straßenbaustoffen, Teil I: Straßenbausteine (RGS-I). 10 S., 9 Anlagen, Köln

Füchtbauer, H. (1964): Fazies, Porosität und Gasinhalt der Karbonatgesteine des norddeutschen Zechsteins. Z. dtsch. Geol. Ges. **114**/3, 484–531, 3 Taf., 10 Abb., 3 Tab., Hannover

Füchtbauer, H. (1974): siehe 1.4.1

Harris, J.F. (1968): Carbonate rock characteristics and effect on oil accumulation in Mid-Continent area. Amer. Ass. Petrol. Geol. Bull. **52**/9, 1662–1669, 14 Abb., Tulsa

Jodry, R.L. (1972): Pore geometry of carbonate rocks (basic geologic concepts). In: Chilingar, G.V., Mannon, R.W., Riecke, H.H. (eds.): Oil and Gas Production from Carbonate Rocks, 35–82, 29 Abb., New York: Elsevier

Murray, R.C. (1960): Origin of porosity in carbonate rocks. J. Sed. Petrol. **30**/1, 59–84, 19 Abb., Tulsa

Powers, R.W. (1962): Arabian Jurassic carbonate reservoir rocks. In: Ham, W.E. (ed.): Classification of Carbonate Rocks. Mem. Amer. Ass. Petrol. Geol. **1**, 122–192, Tulsa

Robinson, R.B. (1966): Classification of reservoir rocks by surface texture. Amer. Ass. Petrol. Ges. Geol. Bull. **50**/3, 547–559, 14 Abb., 2 Tab., Tulsa

Schulze, K.-H. (1969): Porosität, Wasseraufnahme und Frostempfindlichkeit der Gesteine des Korallenoolith im Weser-Gebirge. Straßen- und Tiefbau **10**, 918–925, 9 Abb., Heidelberg

Schulze, K.-H. (1970): Untersuchung über die Abhängigkeit der Trockenrohdichte, Wasseraufnahme und Schotterschlagfestigkeit von petrographischen Eigenschaften der Gesteine des Korallenoolith im Weser-Gebirge. Naturstein-Industrie **6**, 2–10, 14 Abb., 2 Tab., Offenbach

Schulze, K.-H. (1975): siehe 5.5.1

Siegel, F.R. (1967): Properties and uses of the carbonates. In: Chilingar, G.V., Bissell, H.J., Fairbridge, R.W. (eds.): Carbonate Rocks. Dev. Sed. **9B**, 343–393, Amsterdam–London–New York: Elsevier

Thomas, G.E. (1962): Textural and porosity units for mapping purposes. In: Ham, W.E. (ed.): Classification of Carbonate Rocks. Mem. Amer. Ass. Petrol. Geol. **1**, 193–224, Tulsa

Wardlaw, N.C. (1976): Pore geometry of carbonate rocks as revealed by pore casts and capillary pressure. Amer. Ass. Petrol. Geol. Bull. **60**/2, 245–257, 14 Abb., Tulsa

Wardlaw, N.C., Taylor, R.P. (1976): Mercury capillary pressure curves and the interpretation of pore structure and capillary behaviour in reservoir rocks. Bull. Can. Petrol. Geol. **24**/2, 225–262, 31 Abb., Calgary

Abschnitt 10.3 behandelt Fazies-Modelle, durch welche bestimmte, in der Erdgeschichte wiederkehrende paläogeographische Situationen beschreib- und typisierbar werden.

10.1 Diagnose der Umweltfaktoren

Da die Rolle der Organismen und die Bedeutung der Diagenese für die Entstehung von unterschiedlichen Kalktypen bereits behandelt wurde, werden im folgenden nur die Kriterien für Wasserbewegung, Sinkstoffzufuhr, Durchlichtung und Wassertiefe, Salzgehalt und Temperatur des Wassers und für die Beschaffenheit des Substrates bzw. für die Konsistenz von Meeresböden diskutiert. Daran schließen sich Hinweise auf Merkmale, durch welche ein Zustandswechsel während des Sedimentationsverlaufes deutlich wird.

10.1.1 Wasserbewegung und Sauerstoffangebot

Alle Kalk-Klassifikationen gehen davon aus, daß unterschiedliche hydrodynamische Bedingungen zur Entstehung von verschiedenen Karbonatstrukturen und -texturen führen. Dies kommt in besonders starker Form in der auf „Energie-Indizes" aufgebauten Klassifikation von Plumley et al. (1962) zum Ausdruck (vgl. Abschnitt 6.2.4). Die möglichen theoretischen Zusammenhänge zwischen Wasserbewegung und Kalktypen sowie zwischen Wasserbewegung und der Entstehung bestimmter Komponenten-Kategorien werden aus den Abbildungen 55 und 56 deutlich:

Eine an Stärke zunehmende Wasserbewegung bedingt eine zunehmende Ausschwemmung (winnowing, eigentlich „Ausblasung") der feinkörnigen Matrix (Mikrit und Komponenten im Ton- und Siltbereich). Nicht ausgewaschene Biomikrite etc. zeigen daher im Normalfall ein niedrigenergetisches Ablagerungsmilieu an, da häufig bereits sehr schwache Strömungen zur Aufarbeitung des Kalkschlammes führen. Eine unvollkommene Ausschwemmung kann als Hinweis auf nur lokale stärkere Wasserbewegung gewertet werden (Stadium 2, Abb. 55). Steigt die Wasserbewegung weiter an, so kommt es zu einer vollkommenen Ausschwemmung der feinkörnigen Sedimentpartikel; Stadium 3 ist durch einen „nicht sortierten Biosparit" überliefert, bei welchem die Intensität der Wasserbewegung zwar zur Auswaschung geführt hat, nicht aber zur Sortierung der Komponenten. Noch stärkere Wasserbewegung führt zur Entstehung von sortierten Sedimenten (Stadium 4, „sortierter Biosparit"). Insbesondere in der Brecherzone kann extreme Wellenenergie eine zunehmende Rundung der Komponenten bewirken (Stadium 5). Bei den derart gebildeten Biospariten kann sporadisch auftretende sehr starke Wasserbewegung ebenso zu einer „texturellen Inversion" im Sinne von Folk führen wie auch die Tätigkeit von Organismen (zum Beispiel Sedimentverwühlung).

Bei einer Verwendung des Diagrammes zur Interpretation der Wasserenergie ist zu beachten:

- Die Ausschwemmung von Mikrit kann durch sedimentbindende Organismenfilme (im wesentlichen Algen und Bakterien) stark herabgesetzt werden. Dies gilt besonders für Gezeitensedimente.

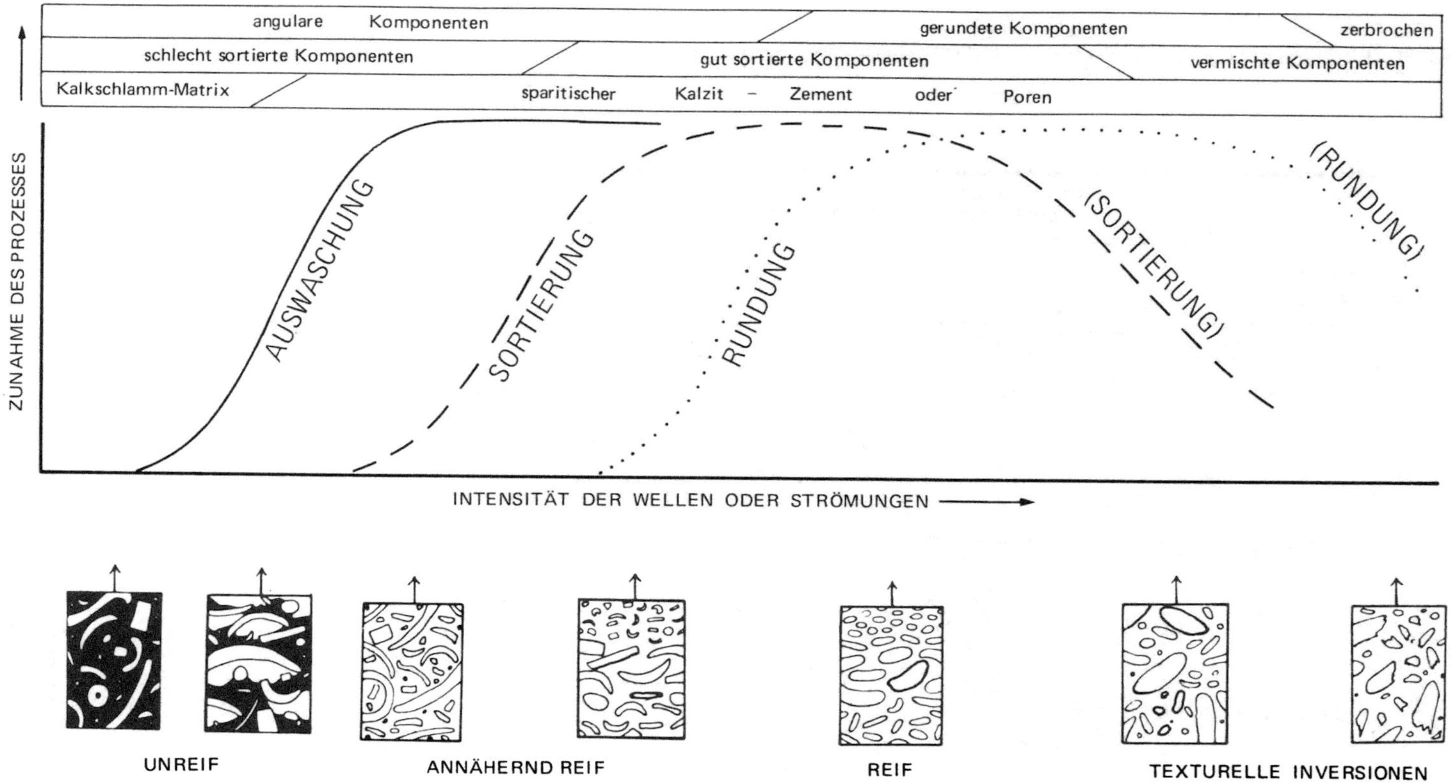

Abb. 55. Modellvorstellung über die Zusammenhänge zwischen Auswaschung feinkörniger Sedimente und Sortierung und Rundung von Komponenten bei Karbonatgesteinen. Erklärung im Text. Nach Folk (1962)

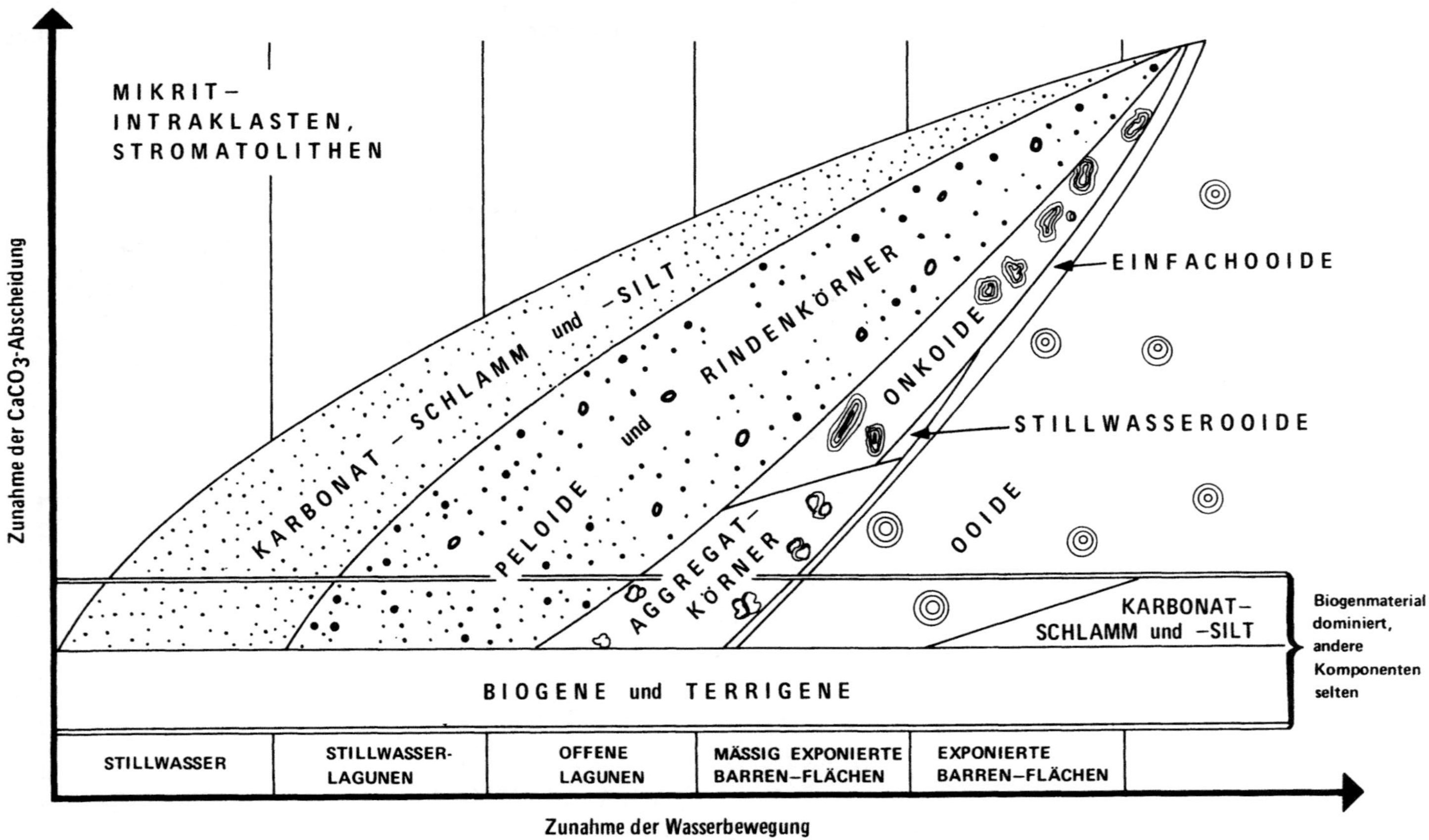

Abb. 56. Abhängigkeit karbonatischer Komponenten von der Stärke der Wasserbewegung und vom $CaCO_3$-Angebot. Erklärung im Text. Vereinfacht nach Kendall (1969)

- Bei der Beurteilung der Komponentensortierung müssen primäre Größenunterschiede berücksichtigt werden, die sich bei Bioklasten aus der unterschiedlichen Verfügbarkeit verschieden großer Hartteilreste ergeben können.
- Vor einer zu stark verallgemeinernden Auswertung der Rundung von karbonatischen Komponenten ist auf Grund der im Abschnitt 4.2.2 zusammengestellten Gründe zu warnen.
- Eine frühzeitige Zementbildung in den intergranularen Poren von arenitischen Karbonatsedimenten unterbricht die Prozesse der Auswaschung und Sortierung. Das Gefüge des Kalkes wird unter Umständen niedriger energetische Verhältnisse andeuten als tatsächlich vorhanden waren.

Das von Kendall (1969) entwickelte Schema (Abb. 56) zeigt die möglichen Zusammenhänge zwischen zunehmender Wasserbewegung und zunehmender Karbonatbildung. In stark vereinfachter Form kommt in dem Schema ein Wechsel in der Art der Komponenten mit steigender Wasserenergie zum Ausdruck: Während die meisten Peloide und Rindenkörner in Lagunenbereichen mit relativ geringer Wasserbewegung entstehen, erscheint für die Bildung von Aggregatkörnern Wasserbewegung erforderlich. Normalooide entstehen im Starkwasserbereich. Voraussetzung für eine Beurteilung dieses Diagrammes ist die Ausscheidung aller nicht durch die Wasserbewegung gesteuerten Bildungsweisen von Karbonatkomponenten. Demnach müssen folgende Komponenten aus der Betrachtung ausgeschlossen werden: unter den Peloiden Kotpillen und die Bahamitpeloide, unter den Aggregatkörnern die diagenetisch gebildeten Caliche-Lumps, unter den Ooiden die im vadosen Bereich entstandenen Pisoide, unter den Lithoklasten die Autoklasten, Pseudointraklasten und die Caliche-Intraklasten. Von besonderer Bedeutung sind die an relativ enge Bildungsbereiche gebundenen „Stillwasser-Ooide" und die Einfachooide, vgl. Abschnitt 4.1.3.5.

Tabelle 49 gibt eine Übersicht über einige, als Indikatoren unterschiedlicher Intensität der Wasserbewegung brauchbare Merkmale. Hierbei wurde in Abweichung von den von Plumley et al. (1962) und Folk (1962) entwickelten Konzepten nur drei Energiebereiche unterschieden: Bereich A – niedrigenergetisch, keine oder sehr geringe Wasserbewegung in Bodennähe; Bereich B – Übergangsbereich, geringe bis mäßige Wasserbewegung, lokal wechselnd; Bereich C – hochenergetisch, starke und im allgemeinen andauernde Wasserbewegung. Geht man von den rezenten Gegebenheiten aus, so kommen als Ursachen für die Wasserbewegung im Bereich B Oberflächenströmungen (Wind-Triftströmungen, im offenen Ozean bis etwa 100–200 m Wassertiefe einwirkend) und Tiefenströmungen in Frage. Hochenergetische Verhältnisse können durch Gezeitenströmung, seichte Oberflächenströmungen und vor allem durch winderzeugte Wellen entstehen. Die als „Wellenbasis" oder als „kritische Wellenfläche" bekannte Untergrenze des Wellentiefganges und die damit verbundene Beeinflussungsmöglichkeit der Sedimentverteilung am Meeresboden liegt in geschützten, flacheren Meeresteilen zwischen etwa 10 und 50 m; im Bereich des offenen Ozeans ist Wellenbeeinflussung bis in Tiefen von etwa 200 m nachgewiesen. Die durchschnittliche Untergrenze der marinen Erosion wird von Bradley (1958) mit etwa 10 m Wassertiefe angegeben. Shepard (1963) betont, daß unterhalb von etwa 15 m ein wesentlicher Sedimenttransport durch Wellenwirkung im allgemeinen nicht erfolgt. Abweichungen von diesen Werten können durch die Wirkung von Sturmwellen bedingt sein.

Tabelle 49. Mikrofazielle Hinweise auf unterschiedliche Wasserenergie (A = niedrigenergetischer Bereich, B = Übergangsbereich, C = hochenergetischer Bereich

Merkmale	Wasserenergie			Bemerkungen
	Bereich A	Bereich B	Bereich C	
Mikrit-Matrix	Verbreitet	Teilweise noch vorhanden	„Fehlt"	In hochenergetischen Bereichen kann Kalkschlamm durch Algenfilme fixiert werden
Komponenten: Mikrit-Verhältnis	1:9	1:9 bis 1:1	bis 9:1	Vorsicht bei textureller Inversion und bei der Berücksichtigung von „autochthonen" und „allochthonen" Bioklasten
Peloide	Kotpillen	Pseudopeloide (vgl. 4.1.3.2) Kotpillen		Kotpillen werden in niedrigenergetischen Bereichen rascher zementiert und sind daher dort besser erhalten
Aggregatkörner		Entstehen in Gebieten mit herabgesetzter Wasserzirkulation		Das Fehlen einer mikritischen Matrix in vielen aus Aggregatkörnern aufgebauten Kalken dürfte auf Nicht-Sedimentation zurückzuführen sein (vgl. 4.1.3.3)
Onkoide		Gering, in ihrer Stärke wechselnde Strömungen		Der Vergleich von fossilen und rezenten Onkoiden ist mit Schwierigkeiten verbunden, s. 4.1.3.4
Ooide	Radialfibröse Ooide	Radialfibröse Ooide; Mikrit-Ooide; Tangentialstrukturierte Ooide, selten Einfachooide	Tangentialstrukturierte Normalooide und Einfachooide	Die Faziesbindung der radialfibrösen Ooide ist wahrscheinlich, aber noch nicht gesichert
Rindenkörner		Verbreitet	Vorhanden	Durch Algenbohrungen bedingte Mikritrinden entstehen bevorzugt in relativ niedrigenergetischen Bereichen; bei den übrigen Genesemöglichkeiten besteht jedoch keine Beziehung zur Wasserenergie
Lithoklasten		Plastiklasten verbreitet; Extraklasten vorhanden	Plastiklasten vorhanden, Dachziegellagerung; Extraklasten verbreitet	Vorsicht bei textureller Inversion

Terrigene Komponenten	Feinkörniges Material verbreitet	Feinkörniges Material vorhanden, grobkörniges Material vorhanden	Feinkörniges Material fehlt, grobkörniges Material häufig	Sehr unterschiedlich nach Abtragungsgebiet, Lithologie und Mineralogie des Erosionsmaterials, Relief und Sedimentationsverhältnissen im Ablagerungsraum
Größe und Sortierung der Komponenten	Sortierung schlecht	Sortierung schlecht bis mäßig	Sortierung gut bis sehr gut	Gilt nur für Komponenten, deren primäre Größen nicht durch biologische Faktoren (z.B. altersbedingte Wachstumsstadien) oder durch die spezielle Entstehungsweise (z.B. bei Kotpillen) vorgegeben sind; brauchbar bei Bioklasten
Form der Komponenten	Nicht gerundet angular, keine Sphärizität	Gerundet bis gut gerundet, steigende Sphärizität	Gut bis sehr gut gerundet	Gilt im wesentlichen nur für Bioklasten (vgl. 4.2.2.1), texturelle Inversion ist häufig (vgl. Abb. 5)
Gefüge	Mud support Komponenten i.a. nicht eingeregelt	Mud support, Komponenten z.T. eingeregelt	Grain support Komponenten häufiger eingeregelt (z.B. Dachziegellagerung), z.T. Schrägschichtung	Stark verallgemeinert
	Hohlraumgefüge vorhanden, Stromatactis häufig	Hohlraumgefüge vorhanden, birdseyes vorhanden	Hohlraumgefüge vorhanden, birdseyes häufig	Bedingt durch die sehr unterschiedlichen Genesemöglichkeiten sind Hohlraumgefüge keine guten Indikatoren der Wasserbewegung

In den meist sehr flachen Meeresgebieten mit rezenter Karbonatsedimentation (durchschnittliche Wassertiefen der Subtidalregion: Bahama-Bank $<$ 7 m; Florida $<$ 10 m; Golf von Batabano 2–7 m; Abu Dhabi $<$ 10 m) wirken Wellen und Gezeitenströmungen bei der Sedimentumverteilung zusammen.

Die in Tabelle 49 zusammengestellten mikrofaziellen Hinweise auf unterschiedliche Wasserenergie zur Zeit der Sedimentation können durch paläontologische Kriterien ergänzt werden, von welchen hier lediglich auf die von der Wasserbewegung beeinflußten Wuchsformen riffbildender Benthonten (z.B. Korallen, Stromatoporen, Corallinaceen), auf Nahrungsgruppen-Typen (Heckel, 1972) und auf die spezielle Einbettung von Mollusken- und Brachiopodenschalen hingewiesen werden soll (Beispiele bei Lecompte, 1962; Rhoads et al., 1972). Die marinbiologischen Aspekte der Wasserbewegung hat R. Riedl (1969) diskutiert.

In diesem Zusammenhang ist die durch H. Schmidt (1935, 1958) vorgenommene Gliederung nach Biofazies-Typen auf Grund des Durchlüftungsgrades am Meeresboden zu nennen. Die durch verschiedenartige Sauerstoffversorgung gekennzeichneten sechs Typen werden im wesentlichen auf verschiedenartige Wasserbewegung zurückgeführt. W. Schäfer (1962) hat dieses Ordnungsprinzip erweitert und nach Struktur, Form und Lagebeziehung der Komponenten einer Fazies fünf Biofazies-Typen 1. Ordnung unterschieden, die in Bereichen mit starker oder geringer bzw. fehlender Wasserbewegung gebildet wurden.

Von besonderem Interesse sind als Ausdruck sporadisch auftretender hochenergetischer Bedingungen *Sturmflutsedimente* (Tabelle 50): Charakteristisch für diesen bei rezenten und fossilen Karbonatsedimenten bekannten Ablagerungstypus sind folgende Merkmale:

- Sedimentation von aufgearbeitetem Material, das aus dem Flachmeerbereich (und aus Wassertiefen bis zum 25 m!) durch Hurrikane in das Küstengebiet transportiert wird.
- Ablagerung von ungleich großen Sedimentpartikeln im küstennahen Flachwasser und von laminierten Kalkschlammteppichen auf den von den Sturmfluten bedeckten Küsten.
- Zwischen den im Supratidalbereich abgelagerten Sedimenten und den vor der Küste sedimentierten Sedimenten bestehen keine faziellen Beziehungen.
- Die Sturmflutsedimente überlagern mit scharfen Kontakten verschiedene Faziestypen.
- Die Sedimente beinhalten Bioklasten, die aus verschiedenen ökologischen Bereichen abgeleitet werden können.
- Neben in Massen angehäuften Bioklasten finden sich verschiedenartige Intraklasten (mikritische Plastiklasten, laminierte Klasten und stellenweise Dolomitkrusten-Intraklasten).
- Die im Küstenbereich abgelagerten Kalkarenite weisen im allgemeinen keine bevorzugte Regelung der Komponenten auf, nur vereinzelt treten strömungsbedingte Dachziegellagerung oder Schrägschichtung auf.
- Aufgearbeitete Sedimentpartikel aus dem normalmarinen Bereich.
- Massenvorkommen von Foraminiferen dokumentieren oft eine Zusammenschwemmung; extrem dichte Packung der Foraminiferen ist durch Gezeitenströmung oder durch winderzeugte Wellen kaum erklärbar.

Tabelle 50. Kennzeichen karbonatischer Sturmflutsedimente. Westphalia Limestone (Oberkarbon), Kansas. Nach Ball (1971)

Fazies-merkmale	Ausgangsmaterial	Sturmflutsediment, abgelagert im küstennahen Flachmeer	Sturmflutsediment, abgelagert im Supratidalbereich
Kalktyp	Wackestone mit verschiedenartigen Invertebraten	Fusuliniden – packstone bis grainstone	kohlenstoffhaltiger Ostrakoden-mudstone
Schichtung	Unbekannt	Im allgemeinen fehlend	Unregelmäßig laminiert
Geometrie	Plattenförmig	Linsen- bis plattenförmig	Linsenförmig
Mächtigkeit	Etwa 3 m	Bis etwa 1,5 m	Bis etwa 0,45 m
Matrix	Mikrit, Ton	Mikrit	Mikrit, Ton
Komponenten	Verschiedene Biogene, terrigener Detritus in Tongröße, Quarz in Siltgröße	Massenanhäufungen von Fusuliniden; Brachiopoden, Muscheln, Gastropoden, Bryozoen, Crinoiden, Echiniden; Schlickgerölle	Ostrakoden, Gastropoden, Pflanzenhäcksel, Tonminerale, Quarzkörner
Gefüge	Unbekannt	Komponenten meist ungeregelt, lokal strömungsbedingte Dachziegellagerung	Komponenten regellos verteilt
Zement	Fehlt	Sparit	Fehlt

Die sedimentbildende Wirkung von Hurrikanen haben Ball et al. (1967), Hayes (1967) und Perkins u. Enos (1968) sowie Kumar u. Sanders (1976) beschrieben. Glaubhafte Beispiele fossiler karbonatischer Sturmflutsedimente wurden aus dem Unterdevon von Spanien (Stel, 1975), Oberkarbon von Kansas (S.M. Ball, 1971), Karbon von Marokko (Kelling u. Mullin, 1975) und aus der alpinen Mitteltrias (Germann, 1969) bekanntgemacht.

10.1.2 Sinkstoffzufuhr und Festlandeinfluß

Eine terrigene Beeinflussung der marinen Karbonatsedimentation ist an Hand der mikrofaziellen Merkmale allein nur schwer nachzuweisen. Ausnahmen sind:

a) Spezielle Extraklasten, "black pebbles" – vgl. 4.1.3.7,
b) Häufung von nicht gerundeten, lithologisch verschiedenen Extraklasten,
c) Erhöhter Gehalt an mittel- bis grobkörnigen Quarzen. Da sowohl mit Wasser- als auch mit Windtransport gerechnet werden muß (Beispiel Persischer Golf, Purser, 1973), müssen unterschiedliche und zum Teil sehr große Transportweiten als möglich angenommen werden.

Bessere Hinweise auf relative Landnähe ergeben sich aus paläontologischen und sedimentologischen Merkmalen:

a) Ortstreue benthonische Organismen-Kommunitäten,
b) Küstenparallele ökologische Zonierungen sowohl von Körper- als auch von Spurenfossilien (vgl. Howard, 1972),
c) Häufung von Lithophagen, Epizoen und inkrustierten Organismen im unmittelbaren Küstenbereich (Radwanski, 1959, 1968, 1969),
d) Viel Pflanzenhäcksel bzw. vollständige Pflanzenteile zusammen mit marinen Fossilien,
e) Abnehmende Diversität in Richtung auf die Küstenlinie (z.B. Stevens, 1968),
f) Sedimentäre Tonmineralprovinzen, Überwiegen von Kaolinit in Landnähe (vgl. 9.1.1.2),
g) Verteilung stabiler Kohlenstoff-Isotope, Hinweis auf „landnah – landfern" (vgl. Jux u. Manze, 1974).

Grundsätzlich wird die Lage der Küstenlinie besser aus der Bestimmung der Supra- und Intertidal-Bereiche rekonstuierbar sein (vgl. Abschnitt 10.2.2). Allerdings muß dabei bedacht werden, daß eigentlich nur der unmittelbare Supratidalbereich einen brauchbaren Hinweis darstellt, da die von Gezeitensedimenten bedeckten Areale sehr große Ausdehnung haben können (vgl. Beispiele bei Selley, 1970).

10.1.3 Durchlichtung und Wassertiefe; subaquatisch und subaerisch

Obwohl die Wassertiefe keinen ökologischen Grenzfaktor darstellt und die in verschiedenen Wassertiefen zu beobachtenden sedimentologischen Differenzierungen im allgemeinen mit der Art der Wasserbewegung und der Sedimentation erklärt werden können, beschäftigt sich eine sehr umfangreiche Literatur mit der Suche und Festlegung von paläobathymetrischen Kriterien (vgl. Hallam, 1967). Bei der Interpretation der Bildungstiefe von Karbonatsedimenten wird heute meist zwischen „flachmarinen" und „tiefermarinen" Kalken unterschieden, wobei „Flachmarin" häufig als der Bereich zwischen der unteren Gezeitenfläche und dem Schelfrand angesehen wird. Da der Schelfrand heute in vielen Gebieten bei etwa 200 m liegt und sich diese Tiefe mit der Untergrenze der euphotischen bzw. der dysphotischen Zone deckt, wird dieser Umfang des flachmarinen Bereiches über dem kontinentalen Schelf auch durch biologische Faktoren begrenzt. Es darf jedoch nicht vergessen werden, daß die Untergrenze des von der Durchlichtung abhängigen Phytals häufig höher liegt (vgl. Voigt, 1956).

Betrachtet man die heute zur Verfügung stehenden Kriterien, so erscheint es sinnvoll, bei Überlegungen über die möglichen Wassertiefen folgende Bereiche zu unterscheiden:

1. Land bzw. „subaerische" Exposition (z.B. Küstenregionen oberhalb der Spritzwasserregion, trockengefallene Riffpartien, Karbonatsand-Inseln)
2. Randmarine Bereiche ohne dauernde Wasserdeckung
   a) Supratidalbereich (oberhalb des normalen Gezeitenbereiches bzw. der Spritzwasserzone entsprechend, in unregelmäßigen Abständen befeuchtet oder überflutet)

b) Intertidalbereich (Gezeitenbereich zwischen der oberen Hochwassermarke und der extremen Niedrigwassermarke, in regelmäßigen Abständen überflutet und trockenfallend)

3. Flachmariner Bereich (Subtidal) unterhalb der Gezeitenzone oder direkt an den Supratidalbereich anschließend. Untergrenze unscharf, etwa bei 200 m. Nach der Bedeutung des Phytals ist eine Untergliederung möglich:
   a) Flacheres Subtidal, charakterisiert durch die Häufigkeit von Algen und durch eine an das Phytal angepaßte Fauna, bestehend aus sessilen Foraminiferen, Schwämmen, Hydroideen, Bryozoen und Polychaeten (Voigt, 1956). Epizoen und Epiphyten sind verbreitet. Wesentlich für die Festlegung des flacheren Subtidals ist eine hohe Diversität bei Dasycladaceen und Corallinaceen sowie die häufig zu beobachtende Assoziation von Algen und inkrustierten Organismen (Foraminiferen, Bryozoen, Serpuliden). Die Untergrenze dieser Zone kann nach Rezentvergleichen mit etwa 30 m angegeben werden. Häufig ist jedoch mit weitaus geringeren Wassertiefen zu rechnen.
   b) Tieferes Subtidal, charakterisiert durch Organismengesellschaften mit unterschiedlicher Diversität. Neben Invertebraten treten auch noch Kalkalgen auf, jedoch fehlen Dasycladaceen.
   In Tabelle 51 sind die beiden Teilbereiche des Subtidals auch am Auftreten bestimmter Mikrofazies-Merkmale unterscheidbar. Aggregatkörner, Onkoide und Ooide sowie Rindenkörner und Fenstergefüge scheinen auf den flacheren Subtidalbereich (und auf den Intertidalbereich) beschränkt zu sein. Es fällt auf, daß es sich hier um Komponenten und Gefüge handelt, die mit der Tätigkeit von Algen in Verbindung gebracht werden.

4. Tiefmariner Bereich (Bathyal, Abyssal, Hadal) unterhalb der noch durchlichteten Zone, rezent bis in Tiefen über 10 000 m hinabreichend.

Da glaubhafte absolute paläobathymetrische Angaben nur in Ausnahmefällen möglich sind (Fusuliniden-Lebensraum, Stevens, 1969; „Tiefwasser"-Stromatolithen im Devon, Playford et al., 1976), beschränken sich Aussagen über die mutmaßliche Wassertiefe häufig auf die Einordnung in verschieden definierte bathymetrische Stockwerke. Zur Charakterisierung dieser Stockwerke bieten sich an:

– Paläontologische bzw. ökologische Daten
  a) Vergleich der Tiefenverbreitung rezenter und fossiler Organismen (im allgemeinen mit großen Unsicherheiten verbunden, vgl. Hallam, 1967; Heckel, 1972).
  b) Auswertung der unterschiedlichen Diversität (rezent für tiefermarine Bereiche noch unvollkommen untersucht).
  c) Auswertung der Spurenfossilien (vgl. Seilacher, 1967) und der trophischen Gruppen. Diese Ansätze erscheinen brauchbar, wenn die mögliche Entwicklung in den ökologischen Systemen berücksichtigt wird.
  d) Auswertung von Lebensformtypen wie zum Beispiel die Häufigkeit von bohrenden Organismen als Hinweis auf intertidale und flachmarine Bereiche.
  e) Aus- (und Überbe-)wertung von Algen und Algensedimenten. Die hier auftretenden Schwierigkeiten sind im Abschnitt 5.3.12.3 dargestellt.

Tabelle 51. Tiefenverbreitung rezenter Organismengruppen und mikrofazieller Merkmale. x = allochthon

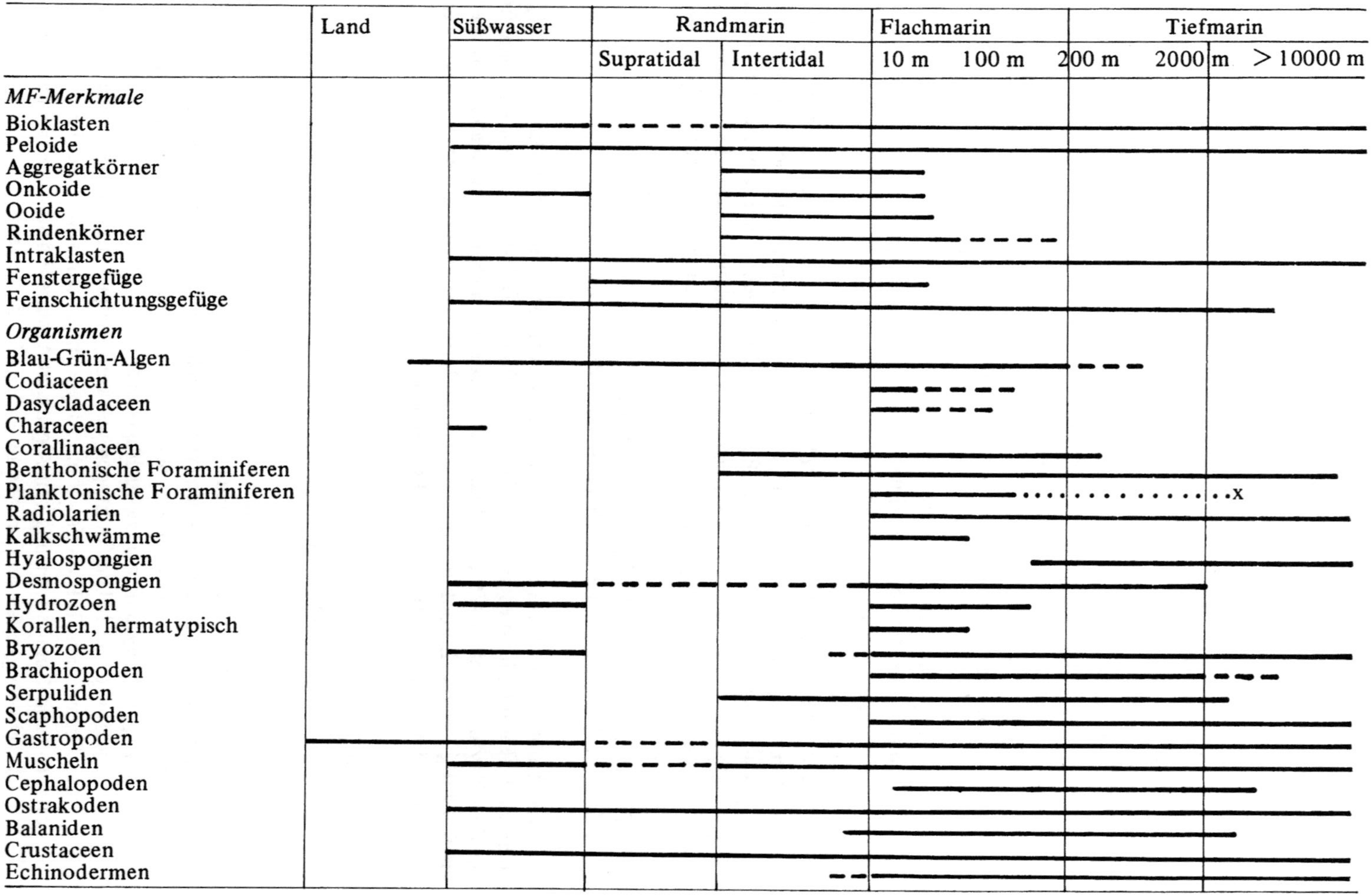

– Sedimentologische Daten

a) *Tiefgang der Wellentätigkeit.* Sowohl in den Arbeiten von A.V. Carozzi und seinen Schülern (z.B. Wanless et al., 1957) als auch in den von Passega (1964) entwickelten Korngrößendiagrammen kommt das Bestreben zum Ausdruck, die untere Grenze der Welleneinwirkung auf den Meeresboden zu erfassen. Von Bedeutung für die Erkennung der Wellenenergie ist einerseits der Anteil von feinkörnigen Komponenten in einem kalkarenitischen Sediment (Beispiel bei Sarntheim, 1970, Persischer Golf) und andererseits der Durchmesser der größten Komponente (Klastizitätsindex, siehe 4.2.3.1) als Maß für die stärkste bei der Sedimentanlieferung herrschende Wasserenergie. Wie Sarntheim gezeigt hat, nimmt der Anteil des feinkörnigen Materials mit der Wassertiefe kontinuierlich ab. Aus der Korngrößenverteilung und aus der in Mergelbereichen feststellbaren Bindung der optimalen Echinodermenentwicklung an das an der Basis der kritischen Tiefe maximale Nährstoffangebot ergibt sich im Persischen Golf ein maximaler Wellentiefgang von 50–70 m.

b) *Karbonatlösung in der Tiefsee.* Unter Berücksichtigung der Erkenntnisse der Tiefseebohrungen ergeben sich für die paläobathymetrischen Auswertungen neue Hinweise (Berger u. Winterer, 1974; Hesse u. Butt, 1976). Da der $CaCO_3$-Gehalt mariner Tiefseesedimente in Gebieten mit niedrigen Sedimentationsraten und nicht eingeschränkter Wasserzirkulation von einer tiefenabhängigen Einwirkung hydrophysikalischer, hydrochemischer und biologischer Faktoren kontrolliert wird, liefert die Lage des CCD-Niveaus wichtige Angaben über die Ablagerungs- und Lösungstiefe. Karbonatgehalt und selektive Lösung der Karbonatminerale (Beispiel bei W. Schlager, 1974, mesozoische Cephalopodenschalen) erweisen sich als wertvolle Indikatoren. Wichtige Beiträge zum Problem der Karbonatlösung in der Tiefsee finden sich in den *Joides Initial Reports* (siehe 1.4.1), bei Hsü u. Jenkyns (1974) und bei Burns (1974) und Hesse u. Butt (1976).

c) *Geochemische Kriterien.* Es sei hier lediglich auf die tiefenabhängige Bildung verschiedener authigener Minerale wie Glaukonit und Chamosit, Phosphorit und auf die Manganknollen der Tiefsee hingewiesen. Übersichten geben Porrenga (1967), Bromley (1967) und für die Verwendung von Spurenelementen als paläobathymetrische Kriterien Nicholls (1967) und Veizer (1977), siehe auch 9.1.2.

Unter Hinweis auf die in Tabellen im Abschnitt 10.2 zusammengestellten Fazieskriterien können zur *Typisierung der Wassertiefenbereiche und des Auftauchbereiches* folgende mikrofaziellen und paläontologischen Merkmale herangezogen werden:

Land bzw. *Auftauchbereich* in verschiedenster Form (Korallenriff-Insel, Küste etc.):

a) stark bis sehr stark umkristallisierte Komponenten bzw. ausgelöste Komponenten,
b) mikrosparitische Matrix (vgl. Abschnitt 3.6) oder Blockzement,
c) Zonen mit rötlicher oder orangeroter Färbung (bedingt durch intensivere Oxydation fossiler Böden durch Regenwasserdurchtränkung),
d) schwarze oder dunkel gefärbte, eckige Lithoklasten auf Schichtflächen bzw. im obersten Bankabschnitt (black pebbles, siehe Abschnitt 4.1.3.7),
e) dünne Algenmatten,

f) Oberflächen- und Internrelief („Mikrokarst"), gefüllt mit angelösten und aufgearbeiteten Kalkklasten,
g) stark aufgelockertes Gefüge mit schmalen Kalzitadern, die vertikalen und horizontalen Klüften folgen,
h) Caliche-Krusten (siehe Abschnitt 2.3.2.2),
i) Pisoide (siehe Abschnitt 2.3.2.2 und 4.1.3.5) – kein eindeutiges Kriterium (Esteban u. Pray, 1978, Carbonate Symposium Liverpool), da Pisoide möglicherweise auch subaquatisch gebildet werden können.
j) Spalten im cm-Bereich, gefüllt mit nichtkarbonatischem Sediment,
k) SiO_2-Bildung im oberen Bankabschnitt (Oberflächenverwitterung und Neuabsatz von Kieselsäure nahe der alten Grundwasserfläche),
l) beach-rock (siehe Abschnitt 3.3).

Supratidal

a) Seltenheit oder Fehlen von Fossilien,
b) Assoziation von Kalken, feinkörnigen Dolomiten und Evaporiten,
c) cm-große Intraklasten häufig, zum Teil gesteinsbildend,
d) Schrumpfrisse (sheet cracks), parallel zur Bankung,
e) „Zebra"-Gefüge (A.G. Fischer, 1964); parallel und schräg zur Bankung auftretende Risse, mit Drusenzement gefüllt,
f) Tepee-Strukturen (ähnlich kegelförmigen Indianerzelten), Querschnitte durch prismatische Schrumpfstrukturen,
g) unregelmäßige Laminationen im mm-Bereich, z.T. mit Bitumenfilmen,
h) Algenmatten,
i) Stromatolithen, insbesondere vom Typ LLH (siehe Abschnitt 5.3.12.4),
j) birdseyes-Strukturen (siehe Abschnitt 4.2.4.3),
k) Fenstergefüge (siehe Abschnitt 4.2.4.3),
l) Pflanzenhäcksel,
m) Caliche und Caliche-Brekzien,
n) Pisoide,
o) evaporitische Lösungsbrekzien,
p) beach-rock,
q) Mikrobohrungen (vgl. J. Schneider, 1976).

Intertidal

a) Ökologisch angepaßte Organismen,
b) Algenmatten und Stromatolithen, „Spongiostromen" und LLH-Typen,
c) Fenstergefüge, „Loferite",
d) birdseyes,
e) Intraklasten häufig, zum Teil gerundet, zum Teil in Dachziegellagerung,
f) Peloide häufig, häufig in cm-dicken gradierten Lagen,
g) Aggregatkörner,
h) black pebbles (eingeschüttet),
i) Onkoide,
j) Pflanzenhäcksel,
k) Bioturbation häufig,
l) Vertikalbauten häufig,

m) Ooide häufig,
n) Rindenkörner häufig,
o) Trockenrisse, Schrumpfrisse,
p) Assoziationen von Kalken und feinkörnigen Dolomiten,
q) beträchtliche Sedimentmischung, rasch wechselnde MF-Typen.

Subtidal

a) Oft hohe Organismen-Diversität,
b) Dasycladaceen und andere Kalkalgen häufig,
c) Onkoide,
d) Rindenkörner häufig,
e) Aggregatkörner häufig,
f) Normalooide häufig,
g) Hinweise auf Phytal häufig,
h) Organismenhäufigkeit groß bis sehr groß,
i) Horizontalbauten häufig,
j) Bioturbation verbreitet,
k) Assoziation verschiedener MF-Typen, die auf unterschiedliche Wasserenergie hindeuten.

Tiefmarin

a) Algen und Hinweise auf Algentätigkeit fehlen,
b) LF-Fenstergefüge fehlen,
c) Farbschichtung im mm-Bereich,
d) Fe-Mn-Krusten und Knollen,
e) Häufung von Diskontinuitätsflächen, die mit kondensierten Faunen in Verbindung stehen,
f) Lösungsstrukturen (Subsolutionsfragmente u.a.),
g) Überwiegen planktonischer gegenüber benthonischen Organismen,
h) geringe Gehalte an terrigenen Quarzen,
i) oft nur geringe bis sehr geringe Rückstandsmengen (Ton),
j) häufige Hartgrundbildungen,
k) hoher Anteil an Mikrit-Klasten bzw. mikritischen Resedimenten.

In Abschnitt 10.2.4 und in Tabelle 55 werden die mit den oben genannten Kriterien verbundenen Unsicherheiten besprochen.

Eine im wesentlichen auf Mikrofossilien aufgebaute *paläobathymetrische Flachmeer-Zonierung* hat (unter besonderer Berücksichtigung warmer Meere der europäischen Oberkreide) Liebau (1976) entworfen:

1. *Litoral s. str.:* Gezeitenbereich. Vertikalumfang 2 m (0–10 m, vereinzelt mehr). Ohne kennzeichnende Mikrofossilien.
2. *Oberes Sublitoral:* Vom Bewegtwasser geprägte Zone zwischen Niedrigwasserlinie und Wellenbasis. Untergrenze etwa bei 30 m (15–50 m). Kennzeichnende Mikrofossilien: Dasycladaceen sowie an Abrollung angepaßte Ostrakoden und Foraminiferen.
3. *Mittleres Sublitoral:* Von der Basis des oberen Sublitorals bis zur unteren Verbreitungsgrenze mehrzelliger Schwachlicht-Pflanzen. Untergrenze bei etwa 100 m (Extremwerte 70–140 bzw. 60–180 m). Ruhigwasser kann durch spezielle Ostrako-

denskulpturen nachgewiesen werden. Die Ostrakoden weisen eine hohe Diversität auf. Großforaminiferen wie *Lepidorbitoides* und *Discocyclina*. Im unteren Tiefenbereich Vermischung mit Nodosariiden und pelagischen Formen.

4. *Unteres Sublitoral:* Bereich zwischen der euphotischen Zone und dem Schelfrand. Untergrenze bei etwa 200 m (150–250 m). Die Mikrofaunen besitzen oft eine für diese Zone bezeichnende Zusammensetzung, die Grenzziehung zum Bathyal ist jedoch meist nur nach unterschiedlichen Individuenzahlen bzw. nach höherer Diversität (z.B. bei den phytal-unabhängigen benthonischen Kleinforaminiferen) möglich. Im Gegensatz zu den höheren Flachmeeerzonen ist eine nur sehr geringe regionale und provinzielle Differenzierung feststellbar. Pelagische Foraminiferen sind in unterschiedlicher Häufigkeit, manchmal auch dominierend, vertreten.
5. *Bathyal:* Untergrenze bei etwa 4000 m. Es überwiegen Mikrofaunen-Thanatozönosen, in welchen planktonische Foraminiferen eindeutig dominieren, in der Gegenwart etwa ab 1200 m mit nahezu konstant hoher Individuenrate (mehr als 90% Foraminiferen!). Nach rezenten Foraminiferen- und Ostrakoden-Gemeinschaften ist eine Grenzziehung bei 350 bis 400 m Wassertiefe möglich; rezente blinde Ostrakoden scheinen erst etwa ab 800 m aufzutreten.

10.1.4 Salinität

Wie Tabelle 52 zeigt, bieten sich als einigermaßen brauchbare Indikatoren für unterschiedliche Salinitätsverhältnisse im wesentlichen nur stenohaline Organismen an. Hierbei sind von Bedeutung (vgl. z.B. Hiltermann, 1966; Jordan, 1971):

- Vergleich der Salinitätsabhängigkeit rezenter Organismen mit fossilen Organismen
- Auswertung der in verschiedenen Salinitätsbereichen unterschiedlichen Arten- und Gattungszahl bzw. der unterschiedlichen Diversität („Remane-Kurve")
- Beachtung von monomikten und polymikten Assoziationen
- Größenabnahme beim Übergang vom normalmarinen und vom limnischen Bereich zum Brackwasser
- Schalenverdünnung bei limnischen Mollusken
- Lebensformtypen
- Unterschiede in der Mannigfaltigkeit bohrender Organismen (im Süßwasser i.a. nur Mikrobohrungen, Algen etc.).

Zu diesen paläontologischen Merkmalen treten geochemische Kriterien (vgl. 9.1.2), unter welchen die Auswertung der Bor-Gehalte sowie der Kohlenstoff- und Sauerstoffisotopen von besonderer Bedeutung sind.

10.1.5 Temperatur

Auch bei der Rekonstruktion des Paläoklimas ist die Auswertung des paläontologischen Materials von grundsätzlicher Bedeutung (vgl. Strauch, 1972). Als brauchbare Kriterien haben sich erwiesen:

- Vergleich der Temperaturabhängigkeit rezenter Organismen mit fossilen Organismen unter Berücksichtigung naher taxonomischer Beziehungen

Tabelle 52. MF-Merkmale, Organismen-Verteilung und Salinitätsbereiche

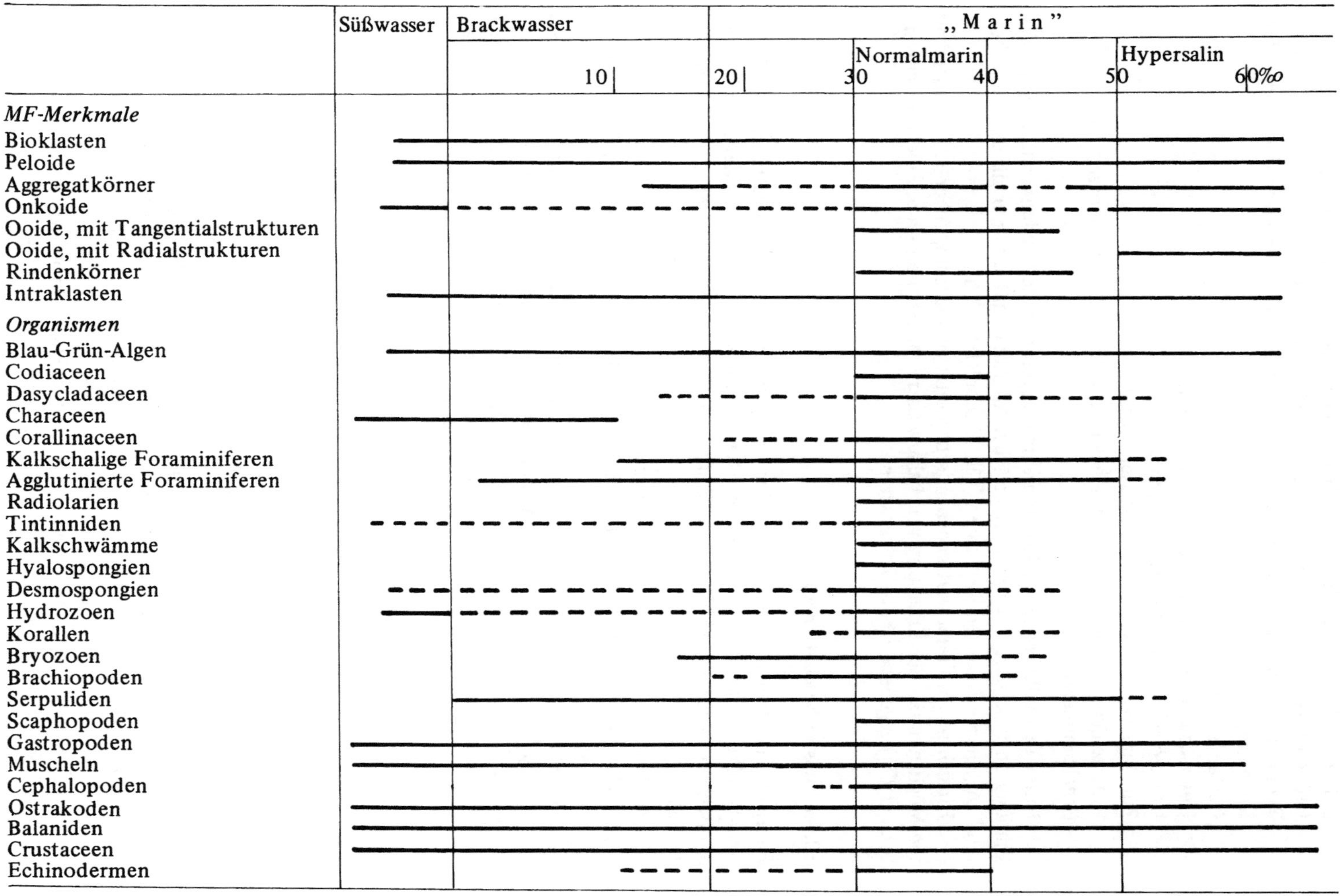

- Stärkeres Dickenwachstum kalkschaliger Organismen im Warmwasser
- Größenzunahme bei tropischen Formen (stark umstritten)
- Skulpturreichtum tropischer Faunen, meist nur bei Vorliegen umfangreicher Faunen auswertbar
- Gestaltanpassung
- Unterschiede in der Diversität bzw. Artenzahl
- Unterschiede in der Populationsdichte
- Zunahme von Epöken in Warmwassergebieten
- Unterschiede in den in Molluskenschalen erkennbaren Wachstumsrhythmen
- Schalenmineralogie

Unter den mikrofaziellen Komponenten zeigen nur die Rindenkörner eine gewisse Bindung an (wärmere) Temperaturbereiche. Allerdings gilt dies nur für die durch bohrende Algen mikritisierten Bioklasten (vgl. Abschnitt 4.1.3.6).

Hinsichtlich weiterer, auf geochemischen und sedimentologischen Daten aufgebauten Möglichkeiten der Erfassung von Paläowassertemperaturen sei auf die von Schwarzbach (1974) gegebene Übersicht verwiesen.

10.1.6 Substratbeschaffenheit

Fabricius (1968) hat die Bedeutung der unterschiedlichen Karbonatschlamm- und Karbonatsandböden für die Besiedlung durch Organismen und für die Art der Lithifizierung am Beispiel mesozoischer Flach- und Tiefwasserkalke herausgearbeitet. Er unterscheidet:

1. Weichböden
   a) instabile Schlammböden (teilweise lebensfeindlich bzw. mit eingeschränkten Umweltbedingungen wie in Mergelkalken der rätischen Kössener Schichten der Alpen)
   b) stabile Schlammböden (Stabilisierung durch auf dem Sediment aufwachsende Organismen wie z.B. Brachiopoden, verzweigte Korallen, Kieselschwämme)
   c) Sandböden (Kalkarenite aus Bioklasten, z.B. in der Umgebung und im Hinterriffbereich der Oberrätriffe; Ooidsandböden; Sandböden aus Crinoidenfragmenten, teilweise durch Bewuchs stabilisiert. Sonst meist instabil; Hinweise: Strömungskriterien in oolithischen Kalken)
2. Festböden
   a) biogene Hartböden
      - Sandböden mit Inkrustationen von Organismen (z.B. Algen, sessile Foraminiferen, Korallen)
      - Riffgerüste mit Inkrustationen von Organismen (wie oben sowie Kalkschwämme, Serpuliden, Bryozoen etc.)
   b) Lösungsböden, gebildet durch submarine Karbonatlösung bei herabgesetzter oder fehlender Sedimentanlieferung. Verbunden mit Mikroreliefbildung
   c) temporärer Hartboden, gebildet durch einen zyklischen Wechsel von Weich- und Hartböden entsprechend dem Subsolutionsmodell von Hollmann (1962): (1) Sedimentation von Kalkschlamm bei stark herabgesetzter Sedimentationsrate. (2) Nichtsedimentation und Lithifizierung, Wechsel vom Weich- zum Festboden. (3) Intensive marine Lösung. Beispiel: Adneter Kalk, Lias.

Für die *Konsistenz* von Kalkschlamm- oder Kalksandböden vor oder zu Beginn der Lithifizierung und Zementation ergeben sich demnach folgende *Hinweise:*

a) Bioturbation und Bildung von Pseudointraklasten sowie von verfärbten und in der Korngröße abweichenden Mikritarealen (Hinweis auf Weichböden)
b) Autoklasten bzw. Protointraklasten (Hinweis auf Weichböden)
c) Hartgründe mit scharfer Obergrenze und unscharfer, durch Bodenlösung bedingter Untergrenze, Anbohrungen durch Algen und verschiedene Invertebraten, organogenen Krusten, Häufung von Epizoen (Hinweis auf Hartböden)
d) Anpassung der Stromatolithengestalt an das Relief der Unterlage (Hinweis auf Festböden)
e) Kalkarenite bzw. grainstones mit deutlichen Strömungsstrukturen wie Kreuzschichtung, Fehlen von Bioturbation etc. (Hinweis auf instabile Sandböden)

Vor einer Überbewertung des Auftretens oder Fehlens von Sedimentdurchwühlung muß gewarnt werden. Bioturbation kann auch fehlen, weil

- am Meeresboden durch Stagnation, Hypersalinität oder durch reduzierende Bedingungen bedingt nur wenige oder keine Benthonten leben
- im Supratidalbereich Überflutungen zu selten auftreten als daß eine konstante und stärkere Besiedlung der Schlammböden durch Benthonten erfolgen könnte
- rasche und stoßartige Sedimentation von bioklastischen Komponenten oder von Kalkooiden die Besiedlung der instabilen Sandböden auch in Gebieten mit herabgesetzter Wasserbewegung behindert.

10.1.7 Hinweise auf Zustandswechsel während der Sedimentation

Der Wechsel der mikrofaziellen Merkmale im Profil zeigt klarer als lithologische oder auch paläontologische Kriterien die zum Teil sehr rasche Änderung der Sedimentationsbedingungen an. In deutlicher Weise kommt dies in den von Carozzi und seinen Schülern durchgeführten, auf einer sehr engen Probennahme beruhenden Untersuchungen zum Ausdruck (vgl. z.B. Abb. 3 und 35). Selbstverständlich sollten prozentuelle Unterschiede in der Häufigkeit von Komponenten oder von bestimmten Organismen nicht überbewertet werden, solange statistische Analysen (z.B. Trend-Analysen) fehlen. Wichtiger für die Erkennung eines Zustandswechsels auf Grund mikrofazieller Befunde sind folgende Kriterien:

- rascher Übergang von mud-support zu grain-support (Änderung der Wasserenergie)
- Auftreten von bisher noch nicht festgestellten Komponenten, insbesondere von Aggregatkörnern (als Ausdruck einer speziellen Ablagerungssituation), Ooiden (als Hinweis auf geänderte Wasserenergie, Einschwemmung etc.), Rindenkörnern (in großer Häufigkeit) und Extraklasten (Änderung der Erosionsleistung)
- Auftreten von Biogenen, die neue ökologische Kleinbereiche anzeigen
- auffallende Änderungen in der Diversität der Organismen (Beispiel bei E. Flügel, 1977, Perm der Südalpen)
- Änderungen in den Korngrößen und in der Sortierung und Schiefe bei arenitischen Kalken
- deutliche Änderungen der Gesteinsfarbe
- Änderungen in der durchschnittlichen Bankdicke
- Änderungen durch Auftreten von bisher noch nicht beobachteten Sedimentstrukturen.

10.1.8 Literatur

Ball, M.M., Shinn, E.A., Stockman, K.W. (1967): The geologic effect of hurricane Donna in South Florida. J. Geol. **75**/5, 583–597, Chicago
Ball, St.M. (1971): The Westphalia Limestone of the Northern Midcontinent: a possible Ancient storm deposit. J. Sed. Petrol. **41**/1, 217–232, 11 Abb., Tulsa
Bein, A., Weiler, Y. (1976): The Cretaceous Talme Yafe Formation: a contour current sedimentary prism of calcareous detritus at the continental margin of the Arabian Craton. Sed. **23**, 511–532, 15 Abb., Oxford
Berger, W.H., Winterer, E.L. (1974); siehe 10.2.5.4
Bradley, W.C. (1958): Submarine abrasion and wave-cut platforms. Bull. Geol. Soc. Amer. **69**, 967–974, New York
Bromley, R.G. (1967): Marine phosphorites as depth indicators. Marine Geol. **5**, 503–509, Amsterdam
Burns, D.A. (1974): siehe 10.2.5.4
Fabricius, F. (1968): siehe 4.2.5.6
Fischer, A.G. (1964): siehe 4.2.5.3
Flügel, E. (1977): siehe 5.3.12.7
Folk, R.L. (1962): siehe 6.4
Friedrich, H. (1965): siehe 1.4.1
Germann, K. (1969): siehe 4.1.4.2
Hallam, A. (ed.) (1967): siehe 1.4.1
Hayes, M.O. (1967): Hurricans as geological agents: case studies of hurricans Carla, 1961, and Cindy, 1963. Texas Univ. Bur. Econ. Geol., Rep. Inv. **61**, 56 S.
Heckel, Oh.H. (1972): Recognition of ancient shallow marine environments. In: Rigby, J.K., Hamblin, W.K. (eds.): Recognition of Ancient Sedimentary Environments, 226–286, 15 Abb., Tulsa
Hesse, R., Butt, A. (1976): Paleobathymetry of Cretaceous turbidite basins of the East Alps relative to the calcite compensation level. J. Geol. **34**/5, 505–533, 12 Abb., Chicago
Hiltermann, H. (1966): Klassifikation rezenter Brack- und Salinar-Wässer in ihrer Anwendung für fossile Bildungen. Z. Dtsch. Geol. Ges. **115**/2–3, 463–496, Taf. 11–12, 7 Abb., 2 Tab., Hannover
Hollmann, R. (1962): siehe 4.2.5.6
Howard, J.D. (1972): Trace fossils as criteria for recognizing shorelines in the stratigraphic record. Spec. Paper Soc. Econ. Paleont. Min. **16**, 215–225, 6 Abb., Tulsa
Hsü, K.H., Jenkyns, H.C. (eds.) (1974): siehe 1.4.1
Jordan, R. (1971): Zur Salinität des Meeres im höheren Ober-Jura Nordwest-Deutschlands. Z. Dtsch. Geol. Ges. **122**, 231–241, 2 Abb., Hannover
Jux, U., Manze, U. (1976): Milieu-Indikatoren aus einem mitteldevonischen biostromalen Riff des Bergischen Landes mittels Kohlenstoffisotopen. Decheniana **129**, 245–262, 2 Taf., 7 Abb., Bonn
Kelling, G., Mullin, P.R. (1975): Graded limestones and limestone-quartzite couplets: possible storm-deposits from the Maroccan Carboniferous. Sed. Geol. **13**, 161–190, Amsterdam
Kendall, Ch.G.Sr.C. (1969): siehe 4.1.4.2
Kumar, N., Sanders, J.E. (1976): Characteristics of shoreface storm deposits: Modern and Ancient examples. J. Sed. Petrol. **46**/1, 145–162, 10 Abb., Tulsa
Lecompte, M. (1962): Die Riffe im Devon der Ardennen und ihre Bildungsbedingungen. Geol. Palaeont. **4**, 25–71, 4 Taf., 20 Abb., 3 Tab., Marburg
Liebau, A. (1976): Entwurf einer paläobathymetrischen Flachmeer-Zonierung mit Hilfe von Ostracoden und anderen Mikrofossilien. Zentralbl. Geol. Paläont. Teil II, **1976**, 5/6, 442–447, 1 Abb., Stuttgart
Nicholls, G.D. (1967): Trace elements in sediments: an assessment of their possible utility as depth indicators. Marine Geol. **5**, 539–555, Amsterdam
Passega, R. (1964): siehe 4.2.3.2
Perkins, R.D., Enos, P. (1968): Hurricane Betsy in the Florida-Bahaman Area – Geologic effect and comparison with Hurricane Donna. J. Geol. **76**/6, 710–717, Chicago
Playford, P.E., Cockbain, A.E., Druce, E.C., Wray, J.L. (1976): Devonian stromatolites from the Canning Basin, Western Australia. In: Walther, M. (ed.): Stromatolites. Dev. Sed. **20**, 543–564, Amsterdam: Elsevier

Plumley, W.J., Risley, G.A., Graves, R.W., Kaley, M.E. (1962): siehe 6.4
Porrenga, H.D. (1967): siehe 10.2.5.4
Purser, B.H. (ed.) (1973): siehe 1.4.1
Radwanski, A. (1959): Littoral structures (cliff, clastic dikes, and veins, and borings of Potamilla) in the High-Tatric Lias. Acta Geol. Polonica **9**, 231–280, Taf. 20–24, 9 Abb., Warschau
Radwanski, A. (1968): Tortonian cliff deposits at Zahorska Bystrica near Bratislawa (Southern Slovakia). Bull. Acad. Poln. Sci., Ser. sci. geol. geogr. **16**/2, 97–102, 3 Abb., Bratislawa
Radwanski, A. (1969): Lower Tortonian transgression onto the southern slopes of the Holy Cross Mountains. Acta Geol. Polonica **19**/1, 1–164, 42 Taf., 34 Abb., Warschau
Rhoads, D.C., Speden, I.G., Waage, K.M. (1972): Trophic group analysis of Upper Cretaceous (Maastrichtian) bivalve assemblages from South Dakota. Bull. Amer. Ass. Petrol. Geol. **56**/2, 1100–1113, 4 Abb., 3 Tab., Tulsa
Riedl, R. (1969): Marinbiologische Aspekte der Wasserbewegung. Marine Biol. **4**, 62–78, 20 Abb.
Sarntheim, M. (1970): siehe 4.2.3.2
Schäfer, W. (1962): siehe 1.4.1
Schlager, W. (1974): Observation of cephalopod skeletons and carbonate dissolution on ancient Tethyan sea floors. Spec. Publ. intern. Ass. Sed. **1**, 49–70, 10 Abb., Oxford
Schmidt, H. (1935): Die bionomische Einteilung der fossilen Meeresböden. Fortschr. Geol. Paläont. **12**/38, Berlin
Schmidt. H. (1956): Zur Rangordnung der Faziesbegriffe. Mitt. Geol. Ges. Wien **49**, 333–345, 1 Abb., Wien
Schneider, J. (1976): siehe 2.4.1
Schwarzbach, M. (1974): siehe 1.4.1
Seibold, E. (1974): siehe 1.4.1
Selley, R.C. (1970): siehe 1.4.1
Shepard, F.P. (1963): siehe 1.4.1
Stel, J.H. (1975): siehe 4.2.1.2
Stevens, C.H. (1969): Water depth control of fusulinid distribution. Lethaia **2**/2, 121–132, 13 Abb., Oslo
Strauch, F. (1972): Zur Klimabindung mariner Organismen und ihre geologisch-paläontologische Bedeutung. N. Jb. Geol. Paläont. **140**/1, 82–127, 7 Abb., 9 Tab., Stuttgart
Tait, R.V. (1971): siehe 1.4.1
Veizer, J. (1977): siehe 9.1.3
Voigt, E. (1956): Der Nachweis des Phytals durch Epizoen als Kriterium der Tiefe vorzeitlicher Meere. Geol. Rdsch. **45**/1, 97–119, Taf. 1–4, 5 Abb., Stuttgart
Walther, J. (1893): siehe 10.2.5.4
Wanless, H.R., Ziebell, W.G., Ziemba, E.A., Carozzi, A.V. (1957): Limestone texture as a key to interpreting depth of deposition. Congr. Geol. Intern. 20th Sess., Mexico, Sess. **5**/1, 65–82, 9 Abb., Mexico

10.2. Fazies-Kriterien

Unter Berücksichtigung der im Abschnitt 10.1 skizzierten Umweltfaktoren ergeben sich aus der Kombination mikrofazieller Kriterien und paläontologischer sowie sedimentologischer Merkmale Hinweise auf die Entstehungsbereiche von Kalken. Es ist selbstverständlich, daß hierbei den hier nur kursorisch behandelten paläontologischen Daten besondere, in sehr vielen Fällen entscheidende Bedeutung zukommt. Ohne eine Interpretation der palökologischen Zusammenhänge muß die Faziesansprache unvollkommen bleiben; wertvolle Anregungen in diese Richtung der Fazieskunde vermittelt der Tübinger Forschungsbericht (Seilacher, 1976).

10.2.1 Nichtmarine Bereiche

"Lacustrine limestone probably cannot be distinguished from shallow marine limestone on present petrographic criteria" (Picard u. High, 1972). Diese pessimistische Feststellung wird bei einem Vergleich der MF-Merkmale von Süßwasserkalken und von marinen Flachwasserkalken verständlich:

Sowohl Mikrit und Sparit als auch alle Komponentenkategorien finden sich in beiden Kalktypen. Hierzu kommen Übereinstimmungen in den Feinschichtungsgefügen und in den Fenstergefügen (vgl. Taf. 2/3). Die *Erkennung von lakustrinen Karbonaten* muß sich daher in erster Linie auf paläontologische Kriterien stützen. Hierzu kommen geochemische Kriterien (Evaporite, authigene Minerale, Tonminerale, Spurenelemente wie z.B. Bor; vgl. Ernst, 1970). Unter den Invertebraten werden zur Charakterisierung lakustriner Verhältnisse (sehr seltene) Süßwasserschwämme, Schnecken und Muscheln und verschiedene Arthropoden, insbesondere Ostrakoden, verwendet. Bei den Algen erweisen sich lediglich die Characeen als brauchbare Indikatoren. Allerdings muß darauf hingewiesen werden, daß z.B. in devonischen Kalken Characeen-Oogonien auch zusammen mit marinen Faunen auftreten (Einschwemmung oder Hinweis auf randmarine Bedingungen?).

Möglicherweise brauchbare Fazieskriterien können Karbonatzemente darstellen (Riding, 1978, Süßwasserkalk im Ries).

Tafel 29/1–5. Faziesdiagnostische Merkmale – Devon ▶

1. Foraminiferen können zur Gliederung von Plattform- und Riffkarbonaten herangezogen werden. Beispiele sind aus den erdölführenden Karbonaten von Westkanada, aus dem Ural und aus Australien bekannt (siehe 5.3.1). Im Bild *Parathurammina dagmarae* Suleimanov. Mitteldevon (Schwelmer Kalk, Givet): Steinbruch Maria, Letmathe, Sauerland. Balkenlänge 0,10 mm

2. Algen. Porostromate Blau-Grünalgen treten in devonischen Riffkomplexen sowohl im zentralen Riff und am Übergang zum Vorriff auf (als Sediment- und untergeordnet als Gerüstbildner) als auch in Onkoiden in geschützten Lagunen. Beispiele sind aus dem westaustralischen und kanadischen Oberdevon sowie aus dem Mittel- und Oberdevon von Belgien bekannt (Wray, 1977; Tsien u. Dricot, 1977). Im Bild *Rothpletzella devonica* (Maslov). Mitteldevon (Eifel): Mechra ben Abou, Marokkanische Meseta. Balkenlänge 0,10 mm

3. Algen. Grünalgen sind in devonischen Karbonaten relativ selten. Ausnahmen bilden einige Codiaceen wie zum Beispiel *Lancicula alta* Maslov, die in gesteinsbildender Häufigkeit auf das Unterdevon beschränkt zu sein scheint (Kuznets-Becken, Australien, Karnische Alpen etc.). Im Bild zahlreiche schüsselförmige Segmentschnitte. Unterdevon: E Kardamila, NE-Chios. Balkenlänge 2 mm

4. Problematische Algen bzw. Foraminiferen sind wichtige Faziesindikatoren in Riff- und Riffrand-Karbonaten. Im Bild *Renalcis turbitus* Wray [Cyanophyceen (Rivulariaceen?) oder Foraminiferen (Parathuramminaceen)?]. Unteres Oberdevon: Iberg, Harz. Balkenlänge 1 mm

5. Stromatoporen, tabulate Korallen und rugose Korallen sind die wichtigsten Gerüstbildner devonischer Riffstrukturen, wobei insbesondere bei den Stromatoporen für bestimmte Teilbereiche kennzeichnende Assoziationen auftreten (siehe Abschnitt 5.3.5). Im Bild Stromatoporen (*Actinostroma* – 1, *Clathrocoilona* – 2, *Stachyodes* – 3), tabulate Korallen (*Striatopora* – 4), rugose Einzelkorallen (5) und Brachiopoden (6). Mitteldevonischer Massenkalk: Brilon, Sauerland. Balkenlänge 10 mm

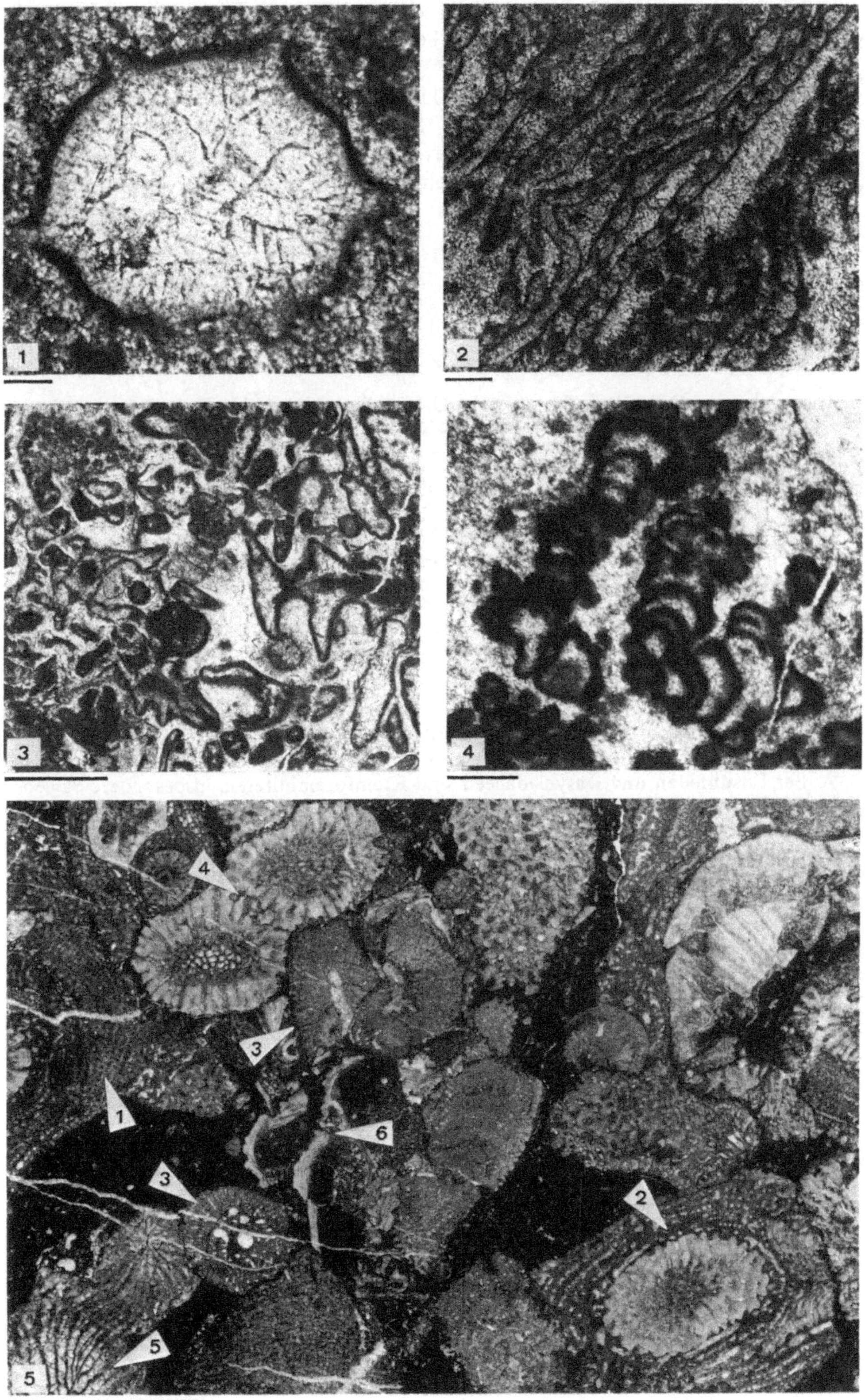

Eine weitere, ausbaufähige Möglichkeit scheint in der näheren Typisierung der beim Aufbau von Seenkarbonaten maßgeblich beteiligten Blau-Grünalgen und primitiven Grünalgen zu liegen.

Einen wesentlichen Fortschritt in der Untersuchung lakustriner Karbonate stellt die Bearbeitung der Altenglaner Kalksteine (Unterrotliegendes, Saarpfalz) durch Stapf (1970) dar. Zur Charakterisierung des mikrofaziellen Spektrums dieser „überwiegend biochemisch gebildeten Kalkgyttia eines eutrophen Sees" seien die von Stapf unterschiedenen MF-Typen angeführt:

Tafel 30/1–9. Faziesdiagnostische Merkmale – marines Perm ▶

1. Cyanophyceen-Onkoide („*Osagia*") mit Girvanellen und sessilen Foraminiferen. Diese Mikrofazies ist im unteren Perm der Südalpen auf geschützte Schelflagunen und auf Bewegtwasserbereiche am Rande von offenen Plattformen des Außenschelfes beschränkt (siehe E. Flügel, 1977). Zusammen mit und als Kerne von Onkoiden finden sich Fusuliniden und gebogene Schalenreste. Kalkklassifikation nach Folk (modifiziert): Onkosparit; nach Dunham Oncoid-grainstone. SMF-Typus 13. Unteres Perm (Grenzland-Schichten): Rattendorfer Sattel, Karnische Alpen. Balkenlänge 10 mm

2. Phylloide Algen tragen als sedimentbindende Organismen wesentlich zur Bildung von Stillwasserbiohermen (mud mounds) bei. Es handelt sich um in ihrer systematischen Zuordnung unklare Gattungen (möglicherweise Squamariaceen?), deren hohe primäre Hohlformporosität und sekundäre Lösungsporosität für die Bedeutung von Kalken mit phylloiden Algen als Erdölspeicher in den südwestlichen USA verantwortlich ist. Im unteren Perm der Südalpen findet sich diese Fazies bevorzugt im Innenschelfbereich, zum Teil auch in Schelfrandposition. Im Bild neben durch Foraminiferen inkrustierten phylloiden Algen dünne Wandbruchstücke von Dasycladaceen (*Epimastopora*). Algen-Biomikrit nach Folk bzw. algal lime wackestone nach Dunham. SMF-Typus 7. Unteres Perm: Forni Avoltri, Carnia. Balkenlänge 5 mm

3. Außer Fusuliniden und Dasycladaceen sind Kleinforaminiferen, insbesondere Palaeotextulariiden, von Bedeutung für die fazielle Gliederung jungpaläozoischer Schelfkarbonate. Im Bild: *Climacammina* sp. Mittelperm: Ost-Iran. Balkenlänge 1 mm

4. Dasycladaceen-Assoziationen mit geringer Diversität sind sowohl in geschützten als auch in offenen Bereichen der flachen Schelfregion häufig. Als Beispiel können die oft mit Gastropoden vergesellschafteten Wandfragmente von *Epimastopora* Pia gelten. Unteres Perm: Forni Avoltri, Carnia. Balkenlänge 1 mm

5. *Tubiphytes obscurus* Maslov. Im unteren Perm der Südalpen bilden die inkrustierten Formen dieses Mikroproblematikums (siehe Abschnitt 5.3.13) mächtige Riffe, die sowohl in Schelfrand-Position als auch an der Grenze von Innen- und Außenschelf auftreten. Unterperm: Matzenboden, Sextener Dolomiten. Balkenlänge 1 mm

6. *Bradyina* sp. Unteres Perm (unterer Teil der Unteren Pseudoschwagerinen-Kalke): Schulter, Karnische Alpen. Balkenlänge 1 mm

7. *Tuberitina* sp. Diese sessilen Foraminiferen binden Sedimentkörner. Unteres Perm (Obere Pseudoschwagerinen-Kalke): Zottachkopf, Karnische Alpen. Balkenlänge 1 mm

8. *Tetrataxis* cf. *T. maxima* Schellwien. Unteres Perm (Oberer Pseudoschwagerinen-Kalk): Zottachkopf, Karnische Alpen. Balkenlänge 1 mm

9. Dasycladaceen. Eine durch große Artenvielfalt gekennzeichnete Dasycladaceen-Assoziation charakterisiert die flachen Außenschelfbereiche mit offener Wasserzirkulation. Dies gilt sowohl für das untere Perm der Südalpen als auch für das mittlere Perm in den Dinariden. Im Bild Mizzien-Querschnitte. Mittelperm: Velebit, Kroatien. Balkenlänge 1 mm

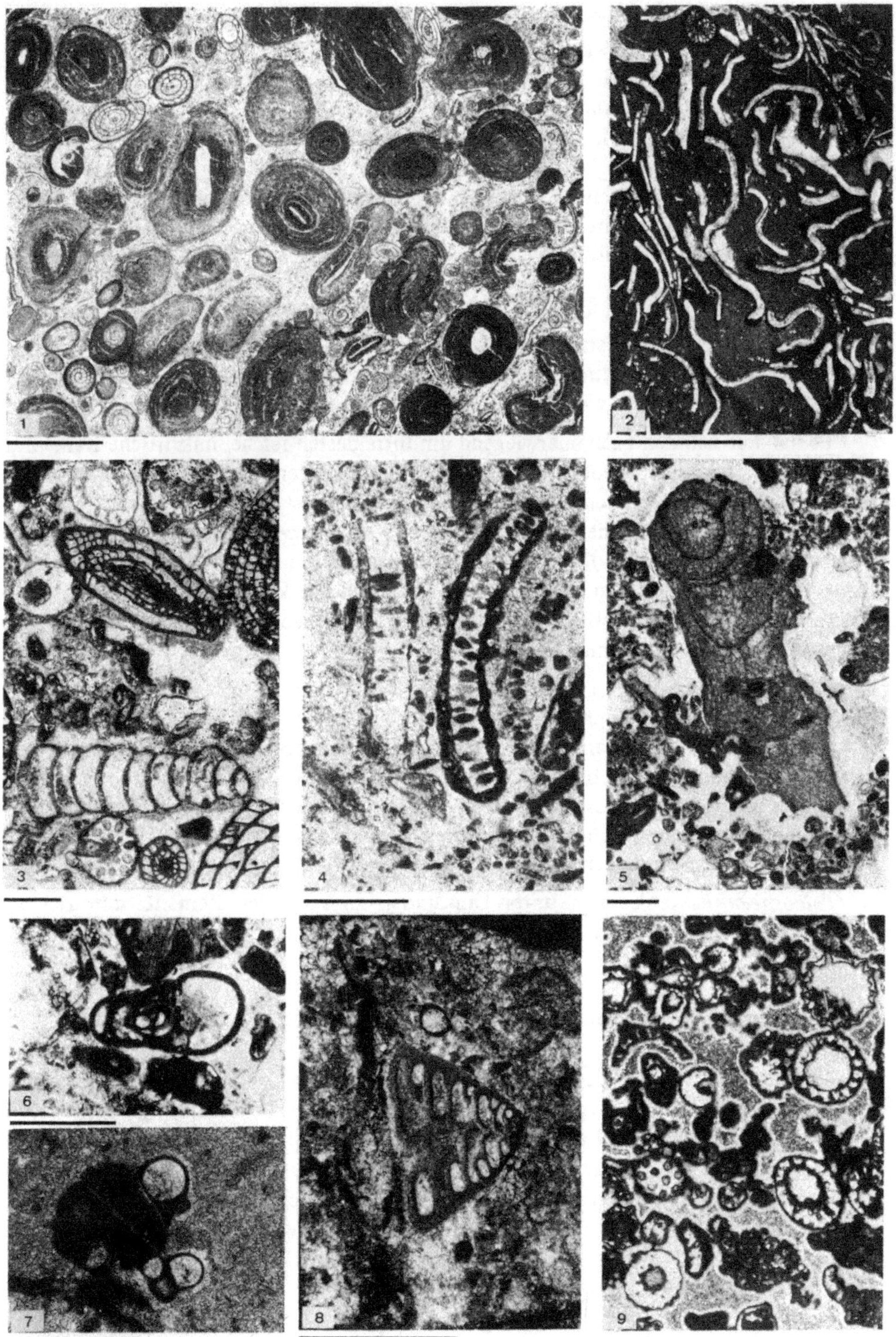
1
2
3
4
5
6
7
8
9

- Detritus-Kalke aus Karbonatklasten, nichtkarbonatischen Klasten und terrigenen Mineralen, Matrix überwiegend mikritisch.
- Mikrit-Kalke mit relativ wenigen karbonatischen und nichtkarbonatischen Klasten sowie Feinschichtung und Lamination.
- Dolosparit-Kalke mit lagenweise angereicherten Karbonatklasten und dolosparitischer Grundmasse.
- Pellet-Kalk mit detritischen Quarzen, Glimmern und vielen Peloiden.
- Onkoid-Kalke mit zahlreichen Onkoiden, Peloiden und Algenknollen. Als Onkoidkerne treten Quarz, Erze, Feldspäte und Glimmer auf; die Schale besteht aus Ankerit.
- Algen-Knöllchen-Kalke aus mm-großen Algenknollen, detritischen Quarzen und stromatolithischen Krusten.
- Stromatolithen mit mehreren geometrischen Grundformen.
- Dolosteine (Dolomit bis Ankerit).

Es handelt sich demnach überwiegend um Intraklasten-reiche, mikritische Kalke mit viel nichtkarbonatischem, vom Land eingeschüttetem Material und um Algenkarbonate, unter welchen Stromatolithen und Onkoide von besonderer Bedeutung sind.

Bessere Aussagen scheinen bei *terrestrischen Karbonaten* möglich:

Sinterkalke und Kalktuffe zeigen in Schliffen häufig in Zonen angeordnete Algenfilamente, die sogar noch in relativ dichten Travertinen erkennbar sind (vgl. Taf. 2/7). *Caliche-Bildungen* sind wohl am besten ansprechbar, wobei folgende Kriterien von Bedeutung sind (vgl. Abschnitt 2.3.2.2 und Taf. 2/4–6):

a) Fossilarmut bzw. Fehlen von Fossilien
b) im allgemeinen mikritische Kalke
c) häufig laminierte Krusten über und um Bruchstücken von Caliche
d) am Platz gebildete Caliche-Pisoide und Caliche-Peloide
e) zum Teil brekzisierte Lamellenstrukturen, die Vertiefungen eines Reliefs ausfüllen
f) extrem feine, sehr regelmäßige Lamellen sowohl in den Pisoiden und „Onkoiden" als auch in den cm-dicken Lagen.

Paläospeläotheme können unter Umständen an speziellen Zementstrukturen erkannt werden (vgl. Abschnitt 2.3.2.3).

10.2.2 Randmarine und flachmarine Bereiche

Die Tabellen 51 und 53 fassen einige Kriterien zusammen, die für die Unterscheidung der randmarinen Bereiche Supratidal und Intertidal und des flachmarinen Bereiches von Bedeutung sind. Hierbei fällt auf, daß supra- und intertidale Sedimentationsbedingungen bei Karbonatgesteinen relativ gut erkennbar sind. Insbesondere für Gezeitensedimente muß hierbei bedacht werden, daß der durch die Erdgeschichte bedingte Zeitraffereffekt Unterschiede zwischen täglichen und großmaßstäblicheren Ebbe/Flut-Schwankungen verwischt. Wichtige Arbeiten über rezente und fossile Gezeitensedimente finden sich bei Ginsburg (1975), eine Bibliographie bei Reineck (1973).

Tabelle 53. Fazieskriterien rand- und flachmariner Bereiche

	Randmarin		Flachmarin	
	Supratidal	Intertidal	Flaches Subtidal	Tiefes Subtidal
Kalke	häufig	häufig	häufig	häufig
Primäre Dolomite	vorhanden	vorhanden	–	–
Evaporite	vorhanden	vorhanden	–	–
Mikrit	häufig	vorhanden	vorhanden	vorhanden
Sparit	–	selten	vorhanden	vorhanden
Komponenten:Mikrit-Verhältnis	1:9 bis 1:1	1:9 bis 1:1	1:9 bis 9:1	1:9 bis 9:1
Peloide	selten bis vorhanden	häufig	häufig	vorhanden
Aggregatkörner	–	vorhanden	häufig	–
Onkoide	–	vorhanden	vorhanden	vorhanden
Normalooide	selten	häufig	häufig	–
Radialfibröse Ooide	vorhanden	vorhanden	–	–
Rindenkörner	–	häufig	häufig	–
Intraklasten: "mud pebbles"	häufig	vorhanden	selten	selten
Extraklasten: "black pebbles"	vorhanden	vorhanden	vorhanden	–
Terrigene Komponenten	häufig	selten bis vorhanden	selten	selten
Birdseyes	häufig	häufig	selten	–
Fenstergefüge	häufig	häufig	–	–
Lamination	häufig	vorhanden	selten	–
Trockenrisse	häufig	vorhanden	–	–
Schrägschichtung	selten	vorhanden	selten	selten
Erosionsstrukturen	selten	häufig	vorhanden	selten
Bitumenfilme	vorhanden	vorhanden	–	–
Algenmatten	häufig	häufig	vorhanden	–
Stromatolithen	–	häufig	vorhanden	–
Pflanzenhäcksel	vorhanden	vorhanden	selten	selten
Organismen-Diversität	sehr niedrig	niedrig bis hoch	hoch oder niedrig	hoch oder niedrig
Organismen-Häufigkeit	gering oder sehr groß	groß	groß bis sehr groß	groß
Endobionten	–	vorhanden	häufig	häufig
Bioturbation	–	häufig	vorhanden	vorhanden
Vertikalbauten	–	häufig	vorhanden	–
Horizontalbauten	–	–	häufig	vorhanden

Als methodisch und in der Aussage interessante Arbeiten über fossile randmarine Karbonate seien die Untersuchungen durch Brown u. Friedman (1969), Fischer (1964), Kahle u. Floyd (1971), Laporte (1967), Matter (1967), Mazzulo u. Friedman (1975), Müller-Jungbluth (1970) und Roehl (1967) genannt. Wood u. Wolfe (1969) sowie Lucia (1972) beschreiben die evaporitische Sabkha-Entwicklung des ariden Supratidalbereichs. Ein idealer Sabkha-Zyklus ist demnach durch drei Einheiten charakterisiert:

Subtidal mit Sedimentation auf Untiefen (Algen-Boundstone und Grainstone) und in Lagunen (Dolomit mit birdseyes); Intertidal (Dolomit mit Algenmatten); Supratidal (nodularer Anhydrit).

10.2.3 Riffkomplexe

Bis in den Turbulenzbereich wachsende *Riff-Komplexe* weisen häufig eine *Gliederung in drei Zonen* auf (siehe Abb. 65):

1. *Vorriff* (fore-reef): dem Wind zugewandte Seite, Riff-Flanke gegen das offene Meer. Häufig grober Riffdetritus im m- bis cm-Bereich, starke Zementbildung mit charakteristischen Hohlraumgefügen (s. Krebs, 1969; J. Schroeder, 1972, 1973; Zankl, 1971), mikritische oder kalkarenitische Internsedimente. Spezialisierte Organismen-Assoziationen (Goreau u. Land, 1974).

2. *Riff-„Kern"* (reef flat, zentrales Riff-Areal): der Bereich des aktiven Wachstums von gerüstbildenden sessilen Organismen (z.B. Korallen). Charakteristisch für diesen Bereich ist Organismenreichtum und -vielfalt, Häufung von inkrustierenden Organismen und bioklastische Mikritbildung.

3. *Hinterriff-Bereich* (back-reef, Lagune, „Achterriff"): ein im allgemeinen ausgedehnter, durch das zentrale Riff geschützter Bereich mit unterschiedlicher, zum Teil herabgesetzter Wasserzirkulation. Die Sedimente sind durch arenitische Karbonatsande und durch Kalkschlamm charakterisiert, Anhäufungen von Bioklasten (Kalkalgen, Foraminiferen, Mollusken etc.) sind verbreitet, desgleichen Peloide. Stellenweise treten innerhalb der Lagunen kleine Riffareale (patch reefs) auf. In flachen Gezeitenzonen der rifffernen Gebiete finden sich Algenmatten und Stromatolithen.

Sehr oft ist der Riffkomplex in einzelne Riffe aufgelöst, zwischen welchen im *Zwischenriff-Bereich* (inter-reef) feinkörnige Sedimente, zum Teil vermischt mit vom Riff stammenden Organismenresten abgelagert werden.

In Tabelle 54 sind einige Fazieskriterien in sehr kursorischer Form zusammengestellt. Es muß betont werden, daß diese Angaben nur für die Riffe zutreffen, bei welchen sich biogener Gerüstbau und Abtragung durch biologische und physikalische Erosion die Waage halten.

10.2.4 Tiefmarine Bereiche

Als „tiefmarine" Bereiche werden – ohne scharfe Abgrenzung gegen das Subtidal – die tieferliegenden Schelfrand-Areale, der Schelfhang und die bathyalen bis hadalen Bereiche verstanden. Die in Tabelle 55 zusammengestellten Fazieskriterien für tiefmarine Karbonate werden in ihrer Aussagekraft für paläobathymetrische Interpretationen derzeit diskutiert. Es ist damit zu rechnen, daß eine Reihe von Merkmalen ihre Aussagekraft verlieren oder ändern werden.

Tabelle 54. Fazieskriterien von Riff-Komplexen im Bewegtwasserbereich

	Vorriff (fore reef)	Riffkern Zentrales Riffareal (reef core)	Hinterriff Lagune (back reef)	Zwischenriff
Organismen (Häufigkeit)	vorhanden	häufig bis sehr häufig	vorhanden bis häufig	relativ selten
ökologische Typen	spezielle Assoziationen, ökologische Zonierung	überwiegend sessile Benthonten, ökologische Zonierung	spezielle Assoziationen	außer Benthos auch Nekton und Plankton
Diversität	hoch	sehr hoch	niedrig	niedrig
Erhaltung	häufig umgelagerte Biogene aus dem zentralen Riff	oft in Lebensstellung oder parautochthon	häufig als Detrituskomponente	unregelmäßig verteilt
Biogene Anlagerungen um Organismenreste	selten	sehr häufig, auf und zwischen den Riffbildnern	vorhanden	im allgemeinen fehlend
Bohrende Organismen	häufig	sehr häufig	selten	im allgemeinen fehlend
Organogener Detritus	cm- bis m-Bereich, oft eckig	mm- bis cm-Bereich, zwischen den Riffbildnern	mm- bis cm-Bereich, oft gerundet, auf Teilgebiete beschränkt	im allgemeinen fehlend
Bedeutung der Algen	Verkittung und Gerüstbau	Gerüstbau	Sedimentproduktion und Verkittung	–
Sediment (Kalktypen)	Floatstone, Rudstone	Framestone, Bafflestone, Wackestone	Mudstone, Wackestone, Grainstone, Bindstone	Mudstone, Wackestone
Mikrit	vorhanden	häufig	vorhanden	sehr häufig
Sparit	häufig als Zemente in z.T. großen Zwickelporen	in kleinen Zwickelporen und in intragranularen Poren	häufig	fehlt
Peloide	selten	vorhanden	häufig als Kotpillen in geschützten Bereichen	vorhanden
Aggregatkörner	fehlen	fehlen	im allg. selten	fehlen
Onkoide	selten im tieferen Vorriffbereich	selten	selten	selten
Ooide	fehlen	fehlen	selten	fehlen
Rindenkörner	fehlen	vorhanden	häufig	fehlen
Resedimente	vorhanden	häufig	vorhanden	selten
Sortierung der Komponenten	schlecht	im allgemeinen schlecht	teilweise gut	schlecht
Hohlraumgefüge, birdseyes	fehlen	fehlen	vorhanden	fehlen
mm-Feinschichtung	fehlt	fehlt	vorhanden	fehlt
Bioturbation	selten	vorhanden	vorhanden	vorhanden
Sedimentstrukturen	undeutliche Bankung	keine Bankung oder Großbankg.	häufige Bankung m- bis cm-Bereich	häufige Bankung

Grundsätzlich erscheinen „pelagische Karbonate" definierbar durch (a) Sedimentation in größeren und sehr großen Tiefen, (b) Ablagerung aus Suspensionen, (c) Abwesenheit von stärkerer terrigener Zufuhr und (d) Sedimentationsbasis im Bereich unterhalb der kritischen Wellenfläche und im allgemeinen unterhalb stärkerer Wasserumschichtungen. Da die Wassertiefe schwer faßbar ist, definieren einige Autoren pelagische Sedimente als Ablagerungen der „offenen See" (z.B. Riedel, 1963).

Nahezu alle in Tabelle 55 angeführten Faziesmerkmale sind auch aus flacheren Meeresgebieten bekannt. Dies gilt auch für Lösungsstrukturen an Karbonaten und Organismenschalen und die Bildung von Hartgründen, die im Tief- und Flachwasser sowie im subaerischen Bereich entstehen können (vgl. Shinn, 1969; Rose, 1970; Goldring u. Kazmierczak, 1964). Größere Bedeutung kommt der mit der „Kompensationstiefe" (Riedel u. Funnell, 1964) verbundenen Karbonatlösung in der Tiefsee zu, bei welcher die Lösungsrate die Sedimentanlieferungsrate am Meeresboden übersteigt. Diese von der $CaCO_3$-Sättigung, dem hydrostatischen Druck, der Wassertemperatur und der Sedimen-

---

Tafel 31/1–9. Faziesdiagnostische Organismen in der Riff-Fazies der alpinen Ober-Trias ▶

Die Organismenverteilung in den obertriadischen Riffkomplexen (Dachsteinkalke, Oberrätriffkalke) der Nordalpen gestattet die Unterscheidung von ökologischen Teilbereichen und die Erkennung von Wachstumsphasen in den Riffen. Tafel 31 zeigt Beispiele häufigerer riffbauender Organismen. Auf Tafel 32 sind Beispiele für die in ihrer Häufigkeit und Verbreitung in starkem Maß einer Fazieskontrolle unterworfenen Foraminiferen und Mikroproblematika dargestellt.

1. Segmentierter Kalkschwamm (*Colospongia* sp.) mit für das zentrale Riffareal charakteristischem biogenem Aufwuchs aus Bryozoen, Sphinctozoen und spongiostromaten Blau-Grünalgen-Krusten. Oberrätriffkalk: Adnet, Salzburg

2. *Follicatena irregularis* Senowbari-Daryan u. Schäfer, einer der häufigeren gerüstbauenden Kalkschwämme in den Oberrät-Riffen. Die unregelmäßig geformten Kammern des Schwammes verbinden andere Rifforganismen (Bryozoen, Hydrozoen). Biogener Aufwuchs (sessile Foraminiferen) ist verbreitet. Oberrätriffkalk: Gruber-Riff bei Hintersee, Salzburg

3. Sphinctozoen, wahrscheinlich eine neue Gattung aus der Verwandtschaft von *Deningeria* Wilkens, mikritische Matrix. Oberrätriffkalk: Feichtenstein bei Hintersee, Salzburg

4. Stockkorallen (*Astrocoenia waltheri* Frech), Querschliff. Oben rechts Echinodermenreste. Oberrätriffkalk: Rötelwand bei Hallein, Salzburg

5. *Thecosmilia clathrata* (Emmerich), eine sehr häufige riffbildende Stockkoralle im Nor und Rät der Nordalpen. Oberrätriffkalk: Feichtenstein bei Hintersee, Salzburg

6. Stockkorallen [*Astraeomorpha confusa* (Winkler)]. Oberrätriffkalk: Gruber-Riff bei Hintersee, Salzburg

7. Bryozoen gehören zu quantitativ wichtigen, systematisch jedoch bisher nur unvollkommen bekannten Rifforganismen in der alpinen Obertrias. Der Stock ist durch Muscheln angebohrt. Oberrätriffkalk: Feichtenstein bei Hintersee, Salzburg

8. *Montlivaultia norica* Frech, eine sowohl in der Kalk- als auch in der Mergelfazies verbreitete Einzelkoralle. Oberrätriffkalk: Gruber-Riff bei Hintersee, Salzburg

9. Nicht segmentierte Kalkschwämme (*Peronidella* sp.). Oberrätriffkalk: Gruber-Riff bei Hintersee, Salzburg

Balkenlänge für alle Figuren 5 mm
Mat. B. Senowbari-Daryan und P. Schäfer, Erlangen

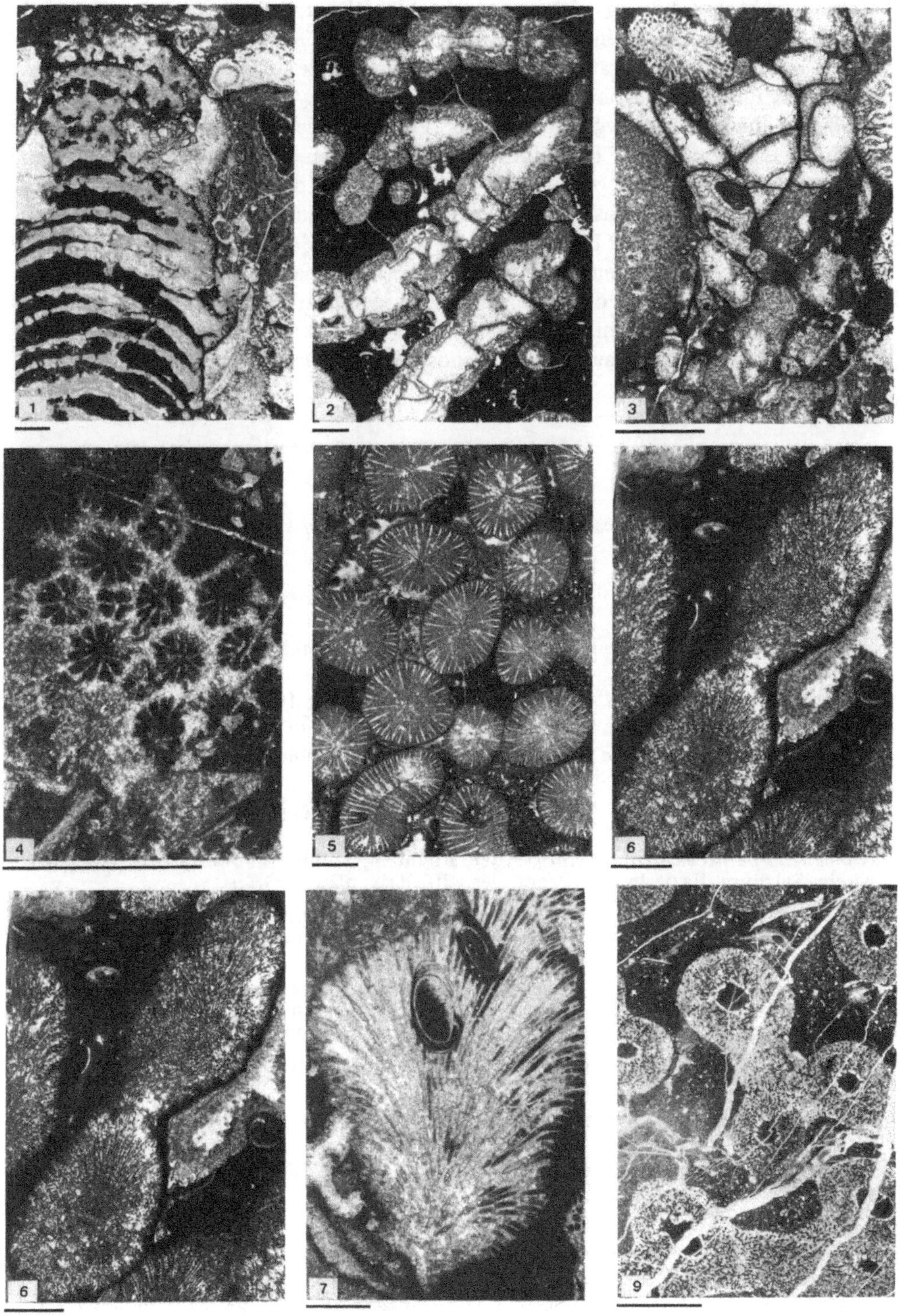
1
2
3
4
5
6
6
7
9

tationsrate abhängige Lösung erfaßt mit zunehmender Wassertiefe zunächst Aragonit und dann Kalzit. Dementsprechend werden in den rezenten Ozeanen höherliegende ACD-Flächen (aragonite compensation depth) und tieferliegende CCD-Flächen (calcite compensation depth) bzw. Aragonit- und Kalzit-Lysoclinen (ALy, CLy) als Bereiche verstärkter Lösung unterschieden (vgl. Abb. 6). Die Projektion der rezenten Lösungstiefen in die Erdgeschichte stößt auf beträchtliche Schwierigkeiten, wenn man an die mit dem plattentektonischen Modell verbundene Vorstellung über die Erweiterung und Verengung ozeanischer Becken denkt oder größere Klimaschwankungen postuliert (Diskussion bei Berger u. Winterer, 1974; Burns, 1974).

Trotzdem darf angenommen werden, daß die Kombination der paläontologischen, mikrofaziellen und sedimentologischen Daten sowie die Berücksichtigung der geochemischen Kriterien (siehe Abschnitt 9.1.2) eine immer bessere Erkennung von Tiefwasserkarbonaten ermöglicht (vgl. auch Cook u. Enos, 1977, im Druck).

Tafel 32/1–13. Faziesdiagnostische Organismen – Mikrofossilien in Riffkalken der alpinen Ober-Trias ▶

1. *Involutina communis* (Kristan). Dachsteinriffkalk (Nor): Gosaukamm, Oberösterreich. Balkenlänge 250 µ

2. *Sigmoilina* sp. Oberrätriffkalk: Adnet, Salzburg, Faziesbereich: Zentrales Riff. Balkenlänge 250 µ

3. *Ophthalmidium leischneri* (Kristan-Tollmann). Oberrätriffkalk: Rötelwand bei Hallein, Salzburg. Faziesbereich: Zentrales Riff. Balkenlänge 250 µ

4. *Austrocolomia canaliculata* (Kristan). Oberrätriffkalk: Adnet, Salzburg. Faziesbereich: Zentrales Riff. Balkenlänge 250 µ

5. *Triasina hantkeni* Majzon. Dachsteinkalk (Nor): Wopfing, Niederösterreich. Faziesbereich: Hinterriff. Balkenlänge 250 µ

6. *Galeanella panticae* Brönnimann, Cadet, Ricout u. Zaninetti. Oberrätriffkalk: Feichtenstein, Salzburg. Faziesbereich: zentrales Riff. Balkenlänge 250 µ

7. *Cheilosporites tirolensis* Wähner, ein aus schüsselförmigen Segmenten aufgebautes Mikroproblematikum (Sphinctozoen, Foraminiferen oder Algen?). Oberrätriffkalk: Gruber-Riff bei Hintersee, Salzburg. Balkenlänge 5 mm

8. *Microtubus communis* E. Flügel, ein in der Riffkernfazies der obertriadischen Riffe sehr häufig auftretendes Mikroproblematikum (Wurmröhren, Foraminiferen oder Kalkalgen?). Oberrätriffkalk: Feichtenstein, Salzburg. Balkenlänge 1 mm

9. *Diplotremina* sp. Dachsteinkalk (Rät): Sauwand bei Gußwerk, Steiermark. Hinterriff-Fazies. Balkenlänge 1 mm

10. *Alpinophragmium perforatum* E. Flügel. Oberrätriffkalk: Adnet, Salzburg. Zentrales Riff. Balkenlänge 1 mm

11. *Ophthalmidium triadicum* (Kristan). Oberrätriffkalk: Adnet, Salzburg. Faziesbereich: Zentrales Riff. Balkenlänge 250 µ

12. *Glomospirella? pokornyi* (Salaj). Dachsteinkalk (Nor): Leanyvar, Gerece-Gebirge, Ungarn. Hinterriff-Fazies. Balkenlänge 250 µ

13. Anomuren-Koprolith: *Parafavreina thoronetensis* Brönnimann, Caron u. Zaninetti. Kössener Schichten (Rät): Feichtenstein bei Hintersee, Salzburg. Balkenlänge 250 µ

Mat. zu Fig. 2, 3, 4, 6–8, 10, 11 und 13 B. Senowbari–Daryan u. P. Schäfer, Erlangen

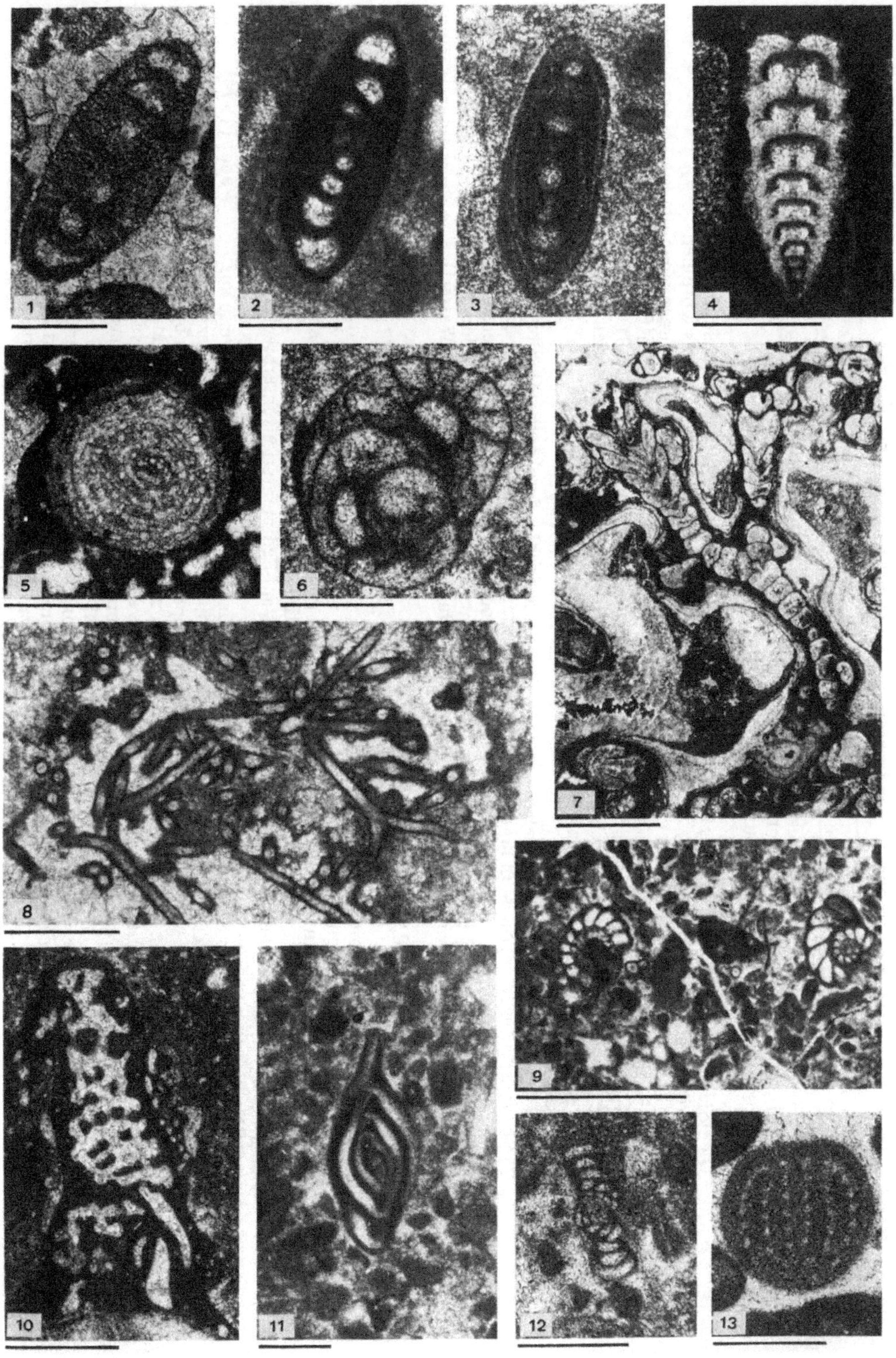
1
2
3
4
5
6
7
8
9
10
11
12
13

Tabelle 55. Fazieskriterien für tiefmarine Karbonate

	Merkmale	Diskussion	Wichtige Literatur
Mikrofazies	1) Mikrit dominiert; meist feinkörnig, homogen. Häufig mit planktonischen Mikrofossilien	Hinweis auf geringe Wasserenergie	
	2) Sparit als Zement nur in selten auftretenden mikrobioklastischen Kalksiltiten		
	3) Peloide sowohl in Kalksiltiten als auch in Mikriten und Biomikriten häufig	In Kalksiltiten als aus flacheren Bereichen angeliefertes Material, in Mikriten als Kotpillen planktonischer und benthonischer Organismen	
	4) Algen-Onkoide, Aggregatkörner und Rindenkörner fehlen (oder sind allochthon)	Hinweis auf fehlende Durchlichtung (Einschränkung siehe Abschnitt 5.3.12.3)	„Tiefsee-Onkoide" (Monty, 1973)
	5) Intraklasten häufig; bedingt durch Subsolution schwache Bodenströmungen oder durch Rutschungsmaterial	Hinweise auf Lösung am Meeresboden und auf Sedimentation am Hangfuß	
	6) Extraklasten fehlend oder sehr selten	Hinweis auf fehlenden Landeinfluß bzw. größere Entfernung der Küstenlinie, bedingt durch das Fehlen oder Zurücktreten von stärkeren Bodenströmungen,	
	7) Sortierung der Komponenten im allgemeinen mäßig bis schlecht		
	8) LF-Fenstergefüge und birdseyes fehlen, Stromatactis-Strukturen können in Schlammbiohermen auftreten	Hinweis auf tieferes Bildungsmilieu (LF-Gefüge typisch für sehr flaches Wasser!)	
	9) Häufig drei Standard-Mikrofaziestypen (siehe Abschnitt 8.2) a) Spiculit, b) mikrobioklastischer Kalksiltit, c) pelagischer Mudstone		Wilson (1969, 1975)
	10) Farbschichtung im mm-Bereich	Bedingt durch Fe-Mn-Anreicherung an Diskontinuitätsflächen	
	11) Fe-Mn-Krusten im mm- bis cm-Bereich, Diskontinuitätsflächen	Hinweis auf Sedimentationsunterbrechungen	Siehe 4.2.4.5
	12) Sessile Mikroorganismen (meist Foraminiferen in Mn-Fe-Krusten)	Nach Rezentvergleichen keine Hinweise auf bestimmte Wassertiefen oder auf spezifische Paläotopographie; gehäuft in Tiefen bis etwa 2000 m auftretend, bis 5000 m bekannt	Wendt (1974)
	13) Gelöste, oft parallel zur Schichtung „gekappte" kalkschalige Mikro- und Makrofossilien	Hinweis auf Aragonit- oder Kalzitlösung am Meeresboden und auf paläobathymetrische Möglichkeiten	W. Schlager (1974)
	14) Glaukonitanhäufungen unterhalb von Diskontinuitätsflächen	Kein Hinweis allein auf große Wassertiefen. Glaukonit entsteht in der Gegenwart in Tiefen zwischen 10 und 2000 m, häufig zwischen 30 und 700 m	Porrenga (1967)

	15) Limonitische „Blumenkohlstrukturen"	Der Wert dieser „stromatolithischen" Strukturen als Tiefenindikatoren ist umstritten (siehe 4.2.4.5)	Seyfried (1978)
	16) Fehlen von Algen-Bohrungen	Da die Unterscheidung von Algen- und Pilzbohrungen sehr schwierig ist (vgl. Abschnitt 4.1.3.6) und Cyanophyceen auch in größeren Tiefen auftreten – kein gutes Merkmal	Friedman et al. (1971)
Paläontologische Kriterien	1) Fehlen von Algen bzw. Kalkalgen	Als Hinweis auf größere Wassertiefen nur brauchbar, wenn systematische Einheiten (z.B. Dasycladaceen) betrachtet und die ökologisch sehr toleranten Cyanophyceen nicht überbewertet werden (s. Abschnitt 5.3.12.3)	Riding (1974)
	2) Mehr Plankton als Benthos bei Mikroorganismen	Insbesondere bei Foraminiferen als Tiefenindikator ausgewertet, erscheint Vorsicht angebracht, da das Verhältnis durch zu viele Faktoren beeinflußt wird. Bessere Hinweise liefert die Arten- und Faunen-Diversität	Funnel (1967)
	3) Vergleich der Tiefenverbreitung rezenter und fossiler Organismen	Nur mit sehr großer Vorsicht und beträchtlichen Einschränkungen (Änderungen im Laufe der Evolution und der Ökogenese etc.) brauchbar. Ausnahmen bilden einige wenige auf „Flachwasser" beschränkte Gruppen (z.B. Grünalgen, Riffkorallen, Kalkschwämme)	J. Walter (1893) Heckel (1972)
	4) Auswertung fossiler Verbreitungsmuster	Beispiel: Ammoniten-Verbreitung und Paläobathymetrie im Malm (B. Ziegler); ökologisch bedingte und von der Erhaltungsmöglichkeit abhängige Einschränkungen scheinen häufig zu sein	B. Ziegler (1967) Garrison u. Fischer (1969) Geyer (1971)
	5) Spuren-Spektren	Die tiefenabhängigen Verhaltensmuster mariner Invertebraten bedingen unterschiedliche Spurenspektren in Flach- und Tiefwasser bzw. in Bereichen mit Lang- und Kurzschwebsedimentation. Die bathymetrische Auswertung wird heute intensiv diskutiert	Seilacher (1967)
	6) Kondensierte Faunen	Mischung von altersverschiedenen Faunenelementen in geringmächtigen Sedimentationseinheiten. Hinweis auf verlangsamte Sedimentation	Wendt (1974)

Tabelle 54 (Fortsetzung)

	Merkmale	Diskussion	Wichtige Literatur
Sedimentologische Kriterien	1) Geringe bis fehlende Quarzgehalte in „Tiefwasser"-Karbonaten	Hinweis auf landferne Sedimentation und auf größere Wassertiefen	
	2) Gleichförmige Bankung mit ebenen Bankungsflächen		
	3) Häufig Internschichtung im mm-Bereich		
	4) Hartgründe auf Bankoberflächen	Hinweise auf Sedimentationsverlangsamung und Stillstand; heute in Tiefen zwischen 200 und 3500 m	Fürsich u. Wendt (1976)
	5) Wechsel von relativ gleich dicken Kalkbänken und dünneren Mergellagen		Wilson (1969)
	6) Sedimentstrukturen, die auf sporadische Strömungen und auf submarine Rutschungen hinweisen	Fließmarken, Belastungsmarken, Gleitmarken, sedimentäre Falten, Einschaltung von größeren Blöcken etc.	Beispiel bei Garrison u. Fischer (1969)
	7) Resedimentierte Kalkklasten, „sedimentäre Brekzien und Konglomerate"		Bernoulli u. Jenkyns (1970)
	8) Überlagerung der Normalsedimente durch Turbidite mit Bouma-Sequenzen	Hinweis auf primär tiefen (aber nicht unbedingt sehr tiefen) Ablagerungsraum	
	9) Lösungstrukturen (schichtparallele Korrosionsflächen, Subsolutionsfragmente etc.)	Hinweis auf größere Wassertiefen bei Vergleich mit rezenten Verhältnissen. $CaCO_3$-Lösung wird jedoch auch durch Wassertemperatur, Sedimentationsrate etc. kontrolliert.	Hollmann (1964) Garrison u. Fischer (1969) Berger (1974)
	10) Mn-Knollen und -Krusten	Rezent überwiegend in größeren Wassertiefen, jedoch auch knapp unterhalb 200 m bekannt.	Germann (1971)
	11) Häufige SiO_2-Knollen (Hornsteine)	Kein ausschließliches Kriterium für tiefmarine Bereiche	
	12) Dunkle und bunte Gesteinsfarben		
	13) Häufige Assoziation von Kalken bzw. Kalk/Mergel-Wechselfolgen, Radiolariten und submarinen Vulkaniten		

Als Beispiele für *häufig auftretende Mikrofazies-Typen in tiefmarinen Karbonaten* seien Beobachtungen aus dem alpinen Mesozoikum angeführt:

a) Rote Biomikrite mit pelagischer Mikrofauna (Globochaeten, Stomiosphaeren, Saccocomen) und Echinodermen, Brachiopoden und Mollusken-Detritus (Taf. 13/2). Häufig als „Knollenkalk" entwickelt. Im allgemeinen mikritische Klasten in mikritischer Matrix (s. Taf. 5/6), seltener Mikritklasten durch Zement verbunden (Adneter „Scheck", Taf. 5/5). Für die Entstehung des Knollengefüges und für die Bildungstiefen werden Lösung am Meeresboden (Subsolution, etwa 4000 m Wassertiefe; Hollmann, 1962; Garrison u. Fischer, 1969), Kombination von konkretionärem Wachstum von Mg-Kalzit-Knollen und Lösung von Aragonit noch im Bereich der photischen Zone (Jenkyns, 1974), Kombination von Lösung, Kompaktion und Drucklösung (Zankl, 1969) oder Sedimentation von Rutschungsfragmenten angenommen. Nach Bernoulli (1972) handelt es sich bei diesen im Bereich Lias bis Malm weit verbreiteten Kalken (Adneter Kalk, Ammonitico rosso) um in unterschiedlicher Wassertiefe gebildete Schwellen-Sedimente.

b) Auffallend hell gefärbte, rückstandsarme, rhythmisch gebankte Mikrite bzw. Biomikrite mit pelagischen Mikrofossilien (Calpionellen, Globochaeten, Radiolarien), Ammonitenaptychen und Kieselschwammnadeln. REM-Bilder zeigen häufige Nannofossilien (s. Taf. 7/4). Malm und untere Kreide (Oberalmer Schichten, Aptychen-Schichten, Maiolica, Biancone). Auf Grund der Lösung aragonitischer Schalen werden Tiefen von mehreren Tausend Metern angenommen (H.W. Flügel u. A. Fenninger, 1966; Garrison u. Fischer, 1969).

c) Filament-Biomikrite (Taf. 11/6, 12/1) mit zahlreichen, sehr dünnen Schalen pelagischer Mollusken sowie mit Globochaeten, Radiolarien und Ammoniten. Da Hinweise auf die Existenz von schwachen Strömungen gegeben sind (Kuhry et al., 1976), ist eine Ablagerung in relativ geringen Tiefen (einige hundert Meter) möglich. Beispiele liefern die mitteltriadischen Reiflinger Kalke und die obertriadischen Hallstätter Kalke.

d) Dunkle, tonige Mikrite mit Schwammnadeln und verstreuten Fragmenten von benthonischen und pelagischen Bioklasten. Beispiel Birmensdorfer Schichten, Schweizer Jura. Teilweise dem distalen Ende von Turbiditen entsprechend (Wilson, 1975).

e) Dunkle Pelmikrite bzw. kalksiltitische Pelsparite, entsprechend der Standard-Mikrofazies 1. Beispiel Quintener Kalk, Helvetische Zone. Beckensedimente mit distalen Turbiditpartien.

Tafel 11 zeigt einige in tiefmarinen Kalken häufiger auftretende mikrofazielle Merkmale.

Einen Spezialfall der tiefmarinen Sedimentation stellen *Kalkturbidite* dar: Ausgangsmaterial für diese durch Trübeströmungen (turbidity currents) in das Becken transportierten Sedimente sind Karbonatplattformen oder Riffe (vgl. Abschnitt 2.2.2.3), an deren Rändern Schuttmaterial bereitgestellt wird. Dieses Material findet sich in Form von gesetzmäßig aufgebauten Einlagerungen in Sedimenten anderer Entstehung (typische Flyschsedimente; riff- und plattformnahe Beckenfazies). Meischner (1962, 1964) hat für die „anderswoher stammenden" detritischen Kalkeinschaltungen in tonigen Gesteinen den Namen *„allodapischer Kalk"* vorgeschlagen und durch folgende *Kriterien* definiert:

- Gesteinsverband: wiederholte Wechsellagerung von Peliten und klastischen Kalken. Die regelmäßig aufgebauten Kalkbänke lassen sich ohne größere Veränderung in Mächtigkeit und Zusammensetzung über weite Entfernungen verfolgen.
- Sedimentäre Strukturen innerhalb einer Kalkbank: Die völlig scharf ausgebildete

Unterfläche kann Ausgüsse von Strömungsmarken tragen. Die mittlere Korn-(Komponenten-)Größe nimmt von unten nach oben ab (Gradierung). Die Obergrenze ist meist unscharf. Größere Gerölle liegen nahe der Unterfläche, teilweise in Dachziegellagerung. Im oberen Teil ist eine zunehmend enger werdende ebene Feinschichtung zu beobachten, die in eine Lamination übergeht. Strömungsrippeln und Wulstschichtung können vorkommen. Die Sortierung umfaßt auch die Fossilien. Sie ist im basalen Teil der Bank schlecht und wird nach oben hin besser. Die Rundung ist sehr gering.

– Verteilung im Raum: Jede detritische Kalkbank bildet einen linsenförmigen Körper. Die grobkörnigen basalen Partien erreichen ihre größte Mächtigkeit in dem stromaufliegenden Teil, während die Maxima der feinen oberen Bankteile stromabwärts versetzt sind.
– Biofazielle Kriterien: Die detritischen Kalke bestehen aus Bioklasten benthonischer Flachwasser-Bewohner (oft aus Riffbiotopen) mit Beimengungen pelagischer Organismen, die im Liefergebiet fehlen. Alle benthonischen Fossilien weisen Korngrößensortierung auf, Organismen in Lebensstellung fehlen. Ooide sind häufig. – Die pelitischen Sedimente entsprechen einer pelagischen Stillwasserfazies. Benthos fehlt. Nekton und Plankton ist verbreitet und stellenweise auffallend gut erhalten.

Tafel 33/1–6. Faziesdiagnostische Merkmale – Tertiär ▶

1. Rhodolithen. Als „Rhodolithen" werden Onkoide bezeichnet, die durch allseitige biogene Anlagerung von Corallinaceen (zusammen mit sessilen Foraminiferen, Bryozoen, Serpuliden u.a.) gebildet werden. Rezent sind derartige Onkoide bevorzugt an seichte instabile Substrate gebunden, treten zum Teil jedoch auch in größeren Wassertiefen (bis etwa 250 m!) auf. Im Bild schwarze Corallinaceen-Lagen mit deutlichen Conceptacelreihen (*Archaeolithothamnium* sp, 1) und helle Zellreihen von sessilen Foraminiferen (*Miniacina multiformis* Scheibner, 2). Miozän: Pietraroia, südlicher Apennin. Balkenlänge 10 mm

2. Gastropoden-Milioliden-Biomikrit mit Alveolinen (vgl. Hottinger, 1960). Dieser Faziestyp ist in back-reef-Bereichen bzw. offenen Schelfbereichen des Tertiärs weit verbreitet. Eozän (Pesciara): Monte Bolca bei Verona, Italien. Balkenlänge 10 mm

3. Corallinaceen. *Lithothamnium roveretoi* Airoldi. In der Bildmitte kegelstumpfartiger Balaniden-Schnitt. Oberes Oligozän: Pohlkotte bei Osnabrück. Balkenlänge 100 μ

4. Großforaminiferen. Für den Zeitbereich oberes Paläozän und Eozän sind die nur in orientierten Schliffen bestimmbaren Großforaminiferen (Nummuliten, Alveolinen u.a.) von grundsätzlicher Bedeutung für die biostratigraphische Gliederung. Im Bild pfeilertragende Nummuliten der Gattung *Nummulites* Lamarck. Kalkturbidit. Unteres Eozän: Straße Akesar-Sindirgi, Mittelanatolien. Balkenlänge 1 mm

5. Großforaminiferen in miozänen Riffkalken, zusammen mit Bryozoen. Im Bild *Heterostegina costata* d'Orbigny und kleinere Amphisteginen. Die laterale Verbreitung dieser Foraminiferengruppen unterliegt einer relativ starken Fazieskontrolle (vgl. z.B. Carozzi et al., 1976, Abschnitt 1.4.1). Mittleres Miozän (Leithakalk, Baden): Steinbruch St. Margarethen, Burgenland. Balkenlänge 1 mm

6. *Nummulites* sp. (1) und *Discocyclina* sp. (2). Eozän: Siehmsee bei Einsiedeln, Schweiz. Balkenlänge 1 mm

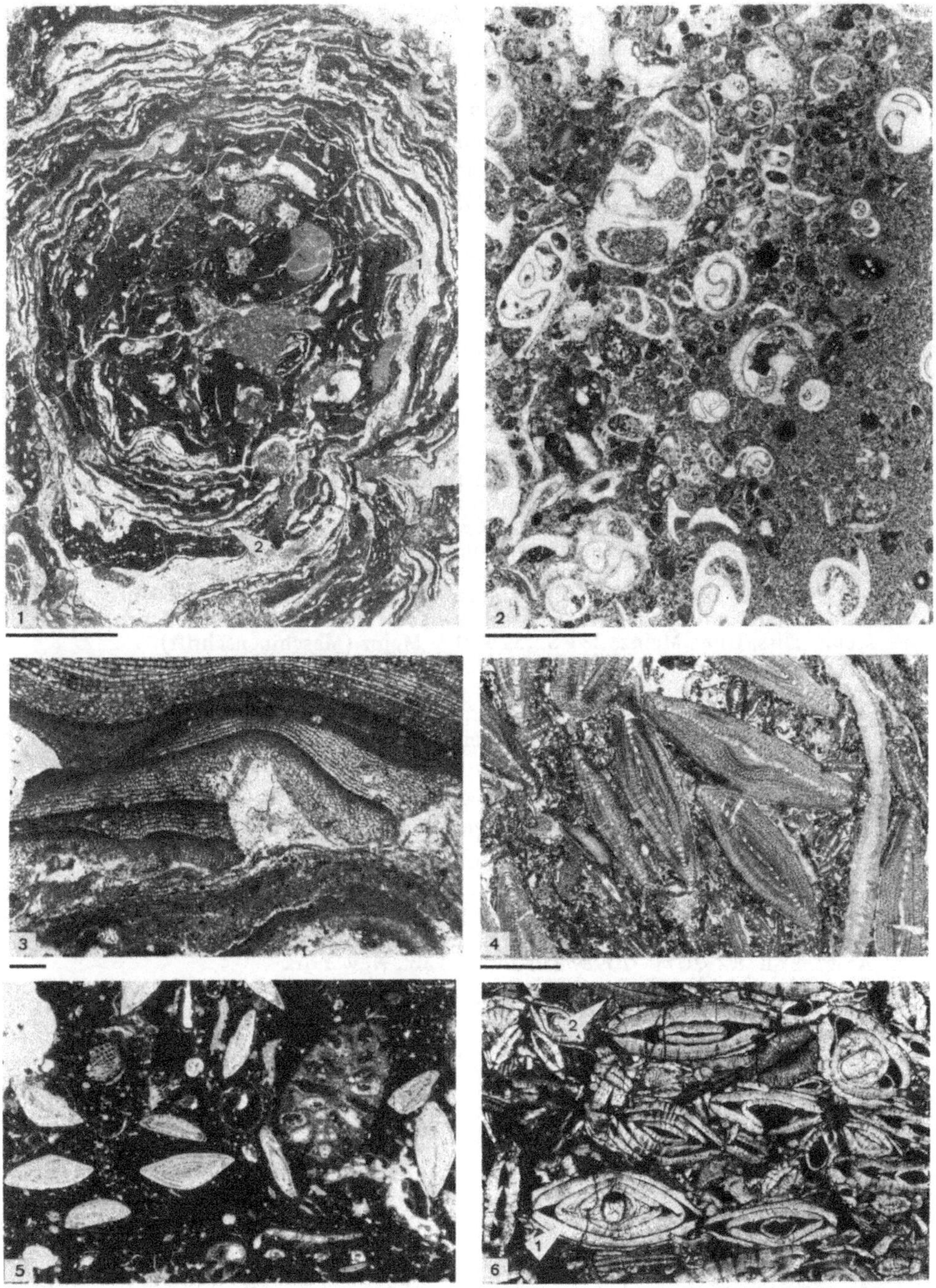

Derartige und im Aufbau teilweise abweichende Kalkturbidite lassen sich, was die Strukturabfolge in der„Idealbank" betrifft, nicht in die von Bouma (1962) aufgestellte Flysch-Sequenz einfügen. Engel (1974) hat daher zur Beschreibung der als alttertiäre Nummuliten-Brekzien vorliegenden Kalkturbidite in gleicher Weise wie auch Thomson u. Thomasson (1969) eine eigene Terminologie eingeführt. Wichtige Arbeiten über Kalkturbidite stammen von Angelucci et al. (1967), Engel (1970a, b), Bosellini (1967), Kuenen u. Haaf (1956), Marcinowski (1970), Mutti u. Ricci Lucchi (1972) und Hemleben u. Freels (1977).

10.2.5 Literatur: Fazies-Kriterien

10.2.5.1 Nichtmarine Karbonate

Ernst, W. (1970): siehe 9.1.3

Picard, M.D., High, L.R. (1972): Criteria for recognizing lacustrine rocks. In: Rigby, J.K., Hamblin, W.K. (eds.): Recognition of ancient sedimentary environments. Soc. Econ. Paleont. Min. Spec. Publ. **16**, 108–145, 24 Abb., 12 Tab., Tulsa

Riding, R. (1978): Lacustrine environment and algal facies of the Ries Lake, Miocene. In Vorbereitung

Stapf, K.R.G. (1970): Lithologische Untersuchung der Altenglaner Schichten im saarpfälzischen Unterrotliegenden mit besonderer Berücksichtigung der Karbonatgesteine. Diss. Univ. Mainz, 231 S., 52 Abb., Mainz (Maschinenschrift)

10.2.5.2 Randmarine und flachmarine Bereiche

Braun, M., Friedman, G.M. (1969): Carbonate lithofacies and environments of the Tribes Hill Formation (Lower Ordovician) of the Mohawk Valley, New York. J. Sed. Petrol. **39**, 113–135, Tulsa

Fischer, A.G. (1964): siehe 4.2.5.3

Ginsburg, R.N. (ed.) (1975): siehe 1.4.1

Kahle, Ch.F. (1971): Stratigraphic and environmental significance of sedimentary structures in Cayugan (Silurian) tidal flat carbonates, Northwestern Ohio. Geol. Soc. Amer. Bull. **82**, 2071–2098, 15 Abb., 5 Tab., New York

Laporte, L.F. (1967): Carbonate deposition near mean sea-level and resultant facies mosaic: Manlius Formation (Lower Devonian) of New York State. Bull. Amer. Ass. Petrol. Geol. **51**/1, 73–101, 34 Abb., 3 Tab., Tulsa

Lucia, F.J. (1972): Recognition of evaporite-carbonate shoreline sedimentation. In: Rigby, J.K., Hamblin, W.K. (eds.): Recognition of Ancient Sedimentary Environments. Soc. Econ. Paleont. Min. Spec. Publ. **16**, 160–191, 34 Abb., Tulsa

Matter, A. (1967): Tidal flat deposits in the Ordovician of western Maryland. J. Sed. Petrol. **37**/2, 601–609, 5 Abb., Tulsa

Mazzullo, S.J., Friedman, G.M. (1975): Conceptual model of tidally influenced deposition on margins of epeiric seas: Lower Ordovician (Canadian) of Eastern New York and Southwestern Vermont. Bull. Amer. Ass. Petrol. Geol. **59**/11, 2123–2141, 13 Abb., 1 Tab., Tulsa

Müller-Jungbluth, W.-U. (1970): Sedimentologische Untersuchungen des Hauptdolomits der östlichen Lechtaler Alpen, Tirol. Festband Geol. Inst. 300-Jahr-Feier Univ. Innsbruck, 255–308, Taf. 1–8, Innsbruck

Reineck, H.E. (1973): siehe 1.4.1

Roehl, P.O. (1967): Stony Mountain (Ordovician) and Interlake (Silurian) facies analogs of recent low energy marine and subaerial carbonates, Bahamas. Bull. Amer. Ass. Petrol. Geol. **51**/10, 1979–2032, 48 Abb., Tulsa

Textoris, D.A. (1968): Petrology of supratidal, intertidal and shallow subtidal carbonates, Black River Group, Middle Ordovician, New York, U.S.A. Intern. Geol. Congr. Rep. 23rd Sess., Proc. Sect. **8**, 227–248, 6 Abb., Prag
Wood, G.V., Wolfe, M.J. (1969): Sabkha cycles in the Arab/Darb formation off the Trucial Coast of Arabia. Sedimentology **12**, 165–191, 7 Abb., Amsterdam

10.2.5.3 Riffkomplexe

Goreau, T.F., Land, L.S. (1974): Fore-reef morphology and depositional processes, North Jamaica. In: Laporte, L.F. (ed.): Reefs in Time and Space. Soc. Econ. Paleont. Min. Spec. Publ. **18**, 77–89, 13 Abb., Tulsa
Krebs, W. (1969): siehe 3.10
Schroeder, J.H. (1972): siehe 3.10
Schroeder, J.H. (1973): siehe 3.10
Zankl, H. (1971): siehe 3.10

10.2.5.4 Tiefmarine Bereiche

Allen, R.L. (1970): Physical Processes of Sedimentation. Earth Sci. Ser. **1**, Unwin Univ. Books, 248 S., London
Angelucci, A., Rosa, E. de, Fierro, G., Gnaccolini, N., La Monica, G.B., Martinis, B., Parea, G.C., Pescatore, T., Rizzini, A., Wezel, F.C. (1967): Sedimentological characteristics of some Italian turbidites. Geol. Romana **6**, 345–420, 65 Abb., 4 Tab., Rom
Berger, W.H., Winterer, E.L. (1974): Plate stratigraphy and the fluctuating carbonate line. In: Hsü, K.J., Jenkyns, H.C. (eds.): Pelagic Sediments: On Land and Under the Sea. Spec. Publ. Intern. Ass. Sediment. **1**, 11–48, 26 Abb., Oxford
Bernoulli, D. (1972): North Atlantic and Mediterranean Mesozoic facies: a comparison. In: Hollister, C.D. et al. (eds.): Initial Reports of the Deep Sea Drilling Project 11, 801–872, Washington
Bernoulli, D., Jenkyns, H.C. (1970): A Jurassic basin: the Glasenbach Gorge, Salzburg, Austria. Verh. geol. Bundesanst. Wien **1970**, 504–531, Wien
Bouma, A.H. (1962): Sedimentology of Some Flysch Deposits. 168 S., 8 Taf., 31 Abb., Amsterdam: Elsevier
Bosellini, A. (1967): Torbiditi carbonatiche nel Giurassico delle Giudicarie e loro significato geologico. Ann. Univ. Ferrara, N.S., Sez. IX, Sci. Geol. Paleont. **4**/8, 101–115, 7 Abb., Ferrara
Burns, D.A. (1974): Changes in the carbonate component of Recent sediments with depth: a guide to paleoenvironmental interpretation. Marine Geol. **16**, M 13–M 19, 2 Abb., 1 Tab., Amsterdam
Chamberlain, C.K., Clark, D.L. (1973): Trace fossils and conodonts as evidence for deep-water deposits in the Oquirrh Basin of Central Utah. J. Paleont. **47**/4, 663–682, 3 Taf., 7 Abb., Lawrence
Cook, H.E., Enos, P. (1977): siehe 1.4.1
Engel, W. (1970a): Die Nummuliten-Breccien im Flyschbecken von Ajdovscina in Slowenien als Beispiel karbonatischer Turbidite. Verh. geol. Bundesanst. **1970**/4, 570–582, 5 Abb., Wien
Engel, W. (1970b): Genese Riff-naher Detritus-Kalke bei Balve im Rheinischen Schiefergebirge (Garbecker Kalk). Verh. geol. Bundesanst. **1970**/4, 551–569, 6 Abb., Wien
Engel, W. (1974): Sedimentologische Untersuchungen im Flysch des Beckens von Ajdovscina (Slowenien). Göttinger Arb. Geol. Paläont. **16**, 65 S., 3 Taf., 11 Abb., 1 Tab., Göttingen
Farrow, G.E. (1966): Bathymetric zonation of Jurassic trace fossils from the coast of Yorkshire, England. Paleo-3, **2**, 103–151, 11 Abb., 3 Tab., Amsterdam
Flügel, H.W., Fenninger, A. (1966): Die Lithogenese der Oberalmer Schichten und der mikritischen Plassen-Kalke (Tithonium, Nördliche Kalkalpen). N. Jb. Geol. Paläont. Abh. **123**/3, 249–280, Stuttgart

Friedman, G.M., Gebelein, C.D., Sanders, J.E. (1971): siehe 4.1.4.2
Fürsich, F.T., Wendt, J. (1976): siehe 4.2.5.6
Funnell, B.M. (1967): Foraminifera and radiolaria as depth indicators in the marine environment. Marine Geol. **5**, 5/6, 333–347, Amsterdam
Garrison, R.E., Fischer, A.G. (1969): siehe 4.2.5.6
Germann, K. (1971): siehe 4.2.5.6
Geyer, O.F. (1971): Zur paläobathymetrischen Zuverlässigkeit von Ammonoideen-Faunen-Spektren. Palaeo-3 **10**, 265–272, Amsterdam
Goldring, R., Kazmierczak, J. (1974): Ecological succession in intraformational hardground formation. Paleont. **17**/4, 949–962, Taf. 125–126, 3 Abb., London
Hemleben, Chr., Freels, D. (1977): Algen-laminierte und gradierte Plattenkalke in der Oberkreide Dalmatiens (Jugoslawien). N. Jb. Geol. Paläont. Abh. **154**/1, 61–93, 19 Abb., 1 Tab., Stuttgart
Hollmann, R. (1962): siehe 4.2.5.6
Hollmann, R. (1964): siehe 4.2.5.6
Jenkyns, H.C. (1974): siehe 3.10
Kuenen, Ph.H., Haaf, E. ten (1956): Graded bedding in limestones. Verh. Nederl. Akad. Wetensch., B **59**, 314–317, Amsterdam
Kuhry, B., Clercq, S.W.G. de, Dekker, L. (1976): Indications of current action in Late Jurassic limestones, radiolarian limestones, Saccocoma limestones and associated rocks from the Subbetic of SE Spain. Sed. Geol. **15**, 235–258, Amsterdam
Marcinowski, R. (1970): siehe 1.3.3
Meischner, D. (1962): Rhenaer Kalk und Posidonienkalk im Kulm des nordöstlichen Rheinischen Schiefergebirges und der Kohlenkalk von Schreufa (Eder). Abh. hess. Landesamt Bodenforsch. **39**, 47 S., 7 Taf., 15 Abb., 7 Tab., Wiesbaden
Meischner, D. (1964): siehe 1.3.3
Monty, Cl. (1973): Les nodules de manganèse sont des stromatolithes océaniques. C.R. Acad. Sci. Paris, Sér. D. **276**, 3285–2388, 2 Taf., Paris
Mutti, E., Ricci Lucchi, F. (1972): Le torbiditi dell'Appennino settentrionale: introduzioni all'analisi di facies. Mem. Soc. Geol. Ital. **11**/2, 161–199, 30 Abb., 1 Tab., Pisa
Porrenga, D.H. (1967): Glauconite and chamosite as depth indicators in the marine environment. Marine Geol. **5**, 495–501, Amsterdam
Riding, R. (1974): siehe 5.3.12.7
Riedel, W.R. (1963): The preserved record: paleontology of pelagic sediments. In: Hill, M.H. (ed): The Sea **3**, 866–887, New York: Interscience
Riedel, W.R., Funnell, B.M. (1964): Tertiary sediment cores and microfossils from the Pacific Ocean floor. Quart. J. Geol. Soc. London **120**, 305–368, London
Rose, P.R. (1970): Stratigraphic interpretation of submarine versus subaerial discontinuity surfaces: an example from the Cretaceous of Texas. Bull. Geol. Soc. Amer. **81**, 2787–2798, New York
Schlager, W. (1974): siehe 4.2.5.6
Seilacher, A. (1967): Bathymetry of trace fossils. Marine Geol. **5**, 413–428, 2 Taf., Amsterdam
Seilacher, A. (ed.) (1976): Palökologie. Bericht 1970–1975 des Sonderforschungsbereiches 53. Zentralbl. Geol. Paläont. **1976**, 494 S., Stuttgart
Seyfried, H. (1978): siehe 3.10
Shinn, E.A. (1969): Submarine lithification of Holocene carbonate sediments in the Persian Gulf. Sedimentology **12**, 109–144, Amsterdam
Thomson, A.F., Thomasson, M.R. (1969): Shallow to deep water facies development in the Dimple limestone (Lower Pennsylvanian), Marathon region, Texas. In: Friedman, G.M. (ed.): Depositional Environments in the Carbonate Rocks. Soc. Econ. Paleont. Min. Spec. Publ. **14**, 57–78, 32 Abb., Menasha
Walther, J. (1893): Die Lebensweise der Meeresthiere. Einleitung in die Geologie als historische Wissenschaft **2**, 195–531, Jena: Fischer
Wendt, J. (1974): siehe 4.2.5.6
Wilson, J.L. (1969): Microfacies and sedimentary structures in "deeper water" lime mudstones. In: Friedman, G.M. (ed.): Depositional Environments in Carbonate Rocks. Soc. Econ. Paleont. Min. Spec. Publ. **14**, 4–19, 5 Abb., 2 Taf., Menasha
Wilson, J.L. (1975): siehe 1.4.1
Zankl, H. (1969): siehe 3.10
Ziegler, B. (1967): Ammoniten-Ökologie am Beispiel des Oberjura. Geol. Rdsch. **56**, 439–464, Stuttgart

10.3 Fazies-Modelle

"... environmental analysis is at best an imprecise art, rather than a deterministic scientific discipline" (Selley, 1970). Gehen wir davon aus, daß die Fazies das Resultat bestimmter Ablagerungs- und Lebensbedingungen beschreibt, nicht aber die mit diesen Bedingungen verbundenen Umweltfaktoren selbst, so kann die Verwendung von „Faziesmodellen" oder „Sedimentationsmodellen" die kritische Einordnung von eigenen Befunden erleichtern. Die hierbei benützten Modelle sind im starken Maß von der augenblicklichen Kenntnis der rezenten Karbonatsedimentation sowie von der Häufigkeit analoger fossiler Beispiele beeinflußt. Da gute Sedimentationsmodelle die komplexe Vielfalt der bei der Entstehung eines Faziesbereiches oder einer Folge von Fazieszonen wirksamen organischen und anorganischen Faktoren in vereinfachender Weise zusammenfassen, besitzen diese Interpretationshilfen sowohl Vor- als auch Nachteile. Die Vorteile liegen in der Darstellung der wichtigsten für die Genese der Mikrofazies- und Faziestypen verantwortlichen Ursachen und in der als „Checkliste" verwendbaren Aufzählung der bei einer Deutung zu berücksichtigenden Merkmale. Alternative Interpretationen werden daher rascher erkennbar (vgl. Wolf, 1973). Ein nicht zu übersehender Nachteil einer zu stark an Modelle geknüpften Faziesinterpretation ist die Abhängigkeit vom jeweiligen Kenntnisstand bzw. von der Bearbeitungsintensität. Das noch vor etwa zehn Jahren in der Mehrzahl der Arbeiten über fossile Flachwasserkarbonate verwendete „Bahamabank-Modell" kann als Beispiel für eine kenntnisbedingte zu starke Dominanz eines rezenten Ablagerungsbereiches angesehen werden. Hierzu kommen verschiedene Vorstellungen über die Definition von „Modellen":

So sehen zum Beispiel Krumbein u. Graybill (1965) in einem Modell ein nach Möglichkeit mathematisch zu untermauerndes Gerüst, durch welches die Organisation geowissenschaftlicher Untersuchungen erleichtert wird. Derartige Modelle können durch statistische Methoden beschrieben oder als begriffliche Modelle (conceptual models) in Form von Diagrammen dargestellt werden (Wolf, 1973). Ein Modell kann jedoch auch der formale Ausdruck einer Theorie einer kausalen Situation sein, welche für die Entstehung der beobachteten Merkmale verantwortlich gemacht wird (Kendall u. Buckland, 1960). Schließlich können statistische „Simulationsmodelle" als Planspiele zeigen, welche Kombination von Umweltfaktoren die Entstehung eines bestimmten Faziestyps am wahrscheinlichsten erklären kann (vgl. Harbaugh u. Merriam, 1968, und Abschnitt 7.3). Mit Recht hat Seibold (1970) darauf hingewiesen, daß die Analyse der einzelnen Faktoren und der Versuch, daraus ein Gesamtbild zu gewinnen, wichtiger sind als das Modell selbst.

Die nachfolgend beschriebenen Faziesmodelle zeigen deutlich, daß „Gesamtbilder" derselben Fazieskomplexe in Abhängigkeit von der Betonung unterschiedlicher Faktoren verschieden instruktiv und aussagekräftig sind.

10.3.1 Grundlagen

Die Mehrzahl der für Möglichkeiten der Karbonatsedimentation vorgeschlagenen Modelle geht von vergleichenden sedimentologischen Untersuchungen und fossiler Sedimente aus (comparative sedimentology, Ginsburg, 1974) und stützt sich auf das von J. Walther

(1893: 979) entwickelte „Gesetz von der Korrelation der Fazies", wonach „primär sich nur solche Facies und Faciesbezirke geologisch überlagern können, die in der Gegenwart nebeneinander zu beobachten sind." Hierbei ist jedoch zu bedenken, daß nicht alle in der Erdgeschichte auftretenden Milieu- und Ablagerungsbereiche in der Gegenwart mit Beispielen vertreten sind und daß durch die atypischen Sedimentationsverhältnisse während und im Anschluß an das Quartär spezielle rezente Bedingungen geschaffen worden sind (vgl. Curray, 1975). Dies gilt besonders für den Schelfbereich, in dem heute verschieden stark umgelagerte „Reliktsedimente" vorhanden sind (vgl. Abschnitt 2.2.2).

Zu diesen Einschränkungen kommt die Beobachtung, daß die Sedimentation in den für Faziesvergleiche sehr wichtigen „Nebenmeeren" bedingt durch unterschiedliche Wasserzirkulation und abweichende Klimaverhältnisse durch zwei Modelle beschrieben werden kann (Seibold, 1970). Aus Tabelle 56 wird deutlich, daß generalisierte Modelle wie zum Beispiel das nachfolgend skizzierte Irwin-Modell für die Interpretation fossiler Sedimente nur bei Berücksichtigung der möglichen paläogeographischen bzw. paläoklimatischen Situation brauchbar sind. Die Beachtung der paläogeographischen Situation erscheint auch dann notwendig, wenn die Nichtvergleichbarkeit rezenter und fossiler Sedimentationsfaktoren wie zum Beispiel der Wasserschichtung diskutiert wird (Degens u. Stoffers, 1976).

Tabelle 56. Sedimentationsmodelle für humide und aride Nebenmeere (nach Seibold, 1970)

Merkmale	Humider Bereich	Arider Bereich
Wasserzirkulation		
Strom an der Oberfläche	auswärts	einwärts
Strom am Boden	einwärts	auswärts
Wasserschichtung	sehr deutlich, bei Fehlen einer winterlichen Konvektion bis zum Boden	weniger deutlich
Eigenschaften des bodennahen Wassers		
Salzgehalt	niedrig	hoch
Sauerstoffsättigung	niedrig	hoch
Nährstoffe (PO_4, SiO_2)	hoch	niedrig
Sedimenteigenschaften		
Kalkgehalt	niedrig, bei Stagnation höher	hoch
Organisch gebundener Kohlenstoff	hoch	niedrig
Metallgehalt	hoch	niedrig
Biofaziesgrenzen	oft scharf	oft unscharf
Küstenlagunen	Torfe	Evaporite
Rezente Beispiele	Ostsee, Hudson Bay, Schwarzes Meer	Persischer Golf, Rotes Meer, europäisches Mittelmeer

10.3.2 Beispiele

Das umfassendste und am besten durchdachte Faziesmodell für Karbonatsedimente hat J.L. Wilson (1975) entwickelt. Dieses Modell bezieht sich in erster Linie auf rand- und flachmarine Ablagerungen.

10.3.2.1 Schelf – Schelfrand – Becken, das Wilson-Modell

Wilson (1975) unterscheidet neun Fazieszonen (vgl. Abb. 51 und 57), die durch Lithologie, Sedimentstrukturen, Organismen und „Standard-Mikrofaziestypen" (s. Abschn. 8) charakterisiert sind. Diese Fazieszonen werden genetisch durch Faktoren kontrolliert, die vom Einfallwinkel der Sedimentationsbasis, von der Wasserenergie und vom Klima sowie vom geologischen Alter bzw. von den zur Verfügung stehenden, die Sedimentation beeinflussenden Organismen abhängen.

Fazieszone 1 (Becken)

1A. Turbiditische und leptogeosynklinale Tiefwasser-Fazies (Fondothem nach Rich, 1951): Geosynklinaltröge mit (a) *Kalkturbiditen* bzw. allodapischen Kalken (s. Abschnitte 2.2.2 und 10.2.4) und (b) tiefen *Leptogeosynklinalen* mit überwiegend pelagischer Karbonatsedimentation, wenig allodapischen Kalken und Bildung von Radiolariten und tonigen Sedimenten unterhalb der Karbonatlösungsgrenze. Beispiele liefert das alpinmediterrane Mesozoikum (s. 10.2.4). Frühdiagenetische SiO_2-Bildungen in Form von oft schichtparallel eingeschalteten Hornsteinen sind verbreitet. Die Kalke weisen eine sehr gleichförmige Lamination auf und zeigen häufig ein rhythmisches Sedimentationsmuster. Brekzienbänke und Rutschungsstrukturen weisen auf Sedimenttransport und -umlagerung hin. Die Organismen gehören nahezu ausschließlich dem Plankton und Nekton an. An Mikroorganismen treten unter anderem planktonische Algen (Coccolithophoriden, Globochaeten, Calcisphaeren) und Foraminiferen, Calpionellen, Radiolarien und Diatomeen auf. Die Makrofauna ist durch planktonische und epiplanktonische Muscheln, Schwebcrinoiden, durch Ammoniten, Kieselschwämme sowie durch Graptolithen gekennzeichnet.

1B. Kratonische Becken-Karbonate (Hungerbecken, meist euxinisch; Fondothem). Intrakratonische oder randkratonische Becken (Miogeosynklinalen) ohne benthonische Karbonatproduktion. Die Sedimentation ist von der Menge des angelieferten Ton- und SiO_2-Materials und von der Planktonproduktion im Oberflächenwasser abhängig. Die Sedimentationsbasis liegt unterhalb des Sauerstoffniveaus im euxinischen Bereich. Das Bodenwasser kann hypersalin sein. Es entstehen dunkle, dünngebankte Kalke mit dunklen Schiefern und Siltschiefern sowie dünngebankte Anhydrite. Unter den Karbonaten dominieren Mudstones und Kalksiltite mit sehr kleinen Peloiden und Bioklasten. Crinoidenanhäufungen können vorhanden sein. Die Sedimentstrukturen sind durch eine sehr gleichförmige, ebene mm-Lamination, durch Rippelkreuzschichtung und durch rhythmische Wechsellagerung von Kalken und Schiefern ausgezeichnet. Hornsteine sind sehr häufig. Die Organismen entsprechen den unter Fazieszone 1A angeführten Gruppen.

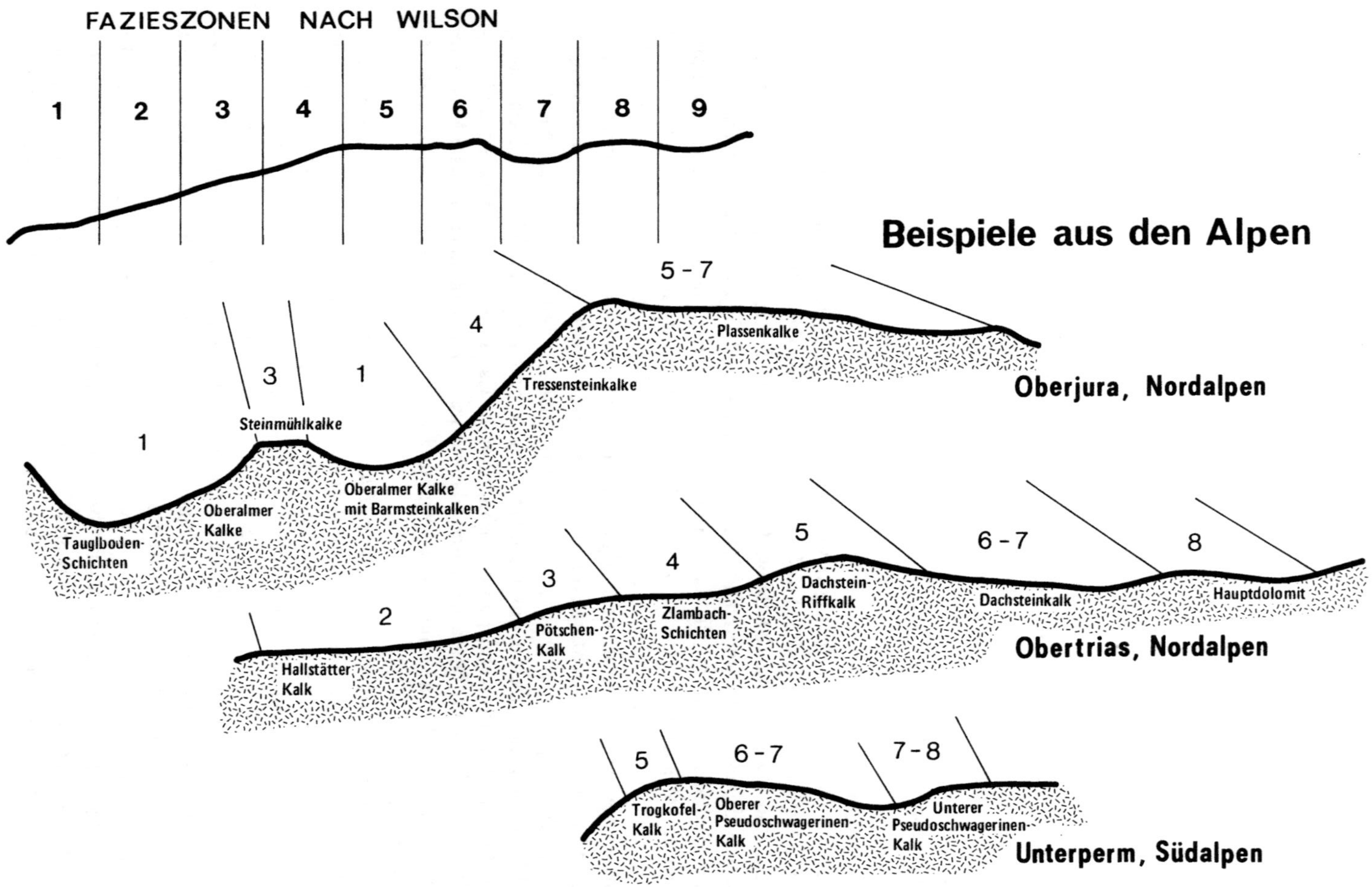

Abb. 57. Schematische Einordnung einiger mesozoischer und permischer Kalkfolgen aus den Alpen in das Wilson-Modell (vgl. Abb. 51). Zusammengestellt nach Fenninger u. Holzer (1972) – Malm, Zankl (1971) – Obertrias und Buggisch et al. (1976) – Perm, und eigenen Untersuchungen

Fazieszone 2 (offenmariner Schelf, tiefes Undathem nach Rich, 1951)

Ablagerungen in einigen zehn bis einigen 100 m Wassertiefe; im allgemeinen gut durchlüftet, normalmarine Salinität, gute Wasserzirkulation. Bedingt durch das Fehlen von Welleneinwirkung entstehen im neritischen Schelfbereich über weite Strecken relativ einheitlich zusammengesetzte Sedimente. Es handelt sich um sehr fossilreiche Kalke, die mit Mergelbänken wechsellagern. Die einzelnen Bänke sind im allgemeinen gut unterschieden. Neben Wackestones mit Bioklasten und mit nicht zerstörten Fossilien treten gelegentlich ausgewaschene bioklastische Grainstones und Lumachellen auf. Die mikritische Matrix ist reich an Peloiden. Gelegentlich finden sich Kalksiltite. Im Gegensatz zur Fazieszone 1 sind die Sedimente der Fazieszone 2 durch starke Bioturbation homogenisiert. Die dünn- bis mittelgebankten Bänke sind häufig wellig und knollig ausgebildet. In tonreicheren Kalken sind Wulststrukturen häufig. Die Bankoberflächen zeigen oft Kennzeichen von Sedimentationsverlangsamung und -unterbrechung. Die Fauna weist eine hohe Diversität auf, wobei sowohl auf als auch im Sediment lebende Organismen auftreten. Stenohaline Gruppen wie Brachiopoden, Korallen, Cephalopoden und Echinodermen sind im Gegensatz zur in vieler Hinsicht ähnlich ausgebildeten Fazieszone 7 häufiger. Fazieszone 2 scheint in der Gegenwart kein Analogon zu besitzen.

Fazieszone 3 (tieferer Schelfrand bzw. Beckenrand, Hangfuß; Clinothem)

Diese Fazies entsteht am Hangfuß einer flacheren, karbonatproduzierenden Schelfregion. Dementsprechend bestehen die karbonatischen Sedimente aus feinkörnigem Detritus aus dem flachmarinen Schelf sowie aus pelagischem Material. Die Wassertiefe dürfte der von Fazieszone 2 entsprechen und vielleicht etwa 200–300 m betragen. Die Sedimentationsbasis liegt unterhalb der kritischen Wellenfläche in einem kaum durchlüfteten Bereich. Es handelt sich um gut begrenzte Kalkbänke mit Einschaltungen von tonigem und kieseligem Material. Die Kalke sind als Mud- und Wackestones ausgebildet. Daneben treten auch Kalksiltite, Mikrobrekzien und gröbere Packstones aus Litho- und Bioklasten auf. Die Sedimentstrukturen sind durch zum Teil laminierte und rhythmisch aufgebaute Kalkbänke, zum Teil durch nichtlaminierte massive Kalke und durch Rutschungsstrukturen im m-Bereich charakterisiert. Gelegentlich treten mikritische Bioherme auf. Hornsteine sind verbreitet. Die Fauna liegt als Bioklasten aus dem offenmarinen Schelf und aus dem Hangbereich vor; benthonische Organismen und einige pelagische Formen sind miteinander vermischt.

Fazieszone 4 (Hang der Karbonatplattform, mariner Hangschutt; Clinothem)

Dieser Bereich zwischen der Untergrenze der durchlüfteten Zone und der Wellenbasis bildet eine mit bis zu 30° geneigte Sedimentationsfläche, auf welcher instabile und in Größe und Gestalt der Komponenten stark schwankende Sedimente abgelagert werden. Neben gebankten, feinkörnigen Lagen mit Großrutschungsstrukturen finden sich Kalksand- und Kalkschlammbereiche, die zum Teil als Hügelstrukturen stabilisiert sind. Die Kalke sind als siltitische und bioklastische Wacke- und Packstones ausgebildet. Lithoklasten und aus der Fazieszone 5 stammende Komponenten sind häufig (z.B. cm- bis m-großer Blockschutt aus dem Riff; Vorriff, siehe bei 10.3.2.5). Die Sedimentstrukturen sind durch in dünngebankte Schichten eingeschaltete große exotische Blöcke, syngenetische Rutschungen und Brekzien gekennzeichnet. Terrigene Einschaltungen sind selten. Der Fossilinhalt besteht aus allochthonen Elementen (im bioklastischen Detritus) und aus zum Teil arten- und formenreichen inkrustierenden Organismen.

Fazieszone 5 (Organogene Riffe oder Plattform-Rand, organic build up)

In Abhängigkeit von der Wasserenergie, der Hangneigung, der Organismendichte und der gerüstbauenden oder sedimentbindenden und -fangenden Fähigkeit von Organismen sowie beeinflußt von der Stärke der Zementation und von der Häufigkeit der subaerischen Exposition entstehen „Schelfrandriffe", deren Typen in Abschnitt 10.3.2.4 beschrieben werden. Es handelt sich um im allgemeinen massive Kalke und Dolomite, die überwiegend aus sessilen Organismen aufgebaut werden. Die Zwischenräume und die unmittelbare Umgebung der Boundstones sind mit arenitischen und mikritischen Sedimenten gefüllt. Hohlraumstrukturen sind häufig. Terrigene Komponenten fehlen im wesentlichen. Das Wachstum der sessilen Organismen wird durch die unterschiedliche Wasserenergie beeinflußt.

Fazieszone 6 (Ausgewaschene Plattformrand-Sande)

Diese auf flachen Untiefen, in Küstenregionen, den Küsten vorgelagerten und im Gezeichenbereich entwickelte Barren oder als äolische Dünensande ausgebildeten Karbonatsande entstehen in Wassertiefen bis etwa 10 m bzw. oberhalb der Küstenlinie. Die im normalmarinen und gut durchlüfteten Milieu abgelagerten, gut ausgewaschenen Kalksande bilden instabile Böden, die für die Besiedlung durch sessile und nicht angepaßte vagile Benthonten nur schlecht geeignet sind. Es handelt sich überwiegend um zum Teil dolomitische Kalkarenite mit Kreuzschichtungsstrukturen. Terrigene Quarze können vorhanden sein. Der Organismeninhalt besteht aus abgerollten Bioklasten von Organismen, die in den Faziesbereichen 4 oder 5 lebten und aus wenigen ökologisch angepaßten Formen wie zum Beispiel Gastropoden, Dasycladaceen und Foraminiferen.

Fazieszone 7 (Offenmarine Plattform, Schelflagune; flaches Undathem)

In offenen Lagunen, Buchten und Meeresstraßen hinter dem Plattformrand ist die Wasserzirkulation stark herabgesetzt. Das Wasser ist flach (wenige Meter bis wenige zehn Meter), die Salinität schwankt zwischen normalmarin und leicht hypersalin. Stenohaline Organismen sind daher im allgemeinen selten. Es entstehen Mudstones, Wackestones aus Bioklasten, Kalkarenite und Lumachellen. Einschaltungen von klastischen Sedimenten sind häufig. Die Fauna ist durch häufige Mollusken, Arthropoden, Schwämme, Foraminiferen etc. charakterisiert. Ferner finden sich Kalkalgen. Das häufig sehr feinkörnige Sediment wird durch marine Gräser stabilisiert.

Fazieszone 8 (Schelf und Gezeitenflächen mit eingeschränkter Wasserzirkulation)

In sehr flachen Lagunen und von der Küste abgeschnittenen Tümpeln ist die Wasserzirkulation sehr stark herabgesetzt. Die Salinität liegt im hypersalinen Bereich. Die Lagunen können hinter oder zwischen Barriereriffen, hinter Küsteninseln oder innerhalb von Korallenriffen (Atollen) entwickelt sein (siehe 2.2.2). Die Gezeitensedimente sind durch Kalkschlamm im Watt und gröberes Sediment in Prielkanälen und an lokalen Küsten gekennzeichnet. Sowohl die Salinitäts- als auch die Durchlüftungsbedingungen sind starken Schwankungen unterworfen, die zusammen mit windtransportierten klastischen Sedimenten für die Bildung von Extrembiotopen verantwortlich sind. Es treten überwiegend Mudstones bzw. Wackestones, häufig auch Dolomite auf. Peloide sind verbreitet. Charakteristisch sind laminierte Kalke mit Fenstergefügen, Algenstromatolithen und bei Prielsedimenten Kreuzschichtung. Die lokal in großer Häufigkeit vorkommenden Organismen weisen eine nur geringe Artenvielfalt auf. Es handelt sich um Gastropoden, Algen, bestimmte Foraminiferengruppen und um Ostrakoden.

Fazieszone 9 (Plattformevaporite)

Im ariden Klima bilden sich im Supratidal bzw. in Inlandtümpeln flache Salzseen (Sabkhas, Salinas, salt flats). Eine marine Überflutung erfolgt nur sporadisch. Durch Verdunstung von ab- oder aufsteigenden Salzlaugen entstehen Gipse oder Anhydrite. Die instabilen Sulfate werden durch Wasseraufnahme, Kristallwachstum und Kompaktion meist stark verändert. Als Gesteinstypen treten knollige und unregelmäßig gewellte Anhydrite oder Gipse auf, die mit feinkörnigen Dolomiten wechsellagern. Häufig finden sich diese Sedimente zusammen mit Rotschichten, Lamination, Schrumpfrissen, Stromatolithen und Spongiostromaten (= Thrombolithen-Strukturen, unregelmäßige Faserstrukturen und Caliche-Krusten. Terrigene Klastika sind häufig. Organismen fehlen so gut wie völlig; Ausnahmen stellen Blau-Grünalgen, Salzkrebse u.ä. dar.

Selbstverständlich handelt es sich bei diesen Fazieszonen um eine ideale, häufig in der lateralen (und vertikalen) Folge nicht verwirklichte Abfolge. Am Beispiel der Faziesausbildung im südalpinen Perm und im nordalpinen Mesozoikum (Abb. 57) wird gezeigt, daß einzelne Fazieszonen in Abhängigkeit von der paläotektonischen Situation der Karbonatplattformen ausfallen können:

Im Malm der Nördlichen Kalkalpen entwickelt sich eine ausgedehnte Plattform über Tieferwasserkarbonaten. Diese Plattform läßt die Fazieszonen 5 und 6 deutlich erkennen, während die Zonen 7–8 bzw. 9 fehlen. Desgleichen scheinen die Fazieszonen 2–4 nur zeitweise ausgebildet gewesen zu sein, während die Fazieszone 1A als über lange Zeit gleichmäßig absinkender Bereich in den Oberalmer Schichten gut dokumentiert ist. In der nordalpinen Obertrias, insbesondere im Nor, sind entsprechend dem von E. Flügel u. Flügel-Kahler (1963), A.G. Fischer (1964) und Zankl (1971) entwickelten Schema die Fazieszonen 2 bis 8 erkennbar. Schwieriger ist die Zuordnung der im südalpinen Unterperm vorhandenen Fazieseinheiten (vgl. E. Flügel, 1971, Buggisch et al., 1976). Die durch zyklische Wechsel von flachmarinen Karbonaten und von klastischen Sedimenten charakterisierten Unteren Pseudoschwagerinen-Schichten dürften der Fazieszone 7 entsprechen, während die (auf der Abbildung nicht berücksichtigten) klastischen Grenzlandschichten küstennahe Sedimente darstellen (Fazieszone 8?). Mit den überwiegend karbonatischen Oberen Pseudoschwagerinen-Schichten treten Sedimente des offenmarinen Plattformbereiches auf (Fazieszone 7) sowie Kalksande am Rand der Plattform (Fazieszone 6). Die Fazieszone 5 ist in den Tubiphyten-Riffen des Trogkofelkalkes überliefert. Sedimente der Fazieszonen 4 bis 1 sind in den Südalpen nicht bekannt, was auf einen sehr steilen Abfall der unterpermischen Schelfplattform schließen läßt.

10.3.2.2 Karbonatplattformen

Sehr häufig taucht im Zusammenhang mit der faziellen und sedimentologischen Charakterisierung von Flachwasserkarbonaten der Begriff „Plattform" auf. Die Definitionen schwanken: Während einzelne Autoren unter Plattform ein mit der rezenten Großen Bahama-Bank vergleichbares, sehr ausgedehntes flachmarines Karbonatsedimentationsgebiet verstehen (vgl. Abb. 58 und 59), verwenden anderen Autoren den Begriff bei der

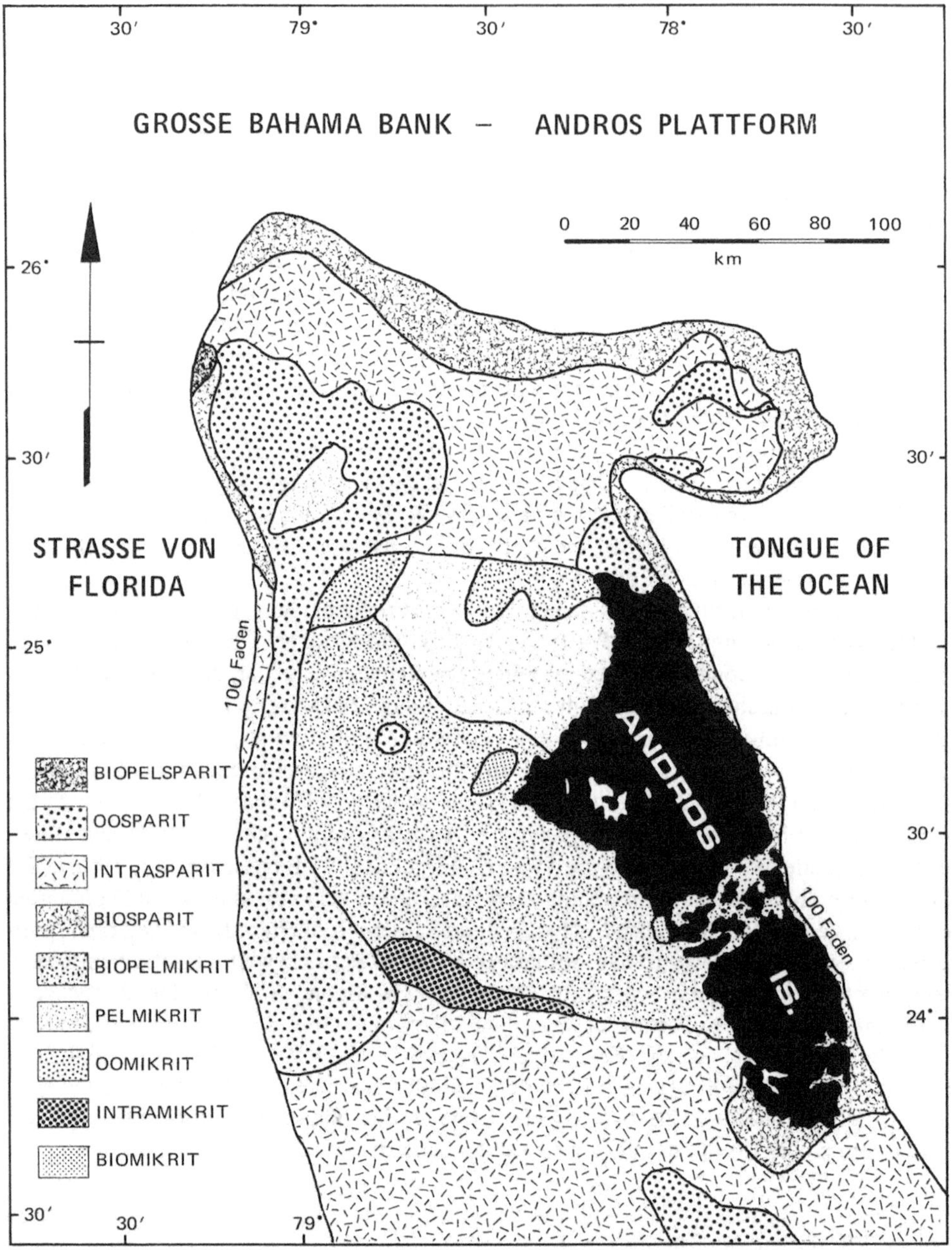

Abb. 58. Sedimentverteilung auf der Großen Bahama-Bank. Nach Imbrie u. Purdy (1962). Oosparite entsprechen der „Oolith-Fazies", die Intrasparite repräsentieren die „Aggregatkorn-(Grapestone-)Fazies"; die „Korallen-Algen-Fazies" ist durch Biosparite und Biopelsparite charakterisiert. Alle übrigen mikritischen Karbonattypen beziehen sich auf die „Schlamm-Fazies" bzw. bioklastische „Schlamm-Subfazies" und die „Peloid-Schlamm-Subfazies" nach Purdy (1963)

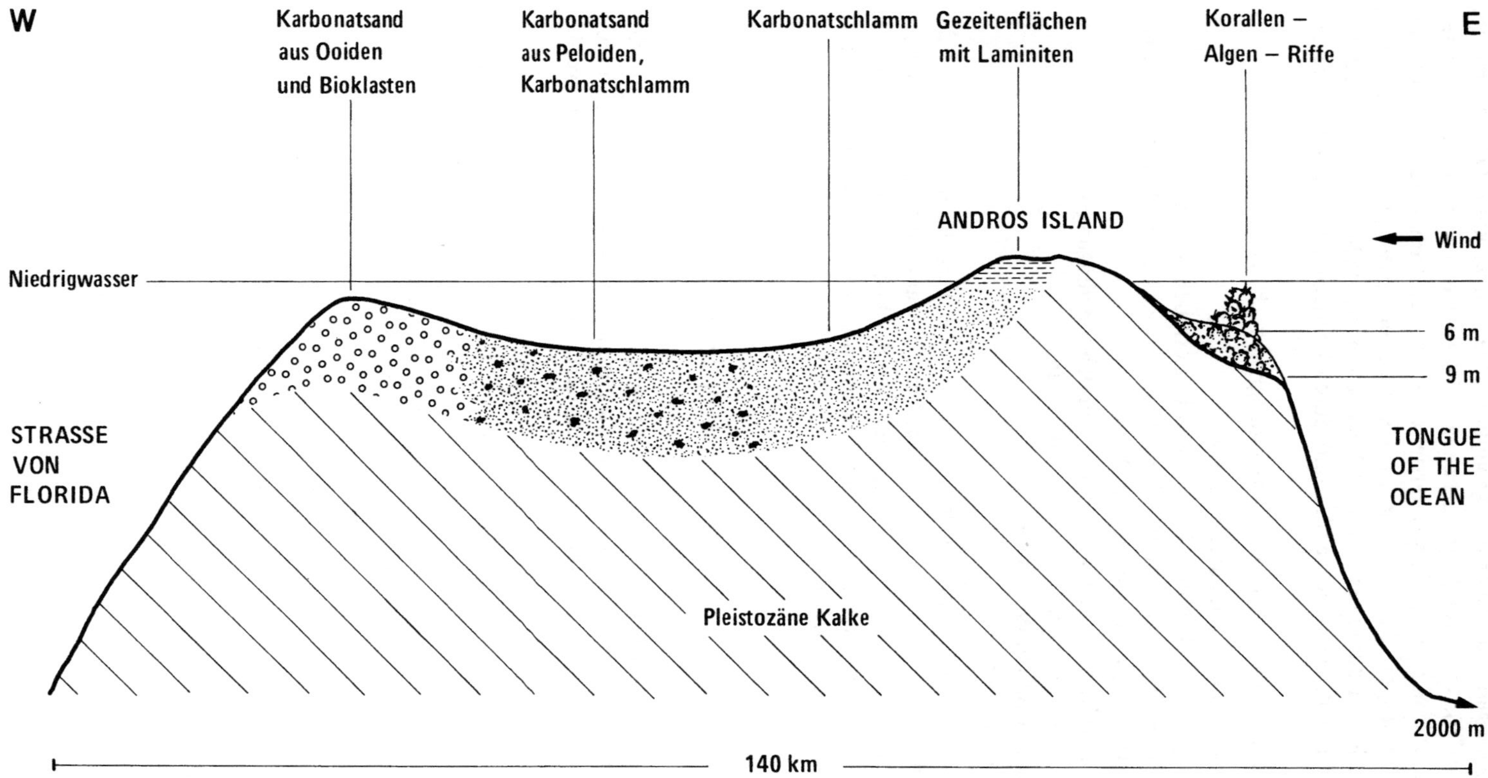

Abb. 59. Faziestypen auf der Bahama-Plattform. Die Zone Y im Irwin-Modell entspricht der Karbonatsandbarre mit Ooiden, die Zone Z dem davon östlich anschließenden Bereich. Nach Blatt et al. (1970)

Schilderung der paläogeographischen und geodynamischen Entwicklung (z.B. d'Argenio, 1976, Jenkyns, 1970). In dieser Begriffsfassung beinhaltet eine Plattform die Fazieszonen 4 bis 8 bei Wilson (1975). Wilson versteht unter einer Karbonatplattform ausgedehnte Karbonatkörper, die durch eine mehr oder weniger horizontale Oberfläche bzw. Sedimentationsbasis und durch eine abrupte Reliefänderung am Schelf- bzw. Plattformrand charakterisiert sind. Die Schelfränder sind durch hochenergetische Sedimente ausgezeichnet.

Wesentlich für die Verwendung des Plattformbegriffes scheinen zu sein:

- flach- und randmarine Karbonatsedimentation
- große bis sehr große Flächen mit einheitlichen Faziestypen (vgl. Abb. 59)
- Begrenzung der Sedimentationsareale durch hochenergetische Karbonate bzw. organogene Großstrukturen wie zum Beispiel Riffen
- Wechsel von subtidalen, intertidalen und supratidalen Bedingungen
- in weiten Teilen sehr geringe terrigene Beeinflussung
- relativ geringes Relief auf der Plattform
- sehr geringer Einfallwinkel.

Als Prototyp einer Plattformsedimentation gelten die Verhältnisse im Gebiet der Bahama-Bank (vgl. 2.2.2). Die hier beobachteten Faziestypen können auch im fossilen Bereich festgestellt werden. Tabelle 57 zeigt den Vergleich der Bahama-Bank mit der oberjurassischen „Sulzfluh-Bank", die in den Faziestypen des Sulzfluhkalkes (Vorarlberg und Graubünden) überliefert ist.

10.3.2.3 Flache Schelfbereiche ohne terrigene Beeinflussung, das Irwin-Modell

Irwin (1965) und Shaw (1964) haben für die nicht vom Land beeinflußte Sedimentation im marinen Epikontinentalbereich ein theoretisches Modell entwickelt, in welchem drei durch unterschiedliche Wasserenergie charakterisierte Zonen festgehalten werden (s. Abb. 60):

1. *X-Zone:* Im tieferen Wasser unterhalb der Wellenbasis wird Schlamm sedimentiert. Bodenströmungen liefern Sauerstoff, daher kann eine Besiedlung des Areals durch verschiedene benthonische Organismen erfolgen. Das entsprechende Karbonatsediment wird aus Mikrit mit arenitischen und ruditischen Schalenbioklasten bestehen. Die Sedimentationsrate ist gering. Das feinkörnige Sedimentmaterial stammt aus der Zone Z. Liegt die Zone X im reduzierenden Bereich, so können authigene Minerale (z.B. Glaukonit) gebildet werden; es kommt zur Sedimentation von viel organischer Substanz (daher dunkelgefärbte Kalke).

2. *Y-Zone:* Im flacheren Wasser oberhalb der Wellenbasis kann infolge der höheren Wasserenergie wenig Schlamm abgesetzt werden. Das Sediment besteht daher überwiegend aus arenitischen Bioklasten der in dieser Zone infolge der guten Durchlüftung und des hohen Nahrungsangebotes reichhaltigen und vielfältigen Fauna und Flora. Die Kalke entsprechen Kalkareniten bzw. -ruditen aus meist zerbrochenen und gerundeten Komponenten. Strömungen bedingen eine gute Auswaschung und die Entstehung von Strömungstexturen (Kreuzschichtung etc.). In Bereichen mit Karbonatsättigung bilden sich relativ küstennah Kalkooide. Lokal entwickeln sich in dieser Zone Riffe.

Tabelle 57. Plattformsedimentation am Beispiel der nur in Teilen erhaltenen „Sulzfluh-Bank" im Unterostalpin von Graubünden und Vorarlberg und auf der rezenten Bahama-Bank

Sulzfluh-Bank (Malm), Mindestfläche etwa 1500 km² (entspricht der dreifachen Größe des Bodensees)		Bahama-Bank (rezent). Fläche 167,000 km² (entspricht der Größe von Bayern + Österreich)	
Faziestypen	Merkmale	Faziestypen	Merkmale
Mikrit-Fazies (Inter- bis Subtidal, Energie-Index I_2 – II_2)	Mikrite, Pelmikrite, Dismikrite, Biomikrite, Biopelmikrite, Intramikrite. Kotpillen, Bioturbation, Ostrakoden, birdseyes, Dasycladaceen, miliolide Foraminiferen, filamentöse Algen	Schlamm-Fazies und Peloid-Schlamm-Fazies	Kalkschlamm, zum Teil mit bis zu 40% Peloiden (Kotpillen). Anteil der Biofraktion gering (etwa 20%); Algen, Foraminiferen, Mollusken. Sehr geringe Wasserbewegung
Intrasparit-Fazies (Subtidal, Energie-Index II_3 – V_1)	Intrasparite, Biointrasparite, Onkosparite; relativ viele Algen und Foraminiferen	Aggregatkorn-(Grapestone-) Fazies	Grapestones dominieren (bis 50%). Peloide relativ selten, Organismengehalt bis 20%; Foraminiferen, Algen, Mollusken. Herabgesetzte Wasserbewegung
Oolith-Fazies (Subtidal, Energie-Index IV_3 – V_2)	Oosparite, Oomikrosparite. Wenig Organismen	Oolith-Fazies	Kalkooide dominieren (bis 70%). Biogengehalt sehr gering; maximale Turbulenz
fehlt	–	Korallen-Algen-Fazies	Bioklasten von Korallen und Algen dominieren, Pelletoide vorhanden (bis etwa 20%). Bewegtwasser

3. *Z-Zone:* Im flachsten Wasser der an die Küste anschließenden Zone wird die Wasserenergie durch die in der Zone Y gebildeten „Barren" (z.B. durch Oolithrücken oder Riffe) stark herabgesetzt. Es wird überwiegend Kalkschlamm sedimentiert, dessen feinste bioklastische Bestandteile teilweise aus der Zone Y stammen; zum Teil jedoch ist biochemische oder physikochemische Karbonatfällung wirksam. Herabgesetzte Wasserzirkulation, erhöhte Salinität und erhöhte Temperaturen bedingen eine artenarme Fauna, die zahlreiche Kotpillen produziert. Es entstehen Pelmikrite mit wenigen Biogenen. Im ariden Klima bilden sich bei extremen Verdunstungsraten in dieser Zone Evaporite. In der Gezeitenzone und im Supratidal überwiegen, bedingt durch die starken Temperatur- und Salzgehaltsschwankungen laminierte Mikrite mit Fenstergefügen und Schlammgeröllen und durch Algenmatten aufgebaute Stromatolithen.

Dieses Modell hat sich bei der Untersuchung von Flachwasserkarbonaten aus dem Paläozoikum und Mesozoikum mehrfach bewährt (z.B. Laporte, 1969, Barzel u. Friedman, 1970, Friedman et al., 1971). Wichtig ist die im Modell ausgedrückte Unterscheidungsmöglichkeit zwischen offenen und geschützten Subtidalbereichen (s. Abb. 60).

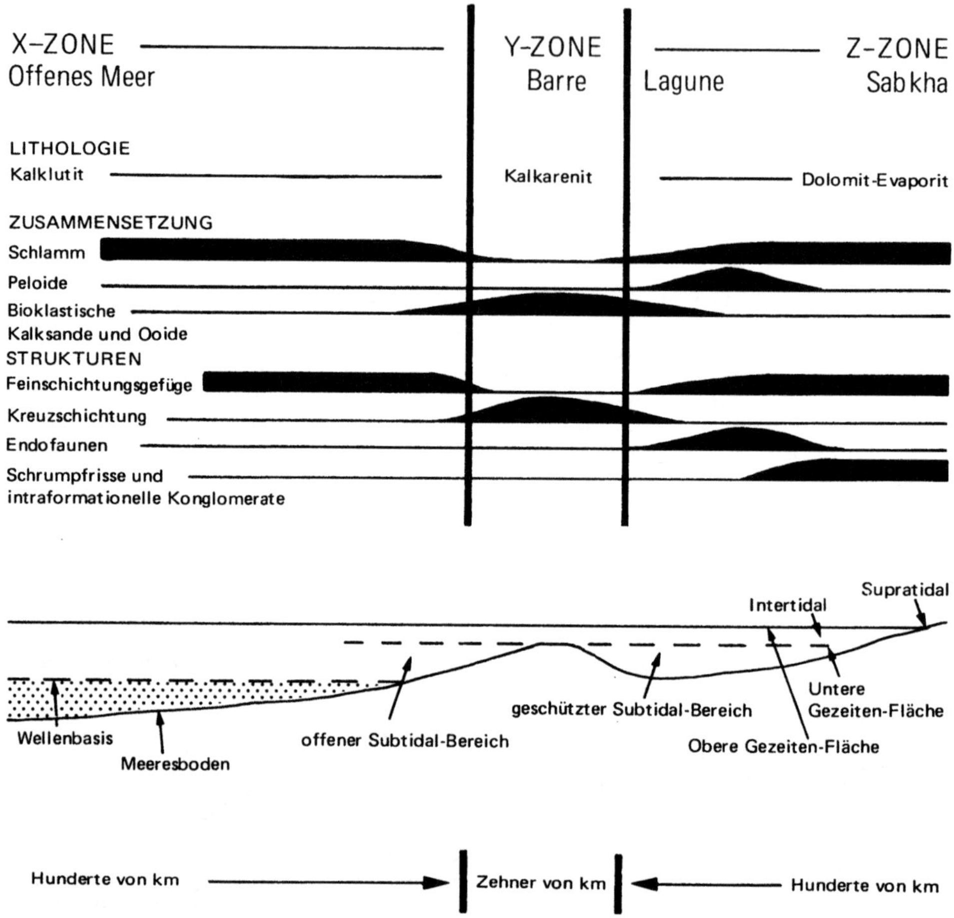

Abb. 60. Vereinfachte Darstellung des Irwin-Modells für Karbonatsedimentation in nicht terrestrisch beeinflußten (ariden) Gebieten. Nach Selley (1970)

Wie Abb. 62 zeigt, läßt sich das Modell nicht nur in den Karbonatsedimentationsgebieten im Persischen Golf und in der Karibik erkennen, sondern auch im klastischen Sedimentationsgebiet vor der Küste von Texas. Die mit der Sedimentausbildung verknüpften Umweltparameter gehen aus der stark vereinfachten Darstellung in Abb. 61 hervor.

Friedman et al. (1971) haben am Beispiel jurassischer Karbonate im Küstengebiet von Israel auf eine Modifikation des Modells aufmerksam gemacht. Dunkle Schiefer und Kalke, zum Teil mit Gradierung und verschieden große Gerölle von Schelfrand-Karbonaten sprechen für eine relativ große Wassertiefe der Zone X und für einen Steilabfall von Zone Y zur Zone X, in welcher bei nur schwacher Durchlüftung reduzierende Bedingungen herrschen und organisches Material angehäuft wird. Zone X kann als Muttergestein, Zone Y als Speichergestein für Kohlenwasserstoffe von Bedeutung sein.

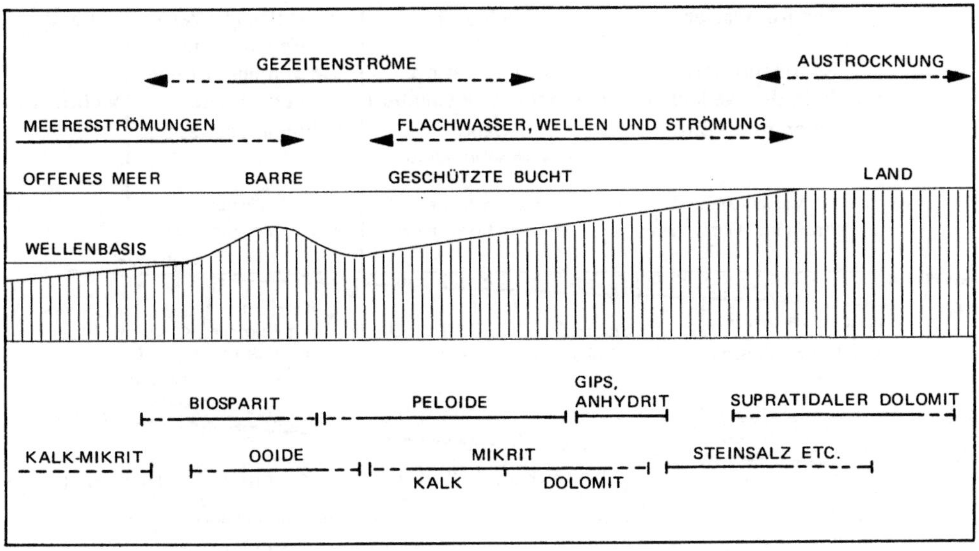

Abb. 61. Umweltfaktoren und Sedimentausbildung im randmarinen und flachmarinen Bereich nach dem Irwin-Modell

Gegen eine Überbewertung des Irwin-Modells hat sich Lees (1973) ausgesprochen und darauf hingewiesen, daß erst bei einer Präzisierung der Wellenbasis-Tiefe, der Untergrenze der photischen Zone und bei einer die Klimaabhängigkeit berücksichtigenden Erfassung der Tiefenverbreitung der Organismen eine Verbesserung des Modells möglich ist. Da jedoch weder der Zeitfaktor (verschiedene Organismengruppen in verschieden alten „Schelf"-Bereichen) noch die mögliche Verschiebung der Schelfregionen und die damit verbundenen Änderungen in den Temperatur- und Salinitätsbedingungen im ursprünglichen Modell festgehalten werden, wird die Aussagekraft des Modells eingeschränkt.

In der Tat scheint die Wassertemperatur und eventuell auch die Salinität die Zusammensetzung und Verbreitung von Schelfsedimenten, besonders von Schelfsanden, maßgeblich zu beeinflussen. Ein Vergleich von 78 Schelfregionen durch Lees u. Buller (1972) zeigt, daß innerhalb der arenitischen Karbonatsande zwei Komponenten-Assoziationen vorhanden sind (Abb. 63):

- im temperierten Wasser der äquatorfernen Breiten tritt die durch Mollusken-Bioklasten, benthonische Foraminiferen, Echinodermen, Bryozoen, Balaniden und Rotalgen charakterisierte *„Foramol"-Assoziation* auf,
- im warmen Wasser im Bereich zwischen 30° S und 30° N dominiert die *„Chlorozoan"-Assoziation*, erkennbar am Auftreten von hermatypischen Korallen und/oder Chlorophyceen wie z.B. *Halimeda.*

Ooide und Aggregatkörner finden sich bevorzugt zusammen mit der Chlorozoan-Assoziation, desgleichen meist auch Peloide. Ein Beispiel für eine Foramol-Assoziation stellt die auf Taf. 33/2 abgebildete Probe dar. Chlorozoan-Assoziationen sind auf Taf. 31 abgebildet. Die Foramol-Assoziation ist im Gegensatz zur Chlorozoan-Assoziation durch niedrige Sr-Gehalte und hohe Mg-Gehalte ausgezeichnet (Lees et al., 1978, Carbonate Symposium Liverpool).

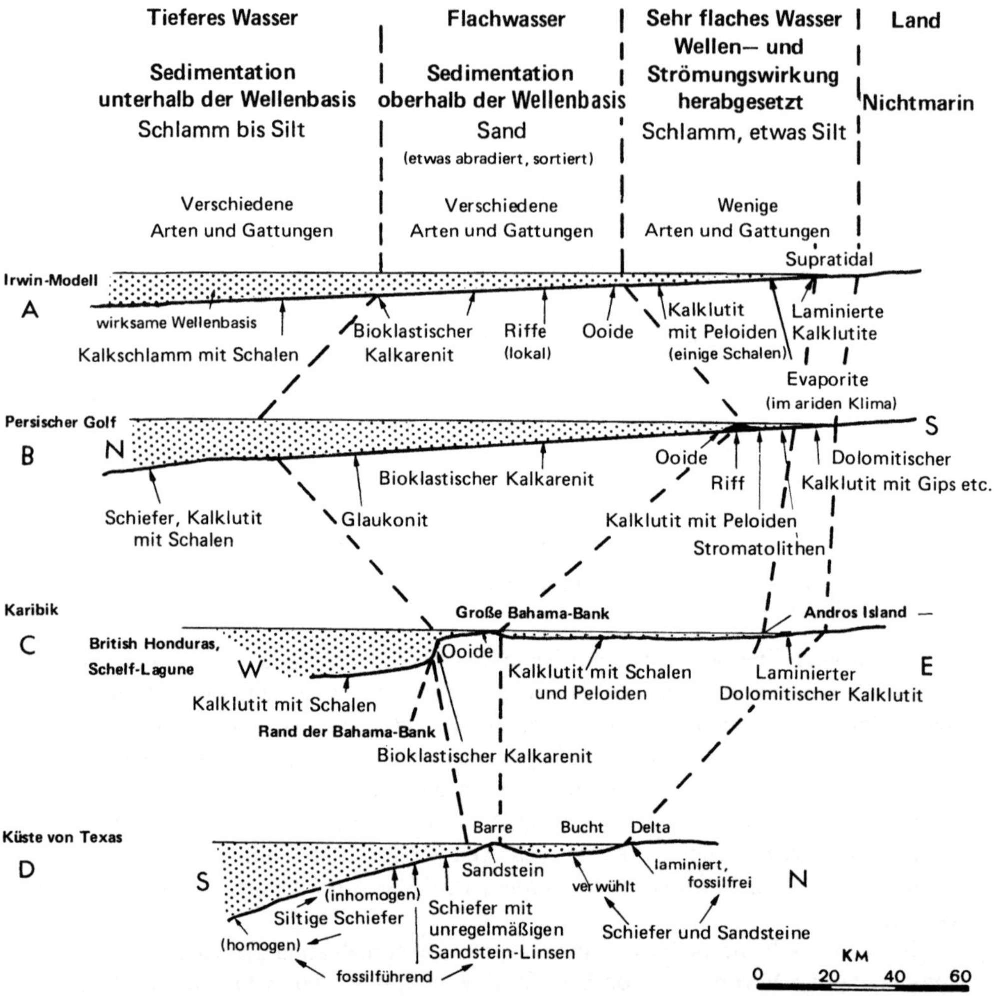

Abb. 62. Beispiele für mit dem Irwin-Modell vergleichbare Sedimentationsmuster. B und C Karbonate, D Klastika. Nach Heckel (1972)

10.3.2.4 Schelfrand-Bereiche

Am Außenrand des Kontinentalschelfs treten in der Gegenwart Barren auf, die auf Aufwölbungen im Untergrund, auf Faltung oder auf Brüche, auf submarine Vulkanite, auf Diapire oder auf Riffe zurückgehen. Letztere wurden durch Wilson (1974) typisiert (vgl. Abb. 64):

1. *Schlammhügelstrukturen am Schelfhang* (downslope mud accumulations): Linear angeordnete Hügel (mounds) am Abfall des Schelfhanges, im oberen Abschnitt des Schelfhanges durch Sandbänke bzw. Inseln begrenzt. An relativ steil abfallenden Hängen (Winkel zwischen 25° und 30°) treten Schlammanhäufungen auf. Dieser Karbonatschlamm stammt aus den flachmarinen Bereichen. Häufig werden diese Schlammhügel

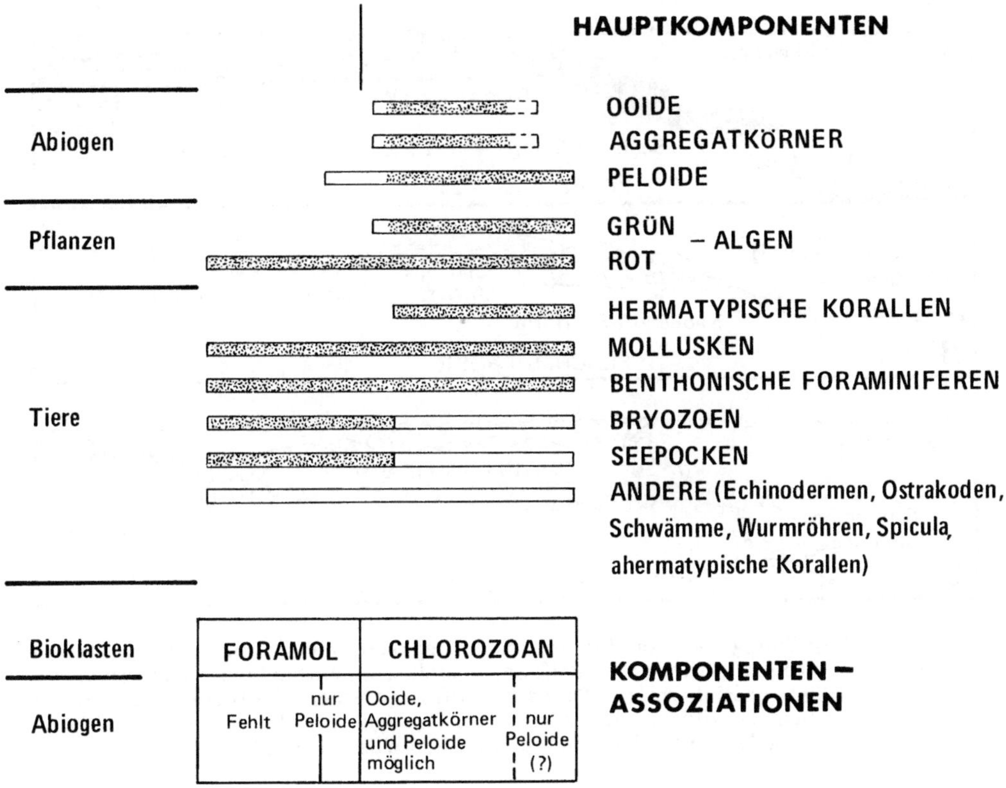

Abb. 63. Die Komponentenassoziationen charakterisieren in flachen Schelfbereichen zwei Hauptgruppen: „Foramol" = Dominanz bzw. Anwesenheit von Foraminiferen- und Mollusken-Bioklasten, „Chlorozoan" = Chlorophyceen (Grünalgen) und hermatypische Korallen (Zoantharia) häufig. Durch Raster sind die für die Hauptgruppen wichtigen und häufigeren Elemente hervorgehoben. Nach Lees u. Buller (1972)

durch sedimentbindende und sedimentfangende Organismen stabilisiert, so daß „Stillwasser-Bioherme" entstehen. Beispiele liefern die durch phylloide Algen aufgebauten Strukturen im unteren Perm der Karnischen Alpen (vgl. Taf. 30), unterkarbonische Karbonate mit Bryozoen und Algen (Kohlenkalk von England), und die durch lamellare Stromatoporen und tabulate Korallen aufgebauten *Stromatactis*-„Riffe" im Frasne von Belgien.

2. *Knollenriffe* (knoll reef ramps): Linear angeordnete, aus Gerüstbildnern aufgebaute Riffe auf einem nur flach einfallenden Schelfhang. Das Sediment wird durch Organismentätigkeit gebunden (z.B. durch inkrustierende Algen). Gerüstbildner sind überwiegend verzweigte und büschelförmige Kolonien. Eine vertikale ökologische Zonierung ist häufig. Da die geringe Wasserenergie nicht ausreicht, arenitische Bioklasten etc. zu entfernen, entsteht ein volumetrisches Übergewicht von Detritus in den Gebieten um und zwischen den aktiv wachsenden Knollenriffen. Als Beispiele können die rezenten Bermuda-Riffe, Rudisten-Riffe in der mittleren Kreide von Mexico und im Mittleren Osten,

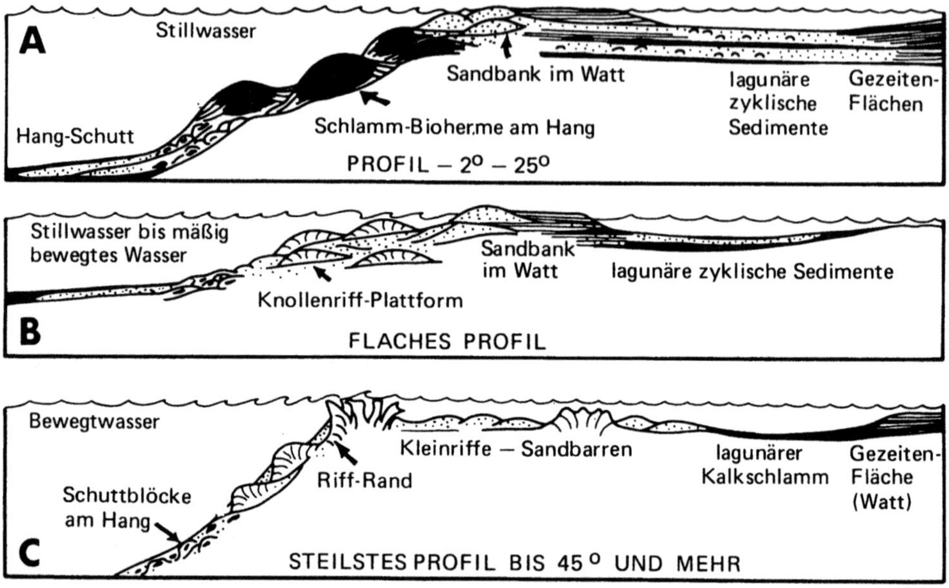

Abb. 64. Ausbildung der Ränder von Schelfregionen mit Karbonatsedimentation. (A) Schlammhügelstrukturen am Schelfhang, durch sedimentbindende Organismen Bildung von Stillwasser-Biohermen. (B) Knollenriffe mit einem deutlichen Übergewicht von bioklastischem Detritus in den Zwischenriffarealen. (C) „Echte" Riffe im Turbulenzbereich mit Gliederung des Riffkomplexes. Nach Wilson (1975)

unter Umständen auch einige Oberrät-Riffe in den Nordalpen und die aus Stromatoporen und Korallen bestehenden Riffe im kanadischen Devon gelten.

3. *„Echte" Riffe* (framebuilt reef rims): Linear angeordnete, aus biogenen Gerüststrukturen aufgebaute Riffe, die bis in die Turbulenzzone wachsen. Hinter den Riffen finden sich Kalksand- und Lagunenbereiche, am Hang Grobschutt. Eine ökologische Zonierung ist häufig anzutreffen. Beispiele sind die rezenten Korallenriffe, die Dachsteinkalk-Riffe der alpinen Obertrias und oberdevonische Riffkomplexe in Westaustralien.

Diese Typen lösen sich häufig in der Vertikalen ab; insbesondere dann, wenn am Schelfrand durch tektonische Bewegungen die Riffbasis höher oder tiefer wandert.

10.3.2.5 Riffe

Die für „Riffe" entwickelten Modellvorstellungen sind mit Definitionsproblemen verbunden, da häufig deskriptive und genetische Elemente vermischt werden. Grundsätzlich lassen sich folgende Begriffsinhalte erkennen:

- Riffe sind lateral begrenzte Karbonatkörper, die sich über der Sedimentationsbasis erheben („stratigraphisches Riff", Dunham, 1970)
- Riffe sind Anhäufungen von sessilen Organismen, welche ein festes Gerüst bauten oder bauen konnten

- Riffe sind wellenresistente biogene Strukturen („ökologisches Riff", Dunham, 1970)
- Riffe entsprechen "buildups", für welche (a) Hinweise auf eine potentielle Wellenresistenz oder auf Wachstum im Turbulenzbereich und (b) Hinweise auf eine (sedimentologische) Kontrolle der umgebenden Sedimentationsbereiche gegeben sind (Heckel, 1974: 96).

Die zuletzt angeführte Definition geht auf die Untersuchung von silurischen und permischen Riffen zurück (Lowenstam, 1950; Newell et al.,, 1953). Als wichtigstes Kriterium dient der Nachweis der Wellenresistenz. Dieser Nachweis kann im wesentlichen nur durch Biodetritus geführt werden, der in seiner Zusammensetzung auf eine Herkunft aus der Riffregion hindeutet. Sofern keine Aussage über Wasserturbulenz möglich ist, andererseits aber eine topographische Erhebung festgestellt werden kann, so ist die Bezeichnung „Bank" angebracht. Dieser Begriff wird häufig für Strukturen verwendet, die durch Organismen-Anhäufungen aufgebaut werden; im Gegensatz zu Riffen weisen Bänke einen flachen Einfallwinkel gegenüber der benachbarten Fazies auf. Der biogene Detritus der Bänke wird nicht miteinander verbunden. In vielen Arbeiten wird Bank und Biostrom bzw. Riff und Bioherm gleichgesetzt:

Im Sinne der ursprünglichen Definition bezieht sich „Biostrom" auf "distinctly bedded structures that do not swell into lenslike or reeflike form but . . . consist mainly or exclusively of the remains of organisms" (Cumings, 1932). Der Name „Bioherm" wurde für hügelförmige Strukturen vorgeschlagen, die auf eine organogene Entstehung zurückführbar sind (Cumings, 1932). Da dieser Name von einigen Autoren auf Strukturen beschränkt wird, die auf in-situ-Anhäufungen von Organismen zurückgehen, von anderen Autoren jedoch für Hügelstrukturen aus Mikrit verwendet wird, erscheint der Vorschlag von Heckel (1974) sinnvoll, als neutralen Überbegriff die Bezeichnung "buildup" zu verwenden. Darunter wird ein Karbonatkörper oder ein lokaler Teil einer karbonatischen Einheit verstanden, der (a) bis zu einem gewissen Grad von den umgebenden zeitgleichen und von den überlagernden Sedimenten unterschieden ist, der (b) deutlich dicker als die zeitgleichen Karbonate ist und der (c) während seiner Entstehung über das umgebende Sediment emporragte. Damit wird der Begriff "buildup" zu einer neutralen Sammelbezeichnung. Genetisch handelt es sich um am Platz entstandene organogene Strukturen oder aber um Strukturen, die durch Sedimentation von Kalkschlamm gebildet werden (mud buildups) oder auf Kalksandbarren zurückgehen. Aus Schlamm gebildete "buildups" können durch Organismen stabilisiert werden, die die Strömung herabsetzen (z.B. Seegräser, Schwämme, Bryozoen, Crinoiden) oder die Sedimentkörner fixieren (z.B. Algenmatten bzw. „organische Matten" aus filamentösen Grünalgen, Blau-Grünalgen und Rotalgen sowie aus Diatomeen und kleinen tierischen Organismen, vgl. Neumann et al., 1970).

Schwierigkeiten bereitet die deutsche Übersetzung von "buildup". Der Begriff „Stillwasser-Bioherm" beschreibt nur mud buildups, deren Schlammhügel auf Organismentätigkeit zurückgeführt werden können (vgl. Abb. 66). Möglicherweise könnte der Name „Hügelstruktur" Verwendung finden.

Zur Beschreibung von Strukturen, die durch gehäuft auftretende sessile Organismen gekennzeichnet sind, kann das von Riding (1977) entwickelte Konzept verwendet werden: Riding charakterisiert die "in-place organic deposits" (IOD) (1) durch die am Platz wachsenden Organismen, (2) durch loses biogenes und nichtbiogenes Material und

(3) durch Hohlräume, wobei im wesentlichen nur Hohlräume im Bereich der Organismen berücksichtigt werden. Der Anteil der im Gelände geschätzten Matrix-, Organismen- und Hohlraum-Menge kann in einem Dreiecksdiagramm dargestellt werden. Weitere Differenzierungen sind durch die Organismengestalt, die Häufigkeit und die Anordnung bzw. Dichte der Organismen möglich.

Im Turbulenzbereich wachsende Riffe weisen häufig eine Differenzierung der „Riff-Komplexe" (Henson, 1950) in das „eigentliche Riff" bzw. den Riffkern (Riff-Fläche) oder in das zentrale Riffareal und in Schuttzonen an den Riff-Flanken auf, von denen die der Turbulenz zugewandte Zone als Vorriff, die hinter dem zentralen Riff liegende Zone als Hinterriff (back-reef), zum Teil auch als Rückriff, Achterriff oder oft auch als Lagune bezeichnet wird. Abb. 65 zeigt ein sehr stark vereinfachtes Schema, in dem die Unterschiede in den Korngrößen und in der Sedimentzusammensetzung deutlich zum Ausdruck kommen. Vergleiche mit genau untersuchten rezenten Korallenriffen (z.B. Geister, 1975) zeigen, daß diese Schematisierung dann falsch wird, wenn die Vorriffzone und die direkt an das zentrale Riff bzw. den Riffkamm anschließende Rückriffzone als „Schuttbereiche" verstanden werden. Bedingt durch an der Riffaußenkante emporsteigende Wasserströmungen und einem dadurch erhöhten Nahrungs- und Sauerstoffangebot entwickelt sich gerade im „Vorriff" eine reiche Fauna und Algenflora.

Eine ausgezeichnete, auch auf fossile Riffe anwendbare Darstellung der bei der Riffbildung zusammenwirkenden aufbauenden und zerstörenden Kräfte haben Schröder u. Zankl (1974) gegeben. Demnach können unterschieden werden:

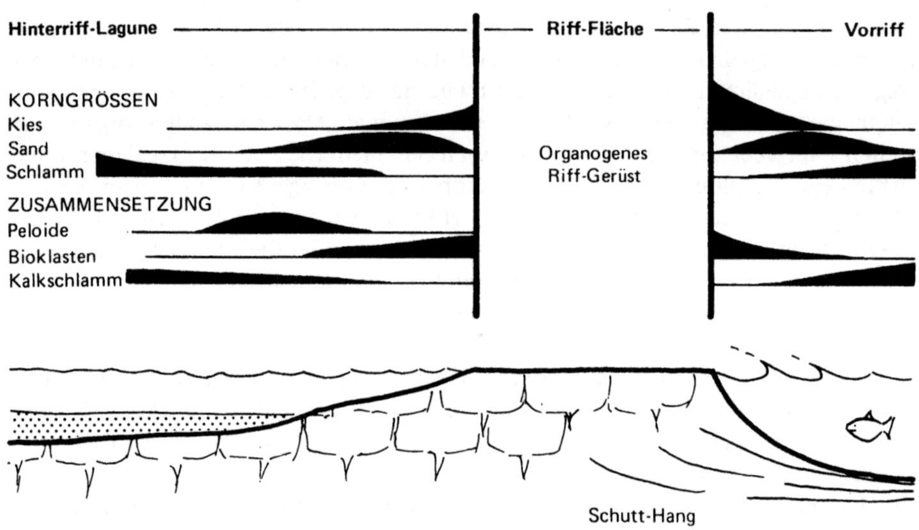

Abb. 65. Vereinfachtes Schema für die Gliederung von Riffkomplexen, die im Bewegtwasserbereich entstehen. Nach Sedimenten und Organismenverteilung deutliche Dreigliederung. Nach Selley (1970)

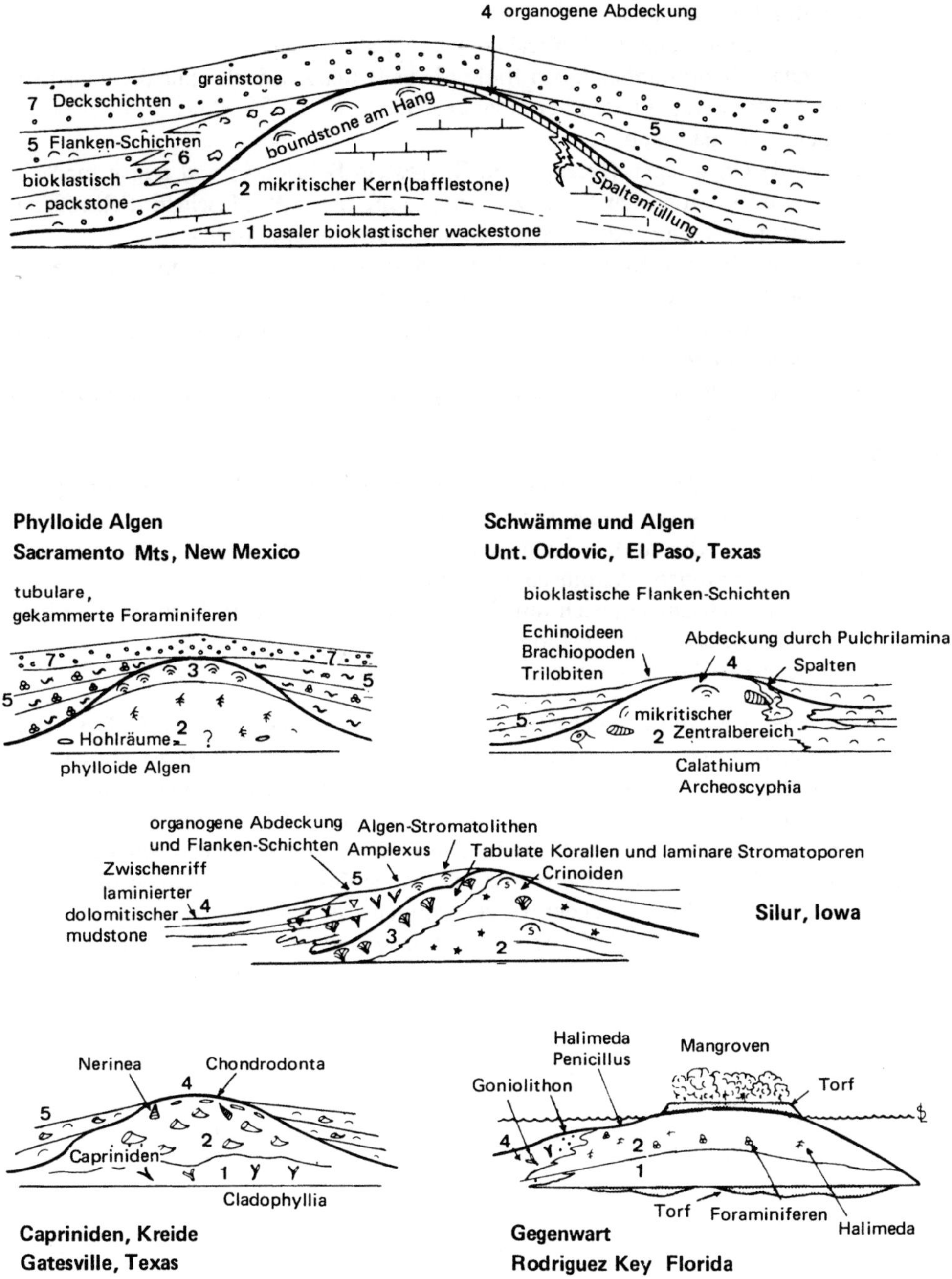

Abb. 66. „Stillwasser-Bioherme" (mud mounds) sind durch mehrere Faziestypen charakterisiert, welche die Entwicklung von Bildungen im niedrigenergetischen Bereich bis zu Sedimenten des höherenergetischen Bereiches dokumentieren. Oben Modell, darunter Beispiele. Die Zahlen beziehen sich auf die Faziesbereiche des Modells. Nach Wilson (1975)

- Aufbau durch Organismen
  a) Primäre Gerüstbildner (z.B. Korallen oder Corallinaceen)
  b) Sekundäre Gerüstbildner (quantitativ oft bedeutend, jedoch ohne die Fähigkeit, über längere Zeit ein festes Gerüst zu errichten)
- Abbau durch Organismen
  a) Bohrende Organismen (erzeugen im Riffgestein Bohrlöcher und tragen zur Sediment- und eventuell auch zur Zementbildung bei; z.B. Muscheln, Schwämme, Polychaeten, Sipunculiden, Balaniden und endolithische Algen)
  b) Raspelnde Organismen (erzeugen Oberflächenfurchen und Sediment; z.B. Seeigel, Crustaceen, Chitonen, Schildkröten und Fische)
  c) Wühlende Organismen (erzeugen Bioturbation und möglicherweise Zement; z.B. Crustaceen, Polychaeten)
  d) Sedimentzerbrechende Organismen (tragen zur Größenreduktion von Sedimentpartikeln bei; z.B. Crustaceen)
- Sedimentation
  a) Sessile und vagile Rifforganismen (erzeugen Sediment und Sedimentporen; z.B. Mollusken, Corallinaceen, Foraminiferen)
  b) Planktonische Organismen (erzeugen Sediment und bilden Hohlraumporen; z.B. Coccolithophoriden, Diatomeen, Foraminiferen)
- Zementation (nahezu zeitgleich mit dem Wachstum der Rifforganismen, unterhalb der Riffkorallen und in Zwickelporen)
- Mechanische Zerstörung durch Wellen und Brecher.

Diese Prozesse wirken wechselseitig aufeinander ein, wobei jedoch häufig festzustellen ist, daß eine durch primäre Riffgerüst-Bildner charakterisierte Phase durch eine zweite Phase abgelöst wird, in welcher sekundäre Gerüstbildner als dicke Krusten an Bedeutung zunehmen. In einer dritten Phase treten mehrere Generationen von Bohrungen, Internsedimentation und Zementbildung auf. Diese Vorgänge bedingen Merkmale, die in fossilen Riffen zur Charakterisierung der Zone des aktiven Riffwachstums bzw. des zentralen Riffbereiches verwendet werden können (vgl. Tabelle 54).

Die Literatur über fossile Riffe ist sehr umfangreich. Es sei hier auf die von Laporte (1974) herausgegebenen Arbeiten, insbesondere auf den Überblick über Karbonathügelstrukturen (Heckel, 1974), hingewiesen. Silurische Riffe der Insel Gotland haben Hadding (1950), Jux (1957) und Manten (1971) beschrieben. Eine Übersicht über die devonischen Karbonatkomplexe in Zentraleuropa findet sich bei Krebs (1974). Die vielfach als „Modelle" betrachteten devonischen Riffkomplexe in Westkanada wurden unter anderem durch Klovan (1964) und Mountjoy (1968) bearbeitet, die ausgedehnten devonischen Riffgebiete in Westaustralien durch Playford u. Lowry (1966). Eine sehr anregende Diskussion des von Newell et al. (1953) untersuchten permischen Riffkomplexes in Texas und in New Mexico hat Dunham (1972) veröffentlicht. Zechsteinriffe wurden durch Kerkmann (1969) untersucht. Die klassischen Riffe in der Mitteltrias der Dolomiten wurden zusammenfassend durch Bosellini u. Rossi (1974) dargestellt. Die obertriadischen Riffe in den Nördlichen Kalkalpen wurden u.a. von Fabricius (1966), E. Flügel u. E. Flügel-Kahler (1963), Lobitzer (1974), Ohlen (1959) und Zankl (1969) bearbeitet.

10.3.2.6 Schlamm-Bioherme (mud mounds)

Im Stillwasser finden sich Hügelstrukturen, die aus Anhäufungen von Mikrit bestehen und in tieferen Becken, am Hang (vgl. Abb. 64) und in Schelflagunen auftreten. Nach Wilson (1975) sind an der Bildung dieser Karbonataufbauten folgende Prozesse beteiligt:

- Mechanische Anhäufung von feinem und gröberem Sediment durch Strömungen und Wellen
- Lokal verstärkte Sedimentanhäufung durch sedimentfangende Organismen
- Stabilisierung des Sedimentes durch inkrustierende Organismen
- Überzug mit einer aus gerüstbildenden Organismen bestehenden Lage
- Zementation

Wie Abb. 66 zeigt, sind die „Stillwasser-Bioherme" (Füchtbauer u. Müller, 1970) häufig durch eine regelmäßige Faziesfolge gekennzeichnet:

1. Basaler bioklastischer Wackestone: im wesentlichen mit Echinodermen und Bryozoen und Brachiopoden.
2. Mikritischer Kern (Bafflestone): Das mikritische Sediment wird durch verschiedene Organismen „gefangen", da die Strömung herabgesetzt ist. Als Organismen finden sich im Kambrium und Ordovizium Schwämme und Algen, im Ordovizium, Silur und Unterkarbon Bryozoen, im Oberkarbon und im unteren Perm phylloide Algen, in der Obertrias Korallen, im Malm Kieselschwämme, in der Kreide Rudisten und in der Gegenwart marine Gräser.
3. Boundstone am Hang: sofern die Schlammhügel bis in den Bereich der Wellentätigkeit wachsen, können sessile Organismen (z.B. Stromatoporen, Schwämme) mit dem Aufbau eines Riffes beginnen. Im Stillwasser setzt sich der Boundstone aus lamellaren Algen mit schichtparallelen Hohlräumen (*Stromatactis*) zusammen.
4. Organogene Abdeckung durch inkrustierende Organismen.
5. Flanken-Schichten: im Bereich der Wellenbasis entsteht ein bioklastisches Sediment, welches die Schlammhügel zum Teil vollständig umhüllen kann.
6. Als selteneres Flanken-Sediment treten Lithoklasten und Bioklasten auf, die auf die Aufarbeitung der Schlammhügeloberfläche zurückgehen.
7. Deckschichten: Sofern höherenergetische Bedingungen vorhanden sind, werden die Schlammhügel von schräggeschichteten Grainstones überlagert, die spezialisierte Organismen (Dasycladaceen, Gastropoden) enthalten.

Die Mehrzahl der bisher bekannten fossilen Schlammhügelstrukturen dürfte in relativ flachen Bereichen entstanden sein (vgl. Abb. 66, unten). Eine wahrscheinlich in relativ tiefem Wasser gebildete Struktur hat Mathur (1975) aus dem Jura des Allgäu beschrieben. Es handelt sich um Mudstones und Wackestones. Hinweise auf eine mögliche Interpretation als "mud mound" ergeben sich aus der ausschließlich mikritischen Matrix, aus dem Auftreten von kleindimensionalen Rutschungsstrukturen und aus der wahrscheinlich hügelförmigen Gestalt des Karbonatkörpers. Von Interesse ist das Vorkommen von „*Stromatactis*"-Strukturen, die im Sinne von Heckel (1972) als Ausdruck einer selektiven Kompaktion gedeutet werden.

10.3.2.7 Schelfhang- und Tiefwasser-Bereiche

Wenn man bedenkt, daß das Verhältnis zwischen den von „Flachwasser"-Karbonaten bedeckten Meeresböden und den ausgedehnten Arealen mit „Tiefwassser"-Karbonaten etwa 1:12 beträgt, so wird deutlich, wie „einseitig" die derzeitige Kenntnis über Karbonatsedimente ist.

Wie in Abschnitt 10.2.4 skizziert wurde, ist die Entstehung von Tiefwasserkarbonaten abhängig von (a) der Plankton-Anlieferung, (b) der mit der Wassertiefe zunehmenden Löslichkeit von Aragonit und Kalzit und (c) von der Sedimentation ortsfremder Komponenten. Letztere treten als Karbonatturbidite auf, können aber auch als „Konturite" (Heezen et al., 1966) entwickelt sein, die aus hangfußparallelen Bodenströmungen abgesetzt wurden. Bein u. Weiler (1976) und Bouma (1973) haben fossile Konturite beschrieben. In großem Umfang sind in Tiefwasserbereichen eingerutschte Sedimentmassen vorhanden (vgl. z.B. Schlager u. Schlager, 1973; Remane, 1970).

..Sedimentationsmodelle" für den tiefmarinen Bereich wurden bisher kaum entwikkelt, wenn man von den bei Rich (1951) und Wilson (1975) vertretenen Ansichten absieht (vgl. 10.3.2.1). Dies mag dadurch begründet sein, daß die karbonatische Sedimentation in der Tiefsee stärker als die flachmarine Karbonatbildung einem Wechselspiel zwischen Sedimentablagerung und Diagenese bzw. Sedimentlösung unterliegt und daß die relativ geringen Sedimentationsraten es erfordern, in alle theoretischen Überlegungen auch die geologische Zeit mit einzubeziehen. Ein Beispiel für eine in diese Richtung gehende Diskussion ist das von Bosellini u. Winterer (1975) entwickelte genetische Modell für die Tiefwassersedimentation im Mesozoikum der Tethys (Abb. 67):

Unter der Annahme, daß die in der Gegenwart bekannten Karbonatlösungsniveaus auch im Mesozoikum wirksam waren, sollten tiefmarine Karbonatsedimente in einem gleichmäßig absinkenden Ablagerungsraum die Lösungsniveaus ALy, ACD, CLy und CCD (s. 2.3) in der geologischen Zeit durchlaufen. In Abhängigkeit von der Höhe des Angebotes an pelagischen Organismen und vom Verhältnis zwischen kalzitischen und aragonitischen Schalen sind jedoch zwei unterschiedliche Sedimentfolgen zu erwarten:

1. Geringe Sedimentationsrate: Entweder bedingt durch nur niedrige Produktion an Mikro- und Nanno-Organismen oder durch spezielle topographische Verhältnisse (z.B. seamounts, von welchen das Sediment abgeschwemmt werden kann) lagert sich das karbonatische Sediment nur langsam ab. Die Folge wird durch zahlreiche Diskontinuitäten unterbrochen. Beginnt die Sedimentation im noch relativ flachen Wasser, so wird im ALy-Bereich zunächst Aragonit in größerer Menge gelöst. Fortgesetzte Aragonitlösung bei geringer Sedimentüberlagerung liefert $CaCO_3$ für die Bildung von Kalzit und für die Entstehung einer Knollenstruktur (z.B. Knollenkalke im Ammonitico rosso). Unterhalb des ACD-Niveaus, aber noch oberhalb der CLy-Fläche, wird Kalzit nur sehr langsam gelöst, es ist daher nur sehr wenig Karbonat für die Zementation vorhanden. Das dann noch weiche Sediment wird aufgearbeitet; es entstehen dünngebankte und meist feingeschichtete Kalke (Aptychen-Kalke). Unterhalb der CLy-Fläche kommt es zu einer unterschiedlichen Kompaktion der lösungsanfälligen Karbonate und des unlöslichen SiO_2-Rückstandes. Es entstehen unregelmäßig gebankte, kalkige Radiolarite. Sinkt der Meeresboden unter das CCD-Niveau ab, so werden alle normal sedimentierten Kalke gelöst, und es entstehen gebänderte, gut gebankte Radiolarite.

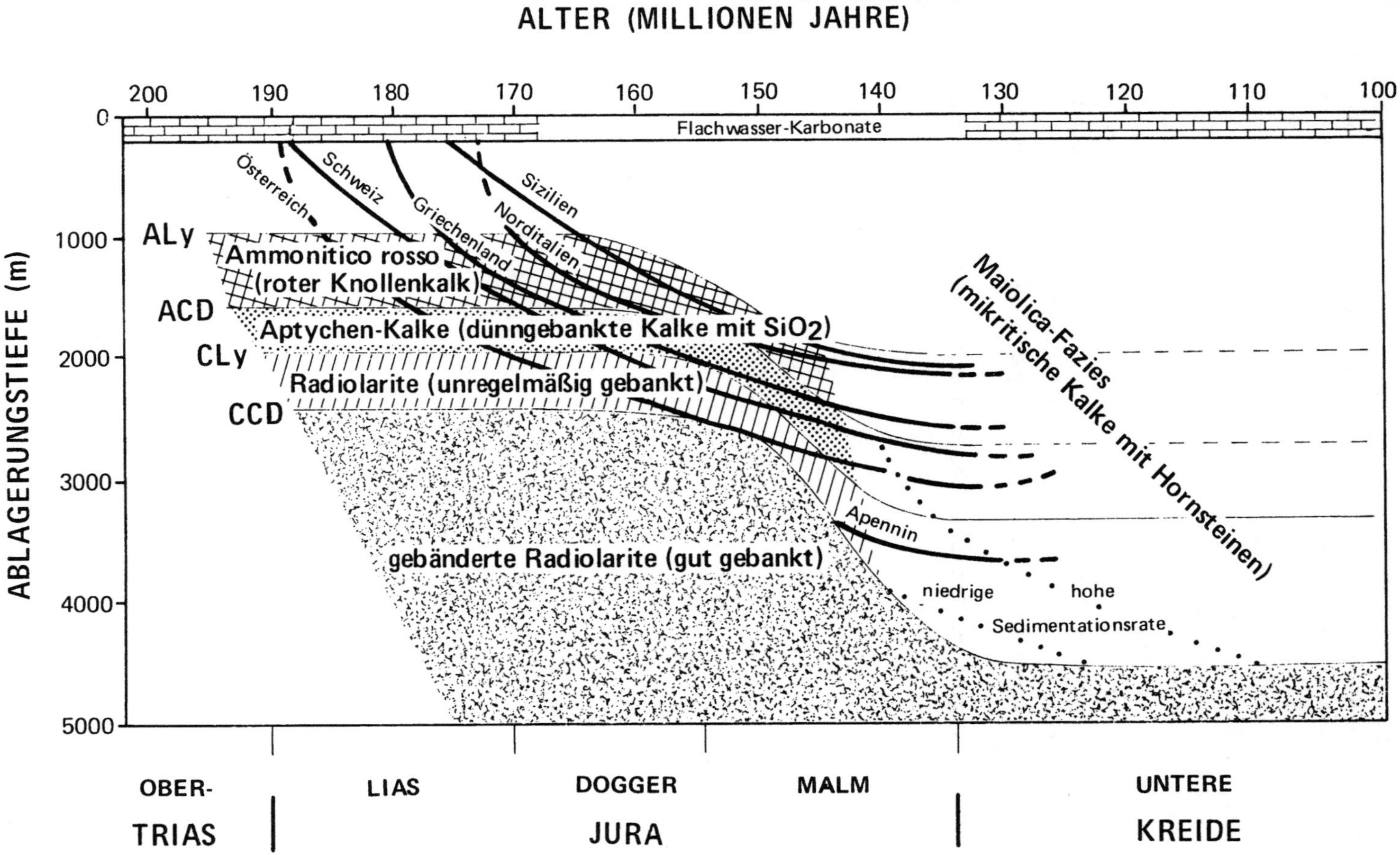

Abb. 67. Genetisches Modell für mesozoische Tiefwassersedimente im alpin-mediterranen Raum unter Annahme eines in der geologischen Zeit wechselnden Karbonatlösungsniveaus, dessen Veränderungen durch seafloor spreading und unstetige basement-Absenkung erklärt werden. Nach Bosellini u. Winterer (1975). Da die Tiefenlage der Lysoclinen in Abhängigkeit ‚von der Karbonatuntersättigung und der CO_3^{-2}-Konzentration in rezenten Meeren sehr verschieden ist (Milliman, 1978, Carbonate Symposium Liverpool), darf das Modell nicht überbewertet werden

2. Hohe Sedimentationsrate: Bei hoher Planktonproduktion oder bei fächerartiger Sedimentation der pelagischen Karbonate entstehen nahezu rein pelagische Kalke vom Typ der Maiolica-Fazies. Da diese Karbonate primär überwiegend aus kalzitischen Komponenten bestehen (z.B.Coccolithophoriden), kaum Aragonit als Karbonatlieferant für die Zementation zur Verfügung steht und infolge der raschen Sedimentation und Überdeckung keine Zeit für eine Karbonatlösung vorhanden ist, wird sich weder eine Knollenstruktur ausbilden noch kalkige Radiolarite.

Auf Grund der Lösungsindikatoren in den alpin-mediterranen Tiefwasserkarbonaten kann angenommen werden, daß die vier Lösungsniveaus in der Zeit vor der Kreide in relativ geringer Wassertiefe lagen und eng benachbart waren, während in der Kreide die CLy- und CCD-Flächen im Bereich der heutigen ozeanischen Tiefen verlagert wurden. Das Zeit-Tiefen-Diagramm (Abb. 67) faßt die skizzierten Veränderungen in der Tiefenlage der Sedimentationsbasis und in der Lösungsanfälligkeit der karbonatischen Sedimente zusammen.

Auch diese Überlegung bestätigt die in Abb. 68 zum Ausdruck kommende Feststellung.

Abb. 68. Jede sinnvolle (Fazies-)Interpretation benötigt ein gutes Modell. Aus Atlas (1967)

10.3.3 Literatur: Faziesmodelle

Barzel, A., Friedman, G.M. (1970): The Zohar formation (Jurassic) in Southern Israel: A model of shallow-water marine carbonate sedimentation. Israel J. Earth-Sci. **19**, 183–207, 22 Abb., Jerusalem

Bein, A., Weiler, Y. (1976): The Cretaceous TalmeYafe Formation: a contour current shaped sedimentary prism of calcareous detritus at the continental margin of the Arabian Craton. Sed. **23**, 511–532, 15 Abb., Oxford

Blatt, H., Middleton, G., Murray, R. (1972): siehe 1.4.1

Bosellini, A., Rossi, D. (1974): Triassic carbonate buildups of the Dolomites, Northern Italy. Soc. Econ. Paleont. Min. Spec. Publ. **18**, 2-9–233, 33 Abb., Tulsa

Bosellini, A., Winterer, E.L.. (1975): Pelagic limestone and radiolarite of the Tethyan Mesozoic: A genetic model. Geol. **1975**, 279–282, 2 Abb.

Bouma, A.H. (1972): Fossil contourites in Lower Niesenflysch, Switzerland. J. Sed. Petrol. **42**/2, 917–921, 3 Abb., Tulsa

Bouma, A.H. (1973): Contourites in Niesenflysch, Switzerland. Eclogae geol. Helvet. **66**, 315–323, Basel
Buggisch, W., Flügel, E., Leitz, F., Tietz, G.-F. (1976): Fazies und paläogeographische Entwicklung im Perm der Karnischen Alpen und in den Randgebieten. Geol. Rdsch. **65**/2, 649–690, 19 Abb., 4 Tab., Stuttgart
Cumings, E.R. (1932): Reefs or bioherms? Bull. Geol. Soc. Amer. **43**, 331–352, New York
Curray, J.P. (1975): Marine sediments, geosynclines and orogeny. In: Fischer, A.G., Judson, S.: Petroleum and Global Tectonics, 157–222, 26 Abb., 5 Tab., Chicago: University Press
D'Argenio, B. (1976): Le piattaforme carbonatiche periadriatiche. Una rassegna di problemi nel quadro geodinamico mesozoico dell'area mediterranea. Mem. Soc. Geol. Ital. **13**/2, 1–28, 2 Taf., 6 Abb., Pisa
Degens, E.T., Stoffers, P. (1976): Stratified waters as a key to the past. Nature **263**, 22–27, 6 Abb., London
Dunham, R.J. (1970): Stratigraphic reefs versus ecologic reefs. Bull. Amer. Ass. Petrol Geol. **54**, 1931–1932, Tulsa
Dunham, R.J. (1972): Capitan Reef, New Mexico and Texas: Facts and questions to aid interpretation and group discussion. Permian Basin Section Soc. Econ. Paleont. Min. Publ. 72–14, Midland/Texas
Fabricius, F. (1966): siehe 5.5
Fischer, A.G. (1964): siehe 4.2.4.7
Flügel, E. (1974): Fazies-Interpretation der unterpermischen Sedimente in den Karnischen Alpen. Carinthia II, **84**, 43–62, Klagenfurt
Flügel, E., Flügel-Kahler, E. (1963): siehe 9.1.3
Friedman, G.M., Barzel, A., Derin, B. (1971): Paleoenvironmental of the Jurassic in the Coastal Belt of Northern and Central Israel and Their Significance in the Search for Petroleum Reservoirs. Inst. Petrol. Res. Geophys. Geol. Surv. Israel, Oil Div. Rep. OD/1/71, 26 S., Jerusalem
Füchtbauer, H., Müller, G. (1970): siehe 1.4.1
Geister, J. (1975): Riffbau und geologische Entwicklungsgeschichte der Insel San Andrés (westliches Karibisches Meer, Kolumbien). Stuttgarter Beitr. Naturkunde, Ser. B **15**, 1–203, 11 Taf., 29 Abb., Stuttgart
Ginsburg, R.N. (1974): Introduction to comparative sedimentology of carbonates. Bull. Amer. Ass. Petrol. Geol. **58**/5, 781–786, Tulsa
Hadding, A. (1950): Silurian reefs of Gotland. J. Geol. **58**, 402–409, Chicago
Harbaugh, J.W., Merriam, D.F. (1968): siehe 7.3.2
Heckel, P.H. (1972): siehe 7.2.4.7
Heckel, P.H. (1974): Carbonate buildups in the geologic record: a review. Soc. Econ. Paleont. Min. Spec. Publ. **18**, 90–154, 9 Abb., Tulsa
Heezen, B.C., Hollister, C.D., Ruddiman, W.T. (1966): Shaping of the continental rise by deep geostrophic contour currents. Science **52**, 502–508, New York
Imbrie, J., Purdy, E.G. (1962): siehe 6.4
Irwin, M.L. (1965): General theory of epeiric clear water sedimentation. Bull. Amer. Ass. Petrol. Geol. **49**/4, 445–459, 12 Abb., Tulsa
Jenkyns, H.C. (1970): Growth and disintegration of a carbonate platform. N. Jb. Geol. Paläont. Mh. **1970**, 325–344, Stuttgart
Jux, U. (1957): Die Riffe Gotlands und ihre angrenzenden Sedimentationsräume. Contrib. Geol. I, **4**, 41–90, Stockholm
Kendall, M.G., Buckland, W.R. (1960): A Dictionary of Statistical Terms. 590 S., London: Oliver & Boyd
Kerkmann, K. (1969): Riffe und Algenbänke im Zechstein von Thüringen. Freiberger Forschungshefte C **252**, Paläont. 1–85, 19 Taf., 28 Abb., 2 Tab., Leipzig
Klovan, J.E. (1964): Facies analysis of the Redwater Reef Complex, Alberta, Canada. Bull. Canadian Petrol. Geol. **12**, 1–100, Calgary
Krebs, W. (1974): Devonian carbonate complexes of Central Europe. Soc. Econ. Paleont. Min. Spec. Paper **18**, 155–208, 25 Abb., Tulsa
Krumbein, W.C., Graybill, F.A. (1965): siehe 7.3.2
Laporte, L.F. (1969): Recognition of a transgressive carbonate sequence within an epeiric sea: Helderberg Group (Lower Devonian) of New York State. Soc. Econ. Paleont. Min. Spec. Publ. **14**, 98–119, 15 Abb., Tulsa

Lees, A. (1973): Les dépots carbonatés de plate-forme. Bull. Centre Rech. Pau-SNPA **7**/1, 177–192, 5 Abb., Pau
Lees, A., Buller, A.T. (1972): Modern temperate-water and warm-water shelf carbonate sediments contrasted. Marine Geol. **13**, M 67–M 73, 3 Abb., Amsterdam
Lobitzer, H. (1974): Fazielle Untersuchungen an norischen Karbonatplattformen-Bekkengesteinen (Dachsteinkalk – Aflenzer Kalk im südöstlichen Hochschwabgebiet, Nördliche Kalkalpen, Steiermark). Mitt. Geol. Ges. Wien **66/67**, 75–92, 4 Taf., 1 Abb., Wien
Lowenstam, H. (1950): Niagaran reefs of the Great Lakes area. J. Geol. **58**, 430–487, Chicago
Manten, A.A. (1971): Silurian reefs of Gotland. Dev. Sed. **13**, 539 S., Amsterdam: Elsevier
Mathur, A.C. (1975): A deeper water mud mound facies in the Alps. J. Sed. Petrol. **45**/4, 787–793, 5 Abb., Tulsa
Mountjoy, E.W. (1968): Factors governing the development of the Frasnian Miette and Ancient Wall reef complexes (bank and biostromes), Alberta. In: Oswald, D.H. (ed.): Proc. Internat. Symposium Devonian System **2**, 387–408, Calgary: Alberta Soc. Petrol. Geol.
Neumann, A.C., Gebelein, C.D., Scoffin, T.P. (1970): The composition, structure and erodability of subtidal mats, Abaco, Bahamas. J. Sed. Petrol. **40**, 274–297, Tulsa
Newell, N.D., Rigby, J.K., Fischer, A.G., Whiteman, A.J., Hickox, J.E., Bradley, J.S. 1953): The Permian Reef Complex of the Guadalupe Mountains Region, Texas and New Mexico. A Study in Paleoecology. 236 S., 32 Taf., San Francisco: Freeman
Ohlen, H.R. (1959): The Steinplatte reef complex of the Alpine Triassic (Rhaetian) of Austria. Diss. Univ. Princeton, 122 S., Princeton
Playford, P.E., Lowry, D.C. (1966): Devonian reef complexes of the Canning Basin, Western Australia. Geol. Surv. Western Australia Bull. **118**, 150 S., 48 Abb., Perth
Rech-Frollo, M. (1973): Les carbonates du flysch. Bull. Centre Rech. Pau-SNPA **7**, 245–263, 3 Taf., 1 Abb., 1 Tab., Pau
Remane, J. (1970): Die Entstehung der resedimentären Breccien im Obertithon der subalpinen Ketten Frankreichs. Eclogae geol. Helvetiae **63**, 685–740, Basel
Rich, J.L. (1951): Three critical environments of deposition, and criteria for recognition of rocks deposited in each of them. Bull. Geol. Soc. Amer. **62**, 1–20, New York
Riding, R. (1977): Reef concepts. Proc. Third Internat. Coral Reef Symposium Miami **2**, 209–213, Miami
Schlager, W., Schlager, M. (1973): Clastic sediments associated with radiolarites (Tauglboden-Schichten), Upper Jurassic, Eastern Alps. Sed. **20**, 65–89, 13 Abb., Oxford
Schroeder, J.H., Zankl, H. (1974): Dynamic reef formation: a sedimentological concept based on studies of Recent Bermuda and Bahama Reefs. Proc. Second Intern. Coral Reef Symposium **2**, 413–428, 13 Abb., Brisbane
Seibold, E. (1970): Nebenmeere im humiden und ariden Klimabereich. Geol. Rdsch. **60**/1, 73–105, 10 Abb., 1 Tab., Stuttgart
Selley, R.C. (1970): siehe 1.4.1
Shaw, A.B. (1964): Time in stratigraphy. 353 S., New York: McGraw Hill
Stanton, R.J. Jr. (1967): Factors controlling shape and internal facies distribution of organic carbonate buildups. Amer. Ass. Petrol. Geol. Bull. **51**/12, 2462–2487, 1 Abb., Tulsa
Visher, G.S. (1965): Use of vertical profile in environmental reconstruction. Bull. Amer. Ass. Petrol. Geol. **49**/1, 41–61, 16 Abb., Tulsa
Walther, J. (1893): siehe 10.2.5
Weydert, P. (1976): Définition d'un modèle sédimentaire en milieu récifal: la Baie de Tuléar (Côte SW de Madagascar). Rev. Géogr. phys. Géol. dyn. **18**/1, 67–92, 14 Abb., Paris
Wilson, J.L. (1974): Characteristics of carbonate-platform margins. Bull. Amer. Ass. Petrol. Geol. **58**/4, 810–824, 6 Abb., Tulsa
Wilson, J.L. (1975): siehe 1.4.1
Wolf, K.H. (1973): Conceptual models, 1. Examples in sedimentary petrology, environmental and stratigraphic reconstructions, and soil, reef, chemical and placer sedimentary ore deposits. Sed. Geol. **9**, 153–193, 14 Abb., Amsterdam
Zankl, H. (1969): Der Hohe Göll. Aufbau und Lebensbild eines Dachsteinkalk-Riffes in der Obertrias der nördlichen Kalkalpen. Abh. Senckenberg. naturforsch. Ges. **519**, 1–123, Frankfurt a.M.
Zankl, H. (1971): Upper Triassic Carbonate Facies in the Northern Limestone Alps. In: Müller, G. (ed.): Sedimentology of parts of Central Europe. Guide Book, VIII Intern. Sed. Congr. Heidelberg, 147–185, 20 Abb., Frankfurt a.M.: Kramer

11. Übungsbeispiele

Nachfolgend finden sich die Auflösungen der Übungsbeispiele.

Tafel 5/4. Aufgabe – Beschreibung der Sparite nach Folk (1965)

(1) $P.B_4 0$, daran schließt sich bei (2) ursprünglich $P.F_{5-6} 0$ an, neomorph verändert; am rechten Bildrand ist deutliche Umkristallisation erkennbar ($N.E_5$).

Tafel 9. Aufgabe – Kalkklassifikation

Folk (1959): untere Bildhälfte – Biosparrudit, darüber Pelsparit, darüber Biosparrudit
Folk (1962): untere Bildhälfte – nichtsortierter Biosparrudit mit biogen umkrusteten Detrituskomponenten, darüber feinarenitischer sortierter Pelsparit, darüber nichtsortierter Biosparrudit.
Dunham (1962): untere Bildhälfte – bioclastic rudstone, darüber Pellet packstone, darüber bioclastic rudstone bzw. coated grain rudstone
Leighton u. Pendexter (1962): untere Bildhälfte Biogen-Kalk, darüber Pellet-Kalk, darüber Biogen-Kalk.
Plumley et al. (1962): untere Bildhälfte mit Energie-Index IV_3, darüber III_3, darüber IV_3.
Müller-Jungbluth u. Toschek (1969): untere Bildhälfte Bioklast-Rudoarenosparit, darüber Pellet-Arenosparit, darüber Pellet-haltiger Bioklast-Rudoarenosparit.

Tafel 13/1. Aufgabe – Kalkklassifikation, Standard-Mikrofaziestypus

Klassifikation nach Folk: Mikrit mit Biogenen; Klassifikation nach Dunham: lime mudstone bzw. – kürzer – mudstone.
Standard-Mikrofaziestypus: 1 bzw. (unter Berücksichtigung der Algenkrusten bei (4) SMF 7 (bindstone).

Tafel 13/2. Aufgabe – Kalkklassifikation, Häufigkeitsschätzung und SMF-Typen

Kalkklassifikation nach Folk: Echinodermen-Schalen-Biomikrit.
Kalkklassifikation nach Dunham: bioclastic wackestone.
Anteil der Komponenten am Modalbestand 38%.
SMF-Typ 3, "pelagic mudstone". Hinweise auf pelagisches Milieu ergeben sich aus dem Auftreten von Filamenten und Globochaeten. Die benthonische Fauna allein würde für einen Vergleich mit dem SMF-Typ 9 sprechen.

Auflösung Übungsbeispiel Tafel 25

Aufgabe 1. Beschreibung der mikrofaziellen Merkmale unter Verwendung der Check-Liste in Abschnitt 7.4

1a Mikrit im wesentlichen auf pelmikritische Komponenten beschränkt
1b Sparit als neomorph überprägter Zement (erkennbar an Zementgefügen, z.B. G/H / 5)
1c überwiegend Bioklasten, an zweiter Stelle Algen-Lumps (z.B. I / 15–16, G/4 und H/I / 5) sowie Lumps mit Peloiden und viel Mikrit (z.B. B/C / 14/15), vereinzelt Grapestones (D–E/6–7)
1d fehlen
1e fehlen
1f fehlt
1g entfällt
2 entfällt
3a überwiegend Bioklasten (isolierte Dasycladaceen-Thalli, seltener relativ vollständige Biomorpha (Rotalgen-Thalli, z.B. F/1 und A/3–4)
3b überwiegend Kalkalgen, unter welchen Dasycladaceen dominieren. Daneben Solenoporaceen (F/1, A/3–4, C/D / 10), sehr selten Korallen (C/D / 11/12) und Gastropoden. Bestimmung: *Diplopora annulata* (Schafhäutl), sehr zahlreich, z.B. B/C / 2/3, E/F / 9, F/6–7, G/3, K/5; *Teutloporella herculea* (Stoppani), seltener, z.B. E/F / 15 und I/10; *Teutloporella nodosa* (Schafhäutl), selten, z.B. A / 18/19; als Einzelschnitt *Clypeina* sp. (J/13). Die zonar aufgebauten Solenoporaceen gehören zur Gattung *Parachaetetes* Haug (z.B. A / 3/4).
3c bezogen auf die Fossilgruppen monomikte Assoziation, bezogen auf die Dasycladaceenarten ebenfalls
3d nahezu ausschließlich sessiles Benthos, Ausnahme bei Gastropoden
3f wesentlicher Sedimentbestandteil
3g vorhanden, z.B. C/D / 11/12 oder I/10, im allgemeinen selten
3h fehlen
3i intergranulare Poren mit Mikrit gefüllt
3j nein
3k überwiegend im Arenit und unteren Ruditbereich; bedingt durch das Massenangebot an Segmentringen stellenweise relativ gute „Sortierung"
3l Anteil der Biogene am Modalbestand etwa 45%. Aufgliederung der Biofraktion (alle Biogene = 100%): Dasycladaceen 95%, Solenoporaceen 3%, Gastropoden und Korallen zusammen 2%
4 entfällt, nur als Bestandteile der Aggregatkörner
5a überwiegend Algen-Lumps und Lumps, vereinzelt Grapestones (siehe Frage 1c)
5b Peloide, sehr selten auch Dasycladaceenfragmente (H / 7/8)
5c nein
5d ja
5e nein, in den Aggregatkörnern feinkörniger
5f sehr verschieden, 2–12 mm
5g Anteil am Modalbestand etwa 20%, Anteil unter den Komponenten (alle Komponenten gleich 100%) etwa 40%
5h in sparitischen Kalken
6 entfällt
7 entfällt
8 entfällt
9a sehr seltene Lithoklasten (H/17), keine Unterscheidungsmöglichkeit für Intra- oder Extraklasten
9b nein
9c entfällt
9d ja; im Gegensatz zu den häufigen Aggregatkörnern handelt es sich um Mikrit-Lithoklasten mit Dolomitrhomboedern
9e entfällt
9f entfällt
9g im Schnitt mit deutlichen, abgerundeten Ausbuchtungen

9h entfällt
9i gerundet
9j entfällt
9k extrem selten
10 entfällt (Ergebnis der Rückstandsanalyse: 0,8 Gew.%)
11a Grain-support
11b unterschiedliche Packungsdichte, meist kontaktfreie Komponenten bzw. Punktkontakte (vgl. Abb. 39!)
11c undeutliche Anordnung der Dasycladaceenlängsschnitte parallel zum längeren Bildrand
11d nein
11e nein
11f ja; polare mechanische Anlagerung von Peloiden im Zentralraum von Dasycladaceen (z.B. K/17, F/15)
11g entfällt
11h nein
12a nein
12b entfällt
12c nein
12d entfällt
12e entfällt
12f nein
12g entfällt
12h entfällt
12i entfällt
12j entfällt
12k nein
12l nein
12m entfällt
12n nein
12o nein
12p nein
13a Faserzement mit mehreren Generationen (z.B. H / 5/6, B/3, G / 11/12), neomorph überprägter Blockzement (z.B. K/11); im Zentrum der Interpartikelporen bzw. Zwickelporen auffallend weißer Sparit mit groben Kristallen
13b ja
13c ja, dunkler gefärbte Faserzemente
13d nicht erkennbar
13e entfällt
13f ja
13g deutlich
13h einheitlich
13i ja
13j nein
13k nein

Aufgabe 2. Kalkklassifikation nach Folk und nach Dunham

Folk: nichtsortierter bis sortierter Dasycladaceen-Biosparit bzw. Bioarenosparit
Dunham: Dasycladaceen-Grainstone

Aufgabe 3. Standard-Mikrofaziestypen nach Wilson

Entsprechend der Häufung an Dasycladaceen bzw. nach Texturtypus handelt es sich um SMF-Typ 18

Aufgabe 4. Faziesdiagnose und Einordnung in Fazies-Modelle

Diagnose der Umweltfaktoren: Wasserbewegung (vgl. Tabelle 49) entspricht dem Bereich C (Hinweise: keine mikritische Matrix und grain-support). Kein Hinweis auf Festlandeinfluß. Wassertiefe nach Vergleichen mit der Verbreitung rezenter Dasycladaceen bis etwa 30 m, nach der Dasycladaceenhauptverbreitung und nach der Vergesellschaftung mit Aggregatkörnern wahrscheinlich weniger als 5 m. Normalmarine Salinität (vgl. Tabelle 33). Warmwasserbereich. Substrat erst durch Zementation stabilisiert, vorher instabiler Sandboden bzw. Weichboden.

Fazieskriterien: Das Massenvorkommen von gut erhaltenen, nicht beschädigten Dasycladaceen, die überwiegend einer Art angehören und das Vorkommen von Aggregatkörnern sprechen für eine Einordnung in den flachen Subtidal-Bereich. Im Irwin-Modell ist die Probe der Y-Zone zuzuweisen (keine Schlammsedimentation; überwiegend arenitische Bioklasten). Im Wilson-Modell ist eine Einordnung in die Fazieszone 7 (Schelflagune mit offener Wasserzirkulation) oder in die Fazieszone 8 (Schelf und Gezeitenzone mit eingeschränkter Wasserzirkulation) möglich. Das Fehlen von Mikrit spricht gegen denBereich 8, obwohl die monomikte Assoziation von Dasycladaceen in dieser Zone verständlicher wäre.

Fundpunkt: Amtmanngalgen, Johnsbachtal/Gesäuse, Steiermark. Stratigraphie: Wettersteinkalk, obere Mitteltrias. Durch *Diplopora annulata* ist eine Datierung als Ladin gegeben. Das Vorkommen von *Clypeina* könnte einen Hinweis auf ein Weiterreichen der Lagunenfazies des Wettersteinkalkes in das Karn hinein darstellen.

Auflösung Übungsbeispiel Tafel 26

Aufgabe 1. Beschreibung der MF-Merkmale in den strukturell unterschiedlichen Schliffbereichen unter Verwendung der Checkliste in Abschnitt 7.4

A = Schliffbereich A–K/1–13, B = Schliffbereich K–O/1–12 und C = Schliffbereich P–S/1–13.

1a A: fehlt. B: nur zwischen dicht liegenden Peloiden. C: neben Sparit vorhanden
1b A: porenfüllender Zement. B: Sparit in sehr kleinen Poren zwischen den Komponenten, z.T. zu Lagen angeordnet (Bereich M/7–10). C: in unregelmäßig umrissenen Arealen
1c A: Bioklasten, Peloide, Intraklasten. B: Peloide, sehr seltene Bioklasten (z.B. M/6). C: große Bioklasten und kleinere Bioklasten, Intraklasten
1d A: entfällt. B: entfällt. C: Tonsäume, durch Lösung bedingt (P–S/6–9)
1e A: entfällt. B: entfällt. C: selten authigener Quarz (R/2)
1f A–C: entfällt
1g A–C: entfällt
2a A: entfällt. B: inhomogen. C: inhomogen
2b. A: entfällt. B: Mikrit II. C: Mikrit II
2c A: entfällt. B: Krümelgefüge. C: Krümelgefüge und Kalksiltit
2d A: entfällt. B: Sparit neomorph vergröbert. C: Sparit in ausgeschwemmten Arealen
3a A: Bioklasten. B: sehr wenige Bioklasten. C: Bioklasten
3b A: Kalkalgen, Dasycladaceen und Cyanophyceen. Bestimmung: unter den Dasycladaceen *Heteroporella crosi* (Ott) bei E/3 und D/11, *Heteroporella zankli* (Ott) bei C/7, B/6 und A/13. Unter den Cyanophyceen *Zonotrichites* sp. (B/C / 4) und „*Orthonella*" sp. (I/10, H/5, E/11 etc.).Einige wenige Schalenreste (D/E / 9, F/5, A/B / 4). Sehr selten Echinodermenreste (J/8). B: sehr wenige Schalen. C: Korallenbioklasten (P–S/4–7), große Bruchstücke von Solenoporaceen (Q–S/2–5 und M–P/11–13), Dasycladaceen mit *Heteroporella crosi* (Ott) bei O/6, *Heteroporella zankli* (Ott) bei R/S / 11 sowie *Macroporella* sp. bei O/8 und Q/7. Filamentöse Cyanophyceen (R/9), Gastropoden (Q/4).
3c A: eher monomikt. B: entfällt. C: polymikt
3d A: sessiles Benthos und vagiles Benthos. B: entfällt. C: sessiles Benthos und vagiles Benthos
3e A: Dasycladaceen und Cyanophyceen, erstere als Bruchstücke, letztere relativ gut erhalten. B: entfällt. C: anscheinend zusammengeschwemmte Bioklasten
3f A: wichtiger Sedimentbestandteil. B: entfällt. C: Sedimentbestandteil
3g A: fehlt. B: entfällt. C: biogener Aufwuchs auf Solenoporaceen (Q/2)
3h A: um Dasycladaceen und Cyanophyceen als sehr dünne Säume (Mikritzemente?) B: entfällt. C: vorhanden, zum Teil zusammen mit biogenem Aufwuchs (O/9)

3i A: Sparit. B: entfällt. C: Sparit
3j A: nein. B: entfällt: C: nein
3k A: meist 2–3 mm, nicht sortiert, Cyanophyceenbioklasten gerundet. B: entfällt. C: sehr unterschiedlich, bis über 15 mm, schlecht sortiert, Solenoporaceenthalli gerundet
3l A: insgesamt 35% des Modalbestandes; die Biofraktion verteilt sich auf etwa zu 60% auf Cyanophyceen, zu 35% auf Dasycladaceen, den Rest stellen Schalen und Echinodermen. B: entfällt. C: Anteil der Biogene am Modalbestand über 85%. Biofraktion aus etwa 60% Solenoporaceen, 20% Korallen, 15% Cyanophyceen, Rest Dasycladaceen, Gastropoden etc.
4a A: abgerundet, zum Teil angular. B: angular und gerundet. C: angular und gerundet
4b A: etwa 25% des Modalbestandes. B: etwa 75% des Modalbestandes. C: etwa 5% des Modalbestandes
4c A: sehr klein, 0,2 bis etwa 2 mm, meist unter 0,5 mm. B: auffallend gleichförmig, Größe bei 0,5 mm. C: wie bei B
4d A: im oberen Abschnitt des Feldes konzentriert. B: gleichmäßig verteilt. C: unregelmäßig verteilt
4e A: einige Peloide (und Intraklaste) auffallend dunkel gefärbt. B: dunkel gefärbt. C: wie B
4f A bis C: nein
4g A: ja. B: nein. C: ja
4h A: nein. B: entfällt. C: nein
4i A bis C: nein
5a A: vereinzelt Lumps (F/4) und Algen-Lumps (E/13). B: entfällt. C: entfällt
5b A: Peloide
5c A: nein
5d A: ja
5e A: nicht feststellbar
5f A: 2–3,5 mm
5g A: Anteil am Modalbestand unter 1%
5h A: in sparitischen Kalken
6 entfällt
7 entfällt
8 entfällt
9a größere, schwarz gefärbte Algen-Intraklasten (z.B. G/5 und D/8). B: entfällt. C: Algen-Intraklasten
9b A: nein. B: entfällt. C: nein
9c A: nein. B: entfällt. C: nein
9d A: ja, auffallend schwarz. B: entfällt. C: schwarz gefärbt
9e A: nein
9f A und C: nicht überprüfbar
9g A: unregelmäßig knollenförmig, gerundet. B: entfällt. C: wie bei A
9h A: dicke Klasten
9i A und C: gerundet
9j A und C: nein
9k selten
10 entfällt bei A und B. C: Ton als schmale Säume zwischen Bioklasten
11a A: grain-support. B: grain- bis mudsupport. C: grain-support
11b Packungsdichte bei A nicht sehr hoch, bei B und C hoch
11c bei A bis C: nein
11d nein
11e nein
11f A: ja, Gradierung
11g A: normale Gradierung
11h A: nein, B: nein. C: ja, Einschwemmung von Dasycladaceen
12a A: nein. B: angedeutet. C: nein
12b entfällt
12c A: entfällt. B: undeutliche laminoide Gefüge. C: entfällt
12d A: entfällt. B: laminoides boundstone-Gefüge (s. Tabelle 24). C: entfällt
12e: nein
12f: nein

12g nein
12h nein
12i nein
12j entfällt
12k nein
12l nein
12m nein
12n nein
12o nein
12p nein
13a A: Faserzement, Drusenzement (E / 3/4) und Blockzement. B: Blockzement. C: vergröberter Blockzement
13b ja
13c ja
13d A: ja, als dünner schwarzer Mikritsaum um Dasycladaceen
13e nein
13f nicht feststellbar
13g scharf
13h A: zum Teil einheitlich, zum Teil an Größe zunehmend (D/7)
13i A: ja. B: nicht feststellbar
13j A bis C: nein
13k A bis C: nein

Aufgabe 2. Kalkklassifikation nach Folk und Dunham

Folk: A; nicht sortierter bis sortierter Biosparit, in der oberen Schliffhälfte Biopelsparit.
B: siltitischer Pelsparit; schwach ausgewaschener Biosparrudit bei C
Dunham: A: arenitischer bzw. feinarenitischer Bioklasten-Grainstone. B: Packstone;
C: Float- bis Rudstone

Aufgabe 3. Faziesinterpretation

Diagnose der Umweltfaktoren: A: Wasserbewegung entspricht dem Bereich A (Hinweise: grain-support, viel aufgearbeitetes Material), Festlandseinfluß sehr gering (keine terrigenen Komponenten), Wassertiefe in Analogie zur rezenten Verbreitung der Dasycladaceen und der filamentösen Cyanophyceen gering, wahrscheinlich wenige Meter. Normale Salinität (stenohaline Echinodermen!) und tropische Wassertemperaturen. Sandboden, erst durch Zementation stabilisiert. B: keine direkten Aussagen möglich. Das laminoide Gefüge könnte Algenmatten entsprechen; verzweigte, mit Sparit erfüllte Hohlräume dürften Algenfäden darstellen (M/3). C: Schutt von „Riff"-Organismen (Hinweise: „Riff"-Bildner und starke organogene Inkrustation – bei S/4 Serpuliden auf Solenoporaceen, bei R/7 „Problematikum A, Ohlen" auf Korallen).

Fazieskriterien: Die Dasycladaceen-Biosparite und Biopelsparite des Bereiches A können in den Subtidalbereich (oberer Abschnitt, Algenführung, Aggregatkörner) eingeordnet werden. Die scharfe Grenze gegen den Abschnitt B entspricht einem Lösungsboden (Hartboden). Die Algenmatten des Bereiches B werden von gröberen Klasten aus dem Bereich C eingedrückt, die Algenmatten entsprechen daher ursprünglich weichen, nur langsam lithifizierten Bindstones. Die ungleich großen Komponenten des Bereiches C sowie die schlechte Sortierung weisen auf eine rasche Anlieferung von Material aus einem „Riff"-Areal hin.
Bereits der Kleinbereich (gesamte Bildhöhe 6 cm) zeigt deutliche Zustandswechsel, wie sie innerhalb eines Riffkomplexes verständlich sind. Bereich A weist bei einem Vergleich mit dem Riffmodell (vgl. Tabelle 54) auf eine Ablagerung im back-reef hin, desgleichen Bereich B. Die Einschüttung aus dem Riff deutet auf eine räumliche Beziehung zwischen dem Hinterriff und zentralem Riff oder "patch riff".

Fundpunkt: Cuzzo di Lupo bei Palermo, Sizilien. Stratigraphie: Obertrias

Auflösung Übungsbeispiel Tafel 27

Aufgabe 1. Beschreibung der MF-Merkmale unter Verwendung der Checkliste in Abschnitt 7.4

Die Antworten orientieren sich an den Reihungen in der Checkliste, Buchstaben/Ziffern-Angaben beziehen sich auf den Randraster der Tafel

1a Mikrit als Matrix zwischen den Komponenten (Bereich O/5–8) und als internes Bodensediment in Kleinhöhlen (z.B. F/7–8 und A–B/1–10)
1b Sparit in Zwickelporen zwischen den Komponenten (z.B. E/2–3, Q/12) und als „Sparithaube" im oberen Teil von Hohlräumen (z.B. G–H/5–8 oder M/N/7)
1c Ooide (K/8, D–E/9–11), I/3), Peloide (C–D/4–5, viele Peloide in D–E/2–3), Intraklasten (B–C/3, J/2, I/6–7); keine Biogene!
1d Nichtkarbonatische Komponenten sehr selten: Quarze als Kerne von Ooiden (z.B. B–C/11–12), Ton angedeutet durch die inhomogene Mikritstruktur (A–C/8–11)
2a Mikrit als Internsediment inhomogen, erkennbar an unterschiedlicher Färbung und verschiedenen Korngrößen (z.B. E–F/6–8, A–B/6–7)
2b Mikrit II, an der Basis der Hohlräume eventuell Mikrit I
2c Inhomogener Mikrit bedingt durch verschiedene Korngrößen (bis Siltbereich) und durch Ton
2d Mikrit zwischen dichtliegenden Komponenten erhalten, zwischen locker liegenden Komponenten durch Sparit ersetzt. Dies deutet auf unvollkommene Auswaschung
3 entfällt!
4a Gestalt ungleichmäßig, angerundet bis gerundet. Rundungs- und Sphärizitätswerte für den Bildbereich D–E/3–4, 0,5 Rundung / 0,5 bis 0,9 Sphärizität, für die Komponente J/K / 5/6 0,9/0,9, für die Komponente M/N / 4 0,9/0,7
4b häufigste Komponentenkategorie, in ooidfreien Arealen bis über 60%
4c 0,05 bis 0,5 mm, meist kleiner als 0,2 mm; auffallend schlecht sortiert
4d indifferent
4e Mikrit in den Peloiden dunkler als in der Matrix
4f nein
4g nein
4h nein
4i vereinzelt, z.B. E/4
5 entfällt
6 entfällt
7a aufgearbeitete Normalooide dienen als Kerne für Normalooide (z.B. R / 9/10) und für zum Teil mikritisierte Einfachooide (z.B. J/K / 8)
7b etwa 15% des Modalbestandes; kleinerer Ø meist 0,5 bis 1 mm; sehr schlecht sortiert
7c Tangentialstrukturen überwiegen, daneben finden sich Ooide mit Radialstrukturen (z.B. R/3)
7d Die als Ooidkerne dienenden Ooide zeigen deutliche Algenbohrungen (kurze, mikriterfüllte Vertikalstrukturen, z.B. G/H / 2/3 oder E / 10/11)
7e 0,1–0,3 mm
7f auffallend groß
7g bei großen Kernen dünnere Ooidschalen
7h meist 1:2 bis 1:3
7i nein, da in der Probe keine vollständigen oder zerbrochenen Ooide als Kerne zur Verfügung stehen
7j nein
7k ja; in den als Kerne dienenden Ooiden sind die Tangentiallagen durch schwarze Mikritlagen (Hinweis auf Algenbohrungen?) unterbrochen, z.B. D/E / 5/6 oder N/O / 2/3
7l ja; sowohl die Ooidkerne als auch ein Teil der Ooide sind zerbrochen. Die scharfen Ränder und der stellenweise scharfkantige Umriß weisen auf Zerbrechung von harten, bereits zementierten Komponenten hin. Vgl. N/P / 2–5
7m ja
7n nein
7o nein

7p teilweise bei vollständigen Ooiden erkennbar, z.B. P/Q / 9/10
7q nein
7r die Ooide treten in verschieden stark ausgewaschenen Mikriten auf
7s vermischt mit Peloiden
7t Packungsdichte sehr gering
8 entfällt; echte Rindenkörner sind nicht vorhanden. Die stellenweise zu erkennende schwarze Außenlage entspricht einer mikritischen Ooidlage; unter dem Mikroskop sind auch in diesen Mikritlagen Tangentialstrukturen erkennbar. Ansätze zur Bildung von Rindenkörnern sind jedoch sicher gegeben
9a bei B/C / 3: die randlich nicht abgeschnittenen, in mikritischer Matrix eingeschlossenen Peloide und die durch Ausbuchtungen charakterisierte Gestalt der Komponente sprechen für eine Interpretation als Intraklast; desgleichen bei H/I / 4 und G/H / 2
9b nein
9c nein
9d nein
9e nein
9f nicht erkennbar
9g Gestalt entsprechend Rundungs/Sphärizitätsschema 0,5–0,7/0,7–0,9; Größe 0,5–1,2 mm
9h dicke Klasten
9i abgerundet
9j nein
9k selten, weniger als 5% des Modalbestandes
10a Quarz
10b nein
10c sehr selten
10d nein
10e ja, als Kern für Ooide
11a grain-support. Mikrit als Internsediment weist darauf hin, daß das primäre Gefüge durch grain-support bestimmt war
11b im Bereich der Peloide hoch. Offenheitsgrad im Areal D–E/2–4 bei 1,1; im Areal G–I / 6–9 bei 1,2
11c nein
11d nein
11e nein
11f ja: Sandfang in Kleinhöhlen (E–H/4–8); stellenweise Korngradierung mit "reverse graded bedding" (siehe Abschnitt 4.2.4.2), z.B. B/6–7; polare Anlagerung von Peloiden auf planen Ooidbruchflächen (z.B. B/2); fossile Wasserwaagen mit Sparithaube (z.B. F–H/4–8 und P/5); Stromatactis-Gefüge
11g keine Größengradierungen
11h teilweise: das Bildungsmilieu der Ooide deckt sich nicht mit dem der Peloide
12a nein
12b entfällt
12c nein
12d entfällt
12e LF-A-Gefüge
12f nein
12g die größeren Hohlräume entsprechen Stromatactis (relativ ebene Basisfläche, Internsediment, gezacktes Dach); kleinere Hohlräume (z.B. R/2) entsprechen birdseyes
12h laminierter Mikrit
12i bei E–F/7–8 Rutschungsstrukturen im Internsediment
12j Blockzement
12k nein
12l nein
12m entfällt
12n nur in Ooiden
12o nein
12p nein
13a Blockzement und Faserzement bzw. even-rim-Zement (B/C / 1)

13b ja; Faserzement bzw. even-rim-Zement A (z.B. J/2), Blockzement B im oberen Teil der Stromatactis-Hohlräume
13c an der Grenze von Zement A und Zement B sehr dünner Mikritsaum (z.B. J/2)
13d vielleicht im Bereich des bei 13c erwähnten Mikritsaumes
13e nein
13f nein, wenn man von den Ooiden ausgeht
13g unscharf
13h relativ einheitlich
13i ja
13j nein
13k nein
13l ja (z.B. C/D / 9–11), Mikrostylolithen

Aufgabe 2a. Angaben über die Sedimentationsbedingungen

Diagnose der Umweltfaktoren: Wasserbewegung (vgl. Tabelle 49) entspricht dem Bereich B (Hinweise: Mikrit teilweise noch vorhanden, viele Pseudopeloide, Plastiklasten, radialfibröse Ooide, schlechte Sortierung der Komponenten, Intraklasten gerundet); relativ geringe, in ihrer Intensität wechselnde Wasserbewegung. Festlandseinfluß sehr gering (Hinweis: nahezu völliges Zurücktreten von terrigenen Komponenten). Wassertiefe sehr gering (Hinweise: Ooide, Fenstergefüge), wahrscheinlich Intertidal-Bereich (Hinweise: Fenstergefüge, birdseyes, gerundete Intraklasten, Ooide, keine Organismen). Salzgehalt des Wassers (vgl. Tabelle 52) hypersalin (Hinweise: radialfibröse Ooide, Fehlen von Organismen bzw. nur bohrende Algen). Wassertemperatur entsprechend relativ hoch (nach Rezentvergleichen in hypersalinen Arealen mit Ooidbildung 25–35°C). Substrat instabil, erst durch Zementation in den Hohlräumen stabilisiert.

Fazieskriterien: Fenstergefüge, das Fehlen von Organismen und die hypersalinen Bedingungen sprechen für einen randmarinen Bereich. Das Vorkommen von Ooiden, mehreren Zementtypen und die offenbar rasche Aufarbeitung von zerbrochenen Ooiden sowie deren nochmalige Verwendung als Kerne von neuen Ooiden sprechen für eine Einordnung in die Gezeitenzone, in welcher hochenergetische Ooide in zerbrochenem Zustand angeliefert und als Kerne für radialfibröse, niedrigenergetische Ooide dienten.

Aufgabe 2b. Angaben über den Diageneseablauf

Deutliche Hinweise auf vadose Diagenese fehlen. Allerdings könnte die inverse Gradierung des Internsedimentes in den Stromatactis-Hohlräumen einen diesbezüglichen Hinweis liefern. Zement A wurde als Faserzement im submarinen Bereich gebildet. Daran schloß sich die sedimentäre Füllung der Kleinhöhlen mit plastischem mikritischem Sediment, das zum Teil verrutscht ist. Die letzte Phase bildet der Blockzement B im oberen Teil der Hohlräume.

Aufgabe 3. Mögliche paläogeographische Situation

Hypersaline, niedrigenergetische Sedimentationsbedingungen unter Gezeiteneinfluß treten in küstennahen Buchten auf. In der Gegenwart liefern die von Friedman et al. (1973, siehe 4.1.4.2) aus dem Golf von Aqaba am Roten Meer beschriebenen hypersalinen Küstentümpel ein gutes Beispiel. Die Probe charakterisiert daher eine unmittelbare Küstenregion mit Gezeitenwirkung und ariden Bedingungen.

Fundpunkt: Gole del Titerno, Matese-Gebirge NE Neapel, Südlicher Apennin. Stratigraphie: Ober-Jura.

12. Index

12.1 Sachwörter

Im nachfolgenden Verzeichnis sind durch Kursivdruck jene Zitate besonders hervorgehoben, in welchen Begriffe definiert oder eingehender diskutiert werden. Umlaute werden als ae-, oe- und ue- gerechnet.

12.2 Organismen

A. G. Herrmann

Praktikum der Gesteinsanalyse

Chemisch-instrumentelle Methoden zur Bestimmung der Hauptkomponenten

Mit Beiträgen von P. M. Schneiderhöhn
Unter Mitarbeit von D. Knake

Hochschultext

20 Abbildungen, 24 Tabellen. V, 204 Seiten. 1975
DM 29,80; US $ 13.20
ISBN 3-540-07351-5

Dieses Praktikumsbuch eignet sich vorzüglich zur Einführung in die Bestimmung der chemischen Hauptkomponenten in Gesteinen. Es wendet sich an Studenten der Mineralogie, Geologie und Bodenkunde sowie an Chemotechniker und Laboranten.
In seinem allgemeinen Teil werden die Themen Probenahme, Zerkleinerung der Probe, Beurteilung und Berechnung von Gesteinsanalysen sowie Referenzproben behandelt. Es folgen Tabellen für Analysenmethoden, eine Beschreibung der wichtigsten Aufschlußmethoden. Neben einer aus didaktischen Gründen getroffenen Auswahl an gravimetrischen Methoden werden vor allem chemisch-instrumentelle Verfahren beschrieben, soweit ihnen chemische Umsetzungen vorausgehen müssen (Spektralphotometrie, Flammenphotometrie, Atomabsorptions-Spektralphotometrie, elektrochemische Titrationen). Für ein chemisches Element werden in fast allen Fällen mehrere Analysenverfahren angegeben. Den Abschluß bildet ein allgemeiner Teil, unter anderem mit Informationen über die Behandlung von Platin-Geräten, Verhütung von Unfällen und Sauberkeit am Arbeitsplatz.

Inhaltsübersicht: Vorwort. – Allgemeiner Teil. – Analysenschema. – Übersichtstabellen für verschiedene Analysenmethoden. – Aufschlußmethoden. – Analytische Methoden für die Bestimmung der einzelnen Elemente. – Anhang.

Preisänderungen vorbehalten

Springer-Verlag
Berlin
Heidelberg
New York

Batch number: 10683525

Printed by Printforce, the Netherlands